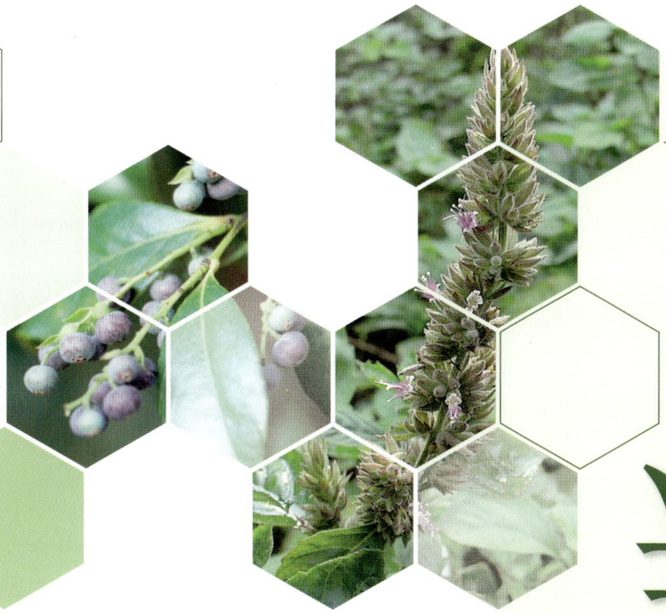

当代
药用植物典

赵中振・肖培根 主编

第四册

世界图书出版公司

上海・西安・北京・广州

图书在版编目（CIP）数据

当代药用植物典. 第四册／赵中振，肖培根主编.
上海：上海世界图书出版公司，2008.6
ISBN 978-7-5062-8959-7

I. 当… II. ①赵… ②肖… III. 药用植物—辞典
IV. S567-61

中国版本图书馆CIP数据核字（2007）第194620号

当代药用植物典　　第四册

主编
赵中振　肖培根

策划发行
冯国雄

责任编辑
冯文兵

权利人
香港赛马会中药研究院有限公司
香港新界沙田香港科学园科技大道西 2 号生物资讯中心 703 室
电话：852 3551 7300　　传真：852 3551 7333
网址：www.hkjcicm.org

出版发行
上海世界图书出版公司
上海市尚文路 185 号 B 楼
邮政编码：200010
电话：86 21 63783016 转发行科
网址：www.wpcsh.com.cn

承印者
中华商务彩色印刷有限公司

出版日期
2008 年 6 月第 1 次印刷

版权所有·不准翻印
ISBN 978-7-5062-8959-7/S · 6
图字：09-2007-423 号
定价：368.00 元

前言

踏入21世纪，回归大自然的潮流席卷全球，人们对中国传统药物都趋之若鹜。随着人口老化以及人们对健康生活的热切追求，天然植物药和中国传统药物的防病治病、预防保健的特质及优势也为人们所认同，这从国际间的研究开发、生产以至销售使用都可见一斑。中国传统药物作为中华民族的文化瑰宝，在数千年的临床应用当中累积了大量宝贵经验，与西方医药一同在人类的医疗保健中担当着重要角色，是人类的共同财富。进一步认识及开发这一宝库，加强国际间对东西方天然植物药的了解及认识，是大多数人的期望，也是市场的需求及学术发展的必然。

作为东西方文化的交汇点，资讯发达是香港的一大优势。香港赛马会中药研究院自成立以来，一直致力于全面推动中医药的发展，并将中医药资讯交流列为发展重点之一。

2003年下半年，在香港赛马会慈善基金的资助以及研究院董事局的支持下，香港赛马会中药研究院筹备编纂一套《当代药用植物典》以加强中医药资讯交流。2004年，《当代药用植物典》的编纂工作正式开始。此项目由研究院负责统筹，并由赵中振教授与肖培根院士共同主编，联同众多中医药专家、学者合力完成。

本书的主要特色在于：

1. **融汇中西**：全书分为3篇共4册，分别为东方篇（第一及第二册）、西方篇（第三册）与岭南篇（第四册）。内容包括不同传统医学体系的传统用药，也涉及新兴的药用植物产品、天然健康产品、天然化妆品、天然色素等。

2. **与时俱进**：作者除对海内外药用植物进行深入调查与研究外，对浩瀚的传统药物学文献资料也进行了系统整理、归纳与分析，同时力求展示每种药用植物化学、药理学、临床医学等海内外研究的最新进展。全书完成后，还将是一套不断更新的资料库。

3. **图文并茂**：本书照片大多为编著者长年跋山涉水、深入药材产区与生长地所获得的第一手珍贵资料，科学地记录了药用植物的鉴别特征，生动地展现了药用植物生长的自然风貌。书中收录的对号标本已完好保存于香港浸会大学中药标本中心。

4. **温故知新**：《当代药用植物典》的编纂，不是简单的文献堆砌，每篇专论后均附有评注，对于植物药的开发与持续利用，阐述了作者的独到见解。书中还对部分中药安全性用药的问题给予提示。

5. **中英双语**：全书将分为中、英文版先后出版，以便国际交流。

综观全书，内容丰富，实用性强。本书可供从事医药教育、科研、生产、检验、管理、临床、贸易等方面的人士参考。

编辑及统筹委员会在此谨向香港赛马会中药研究院董事局各成员致意，感谢其于本书编纂、统筹工作当中的指导及支援，使本书的编写工作能顺利开展和完成。

由于本书的篇幅繁多，所涉及的药用植物及其相关文献资料也非常广泛，此外在相关学科领域上的研究及发展日新月异，因此本书若有不足或错漏之处敬请读者提出宝贵意见。

香港赛马会中药研究院
《当代药用植物典》编辑及统筹委员会
2008年6月

主编介绍

赵中振教授 现任香港浸会大学中医药学院中药课程主任，兼任香港中医药管理委员会中药组委员、香港卫生署中药标准科学委员会委员、世界卫生组织西太区传统医药顾问、美国草药典委员会顾问，长期从事药用植物资源、中药鉴定与质量研究。

1982年	北京中医药大学	中医学学士
1985年	中国中医研究院	中药学硕士
1992年	东京药科大学	药学博士

主编　《中国药典中药粉末显微鉴别彩色图集》
　　　《百方图解》《百药图解》系列丛书（中、英文版）
　　　《香港中药材图鉴》（中、英文版）
　　　《中药显微鉴别图鉴》（中、英文版）
　　　《香港容易混淆中药》（中、英文版）

肖培根院士 现任中国医学科学院药用植物研究所研究员、名誉所长、国家中医药管理局中药资源利用与保护重点实验室主任。兼任北京中医药大学中药学院教授、名誉所长，香港浸会大学中医药学院客座教授等。长期从事药用植物及中药研究，致力于开创药用亲缘学的研究。

1953年	厦门大学	理学学士
1994年	中国工程院	院士
2002年	香港浸会大学	荣誉理学博士

现任《中国中药杂志》主编；*J. Ethnopharmacology*；*Phytomedicine*；*Phytotherapy Research* 等杂志编委。

主编《中国本草图录》《新编中药志》等大型专著。

香港赛马会中药研究院

香港赛马会中药研究院于 2001 年由香港特区政府推动，并获香港赛马会慈善信托基金承诺拨款 5 亿港元支援其研发计划而成立。研究院的使命是促进和支持香港的中药研发工作走向现代化和进一步发展。

作为中药策略性发展平台，研究院主要负责协助政府推行中药及其创新科技政策，通过质控、科学、循证及应用，以及配合市场需求和业界的研发方向，透过合作发展相关技术，开发高品质的中药产品，建立国际中药品牌，以加快中医药的现代化及国际化进程。

欢迎浏览研究院网站：www.hkjcicm.org

编辑及统筹委员会

统筹委员会：徐宏喜　朱志贤　郑全龙　肖培根
　　　　　　　赵中振　洪雪榕　老荣璋

主　　编：赵中振　肖培根

副 主 编：严仲铠　姜志宏　洪雪榕　邬家林　陈虎彪　禹志领　彭　勇　徐　敏

项目顾问：谢明村　谢志伟

常务编辑委员会：洪雪榕　吴孟华　易　涛　叶俏波　郭　平　胡雅妮　梁之桃　区　彤

编辑委员会：Roy Upton　袁昌齐　赵凯存　周　华　梁士贤　杨智钧　李　敏　卞兆祥
　　　　　　　楚　楚　吕光华　张　梅　黄文华　刘苹回

项目统筹：洪雪榕

执行编辑：吴孟华

审　　阅：谢明村

编辑助理：陈亮俊　袁佩茜　夏　黎　黄静雯　周芝苡　谭震锋　李佩霞　蔡若涓

植物摄影：陈虎彪　邬家林　广西药用植物园　徐克学　区　彤　陈亮俊　余丽莹　林余霖
　　　　　　　吴光弟　赵中振　吴　双　胡雅妮　矶田进　袁翠盈　云南省药物研究所　徐增莱
　　　　　　　南云清二　山崎和男　吕惠珍　梁之桃

药材摄影：陈虎彪　陈亮俊　邬家林　区　彤　唐得荣　简宏良

特别鸣谢以下各人士的宝贵意见、指导及支持：
　　　　　指田豊　李宁汉

《当代药用植物典》编写说明

1. 《当代药用植物典》共收载世界范围内常用的药用植物500条目，涉及原植物800余种。以中（繁、简体）、英文版本问世。

   全书分为第一、二册东方篇（以东方传统医学常用药为主，如中国、日本、朝鲜半岛、印度等），第三册西方篇（以欧美常用药用植物为主，如欧洲、俄罗斯、美国等），第四册岭南篇（以岭南地区出产与常用的草药为主，也包括经此地区贸易流通的常见药用植物）。

2. 《当代药用植物典》以药用植物正名为辞目，共分名称、概述、原植物照片、药材照片、化学成分与结构式、药理作用、应用、评注、参考文献等9项，顺序著录。

3. 名称

   (1) 以药用植物资源种的拉丁学名为本书正名，并以此为序，右上角以小字标明各国药典收载情况，如：CP（《中国药典》）、JP（《日本药局方》）、KHP（《韩国草药典》）、VP（《越南药典》）、IP（《印度药典》）、USP（《美国药典》）、EP（《欧洲药典》）、BP（《英国药典》）。

   (2) 除中文正名之外，《当代药用植物典》还收载汉语拼音名、药用植物英文名、药材中文名、药材拉丁名等。

   (3) 药用植物拉丁学名及中文正名，首先以《中国药典》（2005版）原植物名为准，如《中国药典》没有收载，则参考《新编中药志》、《中华本草》等有关专著确定。民族药以《中国民族药志》收录的名称为准。国外药用植物的拉丁学名以所在国药典为准，其中文名参照《欧美植物药》及其他相关文献拟定。

   (4) 药材中文名和药材拉丁名以《中国药典》为准，如《中国药典》没有收载，则参照《中华本草》拟定。

4. 概述

   (1) 首先标示该药用植物种在植物分类学上的分类位置。写出科名（括弧内标示科之拉丁名称）、植物名、拉丁学名及药用部位。如一种药用植物多部位药用者，则分别叙述。

   (2) 记述药用植物所在属的名称，括弧内标示属之拉丁名称，介绍本属和本种在全球的分布区及产地。一般记述到洲和国家，特产种收录道地产区。

   (3) 简单介绍该药用植物最早文献出处、历史沿革。记述主产国家药用植物法定地位及药材的主要产地。

   (4) 概述该药用植物的化学成分研究成果，主要介绍活性成分、指标性成分。记述主要药典控制药材质量的方法。

   (5) 概述该药用植物的药理作用。

   (6) 介绍该药用植物的主要功效。

5. 原植物与药材照片

   (1) 《当代药用植物典》使用彩色图片包括：原植物图片、药材图片及部分种植基地图片。

   (2) 原植物图片或含该药用植物种图片与近缘药用植物种图片等；药材图片或含原药材图片与饮片图片等。

6. 化学成分

   (1) 主要收载该药用植物已在国内外期刊、专著上发表的主要成分、有效成分（或国家列为药食兼用种的营养成分）、特征性成分。对可作为控制该种原植物质量的指标性成分作重点记述。标示有中英文名及部分成分的化学结构式，并用方括号〔 〕标出文献号。成分的中文名称参照《中华本草》及有关专著。没有中文名称的仅列出英文名称。蛋白质、氨基酸、多糖、微量元素等一般未列入。

(2) 化学结构式统一用 ISIS Draw 软件绘制，其下方适当位置标有英文名称。

(3) 正文中化学中文名首次出现时，其后写出英文名，并加上括号，其第一个字母小写。中文第二次出现时不再标写英文名。

(4) 该药用植物的化学成分类别较多时，如：生物碱类、黄酮类、苷类等，在其"类"下记述其单一成分时在"类"后用冒号（：），每单一成分之间用顿号（、），该类成分记述结束后用分号（；），整个植物器官成分结束后用句号（。），其他"类"依次类推。

(5) 同一基源植物的不同部位已作为单一商品生药入药，化学成分研究内容较少者简单记述，如各部位内容较多，则分段分别记述。

7. 药理作用

(1) 介绍该药用植物种及其有效成分或提取物已发表的实验药理作用内容，依药理作用简单记述或分项逐条记述。首先记述该植物的主要药理作用，其他作用视内容多寡，逐条记述。

(2) 概述实验研究所用的药物（包含药用部位、提取溶剂等）、给药途径、实验动物、作用机制等，并用方括号〔 〕标出文献号。

(3) 首次出现的药理专业术语于括弧内标示英文缩略语，第二次出现时仅标示中文名或英文缩略语。

8. 应用

(1) 因《当代药用植物典》收集内容包括药用植物、药用化学成分来源植物、保健品基原植物和化妆品基原植物等，故本项定为"应用"，项下包括：功能、主治和现代临床三部分。视不同基原种的用途给予客观记述。药用化学成分来源植物则仅说明其用途，未分项描述。

(2) 功能和主治准确按中医理论对该药用植物种及各药用部位进行表述。主要参考文献为《中国药典》《中华本草》及其他相关专著。

(3) 现代临床部分以临床实践为准，表述该药用植物的临床适应证。

9. 评注

(1) 以该药用植物为主，用历史和未来的眼光，概括阐述该种植物研究的特点和不足，提出开发应用前景、发展方向和重点。

(2) 对属于中国国家卫生部规定的药食同源品种或香港常见毒剧药名单的药用植物种，文中予以说明。

(3) 评注中还包括该药用植物种植基地的分布情况。

(4) 对已有明显不良反应报道的药用植物，概括阐述其安全性问题与应用注意事项。

10. 参考文献

(1) 对 20 世纪 90 年代以前已佚文献，采用转引方式。

(2) 对原出处中术语与人名有明显错误之处，予以更正。

(3) 参考文献照国际通用写法。

11. 计量单位，采用国际通用的剂量单位和符号。数字均用阿拉伯数字，如：1、2、3…… 不用一、二、三……文中主要成分含量的描述一般保留 2 位有效数字。

12. 《当代药用植物典》编制的索引有：拉丁学名索引、中文笔画索引、拼音索引、英文名称索引、化学成分中英文名称索引（第四册）。

目录

前言

主编介绍

编辑及统筹委员会

《当代药用植物典》编写说明

当代药用植物典 • 第四册

Abrus cantoniensis Hance 广州相思子 2

Abrus precatorius L. 相思子 5

Abutilon indicum (L.) St. 磨盘草 10

Acacia catechu (L. f.) Willd. 儿茶 13

Agave americana L. 龙舌兰 17

Alpinia officinarum Hance 高良姜 21

Alpinia oxyphylla Miq. 益智 25

Amaranthus spinosus L. 刺苋 29

Amomum kravanh Pierre ex Gagnep. 白豆蔻 33

Amomum tsao-ko Crevost et Lemaire 草果 36

Amomum villosum Lour. 阳春砂 39

Andrographis paniculata (Burm. f.) Nees 穿心莲 42

Annona squamosa L. 番荔枝 47

Aquilaria sinensis (Lour.) Gilg 白木香 53

Aristolochia fangchi Y. C. Wu ex L. D. Chou et S. M. Hwang 广防己 57

Artemisia anomala S. Moore 奇蒿 60

Baphicacanthus cusia (Nees) Bremek. 马蓝 64

Blumea balsamifera (L.) DC. 艾纳香 68

Boehmeria nivea (L.) Gaud. 苎麻 72

Bombax malabaricum DC. 木棉 76

Brucea javanica (L.) Merr. 鸦胆子 81

Bryophyllum pinnatum (L. f.) Oken 落地生根 85

Caesalpinia sappan L. 苏木 89

Cajanus cajan (L.) Millsp. 木豆 93

Camellia sinensis (L.) O. Ktze. 茶 97

Cassia alata L. 翅荚决明 104

Centella asiatica (L.) Urban 积雪草 109

Centipeda minima (L.) A. Br. et Aschers. 鹅不食草 115

Chenopodium ambrosioides L. 土荆芥 119

Cinnamomum camphora (L.) Presl 樟 123

Cinnamomum cassia Presl 肉桂 127

Citrus grandis (L.) Osbeck 'Tomentosa' 化州柚 133

Clausena lansium (Lour.) Skeels 黄皮 136

Cleistocalyx operculatus (Roxb.) Merr. et Perry 水翁 141

Clerodendranthus spicatus (Thunb.) C. Y. Wu ex H. W. Li 肾茶 145

Codonopsis lanceolata Sieb. et Zucc. 羊乳 150

Costus speciosus (Koen.) Smith 闭鞘姜 154

Curcuma longa L. 姜黄 159

Curcuma phaeocaulis Val. 蓬莪术 165

Cynanchum paniculatum (Bge.) Kitag. 徐长卿 170

Dalbergia odorifera T. Chen 降香檀 174

Daucus carota L. 野胡萝卜 178

Desmodium styracifolium (Osbeck) Merr. 广金钱草 182

Dimocarpus longan Lour. 龙眼 186

Dracaena cochinchinensis (Lour.) S. C. Chen 剑叶龙血树 190

Elephantopus scaber L. 地胆草 195

Equisetum arvense L. 问荆 199

Equisetum hiemale L. 木贼 204

Eriocaulon buergerianum Koern. 谷精草 207

Eugenia caryophyllata Thunb. 丁香 210

Euphorbia hirta L. 飞杨草 215

Euphorbia humifusa Willd. 地锦 219

Euryale ferox Salisb. 芡 223

Ficus hirta Vahl. 粗叶榕 226

Gelsemium elegans (Gardn. et Champ.) Benth. 钩吻 230

Gomphrena globosa L. 千日红 234

Gymnema sylvestre (Retz.) Schult. 匙羹藤 237

Gynostemma pentaphyllum (Thunb.) Makino 绞股蓝 241

Homalomena occulta (Lour.) Schott 千年健 247

Huperzia serrata (Thunb. ex Murray) Trev. 蛇足石杉 250

Hypericum japonicum Thunb. 田基黄 255

Ilex kaushue S. Y. Hu 扣树 259

Illicium verum Hook. f. 八角茴香 262

Jasminum grandiflorum L. 素馨花 267

Juncus effusus L. 灯心草 271

Kaempferia galanga L. 山奈 275

Knoxia valerianoides Thorel et Pitard 红大戟 280

Lantana camara L. 马缨丹 283

Liquidambar formosana Hance 枫香树 288

Litchi chinensis Sonn. 荔枝 293

Litsea cubeba (Lour.) Pers. 山鸡椒 297

Lysimachia christinae Hance 过路黄 301

Mangifera indica L. 杧果 305

Mirabilis jalapa L. 紫茉莉 309

Momordica charantia L. 苦瓜 313

Momordica grosvenori Swingle 罗汉果 318

Morinda officinalis How 巴戟天 323

Murraya exotica L. 九里香 328

Myristica fragrans Houtt. 肉豆蔻 332

Nerium indicum Mill. 夹竹桃 337

Oldenlandia diffusa (Willd.) Roxb. 白花蛇舌草 342

Origanum vulgare L. 牛至 348

Oroxylum indicum (L.) Vent. 木蝴蝶 352

Osmunda japonica Thunb. 紫萁 356

Oxalis corniculata L. 酢酱草 359

Phaseolus calcaratus Roxb. 赤小豆 362

Pholidota chinensis Lindl. 石仙桃 365

Phragmites communis Trin. 芦苇 368

Phyllanthus emblica L. 余甘子 372

Phyllanthus urinaria L. 叶下珠 377

Piper longum L. 荜茇 381

Piper nigrum L. 胡椒 386

Plumeria rubra L. cv. Acutifolia 鸡蛋花 391

Pogostemon cablin (Blanco) Benth. 广藿香 395

Psidium guajava L. 番石榴 398

Quisqualis indica L. 使君子 403

Rabdosia serra (Maxim.) Hara 溪黄草 407

Ranunculus japonicus Thunb. 毛茛 410

Ranunculus ternatus Thunb. 小毛茛 413

Rhododendron molle G. Don 羊踯躅 416

Rhodomyrtus tomentosa (Ait.) Hassk. 桃金娘 419

Rubus parvifolius L. 茅莓 423

Ruta graveolens L. 芸香 426

Santalum album L. 檀香 430

Sargentodoxa cuneata (Oliv.) Rehd. et Wils. 大血藤 433

Saxifraga stolonifera Curt. 虎耳草 437

Scoparia dulcis L. 野甘草 441

Semiaquilegia adoxoides (DC.) Makino 天葵 446

Senecio scandens Buch. -Ham. ex D. Don 千里光 449

Smilax glabra Roxb. 光叶菝葜 453

Solanum nigrum L. 龙葵 457

Solanum torvum Sw. 水茄 ... 462

Sophora tonkinensis Gagnep. 越南槐 ... 466

Spirodela polyrrhiza (L.) Schleid. 紫萍 ... 471

Stellaria media L. 繁缕 ... 474

Striga asiatica (L.) Kuntze 独脚金 ... 478

Strychnos nux-vomica L. 马钱 ... 481

Taxillus chinensis (DC.) Danser 桑寄生 ... 485

Terminalia chebula Retz. 诃子 ... 489

Uncaria rhynchophylla (Miq.) Jacks. 钩藤 ... 493

Vaccinium bracteatum Thunb. 乌饭树 ... 498

Valeriana jatamansii Jones 蜘蛛香 ... 501

Viola yedoensis Makino 紫花地丁 ... 504

Wikstroemia indica (L.) C. A. Mey. 南岭荛花 ... 507

Zanthoxylum nitidum (Roxb.) DC. 两面针 ... 511

索引

拉丁学名索引 ... 515

中文笔画索引 ... 519

拼音索引 ... 521

英文名称索引 ... 524

总索引

拉丁学名总索引 ... 528

中文笔画总索引 ... 542

拼音总索引 ... 547

英文名称总索引 ... 554

当代药用植物典

第四册

广州相思子 Guangzhouxiangsizi CP

豆科

Abrus cantoniensis Hance
Canton Love-pea

概 述

豆科 (Fabaceae) 植物广州相思子 *Abrus cantoniensis* Hance，其干燥去除豆荚的全株入药。中药名：鸡骨草。

相思子属 (*Abrus*) 植物全世界约有 12 种，分布于热带和亚热带地区。中国约有 4 种，均可供药用。本种分布于中国湖南、广东、广西、香港；泰国也有分布。

广东相思子以"鸡骨草"药用之名，始载于《岭南采药录》。因其最先发现于广州白云山，故称"广州相思子"。《中国药典》(2005 年版) 收载本种为中药鸡骨草的法定原植物来源种。主产于中国广东、广西等省区。

广州相思子主要活性成分为生物碱类化合物，尚有三萜类和三萜皂苷类等。《中国药典》以药材性状、粉末特征鉴别等控制药材质量。

药理研究表明，广州相思子具有保肝、抗炎、促进免疫功能等作用。

中医理论认为鸡骨草具有清热利湿，疏肝止痛，活血散瘀等功效。

广州相思子 *Abrus cantoniensis* Hance

药材鸡骨草 Herba Abri Cantoniensis

5cm

化学成分

广州相思子全草含生物碱类成分：相思子碱 (abrine)、胆碱 (choline)[1]；蒽醌类成分：大黄酚 (chrysophanol)、大黄素甲醚 (physcion)[2]；三萜类成分：鸡骨草二醇 (cantoniensistriol)、槐花二醇 (sophoradiol)、大豆皂醇A、B (soyasapogenols A - B)[3]、相思子皂醇A、B、C、E、F、G、H (abrisapogenols A - H)[4-5]、甘草次酸 (glycyrrhetinic acid)、光果甘草内酯 (glabrolide)[1]、广特车皂醇A (kudzusapogenol A)[5]；三萜皂苷类成分：相思子皂苷A、Ca、D_1、D_2、D_3、F、I、L、So_1、So_2、SB (abrisaponins A, Ca, D_1 - D_3, F, I, L, So_1 - So_2, SB)[4, 6-7]、大豆皂苷I (soyasaponin I)、槐花皂苷III (kaikasaponin III)[8]。

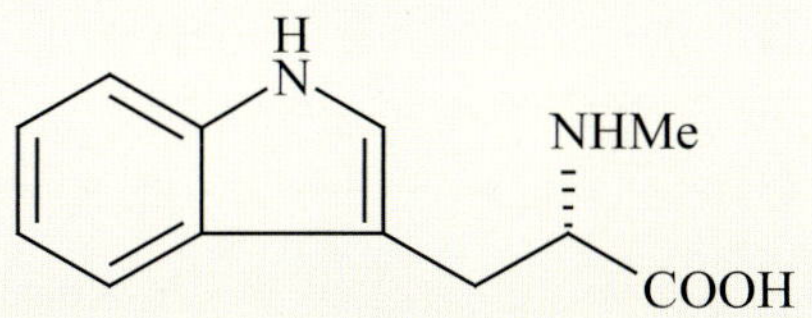

abrine

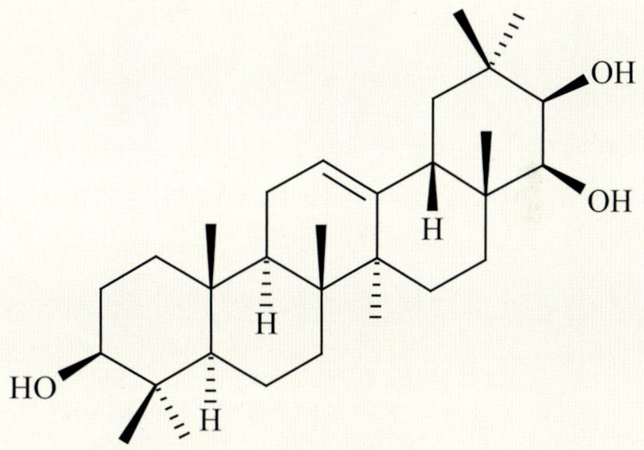

cantoniensistriol

药理作用

1. **保肝**
   广州相思子煎液灌胃给药，对 CCl_4 所致的小鼠急性肝损伤和卡介苗与脂多糖诱导的免疫性肝损伤均有保护作用；能明显降低血清中谷丙转氨酶 (GPT) 和谷草转氨酶 (GOT) 水平[9]。广州相思子中的大豆皂苷I和槐花皂苷III对 CCl_4 所致的原代培养大鼠肝细胞损伤有保护作用，能抑制 GPT 和 GOT 的水平升高。其中，以槐花皂苷III的保护作用更强，但在高浓度时，大豆皂苷I和槐花皂苷III对肝细胞有毒性[8]。

2. **抗炎**
   广州相思子所含相思子碱给小鼠腹腔注射能降低由葡萄球菌毒素引起的炎症反应。广州相思子煎液灌胃给药，对二甲苯所致小鼠耳郭肿胀、醋酸所致小鼠腹腔毛细血管通透性增加有显著抑制作用[10]。

3. **促进免疫**
   广州相思子醇提取液在小鼠经绵羊红细胞免疫3小时后给药，连续数日，可使玫瑰花环形成细胞数明显提高，显示它有免疫增强作用。广州相思子煎液灌胃给药，能显著增强小鼠腹腔巨噬细胞的吞噬功能，增加幼鼠和成年鼠的脾脏重量[10]。

4. **抗菌**
   广州相思子醇提物体外对大肠杆菌和铜绿假单胞菌有抑制作用，其中对铜绿假单胞菌的抑菌效果明显[11]。

5. 其他

广州相思子根煎剂可增强正常家兔离体回肠平滑肌的收缩幅度，对乙酰胆碱所致豚鼠离体回肠收缩有抑制作用；还能增强小鼠游泳耐力[1]。

应用

本品为中医临床用药。功能：清热利湿，疏肝止痛，活血散瘀。主治：黄疸型肝炎，胃痛，风湿骨痛，跌打瘀痛，乳痈。

现代临床还用于急慢性肝炎、肝硬化腹水、胆囊炎、外感风热、瘰疬、蛇咬伤等病的治疗。

评注

广州相思子为中国岭南常用民间草药，常用于汤剂及凉茶中，为治疗肝病的良药和食疗原料，因种子有毒，故入药时宜将豆荚去除。中国岭南地区目前已对其开展 GAP 栽培研究，并建立栽培基地[12]。

同属植物毛鸡骨草 *Abrus mollis* Hance 为地方用药，在广西地区为鸡骨草的代用品。研究表明，毛鸡骨草含白桦酸 (betulinic acid)、香草酸 (vanillic acid)、肌醇甲醚 (inositol methyl ether)、大豆皂苷 (soyasaponin)、槐花皂苷 (kaikasaponin)、脱氢大豆皂苷 (dehydrosoyasaponin)、β-谷甾醇 (β-sitosterol)、豆甾醇 (stigmasterol)、咖啡酸二十九醇酯 (nonacosanyl caffeate)、胡萝卜苷 (daucosterol)[13]、羽扇豆醇 (lupeol)、熊果酸 (ursolic acid)、齐墩果酸 (oleanolic acid)[14]、7,4'-二羟基-8-甲氧基异黄酮 (7,4'-dihydroxy-8-methoxyisoflavone) 等成分[15]。药理实验表明，毛鸡骨草有显著的保肝和促进免疫活性[9-10]，具有良好的开发前景。

参考文献

[1] 白隆华，董青松，蒲瑞翎．中药鸡骨草研究概况．广西农业科学．2005，**36**(5)：476-478

[2] SM Wong, TC Chiang, HM Chang. Hydroxyanthraquinones from *Abrus cantoniensis*. *Planta Medica*. 1982, **46**(3): 191-192

[3] TC Chiang, HM Chang. Isolation and structural elucidation of some sapogenols from *Abrus catoniensis*. *Planta Medica*. 1982, **46**(1): 52-55

[4] Y Sakai, T Takeshita, J Kinjo, Y Ito, T Nohara. Leguminous plants. 17. Two new triterpenoid sapogenols and a new saponin from *Abrus cantoniensis* (II). *Chemical & Pharmaceutical Bulletin*. 1990, **38**(3): 824-826

[5] T Takeshita, S Hamada, T Nohara. New triterpenoid sapogenols from *Abrus cantoniensis* (I). *Chemical & Pharmaceutical Bulletin*. 1989, **37**(3): 846-848

[6] H Miyao, Y Sakai, T Takeshita, J Kinjo, T Nohara. Triterpene saponins from *Abrus cantoniensis* (Leguminosae). I. Isolation and characterization of four new saponins and a new sapogenol. *Chemical & Pharmaceutical Bulletin*. 1996, **44**(6): 1222-1227

[7] H Miyao, Y Sakai, T Takeshita, Y Ito, J Kinjo, T Nohara. Triterpene saponins from *Abrus cantoniensis* (Leguminosae). II. Characterization of six new saponins having a branched-chain sugar. *Chemical & Pharmaceutical Bulletin*. 1996, **44**(6): 1228-1231

[8] H Miyao, T Arao, M Udayama, J Kinjo, T Nohara. Kaikasaponin III and soyasaponin I, major triterpene saponins of *Abrus cantoniensis*, act on GOT and GPT. Influence on transaminase elevation of rat liver cells concomitantly exposed to CCl_4 for one hour. *Planta Medica*. 1998, **64**(1): 0 5-7

[9] 李爱媛，周芳，成彩霞．鸡骨草与毛鸡骨草对急性肝损伤的保护作用．云南中医中药杂志．2006，**27**(4)：35-36

[10] 周芳，李爱媛．鸡骨草与毛鸡骨草抗炎免疫的实验研究．云南中医中药杂志．2005，**26**(4)：33-35

[11] 程瑛琨，陈勇，王璐，李敏，钟帼丽，孟庆繁．鸡骨草醇提物抗菌活性研究．现代中药研究与实践．2006，**20**(2)：39-41

[12] 岑丽华，徐良，郑雪花，周路山．广州相思子 GAP 栽培技术研究．中草药．2005，**36**(11)：1706-1710

[13] 温晶，史海明，屠鹏飞．毛鸡骨草的化学成分研究．中草药．2006，**37**(5)：658-660

[14] 卢文杰，田小雁，陈家源，韦宏，方唯硕．毛鸡骨草化学成分的研究．华西药学杂志．2003，**18**(6)：406-408

[15] 史海明，黄志勤，温晶，屠鹏飞．毛鸡骨草中新的异黄酮醇．中国天然药物．2006，**4**(1)：30-31

相思子 Xiangsizi[IP]

豆科

Abrus precatorius L.
Jequirity Rosarypea

概述

豆科 (Fabaceae) 植物相思子 *Abrus precatorius* L.，其干燥成熟种子入药。中药名：相思子。

相思子属 (*Abrus*) 植物全世界约有 12 种，广布于热带和亚热带地区。中国约有 4 种，均可供药用。本种分布于中国广东、广西、云南、香港、台湾等省区；广布于全球热带地区。

"相思子"药用之名，始载于《本草纲目》。历代本草多有著录，古今药用品种基本一致。主产于中国广东、广西等省区。

相思子主要含生物碱类和黄酮类成分等，其中活性成分为生物碱类化合物。

药理研究表明，相思子具有抗菌、抗肿瘤、增强免疫、抗过敏、抗生育等作用。

中医理论认为相思子具有清热解毒，祛痰，杀虫的功效。

相思子 *Abrus precatorius* L.

相思子 Xiangsizi

药材相思子 Semen Abri

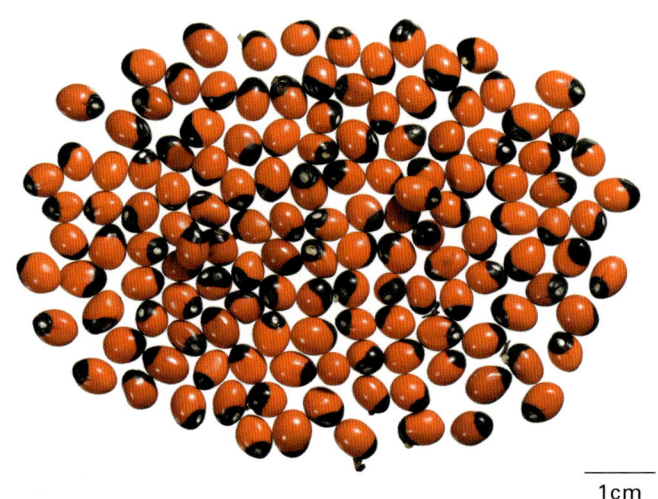

化学成分

相思子的种子含生物碱类成分：相思子碱 (abrine)、下箴刺桐碱 (hypaphorine)、相思豆碱 (precatorine)、下箴刺桐碱甲酯 (hypaphorine methyl ester)、葫芦巴碱 (trigonelline)[1]、相思子灵 (abralin)[2]；三萜皂苷及三萜类成分：相思子皂苷I、II (abrus-saponins I-II)、槐花皂苷I、III (kaikasaponins I, III)、phaseoside IV[3]、常春藤皂苷元 (hederagenin)、槐花二醇 (sophoradiol)、槐花二醇-22-O-醋酸酯 (sophoradiol-22-O-acetate)、相思子皂醇J (abrisapogenol J)[4]；黄酮类成分：precatorins I、II、III[3]、相思子素 (abrusin)、相思子素-2"-

O-芹菜糖苷 (abrusin-2″-O-apioside)[5]、相思子黄酮 (abrectorin)、去甲氧基矢车菊黄酮素-7-O-芸香糖苷 (desmethoxycentaureidin-7-O-rutinoside)、木犀草素 (luteolin)、荭草素 (orientin)、异荭草素 (isoorientin)[6]、木糖葡萄糖基飞燕草素 (xyloglucosyldelphinidin)、对香豆酰没食子酰基葡萄糖基飞燕草素 (p-coumarylgalloylglucosyldelphinidin)[7]；固醇类成分：相思子新 (abricin)、相思子定 (abridin)[8]；此外还含相思子毒蛋白 I、II、III (abrins I-III)、相思子凝集素 I、II (APAs I-II)[9]。

相思子的根含异黄烷醌类成分：相思子醌A、B、C[10]、D、E、F、G[11] (abruquinones A-G)。

相思子的叶含三萜苷类成分：相思子苷 A、B、C、D[12]、E[13] (abrusosides A-E)；黄酮类成分：牡荆苷 (vitexin)、黄杉素-3-葡萄糖苷 (taxifolin-3-glucoside)[14]。

相思子的地上部分也分离到相思子醌 B、G[15]。

药理作用

1. **抗菌**
   相思子种子醇提物体外对金黄色葡萄球菌、大肠杆菌、副伤寒杆菌、痢疾杆菌和某些致病性皮肤真菌的生长有抑制作用。

2. **抗肿瘤**
   相思子毒素 (ABR) 在体外能诱导人胚肾细胞 HEK 凋亡，使细胞周期阻滞于 G_0 期，升高胞内 pH 的药物能增加 ABR 对细胞增殖的抑制作用，胞内 Ca^{2+} 减少能减弱 ABR 对细胞增殖的抑制作用[16]。相思子毒蛋白于不致死量腹腔注射能缩小小鼠道尔顿腹水淋巴瘤 (DLA) 和艾氏腹水癌 (EAC) 的瘤体，延长艾氏腹水癌小鼠的寿命[17]。此外，相思子毒素静脉注射对小鼠或裸鼠 Lewis 肺癌、B16 黑色素瘤、纤维肉瘤、卵巢肉瘤、恶性黑色素瘤、卵巢癌和 Ewing 肉瘤等均有抑制作用[18]。

3. **增强免疫**
   小鼠持续给予相思子毒蛋白 5 天后，其总白细胞数、淋巴细胞数、脾和胸腺重量、循环抗体滴度、抗体形成细胞、骨髓细胞质和 α-酯酶阳性骨髓细胞都显著增加[19]。

4. **抗过敏**
   相思子碱灌胃给药或腹腔注射均能延长组胺-乙酰胆碱所致豚鼠哮喘 III 级反应潜伏期时间，抑制组胺所致大鼠皮肤血管通透性增加，对豚鼠过敏性休克有保护作用，其机理可能是通过抑制致敏介质而起平喘作用[20]。

5. **抗生育**
   相思子种子甲醇提取物体外能抑制精子活力，在高浓度时能直接破坏精子的胞膜，产生不可逆的杀精作用，其作用机理可能与升高细胞内钙浓度、降低细胞内环腺苷磷酸 (cAMP) 含量和提高活性氧簇有关[21]。

6. **红细胞凝集作用**
   相思子凝集素有很强的致红细胞凝集作用，而相思子毒蛋白的血凝作用较弱[22]。

7. **降血糖**
   相思子种子粗糖苷灌胃给药可降低四氧嘧啶所致糖尿病家兔的血糖水平[23]。

8. **其他**
   相思子醌 A、B 和 D 能显著地抑制血小板凝集，还有抗炎、抗过敏、抗氧化的作用[24]。相思子醌 B 有抗结核、抗疟作用；相思子醌 G 有抗病毒作用[15]。

豆科

相思子 Xiangsizi

应用

本品为中医临床用药。功能：清热解毒，祛痰，杀虫。主治：痈疮，腮腺炎，疥癣，风湿骨痛。

现代临床还用于湿疹、流行性腮腺炎等病的治疗。

评注

相思子在古印度被视为贵重物品，以毒物著称。曾作为避孕药和堕胎药，也用于治疗慢性结膜炎。印度安达曼人 (Andamanese) 喜欢将相思子煮食，但由于其毒性强，食用并不安全[25]。

相思子种子含相思子毒蛋白，体内外均有显著的抗肿瘤作用，在抗肿瘤药物资源筛选方面，有良好的开发前景。

相思子外形美观，色泽鲜艳，为常见的装饰品，也可开发为工艺品。

相思子叶中含具甜味的相思子苷，甜味为蔗糖的 30～100 倍，有潜力开发为天然甜味素[12]。

参考文献

[1] S Ghosal, SK Dutta. Alkaloids of *Abrus praecatorius*. *Phytochemistry*. 1971, **10**(1): 195-198

[2] IN Ghatak, R Kaul. Chemical examination of the seeds of *Abrus precatorius* Linn. *Jounal of Indian Chemical Society*. 1932, **9**: 383-387

[3] CM Ma, N Nakamura, M Hattori. Saponins and C-glycosyl flavones from the seeds of *Abrus precatorius*. *Chemical & Pharmaceutical Bulletin*. 1998, **46**(6): 982-987

[4] J Kinjo, K Matsumoto, M Inoue, T Takeshita, T Nohara. Studies on leguminous plants. Part XIX. A new sapogenol and other constituents in abri semen, the seeds of *Abrus precatorius* L. I. *Chemical & Pharmaceutical Bulletin*. 1991, **39**(1):116-119

[5] KR Markham, JW Wallace, YN Babu, VK Murty, MG Rao. 8-C-Glucosylscutellarein 6,7-dimethyl ether and its 2"-O-apioside from *Abrus precatorius*. *Phytochemistry*. 1988, **28**(1): 299-301

[6] DK Bhardwaj, MS Bisht, CK Mehta. Flavonoids from *Abrus precatorius*. *Phytochemistry*. 1980, **19**(9): 2040-2041

[7] MS Karawya, S El-Gengaihi, G Wassel, NA Ibrahim. Anthocyanins from the seeds of *Abrus precatorius*. *Fitoterapia*. 1981, **52**(4): 175-177

[8] S Siddiqui, BS Siddiqui, Z Naim. Studies in the steroidal constituents of the seeds of *Abrus precatorius* Linn. (scarlet variety). *Pakistan Journal of Scientific and Industrial Research*. 1978, **21**(5-6): 158-161

[9] R Hegde, TK Maiti, SK Podder. Purification and characterization of three toxins and two agglutinins from *Abrus precatorius* seed by using lactamyl-Sepharose affinity chromatography. *Analytical Biochemistry*. 1991, **194**(1): 101-109

[10] A Lupi, F Delle Monache, GB Marini-Bettolo, DLB Costa, IL D'Albuquerque. Abruquinones: new natural isoflavanquinones. *Gazzetta Chimica Italiana*. 1979, **109**(1-2): 9-12

[11] 宋纯清，胡之壁．相思子根化学成分研究-相思子醌 A、B、D、E、F、G．植物学报．1998，**40**(8)：734-739

[12] YH Choi, RA Hussain, JM Pezzuto, AD Kinghorn, JF Morton. Abrusosides A-D, four novel sweet-tasting triterpene glycosides from the leaves of *Abrus precatorius*. *Journal of Natural Products*. 1989, **52**(5): 1118-1127

[13] EJ Kennelly, LN Cai, NC Kim, AD Kinghorn. Potential sweetening agents of plant origin. Part 31. Abrusoside E, a further sweet-tasting cycloartane glycoside from the leaves of *Abrus precatorius*. *Phytochemistry*. 1996, **41**(5): 1381-1383

[14] S El-Gengaihi, MS Karawya, G Wassel, N Ibrahim. Investigation of flavonoids of *Abrus precatorius* L. *Herba Hungarica*. 1988, **27**(1): 27-33

[15] C Limmatvapirat, S Sirisopanaporn, P Kittakoop. Antitubercular and antiplasmodial constituents of *Abrus precatorius*. *Planta Medica*. 2004, **70**(3): 276-278

[16] 钟玉绪，应翔宇，李延生，李丽琴，张守兰，林福生．相思豆毒素诱导肿瘤细胞凋亡及其机制．中国药理学与毒理学杂志．2003，**17**(4)：310-311

[17] V Ramnath, G Kuttan, R Kuttan. Antitumour effect of abrin on transplanted tumours in mice. *Indian Journal of Physiology and Pharmacology*. 2002, **46**(1): 69-77

[18] 李丽琴，张瑞华，鹿晓晶，童朝阳，郑晓军，陈乐贵．相思子毒素抑制肿瘤活性研究进展．药物生物技术．2004，**11**(5)：339-343

[19] V Ramnath, G Kuttan, R Kuttan. Immunopotentiating activity of abrin, a lectin from *Abrus precatorius* Linn. *Indian Journal of Experimental Biology.* 2002, **40**(8): 910-913

[20] 甘钟墀，杨鹊，何园．相思子中相思豆碱的药理研究．中药材．1994，**17**(9)：34-37

[21] WD Ratnasooriya, AS Amarasekera, NS Perera, GA Premakumara. Sperm antimotility properties of a seed extract of *Abrus precatorius. Journal of Ethnopharmacology.* 1991, **33**(1-2): 85-90

[22] 李丽琴，郑晓军，林福生，杜秀宝，张守兰．相思子毒素和凝集素研究．中国新药杂志．2002，**2**：20-23

[23] CC Monago, V Akhidue. Antidiabetic effect of crude glycoside of *Abrus precatorius* in alloxan diabetic rabbits. *Global Journal of Pure and Applied Sciences.* 2003, **9**(1): 35-38

[24] SC Kuo, SC Chen, LH Chen, JB Wu, JP Wang, CM Teng. Potent antiplatelet, anti-inflammatory and antiallergic isoflavanquinones from the roots of *Abrus precatorius. Planta Medica.* 1995 , **61**(4): 307-312

[25] 袁昌齐，冯煦．欧美植物药．东南大学出版社．2004：141-142

磨盘草 Mopancao [IP]

Abutilon indicum (L.) St.
Indian Abutilon

 概述

锦葵科 (Malvaceae) 植物磨盘草 *Abutilon indicum* (L.) St.，其干燥全草入药。中药名：磨盘草。

苘麻属 (*Abutilon*) 植物全世界约有 150 种，分布于热带和亚热带地区。中国约有 9 种，分布于南北各省区，本属现供药用者约 6 种。本种分布于中国福建、广东、海南、广西、贵州、云南、香港、台湾等省区；越南、老挝、柬埔寨、泰国、斯里兰卡、缅甸、印度和印度尼西亚等热带地区也有分布。

磨盘草以"磨挡草"药用之名，始载于《生草药性备要》。主产于中国云南、广东、广西、福建等地。

磨盘草主要含黄酮苷类和挥发油成分等。

药理研究表明，磨盘草具有镇痛、抗菌、保肝、降血糖等作用。

民间经验认为磨盘草有疏风清热，化痰止咳，消肿解毒的功效。

磨盘草 *Abutilon indicum* (L.) St.

化学成分

磨盘草全草含单萜类成分：丁香酚 (eugenol)[1]；倍半萜类成分：土木香内酯 (alantolactone) 和异土木香内酯 (isoalantolactone)[2]；三萜类成分：β-香树脂素 (β-amyrin)[3]；有机酸类成分：没食子酸 (gallic acid)[4]。

磨盘草的花含黄酮苷类和黄酮类成分：棉花皮苷 (gossypin)、棉花皮异苷 (gossypitrin)、矢车菊素-3-芸香苷 (cyanidin-3-rutinoside)[5]、木犀草素 (luteolin)、金圣草素 (chrysoeriol)、菜蓟糖苷 (cynaroside)、termopsoside、芹黄春 (apigetrin)、樱草苷 (hirsutrin)、芦丁 (rutin)[6]。

磨盘草还含挥发油：β-蒎烯 (β-pinene)、丁香烯 (caryophyllene)、丁香烯氧化物 (caryophyllene oxide)、桉叶素 (cineole)、牻牛儿醇 (geraniol)、牻牛儿醇醋酸酯 (geranyl acetate)、榄香烯 (elemene)、金合欢醇 (farnesol)、龙脑 (borneol) 及桉叶醇 (eudesmol)[7]。

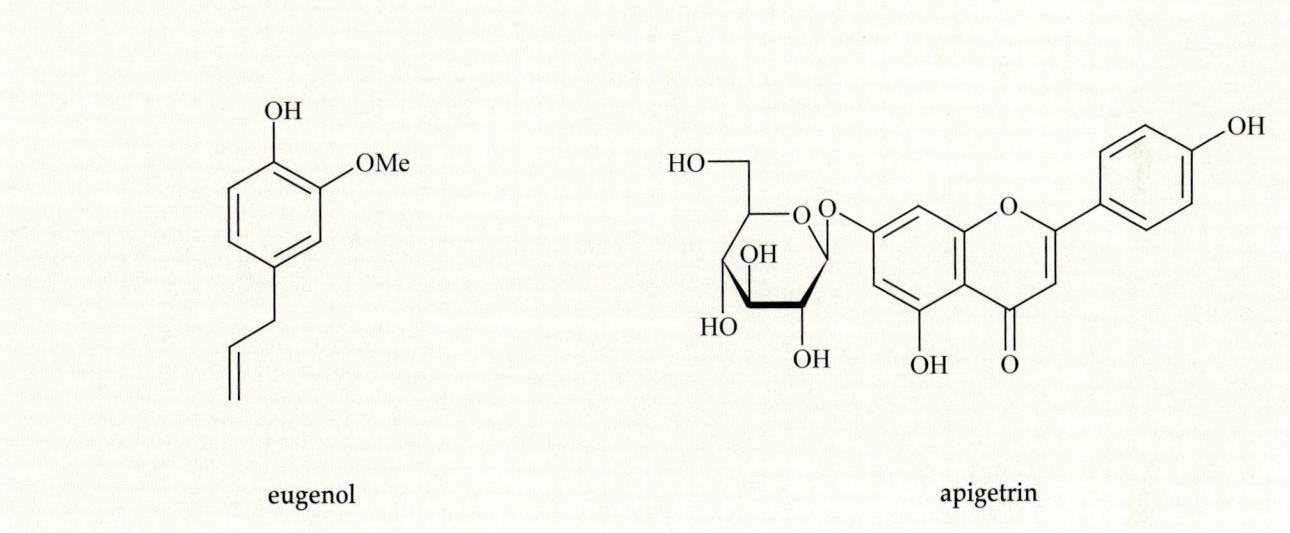

eugenol apigetrin

药理作用

1. **镇痛**
   丁香酚可显著减少醋酸所致小鼠扭体反应的次数，还可延长热板法试验中小鼠的甩尾时间[1]。没食子酸腹腔注射对大鼠也有明显的镇痛作用[4]。

2. **抗菌**
   磨盘草挥发油有明显的抗菌活性，体外对金黄色葡萄球菌、炭疽杆菌、枯草杆菌、化脓性放线菌有抑制作用，对多杀性巴氏杆菌的作用比链霉素和青霉素更强[8]。

3. **保肝**
   磨盘草叶水提物口服给药对四氯化碳和扑热息痛所致的急性肝损伤大鼠有明显保护作用，能使异常升高的血清谷丙转氨酶 (GPT)、谷草转氨酶 (GOT)、碱性磷酸酶 (ALP) 和胆红素恢复正常，并使降低的还原性谷胱甘肽 (GSH) 回升[9]。

4. **降血糖**
   磨盘草醇提物、水提物灌胃给药对正常小鼠有明显的降血糖作用[10]。

5. **其他**
   磨盘草叶水提物还有中枢神经抑制作用[11]，磨盘草挥发油有驱除肠道寄生虫的作用[12]。

磨盘草 Mopancao

应用

本品为中医临床用药。功能：疏风清热，化痰止咳，消肿解毒。主治：感冒发热，咳嗽，泄泻，中耳炎，耳聋，咽炎，腮腺炎，尿道感染，疮痈肿毒，跌打损伤。

现代临床还用于耳痛、耳聋、中耳炎、过敏性荨麻疹、面部麻痹、淋病、风湿等病的治疗[13]。

评注

磨盘草的根及种子也入药，中药名分别为磨盘根和磨盘草子。磨盘根具有清利湿热，通窍活血的功效；磨盘草子具有通窍，利水，清热解毒的功效。

中国台湾产几内亚磨盘草 *Abutilon indicum* (L.) St. var. *guineense* (Schumach.) Feng，为磨盘草变种，也用于治疗耳鸣、耳聋、中耳炎等症，迄今未见其相关化学成分和药理活性研究。为扩大药用资源，应加强这一方面的研究工作。

参考文献

[1] M Ahmed, S Amin, M Islam, M Takahashi, E Okuyama, CF Hossain. Analgesic principle from *Abutilon indicum*. Pharmazie. 2000, **55**(4): 314-316

[2] PV Sharma, ZA Ahmed. Two sesquiterpene lactones from *Abutilon indicum*. Phytochemistry. 1989, **28**(12): 3525

[3] TJ Dennis, KA Kumar. Chemical examination of the roots of *Abutilon indicum* Linn. Journal of the Oil Technologists' Association of India. 1984, **15**(2): 82-83

[4] PV Sharma, ZA Ahmed, VV Sharma. Analgesic constituent of *Abutilon indicum*. Indian Drugs. 1989, **26**(7): 333

[5] SS Subramanian, AGR Nair. Flavonoids of four malvaceous plants. Phytochemistry. 1972, **11**(4): 1518-1519

[6] I Matlawska, M Sikorska. Flavonoid compounds in the flowers of *Abutilon indicum* (L.) Sweet (Malvaceae). Acta Poloniae Pharmaceutica. 2002, **59**(3): 227-229

[7] PK Jain, TC Sharma, MM Bokadia. Chemical investigation of the essential oil of *Abutilon indicum*. Acta Ciencia Indica, Chemistry. 1982, **8**(3): 136-139

[8] AK Garia, RG Varma. The *in vitro* antimicrobial efficiency of some essential oils on human pathogenic bacteria. Acta Ciencia Indica, Chemistry. 1990, **16**C(3): 372-330

[9] E Porchezhian, SH Ansari. Hepatoprotective activity of *Abutilon indicum* on experimental liver damage in rats. Phytomedicine. 2005, **12**(1-2): 62-64

[10] YN Seetharam, G Chalageri, SR Setty, Bheemachar. Hypoglycemic activity of *Abutilon indicum* leaf extracts in rats. Fitoterapia. 2002, **73**(2): 156-159

[11] DM Sarkar, UM Sarkar, NM Mahajan. Anti-diabetic and analgesic activity of leaves of *Abutilon indicum*. Asian Journal of Microbiology, Biotechnology & Environmental Sciences. 2006, **8**(3): 605-608

[12] AK Gharia, AM Thakkar, KA Topiwala, SV Muktibodh. Anthelmintic activity of some essential oils. Oriental Journal of Chemistry. 2002, **18**(1): 165-166

[13] SS Deokule, MW Patale. Pharmacognostic study of *Abutilon indicum* (L.) Sweet. Journal of Phytological Research. 2002, **15**(1): 1-6

儿茶 Ercha CP, IP

豆科

Acacia catechu (L. f.) Willd.
Cutch

 概述

豆科 (Fabaceae) 植物儿茶 *Acacia catechu* (L. f.) Willd., 其去皮枝、干的干燥煎膏入药。中药名：儿茶。

金合欢属 (*Acacia*) 植物全世界约有 900 种，分布于热带和亚热带地区，尤以澳洲、新西兰及非洲的种类最多。中国包括栽培种约有 18 种，分布于西南部至东部，本属现供药用者约 7 种。本种主要分布于中国云南、广西、广东、浙江及台湾等省区，多为栽培；印度、缅甸和非洲东部也有分布。

儿茶以"孩儿茶"药用之名，始载于《饮膳正要》。历代本草多有著录，古今药用品种一致。《中国药典》(2005 年版) 收载本种为中药儿茶的法定原植物来源种。主产于中国云南西双版纳。

儿茶主要含儿茶素类和黄酮类成分。《中国药典》采用高效液相色谱法测定，规定儿茶中儿茶素和表儿茶素的总含量不得少于 21%，以控制药材质量。

药理研究表明，儿茶具有抗菌、抗病毒、收敛和止血等作用。

中医理论认为儿茶具有收湿敛疮，止血定痛，清热化痰的功效。

儿茶 *Acacia catechu* (L. f.) Willd.

儿茶 Ercha

药材儿茶 Catechu

1cm

化学成分

儿茶的心材含儿茶素类成分: 儿茶素 (catechin)、表儿茶素 (epicatechin)、表儿茶素-3-O-没食子酸酯 (epicatechin-3-O-gallate)、表没食子儿茶素-3-O-没食子酸酯 (epigallocatechin-3-O-gallate)[1]、儿茶酸 (catechuic acid)、3',4',7-三甲氧基儿茶素 (3',4',7-tri-O-methylcatechin)、3',4',5,5',7-五甲氧基没食子儿茶素 (3',4',5,5',7-penta-O-methyl gallocatechin)[2]、赭朴鞣质 (phlobatannin)[3]、阿夫儿茶素 (afzelechin)[4]; 黄酮类成分: 漆树黄酮 (fisetin)、万寿菊黄素 (quercetagetin)[3]、山柰酚 (kaempferol)、二氢山柰酚 (dihydrokaempferol)、黄杉素 (taxifolin)、异鼠李素 (isorhamnetin)[4]。

儿茶的树皮和根含黄酮类成分: 槲皮素 (quercetin)、3-甲基槲皮素 (3-methylquercetin)、二氢山柰酚 (dihydrokaempferol)、黄杉素 (taxifolin); 固醇类成分: 波里弗拉甾醇 (poriferasterol); 三萜类成分: 羽扇豆烯酮 (lupenone)、羽扇醇 (lupeol)[5]。

从儿茶的叶分离到黄酮类成分: 槲皮苷 (quercitrin)、金丝桃苷 (hyperin)、quercetin-3-O-arabinofuranoside[6]。

儿茶的树干含黄酮类成分: 5,7,3',4'-tetrahydroxy-3-methoxyflavone-7-O-β-D-galactopyranosyl-(1→4)-O-β-D-glucopyranoside[7]、5,7-dihydroxy-3,6-dimethoxyflavone-5-O-α-L-arabinopyranosyl-(1→6)-O-β-D-glycopyranoside[8]。

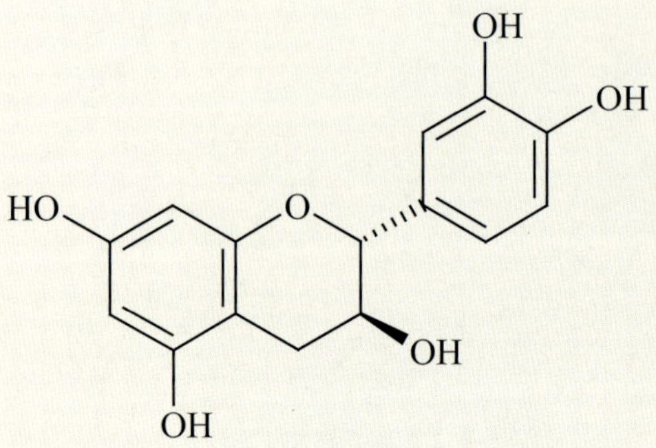

catechin

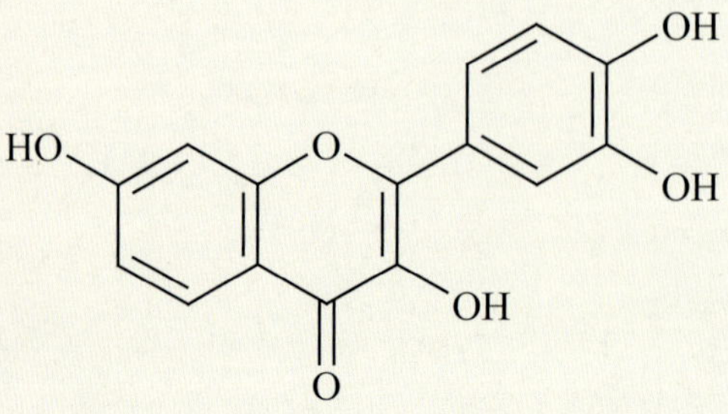

fisetin

药理作用

1. **抗菌、抗病毒**
   儿茶煎液体外对金黄色葡萄球菌、表皮葡萄球菌、肠球菌、肺炎克雷伯菌和大肠杆菌等临床菌株有很好的抑菌作用[9-10]。儿茶提取物灌胃给药能明显延长感染流感病毒小鼠的平均存活时间,减轻肺脏病变程度[11];在狗肾传代 MDCK 细胞培养法和鸡胚培养法中,儿茶醋酸乙酯萃取物可有效抑制甲型流感病毒在感染细胞内的增生[12]。

2. **收敛、止血**
   儿茶素类鞣质外用于创伤和灼伤创面时,可使创面渗出物的蛋白质凝固而形成痂膜,防止细菌感染,还能使创面的微血管收缩,有局部止血作用[13]。

3. **抗氧化**
   儿茶煎膏粉、儿茶素和儿茶鞣质提取物体外对氧自由基、黄嘌呤和黄嘌呤氧化酶体系产生的超氧阴离子均有清除作用,还能不同程度地对抗 H_2O_2 引起的红细胞溶血和小鼠肝肾组织过氧化脂质的生成[14]。

4. **保肝**
   右旋儿茶素能降低四氯化碳或半乳糖胺所致大鼠肝细胞培养液中谷草转氨酶 (GOT)、谷丙转氨酶 (GPT) 和乳酸脱氢酶 (LDH) 活性,有较强的抗肝毒活性[15];体外还能增加大鼠肝内质网中氨基比林去甲基化的速度,抑制四氯化碳引起的脂质过氧化反应[16];腹腔注射对乙醇中毒小鼠肝线粒体急性损伤有缓解作用[17]。

5. **降血压**
   儿茶水提物给麻醉犬静脉注射有显著的降血压作用,还能抑制精氨酸加压素或甲氧胺对离体大鼠尾动脉引起的收缩,其降血压作用可能与血管舒张和缓激肽相关[18]。

6. **其他**
   儿茶还有抑制肠道运动、抗肿瘤等作用。

应用

本品为中医临床用药。功能:收湿敛疮,止血定痛,清热化痰。主治:疮疡久溃不敛,湿疮流水,牙疳,口疮,咯血,吐血,尿血,便血,血崩,外伤出血,痔疮痛肿,痰热咳嗽。

现代临床还用于肺结核咯血、消化性溃疡病出血、慢性结肠炎、脓疱疮等病的治疗。

评注

豆科植物代儿茶 *Dichrostachys cinerea* (L.) Wight et Arn. 的茎枝水煎浸膏名为柏勒树儿茶,产于中国广东。柏勒树儿茶也富含儿茶鞣质,临床用于各种出血。

茜草科钩藤属植物钩藤儿茶 *Uncaria gambier* Roxb. 带叶嫩枝的干燥煎膏,习称"棕儿茶"或"方儿茶",在全世界许多地区也作儿茶入药。钩藤儿茶富含儿茶素类化合物,具有和儿茶相近似的收敛、保肝和抗氧化作用[14, 19]。

参考文献

[1] DD Shen, QL Wu, MF Wang, YH Yang, EJ Lavoie, JE Simon. Determination of the predominant catechins in *Acacia catechu* by liquid chromatography/electrospray ionization-mass spectrometry. *Journal of Agricultural and Food Chemistry.* 2006, **54**(9): 3219-3224

[2] R Murari, S Rangaswami, TR Seshadri. A study of the components of cutch: isolation of catechin, gallocatechin, dicatechin and catechin tetramer as methyl ethers. *Indian Journal of Chemistry.* 1976, **14B**(9): 661-664

[3] DE Hathway, JWT Seakins. Enzymic oxidation of catechin to a polymer structurally related to some phlobatannins. *Biochemical Journal*. 1957, **67**: 239-245

[4] VH Deshpande, AD Patil. Flavonoids of *Acacia catechu* heartwood. *Indian Journal of Chemistry*. 1981, **20**B(7): 628

[5] P Sharma, R Dayal, KS Ayyar. Acylglucosterols from *Acacia catechu*. *Journal of Medicinal and Aromatic Plant Sciences*. 1999, **21**(4): 1002-1005

[6] P Sharma, R Dayal, KS Ayyar. Chemical constituents of *Acacia catechu* leaves. *Journal of the Indian Chemical Society*. 1997, **74**(1): 60

[7] RN Yadava, S Sodhi. A new flavone glycoside: 5,7,3',4'-tetrahydroxy-3-methoxy flavone-7-O-β-D-galactopyranosyl-(1→4)-O-β-D-glucopyranoside from the stem of *Acacia catechu* Willd. *Journal of Asian Natural Products Research*. 2002, **4**(1): 11-15

[8] RN Yadav. A novel flavone glycoside from the stems of *Acacia catechu* Willd. *Journal of the Institution of Chemists*. 2001, **73**(3): 104-108

[9] 李仲兴, 王秀华, 岳云升, 赵宝珍, 陈晶波, 李继红. 儿茶等中药对112株金葡菌的体外抗菌效果对比. 中国中医药科技. 2000, **7**(6): 395

[10] 李仲兴, 王秀华, 岳云升, 赵宝珍, 陈晶波, 李继红. 用新方法进行儿茶对308株临床菌株的体外抗菌活性研究. 中国中医药信息杂志. 2001, **8**(1): 38-40

[11] 郑群, 平国玲, 赵文明. 儿茶提取物抗流感病毒作用的小鼠体内实验研究. 首都医科大学学报. 2004, **25**(1): 32-34

[12] 赵文明, 郑群, 刘振龙, 平国玲, 丁丽新, 石伟先, 刘海林. 儿茶提取物抗甲型流感病毒作用的实验研究. 首都医科大学学报. 2005, **26**(2): 167-169

[13] 刘超, 陈若芸. 儿茶素及其类似物的化学和生物活性研究进展. 中国中药杂志. 2004, **29**(10): 1017-1021

[14] 田金改, 于健东, 王钢力, 黄沛力. 儿茶对氧自由基的消除作用与抗氧化性的研究. 中药新药与临床药理. 1999, **10**(6): 344-346

[15] 方瑞英, 陆敏, 杨宝珠, 楼宜嘉, 王立明. 右旋儿茶素对四氯化碳或半乳糖胺引起原代培养大鼠肝细胞毒性的作用. 中国医学科学院学报. 1992, **14**(3): 194-200

[16] O Danni, BC Sawyer, TF Slater. Effects of (+)-catechin *in vitro* and *in vivo* on disturbances produced in rat liver endoplasmic reticulum by carbon tetrachloride. *Biochemical Society Transactions*. 1977, **5**(4): 1029-1032

[17] 路雪雅. d-儿茶精对乙醇中毒小鼠肝线粒体急性损伤的影响. 中国药理学与毒理学杂志. 1991, **5**(1): 59-61

[18] JSK Sham, KW Chiu, PKT Pang. Hypotensive action of *Acacia catechu*. *Planta Medica*. 1984, **50**(2): 177-180

[19] 刘会前. 儿茶品种的鉴别. 时珍国医国药. 1997, **8**(2): 160-161

龙舌兰 Longshelan

Agave americana L.
Agave

石蒜科

概述

石蒜科 (Amaryllidaceae) 植物龙舌兰 *Agave americana* L.，其新鲜或干燥叶入药。中药名：龙舌兰。

龙舌兰属 (*Agave*) 植物全世界有 300 余种，原产于干旱和半干旱地区，尤以墨西哥种类最多。中国有多种已引种栽培，主要有 4 种，均为世界著名的纤维植物。本属现供药用者约 4 种。本种原产美洲热带，中国华南及西南各省区已引种栽培，云南早有逸为野生者。

龙舌兰在墨西哥中部干旱地区已有数千年的栽培历史，当地居民已用龙舌兰的纤维拧成绳子，把龙舌兰叶当作食物，并以龙舌兰汁酿酒[1]。龙舌兰传入中国有百余年，为南方民间草药之一。主产于中国广东。

龙舌兰主要含固醇皂苷类成分。

药理研究表明，龙舌兰具有抗炎、镇痛、抗菌、抗肿瘤、杀精等作用。

中医理论认为龙舌兰具有解毒拔脓，杀虫，止血的功效。

龙舌兰 *Agave americana* L.

剑麻 *A. sisalana* Perr. ex Engelm.

龙舌兰 Longshelan

化学成分

龙舌兰的叶含固醇皂苷元类成分：海柯皂苷元 (hecogenin)[2]、$\Delta^{9,11}$-去氢海柯皂苷元 ($\Delta^{9,11}$-dehydrohecogenin)[3]、芰脱皂苷元 (gitogenin)、绿莲皂苷元 (chlorogenin)、曼诺皂苷元 (mannogenin)、洛柯皂苷元 (rockogenin)、12-表洛柯皂苷元 (12-epirockogenin)[4]、替告皂苷元 (tigogenin)、异菝葜皂苷元 (smilagenin)[5]、菝葜皂苷元 (sarsasapogenin)、薯蓣皂苷元 (diosgenin)[6]、龙舌兰皂苷元 D (agavegenin D)[7]；固醇皂苷类成分：龙舌兰皂苷 A、B、C、C'、D、E、F、G、H、I (agavosides A-I, C')[8]、agamenosides H、I、J[7]、hecogenin tetraglycoside、cantalasaponin I、(25R)-3β,6α-dihydroxy-5α-spirostan-12-one 3,6-di-O-β-D-glucopyranoside[9]；黄酮类成分：龙舌兰黄烷酮 (agamanone)[10]；长链烷烃衍生物：三十四烷醇 (tetratriacontanol)、十六烷酸三十四烷醇酯 (tetratriacontyl hexadecanoate)、5-羟基-7-甲氧基-2-三十三烷基-4-(H)-苯并吡喃-4-酮 [5-hydroxy-7-methoxy-2-tritriacontyl-4-(H)-1-benzopyran-4-one][11]。此外，还含有番麻蛋白酶 (agavain-SH II)[12]。

龙舌兰的根含固醇皂苷元类成分：海柯皂苷元、芰脱皂苷元、替告皂苷元[13]。

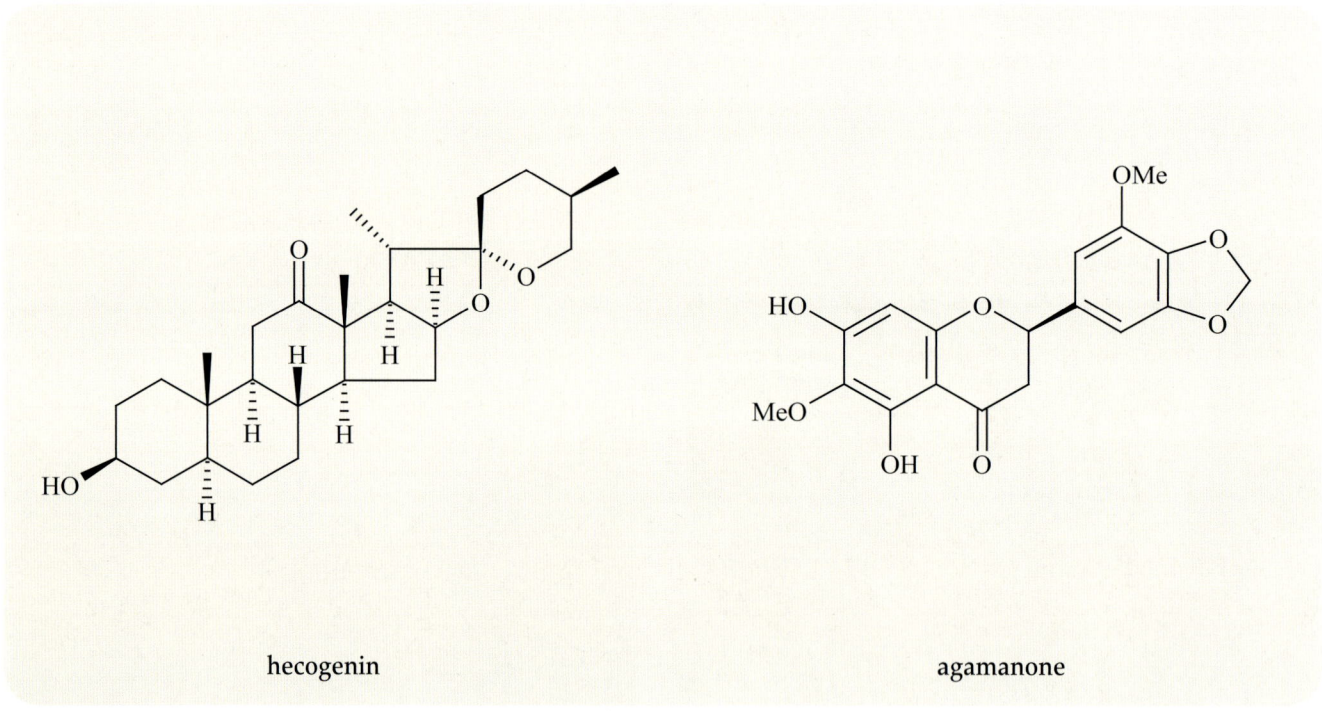

hecogenin　　　　　　　　agamanone

药理作用

1. **抗炎、镇痛**
   龙舌兰水提取液灌胃给药，对大鼠棉球肉芽增生、醋酸引起的小鼠毛细血管通透性增高以及醋酸所致小鼠扭体反应均有明显的抑制作用[14]。龙舌兰水提液冻干物腹腔注射对实验动物角叉菜胶所致的足趾肿胀有显著的消肿作用[15]。

2. **抗菌**
   龙舌兰所含的固醇皂苷类成分体外能显著抑制新型隐球菌和荑曲菌等条件致病菌的生长[16]。

3. **抗肿瘤**
   Hecogenin tetraglycoside 体外对人前髓细胞性白血病细胞 HL-60 有细胞毒活性[9]。

4. 杀精

苷元为海柯皂苷元的皂苷类成分能使人的精子丧失游动能力，其活性部位为 12 位的氧基[17]。

应用

本品为中医临床用药。功能：解毒拔脓，杀虫，止血。主治：痈疽疮疡，疥癣，盆腔炎，子宫出血。

现代临床还用于久年溃疡、足底脓疮、皮肤疥癣、风湿性关节炎[14]等病的治疗。

评注

龙舌兰属植物具有很大的经济价值，纤维坚韧耐腐，是制作船缆、绳索、鱼网、帆布的优质原料。其中以剑麻 *Agave sisalana* Perr. ex Engelm. 纤维的产量高、质量好。龙舌兰属植物均富含固醇皂苷类成分，是生产固醇激素药物的重要原料，其中又以龙舌兰固醇皂苷元的含量较高。

早在两千年前，龙舌兰在墨西哥就是人们赖以生存的重要植物，人们还用发酵后的龙舌兰汁制成龙舌兰酒。龙舌兰汁发酵后可生成 agavegenins A、B[18]、agamenosides A、B[19]、D、E、F[20]等新的固醇皂苷类成分，以上成分的药理活性有待进一步研究。

参考文献

[1] 叶紫. 滋养了古文明的植物. 大科技·科学之谜. 2005, 2: 22-23

[2] AM Dewidar, D El-Munajjed. Steroid sapogenin constituents of *Agave americana, A. variegata* and *Yucca gloriosa*. *Planta Medica*. 1971, **19**(1): 87-91

[3] OL Tombesi, MB Faraoni, MA Frontera, MA Tomas. Steroidal sapogenins in leaves of *Agave americana* L. (Amaryllidaceae). *Informacion Tecnologica*. 1998, **9**(6): 11-15

[4] 陈延墉, 丛浦珠, 黄量. 龙舌兰属植物中甾体皂苷元的研究 I. 番麻叶甾族皂苷元的分离和鉴定. 化学学报. 1975, **33**(1): 149-161

[5] TA Pkheidze, DA Kereselidze. Steroid sapogenins of some varieties of *American agave*. *Izvestiya Akademii Nauk Gruzinskoi SSR, Seriya Khimicheskaya*. 1978, **2**: 187-190

[6] 陈延墉, 丛浦珠. 薄层层析法在研究天然化合物中的应用 IV. 番麻总甾体皂苷元的鉴定. 药学学报. 1964, **11**(3): 147-155

[7] JM Jin, YJ Zhang, CR Yang. Four new steroid constituents from the waste residue of fibre separation from *Agave americana* leaves. *Chemical & Pharmaceutical Bulletin*. 2004, **52**(6): 654-658

[8] GV Lazur'evskii, VA Bobeiko, PK Kintya. Steroid glycosides from *Agave americana* leaves. *Doklady Akademii Nauk SSSR*. 1975, **224**(6): 1442-1444

[9] A Yokosuka, Y Mimaki, M Kuroda, Y Sashida. A new steroidal saponin from the leaves of *Agave americana*. *Planta Medica*. 2000, **66**(4): 393-396

[10] VS Parmar, HN Jha, AK Gupta, AK Prasad. Agamanone, a flavanone from *Agave americana*. *Phytochemistry*. 1992, **31**(7): 2567-2568

[11] VS Parmar, HN Jha, AK Gupta, AK Prasad, S Gupta, PM Boll, OD Tyagi. New antibacterial tetratriacontanol derivatives from *Agave americana* L. *Tetrahedron*. 1992, **48**(7): 1281-1284

[12] 徐凤彩, 李明启. 番麻蛋白酶的分离纯化及其部分特性研究. 生物化学与生物物理学报. 1993, **25**(1): 25-31

[13] AA Gbolade, AA Elujoba, A Sofowora. Steroidal sapogenin content of *Agave* species cultivated in Nigeria. *Analytical Chemistry Symposia Series*. 1985, **23**(84): 93-98

[14] 焦淑萍, 陈彪, 姜虹. 龙舌兰抗炎作用的实验研究. 北华大学学报(自然科学版). 1993, **25**(1): 377-379

[15] AT Peana, MDL Moretti, V Manconi, G Desole, P Pippia. Anti-inflammatory activity of aqueous extracts and steroidal sapogenins of *Agave americana*. *Planta Medica*. 1997, **63**(3): 199-202

[16] CR Yang, Y Zhang, MR Jacob, SI Khan, YJ Zhang, XC Li. Antifungal activity of C-27 steroidal saponins. *Antimicrobial Agents and Chemotherapy*. 2006, **50**(5): 1710-1714

[17] G Pant, MS Panwar, DS Negi, MSM Rawat. Spermicidal activity of steroidal and triterpenic glycosides. *Current Science*. 1988, **57**(12): 661

[18] JM Jin, CR Yang. Two new spirostanol steroidal sapogenins from fermented leaves of *Agave Americana*. *Chinese Chemical Letters*. 2003, **14**(5): 491-494

[19] JM Jin, XK Liu, RW Teng, CR Yang. Two new steroidal glycosides from fermented leaves of *Agave americana*. *Chinese Chemical Letters*. 2002, **13**(7): 629-632

[20] JM Jin, XK Liu, CR Yang. Three new hecogenin glycosides from fermented leaves of *Agave americana*. *Journal of Asian Natural Products Research*. 2003, **5**(2): 95-103

高良姜 Gaoliangjiang CP, JP, KHP, VP

姜 科

Alpinia officinarum Hance
Lesser Galangal

 概 述

姜科 (Zingiberaceae) 植物高良姜 *Alpinia officinarum* Hance，其干燥根茎入药。中药名：高良姜。

山姜属 (*Alpinia*) 植物全世界约有 250 种，广布于亚洲热带地区。中国约有 46 种、2 变种，分布于东南部至西南部。本属现供药用者约 12 种。本种分布于中国海南、广东、广西、香港等省区。

"高良姜"药用之名，始载于《名医别录》，列为中品。历代本草多有著录。《中国药典》(2005 年版) 收载本种为中药高良姜的法定原植物来源种。主产于中国海南、广东、广西。

高良姜主要含二苯基庚烷类、黄酮类、挥发油等成分。《中国药典》采用气相色谱法测定，规定高良姜中桉叶素含量不得少于 0.15%，以控制药材质量。

药理研究表明，高良姜具有抗血栓及凝血、镇痛、降血糖、抗氧化、抗菌、抗肿瘤等作用。

中医理论认为高良姜有温胃散寒，消食止痛的功效。

高良姜 *Alpinia officinarum* Hance

姜 科

高良姜 Gaoliangjiang

药材高良姜 Rhizoma Alpiniae Officinarum

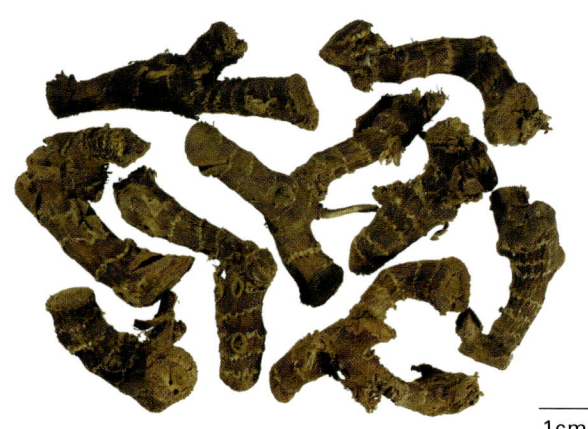

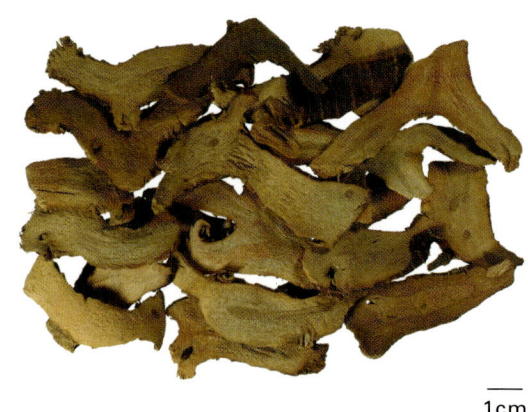

1cm　　　　　　　　　　　　　　　　　　　1cm

化学成分

高良姜中主要含二苯基庚烷类 (diarylheptanoids) 成分：姜黄素 (curcumin)、六氢姜黄素 (hexahydrocurcumin)、二氢姜黄素 (dihydrocurcumin)[1]、5 - 羟基 - 7 - (4 - 羟基 - 3甲氧基苯基) - 1 - 苯基 - 3 - 庚酮 [5 - hydroxy - 7 - (4 - hydroxy - 3 - methoxyphenyl) - 1 - phenyl - 3 - heptanone][2]、dihydroyashabushiketol、1,7 - 二苯基 - 4 - 庚烯 - 3 - 酮 (1,7 - diphenyl - 4 - hepten - 3 - one)[3]、7 - (4 - 羟基 - 3 - 甲氧基苯基) - 1 - 苯基 - 3,5 - 二庚酮[7 - (4 - Hydroxy - 3 - methoxyphenyl) - 1 - phenyl - 3,5 - heptanedione][4]、7 - (4" - 羟苯基) - 1 - 苯基 - 4 - 庚烯 - 3 - 酮 [7 - (4" - hydroxyphenyl) - 1 - phenyl - 4 - hepten - 3 - one][5]；黄酮类成分：高良姜素 (galangin)[6]、3 - 甲基高良姜素 (3 - methylgalangin)、槲皮素 (quercetin)、山奈酚 (kaempferol)、山奈素 (kaempferide)、异鼠李素 (isorhamnetin)、槲皮素 - 5 - 甲醚 (quercetin - 5 - methyl ether)[7]；挥发油成分：桉叶素 (cineole)、丁香酚 (eugenol)、蒎烯 (pinene)、荜澄茄烯 (cadinene)、桂皮酸甲酯 (methylcinnamate)[8]、3 - 蒈烯 (3 - carene)、莰烯 (camphene)、α - 松油醇 (α - terpineol)、异丁香烯 (isocaryophyllene)[9]；苯丙素类成分：(E) - 对香豆素醇 - γ - O - 甲基醚 [(E) - p - coumaryl alcohol - γ - O - methyl ether]、(E) - p - 香豆素醇 [(E) - p - coumaryl alcohol][10]；蒽醌类成分：大黄素 (emodin)[11]。

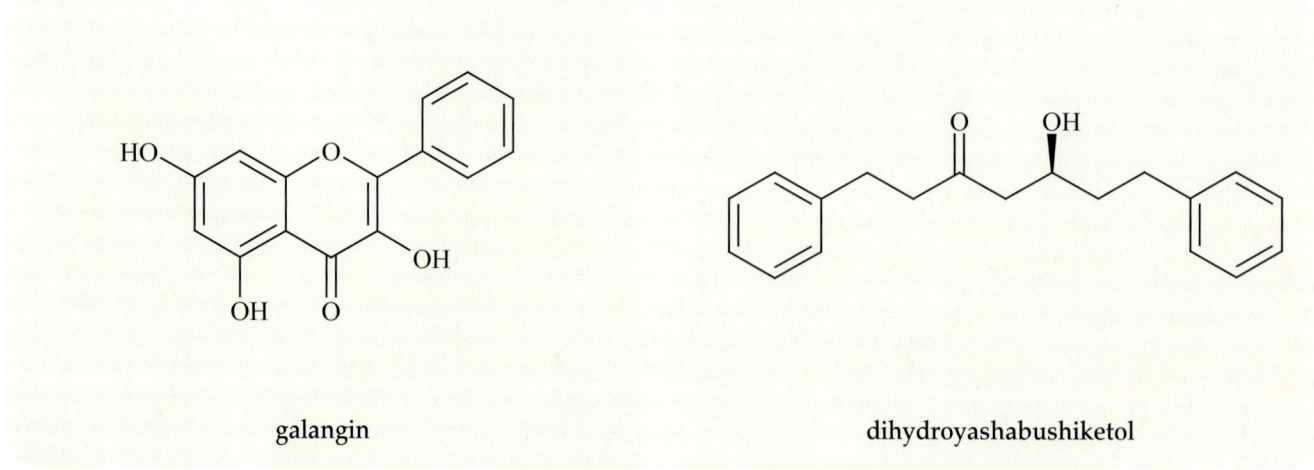

galangin　　　　　　　　　　　　　　　　dihydroyashabushiketol

药理作用

1. **对血栓形成及凝血系统的影响**
   高良姜水提物或挥发油给大鼠灌胃对血栓形成有明显抑制作用，还能参与内源性凝血系统，产生抗凝作用[12]。

2. 镇痛

   高良姜醚提取物或水提物给小鼠灌胃，均有减少醋酸引起的扭体反应次数，延长热刺激痛反应潜伏期；水提取物灌胃还能抑制二甲苯引起的小鼠耳郭肿胀和醋酸所致毛细血管通透性增加，对角叉菜胶引起的大鼠足趾肿胀也有拮抗作用[13]。

3. 抗溃疡、抗腹泻

   高良姜醚提取物和水提取物灌胃，能显著对抗小鼠水浸应激型溃疡和大鼠盐酸损伤性溃疡；还能显著对抗蓖麻油引起的腹泻，水提取物能对抗番泻叶引起的腹泻[14]。

4. 降血糖

   在正常雄性降血糖实验中，高良姜粉末给家兔口服有明显的降血糖作用；甲醇提取液和水提取液的降血糖作用更明显，但高良姜粉末及其提取液对四氧嘧啶诱导的糖尿病家兔无效，故其降血糖作用可能是通过促进体内胰腺分泌胰岛素而实现的[15]。

5. 抗氧化

   高良姜提取液能减轻氧化剂 H_2O_2 对仓鼠肺纤维母细胞 V79－4 繁殖的抑制作用，主要活性物质是黄酮醇类及二芳基庚烷类化合物[16]。

6. 抗菌

   高良姜挥发油体外对红色毛癣菌、石膏样毛癣菌、猴毛癣菌[17]、发癣霉菌和絮状表皮癣菌等皮肤真菌有明显的抗真菌活性，对其他多种的革兰氏阴性菌、革兰氏阳性菌、致病和非致病性的霉菌都有抗菌活性[18]。

7. 抗肿瘤

   高良姜素能有效降低甲基亚硝基脲 (MNU) 对小鼠肺细胞染色体的致畸作用，高良姜提取物能抑制 7,12－二甲基苯并蒽引起的小鼠细胞畸变作用[19]。高良姜的甲醇提取物对促癌物质 12－O－十四烷酰佛波醋酸酯－13 (TPA) 诱发的小鼠耳郭肿胀有明显抑制作用[20]。蛋白激酶 C (PKC) 抑制剂十字孢碱 (ST) 或神经鞘氨醇 (SS)，能抑制人低分化鼻咽癌细胞 CNE－2Z 的生长，高良姜本身不影响 CNE－2Z 细胞的生长，但能协同 SS 抑制 CNE－2Z 细胞生长[21]。

8. 其他

   高良姜还具有保肝、利胆[14]、抑制脂肪酸合成酶 (FAS)[22]、抑制环氧化酶－1 和 2 (COX－1, COX－2)、抑制透明质酸酶及脂质过氧化等作用[23]。

应用

本品为中医临床用药。功能：温胃散寒，消食止痛。主治：脘腹冷痛，嗳气吞酸，胃寒呕泻，消积食滞，消化不良。

现代临床还用于胃脘疼痛、脘腹胀满诸症的治疗。

评注

高良姜是中国卫生部规定的药食同源品种之一。同属植物大高良姜 Alpinia galanga (L.) Willd. 的干燥根茎，具温胃散寒，行气止痛之功，历史上曾经被《图经本草》记载用作高良姜。

高良姜与大高良姜外形相似，但大高良姜所含挥发油较少，香气较淡，药材质量较差，且临床治疗上明显不同。大高良姜挥发油含有蒎烯、桉叶素、丁香酚、倍半萜及倍半萜醇等[24]。并含有黄酮类成分：槲皮素、山奈酚、山奈素、异鼠李素、高良姜素、3－甲基高良姜素[25]，种子中挥发油成分有石竹烯氧化物 (caryophyuene oxide)、石竹醇 I、II (caryophyllenols I－II)[26]。

高良姜 Gaoliangjiang

参考文献

[1] S Uehara, I Yasuda, K Akiyama, H Morita, K Takeya, H Itokawa. Diarylheptanoids from the rhizomes of *Curcuma xanthorrhiza* and *Alpinia officinarum*. Chemical & Pharmaceutical Bulletin. 1987, **35**(8): 3298-3304

[2] T Inoue, T Shinbori, M Fujioka, K Hashimoto, Y Masada. Studies on the pungent principle of *Alpinia officinarum* Hance. Yakugaku Zasshi. 1978, **98**(9): 1255-1257

[3] H Itokawa, M Morita, S Mihashi. Two new diarylheptanoids from *Alpinia officinarum* Hance. Chemical & Pharmaceutical Bulletin. 1981, **29**(8): 2383-2385

[4] F Kiuchi, M Shibuya, U Sankawa. Inhibitors of prostaglandin biosynthesis from *Alpinia officinarum*. Chemical & Pharmaceutical Bulletin. 1982, **30**(6): 2279-2282

[5] H Itokawa, H Morita, I Midorikawa, R Aiyama, M Morita. Diarylheptanoids from the rhizome of *Alpinia officinarum* Hance. Chemical & Pharmaceutical Bulletin. 1985 **33**(11): 4889-4893

[6] 董乃维，刘凤芝，甘春丽，韩维娜．高良姜素提取工艺改进研究．哈尔滨医科大学学报．2006，**40**(2)：168-169

[7] W Bleier, JJ Chirikdjian. Flavonoids from galanga rhizome (*Alpinia officinarum* Hance). Planta Medica. 1972, **22**(2): 145-151

[8] JS de Goldfiem. Galanga in therapeutics. Presse Medicale. 1937, **45**: 344

[9] 罗辉，蔡春，张建和，莫丽儿．高良姜根茎叶挥发油化学成分的比较．时珍国药研究．1997，**8**(4)：319-320

[10] TN Ly, M Shimoyamada, K Kato, R Yamauchi. Isolation and characterization of some antioxidative compounds from the rhizomes of smaller galanga (*Alpinia officinarum* Hance). Journal of Agricultural and Food Chemistry. 2003, **51**(17): 4924-4929

[11] 罗辉，蔡春，张建和，莫丽儿．高良姜化学成分研究．中药材．1998，**21**(7)：349-351

[12] 许青媛，于利森，张小莉，陈瑞明．高良姜及其主要成分对实验性血栓形成及凝血系统的影响．陕西中医．1991，**12**(5)：232-233

[13] 张明发，段泾云，陈光娟，沈雅琴，宋延平．高良姜温经止痛的药理研究．陕西中医．1992，**13**(5)：232-236

[14] 朱自平，陈光娟，张明发，沈雅琴．高良姜的温中止痛药理研究．中药材．1991，**14**(10)：37-41

[15] MS Akhtar, MA Khan, MT Malik. Hypoglycaemic activity of *Alpinia galanga* rhizome and its extracts in rabbits. Fitoterapia. 2002, **73**(7-8): 623-628

[16] SE Lee, HJ Hwang, JS Ha, HS Jeong, JH Kim. Screening of medicinal plant extracts for antioxidant activity. Life Sciences. 2003, **73**(2): 167-179

[17] 桂蜀华，蒋东旭，袁捷．花椒、高良姜挥发油体外抗真菌活性研究．中国中医药信息杂志．2005，**12**(8)：21-22

[18] PG Ray, SK Majumdar. Antifungal flavonoid from *Alpinia officinarum* Hance. Indian Journal of Experimental Biology. 1976, **14**(6): 712-714

[19] MY Heo, SJ Sohn, WW Au. Anti-genotoxicity of galangin as a cancer chemopreventive agent candidate. Mutation Research. 2001, **488**(2): 135-150

[20] 安川宪．高良姜的抗促癌作用．国外医学：中医中药分册．2003，**25**(1)：53

[21] 陈南岳，赵明伦．PKC抑制剂与六种海洋生物和中草药对鼻咽癌细胞生长的影响．中国病理生理杂志．1996，**12**(6)：596-599

[22] BH Li, WX Tian. Presence of fatty acid synthase inhibitors in the rhizome of *Alpinia officinarum* hance. Journal of Enzyme Inhibition and Medicinal Chemistry. 2003, **18**(4): 349-356

[23] 内部友纪．高良姜与生姜提取物生物活性的比较．国外医学：中医中药分册．2003，**25**(2)：107

[24] L Trabaud. Perfume and resinoid of galanga. France Parfums. 1964, **7**(38): 141-142

[25] W Bleier, JJ Chirikdjian. Flavonoids of Rhizoma galangae. Planta Medica. 1972, **22**(2): 145-151

[26] S Mitsui, S Kobayashi, H Nagahori, A Ogiso. Constituents from seeds of *Alpinia galanga* Willd. and their anti-ulcer activities. Chemical & Pharmaceutical Bulletin. 1976, **24**(10): 2377-2382

益智 Yizhi CP, JP, VP

姜科

Alpinia oxyphylla Miq.
Sharpleaf Galangal

概 述

姜科 (Zingiberaceae) 植物益智 *Alpinia oxyphylla* Miq., 其干燥成熟果实入药。中药名：益智。

山姜属 (*Alpinia*) 植物全世界约有 250 种，广布于亚洲热带地区。中国约有 46 种、2 变种，分布于东南部至西南部。本属现供药用者约 12 种。本种分布于中国广东、海南、广西、云南、福建等省区。

益智以"益智子"药用之名，始载于《南方草木状》。历代本草多有著录，古今药用品种一致。《中国药典》(2005年版) 收载本种为中药益智的法定原植物来源种。主产于中国海南、广东、广西、云南、福建等地。

益智主要含挥发油类成分。《中国药典》采用挥发油测定法，规定益智中挥发油的含量不得少于 1.0% (mL/g)，以控制药材质量。

药理研究表明，益智具有保护神经、改善学习记忆能力、抗氧化、抗肿瘤、降血脂等作用。

中医理论认为益智具有温脾止泻，摄涎唾，暖肾，固精缩尿的功效。

益智 *Alpinia oxyphylla* Miq.

益智 Yizhi

药材益智 Fructus Alpiniae Oxyphyllae

1cm

化学成分

益智果实含挥发油：对聚伞花烯 (p-cymene)、香橙烯 (valencene)、芳樟醇 (linalool)、桃金娘醛 (myrtenal)、α-、β-蒎烯 (α-，β-pinenes)、松油醇-4 (terpinen-4-ol)、别香树烯 (alloaromadendrene)[1]、胡椒烯 (copaene)、α-丁香烯 (α-caryophllene)、薄荷-8-烯 (menth-8-ene)、α-杜松醇 (α-cadinol)、环氧化红没药烯 (α-bisabolene epoxide)、β-新丁香三环烯 (β-neoclovene)[2]；二芳基庚酮类成分：益智酮A，B (yakuchinones A–B)、益智醇 (oxyphyllacinol)[3]；倍半萜类成分：努特卡醇 (nootkatol)[4]、努特卡酮 (nootkatone)[1]、oxyphyllols A、B、C、异香附醇 (isocyperol)、oxyphyllenodiols A、B、oxyphyllenones A、B[5]；黄酮类成分：杨芽黄酮 (tectochrysin)、白杨素 (chrysin)[3]。

益智叶和茎也含挥发油成分[2]。

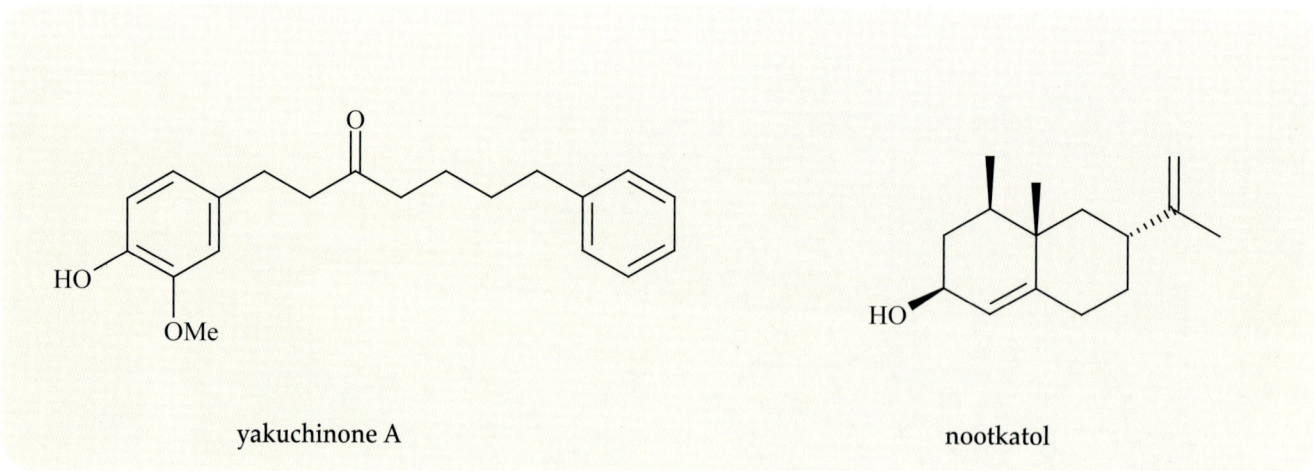

yakuchinone A

nootkatol

药理作用

1. **保护神经**
   益智果实乙醇提取物体外对谷氨酸盐导致的小鼠皮层神经元凋亡具有明显保护作用[6]。

2. **改善学习记忆能力**
   小鼠灌胃益智果实水提物可提高脑老化小鼠海马超氧化物歧化酶 (SOD) 活力，增加海马蛋白含量，对D-半乳糖诱导脑老化小鼠的学习记忆障碍有显著改善作用[7]。大鼠灌胃益智果实水提物，能抑制乙酰胆碱酯酶活性，减少乙酰胆碱分解，提高海马脑蛋白含量，对东莨菪碱所致记忆获得障碍有显著的改善作用[8]。

3. 抗氧化

益智所含原儿茶酸能通过增加谷胱甘肽含量，提高过氧化氢酶活性，抑制 H_2O_2、Fe^{2+} 和 1-甲基-4-苯基吡啶导致的 PC12 细胞凋亡和氧化损伤，可能对神经变性型疾病有治疗作用[9-10]。益智果实乙醇提取物及益智渣均有较强的抗氧化性，益智渣对 H_2O_2 清除能力强于益智果实乙醇提取物[11]。用超临界二氧化碳萃取益智所得挥发油的抗氧化作用比用水蒸气提取所得的强[12]。

4. 抗肿瘤

局部给药二芳基庚酸类成分能明显抑制 7,12-二甲基苯蒽导致的小鼠皮肤癌形成。益智酮 A、B 能明显抑制 12-O-十四烷酰佛波-13-醋酸酯 (TPA) 导致的表皮鸟氨酸羟色氨酸脱羧酶 (ODC) 活性及 ODC mRNA 的表达；还能降低肿瘤坏死因子 α (TNF-α) 在 TPA 受激小鼠皮肤细胞内的表达，抑制环氧化酶 2 (COX-2) 在转录和翻译期的表达，产生抗癌增效作用[13]；也通过抑制由 TPA 诱导的皮肤癌恶化过程中存在的 NF-κB、环加氧酶-2 和诱导型一氧化氮合酶 (iNOS) 的活性，达到抗肿瘤的目的[14]。益智果实甲醇提取物有抑制小鼠皮肤癌细胞增长活性和诱导 HL-60 细胞凋亡的活性[15]。

5. 降血脂

饲喂含益智果实的饲料，可以明显降低实验性高脂血症小鼠血清总胆固醇 (TC) 含量和动脉硬化指数 (AI)，提高血清高密度脂蛋白胆固醇 (HDL-C) 水平[16]。

6. 对血液系统的影响

益智酮甲对豚鼠左心房有正性肌力作用，可能与其抑制 Na^+, K^+-ATP 酶的活性有关[17]。努特卡醇有钙拮抗活性[4]。

7. 抗过敏

益智果实水提物给大鼠腹腔注射或灌胃能抑制被动皮肤过敏性反应，静脉给药则表现出微弱作用；也能抑制由抗二硝基酚免疫球蛋白-E 抗体激活的大鼠腹膜肥大细胞内致敏物组胺的释放[18]；还能减少由化合物 48/80 诱导的血液和大鼠腹膜肥大细胞组胺的释放量，完全抑制由化合物 48/80 诱导的过敏性休克。益智仁水提物加入大鼠腹膜肥大细胞，可使环磷酸腺苷 (cAMP) 水平显著的增长，与治疗非特异性过敏反应有关[19]。

8. 抗衰老

将水蚤放入益智仁果实水提液中饲养，能增加水蚤体长，提前产仔时间，延长平均寿命[20]。

9. 抗溃疡

灌胃益智果实丙酮提取物能明显抑制盐酸/乙醇引起的大鼠胃损伤，努特卡酮为活性成分之一[21]。

应用

本品为中医临床用药。功能：温脾止泻，摄涎唾，暖肾，固精缩尿。主治：脾寒泄泻，腹中冷痛，口多涎唾，肾虚遗尿，遗精白浊等。

现代临床还用于小儿遗尿、妊娠遗尿不禁、小便赤浊、疝痛等病的治疗。

评注

同属植物山姜 *Alpinia japonica* (Thunb.) Miq. 和华山姜 *A. chinensis* (Retz.) Rose. 的干燥成熟果实可能与益智果实引起混淆，应当注意鉴别[22]。

益智仁是中国卫生部规定的药食同源品种之一。中国益智资源丰富，是四大南药之一，不仅具有药用价值，还具有食用

益智 Yizhi

价值，市场开发前景较好。

参考文献

[1] 罗秀珍，余竞光，徐丽珍，杨世林，冯锦东，欧淑玲．中药益智挥发油化学成分．中国中药杂志．2001，26(4)：262-264

[2] 易美华，肖红，梁振益．益智仁、叶、茎挥发油化学成分的对比研究．中国热带医学．2004，4(3)：339-342

[3] 罗秀珍，余竞光，徐丽珍，李克明，潭沛，冯锦东．中药益智化学成分的研究．药学学报．2000，35(3)：204-207

[4] N Shoji, A Umeyama, Y Asakawa, T Takemoto, K Nomoto, Y Ohizumi. Structural determination of nootkatol, a new sesquiterpene isolated from *Alpinia oxyphylla* Miquel possessing calcium-antagonistic activity. *Journal of Pharmaceutical Sciences*. 1984, 73(6): 843-844

[5] T Morikawa, H Matsuda, I Toguchida, K Ueda, M Yoshikawa. Absolute stereostructures of three new sesquiterpenes from the fruit of *Alpinia oxyphylla* with inhibitory effects on nitric oxide production and degranulation in RBL-2H3 cells. *Journal of Natural Products*. 2002, 65(10): 1468-1474

[6] XY Yu, LJ An, YQ Wang, H Zhao, CZ Gao. Neuroprotective effect of *Alpinia oxyphylla* Miq. fruits against glutamate-induced apoptosis in cortical neurons. *Toxicology Letters*. 2003, 144(2): 205-212

[7] 嵇志红，张炜，张晓利，刘飞风．益智仁水提取物对脑老化小鼠海马 SOD 活力及蛋白含量的影响．大连大学学报．2006，27(4)：73-75，81

[8] 嵇志红，于新宇，张晓利，韩慧，张伟，汪永富．益智仁水提取物对东莨菪碱所致记忆获得障碍大鼠的干预效应．中国临床康复．2005，9(28)：120-122

[9] G Shui, YM Bao, J Bo, LJ An. Protective effect of protocatechuic acid from *Alpinia oxyphylla* on hydrogen peroxide-induced oxidative PC12 cell death. *European Journal of Pharmacology*. 2006, 538(1-3): 73-79

[10] LJ An, S Guan, GF Shi, YM Bao, YL Duan, B Jiang. Protocatechuic acid from *Alpinia oxyphylla* against MPP$^+$-induced neurotoxicity in PC12 cells. *Food and Chemical Toxicology*. 2006, 44(3): 436-443

[11] 刘红，郭祀远，韩长日，纪明慧，李琳．益智有效抗氧化成分的分离条件的研究．广西植物．2005，25(5)：469-471

[12] 刘红，郭祀远，肖凯军，蔡妙颜，韩长日．超临界CO_2萃取益智油及益智油的抗氧化活性．华南理工大学学报（自然科学版）．2006，34(3)：54-57

[13] KS Chun, KK Park, J Lee, M Kang, YJ Surh. Inhibition of mouse skin tumor promotion by anti-inflammatory diarylheptanoids derived from *Alpinia oxyphylla* Miquel (Zingiberaceae). *Oncology Research*. 2002, 13(1): 37-45

[14] KS Chun, JY Kang, OH Kim, H Kang, YJ Surh. Effects of yakuchinone A and yakuchinone B on the phorbol ester-induced expression of COX-2 and iNOS and activation of NF-κB in mouse skin. *Journal of Environmental Pathology, Toxicology and Oncology*. 2002, 21(2): 131-139

[15] E Lee, KK Park, JM Lee, KS Chun, JY Kang, SS Lee, YJ Surh. Suppression of mouse skin tumor promotion and induction of apoptosis in HL-60 cells by *Alpinia oxyphylla* Miquel (Zingiberaceae). *Carcinogenesis*. 1998, 19(8): 1377-1381

[16] 陈蓉，李仁茂，陈德记．益智对小鼠实验性高脂血症的降脂作用．现代康复．2001，5(12)：49-50

[17] N Shoji, A Umeyama, T Takemoto, Y Ohizumi. Isolation of a cardiotonic principle from *Alpinia oxyphylla*. *Planta Medica*. 1984, 50(2): 186-187

[18] SH Kim, YK Choi, HJ Jeong, HU Kang, G Moon, TY Shin, HM Kim. Suppression of immunoglobulin E-mediated anaphylactic reaction by *Alpinia oxyphylla* in rats. *Immunopharmacology and Immunotoxicology*. 2000, 22(2): 267-277

[19] TY Shin, JH Won, HM Kim, SH Kim. Effect of *Alpinia oxyphylla* fruit extract on compound 48/80-induced anaphylactic reactions. *The American Journal of Chinese Medicine*. 2001, 29(2): 293-302

[20] 李克才．益智仁对水蚤寿命的影响．生物学杂志．1999，16(4)：20-21

[21] J Yamahara, YH Li, Y Tamai. Antiulcer effect in rats of bitter cardamon constituents. *Chemical & Pharmaceutical Bulletin*. 1990, 38(11): 3053-3054

[22] 陈碧云．益智和两种混淆品的比较鉴别．青海医药杂志．1998，28(6)：42

刺苋 Cixian

Amaranthus spinosus L.
Spiny Amaranth

苋 科

概 述

苋科 (Amaryllidaceae) 植物刺苋 *Amaranthus spinosus* L., 其新鲜、干燥全草或根入药。中药名：簕苋菜或刺苋菜。

苋属 (*Amaranthus*) 植物全世界约 40 种, 广布世界各地。中国约有 13 种, 本属现供药用者约 7 种。中国大部分地区均有分布；日本、印度、中南半岛、马来西亚、菲律宾、美洲等地也有分布。

刺苋以"簕苋菜"药用之名, 始载于《岭南采药录》。《广东省中药材标准》收载本种为中药簕苋菜的原植物来源种。主产于中国华东、华南、西南及陕西、河南等省区。

刺苋主要含甜菜红碱类、黄酮类和植物固醇类成分等。《广东省中药材标准》采用薄层色谱法鉴别, 以控制其药材质量。

药理研究表明, 刺苋具有止血、镇痛、抗炎、增强免疫、抗疟等作用。

中医理论认为簕苋菜具有凉血止血, 清利湿热, 解毒消痈的功效。

刺苋 *Amaranthus spinosus* L.

皱果苋 *A. viridia* L.

刺苋 Cixian

药材白苋 Herba seu Radix Amaranthi Viridis

1cm

化学成分

刺苋的全草含甜菜红碱类 (betalains) 成分：苋菜红素 (amaranthin)、异苋菜红素 (isoamaranthin)；黄酮类成分：槲皮素 (quercetin) 和山柰酚 (kaempferol) 的糖苷[1]、spinoside[2]；木脂素糖苷类成分：amaranthoside；香豆酰腺苷类 (coumaroyl adenosines) 成分：amaricin[3]；植物固醇类成分：菠菜甾醇 (spinasterol)[4]、β-谷甾醇（β-

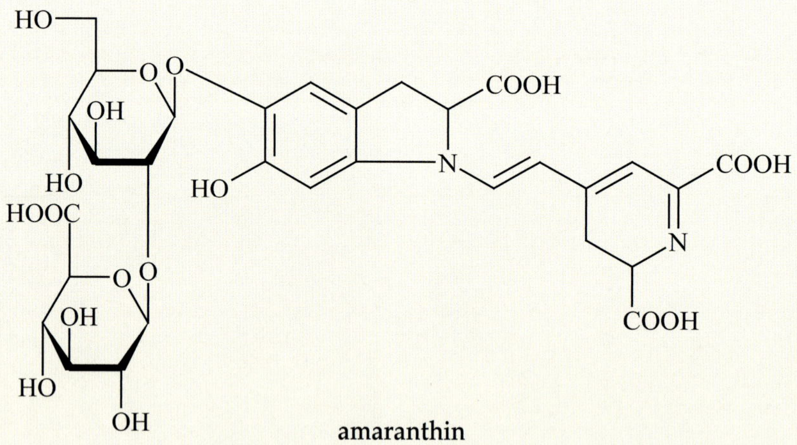

amaranthin

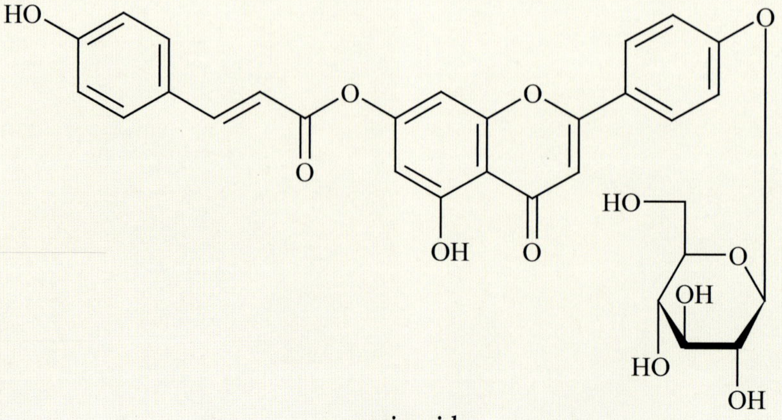

spinoside

sitosterol)、豆甾醇 (stigmasterol)、油菜甾醇 (campesterol)、胆固醇 (cholesterol)[5]。此外，还含有羟基苯乙烯类成分[1]和丰富的氨基酸、维生素等[5-8]。

刺苋的根另含固醇皂苷类成分：β - D - glucopyranosyl(1→2) - β - D - glucopyranosyl(1→2) - β - D - glucopyranosyl(1→3) - α - spinasterol、β - D - glucopyranosyl - (1→4) - β - D - glucopyranosyl(1→3) - α - spinasterol[9]、α - 菠菜甾醇二十八酯 (α - spinasterol octacosanoate)；三萜皂苷类成分：β - D - glucopyranosyl - (1→4) - β - D - glucopyranosyl - (1→4) - β - D - glucuronopyranosyl - (1→3) - oleanolic acid[10]。

药理作用

1. **止血**
   刺苋根提取物对溃疡引起的出血有止血作用。

2. **镇痛、抗炎**
   刺苋根皂苷灌胃给药能明显抑制小鼠醋酸所致的扭体反应和热板引起的疼痛，还可显著抑制二甲苯所致小鼠耳郭肿胀以及醋酸引起的毛细血管通透性增加[11]。

3. **增强免疫**
   刺苋水提取物体外对雌性小鼠脾细胞的增殖有促进作用，其机理为通过直接激活 B 淋巴细胞，而后引起 T 细胞增殖，产生免疫增强活性[12]。

4. **抗疟**
   输入寄生柏格氏鼠疟原虫的红细胞可使小鼠感染疟疾，刺苋水提液灌胃给药能明显抑制小鼠体内疟原虫的生长和繁殖[13]。

5. **其他**
   刺苋还具有抗微生物作用[13]。

应用

本品为中医临床用药。功能：凉血止血，清利湿热，解毒消痈。主治：胃出血，便血，痔血，胆囊炎，胆石症，痢疾，湿热泄泻，带下，小便涩痛，咽喉肿痛，湿疹，痈肿，牙龈糜烂，蛇咬伤。

现代临床还用于胃及十二指肠溃疡出血、肠炎、白带、尿道炎、血尿、咽喉痛、蛇头疔、瘰疬、臁疮、牙疳、甲状腺肿大等病的治疗。

评注

同属植物皱果苋 *Amaranthus viridis* L. 入药称白苋，功效与刺苋相似，可清热，解毒，利湿，主治痢疾，泄泻，小便赤涩和牙疳。

刺苋为路边常见野生植物，因含活性自由基清除酶，可有效缓解空气污染[14]，但刺苋的花粉也为重要的空气过敏源[15]。

刺苋 Cixian

参考文献

[1] FC Stintzing, D Kammerer, A Schieber, H Adama, OG Nacoulma, R Carle. Betacyanins and phenolic compounds from *Amaranthus spinosus* L. and *Boerhavia erecta* L. Zeitschrift fuer Naturforschung, C. 2004, **59**(1-2): 1-8

[2] Azhar-ul-Haq, A Malik, ASB Khan, MR Shah, P Muhammad. Spinoside, new coumaroyl flavone glycoside from *Amaranthus spinosus*. Archives of Pharmacal Research. 2004, **27**(12): 1216-1219

[3] Azhar-ul-Haq, A Malik, N Afza, SB Khan, P Muhammad. Coumaroyl adenosine and lignan glycoside from *Amaranthus spinosus* L. Polish Journal of Chemistry. 2006, **80**(2): 259-263

[4] M Abdul Aziz, MA Rahman, AK Mondal, T Muslim, MA Rahman, M Abdul Quader. Phytochemical evaluation of kantanotey (*Amaranthus spinosus* L.). Dhaka University Journal of Science. 2006, **54**(2): 225-228

[5] M Behari, CK Andhiwal. Chemical examination of *Amaranthus spinosus* Linn. Current Science. 1976, **45**(13): 481-482

[6] M Behari, CK Andhiwal. Amino acids in certain medicinal plants. Acta Ciencia Indica. 1976, **2**(3): 229-230

[7] 邱贺媛，曾宪锋．广东产苋科6种野菜中硝酸盐、亚硝酸盐及 Vc 的含量．食品科学．2004，**25**(11)：250-251

[8] 张普庆，王秀玉，陈佃军，吕玲红，张新民，殷树梅．荠菜、银荇菜营养成分分析．营养学报．2001，**23**(4)：396-397

[9] N Banerji. Two new saponins from the root of *Amaranthus spinosus* Linn. Journal of the Indian Chemical Society. 1980, **57**(4): 417-419

[10] N Banerji. Chemical constituents of *Amaranthus spinosus* roots. Indian Journal of Chemistry. 1979, **17**B(2): 180-181

[11] 郑作文，周芳，李燕．刺苋根皂苷镇痛抗炎作用的实验研究．广西中医药．2004，**27**(3)：54-55

[12] BF Lin, BL Chiang, JY Lin. *Amaranthus spinosus* water extract directly stimulates proliferation of B lymphocytes *in vitro*. International Immunopharmacology. 2005, **5**(4): 711-722

[13] A Hilou, OG Nacoulma, TR Guiguemde. *In vivo* antimalarial activities of extracts from *Amaranthus spinosus* L. and *Boerhaavia erecta* L. in mice. Journal of Ethnopharmacology. 2006, **103**(2): 236-240

[14] M Mandal, S Mukherji. A study on the activities of a few free radicals scavenging enzymes present in five roadside plants. Journal of Environmental Biology. 2001, **22**(4): 301-305

[15] AB Singh, P Dahiya. Antigenic and allergenic properties of *Amaranthus spinosus* pollen-a commonly growing weed in India. Annals of Agricultural and Environmental Medicine. 2002, **9**(2): 147-151

白豆蔻 Baidoukou^{CP}

姜科

Amomum kravanh Pierre ex Gagnep.
Whitefruit Amomum

概述

姜科 (Zingiberaceae) 植物白豆蔻 *Amomum kravanh* Pierre ex Gagnep.，其干燥成熟果实入药。中药名：豆蔻。

豆蔻属 (*Amomum*) 植物全世界约有 150 种，分布于亚洲、澳洲的热带地区。中国约有 24 种、2 变种，分布于南方省区，本属现供药用者约 11 种、1 变种。本种在中国云南、广东等省区有栽培；原产于柬埔寨、泰国。

"白豆蔻"药用之名，始载于《开宝本草》。历代本草多有著录。古时豆蔻有两类，进口者与现今豆蔻一致，国产者指山姜属植物草豆蔻 *Alpinia katsumadai* Hayata 的种子团。《中国药典》(2005 年版) 收载本种为中药白豆蔻的法定原植物来源种之一。主产于泰国和中国海南、云南等地。

白豆蔻的主要活性成分为挥发油。《中国药典》采用挥发油测定法测定，规定豆蔻仁挥发油含量不得少于 5.0% (mL/g)；采用气相色谱法测定，规定豆蔻仁中桉叶素含量不得少于 3.0%，以控制药材质量。

药理研究表明，白豆蔻具有兴奋胃肠平滑肌、抗炎等作用。

中医理论认为豆蔻具有化湿消痞，行气温中，开胃消食的功效。

白豆蔻 *Amomum kravanh* Pierre ex Gagnep.

姜 科

白豆蔻 Baidoukou

爪哇白豆蔻 Amomum compactum Soland ex Maton

药材豆蔻 Fructus Amomi Rotundus

1cm

化学成分

白豆蔻果实含挥发油，主要成分为桉叶素 (cineole)、α-、β-蒎烯 (α-, β-pinenes)、α-松油醇 (α-terpineol)、β-芳樟醇 (β-linalool)、D-橙花醇 (D-nerolidol)、反式-γ-甜没药烯 (trans-γ-bisabolene)、香橙烯 (aromadendrene)、β-榄香烯 (β-elemene)、丁香烯 (caryophellene)、γ-筚澄茄油烯 (γ-cubebene)[1]、胡椒酮 (piperitone)、檀香醇 (santalol)、葛缕酮 (carvone)[2]等。

从白豆蔻中还分得单萜类成分：香桃木烯醛 (myrtenal)、4-羟基香桃木烯醛 (4-hydroxymyrtenal)、香桃木烯醇 (myrtenol)、反式松香芹醇 (trans-pinocarveol)[3]等。

cineole

caryophyllene

药理作用

1. **对胃肠道的影响**
   白豆蔻挥发油及水溶液给大鼠灌胃，能增加大鼠胃液分泌和胃黏膜血流量，提高血清胃泌素水平，增强胃黏膜组织抗自由基损伤能力。其中挥发油部分作用更为显著[4]。

2. **其他**
   白豆蔻中所含双萜过氧化物成分具有抗疟作用，能抑制恶性疟原虫的生长[3]。

应用

本品为中医临床用药。功能：化湿消痞，行气温中，开胃消食。主治：湿浊中阻，不思饮食，湿温初起，胸闷不饥，寒湿呕逆，胸腹胀痛，食积不消等。

现代临床还用于胃气冷、脾胃气不和、脾泄泻痢、妊娠呕吐、产后呃逆等病的治疗，也用于促进妇产科腹部手术后肠功能的恢复[5]。

评注

《中国药典》还收载同属植物爪哇白豆蔻 Amomum compactum Soland ex Maton 为豆蔻的法定原植物来源种。白豆蔻为中国大宗进口商品，目前已在云南等地引种成功，应积极大量发展。

山姜属植物滑叶山姜 Alpinia tonkinensis Gagnep.、多花山姜 A. polyantha D. Fang，以及小豆蔻属植物小豆蔻 Elettaria cardamomum (L.) Maton. 等的干燥成熟果实也常与白豆蔻混用。为保证用药安全有效，应当注意鉴别[6-7]。

参考文献

[1] 吴惠勤，黄晓兰，林晓珊，黄芳，葛发欢. 白豆蔻挥发油 GC-MS 指纹图谱研究. 中药材. 2006, 29(8): 788-792

[2] 周成明，姚川，邱声祥，崔国印，孙海林，宋和全. 白豆蔻挥发油成分研究. 中国药学杂志. 1991, 26(7): 406-407

[3] S Kamchonwongpaisan, C Nilanonta, B Tarnchompoo, C Thebtaranonth, Y Thebtaranonth, Y Yuthavong, P Kongsaeree, J Clardy. An antimalarial peroxide from Amomum krervanh Pierre. Tetrahedron Letters. 1995, 36(11): 1821-1824

[4] 邱赛红，首第武，陈立峰，戴汉云，柳克铃. 芳香化湿药挥发油部分与水溶液部分药理作用的比较. 中国中药杂志. 1999, 24(5): 297-299

[5] 时学芳，王春香，朱海燕. 白豆蔻用于妇产科腹部术后肠功能恢复的临床观察. 河北中医. 2003, 25(12): 950

[6] 董辉，梅其春，徐国钧，徐珞珊. 中药草豆蔻、白豆蔻的本草考证. 中国中药杂志. 1992, 17(8): 451-453

[7] 余家奇，塞洪军，刘绍俊. 白豆蔻混淆品及掺伪品鉴别. 时珍国医国药. 1999, 10(10): 760-761

姜科

草果 Caoguo   CP, KHP

Amomum tsao-ko Crevost et Lemaire
Tsao-ko Amomuma

概述

姜科 (Zingiberaceae) 植物草果 *Amomum tsao-ko* Crevost et Lemaire，其干燥成熟果实入药。中药名：草果。

豆蔻属 (*Amomum*) 植物全世界约 150 种，分布于亚洲、澳洲的热带地区。中国有 24 种、2 变种。分布于南方省区，本属现供药用者约有 11 种、1 变种。本种分布于中国云南、广西、贵州等省区。

"草果"药用之名，始载于《宝庆本草折衷》。历代本草多有著录，古今药用品种一致。《中国药典》（2005 年版）收载本种为中药草果的法定原植物来源种。主产于中国云南、广西等省区。

草果主要含二苯基庚烷衍生物、双环壬烷衍生物和挥发油，其中 1,8-桉叶素含量较高，为活性成分之一。《中国药典》采用挥发油测定法测定，规定草果种子团中挥发油的含量不得少于 1.4% (mL/g)，以控制药材质量。

药理研究表明，草果具有调节肠道平滑肌运动、镇痛、抗菌、抗肿瘤、祛痰等作用。

中医理论认为草果具有燥湿温中，祛痰截疟的功效。

草果 *Amomum tsao-ko* Crevost et Lemaire

草果　Caoguo

药材草果 Fructus Tsaoko

化学成分

草果的果实含二苯基庚烷衍生物 (diarylheptanoids)：tsaokoarylone、姜黄素 (curcumin)、meso－hannokinol、(+)－hannokinol[1]；单萜类成分：tsaokoin[2]、isotsaokoin[3]；儿茶素类成分：儿茶素 [(－)－catechin]、表儿茶素 [(+)－epicatechin]；酚酸类成分：原儿茶酸 (protocatechuic acid)、香荚兰酸 (vanillic acid)、对羟基苯甲酸 (p－hydroxybenzoic acid)[4]；挥发油类成分：1,8－桉叶素 (1,8－cineole)、α－、β－蒎烯 (α－, β－pinenes)、对聚伞花烃 (p－cymene)、香叶醇 (geraniol)、橙花叔醇 (nerolidol)等[5-7]。

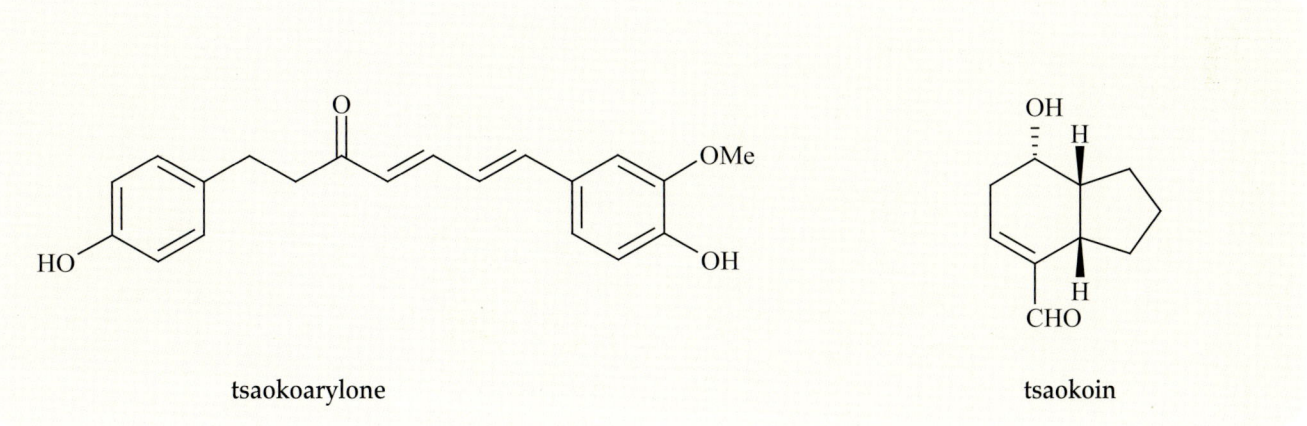

药理作用

1. **对肠道平滑肌的影响**
   生草果、炒草果及姜草果的水煎液均能使家兔离体十二指肠自发活动的紧张性升高，振幅加大；还能拮抗肾上腺素引起的家兔离体回肠运动抑制，缓解乙酰胆碱所致回肠痉挛，以姜草果活性最强[8]。

2. **镇痛**
   生草果、炒草果及姜草果的水煎液给小鼠腹腔注射均可显著减少醋酸引起的扭体次数，具有镇痛作用，以姜草果活性最强[8]。

3. 抗微生物

Isotsokoin 体外对须发毛癣菌有抗真菌作用[3]。草果挥发油体外对黑曲霉菌、黄绿青霉菌、黄曲霉菌等有杀菌作用[9]。

4. 抗肿瘤

体外实验表明，tsaokoarylone 对人非小细胞肺癌细胞 A549 和人黑色素瘤细胞 SK-Mel-2 有明显的细胞毒活性[1]。

5. 其他

草果还具有二苯代苦味酰肼 (DPPH) 自由基清除活性和抗氧化作用[4, 10]。草果挥发油还具有镇静、平喘、祛痰等作用[11]。

应用

本品为中医临床用药。功能：燥湿温中，祛痰截疟。主治：脘腹冷痛，恶心呕吐，胸膈痞满，泄泻，下痢，疟疾。

现代临床还用于脾胃虚寒、反胃呕吐、霍乱、腹痛、带下、瘟疫初起、脱肛等病的治疗，也可缩短妇科手术后患者的排气时间[12]。

评注

同属植物红草果 Amomum hongtsaoko C. F. Liang et D. Fang 在中国广西与草果混收，又称老扣（壮语）；野草果 A. koenigii J. F. Gmelin 在广西民间偶作草果。红草果和野草果的化学成分及药理作用研究较少，是否能代替草果应用尚有待深入研究。

草果的完整硬壳在煎煮过程中易影响挥发油的煎出率，因此煎煮前必须将壳捣碎[13]。

草果不仅可供药用，也是常用的食品香料。它能除腥气，烹调牛羊肉常为佐料。此外，为了预防牲畜发生瘟病，还常把草果拌在牲畜的饲料中。

参考文献

[1] SS Moon, SC Cho, JY Lee. Tsaokoarylone, a cytotoxic diarylheptanoid from *Amomum tsao-ko* fruits. *Bulletin of the Korean Chemical Society*. 2005, **26**(3): 447-450

[2] QS Song, RW Teng, XK Liu, CR Yang. Tsaokoin, a new bicyclic nonane from *Amomum tsao-ko*. *Chinese Chemical Letters*. 2001, **12**(3): 227-230

[3] SS Moon, JY Lee, SC Cho. Isotsaokoin, an antifungal agent from *Amomum tsao-ko*. *Journal of Natural Products*. 2004, **67**(5): 889-891

[4] TS Martin, H Kikuzaki, M Hisamoto, N Nakatani. Constituents of *Amomum tsao-ko* and their radical scavenging and antioxidant activities. *Journal of the American Oil Chemists' Society*. 2000, **77**(6): 667-673

[5] 吴惠勤，黄晓兰，黄芳，林晓珊，侯冬岩，葛发欢. 草果挥发油的气相色谱-质谱指纹图谱. 质谱学报. 2004, **25**(2): 92-95

[6] 赵怡，邱琴，张国英，肖中华，刘廷礼. 桂产、滇产草果挥发油化学成分的研究. 中草药. 2004, **35**(11): 1225-1227

[7] 林敬明，郑玉华，许寅超，夏平光，吴忠，陈飞龙，宋烈昌. 超临界 CO_2 流体萃取草果挥发油成分分析. 中药材. 2000, **23**(3): 145-148

[8] 李伟，贾冬. 草果的无机元素及药理作用. 中国中药杂志. 1992, **17**(12): 727-728

[9] 谢小梅，龙凯，钟裔荣，陈和利. 高良姜、草果防霉作用的实验研究. 中国药业. 2002, **11**(5): 45-46

[10] N Nakatani, H Kikuzaki. Antioxidants in ginger family. *ACS Symposium Series*. 2002, **803**: 230-240

[11] 马洁，彭建明，吴志红. 国产草果化学成分的研究进展. 中国中医药信息杂志. 2005, **12**(9): 97-98

[12] 金芝存. 草果对妇科手术后病人排气时间的影响. 现代医药卫生. 2003, **19**(8): 1031

[13] 刘波. 草果不去壳应用的实验探讨. 山东中医杂志. 2000, **19**(8): 494

阳春砂 Yangchunsha ^{CP}

Amomum villosum Lour.
Amomum

姜 科

概 述

姜科 (Zingiberaceae) 植物阳春砂 *Amomum villosum* Lour., 其成熟干燥果实入药。中药名：砂仁。

豆蔻属 (*Amomum*) 植物全世界约有 150 种，分布于亚洲、澳洲的热带地区。中国约有 24 种、2 变种，分布于南方省区，本属现供药用约有 11 种、1 变种。本种分布于中国福建、广东、广西、云南等省区。

阳春砂以"缩沙蜜"药用之名，始载于《药性论》。历代本草多有著录，自古以来作药用者系本属多种植物。《中国药典》(2005 年版) 收载本种为中药砂仁的法定原植物来源种之一。主产于中国广东、海南、云南、广西等省区。

阳春砂果实主要含挥发油类活性成分，以及黄酮类成分等。《中国药典》采用挥发油测定法测定，规定砂仁种子团挥发油含量不得少于 3.0% (mL/g)，以控制药材质量。

药理研究表明，阳春砂果实具有调整胃肠运动、抗炎镇痛、抗血小板凝集等作用。

中医理论认为砂仁具有化湿开胃，温脾止泻，理气安胎的功效。

阳春砂 *Amomum villosum* Lour.

姜 科

阳春砂 Yangchunsha

阳春砂 *Amomum villosum* Lour.

药材砂仁 Fructus Amomi

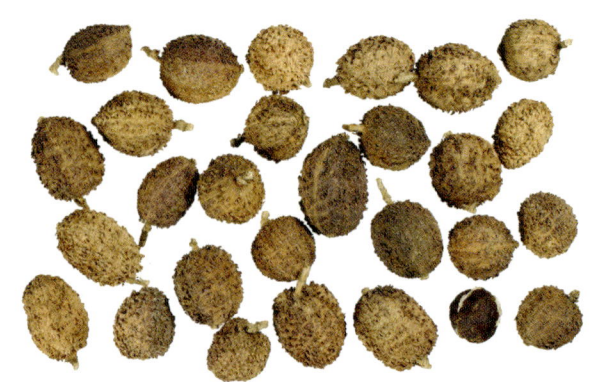

化学成分

阳春砂的果实含挥发油，主要成分为：醋酸龙脑酯 (bornyl acetate)、樟脑 (camphor)、柠檬烯 (limonene)、龙脑 (borneol)、月桂烯 (myrcene)、樟烯 (camphene)、α-、β-蒎烯 (α-, β-pinenes)、油酸 (oleic acid)、γ-榄香烯 (γ-elemene)、α-松油醇 (α-terpineol)、吉马烯D (germacrene D)[1-2]等；还含黄酮类成分：槲皮苷 (quercitrin)、异槲皮苷 (isoquercitrin)[3]等。

阳春砂的叶也含挥发油，主要成分为α-、β-蒎烯[4]。

阳春砂的茎含有大黄素葡萄糖苷 (emodin monoglycoside)[5]。

药理作用

1. **对消化系统的影响**
   (1) 增强胃肠动力　阳春砂水提液灌胃能显著促进小鼠胃排空和小肠推进运动[6]；增强正常大鼠和功能性消化不良大鼠的胃肠动力，增加血浆、胃窦及空肠组织中胃动素 (MTL)、P 物质 (SP) 含量[7-8]。
   (2) 抗溃疡　阳春砂挥发油乳剂给醋酸所致胃溃疡大鼠灌胃，能明显升高血清中超氧化物歧化酶 (SOD) 活性，降低丙二醛 (MDA) 含量，改善胃的病理组织学表现，其抗溃疡作用与清除自由基有关[9]。阳春砂 75% 乙醇提取物灌胃给药对小鼠水浸应激性胃溃疡、盐酸性胃溃疡及吲哚美辛-乙醇性胃溃疡均有对抗作用[10]。
   (3) 止泻　阳春砂 75% 乙醇提取物灌胃给药可显著抑制小鼠蓖麻油引起的腹泻[10]。醋酸龙脑酯给小鼠灌胃可抑制番泻叶所致的腹泻，其止泻作用可能是通过抑制小肠平滑肌运动产生的[11]。
   (4) 利胆　阳春砂 75% 乙醇提取物十二指肠给药可明显增加麻醉大鼠的胆汁分泌[10]。

2. **抗炎、镇痛**
   醋酸龙脑酯灌胃可提高小鼠热板致痛的痛阈值，显著减少小鼠醋酸扭体次数，抑制二甲苯所致小鼠耳郭肿胀[12]。其镇痛作用部位可能在外周神经末梢，也可能在中枢神经，机理与阿片类药物不同[13]。

3. **抗血小板聚集**
   阳春砂提取液灌服能显著抑制二磷酸腺苷 (ADP) 诱导的家兔血小板聚集，对花生四烯酸或胶原与肾上腺素混合剂所诱发的小鼠急性死亡有明显保护作用[14]。

4. 抑制血管平滑肌收缩

阳春砂水提液对离体家兔主动脉条的收缩有抑制作用，主要通过抑制平滑肌细胞膜电压依赖钙离子通道与内钙释放来发挥作用，对受体调控的钙离子通道也有抑制作用[15]。

5. 其他

阳春砂水煎液灌胃能显著缩短小鼠的戊巴比妥钠睡眠时间，增加大、小鼠肝脏系数[16]。阳春砂水煎液还有轻微的杀菌作用[17]。

应 用

本品为中医临床用药。功能：化湿开胃，温脾止泻，理气安胎。主治：湿浊中阻，脘痞不饥，脾胃虚寒，呕吐泄泻，妊娠恶阻，胎动不安等。

现代临床还用于心腹冷痛、食欲不振、脱肛、疝气、血崩、牙疼、口疮等病的治疗。

评 注

《中国药典》还收载同属植物绿壳砂 *Amomum villosum* Lour. var. *xanthioides* T. L. Wu et Senjen、海南砂 *A. longiligulare* T. L. Wu 为中药砂仁的法定原植物来源种。

主产于中国广东省的砂仁是当前中国药用砂仁商品主流品种之一，以广东阳春县所产最为著名，为道地南药砂仁。砂仁从古至今药食皆用，是中国卫生部规定的药食同源品种之一。

参考文献

[1] 王迎春，林励，魏刚．阳春砂果实、种子团及果皮挥发油成分分析．中药材．2000，**23**(8)：462-463

[2] 林敬明，郑玉华，陈飞龙，吴忠，夏平光．超临界 CO_2 流体萃取砂仁挥发油成分分析．中药材．2000，**23**(1)：37-39

[3] 孙兰，余竞光，周立东，罗秀珍，丁卫，杨世林．中药砂仁中的黄酮苷化合物．中国中药杂志．2002，**27**(1)：36-38

[4] F Pu, JQ Cu, ZJ Zhang. The essential oil of *Amomum villosum* Lour. *Journal of Essential Oil Research*. 1989, **1**(4): 197-198

[5] 范新，杜元冲，魏均娴．西双版纳产砂仁根、根茎及茎的化学成分研究．中国中药杂志．1994，**19**(12)：734-736

[6] 张宁，李岩，孙利平．不同浓度砂仁水提液对小鼠胃肠运动比较的研究．辽宁医学杂志．2003，**17**(3)：141-142

[7] 朱金照，冷恩仁，陈东风，张捷．砂仁对大鼠胃肠运动及神经递质的影响．中国中西医结合消化杂志．2001，**9**(4)：205-207

[8] 朱金照，张捷，张志坚，王雯．砂仁对大鼠功能性消化不良的作用．华西药学杂志．2006，**21**(11)：58-60

[9] 胡玉兰，张忠义，王文婧，林敬明．砂仁挥发油对大鼠乙酸性胃溃疡的影响及其机理探讨．中药材．2005，**28**(11)：1022-1024

[10] 王红武，张明发，沈雅琴，朱自平．砂仁对消化系统药理作用的实验研究．中国中医药科技．1997，**4**(5)：284-285

[11] 李晓光，叶富强，徐鸿华．砂仁挥发油中乙酸龙脑酯的药理作用研究．华西药学杂志．2001，**16**(5)：356-358

[12] 吴晓松，李晓光，肖飞，张志东，徐珍霞，王欢．砂仁挥发油中乙酸龙脑酯镇痛抗炎作用的研究．中药材．2004，**27**(6)：438-439

[13] 吴晓松，肖飞，张志东，李晓光，徐珍霞．砂仁挥发油中乙酸龙脑酯的镇痛作用及其机理研究．中药材．2005，**28**(6)：505-507

[14] 吴师竹．砂仁对血小板聚集功能的影响．中药药理与临床．1990，**6**(5)：32-33

[15] 冯广卫，陶玲，沈祥春，郝明，彭佼．砂仁提取液对离体家兔主动脉条收缩性能的影响．时珍国医国药．2006，**17**(11)：2223-2225

[16] 朱瑞斐，吴谦，王郁珍，何雅军．南药药理的系列研究（一）对小鼠睡眠时间及肝匀浆-细胞色素 P_{450} 的影响．中国生化药物杂志．1992，**1**：40-42

[17] 陈永培，黄哲元，金琪漾，郑鸣金．山姜与长泰砂仁的抑菌试验．福建中医药．1990，**21**(5)：25-26

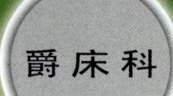

穿心莲 Chuanxinlian ^{CP}

爵床科

Andrographis paniculata (Burm. f.) Nees
Common Andrographis

概 述

爵床科 (Acanthaceae) 植物穿心莲 *Andrographis paniculata* (Burm. f.) Nees，其干燥地上部分入药。中药名：穿心莲。

穿心莲属 (*Andrographis*) 植物全世界约有 20 种，分布于亚洲热带地区的缅甸、印度、中南半岛、马来半岛至加里曼丹岛。印度是该属植物的分布中心。中国约有 2 种、1 变种（1 种野生及 1 种栽培），均可供药用。本种原产于南亚地区，中国福建、广东、香港、海南、广西、云南、江苏和陕西均有引种栽培。

穿心莲始载于《印度药典》（1954 年版），作苦补健胃药。中国于 20 世纪 50 年代在广东、福建南部引种栽培，用于治疗多种感染性疾病及毒蛇咬伤。《中国药典》（2005 年版）收载本种为中药穿心莲的法定原植物来源种。主产于中国广东、福建等地，江西、湖南、广西、四川及上海也产。

穿心莲主要活性成分为二萜内酯类和黄酮类化合物。《中国药典》采用高效液相色谱法测定，规定穿心莲中穿心莲内酯和脱水穿心莲内酯的总含量不得少于 0.80%，以控制药材质量。

药理研究表明，穿心莲具有抗菌、抗炎、镇痛、解热、保肝、增强免疫功能等作用。

中医理论认为穿心莲具有清热解毒，凉血，消肿等功效。

穿心莲 *Andrographis paniculata* (Burm. f.) Nees

药材穿心莲 Herba Andrographitis

1cm

化学成分

穿心莲地上部分含二萜内酯类成分：穿心莲内酯 (andrographolide)[1]、新穿心莲内酯 (neoandrographolide)、去氧穿心莲内酯 (deoxyandrographolide)[2]、14-去氧穿心莲内酯 (14-deoxyandrographolide)、bis-andrographolide ether、andrograpanin[1]、14-表-穿心莲内酯 (14-epi-andrographolide)、异穿心莲内酯 (isoandrographolide)、14-去氧-12-甲氧基穿心莲内酯 (14-deoxy-12-methoxy andrographolide)、12-表-14-去氧-12-甲氧基穿心莲内酯 (12-epi-14-deoxy-12-methoxyandrographolide)、14-去氧-12-羟基穿心莲内酯 (14-deoxy-12-hydroxyandrographolide)、14-去氧-11-羟基穿心莲内酯 (14-deoxy-11-hydroxyandrographolide)、14-去氧-11,12-双羟基穿心莲内酯 (14-deoxy-11,12-didehydroandrographiside)、6'-乙酰基新穿心莲内酯 (6'-acetyl neoandrographolide)、双穿心莲内酯A、B、C、D (bis-andrograpolides A-D)[3]、穿心莲内酯苷 (andrographiside)、14-去氧穿心莲内酯苷 (14-deoxyandrographiside)[4]、高穿心莲内酯 (homoandrographolide)、潘尼内酯 (panicolide)、穿心莲酮 (andrographon)[5]、14-去氧-11-氧化穿心莲内酯 (14-deoxy-11-oxoandrographolide)[6]、14-deoxy-15-isopropylidene-11,12-didehydroandrographolide[7]、穿心莲酸镁 (magnesium andrographate)、穿心莲酸二钠 (disodium andrographate) 和穿心莲酸二钾葡萄糖苷 (dipotassium andrographate 19-O-β-D-glucoside)[8] 等；黄酮类成分：5-羟基-7,2',3'-三甲氧基黄酮 (5-hydroxy-7,2',3'-trimethoxyflavone)、5,7,2',3'-四甲氧基黄酮 (5,7,2',3'-tetramethoxyflavone)[9]、穿心莲黄酮 (andrographin)、芹菜素-7,4'-二甲醚 (apigenin-7,4'-dimethylether)[10]、木蝴蝶素A (oroxylin A)、汉黄芩素 (wogonin)[11]、三色堇黄苷 (violanthin)、芹菜素-7-O-葡萄糖苷 (apigenin-7-O-glucoside)[8]、5-羟基-7,2'6'-三甲氧基黄酮 (5-hydroxy-7,2'6'-trimethoxyflavone)[7]。

穿心莲根含黄酮成分：穿心莲黄酮苷A、B、C、D、E、F (andrographidines A-F)[12]、1,8-dihydroxy-3,7-dimethoxyxanthone、4,8-dihydroxy-2,7-dimethoxyxanthone、1,2-dihydroxy-6,8-dimethoxyxanthone、3,7,8-trimethoxy-1-hydroxyxanthone[13]。

andrographolide

neoandrographolide

爵床科

穿心莲 Chuanxinlian

药理作用

1. **抗菌、抗病毒**
   穿心莲水煎液体外对大肠杆菌、金黄色葡萄球菌、绿脓杆菌、甲型链球菌、乙型链球菌均有明显抑制作用[14]，对钩端螺旋体和肺炎球菌也有抑制作用，此外，体外对孤儿病毒 $ECHO_{11}$ 引起的人胚肾细胞退变还有延缓作用[15]。穿心莲内酯能提高人类免疫缺陷病毒(HIV)患者体内 CD_4^+ 淋巴细胞水平[16]。

2. **解热、抗炎**
   穿心莲内酯类成分能抑制和延缓肺炎双球菌和溶血性乙型链球菌引起的体温升高；还能抑制炎症早期毛细血管通透性增高，改善渗出、水肿状况[15]。

3. **对心血管系统的影响**
   (1) **抗血小板聚集** 穿心莲提取物体外能明显抑制腺苷二磷酸(ADP)和肾上腺素诱导的人血小板聚集，还可抑制ADP诱导的血小板5-羟色胺(5-HT)释放。穿心莲提取物在体内和体外均可抑制ADP诱导的血小板致密颗粒和α颗粒的释放及管道系统的扩张，其作用机理可能为刺激血小板腺苷环化酶，提高血小板内环磷酸腺苷(cAMP)水平[17]。穿心莲成分 API_{0134}（主要含黄酮类成分）能抑制ADP诱导的人血小板聚集，作用机理可能是 API_{0134} 抑制了钙调控蛋白(CaM)和磷酸二酯酶(PDE)的活性[18]。
   (2) **抗动脉粥样硬化** 穿心莲提取物和穿心莲成分 API_{0134} 预防性灌胃给药，能减少实验性动脉粥样硬化家兔模型的主动脉脂质斑块面积百分比，提高血清中一氧化氮(NO)、环鸟苷酸(cGMP)含量和超氧化物歧化酶(SOD)活性，降低血浆内皮素(ET)和脂质过氧化物(LPO)含量[19-20]。
   (3) **抗血管增殖** 穿心莲成分 API_{0134} 体外能拮抗高脂血清造成的猪主动脉平滑肌细胞DNA合成、增殖及形态学改变[21]；灌胃给药还能抑制饲喂高胆固醇饲料所致家兔肾脏系膜细胞及基质的增殖，机理与抗氧化作用有关[22]。
   (4) **降血压** 穿心莲水提物腹腔注射能明显降低自发性高血压大鼠和正常血压大鼠的收缩压，降低自发性高血压大鼠血浆中血管紧张素转化酶(ACE)活性和肾脏硫代巴比土酸(TBA)浓度[23]。

4. **保肝**
   穿心莲内酯、穿心莲内酯苷和新穿心莲内酯腹腔注射给药，对 CCl_4 和叔丁基过氧化氢引起的小鼠肝损伤有保护作用，能减少丙二醛(MDA)生成，降低谷丙转氨酶(GPT)和碱性磷酸酶(AKP)水平[24]。穿心莲内酯经口服给药能拮抗扑热息痛(paracetamol)所致的大鼠肝细胞损伤[25]。

5. **降血糖**
   穿心莲水提物灌胃对高血糖大鼠有明显的降血糖作用[26]；穿心莲内酯口服给药对链脲霉素(STZ)所致高血糖大鼠也有显著的降血糖作用[27]。

6. **增强免疫**
   穿心莲注射液腹腔给药，能显著提高小鼠腹腔巨噬细胞功能，升高吞噬百分率和吞噬指数[28]，提高E玫瑰花环形成率，显示穿心莲具有提高T淋巴细胞免疫功能的作用[29]。

7. **其他**
   穿心莲还有抗肿瘤[30-31]、抗精子生成[32]、抑制中枢神经[33]和抗蛇毒[34]等作用。

应用

本品为中医临床用药。功能：清热解毒，凉血，消肿。主治：感冒发热，咽喉肿痛，口舌生疮，顿咳劳嗽，泄泻痢疾，热淋涩痛，痈肿疮疡，毒蛇咬伤等。

现代临床还用于外伤感染、上呼吸道感染、急慢性扁桃体炎、急慢性咽喉炎、急慢性支气管炎、急性菌痢、急性胃肠炎、尿道感染、子宫内膜炎、盆腔炎、中耳炎、牙周炎等病的治疗。

印度传统医药将穿心莲用于解热、滋补、健胃、驱虫、保肝和治疗蛇伤。

评注

穿心莲为东南亚和南亚传统民间草药,功效多样而显著,被誉为"东方紫锥花"。目前穿心莲已有粉剂、片剂、胶囊、注射剂等多种剂型运用于临床。研究表明,穿心莲内酯、脱水穿心莲内酯在植物中的含量以叶片最高,茎和果次之,建议药用穿心莲的采集季节应以叶多、茎少、开花未结果时为佳[35]。

参考文献

[1] VL Reddy, SM Reddy, V Ravikanth, P Krishnaiah, TV Goud, TP Rao, TS Ram, RG Gonnade, M Bhadbhade, Y Venkateswarlu. A new bis-andrographolide ether from *Andrographis paniculata* Nees and evaluation of anti-HIV activity. *Natural Product Research*. 2005, 19(3): 223-230

[2] HY Cheung, CS Cheung, CK Kong. Determination of bioactive diterpenoids from *Andrographis paniculata* by micellar electrokinetic chromatography. *Journal of Chromatography, A*. 2001, 930(1-2): 171-176

[3] T Matsuda, M Kuroyanagi, S Sugiyama, K Umehara, A Ueno, K Nishi. Cell differentiation-inducing diterpenes from *Andrographis paniculata* Nees. *Chemical & Pharmaceutical Bulletin*. 1994, 42(6): 1216-1225

[4] 胡昌奇,周炳南.穿心莲中两种新的二萜内酯苷的分离和结构测定.药学学报.1982,17(6): 435-440

[5] M Qudrat-i-Khuda, KM Biswas, M Amjad Ali. *Andrographis paniculata*. III. A comparative examination of andrographolide and panicolide. *Pakistan Journal of Scientific and Industrial Research*. 1964, 1(2): 65-73

[6] S Lala, AK Nandy, SB Mahato, MK Basu. Delivery *in vivo* of 14-deoxy-11-oxoandrographolide, an antileishmanial agent, by different drug carriers. *Indian Journal of Biochemistry & Biophysics*. 2003, 40(3): 169-174

[7] MK Reddy, MV Reddy, D Gunasekar, MM Murthy, C Caux, B Bodo. A flavone and an unusual 23-carbon terpenoid from *Andrographis paniculata*. *Phytochemistry*. 2003, 62(8): 1271-1275

[8] 钟德新,宣利江,徐亚明,白东鲁.穿心莲中的三个二萜酸盐.植物学报.2001,43(1): 1077-1080

[9] YK Rao, G Vimalamma, CV Rao, YM Tzeng. Flavonoids and andrographolides from *Andrographis paniculata*. *Phytochemistry*. 2004, 65(16): 2317-2321

[10] S Viswanathan, P Kulanthaivel, SK Nazimudeen, T Vinayakam, C Gopalakrishnan, L Kameswaran. The effect of apigenin 7,4'-di-O-methyl ether, a flavone from *Andrographis paniculata* on experimentally induced ulcers. *Indian Journal of Pharmaceutical Sciences*. 1981, 43(5): 159-161

[11] 朱品业,刘国樵.穿心莲叶中黄酮化合物的分离和鉴定.中草药.1984,15(8): 375-376

[12] M Kuroyanagi, M Sato, A Ueno, K Nishi. Flavonoids from *Andrographis paniculata*. *Chemical & Pharmaceutical Bulletin*. 1987, 35(11): 4429-4435

[13] VK Dua, VP Ojha, R Roy, BC Joshi, N Valecha, CU Devi, MC Bhatnagar, VP Sharma, SK Subbarao. Anti-malarial activity of some xanthones isolated from the roots of *Andrographis paniculata*. *Journal of Ethnopharmacology*. 2004, 95(2-3): 247-251

[14] 卢炜,邱世翠,王志强,邱大琳,宫照龙.穿心莲体外抑菌作用研究.时珍国医国药.2002,13(7): 392-393

[15] 张涛.穿心莲的研究进展.中药材.2000,23(6): 366-368

[16] C Calabrese, SH Berman, JG Babish, X Ma, L Shinto, M Dorr, K Wells, CA Wenner, LJ Standish. A phase I trial of andrographolide in HIV positive patients and normal volunteers. *Phytotherapy Research*. 2000, 14(5): 333-338

[17] 张玉金,唐锦治,张瑶珍,赵志立,单秀芹.穿心莲提取物抗血小板聚集作用的临床及实验研究.同济医科大学学报.1993,22(4): 245-248

[18] 聂磊,周世豪,许教文,傅良武.穿心莲有效成分 API_{0134} 抗血小板聚集的机理.中山医科大学学报.1994,15(2): 100-103

[19] 王宏伟,赵华月,熊一力.穿心莲提出物对动脉粥样硬化家兔动脉壁 PDGF-B、c-sis 和 c-myc 基因表达的影响.同济医科大学学报.1998,27(1): 46-48,51

[20] 王宏伟,赵华月,向世勤.穿心莲成分 API_{0134} 对动脉粥样硬化家兔血清一氧化氮、血浆内皮素和脂质过氧化物的影响.中国中西医结合杂志.1997,17(9): 547-549

[21] 熊一力，赵华月．穿心莲成分 API$_{0134}$ 对猪主动脉平滑肌细胞增殖的抑制作用．中华心血管病杂志．1995，**23**(3)：214-216

[22] 吴衡生，王宏伟，徐钦儒，刘桐林，匡裕久．穿心莲成分 API$_{0134}$ 防治家兔系膜性肾炎的实验研究．同济医科大学学报．1997，**26**(5)：384-386

[23] CY Zhang, BKH Tan. Hypotensive activity of aqueous extract of *Andrographis paniculata* in rats. *Clinical and Experimental Pharmacology and Physiology.* 1996, **23**(8): 675-678

[24] A Kapil, IB Koul, SK Banerjee, BD Gupta. Antihepatotoxic effects of major diterpenoid constituents of *Andrographis paniculata*. *Biochemical Pharmacology.* 1993, **46**(1): 182-185

[25] PK Visen, B Shukla, GK Patnaik, BN Dhawan. *Andrographolide protects* rat hepatocytes against paracetamol-induced damage. *Journal of Ethnopharmacology.* 1993, **40**(2): 131-136

[26] R Husen, AH Pihie, M Nallappan. Screening for antihyperglycaemic activity in several local herbs of Malaysia. *Journal of Ethnopharmacology.* 2004, **95**(2-3): 205-208

[27] BC Yu, CR Hung, WC Chen, JT Cheng. Antihyperglycemic effect of andrographolide in streptozotocin-induced diabetic rats. *Planta Medica.* 2003, **69**(12): 1075-1079

[28] 陈爱葵，黄清松，梁光发，高丽松．穿心莲对小白鼠腹腔巨噬细胞功能影响的研究．中国中医药信息杂志．1998，**5**(8)：23-24

[29] 陈爱葵，黄清松，梁光发，高丽松．穿心莲对小白鼠 E 玫瑰花环形成率影响的研究．中国中医药信息杂志．1999，**6**(7)：21

[30] 李玉祥，樊华，张劲松，陈永萱．中草药抗癌的体外试验．中国药科大学学报．1999，**30**(1)：37-42

[31] RA Kumar, K Sridevi, NV Kumar, S Nanduri, S Rajagopal. Anticancer and immunostimulatory compounds from *Andrographis paniculata*. *Journal of Ethnopharmacology.* 2004, **92**(2-3): 291-295

[32] MA Akbarsha, B Manivannan, KS Hamid, B Vijayan. Antifertility effect of *Andrographis paniculata* (Nees) in male albino rat. *Indian Journal of Experimental Biology.* 1990, **28**(5): 421-426

[33] SC Mandal, AK Dhara, BC Maiti. Studies on psychopharmacological activity of *Andrographis paniculata* extract. *Phytotherapy Research.* 2001, **15**(3): 253-256

[34] SK Nazimudeen, S Ramaswamy, L Kameswaran. Effect of *Andrographis paniculata* on snake venom induced death and its mechanism. *Indian Journal of Pharmaceutical Sciences.* 1978, **40**(4): 132-133

[35] 张树云，吴丽萍，郭菊玲，白文莉．RP-HPLC 法分别测定穿心莲茎、叶、果中穿心莲内酯、脱水穿心莲内酯的含量．药物分析杂志．2002，**22**(6)：480-481

穿心莲种植地

番荔枝 Fanlizhi

Annona squamosa L.
Custard Apple

番荔枝科

概述

番荔枝科 (Annonaceae) 植物番荔枝 *Annona squamosa* L., 其干燥成熟种子入药。中药名: 番荔枝子。

番荔枝属 (*Annona*) 植物全世界约有 120 余种, 原产于美洲热带地区, 少数产于非洲热带地区, 现亚洲热带地区多有引种栽培。中国栽培有 5 种, 本属现供药用约有 2 种。本种中国浙江、福建、广东、香港、广西、云南和台湾等省区均有栽培; 原产于热带美洲, 现全世界热带地区均有栽培。

"番荔枝"药用之名, 始载于《植物名实图考》。《广东省中药材标准》收载本种为中药番荔枝子的原植物来源种。原产于美洲热带地区, 现中国浙江、福建、广东、广西、云南和台湾等省区均产。

番荔枝含内酯类、生物碱类、二萜类、黄酮类成分等。《广东省中药材标准》采用薄层色谱法鉴定, 以控制药材质量。

药理研究表明, 番荔枝具有抗肿瘤、抗菌、杀虫、抗疟、抗糖尿病等作用。

中医理论认为番荔枝子具有补脾胃, 清热解毒, 杀虫的功效。

番荔枝 *Annona squamosa* L. (花枝)

番荔枝 Fanlizhi

番荔枝 *Annona squamosa* L.（果枝）

化学成分

番荔枝的种子含番荔枝内酯类 (Annonaceous acetogenins) 成分：番荔枝宁Ⅵ、Ⅶ、Ⅷ、Ⅸ、ⅩⅣ (annonins Ⅵ-Ⅸ, ⅩⅣ)[1]、番荔枝素 (annonacin)、番荔枝素 A[2]、Ⅰ、Ⅱ (annonacins A, Ⅰ-Ⅱ)、番荔枝斯坦定 (annonastatin)、巴婆内酯 (asimicin)[1]、新番荔枝宁 B (neoannonin B)[3]、多鳞番荔枝辛 A、B、C、D、E、F、G、H、I、J、K、L、M、N[4]、O1、O2[5] (squamocins A-N, O1-O2)、番荔枝塔亭 A、B、C、D、E (squamostatins A-E)、squamosten A[5]、annotemoyins 1、2[6]、新番荔素 (squamocenin)、reticulatain 2、莫垂林 (motrilin)、毛叶番荔枝素 1、2 (cherimolins 1-2)[7]、squamostolide[8]、neo-desacetyluvaricin、neo-reticulatacin A[3]、bullatacinone[9]、squamostanal A[10]、阿诺西林 A (annonsilin A)[11]、mosin B[12]；环肽类成分：annosquamosin A[13]、cyclosquamosins A、B、C、D、E、F、G[14]、squamins A、B[15]、squamtin A[16]；生物碱类成分：samoquasine A[17]、番荔枝碱 (anonaine)[18]。

番荔枝的果实含贝壳松烯二萜类 (kaurane diterpenoids) 成分：annosquamosins A、B[19]；生物碱类成分：鹅掌楸碱 (liriodenine)、氧代番荔枝宾 (oxoxylopine)、网叶番荔枝碱 (reticuline)、乌药碱 (coclaurine)、N-甲基乌药碱 (N-methylcoclaurine)、番荔枝碱、降荷叶碱 (nornuciferine)、巴婆碱 (asimilobine)[20]。

番荔枝的根含生物碱类成分：番荔枝碱、白兰碱 (michelalbine)、鹅掌楸碱、网叶番荔枝碱、番荔枝宾 (anolobine)[21]。

番荔枝的茎枝含生物碱类成分：annosqualine、demethylsonodione、鹅掌楸碱、annobraine、唐松福林碱 (thalifoline)[22]；木脂素类及新木脂素类成分：squadinorlignoside、1-甲氧基异落叶松脂素 (1-methoxyisolariciresinol)、异落叶松脂素 (isolariciresinol)、闭联异松树脂醇 (secoisolariciresinol)、urolignoside[23]、鬼臼毒素 (podophyllotoxin)、4'-去甲基鬼臼毒素 (4'-demethylpodophyllotoxin)[24]；酰胺类成分：二氢芥子酰酪胺 (dihydrosinapoyltyramine)、二氢阿魏酰酪胺 (dihydroferuloyltyramine)[22]、番荔枝酰胺

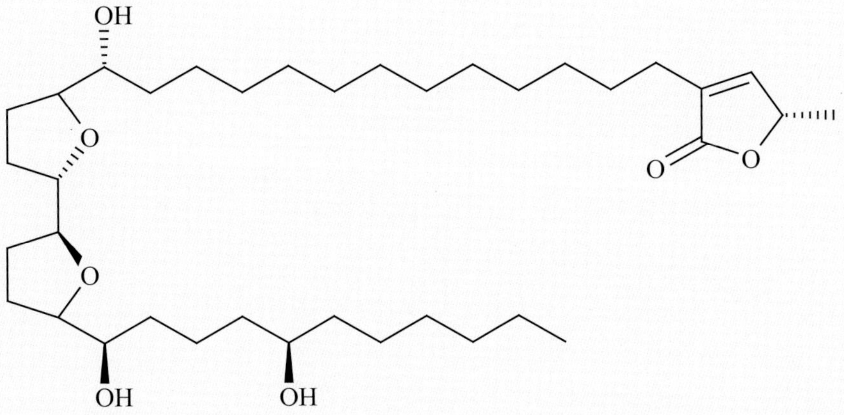

squamocin A

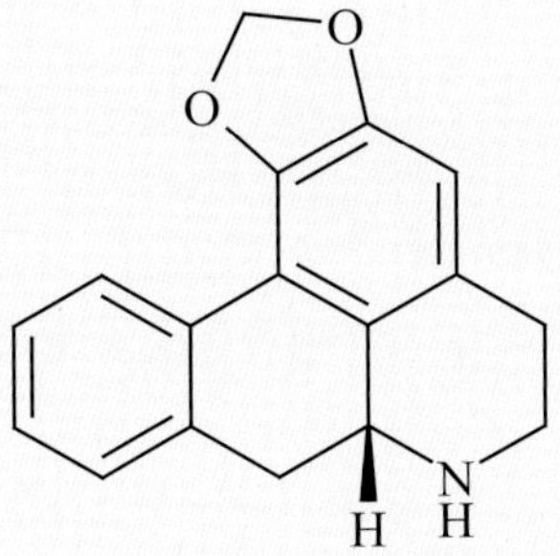

anonaine

(squamosamide)、穆坪马兜铃酰胺 (moupinamide)[25]；贝壳松烯二萜化合物：annomosin A、16α-methoxy-(-)-kauran-19-oic acid、sachanoic acid、(-)-kauran-19-al-17-oic acid、annosquamosins B、C、D、E、F、G[26]、16β,17-dihydroxy-ent-kauran-19-oic acid[27]。

番荔枝的茎皮含番荔枝内酯类成分：bullatacin、bullatacinone、squamone[28]、squamolinone、9-oxoasimicinone、bullacin B[29]、4-deoxyannoreticuin、squamoxinone[30]、mosinone A[31]；生物碱类成分：紫堇定碱 (corydine)、异紫堇定碱 (isocorydine)、番荔枝碱、海罂粟碱 (glaucine)[32]。

番荔枝的叶含生物碱类成分：番荔枝宾 (xylopine)、毛叶含笑碱 (lanuginosine)[33]等；黄酮类成分：芦丁 (rutin)、金丝桃苷 (hyperoside)、槲皮素 (quercetin)[34]。

药理作用

1. 抗肿瘤

番荔枝内酯类成分以末端 γ-内酯环及四氢呋喃环为主要功能基，通过对细胞线粒体呼吸链的抑制作用而达到抑制细胞能量代谢活动。相同剂量的番荔枝内酯可以抑制癌细胞的生长，而不抑制非癌细胞的生长[35]。番荔枝内酯类成分体内外对白血病、肝癌、前列腺癌、胰腺癌、宫颈癌等均有抗肿瘤作用，以多鳞番荔枝辛 G 活性最强。细胞生长抑制实验表明，番荔枝内酯类成分及其多鳞番荔枝辛 G 等对人喉癌、人乳腺癌细胞具有较强的体外抗肿瘤作用。此外，番荔枝内酯类成分还能抑制线粒体 NADH 氧化还原酶，抑制线粒体呼吸链的传递，使细胞产生的能量迅速减少，导致 P－糖蛋白功能丧失，克服肿瘤多药抗药性 (MDR)[36]。

2. **抗糖尿病**
番荔枝叶水提取物口服给药能显著降低链脲霉素合用菸酰胺所致 2 型糖尿病大鼠的血糖水平[37]。糖耐量实验 (GTT) 表明，口服番荔枝叶乙醇提取物能降低链脲霉素致糖尿病大鼠和四氧嘧啶致糖尿病兔的空腹血糖，降低总胆固醇 (TC)、低密度脂蛋白 (LDL) 和三酰甘油 (TG) 水平，升高高密度脂蛋白 (HDL) 水平[38]。

3. **抗病原微生物**
番荔枝种子石油醚提取物、氯仿提取物、乙醇提取物体外对黄曲霉菌、黑曲霉菌、枯草杆菌、志贺氏菌等有不同程度的抗菌活性[6]。番荔枝果肉和种子的乙醇提取物对白色念珠菌、光滑念珠菌等真菌和大肠杆菌、金黄色葡萄球菌、绿脓杆菌等细菌的生长均有抑制作用[39]。

4. **抗疟**
番荔枝叶的甲醇提取物体外对恶性疟原虫的氯喹敏感株 3D7 和氯喹抗性株 Dd2 显示出高抑制活性，而茎皮的甲醇提取物对 Dd2 抑制活性中等[40]。

5. **杀虫**
番荔枝种子水提物体外有清除肠道寄生虫的活性[41]；环己烷提取物体外对头虱有快速杀灭作用[42]。

6. **松弛血管**
Cyclosquamosin B 能缓慢松弛去甲肾上腺素 (NE) 引起的大鼠主动脉收缩，抑制高钾条件下去极化主动脉的收缩，中度抑制尼卡地平存在下 NE 引起的血管收缩。其机理可能是通过抑制电位依赖的钙通道，减少细胞外的钙内流[43]。

7. **抗病毒**
从新鲜番荔枝果实中分离得到的 ent－16β,17－dihydroxykauran－19－oic acid 在淋巴细胞 H9 中表现出显著的抗人类免疫缺陷病毒 (HIV) 活性[19]。

8. **其他**
番荔枝还有抗生育[44]、抗氧化[45]、抗炎[27]等作用。

应用

本品为中医临床用药。功能：补脾胃，清热解毒，杀虫。主治：恶疮肿痛，肠寄生虫病。

现代临床还用于各种肿瘤、高血糖、高血压等病的治疗。

评注

番荔枝的干燥根和叶也可用作药用。番荔枝根具有清热解毒的功效，主治热毒血痢。番荔枝叶具有收敛涩肠、清热解毒的功效，主治赤痢、精神抑郁、小儿脱肛、脊髓骨病、恶疮肿痛。

番荔枝及其同属植物圆滑番荔枝 Annona glabra L.、牛心番荔枝 A. reticulata L. 等所含番荔枝内酯是一类很有希望的新抗癌药物，特别是多鳞番荔枝辛 G 良好的抗肿瘤活性，使它有望成为继紫杉醇以后的又一天然抗肿瘤新药。

除药用外，番荔枝的果实还是世界有名的热带水果之一，且具有较高的营养价值。因此，番荔枝作为食品的开发利用也具有良好的前景。

参考文献

[1] M Nonfon, F Lieb, H Moeschler, D Wendisch. Four annonins from *Annona squamosa*. *Phytochemistry*. 1990, **29**(6): 1951-1954

[2] F Lieb, M Nonfon, U Wachendorff-Neumann, D Wendisch. Annonacins and annonastatin from *Annona squamosa*. *Planta Medica*. 1990, **56**(3): 317-319

[3] 郑祥慈, 杨仁洲, 秦国伟, 徐任生, 范大钧. 番荔枝种子中的3个新的番荔枝内酯. 植物学报. 1995, **37**(3): 238-243

[4] M Sahai, S Singh, M Singh, YK Gupta, S Akashi, R Yuji, K Hirayam, H Asaki, H Araya. Annonaceous acetogenins from the seeds of *Annona squamosa*. Adjacent bis-tetrahydrofuranic acetogenins. *Chemical & Pharmaceutical Bulletin*. 1994, **42**(6): 1163-1174

[5] H Araya. Studies on annonaceous tetrahydrofuranic acetogenins from *Annona squamosa* L. seeds. *Nogyo Kankyo Gijutsu Kenkyusho Hokoku*. 2004, **23**: 77-149

[6] MM Rahman, S Parvin, ME Haque, ME Islam, MA Mosaddik. Antimicrobial and cytotoxic constituents from the seeds of *Annona squamosa*. *Fitoterapia*. 2005, **76**(5): 484-489

[7] 余竞光, 罗秀珍, 孙兰, 李德宇, 黄文华, 刘春雨. 番荔枝种子化学成分研究. 药学学报. 2005, **40**(2): 153-158

[8] HH Xie, XY Wei, JD Wang, MF Liu, RZ Yang. A new cytotoxic acetogenin from the seeds of *Annona squamosa*. *Chinese Chemical Letters*. 2003, **14**(6): 588-590

[9] 杨仁洲, 郑祥慈, 吴淑君, 魏孝义, 谢海辉. 番荔枝化学成分研究(6). 云南植物研究. 1999, **21**(4): 517-520

[10] H Araya, N Hara, Y Fujimoto, M Sahai. Squamostanal-A, apparently derived from tetrahydrofuranic acetogenin, from *Annona squamosa*. *Bioscience, Biotechnology, and Biochemistry*. 1994, **58**(6): 1146-1147

[11] 杨仁洲, 郑祥慈, 吴淑君, 秦国伟. 阿诺西林甲——一个新的裂三四氢呋喃环型的番荔枝内酯. 植物学报. 1995, **37**(6): 492-495

[12] N Maezaki, A Sakamoto, N Kojima, M Asai, C Iwata, T Tanaka. Studies toward asymmetric synthesis of an antitumor annonaceous acetogenin mosin B. *Tennen Yuki Kagobutsu Toronkai Koen Yoshishu*. 2000, **42**: 781-786

[13] CM Li, NH Tan, Q Mu, HL Zheng, XJ Hao, Y Wu, J Zhou. Cyclopeptide from the seeds of *Annona squamosa*. *Phytochemistry*. 1991, **45**(3): 521-523

[14] H Morita, Y Sato, J Kobayashi. Cyclosquamosins A-G, cyclic peptides from the seeds of *Annona squamosa*. *Tetrahedron*. 1999, **55**(24): 7509-7518

[15] 闵知大, 史剑侠, 李娜, 郑启泰, 吴厚铭. 番荔枝中的一对环肽构象异构体. 中国药科大学学报. 2000, **31**(5): 332-338

[16] RW Jiang, Y Lu, ZD Min, QT Zheng. Molecular structure and pseudopolymorphism of squamtin A from *Annona squamosa*. *Journal of Molecular Structure*. 2003, **655**(1): 157-162

[17] H Morita, Y Sato, KL Chan, CY Choo, H Itokawa, K Takeya, J Kobayashi. Samoquasine A, a benzoquinazoline alkaloid from the seeds of *Annona Squamosa*. *Journal of Natural Products*. 2000, **63**(12): 1707-1708

[18] F Bettarini, GE Borgonovi, T Fiorani, I Gagliardi, V Caprioli, P Massardo, JIJ Ogoche, A Hassanali, E Nyandat, A Chapya. Antiparasitic compounds from East African plants: isolation and biological activity of anonaine, matricarianol, canthin-6-one and caryophyllene oxide. *Insect Science and Its Application*. 1993, **14**(1): 93-99

[19] YC Wu, YC Hung, FR Chang, M Cosentino, HK Wang, KH Lee. Identification of ent-16β, 17-dihydroxykauran-19-oic acid as an anti-HIV principle and isolation of the new diterpenoids annosquamosins A and B from *Annona squamosa*. *Journal of Natural Products*. 1996, **59**: 635-637

[20] YC Wu, FR Chang, KS Chen, FN Ko, CM Teng. Bioactive alkaloids from *Annona squamosa*. *Chinese Pharmaceutical Journal*. 1994, **46**(5): 439-446

[21] TH Yang, CM Chen. Constituents of *Annona squamosa*. *Journal of the Chinese Chemical Society*. 1970, **17**(4): 243-250

[22] YL Yang, FR Chang, YC Wu. Annosqualine: a novel alkaloid from the stems of *Annona squamosa*. *Helvetica Chimica Acta*. 2004, **87**: 1392-1399

[23] YL Yang, FR Chang, YC Wu. Squadinorlignoside: a novel 7,9'-dinorlignan from the stems of *Annona squamosa*. *Helvetica Chimica Acta*. 2005, **88**: 2731-2737

[24] H Hatano, R Aiyama, S Matsumoto, F Nishisaka, M Nagaoka, K Kimura, T Makino, Y Shishido, T Matsuzaki, S Hashimoto. Cytotoxic constituents in the branches of *Annona squamosa* grown in Philippines. *Yakuruto Kenkyusho Kenkyu Hokokushu*. 2003, **22**: 5-9

[25] 杨小江, 徐丽珍, 孙南君, 王树春, 郑启泰. 番荔枝化学成分研究. 药学学报. 1992, **27**(3): 185-190

[26] YL Yang, FR Chang, CC Wu, WY Wang, YC Wu. New ent-kaurane diterpenoids with anti-platelet aggregation activity from *Annona squamosa*. *Journal of Natural Products*. 2002, **65**(10): 1462-1467

[27] SH Yeh, FR Chang, YC Wu, YL Yang, SK Zhuo, TL Hwang. An anti-flammatory ent-kaurane from the stems of *Annona squamosa* that inhibits various human neutrophil functions. *Planta Medica*. 2005, **71**(10): 904-909

[28] XH Li, YH Hui, J K Rupprecht, YM Liu, KV Wood, DL Smith, CJ Chang, JL Mclaughlin. Bullatacin, bullatacinone, and squamone, a new bioactive acetogenin, from the bark of *Annona squamosa*. *Journal of Natural Prodm*rts. 1990, **53**(1): 81-86

[29] DC Hopp, FQ Alali, ZM Gu, JL Mclaughlin. Three new bioactive bis-adjacent THF-ring acetogenins from the bark of *Annona squamosa*. *Bioorganic & Medicinal Chemistry*. 1998, **6**(5): 569-575

[30] DC Hopp, FQ Alali, ZM Gu, JL Mclaughlin. Mono-THF ring Annonaceous acetogenins from *Annona squamosa*. *Phytochemistry*. 1998, **47**(5): 803-809

[31] DC Hopp, L Zeng, ZM Gu, JF Kozlowski, JL McLaughlin. Novel mono-tetrahydrofuran ring acetogenins, from the bark of *Annona squamosa*, showing cytotoxic selectivities for the human pancreatic carcinoma cell line, PACA-2. *Journal of Natural Products*. 1997, **60**(6): 581-586

[32] RVK Rao, N Murty, JVLNS Rao. Occurrence of borneol and camphor and a new terpene in *Annona squamosa*. *Indian Journal of Pharmaceutical Sciences*. 1978, **40**(5): 170-171

[33] PK Bhaumik, B Mukherjee, JP Juneau, NS Bhacca, R Mukherjee. Alkaloids from leaves of *Annona squamosa*. *Phytochemistry*. 1979, **18**(9): 1584-1586

[34] TR Seetharaman. Flavonoids from the leaves of *Annona squamosa* and *Polyalthia longifolia*. *Fitoterapia*. 1986, **57**(3): 198-199

[35] 徐志防，魏孝义．番荔枝内酯抑制线粒体复合物I的作用机理．天然产物研究与开发．2003，**14**(5)：476-481

[36] 李艳芳，符立梧．番荔枝内酯抗肿瘤作用研究进展．中国药理学通报．2004，**20**(3)：245-247

[37] A Shirwaikar, K Rajendran, C Dinesh Kumar, R Bodla. Antidiabetic activity of aqueous leaf extract of *Annona squamosa* in streptozotocin-nicotinamide type 2 diabetic rats. *Journal of Ethnopharmacology*. 2004, **91**(1): 171-175

[38] RK Gupta, AN Kesari, PS Murthy, R Chandra, V Tandon, G Watal. Hypoglycemic and antidiabetic effect of ethanolic extract of leaves of *Annona squamosa* L. in experimental animals. *Journal of Ethnopharmacology*. 2005, **99**(1): 75-81

[39] KF Ahmad, N Sultana. Biological studies on fruit pulp and seeds of *Annona squamosa*. *Journal of the Chemical Society of Pakistan*. 2003, **25**(4): 331-334

[40] AE Tahir, GMH Satti, SA Khalid. Antiplasmodial activity of selected Sudanese medicinal plants with emphasis on *Maytenus senegalensis* (Lam.) Exell. *Journal of Ethnopharmacology*. 1999, **64**(3): 227-233

[41] GP Choudhary. Anthelmintic activity of *Annona squamosa*. *Asian Journal of Chemistry*. 2007, **19**(1): 799-800

[42] J Intaranongpai, W Chavasiri, W Gritsanapan. Anti-head lice effect of *Annona squamosa* seeds. *Southeast Asian Journal of Tropical Medicine and Public Health*. 2006, **37**(3): 532-535

[43] H Morita, T Iizuka, CY Choo, KL Chan, K Takeya, J Kobayashi. Vasorelaxant activity of cyclic peptide, cyclosquamosin B, from *Annona squamosa*. *Bioorganic & Medicinal Chemistry Letters*. 2006, **16**(17): 4609-4611

[44] A Mishra, JV Dogra, JN Singh, OP Jha. Post-coital antifertility activity of *Annona squamosa* and *Ipomoea fistulosa*. *Planta medica*. 1979, **35**(3): 283-285

[45] A Shirwaikar, K Rajendran, CD Kumar. *In vitro* antioxidant studies of *Annona squamosa* Linn. leaves. *Indian Journal of Experimental Biology*. 2004, **42**(8): 803-807

白木香 Baimuxiang CP, VP

瑞香科

Aquilaria sinensis (Lour.) Gilg
Chinese Eaglewood

 概 述

瑞香科 (Thymelaeaceae) 植物白木香 *Aquilaria sinensis* (Lour.) Gilg，其含有树脂的木材入药。中药名：沉香。

沉香属 (*Aquilaria*) 植物全世界约有 15 种，分布于中国、缅甸、泰国、老挝、柬埔寨、印度、马来西亚、苏门答腊、加里曼丹等地。中国仅有 2 种，均可供药用。本种分布于中国广东、香港、广西、福建、海南等省区。

"沉香"药用之名，始载于《名医别录》，列为上品。历代本草多有著录，古今用药品种一致。《中国药典》(2005年版) 收载本种为中药沉香的法定原植物来源种。主产于中国海南、广西、广东等省区。

白木香主要含色酮类和倍半萜类化合物。《中国药典》采用热浸法测定，规定沉香含醇溶性浸出物不得少于 10%，以控制药材质量。

药理研究表明，白木香具有解痉、镇静、镇痛、抗菌等作用。

中医理论认为沉香具有行气止痛，温中止呕，纳气平喘的功效。

白木香 *Aquilaria sinensis* (Lour.) Gilg

瑞香科

白木香 Baimuxiang

白木香 *Aquilaria sinensis* (Lour.) Gilg

药材沉香 Lignum Aquilariae Resinatum

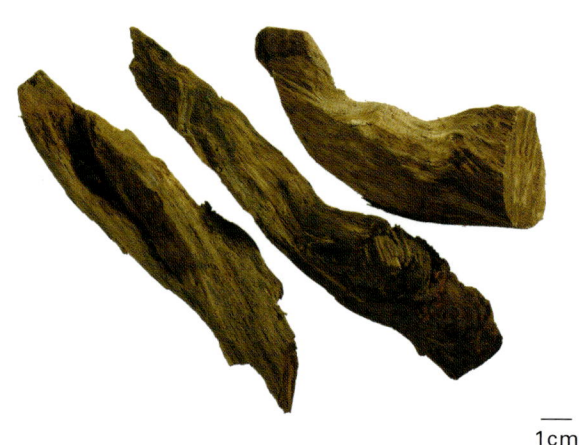

1cm

化学成分

白木香木材含有倍半萜类成分：白木香酸 (baimuxinic acid)、白木香醛 (baimuxinal)[1]、白木香醇 (baimuxinol)、去氢白木香醇 (dehydrobaimuxinol)[2]、异白木香醇 (isobaimuxinol)[3]、白木香呋喃酸 (baimuxifuranic acid)[4]、沉香呋喃醛 (sinenofuranal)、沉香呋喃醇 (sinenofuranol)、β－沉香呋喃 (β-agarofuran)、二氢卡拉酮 (dihydrokararone)[5]、沉香螺旋醇 (agarospirol)；三萜类成分：羟基何帕酮 (3-oxo-22-hydroxyhopane)[6]；色酮类成分：flindersiachromone、6－羟基－2－[2－(4－甲氧基苯)乙基]色酮 {6-hydroxy-2-[2-(4'-methoxylphenyl)ethyl] chromone}、6－氧基－2－(2－苯乙基)色酮 [6-methoxy-2-(2-phenylethyl) chromone]、6,7－二甲氧基－2－(2－苯乙基)色酮 [6,7-dimethoxy-2-(2-phenylethyl) chromone]、6－甲氧基－2－[2－(3'－甲氧基苯)乙基]色酮 {6-methoxy-2[2-(3'-methoxyphenyl) ethyl] chromone}、6－羟基－2－(2－苯乙基) 色酮 [6-hydroxy-2-(2-phenylethyl) chromone][7]、5,8－二羟基－2－(2－对甲氧基苯乙基)色酮 [5,8-dihydroxy-2-(2-p-methoxyphenylethyl) chromone]、6,7－二甲氧基－2－(2－对甲氧基苯乙基)色酮 [6,7-dimethoxy-2-(2-p-methoxyphenylethyl) chromone]、5,8－二羟基－2－(2－苯乙基)色酮 [5,8-dihydroxy-2-(2-phenylethyl) chromone][8]、5－羟基－6－甲氧基－2－(2－苯乙基)色酮 [5-hydroxy-6-methoxy-2-(2-phenylethyl) chromone]、6－羟基－2－(2－羟基－2－苯乙基)色酮 [6-hydroxy-2-

baimuxinic acid　　　agarospirol　　　oxidoagarochromone A

(2-hydroxy-2-phenylethyl) chromone]、8-氯-2-（2-苯乙基）-5,6,7-三羟基-5,6,7,8-四羟基色酮[8-chloro-2-(2-phenylethyl)-5,6,7-trihydroxy-5,6,7,8-tetrahydrochromone]、6,7-二羟基-2-（2-苯乙基）-5,6,7,8-四羟基色酮 [6,7-dihydroxy-2-(2-phenylethyl)-5,6,7,8-tetrahydrochromone][9]、6,8-二羟基-2-[2-（3'-甲氧基-4'-羟基苯乙基）]色酮 {6,8-dihydroxy-2-[2-(3'-methoxy-4'-hydroxyl phenylethyl)] chromone}、6-甲氧基-2-[2-（3'-甲氧基-4'-羟基苯乙基）]色酮 {6-methoxy-2-[2-(3'-methoxy-4'-hydroxyl phenylethyl)] chromone][10]以及oxidoagarochromones A、B、C[11]；此外，还含有苄基丙酮(benzylacetone)、对甲氧基苄基丙酮(p-methoxybenzylacetone)、茴香酸(anisic acid)[3]。

药理作用

1. **镇静**
   白木香提取物能使环己巴比妥引起的小鼠睡眠时间延长，自发活动减少[12]。沉香螺旋醇给小鼠口服、腹腔注射或脑室内注射均有明显的中枢神经抑制作用，可阻止去氧麻黄碱和阿扑吗啡引起的小鼠自发性活动增加，升高脑中高香草酸水平，作用与氯丙嗪相似[13]。

2. **镇痛**
   白木香酸对小鼠有一定的麻醉作用，在热板法中有较好的镇痛作用[12]。沉香螺旋醇可抑制醋酸引起的小鼠扭体反应[14]，其镇痛作用与阿片受体有关[15]。

3. **抗菌**
   白木香煎剂对人型结核杆菌、伤寒杆菌、福氏痢疾杆菌均有抑制作用[12, 16]。

应用

本品为中医临床用药。功能：行气止痛，温中止呕，纳气平喘。主治：胸腹胀痛，胃寒呕逆，肾虚气喘。

现代临床还用于寒性胃痛、老年性肠梗阻、便秘、哮喘等病的治疗[12]。

评注

同属植物沉香 *Aquilaria agallocha* (Lour.) Roxb. 的含木脂木材也作沉香入药，主产于印度尼西亚和马来西亚。目前中药沉香的药理研究多集中在沉香，而关于白木香的研究较少。因临床使用多以白木香为主，应加强白木香的化学、药理及疗效研究。

沉香为中国广东十大道地药材之一，也是中国、日本、印度以及其他东南亚国家的传统名贵药材和天然名贵香料。

白木香已证明可与沉香一样药用，应加强白木香的人工产香和取香的研究。

香港名称之由来，有"运香之港"之说，所运香木为东莞所产之白木香。1997 年为纪念香港回归祖国，在深圳仙湖植物园用 1997 棵白木香组成了一幅中国地图。

参考文献

[1] 杨峻山，陈玉武. 国产沉香化学成分的研究 I. 白木香酸和白木香醛的分离与结构测定. 药学学报. 1983, **18**(3): 191-198

[2] 杨峻山，陈玉武. 国产沉香化学成分的研究 II. 白木香醇和去氢白木香醇的分离与结构. 药学学报. 1986, **21**(7): 516-520

[3] 杨峻山，王玉兰，苏亚伦，贺存恒，郑启泰，杨晶. 国产沉香化学成分的研究 III. 异白木香醇的结构测定和低沸点成分的分离与鉴定. 药学学报. 1989, **24**(4): 264-268

[4] JS Yang, YL Wang, YL Su. Baimuxifuranic acid, a new sesquiterpene from the volatile oil of *Aquilaria sinensis* (Lour.) Gilg. *Chinese Chemical Letters*. 1992, **3**(12): 983-984

[5] 徐金富，朱亮峰，陆碧瑶，刘铸晋. 中国沉香精油化学成分研究. 植物学报. 1988, **30**(6): 635-638

[6] 林立东，戚树源. 国产沉香中的三萜成分. 中草药. 2000, **31**(2): 89-90

[7] 杨峻山，王玉兰，苏亚伦. 国产沉香化学成分的研究 IV. 2-（2-苯乙基）色酮类化合物的分离与鉴定. 药学学报. 1989, **24**(9): 678-683

[8] 杨峻山，王玉兰，苏亚伦. 国产沉香化学成分的研究 V. 三个 2-（2-苯乙基）色酮衍生物的分离和鉴定. 药学学报. 1990, **25**(3): 186-190

[9] T Yagura, M Ito, F Kiuchi, G Honda, Y Shimada. Four new 2-(2-phenylethyl) chromone derivatives from withered wood of *Aquilaria sinensis*. *Chemical & Pharmaceutical Bulletin*. 2003, **51**(5): 560-564

[10] 刘军民，高幼衡，徐鸿华，陈宏扬. 沉香的化学成分研究 (I). 中草药. 2006, **37**(3): 325-327

[11] T Yagura, N Shibayama, M Ito, F Kiuchi, G Honda. Three novel diepoxy tetrahydrochromones from agarwood artificially produced by intentional wounding. *Tetrahedron Letters*. 2005, **46**(25): 4395-4398

[12] 刘军民，徐鸿华. 国产沉香研究进展. 中药材. 2005, **28**(7): 627-632

[13] H Okugawa, R Ueda, K Matsumoto, K Kawanishi, A Kato. Effect of Jinkoh-eremol and agarospirol from agarwood on the central nervous system in mice. *Planta Medica*. 1996, **62**(1): 2-6

[14] H Okugawa, R Ueda, K Matsumoto, K Kawanishi, K Kato. Effects of sesquiterpenoids from "Oriental incenses" on acetic acid-induced writhing and D2 and 5-HT2A receptors in rat brain. *Phytomedicine*. 2000, **7**(5): 417-422

[15] H Okukawa, K Kawanishi, A Kato. Effects of sesquiterpenoids from oriental incenses on sedative and analgesic action. *Aroma Research*. 2000, **1**(1): 34-38

[16] 孟庆仁. 有杀菌抑菌作用的常见中药. 中医药学刊. 1988, **1**: 1-3

1997棵白木香组成的中国地图

广防己 Guangfangji

马兜铃科

Aristolochia fangchi Y. C. Wu ex L. D. Chou et S. M. Hwang
Southern Fangchi

概述

马兜铃科 (Aristolochiaceae) 植物广防己 *Aristolochia fangchi* Y. C. Wu ex L. D. Chou et S. M. Hwang，其干燥根入药。中药名：广防己。

马兜铃属 (*Aristolochia*) 植物全世界约有 350 种，分布于热带和温带地区。中国约有 39 种、2 变种、3 变型，广布于南北各省区，以西南和南部地区较多，本属现供药用者约有 31 种。本种分布于中国广东、广西、贵州和云南等省区。

"广防己"药用之名，始载于《药物出产辨》。《中国药典》（2000 年版）收载本种为中药广防己的法定原植物来源种。据报道：广防己因含有马兜铃酸类成分，服用能引起肾中毒，《中国药典》（2005 年版）未再收载。主产于中国广东和广西等省区。

广防己主要含马兜铃酸类成分，马兜铃酸类成分既是有效成分也是有毒成分。

药理研究表明，广防己具有抗肿瘤、增强免疫等作用。

中医理论认为广防己具有祛风止痛，清热利水的功效。

广防己 *Aristolochia fangchi* Y. C. Wu ex L. D. Chou et S. M. Hwang

广防己 Guangfangji

药材广防己 Radix Aristolochiae Fangch

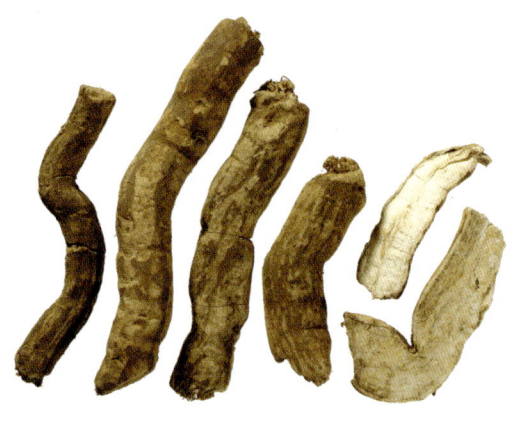

3cm　　　　　　　　　　　　　　　　1cm

化学成分

广防己的根含马兜铃酸I、III (aristolochic acids I, III)、马兜铃内酰胺 (aristololactam)，以及尿囊素 (allantoin)、木兰花碱 (magnoflorine)、β-谷甾醇 (β-sitosterol)[1]等。

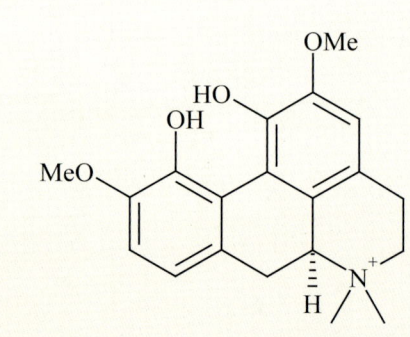

magnoflorine

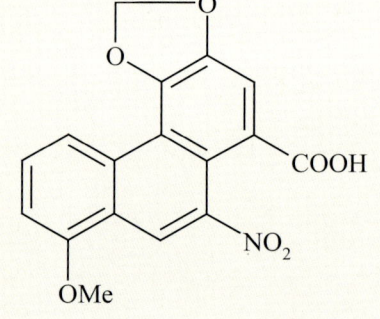

aristolochic acid I

药理作用

1. **抗肿瘤**
   马兜铃酸腹腔注射对小鼠皮下移植性肉瘤37的肿瘤细胞生长有显著抑制作用，明显延长小鼠的存活时间[2]；对腹水型肝癌大鼠肿瘤细胞的生长也有抑制作用[3]。

2. **增强免疫**
   马兜铃酸腹腔注射能明显地增强小鼠腹腔巨噬细胞的吞噬活性[2]；也可增强豚鼠腹腔巨噬细胞和人白细胞的代谢活性[4]。

3. **抗菌**
   马兜铃酸腹腔注射对感染金黄色葡萄球菌、肺炎双球菌、化脓性链球菌的小鼠有较好的保护作用[2]。

4. 抗病毒

马兜铃酸能增强感染 I 型单纯性疱疹病毒 (HSV-1) 兔眼的防御功能，降低眼球水状体的蛋白质含量，增加角膜和玻璃体中小噬细胞和巨噬细胞的数量，加速受损部位的愈合[5]。

5. 其他

木兰花碱可降低兔和低温麻醉小鼠的动脉血压；木兰花碱和马兜铃酸 I 能引起离体已孕大鼠子宫收缩和刺激离体豚鼠回肠[6]。

应用

本品曾为中医临床用药。功能：祛风止痛，清热利水。主治：湿热身痛，风湿痹痛，下肢水肿，小便不利，高血压，蛇咬伤。

现代临床还用于类风湿性关节炎、幽门梗阻、尘肺等病的治疗。

评注

马兜铃酸为一类含硝基的菲类有机酸，主要存在于马兜铃科马兜铃属植物中，是该属植物的重要特征性成分[7]。

近年来因出现马兜铃酸类成分的毒性反应及含马兜铃酸的中草药引起肾脏损害 — 中草药肾病 [Chinese herb nephropathy (CHN)] 的报道，FDA 已经建议停止使用含有马兜铃酸的草药产品[8-11]。但也有资料表明，马兜铃酸的肾脏毒性仅在用量很大时才出现[12]，因此对广防己的毒性和药性尚有必要深入探讨。目前市售防己类药材的来源复杂，容易引起相互混淆，使用时应注意鉴别。防己来源于防己科植物粉防己 *Stephania tetrandra* S. Moore 的根，不含马兜铃酸类成分[13]。

参考文献

[1] 仇良栋，陈志明．广防己有效成分的分离鉴定．药学通报．1981，**16**(2)：117-118

[2] N Komatsu, H Nawata, T Kimino, J Shoji, A Tada. Biological activities of aristolochic acid. II. Effects on experimental tumor, bacterial infection, and RES [reticuloendothelial system] function. *Showa Igakkai Zasshi*. 1973, **33**(6): 776-782

[3] LN Filitis, PS Massagetov. Anticancer property of aristolochic acid. *Voprosy Onkologii*. 1961, **7**(8): 97-98

[4] JR Moese. Aristolochic acid. 2. *Arzneimittel-Forschung*. 1974, **24**(2): 151-153

[5] JR Mose, D Stunzner, M Zirm, C Egger-Bussing, F Schmalzl. Effect of aristolochic acid on herpes simplex infection of the rabbit eye. *Arzneimittel-Forschung*. 1980, **30**(9): 1571-1573

[6] T El, EH Kamal. Pharmacological actions of magnoflorine and aristolochic acid-1 isolated from the seeds of *Aristolochia bracteata*. *International Journal of Pharmacognosy*. 1991, **29**(2): 101-110

[7] 付桂香，赵世萍．含有马兜铃酸的中草药及制剂．中日友好医院学报．2003，**17**(2)：110-112

[8] 张子伯，蒋文跃，蔡少青．马兜铃酸所致中草药肾病的医学和药学进展及其引发的思索．中草药．2003，**34**(2)：185-188

[9] 国植，徐莉．对广防己、关木通导致的国际大规模中毒事件的反思．中草药．2001，**32**(1)：88-89

[10] F Debelle, J Nortier, VM Arlt, E De Prez, A Vienne, I Salmon, DH Phillips, M Deschodt-Lanckman, JL Vanherweghem. Effects of dexfenfluramine on aristolochic acid nephrotoxicity in a rat model for Chinese-herb nephropathy. *Archives of Toxicology*. 2003, **77**(4): 218-226

[11] BT Schaneberg, IA Khan. Analysis of products suspected of containing *Aristolochia* or *Asarum* species. *Journal of Ethnopharmacology*. 2004, **94**(2-3): 245-249

[12] 叶志斌，陆国才，于光，郭志勇，崔若兰．广防己肾脏毒性实验研究．中国药理学通报．2002，**18**(3)：285-287

[13] 何爱玲．广防己、木防己和粉防己的鉴别比较．国医论坛．2006，**21**(5)：47-48

菊 科

奇蒿 Qihao ᴷᴴᴾ

Artemisia anomala S. Moore
Diverse Wormwood

概 述

菊科 (Asteraceae) 植物奇蒿 *Artemisia anomala* S. Moore，其干燥带花全草入药。中药名：刘寄奴，习称：南刘寄奴。

蒿属 (*Artemisia*) 植物全世界约有 300 种以上，主要分布于亚洲、欧洲及北美洲的温带、寒温带及亚热带地区。中国约有 190 种，遍布各地。以西北、华北、东北及西南省区最多。本属现供药用者约 23 种。本种分布于中国中部至南部各省区；越南也有分布。

"刘寄奴"药用之名，始载于《雷公炮炙论》。历代本草多有著录，古今药用品种一致。主产于中国江苏、浙江、江西等省。

奇蒿主要含有挥发油、黄酮类、香豆素类、倍半萜类成分。樟脑为奇蒿活血化瘀的主要活性成分。

药理研究表明，奇蒿具有抗血小板聚集、抗血栓、抗缺氧、抗菌等作用。

中医理论认为刘寄奴具有破瘀通经，止血消肿，消食化积的功效。

奇蒿 *Artemisia anomala* S. Moore

化学成分

奇蒿的全草含挥发油类成分：樟脑 (camphor)[1]、龙脑 (borneol)、桉叶素 (cineole)、石竹烯氧化物 (caryophyllene oxide)、薄荷醇 (menthol)、紫苏醇 (perillalol)、蒌叶酚 (chavibetol)[2]；黄酮类成分：奇蒿黄酮 (arteanoflavone)、异泽兰黄素 (eupatilin)[3]、苜蓿素 (tricin)[4]、鼠尾草素 (salvigenin)[5]等；香豆素类成分：7-甲氧基香豆素 (herniarin)、伞形花内酯 (umbelliferone)[5]、莨菪亭 (scopoletin)、香豆精 (coumarin)[4]；倍半萜内酯类成分：奇蒿内酯 (arteanomalactone)[6]、瑞诺木烯内酯 (reynosin)、狭叶墨西哥蒿素 (armexifolin)；愈创木内酯二聚体 (dimeric guaianolides) 成分：刘寄奴内酯 (artanomaloide)；裂愈创木内酯类 (secoguaianolides) 成分：断短舌匹菊内酯 A (secotanapartholide A)、异断短舌匹菊内酯 (isosecotanapartholide)；愈创木内酯类 (guaianolides) 成分：去氢母菊内酯酮 (dehydromatricarin)[5]；此外，还含有刘寄奴酰胺 (anomalamide)[5]、橙黄胡椒酰胺醋酸酯 (aurantiamide acetate)、西米杜鹃醇 (simiarenol)[3]、棕榈酸 (palmitic acid)[4]。

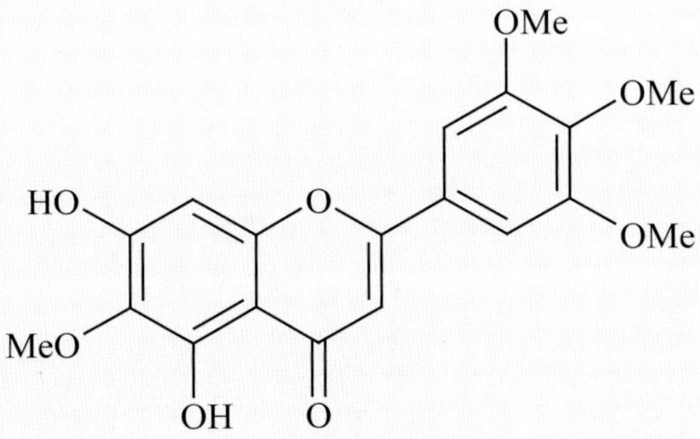

arteanoflavone

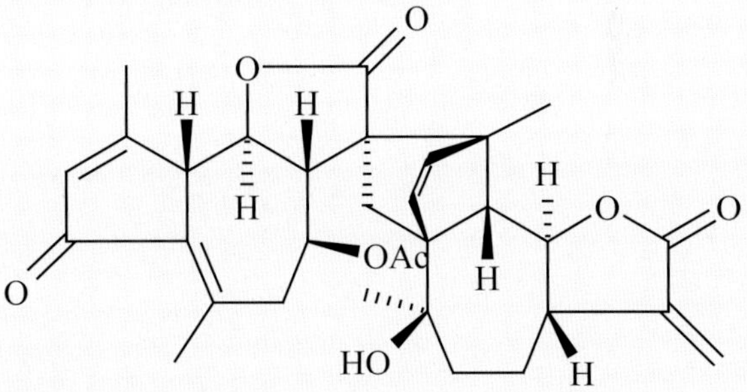

artanomaloide

药理作用

1. **抗血小板聚集、抗血栓**
   奇蒿水煎液灌胃，对二磷酸腺苷 (ADP) 诱导的大鼠血小板聚集有抑制作用，能显著减轻病理状态下大鼠体内静脉血栓形成的湿重，降低血栓形成的百分率[7]。奇蒿水煎液灌胃还能缩短小鼠的凝血时间，延长大鼠血浆复钙凝结时间、凝血酶凝结时间 (TT)、凝血酶原时间 (PT)、白陶土部分凝血活酶时间 (KPTT)[8]。

2. **抗缺氧**
   奇蒿水提醇沉液腹腔注射，对氰化钾或亚硝酸钠所致小鼠组织性缺氧和结扎颈总动脉所致脑循环障碍性缺氧有显著的保护作用，还能延长小鼠在减压缺氧环境中的存活时间[9]。

3. **抗菌**
   奇蒿氯仿提取物体外对新型隐球菌、白色念珠菌、曲霉菌等都具有较强的生长抑制作用[10]。

4. 抗氧化

奇蒿丙酮提取物体外对超氧离子自由基有较强的清除效果[11]，也能显著抑制亚硝化反应，阻断亚硝胺合成，其强度与所含黄酮浓度有关[12]。

5. 促进烧伤创面愈合

奇蒿乙醇提取物外敷，能明显促进大鼠深 II 度烧伤创面愈合，缩短创面愈合时间[13]。

6. 对生殖内分泌功能的影响

奇蒿 60% 乙醇浸提物灌胃给药能降低未成年大鼠卵巢内前列腺素 E_2 (PGE_2) 含量和子宫雌二醇受体特异结合量；还能降低假孕大鼠血中孕酮含量，抑制卵巢绒毛膜促性腺素/黄体生成素 (hCG/LH) 受体特异性结合量；对卵巢内源性 PGE_2 生成以及体外培养后 PGE_2 的生成也有抑制作用，也可促进子宫内源性前列腺素 $F_{2\alpha}$ ($PGF_{2\alpha}$) 的生成[14]。

7. 其他

奇蒿对 I 型和 II 型单纯性疱疹病毒 (HSV - I, II) 有对抗作用[15-16]。

应用

本品为中医临床用药。功能：破瘀通经，止血消肿，消食化积。主治：经闭，痛经，产后瘀滞腹痛，恶露不尽，跌打损伤，金疮出血，风湿痹痛，便血，尿血，痈疮肿毒，烫伤，食积腹痛，泄泻痢疾等。

现代临床还用于泌尿系统感染、前列腺炎、结核性腹膜炎、慢性肠炎、月经过多、慢性盆腔炎等病的治疗[17]。

评注

药材中"刘寄奴"有同名异物混用现象。由于地区用药习惯的不同，商品中有南、北刘寄奴之分。南刘寄奴主要来源于本种，北刘寄奴来源为玄参科 (Scrophulariaceae) 植物阴行草 *Siphonostegia chinensis* Benth.。为保证临床用药安全与有效，这些容易混淆药材应当注意鉴别，能否替代也值得进一步研究。

参考文献

[1] 洪永福，李医明，许怀勇，郭学敏．南刘寄奴挥发油成分研究．第二军医大学学报．1997, **18**(4)：399

[2] 曹华茹，毛燕，王学利．GC-MS 法测定六月霜的挥发油成分．浙江林学院学报．2006, **23**(5)：538-541

[3] 肖永庆，屠呦呦．蒿属中药南刘寄奴脂溶性成分的分离鉴定．药学学报．1984, **19**(12)：909-913

[4] 肖永庆，屠呦呦．中药南刘寄奴化学成分研究．植物学报．1986, **28**(3)：307-310

[5] J Jakupovic, ZL Chen, F Bohlmann. Artanomaloide, a dimeric guaianolide and phenylalanine derivatives from *Artemisia anomala*. *Phytochemistry*. 1987, **26**(10): 2777-2779

[6] 林秀云．中药刘寄奴化学成分分析．化学学报．1985, **43**(8)：724-727

[7] 潘颖宜，孙文忠，郭忻，金若敏，符胜光．南刘寄奴和北刘寄奴抗血小板聚集及抗血栓形成药理作用的比较研究．中成药．1998, **20**(7)：45-47

[8] 孙文忠，潘颖宜，郭忻，金若敏，符胜光，吴赵云，陈德兴，金岚．南北刘寄奴活血化瘀药理作用的比较研究．上海中医药大学上海市中医药研究所学报．1997, **11**(2)：68-72

[9] 沈金荣，阮克锋，周国伟．刘寄奴的抗缺氧作用．中草药．1983, **14**(9)：411-412

[10] 刘运德，杨湘龙，齐新，胡国武，朱元仁．奇蒿抗真菌成分研究．天津医科大学学报．1995, **1**(4)：5-7

[11] 张虹，许钢，张辉，张大中，李新亮．六月霜提取物清除 $O_2^-\cdot$ 和 $OH\cdot$ 自由基的体外实验研究．食品科学．2000, **21**(7)：31-34

[12] 张虹，许钢，袁建耀．刘寄奴提取液对亚硝化反应的抑制作用．郑州粮食学院学报．2000, **21**(1)：50-53

[13] 谭蔚锋, 郭家红, 邢新, 年华, 秦路平. 奇蒿80%乙醇提取物对大鼠深II度烧伤创面愈合的影响. 中医药学刊. 2004, **22**(5): 840-842

[14] 李玮, 周楚华, 路千里, 余运初. 活血通经中药对卵巢和子宫功能的影响及其作用机理. 中国中西医结合杂志. 1992, **12**(3): 165-168

[15] 郑民实. 472种中草药抗单纯疱疹病毒的研究. 中西医结合杂志. 1990, **10**(1): 39-41, 46

[16] MS Zheng. An experimental study of the anti-HSV-II action of 500 herbal drugs. *Journal of Traditional Chinese Medicine.* 1989, **9**(2): 113-116

[17] 李华. 刘寄奴应用心得. 浙江中医杂志. 1989, **24**(6): 274-275

马蓝 Malan CP

爵床科

Baphicacanthus cusia (Nees) Bremek.
Common Baphicacanthus

概述

爵床科 (Acanthaceae) 植物马蓝 *Baphicacanthus cusia* (Nees) Bremek., 其干燥根及根茎入药。中药名：南板蓝根；其叶或茎叶经加工制得的干燥粉末或团块入药，中药名：青黛。

板蓝属 (*Baphicacanthus*) 植物全世界只有 1 种，可供药用。本种原产于中国南方，现分布于中国广东、海南、香港、广西、云南、贵州、四川、福建、浙江、台湾；孟加拉国、印度东北部、缅甸、喜马拉雅等地至中南半岛也有分布。

"马蓝"药用之名，始载于《本草图经》。历代本草多有著录，古今药用品种一致。"青黛"药用之名，始载于《药性论》。历代本草多有著录，自古即来源于本种和蓼科 (Polygonaceae) 植物蓼蓝 *Polygonum tinctoria* Ait.、豆科 (Fabaceae/Leguminosae) 植物木蓝 *Indigofera tinctoria* L.、十字花科 (Brassicaceae/Cruciferae) 植物菘蓝 *Isatis indigotica* Fort.。《中国药典》(2005 年版) 收载本种为中药南板蓝根和青黛的法定原植物来源种。主产于中国福建、四川、浙江、湖南、广东、广西、贵州、云南等省。

马蓝主要含吲哚类成分等。

药理研究表明，马蓝具有抗菌、抗病毒、抗肿瘤、抗炎解热等作用。

中医理论认为南板蓝根具有清热解毒，凉血消肿的功效；青黛具有清热解毒，凉血止血，清肝泻火的功效。

马蓝 *Baphicacanthus cusia* (Nees) Bremek.

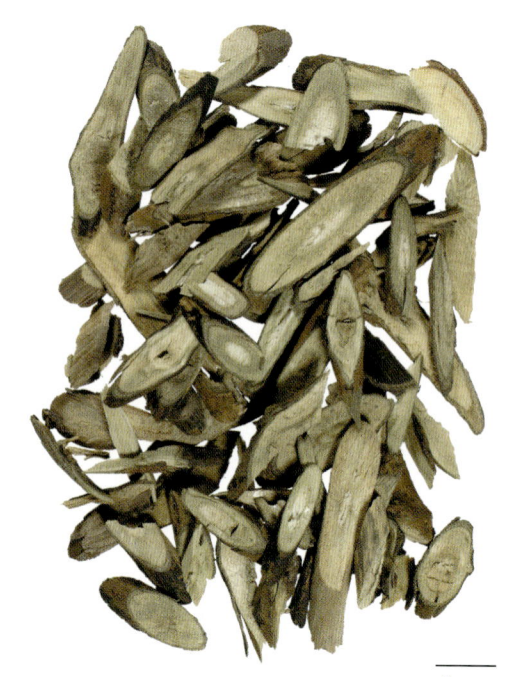

药材南板蓝根 Rhizoma et Radix Baphicacanthis Cusiae

1cm

化学成分

马蓝的根及根茎主要含吲哚类成分：靛玉红 (indirubin)、靛蓝 (indigo)[1]、靛苷 (indican)[2]；三萜类成分：羽扇醇 (lupeol)、白桦脂醇 (betulin)、羽扇豆烯酮 (lupenone)[1]；喹唑酮类成分：4(3H)-喹唑酮 [4(3H)-quinazolinone]、2,4(1H,3H)-喹唑二酮 [2,4(1H,3H)-quinazolinedione][1]；木脂素类成分：松脂醇-4-O-β-D-芹菜糖基-(1→2)-β-D-吡喃葡萄糖苷 [pinoresinol-4-O-β-D-apiosyl-(1→2)-β-D-glucopyranoside][3]、(+)-南烛木树脂酚-3α-O-β-呋喃芹糖基-(1→2)-β-D-吡喃葡萄糖苷 [(+)-lyoniresinol-3α-O-β-apiofuranosyl-(1→2)-β-D-glucopyranoside]、(+)-5,5′-二甲氧基-9-O-β-D-吡喃葡萄糖基落叶松树脂醇 [(+)-5,5′-dimethoxy-9-O-β-D-glucopyranosyl lariciresinol][4]；苯乙醇苷类成分：cusianosides A、B、毛蕊花糖苷 (acteoside)[4]；蒽醌类成分：大黄酚 (chrysophanol)[5]；还含有苯并噁嗪类成分：blepharin、4-hydroxyblepharin[3]等。

马蓝的叶含吲哚类成分：靛玉红、异靛蓝 (isoindigo)[6]；还含有色胺酮 (tryptanthrin)[7]。

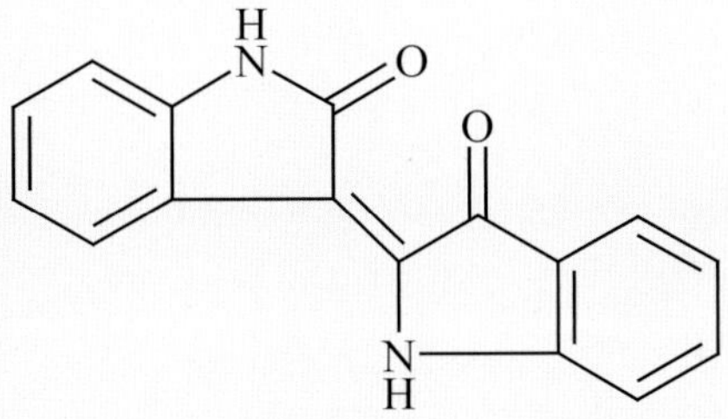

indirubin

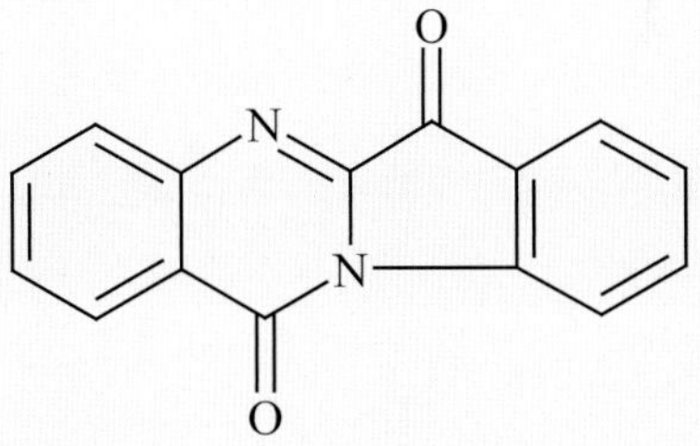

tryptanthrin

药理作用

1. **抗菌、抗病毒**

   马蓝中的色胺酮体外对引起脚癣的皮肤真菌如须发毛癣菌、红色毛癣菌、犬小孢子菌、絮状表皮癣菌等及多重耐药的结核病菌均有很强的抑制作用[7-8]。马蓝根能有效抑制金黄色葡萄球菌和肺炎杆菌的生长[9]。体外实验证实，靛玉红能抑制趋化因子 RANTES 在受流感病毒感染的人支气管上皮细胞中的表达，具有抗病毒的作用[10]。马蓝根凝集素也能抑制流感病毒[11]。羽扇醇对Ⅰ型单纯性疱疹病毒 (HSV-1) 有明显的抑制作用[4]。

2. **抗肿瘤**

   靛玉红对慢性粒细胞性白血病 (CML) 有很好的治疗作用，可降低大鼠白细胞膜流动性，体外可直接降低人工细胞膜脂质体的流动性以及抑制 CML 细胞中 DNA 聚合酶Ⅰ活性[12]，还可通过抑制细胞周期蛋白依赖激酶 CDK2 及抑制转录因子 PU.1 的活化，促进粒细胞性白血病细胞 HL-60 的嗜中性分化[13]。靛玉红体外对人乳腺癌细胞有明显抑制作用[14]。对实验动物肿瘤 W256 和 Lewis 肺癌也显示抑制作用[15]。其抗肿瘤作用的发挥可能是通过调节核转录因子 NF-κB 的活性，增强肿瘤坏死因子诱导的细胞编程性死亡[16]。靛玉红衍生物对人多种肿瘤细胞的生长有抑制作用，皮下注射给药，能抑制大鼠肾致癌细胞 RK3E-ras 的增殖，其抗肿瘤是通过抑制细胞增殖和诱导细胞编程性死亡实现的[17]。马蓝中色胺酮能降低大鼠肠癌的发生率[18]。

3. 抗炎解热

马蓝叶的甲醇提取物能明显减少小鼠醋酸引起的扭体反应次数及福尔马林引起的小鼠初期和末期疼痛反应，抑制角叉菜胶诱导的大鼠足趾肿胀，缓解脂多糖引起的发热反应[19]。马蓝根水煎液给大鼠灌胃有明显的退热作用。马蓝根的抗炎作用与所含的苯并噁嗪酮类成分有关[3]。马蓝中的靛玉红能减少γ干扰素及细胞白介素的产生，对迟发型超敏反应所致炎症有很强的抑制作用[20]。

4. 其他

马蓝中的 4(3H)–喹唑酮有降血压作用[1]。

应用

南板蓝根

本品为中医临床用药。功能：清热解毒，凉血消肿。主治：温毒发斑，高热头痛，大头瘟疫，丹毒，痄腮，病毒性肝炎，流行性感冒，肺炎，疮肿，疱疹。

现代临床还用于流行性乙型脑炎、玫瑰糠疹、流行性出血性结膜炎等病的治疗，也用于流行性腮腺炎的防治。

青黛

本品为中医临床用药。功能：清热解毒，凉血止血，清肝泻火。主治：温病热毒斑疹，血热吐血，衄血，咯血，肝热惊痫，肝火犯肺咳嗽，咽喉肿痛，丹毒，痄腮，疮肿，蛇虫咬伤。

现代临床还用于拔牙后干槽症、银屑病、慢性粒细胞性白血病、恶性肿瘤、湿疹、尿布性皮炎、新生儿脐炎、痄腮、小儿疳积等病的治疗[21]。外用可用于治疗下肢丹毒、黄水疮、擦烂型足癣[22]等。

评注

马蓝除根茎及根、叶或茎叶经加工制得的干燥粉末或团块入药外，其干燥茎叶也作药用，功能与南板蓝根相似。中药名：南板蓝根叶。在部分地区也作大青叶用。

同科植物球花马蓝 *Strobilanthes pentstemonoides* (Nees). T. Ander、疏花马蓝 *S. divaricatus* (Nees). Anders、少花马蓝 *S. dliganthus* Miq.、广西马蓝 *S. guangxiensis* S. Z. Huang 与南板蓝根外观形状相似，但不含主要成分靛蓝和靛玉红，故不能代用[23]。

马蓝和十字花科植物菘蓝 *Isatis indigotica* Fort. 均为商品板蓝根的基源植物，前者习称南板蓝根，后者习称北板蓝根。南板蓝根在中国华南、西南地区使用较广泛[24]，北板蓝根在全国大部分地区推广栽培，使用范围逐年扩大，在市场上占商品的主流[25]。但在化学成分和功能主治上两者有差别。南板蓝根主要成分靛玉红的含量远远高于北板蓝根[26]。临床应用时应注意区别，以保证用药有效安全[24]。

参考文献

[1] 李玲，梁华清，廖时萱，乔传卓，杨根金，董同义．马蓝的化学成分研究．药学学报．1993，28(3)：238-240

[2] H Marcinek, W Weyler, B Deus-Neumann, MH Zenk. Indoxyl-UDPG-glucosyltransferase from *Baphicacanthus cusia*. *Phytochemistry*. 2000, 53(2): 201-207

[3] 魏欢欢，吴萍，魏孝义，吉田雅之，谢海辉．板蓝根中苷类成分的研究．热带亚热带植物学报．2005，13(2)：171-174

[4] T Tanaka, T Ikeda, M Kaku, XH Zhu, M Okawa, K Yokomizo, M Uyeda, T Nohara. A new lignan glycoside and phenylethanoid glycosides from *Strobilanthes cusia* Bremek. *Chemical & Pharmaceutical Bulletin*. 2004, 52(10): 1242-1245

[5] 陈熔，江山．南板蓝根中大黄酚的分离鉴定．中药材．1990，13(5)：29-30

[6] 陈迪华，谢晶曦．中药青黛的化学成分研究．中草药．1984，**15**(12)：534-536

[7] G Honda, M Tabata. Isolation of antifungal principle tryptanthrin, from *Strobilanthes cusia* O. Kuntze. *Planta Medica*. 1979, **36**(1): 85-86

[8] LA Mitscher, WR Baker. A search for novel chemotherapy against tuberculosis amongst natural products. *Pure and Applied Chemistry*. 1998, **70**(2): 365-371

[9] 杨秀贤，吕曙华，吴寿金．马蓝叶化学成分的研究．中草药．1995，**26**(12)：622

[10] NK Mak, CY Leung, XY Wei, XL Shen, RNS Wong, KN Leung, MC Fung. Inhibition of RANTES expression by indirubin in influenza virus-infected human bronchial epithelial cells. *Biochemical Pharmacology*. 2004, **67**(1): 167-174

[11] 胡兴昌，程佳蔚，刘士庄，左向阳．板蓝根凝集素效价与抑制感冒病毒作用关系的实验研究．上海中医药大学学报．2001，**15**(3)：56-57

[12] 甘午君，杨天楹，王志澄，钱林生，马洁，葛韵琴，程伯基，李仲敏，薄慧卿．靛玉红治疗慢性粒细胞白血病作用原理的研究．中国生物化学与分子生物学报．1987，**3**(3)：225-230

[13] K Suzuki, R Adachi, A Hirayama, H Watanabe, S Otani, Y Watanabe, T Kasahara. Indirubin, a Chinese anti-leukaemia drug, promotes neutrophilic differentiation of human myelocytic leukaemia HL-60 cells. *British Journal of Haematology*. 2005, **130**(5): 681-690

[14] BC Spink, MM Hussain, BH Katz, L Eisele, DC Spink. Transient induction of cytochromes P_{450} 1A1 and 1B1 in MCF-7 human breast cancer cells by indirubin. *Biochemical Pharmacology*. 2003, **66**(12): 2313-2321

[15] 李长玲，籍秀娟．靛玉红及其某些衍生物抗癌活性与体内吸收的关系．北京大学学报（医学版）．1984，**16**(4)：326-328

[16] G Sethi, KS Ahn, SK Sandur, X Lin, MM Chaturvedi, BB Aggarwal. Indirubin enhances tumor necrosis factor-induced apoptosis through modulation of nuclear factor-κB signaling pathway. *Journal of Biological Chemistry*. 2006, **281**(33): 23425-23435

[17] SA Kim, YC Kim, SW Kim, SH Lee, JJ Min, SG Ahn, JH Yoon. Antitumor activity of novel indirubin derivatives in rat tumor model. *Clinical Cancer Research*. 2007, **13**(1): 253-259

[18] K Iwaki, M Kurimoto. Cancer preventive effects of the indigo plant, Polygonum tinctorium. *Recent Research Developments in Cancer*. 2002, **4**(2): 429-437

[19] YL Ho, KC Kao, HY Tsai FY Chueh, YS Chang. Evaluation of antinociceptive, anti-inflammatory and antipyretic effects of *Strobilanthes cusia* leaf extract in male mice and rats. *The American Journal of Chinese Medicine*. 2003, **31**(1): 61-69

[20] T Kunikata, T Tatefuji, H Aga, K Iwaki, M Ikeda, M Kurimoto. Indirubin inhibits inflammatory reactions in delayed-type hypersensitivity. *European Journal of Pharmacology*. 2000, **410**(1): 93-100

[21] 高艳霞，祝爱国．青黛的几种简易用法．中国民间疗法．2006，**14**(1)：61

[22] 王巍．青黛外用的疗效．黑龙江医药．2006，**19**(4)：307

[23] 许华，杜仁中，杨培敏，曾懿，初丕江，施兆龙．南板蓝根及其混伪品的鉴别．现代中药研究与实践．2003，**17**(6)：54-55

[24] 王元梁．南、北板蓝根的异同．海峡药学．2003，**15**(5)：86-87

[25] 梁少珍，梁前．对南板蓝根质量问题的分析与建议．现代中药研究与实践．2006，**20**(2)：30-31

[26] 王丽霞，赫炎，陈勇敢，王荔．南、北板蓝根化学成分研究进展．开封医专学报．1999，**18**(3)：52-53

菊 科

艾纳香 Ainaxiang

Blumea balsamifera (L.) DC.
Balsamiferous Blumea

概 述

菊科 (Asteraceae) 植物艾纳香 *Blumea balsamifera* (L.) DC.，其干燥全草入药。中药名：艾纳香。

艾纳香属 (*Blumea*) 植物全世界约有 80 种，分布于亚洲、非洲及澳洲的热带、亚热带地区。中国约有 30 种、1 变种，分布于长江流域以南各省区，本属现供药用者约 12 种。本种分布于中国华南及贵州、福建和台湾等省；印度、巴基斯坦、缅甸等也有分布。

"艾纳香"药用之名，始载于《开宝本草》。历代本草多有著录，《岭南采药录》也有记载。主产于中国广西、广东、贵州、云南等省区。

艾纳香主要含有挥发油、黄酮类成分。

药理研究表明，艾纳香具有保肝、抗肿瘤、抗菌等作用。

中医理论认为艾纳香具有祛风除湿，温中止泻，活血解毒的功效。

艾纳香 *Blumea balsamifera* (L.) DC.

化学成分

艾纳香的叶含挥发油：l-龙脑 (l-borneol)、石竹烯 (caryophyllene)、樟脑 (camphor)、蒎烯 (pinene)、醋酸龙脑酯 (bornyl acetate)、柠檬烯 (limonene)、芳樟醇 (linalool)、γ-桉油醇 (γ-eudesmol)、反式罗勒烯 (trans-ocimene)[1-2]、艾纳香内酯A、B、C (blumealactones A－C)[3]、杜松醇 (cadinol)、广藿香烯 (patchoulene)、香芹酚 (carvacrol)[4]；黄酮类成分：艾纳香素 (blumeatin)、艾纳香素A、B (blumeatins A－B)[5]、(2R,3R)-7,5'-二甲氧基-3,5,2'-三羟基黄烷酮 [(2R, 3R)-7,5'-dimethoxy-3,5,2'-trihydroxyflavanone][6]、商陆黄素 (ombuin)、鼠李素 (rhamnetin)[7]、3,4',5-三羟基-3',7-二甲氧基二氢黄酮 (3,4',5-trihydroxy-3',7-dimethoxyflavanone)[8]；此外还含有ichthyothereol acetate、柳杉二醇 (cryptomeridiol)[9]。

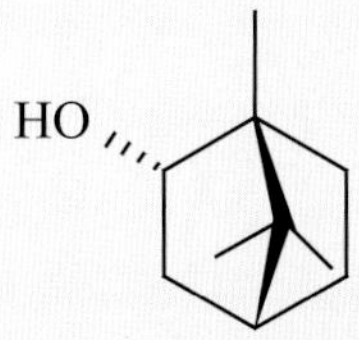

borneol

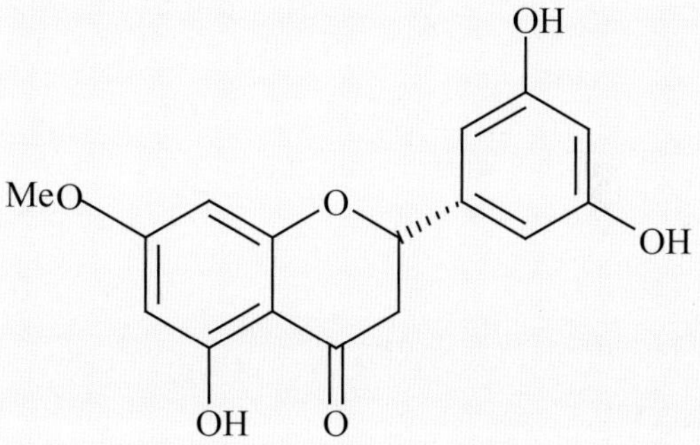

blumeatin

药理作用

1. **保肝**
   艾纳香二氢黄酮类化合物腹腔注射可降低四氯化碳、扑热息痛、硫代乙酰胺肝中毒大鼠血清丙氨酸转氨酶和肝中三酰甘油含量，增加肝中肝糖原，表明其对急性肝损伤有显著的保肝活性[10]。艾纳香素腹腔注射能明显减少肝组织病理损伤，使四氯化碳中毒小鼠戊巴比妥钠睡眠时间缩短[11]。体外实验还表明，艾纳香二氢黄酮类化合物具有较强的抗脂质过氧化作用，对脂质过氧化损伤的大鼠及恒河猴原代培养肝细胞有保护作用[12-14]。

2. **抗肿瘤**
   从艾纳香提取物中分离到的一种二氢黄酮醇 BB-1 与肿瘤坏死因子相关的凋亡诱导配体 (TRAIL) 合用时表现出极强的协同作用，成人 T 细胞性白血病/淋巴瘤 (ATLL) 对 TRAIL 产生耐药性后，将 BB-1 与 TRAIL 合用可恢复 ATLL 细胞对 TRAIL 的敏感性[15]。细胞培养实验表明，艾纳香叶中分离出的艾纳香内酯 A、B、C 可抑制吉田肉瘤细胞生长[3]。

3. **抗菌**
   艾纳香叶中的 ichthyothereol acetate 对黑曲霉素、须疮癣菌、白色念珠菌具有中度抗菌活性，而柳杉二醇对这三种真菌抗菌活性较弱[9]。

4. 其他

艾纳香所含的两种黄酮类化合物具有抑制纤溶酶的作用[16]。体外实验表明，艾纳香甲醇提取物对黄嘌呤氧化酶具有极强的抑制作用[17]。

应用

本品为中医临床用药。功能：祛风除湿，温中止泻，活血解毒。主治：风寒感冒，头风头痛，风湿痹痛，寒湿泄痢，寸白虫病，毒蛇咬伤，跌打伤痛，癣疮。

现代临床还用于头风痛、肿胀、风湿性关节炎、皮肤瘙痒、蛇咬伤口不愈合等病的治疗。

评注

近年研究发现，艾纳香叶中所含的黄酮类化合物在保肝和治疗肿瘤方面有很好的效果。其中的二氢黄酮醇BB-1作为肿瘤耐药逆转剂，具有极好的前景。提制冰片后的艾纳香可用于再提取黄酮类成分，有望开发成为治疗肝病和肿瘤的新制剂。

中药市场上发现有艾纳香的混淆品，经鉴别为马鞭草科植物大叶紫珠 *Callicarpa macrophylla* Vahl 的叶。艾纳香和大叶紫珠的性状相似，但功效完全不同，大叶紫珠主要有散瘀止血，消肿止痛的功效。为保证用药安全有效，两种药材应当注意鉴别[18]。

参考文献

[1] 周欣，杨小生，赵超．艾纳香挥发油化学成分的气相色谱－质谱分析．分析测试学报．2001，**20**(5)：76-78

[2] 郝小燕，余珍，丁智慧．黔产艾纳香挥发油化学成分研究．贵阳医学院学报．2000，**25**(2)：121-122

[3] Y Fujimoto, A Soemartono, M Sumatra. Sesquiterpenelactones from *Blumea balsamifera*. Phytochemistry. 1988, **27**(4): 1109-1111

[4] TT Nguyen, NLT Le, VT Nguyen, QT Nguyen. Study on the chemical composition of essential oil extracted from leaves of *Blumea balsamifera* (L.) DC in Vietnam. Tap Chi Duoc Hoc. 2004, **44**(6): 12-13

[5] F Nessa, Z Ismail, S Karupiah, N Mohamed. RP-HPLC method for the quantitative analysis of naturally occurring flavonoids in leaves of *Blumea balsamifera* DC. Journal of Chromatographic Science. 2005, **43**(8): 416-420

[6] NC Barua, RP Sharma. (2R,3R)-7,5'-dimethoxy-3,5,2'-trihydroxyflavanone from *Blumea balsamifera*. Phytochemistry. 1992, **31**(11): 4040

[7] 邓芹英，丁丛梅，张维汉，林永成．艾纳香中黄酮化合物的研究．波谱学杂志．1996，**13**(5)：447-452

[8] DMH Ali, KC Wong, PK Lim. Flavonoids from *Blumea balsamifera*. Fitoterapia. 2005, **76**(1): 128-130

[9] CY Ragasa, ALKC Co, JA Rideout. Antifungal metabolites from *Blumea balsamifera*. Natural Product Research. 2005, **19**(3): 231-237

[10] 许实波，赵金华．艾纳香二氢黄酮对大鼠实验性肝损伤的保护作用．中国药理学通报．1998，**14**(2)：191-192

[11] 许实波，陈卫夫，梁惠卿，林永成，邓一军，龙康侯．艾纳香素对实验性肝损伤的保护作用．中国药理学报．1993，**14**(4)：376-378

[12] 蒲含林，赵金华，许实波，胡群．艾纳香二氢黄酮对脂质过氧化损伤大鼠原代培养肝细胞的保护作用．中草药．2000，**31**(2)：113-115

[13] JH Zhao, SB Xu, ZL Wang, YC Lin, RL Chen. Protective actions of *Blumea* flavanones on primary cultured hepatocytes and liver subcellular organelle against lipid peroxidation. Journal of Chinese Pharmaceutical Sciences. 1998, **7**(3): 152-156

[14] 赵金华，许实波．艾纳香二氢黄酮对脂质过氧化及活性氧自由基的作用．中国药理学通报．1997，**13**(5)：438-441

[15] H Hasegawa, Y Yamada, K Komiyama, M Hayashi, M Ishibashi, T Yoshida, T Sakai, T Koyano, TS Kam, K Murata, K Sugahara, K Tsuruda, N Akamatsu, K Tsukasaki, M Masuda, N Takasu, S Kamihira. Dihydroflavonol BB-1, an extract of natural plant *Blumea balsamifera*, abrogates TRAIL resistance in leukemia cells. Blood. 2005, **106**(10): 4

[16] N Osaki, T Koyano, T Kowithayakorn, M Hayashi, K Komiyama, M Ishibashi. Sesquiterpenoids and plasmin-inhibitory flavonoids from *Blumea balsamifera. Journal of Natural Products.* 2005, **68**(3): 447-449

[17] MTT Nguyen, S Awale, Y Tezuka, QL Tran, H Watanabe, S Kadota. Xanthine oxidase inhibitory activity of Vietnamese medicinal plants. *Biological & Pharmaceutical Bulletin.* 2004, **27**(9): 1414-1421

[18] 林志云. 艾纳香及其混淆品大叶紫珠的鉴别. 中药材. 2005, **28**(3): 179-181

艾纳香种植地

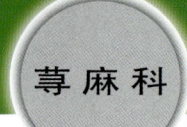

苎麻 Zhuma VP

Boehmeria nivea (L.) Gaud.
Ramie

概述

荨麻科 (Urticaceae) 植物苎麻 *Boehmeria nivea* (L.) Gaud.，其干燥根和根茎入药。中药名：苎麻根。

苎麻属 (*Boehmeria*) 植物全世界约有 120 种，分布于热带或亚热带，少数分布于温带地区。中国约有 32 种，本属现供药用者约有 10 种、6 变种。本种分布于中国云南、贵州、广西、广东、香港、福建、江西、湖北、浙江、四川、甘肃、河南、台湾等省区；越南、老挝也有分布。

中国苎麻的栽培历史至少在三千年以上，并于 18 世纪初先后输入欧洲和北美。苎麻以"苎根"药用之名，始载于《名医别录》。历代本草多有著录，古今药用品种一致。主产于中国江西、湖南及四川等省。

苎麻主要含黄酮类、有机酸类、胡萝卜素类、固醇类成分。

药理研究表明，苎麻具有抗炎、抗菌、止血、安胎、保肝、抗病毒等作用。

民间经验认为苎麻根具有凉血止血，清热安胎，利尿，解毒的功效。

苎麻 *Boehmeria nivea* (L.) Gaud.

药材苎麻根 Radix et Rhizona Boehmeriae

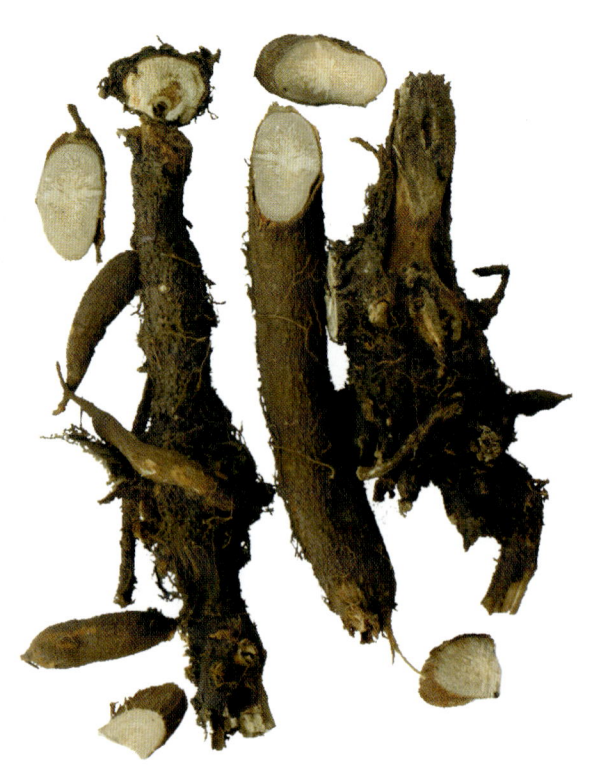

1cm

化学成分

苎麻的叶含黄酮类成分：野漆树苷 (rhoifolin)、芦丁 (rutin)；有机酸类成分：原儿茶酸 (protocatechuic acid)[1]、绿原酸 (chlorogenic acid)[2]；胡萝卜素类成分：叶黄素 (lutein)、α-、β-胡萝卜素 (α-, β-carotenes)[3]。

苎麻的根含绿原酸 (chlorogenic acid)[2]、δ-谷甾醇 (δ-sitosterol)、胡萝卜苷 (daucosterol)、19α-羟基熊果酸 (19α-hydroursolic acid)[4]。

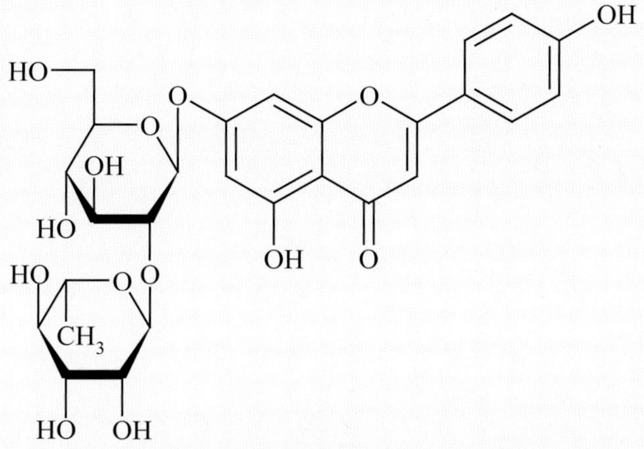

rhoifolin

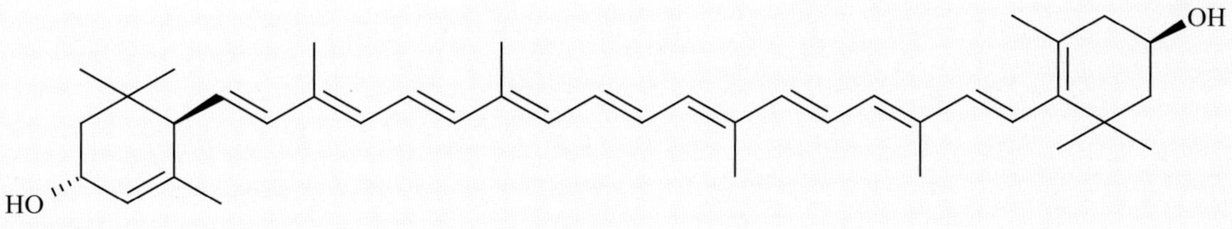

lutein

药理作用

1. 止血
   体外凝血实验表明，苎麻根水浸出液具有类似腺苷二磷酸 (ADP) 的作用，或者通过诱导作用使血小板变形，释放生物活性物质，发挥聚集血小板、止血作用[5]。腹腔注射苎麻叶有机酸盐对小鼠断尾的止血效果显著，能明显缩短凝血时间[6]。

2. 安胎
   苎麻根总黄酮对家兔、豚鼠和小鼠离体已孕子宫平滑肌的活动有抑制作用，使子宫收缩力减弱，张力变小，频率变慢，有安胎作用[7]。

3. **抗菌**

   苎麻根有机酸盐体外对肺炎球菌、大肠杆菌、金黄色葡萄球菌、猪副伤寒杆菌、白色葡萄球菌、肺炎杆菌等均有抑制作用；还能显著降低感染肺炎球菌小鼠（腹腔注射）和家兔（耳静脉注射）的死亡率[8]。

4. **抗病毒**

   苎麻根提取物体外能明显抑制人肝癌细胞 HepG2 中乙型肝炎 e 抗原 (HBeAg) 和乙型肝炎病毒 (HBV) DNA 的分泌[9]。

5. **抗炎**

   苎麻水提取物能明显抑制角叉菜胶导致的大鼠足趾肿胀[10]。

6. **保肝**

   苎麻水提取物能降低扑热息痛和乙酰半乳糖胺中毒导致的血浆谷草转氨酶 (GOT) 和谷丙转氨酶 (GPT) 水平升高[10]。苎麻根水提物灌胃对四氯化碳引起的大鼠肝损伤有明显保护作用，还能抑制 $FeCl_2$ - 维生素 C 导致的大鼠肝匀浆脂质过氧化，其作用机理与清除自由基有关[11]。

应用

本品为中医临床用药。功能：凉血止血，清热安胎，利尿，解毒。主治：血热妄行所致的咯血、吐血、血淋、便血、崩漏、紫癜、胎动不安、胎漏下血、小便淋沥、痈疮肿毒、虫蛇咬伤等。

现代临床还用于上消化道出血、习惯性流产及其致不孕[12]、消渴、咳喘、水肿、痢疾、淋热、痄腮、肛痛、脱肛[13]等病的治疗。

评注

苎麻的茎皮用作中药苎麻皮，叶用作苎麻叶，茎或带叶嫩茎用作苎麻梗，均具有清热凉血，散瘀止血，解毒利尿，安胎回乳的功效，主治瘀热心烦，天行热病，产后血晕，小便不通，乳房胀痛等；苎麻的花用作中药苎花，具有清心除烦，凉血透疹的功效，主治心烦失眠，口舌生疮，麻疹透发不畅，风疹瘙痒等。

苎麻根及叶具有广泛的生物活性。目前，兽用苎麻抗菌注射剂方案已证实可行[14]，而用苎麻制成的人用药物却较少；苎麻资源极其丰富，但其所含化学成分复杂，对苎麻有效成分的提取分离以及药理研究值得进一步深入[1]。

参考文献

[1] 熊维新，李开泉. 苎麻的药用开发价值. 江西中医学院学报. 2006, 18(3): 51-52

[2] 赵立宁，臧巩固，李育君，陈建华，刘佳佳. 苎麻 (Boehmeria) 绿原酸和黄酮含量测定. 中国麻业. 2003, 25(2): 62-64

[3] MC Santos, PA Bobbio, DB Rodriguez-Amaya. Carotenoid composition and vitamin A value of rami (*Boehmeria nivea*) leaves. *Acta Alimentaria*. 1988, 17(1): 33-35

[4] 李文武，丁立生，李伯刚. 苎麻根化学成分的初步研究. 中国中药杂志. 1996, 21(7): 427-428

[5] 朱方，赵春，顾洪璋，张永健. 苎麻根止血作用的实验观察. 辽宁中医杂志. 1995, 22(1): 41-42

[6] 盛忠梅，朱天倬，佘爱民，王雪梅. 苎麻叶的止血成分及止血作用研究. 中国兽医杂志. 1987, 7(10): 16-18

[7] 盛忠梅，朱天倬，卿上田，刘君生，肖千钧，李宗道，王春桃，黎觐程. 苎麻根黄酮苷对子宫肌作用的研究. 中国兽医科技. 1988, 11: 10-13

[8] 盛忠梅，朱天倬，倪淑春，彭建忠，尹利亚，肖友胜，杨泌泉，王春桃，潘昌立，李宗道. 苎麻根化学成分及抗菌作用研究. 中国兽医杂志. 1984, 5: 38-40

[9] KL Huang, YK Lai, CC Lin, JM Chang. Inhibition of hepatitis B virus production by *Boehmeria nivea* root extract in HepG2 2.2.15 cells. *World Journal of Gastroenterology.* 2006, **12**(35): 5721-5725

[10] CC Lin, MH Yen, TS Lo, CF Lin. The antiinflammatory and liver protective effects of *Boehmeria nivea* and *B. nivea* subsp. *nippononivea* in rats. *Phytomedicine.* 1997, **4**(4): 301-308

[11] CC Lin, MH Yen, TS Lo, JM Lin. Evaluation of the hepatoprotective and antioxidant activity of *Boehmeria nivea* var. *nivea* and *B. nivea* var. *tenacissima. Journal of Ethnopharmacology.* 1998, **60**(1): 9-17

[12] 朱桃顺. 苎麻汤治疗习惯性流产及其致不孕105例临床小结. 湖南中医杂志. 1994, **10**(4): 18-19

[13] 贾美华. 苎麻根的配伍运用. 辽宁中医杂志. 1994, **21**(6): 281

[14] 李宗道, 黎觐臣. 苎麻综合利用的研究. 作物研究. 1995, **9**(2): 28-31

木棉 Mumian IP

Bombax malabaricum DC.
Silk Cotton Tree

木棉科

概述

木棉科 (Bombacaceae) 植物木棉 *Bombax malabaricum* DC. (*Bombax ceiba* L.)，其干燥花入药。中药名：木棉花。

木棉属 (*Bombax*) 植物全世界约有 50 种，主要分布于美洲热带，少数产于亚洲热带、非洲和大洋州。中国现仅有 2 种，分布于南部和西南部，本属现供药用者仅有本种。本种分布于中国云南、四川、广东、香港、福建、台湾等省区；印度、斯里兰卡至菲律宾及澳洲北部也有分布。

"木棉"药用之名，始载于《本草纲目》。历代本草多有著录，古今药用品种基本一致。《广东省中药材标准》收载本种为中药木棉花的原植物来源种。主产于中国广东、广西、海南、福建、台湾及西南等地区。

木棉主要含花色素类、黄酮类、倍半萜类、三萜类成分。

药理研究表明，木棉具有抗炎、抗肿瘤、降血压、保肝等作用。

中医理论认为木棉花具有清热，利湿，解毒，止血的功效。

木棉 *Bombax malabaricum* DC.

木棉 Bombax malabaricum DC.

药材木棉花 Flos Bombacis Malabarici

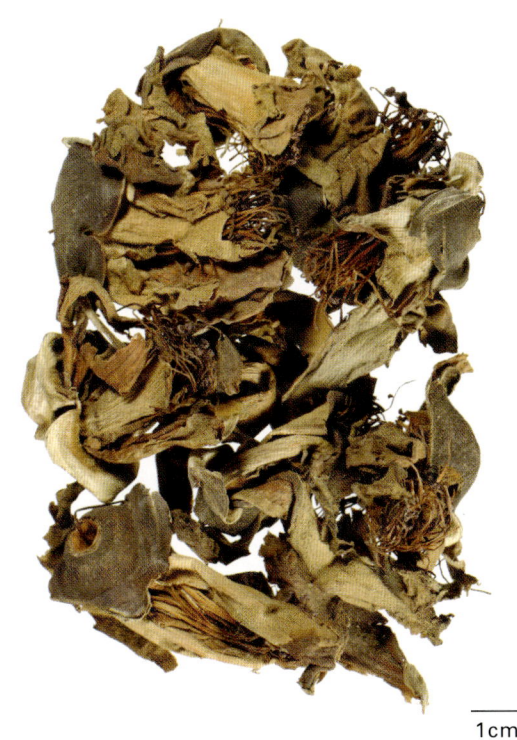

1cm

化学成分

木棉花含花色素类成分：花葵素-5-β-D-吡喃葡萄糖苷 (pelargonidin-5-β-D-glucopyranoside)、7-O-甲基矢车菊素-3-β-D-吡喃葡萄糖苷 (7-O-methyl cyanidin-3-β-D-glucopyranoside)[1]。

木棉根含黄酮类成分：橙皮苷 (hesperidin)；固醇类成分：胡萝卜苷 (daucosterol)[2]、(24R)-5α-豆甾-3,6-二酮 [(24R)-5α-stigma-3,6-dione]、胆甾-4-烯-3,6-二酮 (cholest-4-ene-3,6-dione)[3]；倍半萜烯内酯类成分：2-O-methylisohemigossylic acid lactone[4]；三萜类成分：羽扇豆醇 (lupeol)、羽扇豆-20(29)-烯-3-酮 [lupeol-20(29)-ene-3-one][3]。

木棉根皮含倍半萜烯内酯类成分：5-异丙基-3-甲基-2,4,7-三甲氧基-8,1-萘碳内酯 (5-isopropyl-3-methyl-2,4,7-trimethoxy-8,1-naphthalene carbolactone)[5]；萘醌类成分：bombaxquinone B[6]。

木棉心皮含萘醌类成分：bombaxquinone B、7-羟基-5-异丙基-2-甲氧基-3-甲基-1,4-萘醌 (7-hydroxy-5-isopropyl-2-methoxy-3-methyl-1,4-naphthoquinone)[7]。

木棉叶含𠮿酮类成分：知母宁 (chinonin)；黄酮类成分：牡荆素 (vitexin)、槲皮素 (quercetin)[8]。

木棉科

木棉 Mumian

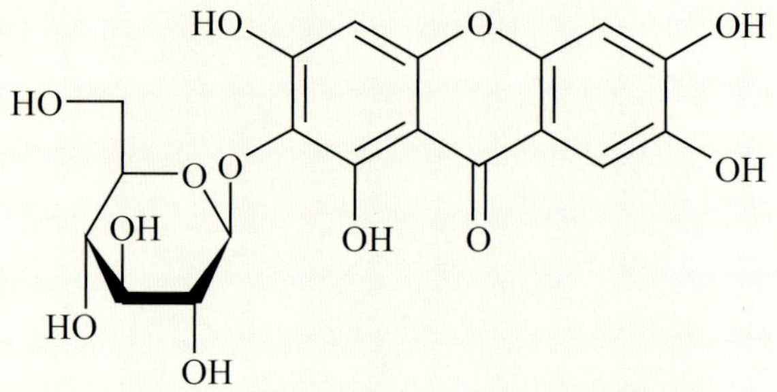

chinonin

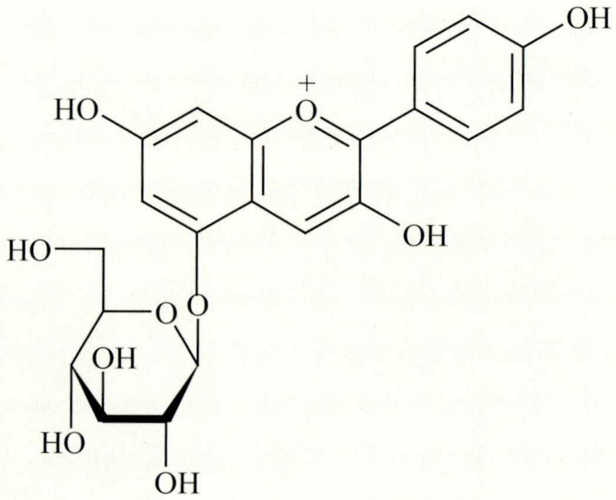

pelargonidin - 5 - β - D - glucopyranoside

药理作用

1. **抗炎**
   木棉花乙醇提取物中醋酸乙酯可溶部分腹腔注射，对小鼠角叉菜胶致足趾肿胀、二甲苯致耳郭肿胀等具有较强的抑制作用，对大鼠蛋清及角叉菜胶致足趾肿胀、棉球肉芽肿也有较强的抑制作用[9]。

2. **抗肿瘤**
   木棉根、木棉花籽水提物灌胃，对小鼠移植性肿瘤 S_{180} 具有抑制作用[10-11]。木棉根所含黄酮类化合物体外对人胃低分化腺癌细胞 FGC-85 有抑制作用[12]。2-O-Methylisohemigossylic acid lactone 体外能促使人白血病细胞 HL-60 的 DNA 断裂、染色体聚集，抑制白血病细胞生长[13]。木棉花乙醇提取物对口腔表皮样癌细胞 KB、胃腺癌细胞 SGC7901、FGC 三种人肿瘤细胞具有较强的体外抗肿瘤活性，对 [H^3]TdR 掺入小鼠白血病细胞 P388 细胞的抑制率较高；木棉花乙醇提取物灌胃，能明显延长 L1210 白血病小鼠生命[14]。

3. **降血压**
   木棉脱脂茎皮的甲醇提取物 (BCBM) 和果渣50%甲醇提取物 (BCBM-50) 静脉注射，能通过内皮衍生松弛因子，明显降低大鼠平均动脉血压[15]。木棉叶水提取物、甲醇提取物和知母宁静脉注射，能明显降低大鼠血压[16]。

4. **保肝**
   木棉去皮木质部水提液灌胃，对小鼠四氯化碳致急性肝损伤及 D-半乳糖胺致急性肝损伤模型均具有显著保护作用[17]。

5. **抗血管增生**
   木棉茎皮甲醇提取物能明显体外抑制人脐静脉内皮细胞 (HUVEC) 的血管增生，其活性成分为羽扇豆醇[18]。

6. **抗菌**
   木棉花的乙醇提取物对幽门螺旋杆菌有明显体外抑制作用[19]。

7. **降血糖**
   知母宁腹膜注射，能明显降低大鼠血糖[16]。

应用

本品为中医临床用药。功能：清热，利湿，解毒，止血。主治：泄泻，痢疾，咳血，血崩，疮毒，湿疹。

现代临床还用于治疗慢性单纯性鼻炎[20]，以及药食两用的食品添加剂[21]、保健茶、药粥[22]等。

评注

除木棉花外，木棉的树皮也供药用，中药名：木棉皮（广东海桐皮），具有清热解毒，散瘀止血的功效，主治风湿痹痛，泄泻，痢疾，慢性胃炎，崩漏下血，疮疖肿痛。木棉的根或根皮也供药用，中药名：木棉根，具有祛风除湿，清热解毒，散结止痛的功效，主治风湿痹痛，胃痛，赤痢，产后浮肿，跌打损伤。在国外民间医学中，木棉树脂还用于治疗急性痢疾、肺结核咯血；树叶用于降血糖[16]。

有报道指出，木棉皮（广东海桐皮）容易与海桐皮混淆[23]。海桐皮的来源为豆科 (Fabaceae) 植物刺桐 *Erythrina variegata* L. 或乔木刺桐 *E. arborescens* Roxb. 的干燥树皮或根皮，木棉皮与海桐皮功效不同，临床使用需要仔细鉴别。

木棉树形高大，为先花后叶树种，花大艳红，是中国南方城市常见行道树。但木棉白色花絮会引起呼吸道和皮肤过敏，应值得注意。

参考文献

[1] GS Niranjan, PC Gupta. Anthocyanins from the flowers of *Bombax malabaricum*. Planta Medica. 1973, 24(2): 196-199

[2] 齐一萍，郭舜民，夏志林，谢荻林. 木棉化学成分的研究(II). 中国中药杂志. 1996, 21(4): 234-235

[3] 齐一萍，黎晨光，李小梅，郭舜民. 木棉根化学成分的研究(III). 中草药. 2005, 36(10): 1466-1467

[4] LS Puckhaber, RD Stipanovic. Revised structure for a sesquiterpene lactone from *Bombax malbaricum*. Journal of Natural Products. 2001, 64(2): 260-261

[5] MVB Reddy, MK Reddy, D Gunasekar, MM Murthy, C Caux, B Bodo. A new sesquiterpene lactone from *Bombax malabaricum*. Chemical & Pharmaceutical Bulletin. 2003, 51(4): 458-459

[6] AV Sankaram, NS Reddy, JN Shoolery. New sesquiterpenoids of *Bombax malabaricum*. Phytochemistry. 1981, 20(8): 1877-1881

[7] K Sreeramulu, KV Rao, CV Rao, D Gunasekar. A new naphthoquinone from *Bombax malabaricum*. Journal of Asian Natural Products Research. 2001, 3(4): 261-265

[8] 李明，刘志刚. 木棉叶化学成分研究. 中国中药杂志. 2006, 31(11): 934-935

[9] 许建华，黄自强，李常春，潘炳芳，林建忠. 木棉花乙醇提取物的抗炎作用. 福建医学院学报. 1993, 27(2): 110-112

[10] 朱惠，刘子皎，郑幼兰，齐一萍，林建峰. 木棉根水提物对动物移植性肿瘤S-180的抑制作用. 福建医药杂志. 1998, 20(4): 103, 105

[11] 谢沛珊，李爱媛，周芳，赵一. 中草药抗肿瘤筛选的实验研究. 时珍国药研究. 1996, 7(1): 19-20

[12] 齐一萍，金静君，曹祖蕊. 木棉抗肿瘤作用的初步研究. 福建医药杂志. 1994, 16(4): 102

[13] H Hibasami, K Saitoh, H Katsuzaki, K Imai, Y Aratanechemuge, T Komiya. 2-O-Methylisohemigossylic acid lactone, a sesquiterpene, isolated from roots of mokumen (*Gossampinus malabarica*) induces cell death and morphological change indicative of apoptotic chromatin condensation in human promyelotic leukemia HL-60 cells. International Journal of Molecular Medicine. 2004, 14(6): 1029-1033

[14] 齐一萍，郭舜民. 木棉的化学成分与药理作用研究. 福建医药杂志. 2002, 24(3): 119-120

[15] R Saleem, SI Ahmad, M Ahmed, Z Faizi, S Zikr-ur-Rehman, M Ali, S Faizi. Hypotensive activity and toxicology of constituents from *Bombax ceiba* stem bark. Biological & Pharmaceutical Bulletin. 2003, 26(1): 41-46

[16] R Saleem, M Ahmad, SA Hussain, AM Qazi, SI Ahmad, MH Qazi, M Ali, S Faizi, S Akhtar, SN Husnain. Hypotensive, hypoglycaemic and toxicological studies on the flavonol C-glycoside shamimin from *Bombax ceiba*. Planta Medica. 1999, 65(4): 331-334

[17] 齐一萍，朱惠，郭舜民，李鸣. 木棉对小鼠急性肝损伤保护作用的实验研究. 福建医药杂志. 1998, 20(3): 103-104

[18] YJ You, NH Nam, Y Kim, KH Bae, BZ Ahn. Antiangiogenic activity of lupeol from *Bombax ceiba*. *Phytotherapy Research*. 2003, **17**(4): 341-344

[19] YC Wang, TL Huang. Screening of anti-*Helicobacter pylori* herbs deriving from Taiwanese folk medicinal plants. *FEMS Immunology and Medical Microbiology*. 2005, **43**(2): 295-300

[20] 任永红. 木棉花治疗慢性单纯性鼻炎86例. 中国民间疗法. 2004, **12**(12): 38

[21] 林燕文. 木棉花对乳酸菌生长及保存活力的影响. 微生物学杂志. 2006, **26**(2): 53-55

[22] 黄时浩. 药食两宜木棉花. 药膳食疗. 2004, **3**: 4

[23] 严承林, 臧开兰. 海桐皮及其混淆品木棉皮鉴别. 时珍国医国药. 1999, **10**(1): 42

鸦胆子 Yadanzi CP, VP

苦木科

Brucea javanica (L.) Merr.
Jave Brucea

概 述

苦木科 (Simarubaceae) 植物鸦胆子 *Brucea javanica* (L.) Merr.，其干燥果实入药。中药名：鸦胆子。

鸦胆子属 (*Brucea*) 植物全世界约有 6 种，分布于非洲和亚洲热带地区及澳洲和新西兰北部。中国约有 2 种，分布于东南、中南和西南各省区，本属现供药用者仅有 1 种。本种分布于中国福建、广东、香港、广西、海南、云南和台湾等省区；亚洲东南部至澳洲和新西兰北部也有分布。

"鸦胆子"药用之名，始载于《本草纲目拾遗》。《生草药性备要》中，名"老鸦胆"，《植物名实图考》中，名"鸦蛋子"。《中国药典》(2005 年版) 收载本种为中药鸦胆子的法定原植物来源种。主产于广东、广西、福建、台湾等省区。

鸦胆子主要含四环三萜苦木内酯类、脂肪油等成分。《中国药典》采用性状和显微鉴别，控制药材质量。

药理研究表明，鸦胆子具有抗寄生虫、抗疟、抗肿瘤、抗消化道溃疡、抗赘疣等作用。

中医理论认为鸦胆子具有清热解毒，截疟，止痢，腐蚀赘疣的功效。

鸦胆子 *Brucea javanica* (L.) Merr. (果枝)

鸦胆子 Yadanzi

苦木科

鸦胆子 Brucea javanica (L.) Merr.（花枝）

药材鸦胆子 Fructus Bruceae

1cm

化学成分

鸦胆子果实含四环三萜苦木内酯类成分：鸦胆子苦醇 (brusatol)[1]、鸦胆子苦素A、B、C、D、E、F、G、H、I (bruceines A - I)[1-2]、鸦胆子苷A、B、C、E (bruceosides A - C、E)[3]、双氢鸦胆子苷A、B、C、D、E、F、G、H、I、J、K、L、M、N、O、P (yadanziosides A - P)、javanicosides A、B、C、D、E、F、bruceantinoside A、javanicolides C、D、yadanziolides A、B、C、D、S[3-4]、yadanzigan[4]、bruceajavanin A、dihydrobruceajavanin A、bruceajavanin B、bruceacanthinoside[5]、去氢鸦胆子苦素A、B (dehydrobruceines A - B)、鸦胆子苦烯 (bruceene)、鸦胆亭 (bruceantin)等；三萜类成分：蒲公英赛醇 (taraxerol)、甘遂二烯醇 (tirucalla - 7,24 - dien - 3β - ol)、羽扇醇 (lupeol)、环阿屯醇 (cycloartanol)、α -、β -香树脂素 (α -, β - amyrins)[6]；黄酮类成分：金丝桃苷 (hyperin)、菜蓟糖苷 (cynaroside)[7]等。

bruceoside A

brusatol

药理作用

1. **抗寄生虫**

   鸦胆子在体内外均能直接杀灭阿米巴原虫。去油鸦胆子水浸液和乙醚浸膏加入感染粪便,均能杀灭阿米巴原虫。鸦胆子粗提物[8]、二氯甲烷提取物、甲醇提取物[9]对人芽囊原虫均有较强的体外抑制作用。鸦胆子水提取物对吉贝氏焦虫也有较显著的抑制作用[10]。

2. **抗肿瘤**

   苦木素化合物对药物耐受的癌细胞 KB-VIN、KB-7d、KB-CPT 有细胞毒作用,苦木素和苦木碱对十四酰佛波醇乙酸(TPA)导致的EB病毒早期抗原激活反应有抑制作用[11]。鸦胆亭对小鼠黑色素瘤、结肠癌、白血病细胞均具有生长抑制作用[12],鸦胆子苦醇对白血病细胞有明显的细胞毒作用,且对正常淋巴细胞无影响,其导致癌细胞分化、死亡的机理可能与原癌基因 c-myc、bcl-2 水平的降低有关[13-14]。鸦胆子油乳剂抗小鼠艾氏腹水癌的研究发现,由于其对小鼠艾氏腹水癌的细胞 S、G_2 和 G_0 期的细胞均有一定的抑制作用,故可能属于细胞周期非特异性药物。

3. **抗疟**

   鸡疟实验证实,鸦胆子仁口服或粗提取物肌肉注射,可见血中疟原虫数目减少或消失,有抑制疟原虫生长和繁殖的作用。鸦胆子苦素类成分为鸦胆子抗疟的有效成分,鸦胆子苦醇、鸦胆子苦内酯有明显抗疟效果[10, 15]。

4. **抗消化道溃疡**

   鸦胆子油乳颗粒剂灌胃给药可显著抑制幽门结扎大鼠胃溃疡、阿司匹林所致小鼠胃溃疡、小鼠水浸应激性胃溃疡的形成,并对醋酸所致大鼠胃溃疡、氨水所致大鼠慢性萎缩性胃炎有显著抑制作用[16]。鸦胆子油乳能有效抑制幽门螺旋杆菌[18],显著增加人体局部内源性前列腺素 E_2 (PGE_2) 的生物合成,降低动物胃黏膜超氧化物歧化酶(SOD)活性,减轻动物胃黏膜丙二醛(MDA)和氧自由基相对含量,从而减少氧自由基对胃黏膜的损害而发挥抗溃疡作用[18]。

5. **抗高血脂**

   给长爪沙鼠高脂饲料,再以鸦胆子油乳剂灌胃。结果表明鸦胆子油乳剂能明显降低高脂血症沙鼠血中三酰甘油(TG)、总胆固醇(TC)的水平,提高脂蛋白脂肪酶(LPL)活性,但对肝脏及心肌中的总脂解酶活性(LA)和三酰甘油脂肪酶(HTGL)活性无明显改变,表明鸦胆子油乳能提高LPL活性而发挥降血脂的作用[19]。

6. **抗菌**

   鸦胆子油体外对金黄色葡萄球菌、大肠杆菌、绿脓杆菌、白色念珠菌、溶血性链球菌、淋球菌都具有较强的抗菌作用,还有较强的抗阴道滴虫作用[20]。

7. **其他**

   鸦胆子油还有镇痛、止痒、抗炎等作用[20]。

应用

本品为中医临床用药。功能:清热解毒,截疟,止痢,腐蚀赘疣。主治:痢疾,疟疾;外治:赘疣,鸡眼。

现代临床还用于多种肿瘤[21-23]、阿米巴性疟疾、溃疡性结肠炎、赘疣[24]、滴虫性阴道炎及阿米巴原虫性阴道炎、血吸虫病等的治疗。

评注

鸦胆子作为重要的南药品种,其种子是生产鸦胆子油口服液、鸦胆子油注射液的原料。目前,在海南省已建有一定规模的鸦胆子 GAP 种植基地。

鸦胆子 Yadanzi

鸦胆子临床剂型以鸦胆子油静脉乳剂应用为多。但鸦胆子油静脉乳剂属于多相的动力学不稳定的分散体系，在受热、冷冻及长期贮存的过程中，均能引起乳析或破裂，鸦胆子油在其新剂型的开发方面有待于进一步研究。

参考文献

[1] 杨正奇，王金锐，孙铁民，李铣．鸦胆子抗肿瘤活性成分的化学研究 (I)．沈阳药科大学学报．1996，13(3)：214-215

[2] 杨正奇，谢慧媛，王金锐，孙铁民，李铣．鸦胆子抗肿瘤活性成分的化学研究 (II)．沈阳药科大学学报．1997，14(1)：46-47

[3] IH Kim, S Takashima, Y Hitotsuyanagi, T Hasuda, K Takeya. New quassinoids, javanicolides C and D and javanicosides B-F, from seeds of *Brucea javanica*. *Journal of Natural Products*. 2004, 67(5): 863-868

[4] BN Su, LC Chang, EJ Park, M Cuendet, BD Santarsiero, AD Mesecar, RG Mehta, HHS Fong, JM Pezzuto, AD Kinghorn. Bioactive constituents of the seeds of *Brucea javanica*. *Planta Medica*. 2002, 68(8): 730-733

[5] I Kitagawa, T Mahmud, P Simanjuntak, K Hori, T Uji, H Shibuya. Indonesian medicinal plants. VIII. Chemical structures of three new triterpenoids, bruceajavanin A, dihydrobruceajavanin A, and bruceajavanin B, and a new alkaloidal glycoside, bruceacanthinoside, from the stems of *Brucea javanica* (Simaroubaceae). *Chemical & Pharmaceutical Bulletin*. 1994, 42(7): 1416-1421

[6] 李华民，谭雷，张铁垣．鸦胆子油中三萜醇的分离和结构鉴定．北京师范大学学报：自然科学版．1995，31(2)：230-233

[7] 于雅男，李铣．鸦胆子化学成分的研究．药学学报．1990，25(5)：382-386

[8] LQ Yang, M Singh, EH Yap, GC Ng, HX Xu, KY Sim. In vitro response of *Blastocystis hominis* against traditional Chinese medicine. *Journal of Ethnopharmacology*. 1996, 55(1): 35-42

[9] N Sawangjaroen, K Sawangjaroen. The effects of extracts from anti-diarrheic Thai medicinal plants on the *in vitro* growth of the intestinal protozoa parasite: *Blastocystis hominis*. *Journal of Ethnopharmacology*. 2005, 98(1-2): 67-72

[10] T Murnigsih, Subeki, H Matsuura, K Takahashi, M Yamasaki. Evaluation of the inhibitory activities of the extracts of Indonesian traditional medicinal plants against *Plasmodium falciparum* and *Babesia gibsoni*. *The Journal of Veterinary Medical Science*. 2005, 67(8): 829-831

[11] C Murakami, N Fukamiya, S Tamura, M Okano, KF Bastow, H Tokuda, T Mukainaka, H Nishino, KH Lee. Multidrug-resistant cancer cell susceptibility to cytotoxic quassinoids, and cancer chemopreventive effects of quassinoids and canthin alkaloids. *Bioorganic & Medicinal Chemistry*. 2004, 12(18): 4963-4968

[12] M Cuendet, JM Pezzuto. Antitumor activity of bruceantin: an old drug with new promise. *Journal of Natural Products*. 2004, 67(2): 269-272

[13] E Mata-Greenwood, M Cuendet, D Sher, D Gustin, W Stock, JM Pezzuto. Brusatol-mediated induction of leukemic cell differentiation and G arrest is associated with down-regulation of c-myc. *Leukemia*. 2002, 16(11): 2275-2284

[14] 李英，徐功立，李颖，张楠．鸦胆子油乳诱导白血病U937细胞凋亡的实验研究．中华血液学杂志．2004，25(6)：381-382

[15] KH Lee, S Tani, Y Imakura. Antimalarial agents, 4. Synthesis of a brusatol analog and biological activity of brusatol-related compounds. *Journal of Natural Products*. 1987, 50(5): 847-851

[16] 薛淑英，陈思维，吴静生，王敏伟，宋桂兰，马学良，陈海民．鸦胆子油乳颗粒剂抗胃溃疡及抗慢性胃炎的作用．沈阳药科大学学报．1996，13(1)：13-17

[17] 杜平华，朱世真，李智成．中药材鸦胆子对幽门螺杆菌体外抗菌作用的研究．中国医学检验杂志．2001，2(6)：397-398

[18] 张澍田，于中麟，王宝恩，侯晓峰，李修金，辛献运，袁佩英．植物油乳治疗胃溃疡的实验与临床研究．中华消化杂志．1997，17(1)：23-25

[19] 于晓光，王淑娟，张雪峰，王保安，张淑杰，薛德江，王继芬．高脂血症沙鼠组织中某些酯酶活性的变化及药物降脂作用的研究．哈尔滨医科大学学报．1997，31(1)：12-14

[20] 丘明明，王受武，韦荣芳，曹于，黄中凯，林军．鸦胆子油治疗尖锐湿疣的活性成分药理研究．广西中医药．2000，23(6)：53-55

[21] 李红霞，惠锦林．鸦胆子油乳注射液治疗晚期颅内恶性肿瘤17例．现代中医药．2006，26(2)：23-24

[22] 杜敏，史明．化疗联合鸦胆子油乳注射液治疗晚期非小细胞肺癌疗效观察．肿瘤基础与临床．2006，19(2)：151-152

[23] 史丽雅，张振玲，李晓筑，王娟，卢漫，周鸿，张明智．彩超引导穿刺注入鸦胆子治疗卵巢囊肿初探．四川肿瘤防治．2005，18(4)：261-262

[24] 赵建军，刘洪庆，纪宝平．鸦胆子外敷治疗鸡眼及赘疣36例．中国药业．2000，9(8)：25

落地生根 Luodishenggen

Bryophyllum pinnatum (L. f.) Oken
Air-plant

景天科

概 述

景天科 (Crassulaceae) 植物落地生根 *Bryophyllum pinnatum* (L. f.) Oken，其干燥全草入药。中药名：落地生根。

落地生根属 (*Bryophyllum*) 植物全世界约有 20 种，主要分布于非洲马达加斯加，仅有 1 种分布于全世界热带地区。中国仅有 1 种，也可供药用。本种分布于中国云南、广西、广东、香港、福建和台湾等省区。

"落地生根"药用之名，始载于《岭南采药录》，还以"土三七"、"叶生根"之名，载于《植物名实图考》。主产于中国福建、台湾、广西、广东和云南。

落地生根主要含有菲类和黄酮类成分。

药理研究表明，落地生根具有抗溃疡、抗菌、抗炎、镇痛、抗肿瘤、降血糖等作用。

民间经验认为落地生根具有凉血止血，清热解毒的功效。

落地生根 *Bryophyllum pinnatum* (L. f.) Oken

景天科

落地生根 Luodishenggen

落地生根 *Bryophyllum pinnatum* (L. f.) Oken

药材落地生根 Herba Bryophylli Pinnati

1cm

化学成分

落地生根的叶含三萜类成分：落地生根醇 (bryophynol)、落地生根酮 (bryophollone)、落地生根甾醇 (bryophyllol)；菲类衍生物：癸烯基菲 (decenyl phenanthrene)、十一碳烯基菲 (undecenylphenanthrene)[1]；黄酮类成分：槲皮苷 (quercitrin)、槲皮素-3-O-β-D-木糖-(1→4)-α-L-鼠李糖苷 [quercetin-3-O-β-D-xylosyl-(1→4)-α-L-rhamnoside][2]。

落地生根的地上部分含儿茶素类成分：表没食子儿茶素-3-O-丁香酸酯 (epigallocatechin-3-O-syringate)、没食子酸 (gallic acid)；黄酮类成分：木犀草素 (luteolin)[3]等。

落地生根的全草含蟾蜍二烯羟酸内酯类 (bufadienolides) 成分：环落地生根素 A、B (bryophyllins A-B)、布沙迪苷元-3-醋酸酯 (bersaldegenin-3-acetate)[4]、布沙迪苷元-1,3,5-原醋酸酯 (bersaldegenin-1,3,5-orthoacetate)[5]等。

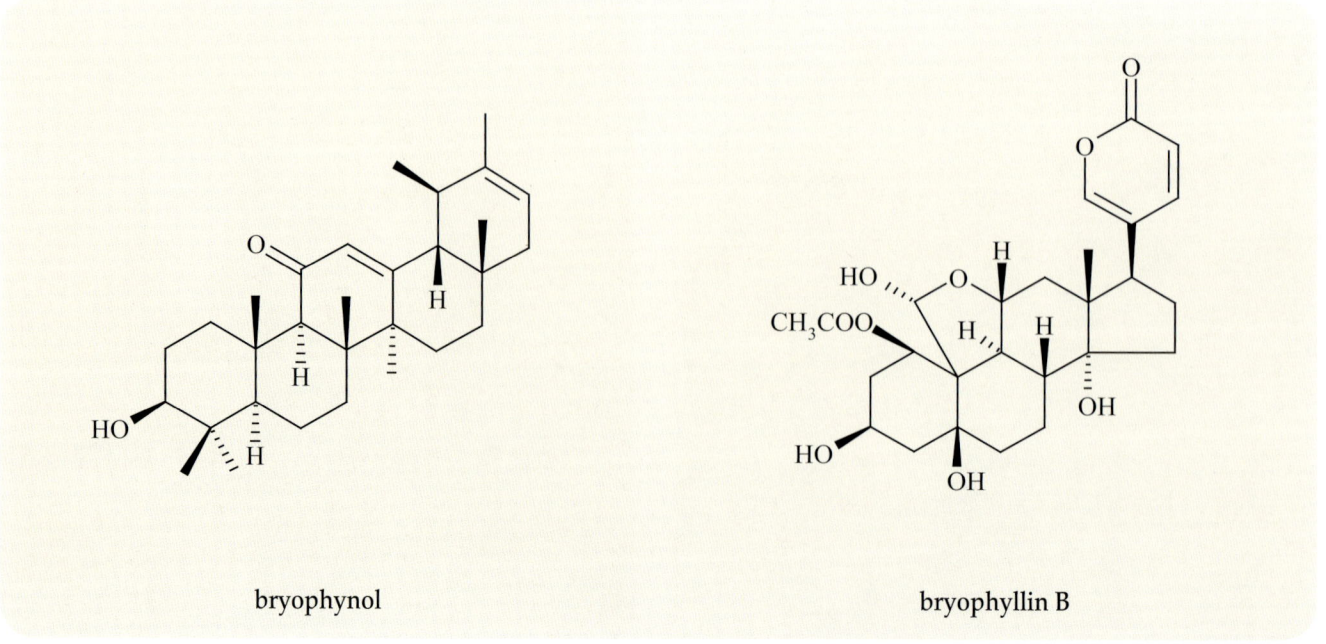

bryophynol

bryophyllin B

药理作用

1. **抗溃疡**
   落地生根叶提取物的甲醇可溶部位腹腔注射能明显抑制阿司匹林、吲哚美辛、5－羟色胺等导致的大鼠胃溃疡,对阿司匹林导致的大鼠胃溃疡、幽门结扎大鼠胃溃疡和组胺导致的豚鼠十二指肠损伤也有保护作用,还能显著加快醋酸所致大鼠慢性胃损伤的愈合[6]。

2. **抗菌**
   落地生根叶水提取物体外对念珠球拟酵母菌、白色念珠菌和黑曲霉菌均有明显的生长抑制作用[7]。落地生根提取物也能抑制大肠杆菌和金黄色葡萄球菌的生长[8]。落地生根叶汁、甲醇提取物对革兰氏阴性菌和阳性菌均有广谱抗菌作用[9-10]。

3. **抗炎、镇痛**
   落地生根叶的水提取物灌胃能明显抑制蛋清所致大鼠足趾肿胀,腹腔注射能抑制小鼠热板反应和醋酸扭体反应[11]。

4. **抗肿瘤**
   体外实验表明,布沙迪苷元－1,3,5－原醋酸酯对人鼻咽癌细胞 KB、人肺癌细胞 A549 和人结肠癌细胞 HCT－8 等均有显著抑制作用,其他蟾蜍二烯羟酸内酯类成分也有细胞毒作用[5]。

5. **降血糖**
   落地生根叶的水提取物腹腔注射,能明显抑制链脲霉素导致的大鼠血糖升高[11]。

6. **增强免疫**
   落地生根水浸出液灌胃,能明显增强小鼠脾淋巴细胞增殖反应,促进白介素 2 (IL－2) 的产生[12]。

7. **抑制中枢神经**
   落地生根叶提取物的甲醇溶解部位灌胃能延长小鼠和大鼠的戊巴比妥睡眠时间,并产生明显镇痛作用,显著减少小鼠和大鼠的探索行为[13],延迟番木鳖碱和木防己苦毒素导致的小鼠癫痫发作时间[14]。

8. **其他**
   落地生根还具有抗分娩[15]和抗诱变[16]作用。

应用

本品为中医临床用药。功能:凉血止血,清热解毒。主治:吐血,外伤出血,跌打损伤,疔疮痈肿,乳痈,乳岩,丹毒,溃疡,烫伤,胃痛,关节痛,咽喉肿痛,肺热咳嗽等。

现代临床还用于中耳炎等病的治疗。

评注

落地生根异名之一为"土三七"。正品中药"土三七"来源于菊科植物菊三七 *Gynura japonica* (Thunb.) Juel. 的根或全草。菊三七所含菊三七碱具有抗疟作用,也能致家兔和大鼠肝细胞坏死。因此,临床使用落地生根与菊三七应当注意鉴别。

落地生根常用叶繁殖,温暖季节将成熟叶片采下,平铺在湿砂上,数日即可在叶缘缺处生根成活,待小植株长出后,即可割取移入小盆内栽培,是很好的园艺植物。

落地生根 Luodishenggen

参考文献

[1] S Siddiqui, S Faizi, BS Siddiqui, N Sultana. Triterpenoids and phenanthrenes from leaves of *Bryophyllum pinnatum*. *Phytochemistry*. 1989, **28**(9): 2433-2438

[2] 苗抗立，张建中，吴伟洁，唐志杰．落地生根叶的化学成分研究．中草药．1997，**28**(3)：140-141

[3] FO Ogungbamila, GO Onavunmi, O Adeosun. A new acylated flavan-3-ol from *Bryophyllum pinnatum*. *Natural Product Letters*. 1997, **10**(3): 201-203

[4] T Yamagishi, M Haruna, XZ Yan, JJ Chang, KH Lee. Antitumor agents, 110. Bryophyllin B, a novel potent cytotoxic bufadienolide from *Bryophyllum pinnatum*. *Journal of Natural Products*. 1989, **52**(5): 1071-1079

[5] 严秀珍，李国雄，山岸乔．落地生根细胞毒成分的分离与鉴定．上海医科大学学报．1992，**19**(3)：206-208

[6] S Pal, AK Nag Chaudhuri. Studies on the anti-ulcer activity of a *Bryophyllum pinnatum* leaf extract in experimental animals. *Journal of Ethnopharmacology*. 1991, **33**(1-2): 97-102

[7] J Okuo, PO Okolo. Antifungal potency of leaf extract of *Bryophylum pinnatum*. *International Journal of Chemistry*. 2004, **14**(2): 105-109

[8] MU Akpuaka, FC Orakwue, U Nnadozie, CA Oyeka, I Okoli. Preliminary phytochemical and antibacterial activity screening of *Bryophyllum pinnatum* extracts. *Journal of Chemical Society of Nigeria*. 2003, **28**(1): 11-14

[9] DA Akinpelu. Antimicrobial activity of *Bryophyllum pinnatum* leaves. *Fitoterapia*. 2000, **71**(2): 193-194

[10] EE Obaseiki-Ebor. Preliminary report on the in vitro antibacterial activity of *Bryophyllum pinnatum* leaf juice. *African Journal of Medicine and Medical Sciences*. 1985, **14**(3-4): 199-202

[11] JAO Ojewole. Antinociceptive, anti-inflammatory and antidiabetic effects of *Bryophyllum pinnatum* (Crassulaceae) leaf aqueous extract. *Journal of Ethnopharmacology*. 2005, **99**(1): 13-19

[12] 徐庆荣，邱世翠，韩兆东，李叔翠，徐理华．落地生根对小鼠脾淋巴细胞增殖、IL-2 的影响．中国中医药科技．2002，**9**(6)：356，363

[13] S Pal, T Sen, AKN Chaudhuri. Neuropsychopharmacological profile of the methanolic fraction of *Bryophyllum pinnatum* leaf extract. *Journal of Pharmacy and Pharmacology*. 1999, **51**(3): 313-318

[14] OK Yemitan, HM Salahdeen. Neurosedative and muscle relaxant activities of aqueous extract of *Bryophyllum pinnatum*. *Fitoterapia*. 2005, **76**(2): 187-193

[15] G Birgit, R Lukas, H Renate, VM Ursula. Effect of *Bryophyllum pinnatum* versus fenoterol on uterine contractility. *European Journal of Obstetrics, Gynecology, and Reproductive Biology*. 2004, **113**(2): 164-171

[16] EE Obaseiki-Ebor, K Odukoya, H Telikepalli, LA Mitscher, DM Shankel. Antimutagenic activity of extracts of leaves of four common edible vegetable plants in Nigeria (West Africa). *Mutation Research*. 1993, **302**(2): 109-117

苏木 Sumu CP, KHP, IP

豆科

Caesalpinia sappan L.
Sappan

概述

豆科 (Fabaceae) 植物苏木 *Caesalpinia sappan* L.，其干燥心材入药。中药名：苏木。

云实属 (*Caesalpinia*) 植物全世界约有 100 种，分布于热带和亚热带地区。中国约有 17 种，主要分布于南部和西南部，本属现供药用者约有 8 种、1 变种。本种分布于中国云南、贵州、四川、广东、广西、福建和台湾等省区；原产于印度、斯里兰卡、缅甸、越南、马来半岛等地。

苏木以"苏枋"之名，始载于《南方草木状》。以"苏方木"药用之名，载《新修本草》。历代本草多有著录，古今药用品种一致。《中国药典》(2005 年版) 收载本种为中药苏木的法定原植物来源种。主产于中国广东、广西、贵州、云南、台湾等省区。

苏木心材含高异黄酮类、查耳酮类成分等。其中巴西苏木素、苏木查耳酮和原苏木素类为主要有效成分。《中国药典》采用热浸法测定，规定苏木醇溶性浸出物不得少于 10%，以控制药材质量。

药理研究表明，苏木具有抗肿瘤、抑制免疫、抗心脏移植排斥反应、抗血小板聚集和抗菌等作用。

中医理论认为苏木具有行血祛瘀，消肿止痛的功效。

苏木 *Caesalpinia sappan* L.

豆科

苏木 Sumu

苏木 *Caesalpinia sappan* L.　　　药材苏木 Lignum Sappan

1cm

化学成分

苏木的心材含高异黄酮类成分：苏木黄素 (sappanol)、表苏木黄素 (episappanol)、3'-去氧苏木黄素 (3'-deoxysappanol)、3'-O-甲基苏木黄素(3'-O-methylsappanol)、3'-O-甲基表苏木黄素 (3'-O-methylepisappanol)[1]、4-O-甲基苏木黄素 (4-O-methylsappanol)、3'-去氧-4-O-甲基苏木黄素 (3'-deoxy-4-O-methylepisappanol)、巴西苏木素 (brazilin)、3'-O-甲基巴西苏木素(3'-O-methylbrazilin)[2]、四乙酰基巴西苏木素 (tetraacetylbrazilin)[3]、新苏木黄酮 A (neosappanone A)、苏木黄酮 B

brazilin

sappanchalcone

protosappanin C

(sappanone B)、3-去氧苏木黄酮B (3-deoxysappanone B)、原苏木素A、B、C[2]、E_1、E_2[4] (protosappanins A-C, E_1-E_2)、氧化巴西木素 (brazilein)[5]、8-甲氧基邦杜西林 (8-methoxybonducellin)、7-羟基-3-（4'-羟基亚苄基）-苯并二氢吡喃-4-酮 [7-hydroxy-3-(4'-hydroxybenzylidene)-chroman-4-one]、3,7-二羟基-3-(4'-羟基苄基)-苯并二氢吡喃-4-酮[3,7-dihydroxy-3-(4'-hydroxybenzyl)-chroman-4-one]、3,4,7-三羟基-3-(4'-羟基苄基)-苯并二氢吡喃 [3,4,7-trihydroxy-3-(4'-hydroxybenzyl)-chroman][6]、苏木素P、J (caesalpins P, J)[7]；查耳酮类成分：苏木查耳酮 (sappanchalcone)[2]、4,4'-二羟基-2'-甲氧基查耳酮 (4,4'-dihydroxy-2'-methoxychalcone)；黄酮类成分：槲皮素 (quercetin)、鼠李素 (rhamnetin)、商陆素 (ombuin)[6]；萘醌类成分：1,4-萘醌 (1,4-naphthoquinone)、1,2-萘醌 (1,2-naphthoquinone)、胡桃醌 (juglone)、蓝雪醌 (plumbagin)[8]。

药理作用

1. **抗肿瘤**
苏木水提物体外可诱导人早幼粒白血病细胞 HL-60 凋亡[9]，对人白血病细胞 K_{562}、小鼠成纤维瘤细胞 L929 也有明显的杀伤作用[10]；腹腔注射对小鼠移植性艾氏腹水瘤 EAC、白血病 P388、L1210 有明显的抑制作用[11]。苏木甲醇提取物体外也能诱导人白血病细胞 K_{562} 凋亡[12]。巴西苏木素为抗肿瘤有效成分之一[13]。

2. **抑制免疫**
苏木水煎液灌胃给药可明显抑制小鼠白介素2 (IL-2) 的活性，同时也可抑制B淋巴细胞和T淋巴细胞的增殖功能[14]。苏木乙醇提取物和氧化巴西木素能抑制刀豆蛋白A (Con A) 刺激的T淋巴细胞增殖和抑制脂多糖刺激的B淋巴细胞增殖，氧化巴西木素在空斑形成细胞实验中对小鼠的体液免疫反应有抑制作用[5]。

3. **抗心脏移植排斥反应**
苏木对大鼠心脏移植的抗排斥反应试验表明，苏木水提物灌胃给药可明显延长大鼠移植心脏存活时间，且心肌病理学损害较轻，IL-2水平明显下降[15]。其抗免疫排斥机理可能与其降低心肌颗粒酶 B mRNA 的表达有关[16]。

4. **抗血小板聚集**
巴西苏木素能抑制磷脂酶 A_2 (PLA_2) 的活性，增加细胞内游离 Ca^{2+} 的浓度，从而产生抗血小板聚集的作用[17]。

5. **抗菌**
苏木甲醇提取物体外对产气荚膜梭菌、大肠杆菌等肠道细菌有抑制作用，胡桃醌为活性成分之一[8]。巴西苏木素对多种耐药性细菌如耐甲氧苯青霉素金黄色葡萄球菌和耐万古霉素肠球菌等均有抗菌作用[18]。

6. **其他**
苏木还有抗炎[19]、抗惊厥[20]、抗氧化[21]、舒张血管[22]、抑制NO产生[23]、杀螨[24]、抑制黄嘌呤氧化酶 (XO)[2]等作用。

应用

本品为中医临床用药。功能：行血祛瘀，消肿止痛。主治：痛经，经闭，产后瘀阻心腹痛，产后血晕，痈肿，跌打损伤，破伤风。

现代临床还用于产后腹闷、恶露不尽、血风口噤、风湿性关节炎、偏坠肿痛等病的治疗。

评注

苏木具有抗肿瘤、免疫抑制和抗心脏移植排斥反应等作用，具有较高的医学价值，可深入研究加以利用。

苏木中含苏木黄素等多种天然色素，已被加工为酸碱反应指示剂和天然染色剂等，在化工行业具有良好开发前景。

苏木 Sumu

参考文献

[1] M Namikoshi, H Nakata, H Yamada, M Nagai, T Saitoh. Homoisoflavonoids and related compounds. II. Isolation and absolute configurations of 3,4-dihydroxylated homoisoflavans and brazilins from *Caesalpinia sappan* L. *Chemical & Pharmaceutical Bulletin*. 1987, 35(7): 2761-2773

[2] MTT Nguyen, S Awale, Y Tezuka, QL Tran, S Kadota. Xanthine oxidase inhibitors from the heartwood of Vietnamese *Caesalpinia sappan*. *Chemical & Pharmaceutical Bulletin*. 2005, 53(8): 984-988

[3] 徐慧, 周志华, 杨俊山. 苏木化学成分的研究. 中国中药杂志. 1994, 19(8): 485-486

[4] SR Oh, DS Kim, IS Lee, KY Jung, JJ Lee, HK Lee. Anticomplementary activity of constituents from the heartwood of *Caesalpinia sappan*. *Planta Medica*. 1998, 64(5): 456-458

[5] M Ye, WD Xie, F Lei, Z Meng, YN Zhao, H Su, LJ Du. Brazilein, an important immunosuppressive component from *Caesalpinia sappan* L. *International Immunopharmacology*. 2006, 6(3): 426-432

[6] M Namikoshi, H Nakata, T Saito. Homoisoflavonoids and related compounds. Part 1. Homoisoflavonoids from *Caesalpinia sappan*. *Phytochemistry*. 1987, 26(6): 1831-1833

[7] T Shimokawa, J Kinjo, J Yamahara, M Yamasaki, T Nohara. Two novel aromatic compounds from *Caesalpinia sappan*. *Chemical & Pharmaceutical Bulletin*. 1985, 33(8): 3545-3547

[8] MY Lim, JH Jeon, EY Jeong, CH Lee, HS Lee. Antimicrobial activity of 5-hydroxy-1,4-naphthoquinone isolated from *Caesalpinia sappan* toward intestinal bacteria. *Food Chemistry*. 2006, 100(3): 1254-1258

[9] 张蕻, 朴晋华, 任连生, 汤莹, 田峰. 苏木水提物诱导 HL-60 细胞凋亡的研究. 中国药物与临床. 2002, 2(1): 16-17

[10] 任连生, 徐建国, 马俊英, 张蕻, 庄碧琼, 张莉. 苏木抗癌作用的研究. 中国中药杂志. 1990, 15(5): 50-51

[11] 任连生, 汤莹, 张蕻, 王雁云. 苏木水提物抗癌作用机制的研究. 山西医药杂志. 2000, 29(3): 201-203

[12] 王三龙, 蔡兵, 崔承彬, 张华凤, 姚新生, 曲戈霞. 中药苏木提取物诱导 K_{562} 细胞凋亡的研究. 癌症. 2001, 20(12): 1376-1379

[13] W Mar, HT Lee, KH Je, HY Choi, EK Seo. A DNA strand-nicking principle of a higher plant, *Caesalpinia sappan*. *Archives of Pharmacal Research*. 2003, 26(2): 147-150

[14] 杨锋, 樊良卿, 沈翔, 戴关海, 缪卫群. 苏木与雷公藤对小鼠免疫抑制作用的比较研究. 中国实验临床免疫学杂志. 1997, 9(2): 52-56

[15] 侯静波, 于波, 吕航, 徐威, 崔丽丽. 苏木水提物抗心脏移植急性排斥反应的实验研究. 中国急救医学. 2002, 22(3): 125-126

[16] 周亚滨, 李天发, 张烁, 关振中, 董志超, 韩佳瑞. 苏木对大鼠同种异位心脏移植心肌颗粒酶 B mRNA 表达的影响. 上海免疫学杂志. 2002, 22(2): 110-112

[17] GY Lee, TS Chang, KS Lee, LY Khil, D Kim, JH Chung, YC Kim, BH Lee, CH Moon, CK Moon. Antiplatelet activity of BRX-018, (6aS,cis)-malonic acid 3-acetoxy-6a9-bis-(2-methoxycarbonyl-acetoxy)-6,6a,7,11b-tetrahydro-indeno[2,1-c]chromen-10-yl ester methylester. *Thrombosis Research*. 2005, 115(4): 309-318

[18] HX Xu, SF Lee. The antibacterial principle of *Caesalpinia sappan*. *Phytotherapy Research*. 2004, 18(8): 647-651

[19] IK Bae, HY Min, AR Han, EK Seo, SK Lee. Suppression of lipopolysaccharide-induced expression of inducible nitric oxide synthase by brazilin in RAW 264.7 macrophage cells. *European Journal of Pharmacology*. 2005, 513(3): 237-242

[20] NI Baek, SG Jeon, EM Ahn, JT Hahn, JH Bahn, JS Jang, SW Cho, JK Park, SY Choi. Anticonvulsant compounds from the wood of *Caesalpinia sappan* L. *Archives of Pharmacal Research*. 2000, 23(4): 344-348

[21] S Badami, S Moorkoth, SR Rai, E Kannan, S Bhojraj. Antioxidant activity of *Caesalpinia sappan* heartwood. *Biological & Pharmaceutical Bulletin*. 2003, 26(11): 1534-1537

[22] CM Hu, JJ Kang, CC Lee, CH Li, JW Liao, YW Cheng. Induction of vasorelaxation through activation of nitric oxide synthase in endothelial cells by brazilin. *European Journal of Pharmacology*. 2003, 468(1): 37-45

[23] Y Sasaki, T Hosokawa, M Nagai, S Nagumo. *In vitro* study for inhibition of NO production about constituents of Sappan lignum. *Biological & Pharmaceutical Bulletin*. 2007, 30(1): 193-196

[24] CH Lee, HS Lee. Color alteration and acaricidal activity of juglone isolated from *Caesalpinia sappan* heartwoods against *Dermatophagoides* spp. *Journal of Microbiology and Biotechnology*. 2006, 16(10): 1591-1596

木豆 Mudou^{IP}

Cajanus cajan (L.) Millsp.
Red Gram

豆科

概 述

豆科 (Fabaceae) 植物木豆 *Cajanus cajan* (L.) Millsp.，其干燥叶入药。中药名：木豆叶。

木豆属 (*Cajanus*) 植物全世界约有 32 种，主要分布于热带亚洲、澳洲和非洲的马达加斯加。中国约有 7 种、1 变种，分布于南部及西南部，引入栽培 1 种。仅本种供药用。本种分布于中国云南、四川、江西、湖南、广西、广东、海南、浙江、福建、江苏、台湾等省区；原产地为印度，现世界热带和亚热带地区广为栽培。

木豆为中国广东地区惯用中药。以"观音豆"药用之名，始载于《泉州本草》。《广东省中药材标准》收载本种为中药木豆叶的原植物来源种。主产于中国广东、广西、福建、台湾等省区。

木豆主要含黄酮类、异黄酮类、苊类等成分。

药理研究表明，木豆具有抗红细胞镰状化、降血脂、抗炎、镇痛等作用。

民间经验认为木豆叶具有清热解毒，消肿止痛的功效。

木豆 *Cajanus cajan* (L.) Millsp.

木豆 Mudou

豆科

化学成分

木豆的叶含黄酮类成分：牡荆苷 (vitexin)、异牡荆苷 (isovitexin)、芹菜素 (apigenin)、木犀草素 (luteolin)、柚皮素-4',7-二甲醚 (naringenin-4',7-dimethyl ether)[1]、乔松酮 (pinostrobin)[2]、槲皮素 (quercetin)、异鼠李素 (isorhamnetin)[3]、cajaflavanone[4]；异黄酮类成分：木豆素 (cajanin)、木豆异黄烷酮醇 (cajanol)[5]、2'-O-methylcajanone[6]；芪类成分：longistylins A、C[2]；挥发油成分：菖蒲二烯 (acoradiene)、β-芹子烯 (selinene)、α-、β-愈创木烯 (α-, β-guaienes)、雅槛兰树油烯 (eremophilene)、α-雪松烯 (α-himachalene)[7]。

木豆的豆荚和种子含抗红细胞镰状化的苯丙氨酸 (phenylalanine)[8]和抗真菌的苯菌灵 (benomyl)[9]；尚含黄酮类成分：槲皮素、异槲皮素 (isoquercetin)、3-甲基槲皮素 (3-methylquercetin)；芪类成分：2-hydroxy-4-methoxy-3-prenyl-6-styrylbenzoic acid[10]；挥发油成分：α-、β-、γ-芹子烯、胡椒烯 (copaene)、桉叶醇 (eudesmol)[11]；还含有刀豆蛋白 A (concanavalin A)[12] 等多种植物凝集素类成分[13]。

木豆的根含黄酮类成分：cajaflavanone、cajanone[14]、cajaisoflavone[15]、鹰嘴豆素 A (biochanin A)、木豆异黄烷酮醇、染料木素 (genistein)、2'-羟基染料木素 (2'-hydroxygenistein)[16]；蒽醌类成分：cajaquinone[17]；三萜酸类成分：白桦脂酸 (betulinic acid)[16]。

木豆的茎中还分离到黄酮类成分：芒柄花素 (formononetin)[18]。

木豆的茎皮、茎、叶中含酚酸类成分：原儿茶酸 (protocatechuic acid)、对羟基苯甲酸 (p-hydroxybenzoic acid)、香草酸 (vanillic acid)、咖啡酸 (caffeic acid)、对香豆酸 (p-coumaric acid)、阿魏酸 (ferulic acid)[19]。

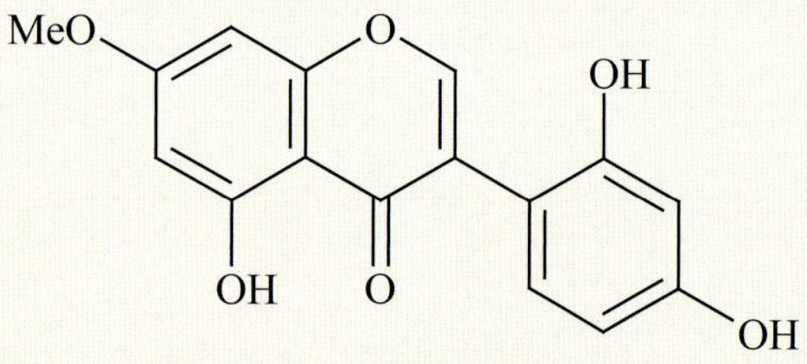

cajanin

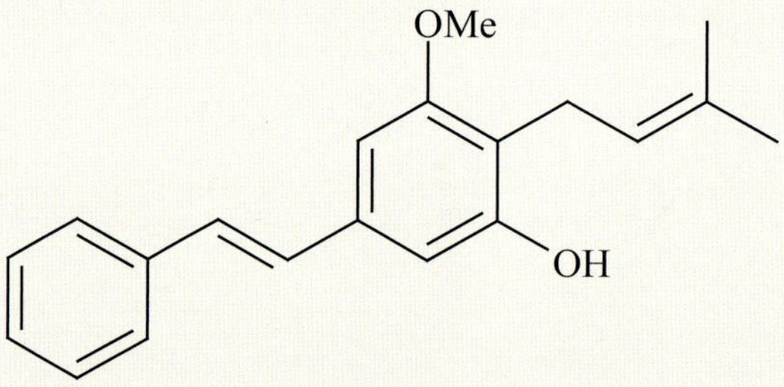

longistylin A

药理作用

1. 抗红细胞镰状化

红细胞镰状化会导致还原血红蛋白的沉淀，从而引起镰状细胞贫血 (SCA)，木豆种子含水甲醇提取物能使红细胞镰状化逆转，连续多日口服给药能减少患者的疼痛发作次数，改善贫血造成的肝脏不良反应[20-21]。活性成分主要为苯丙氨酸和对羟基苯甲酸[22]。

2. 降血脂

木豆所含的蛋白质给饲喂高脂肪高胆固醇所致高脂血症大鼠口服，能显著降低血浆、肝脏和主动脉中游离胆固醇、总胆固醇、磷脂、三酰甘油水平[23]。鹰嘴豆素 A 和芒柄花素给 Triton WR 1339 所致高脂血症大鼠灌胃均有降血脂作用[24]。

3. 对血糖的影响

   单次给药木豆种子提取物 1～2 小时后血浆中血糖水平显著降低，3 小时后显著升高；种子炒焙后的提取物单次给药 3 小时内血糖水平则明显升高[25]。血糖耐受性试验结果表明，木豆茎叶水提取物高剂量时能在给药 1～2 小时内显著增加小鼠的葡萄糖耐量[26]。

4. 抗炎、镇痛

   木豆素混悬液皮下注射能抑制巴豆油所致的小鼠耳郭肿胀；给小鼠灌胃可抑制醋酸引起的毛细血管通透性增加，减少醋酸所致的扭体反应次数，还能延长热板试验中的痛阈[27]。

5. 抗脑缺血、缺氧损伤

   木豆叶水提物灌胃给药可显著降低急性脑缺血再灌注模型小鼠脑内丙二醛 (MDA) 的含量，提高超氧化物歧化酶 (SOD) 活力；减少急性脑缺血大鼠脑组织的含水量和脑指数，降低脑毛细血管的通透性；还可明显延长小鼠断头喘气时间[28]。

6. 其他

   木豆种子还有抗菌[29]、抑制蛋白水解酶[30]、促进家兔红细胞凝集[13]等作用；longistylins A、C 和白桦脂酸有抗疟原虫的作用[16]。

应用

本品为中国岭南民间草药。功能：清热解毒，消肿止痛。主治：小儿水痘，痈肿疮毒。

现代临床还用于口疮、黄疸、咳嗽、腹泻、外伤或烧伤感染、褥疮、镰状细胞贫血等病的治疗[21]。

评注

木豆的种子和根在中国南方地区也是民间常用药，分别称：木豆、木豆根。种子入药有利湿，消肿，散瘀，止血的功效，根入药有清热解毒，利湿，止血的功效。木豆的种子在中国福建南部部分地区作赤小豆入药，与赤小豆有类似的功效。

木豆是唯一可食的木本豆类，发源于印度次大陆，已有六千余年的栽培历史，大约在一千五百年前由印度传入中国，主要做紫胶虫的寄生树生产紫胶[14]。

参考文献

[1] 林励，谢宁，程紫骅．木豆黄酮类成分的研究．中国药科大学学报．1999, **30**(1): 21-23

[2] 陈迪华，李慧颖，林慧．木豆叶化学成分研究．中草药．1985, **16**(10): 2-7

[3] YG Zu, YJ Fu, W Liu, CL Hou, Y Kong. Simultaneous determination of four flavonoids in pigeonpea [*Cajanus cajan* (L.) Millsp.] leaves using RP-LC-DAD. *Chromatographia*. 2006, **63**(9-10): 499-505

[4] S Bhanumati, SC Chhabra, SR Gupta, V Krishnamoorthy. Cajaflavanone: a new flavanone from *Cajanus cajan*. *Phytochemistry*. 1978, **17**(11): 2045

[5] JS Dahiya, RN Strange, KG Bilyard, CJ Cooksey, PJ Garratt. Two isoprenylated isoflavone phytoalexins from *Cajanus cajan*. *Phytochemistry*. 1984, **23**(4): 871-873

[6] S Bhanumati, SC Chhabra, SR Gupta, V Krishnamoorthy. 2'-O-Methylcajanone: a new isoflavanone from *Cajanus cajan*. *Phytochemistry*. 1979, **18**(4): 693

[7] 程志青，吴惠勤，陈佃，熊带水．木豆精油化学成分研究．分析测试通报．1992, **11**(5): 9-11

木豆 Mudou

[8] GI Ekeke, FO Shode. Phenylalanine is the predominant antisickling agent in *Cajanus cajan* seed extract. *Planta Medica*. 1990, **56**(1): 41-43

[9] MA Ellis, EHI Paschal, P Powell. The effect of maturity and foliar fungicides on pigeon pea seed quality. *Plant Disease Reporter*. 1977, **61**(12): 1006-1009

[10] PWC Green, PC Stevenson, MSJ Simmonds, HC Sharma. Phenolic compounds on the pod-surface of pigeonpea, *Cajanus cajan*, mediate feeding behavior of *Helicoverpa armigera* larvae. *Journal of Chemical Ecology*. 2003, **29**(4): 811-821

[11] GL Gupta, SS Nigam, SD Sastry, KK Chakravarti. Investigations on the essential oil from *Cajanus cajan*. *Perfumery and Essential Oil Record*. 1969, **11-12**: 329-336

[12] A Naeem, RH Khan, M Saleemuddin. Single step immobilized metal ion affinity precipitation/chromatography based procedures for purification of concanavalin A and *Cajanus cajan* mannose-specific lectin. *Biochemistry*. 2006, **71**(1): 56-59

[13] 罗瑞鸿，李杨瑞．木豆凝集素的提取及凝血性研究简报．广西农业生物科学．2004，**23**(3)：262-264

[14] JS Dahiya. Cajaflavanone and cajanone released from *Cajanus cajan* (L. Millsp.) roots induce nod genes of *Bradyrhizobium* sp. *Plant and Soil*. 1991, **134**(2): 297-304

[15] S Bhanumati, SC Chhabra, SR Gupta. Cajaisoflavone, a new prenylated isoflavone from *Cajanus cajan*. *Phytochemistry*. 1979, **18**(7): 1254

[16] G Duker-Eshun, JW Jaroszewski, WA Asomaning, F Oppong-Boachie, SB Christensen. Antiplasmodial constituents of *Cajanus cajan*. *Phytotherapy Research*. 2004, **18**(2): 128-130

[17] S Bhanumati, SC Chhabra, SR Gupta. Cajaquinone: a new anthraquinone from *Cajanus cajan*. *Indian Journal of Chemistry*. 1979, **17**B(1): 88-89

[18] JL Ingham. Induced isoflavonoids from fungus-infected stems of pigeon pea (*Cajanus cajan*). *Zeitschrift fuer Naturforschung*. 1976, **31**C(9-10): 504-508

[19] N Nahar, M Mosihuzzaman, O Theander. Analysis of phenolic acids and carbohydrates in pigeon pea (*Cajanus cajan*) plant. *Journal of the Science of Food and Agriculture*. 1990, **50**(1): 45-53

[20] AO Akinsulie, EO Temiye, AS Akanmu, FEA Lesi, CO Whyte. Clinical evaluation of extract of *Cajanus cajan* (Ciklavit) in sickle cell anaemia. *Journal of Tropical Pediatrics*. 2005, **51**(4): 200-205

[21] JO Onah, PI Akubue, GB Okide. The kinetics of reversal of pre-sickled erythrocytes by the aqueous extract of *Cajanus cajan* seeds. *Phytotherapy Research*. 2002, **16**(8): 748-750

[22] FO Akojie, LW Fung. Antisickling activity of hydroxybenzoic acids in *Cajanus cajan*. *Planta Medica*. 1992, **58**(4): 317-320

[23] L Prema, PA Kurup. Hypolipidemic activity of the protein isolated from *Cajanus cajan* in high fat-cholesterol diet fed rats. *Indian Journal of Biochemistry & Biophysics*. 1973, **10**(4): 293-296

[24] RD Sharma. Effect of various isoflavones on lipid levels in Triton-treated rats. *Atherosclerosis*. 1979, **33**(3): 371-375

[25] T Amalraj, S Ignacimuthu. Hypoglycemic activity of *Cajanus cajan* (seeds) in mice. *Indian Journal of Experimental Biology*. 1998, **36**(10): 1032-1033

[26] AM Esposito, A Diaz, I de Gracia, R de Tello, MP Gupta. Evaluation of traditional medicine: effects of *Cajanus cajan* L. and of *Cassia fistula* L. on carbohydrate metabolism in mice. *Revista medica de Panama*. 1991, **16**(1): 39-45

[27] 孙绍美，宋玉梅，刘俭，肖培根．木豆素制剂药理作用研究．中草药．1995，**26**(3)：147-148

[28] 黄桂英，廖雪珍，廖惠芳，邓素坚，谭永恒，周玖瑶．木豆叶水提物抗脑缺血缺氧损伤的作用研究．中国新药与临床药理．2006，**17**(3)：172-174

[29] MU Dahot, ZH Soomro. Antimicrobial activity of smaller proteins isolated from white seeds of *Cajanus cajan*. *Pakistan Journal of Pharmacology*. 1999, **16**(1): 21-27

[30] VH Mulimani, S Paramjyothi. Proteinase inhibitors of redgram (*Cajanus cajan*). *Journal of the Science of Food and Agriculture*. 1992, **59**(2): 273-275

茶 Cha^{CP}

Camellia sinensis (L.) O. Ktze.
Tea

山茶科

概 述

山茶科 (Theaceae) 植物茶 *Camellia sinensis* (L.) O. Ktze.，其嫩叶或嫩芽入药。中药名：茶叶。

山茶属 (*Camellia*) 植物全世界约有 280 种，分布于东亚北回归线两侧。中国约有 238 种，主要分布于中国云南、广西、广东、四川、福建，本属现供药用者约有 11 种、2 变种。本种野生品遍见于中国长江以南各省区，栽培品主要分布于中国江苏、安徽、浙江、福建、广东、香港、四川、江西、云南、陕西等省区。

种茶、制茶、饮茶均起源于中国，形成的茶文化驰名中外[1]。"茶叶"药用之名，始载于《宝庆本草折衷》。历代本草多有著录，古今药用品种一致。"茶"是位居首位的世界级传统饮料[1]。主产于中国江苏、安徽、浙江、福建、江西、四川、云南等省。

茶主要含黄烷醇类、嘌呤类生物碱、类胡萝卜素、黄酮类、三萜皂苷类成分等。

药理研究表明，茶具有兴奋中枢神经系统、降血脂、抗氧化、保肝、抗诱变、抗肿瘤、抗菌、抗病毒、抗炎、降血糖、抗溃疡等作用。

中医理论认为茶叶具有清头目，除烦渴，消食，化痰，利尿，解毒的功效。

茶 *Camellia sinensis* (L.) O. Ktze.

山茶科

茶 Cha

药材茶叶 Folium Camelliae Sinensis（红茶）

1cm

药材茶叶 Folium Camelliae Sinensis（乌龙茶）

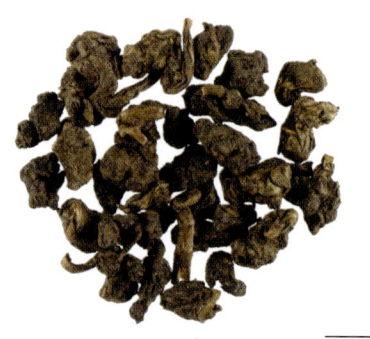

1cm

药材茶叶 Folium Camelliae Sinensis（绿茶）

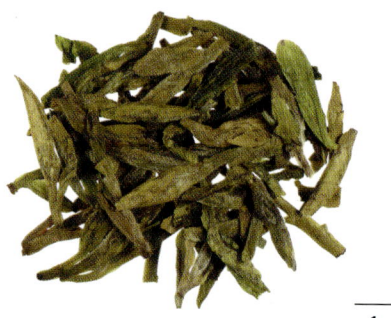

1cm

采茶

炒茶

化学成分

茶的叶含嘌呤类生物碱成分：咖啡因 (caffeine)、可可碱 (theobromine)、茶碱 (theophylline)[1]；黄酮类成分：槲皮素 (quercetin)、山奈酚 (kaempferol)、芦丁 (rutin)、橙皮苷 (hesperidin)、芹菜素 (apigenin)、杨梅黄酮 (myricetin)、高良姜黄素 (galangin)[2]、菸花苷 (nicotifiorin)[3]；黄烷醇类成分：儿茶素 (catechin)、表儿茶素 (epicatechin)、表没食子儿茶素 - 3 - 没食子酸酯 (epigallocatechin - 3 - gallate)[4]、表没食子儿茶素 (epigallocatechin)[5]、表儿茶素没食子酸酯 (epicatechin gallate)、儿茶素没食子酸酯 (catechin gallate)[6]、表儿茶素 - 3,5 - 双没食子酸酯 (epigallocatechin - 3,5 - digallate)、表没食子儿茶素 - 3,3' - O - 双没食子酸酯 (epigallocatechin - 3,3' - di - O - gallate)、表没食子儿茶素 - 3,4' - O - 双没食子酸酯 (epigallocatechin - 3,4' - di - O - gallate)、表阿夫儿茶素 - 3 - O - 双没食子酸酯 (epiafzelechin - 3 - O - gallate)[3]；红茶含茶黄素类成分：茶黄素 (theaflavin)、茶黄素 - 3' - 没食子酸酯 (theaflavin - 3' - gallate)、茶黄素 - 3 - 没食子酸酯 (theaflavin - 3 - gallate)、茶黄素 - 3,3' - 双没食子酸酯 (theaflavin - 3,3' - digallate)[7]、异茶黄素 - 3' - O - 没食子酸酯 (isotheaflavin - 3' - O - gallate)、新茶黄素 - 3 - O - 没食子酸酯 (neotheaflavin - 3 - O - gallate)[8]；类胡萝卜素类成分：堇黄素 (violaxanthin)、叶黄素 (lutein)、玉米黄素 (zeaxanthin)、新黄质 (neoxanthin)、金黄质 (auroxanthin)、百合黄素 (antheraxanthin)[9]；挥发油类成分：顺式 - 3 - 己烯醇 (cis - 3 - hexenol)、芳樟醇 (linalool)、香叶醇 (geraniol)[10]；三萜皂苷类成分：foliatheasaponins I、II、III、IV、V[11]等。

茶的嫩芽中还分离到黄酮类成分：樱草苷 (hirsutrin)、山奈酚 - 3 - 鼠李糖葡萄糖苷 (kaempferol - 3 - rhamnosylglucoside)；酚酸类成分：没食子酸 (gallic acid)、绿原酸 (chlorogenic acid)、异绿原酸 (isochlorogenic acid)、对香豆酸 (p - coumaric acid)[12]。

茶的种子含三萜皂苷类成分：茶皂苷 A_1、A_2、A_3[13]、A_4、A_5、C_1[14]、E_1、E_2、E_3、E_4、E_5、E_6、E_7[15]、E_8、E_9[14]、E_{10}、E_{11}、E_{12}、E_{13}[16]、F_1、F_2、F_3[13]、G_1[14]、G_2[16]、H_1[14] (theasaponins $A_1 - A_5$, C_1, $E_1 - E_{13}$, $F_1 - F_3$, $G_1 - G_2$, H_1)、assamsaponins A、B、C、D、F、I[15]、floratheasaponin A、camelliasaponins B_1、C_1[15]；黄酮类成分：camelliasides A、B[17]。

茶的花还分离到floratheasaponins A、B、C等三萜皂苷类成分[18]。

caffeine

(-) - epigallocatechin - 3 - gallate

山茶科

茶 Cha

药理作用

1. **兴奋中枢神经系统**
   咖啡因可兴奋高级神经中枢，使精神兴奋，思维活跃，消除疲劳，还能加强大脑皮层的兴奋过程，其有效剂量与神经类型有关[19]。

2. **对心血管系统的影响**
   咖啡因、茶碱可直接兴奋心脏，扩张冠状动脉，对末梢血管也有直接扩张作用[19]。茶叶所含鞣质类成分能明显抑制人脐静脉内皮细胞 (HUVEC) 中血管紧张素转换酶 (ACE) 活性，增加一氧化氮 (NO) 产生，对心血管疾病有防治作用[20]。茶还可通过降低胆固醇和抗氧化，对心血管产生保护作用[21]。

3. **降血脂**
   长期饮茶，可以降低人总胆固醇 (TC)、低密度脂蛋白、载脂蛋白 B 水平，降低胆固醇/高密度脂蛋白比例，升高载脂蛋白 A 和高密度脂蛋白水平[22]。不含鞣质的茶叶提取物给高胆固醇血症大鼠灌胃，能明显抑制血浆胆固醇升高，增加胆固醇从粪便排泄。其机理与抑制胆固醇在胃肠道的吸收相关[23]。茶花甲醇提取物的正丁醇部分能降低橄榄油饲喂小鼠的血脂水平，活性成分主要为 floratheasaponins A、B、C [18]。

4. **抗氧化**
   二苯代苦味酰肼 (DPPH) 自由基清除实验表明，茶的抗氧化活性强度与其鞣质类成分的含量相关[24]，以新鲜茶嫩芽甲醇提取物的抗氧化能力较强[25]。长期饮茶，可以降低人血浆丙二醛 (MDA) 水平，抑制红细胞氧化应激反应，增强红细胞抗氧化能力[26]。茶水提取物口服给药，对睾丸酮皮下注射导致的大鼠前列腺氧化损伤[27]以及灌胃 7,12 - 二甲基苯并蒽导致的小鼠肝、肾和前列腺氧化损伤均有明显保护作用[28]。

5. **保肝**
   茶提取物给大鼠灌胃，能通过增加抗氧化酶含量，降低转氨酶水平，清除自由基，防止氧化损伤，抑制枸橼酸他莫昔芬、CCl_4 对大鼠肝脏的损伤[29-30]。

6. **抗诱变**
   茶叶提取物能抑制环磷酰胺、丝裂霉素C和$NiCl_2$导致的小鼠致畸作用[31]。沙门氏菌实验表明，茶鞣质对基因回复突变形成及苋草水提取物导致的大鼠泌尿系统突变均有抑制作用[32]。其机理可能与抑制诱变物质与细胞DNA的结合相关[33]。

7. **抗肿瘤**
   茶鞣质和表没食子儿茶素没食子酸酯 (EGCG) 体外能下调细胞周期蛋白表达，阻滞人乳腺癌细胞 MDA－MB－231 G_1期。口服茶鞣质和 EGCG，能抑制裸鼠接种 MDA－MB－231 细胞后的肿瘤发生率，缩小肿瘤体积，也能诱导肿瘤细胞凋亡，抑制肿瘤增生[34]。EGCG、没食子儿茶素、表没食子儿茶素体外对人乳腺癌细胞 MCF－7、结肠癌细胞 HT－29、肺癌细胞 A427、黑素瘤细胞 UACC－375 均有较强抑制作用[35]。茶对肿瘤细胞的各周期均有抑制作用，能通过调节细胞信号转导途径，抑制肿瘤细胞生长和变异，促进肿瘤细胞死亡[36]。

8. **抗菌**
   茶叶甲醇提取物体内、体外对金黄色葡萄球菌、霍乱弧菌、大肠杆菌、志贺氏菌、沙门氏菌、芽孢杆菌等革兰氏阴性、阳性菌均有明显抑制作用[37]。EGCG 与 β－内酰胺类抗生素对耐青霉素金黄色葡萄球菌，具有协同抑制作用[38]。茶叶酸性多糖体外对幽门螺旋杆菌、痤疮丙酸杆菌和金黄色葡萄球菌具有抗黏附作用[39]。

9. **抗病毒**
   茶鞣质类成分能阻断 I 型人类免疫缺陷病毒 (HIV－I) 膜蛋白诱导的膜融合作用，抑制病毒侵入正常细胞[40]。

10. **抗炎**
    茶根含水甲醇提取物腹腔注射，能通过抑制环氧合酶等途径，抑制花生四烯酸、角叉菜胶所致的大鼠足趾肿胀，其活性可能与所含皂苷类成分相关[41-42]。

11. 降血糖

长期饲喂茶叶水提取物，能通过降低胰岛素水平和耐受性，降低肥胖型遗传性糖尿病小鼠和胰岛素耐受实验中小鼠的血糖水平[43]。长期饮茶能明显降低 2 型糖尿病人血浆葡萄糖和果糖胺浓度[44]。

12. 抗溃疡

大鼠灌胃茶皂苷A_2，对乙醇导致的胃溃疡有明显保护作用[13]。

13. 改善学习记忆

茶叶粗提物可改善因大鼠前中脑动脉及两侧颈总动脉结扎所造成脑缺血模式而诱发的学习操作障碍[45]。长期服用绿茶儿茶素可改善大鼠空间认知学习能力[46]。

14. 其他

茶碱还具有松弛平滑肌和利尿等作用[19]。

应用

本品为中医临床用药。功能：清头目，除烦渴，消食，化痰，利尿，解毒。主治：头痛，头昏，目赤，多睡善寐，感冒，心烦口渴，食积，口臭，痰喘，癫痫，小便不利，泻痢，喉肿，疮疡疖肿，水火烫伤等。

现代临床还用茶叶治疗细菌性痢疾、肠炎、急性结膜炎、牙本质过敏症等。

评注

除嫩叶和嫩芽外，茶树根也用作中药茶树根，具有强心利尿，活血调经，清热解毒的功效，主治心脏病，水肿，肝炎，痛经，疮溃肿毒等；茶树花用作中药茶花，具有清肺平肝的功效，主治鼻衄，高血压；茶树果实用作中药茶子，具有降火消痰平喘的功效，主治痰热喘嗽，头脑鸣响等症。

作为传统的药食两用饮料，茶具有较高的保健价值。鞣质类成分是茶叶的主要活性物质，具有较强的抗肿瘤活性。

市售茶叶种类众多，原植物均系本种。若以加工方法来区别，主要有三类：未发酵者以绿茶为代表，半发酵者以乌龙茶为代表，发酵者以红茶为代表。

参考文献

[1] 杜继煜，白岚，白宝璋．茶叶的主要化学成分．农业与技术．2003，**23**(1)：53-55

[2] L Ferrara, D Montesano, A Senatore. The distribution of minerals and flavonoids in the tea plant (*Camellia sinensis*). *Farmaco*. 2001, **56**(5-6-7): 397-401

[3] A Degenhardt, UH Engelhardt, C Lakenbrink, P Winterhalter. Preparative separation of polyphenols from tea by high-speed countercurrent chromatography. *Journal of Agricultural and Food Chemistry*. 2000, **48**(8): 3425-3430

[4] ST Saito, A Welzel, ES Suyenaga, F Bueno. A method for fast determination of epigallocatechin gallate (EGCG), epicatechin (EC), catechin (C) and caffeine (CAF) in green tea using HPLC. *Ciencia e Tecnologia de Alimentos*. 2006, **26**(2): 394-400

[5] A Goodwin, CE Banks, RG Compton. Electroanalytical sensing of green tea anticarcinogenic catechin compounds: epigallocatechin gallate and epigallocatechin. *Electroanalysis*. 2006, **18**(9): 849-853

[6] LH Yao, N Caffin, B D'Arcy, YM Jiang, J Shi, R Singanusong, X Liu, N Datta, Y Kakuda, Y Xu. Seasonal variations of phenolic compounds in Australia-grown tea (*Camellia sinensis*). *Journal of Agricultural and Food Chemistry*. 2005, **53**(16): 6477-6483

[7] LP Wright, NIK Mphangwe, HE Nyirenda, Z Apostolides. Analysis of the theaflavin composition in black tea (*Camellia sinensis*) for predicting the quality of tea produced in Central and Southern Africa. *Journal of the Science of Food and Agriculture*. 2002, **82**(5):

517-525

[8] JR Lewis, AL Davis, Y Cai, AP Davies, JPG Wilkins, M Pennington. Theaflavate B, isotheaflavin-3'-O-gallate and neotheaflavin-3-O-gallate: three polyphenolic pigments from black tea. *Phytochemistry*. 1998, **49**(8): 2511-2519

[9] Y Suzuki, Y Shioi. Identification of chlorophylls and carotenoids in major teas by high-performance liquid chromatography with photodiode array detection. *Journal of Agricultural and Food Chemistry*. 2003, **51**(18): 5307-5314

[10] ZZ Zhang, YB Li, L Qi, XC Wan. Antifungal activities of major tea leaf volatile constituents toward *Colletotrichum camelliae* Massea. *Journal of Agricultural and Food Chemistry*. 2006, **54**(11): 3936-3940

[11] T Morikawa, S Nakamura, Y Kato, O Muraoka, H Matsuda, M Yoshikawa. Bioactive saponins and glycosides. XXVIII. New triterpene saponins, foliatheasaponins I, II, III, IV, and V, from Tencha (the leaves of *Camellia sinensis*). *Chemical & Pharmaceutical Bulletin*. 2007, **55**(2): 293-298

[12] LH Yao, YM Jiang, N Datta, R Singanusong, X Liu, J Duan, K Raymont, A Lisle, Y Xu. HPLC analyses of flavanols and phenolic acids in the fresh young shoots of tea (*Camellia sinensis*) grown in Australia. *Food Chemistry*. 2003, **84**(2): 253-263

[13] T Morikawa, N Li, A Nagatomo, H Matsuda, X Li, M Yoshikawa. Triterpene saponins with gastroprotective effects from tea seed (the seeds of *Camellia sinensis*). *Journal of Natural Products*. 2006, **69**(2): 185-190

[14] M Yoshikawa, T Morikawa, S Nakamura, N Li, X Li, H Matsuda. Bioactive saponins and glycoside. XXV. Acylated oleanane-type triterpene saponins from the seeds of tea plant (*Camellia sinensis*). *Chemical & Pharmaceutical Bulletin*. 2007, **55**(1): 57-63

[15] M Yoshikawa, T Morikawa, N Li, A Nagatomo, X Li, H Matsuda. Bioactive saponins and glycosides. XXIII. Triterpene saponins with gastroprotective effect from the seeds of *Camellia sinensis*-theasaponins E_3, E_4, E_5, E_6, and E_7. *Chemical & Pharmaceutical Bulletin*. 2005, **53**(12): 1559-1564

[16] T Morikawa, H Matsuda, N Li, S Nakamura, X Li, M Yoshikawa. Bioactive saponins and glycosides. XXVI.1 new triterpene saponins, theasaponins E_{10}, E_{11}, E_{12}, E_{13}, and G_2, from the seeds of tea plant (*Camellia sinensis*). *Heterocycles*. 2006, **68**(6): 1139-1148

[17] T Sekine, J Arita, A Yamaguchi, K Saito, S Okonogi, N Morisaki, S Iwasaki, I Murakoshi. Two flavonol glycosides from seeds of *Camellia sinensis*. *Phytochemistry*. 1991, **30**(3): 991-995

[18] M Yoshikawa, T Morikawa, K Yamamoto, Y Kato, A Nagatomo, H Matsuda. Floratheasaponins A-C, acylated oleanane-type triterpene oligoglycosides with anti-hyperlipidemic activities from flowers of the tea plant (*Camellia sinensis*). *Journal of Natural Products*. 2005, **68**(9): 1360-1365

[19] 王永奇，吴小娟，李红冰，逄越，唐玲，冯宝民．药用山茶属植物的研究．大连大学学报．2006，**27**(4)：47-55，58

[20] IAL Persson, M Josefsson, K Persson, RGG Andersson. Tea flavanols inhibit angiotensin-converting enzyme activity and increase nitric oxide production in human endothelial cells. *Journal of Pharmacy and Pharmacology*. 2006, **58**(8): 1139-1144

[21] ZM Chen. The effects of tea on the cardiovascular system. *Medicinal and Aromatic Plants-Industrial Profiles*. 2002, **17**: 151-167

[22] S Coimbra, A Santos-Silva, P Rocha-Pereira, S Rocha, E Castro. Green tea consumption improves plasma lipid profiles in adults. *Nutrition Research*. 2006, **26**(11): 604-607

[23] Y Matsui, H Kumagai, H Masuda. Antihypercholesterolemic activity of catechin-free saponin-rich extract from green tea leaves. *Food Science and Technology Research*. 2006, **12**(1): 50-54

[24] H Chen, CT Ho. Comparative study on total polyphenol content and total antioxidant activity of tea (*Camellia sinensis*). *ACS Symposium Series*. 2007, **956**: 195-214

[25] EWC Chan, YY Lim, YL Chew. Antioxidant activity of *Camellia sinensis* leaves and tea from a lowland plantation in Malaysia. *Food Chemistry*. 2007, **102**(4): 1214-1222

[26] S Coimbra, E Castro, P Rocha-Pereira, I Rebelo, S Rocha, A Santos-Silva. The effect of green tea in oxidative stress. *Clinical Nutrition*. 2006, **25**(5): 790-796

[27] IA Siddiqui, S Raisuddin, Y Shukla. Protective effects of black tea extract on testosterone induced oxidative damage in prostate. *Cancer Letters*. 2005, **227**(2): 125-132

[28] N Kalra, S Prasad, Y Shukla. Antioxidant potential of black tea against 7,12-dimethylbenz(a)anthracene-induced oxidative stress in Swiss Albino Mice. *Journal of Environmental Pathology, Toxicology and Oncology*. 2005, **24**(2): 105-114

[29] HA El-Beshbishy. Hepatoprotective effect of green tea (*Camellia sinensis*) extract against tamoxifen-induced liver injury in rats. *Journal of Biochemistry and Molecular Biology*. 2005, **38**(5): 563-570

[30] D Sur-Altiner, B Yenice. Effect of black tea on lipid peroxidation in carbon tetrachloride treated male rats. *Drug Metabolism and Drug Interactions.* 2000, **16**(2): 123-128

[31] HN Shivaprasad, MS Gupta, MD Kharya, AC Rana. Anti-clastogenic effects of green tea extract. *Chemistry.* 2006, **3**(3-4): 103-107

[32] KT Santhosh, J Swarnam, K Ramadasan. Potent suppressive effect of green tea polyphenols on tobacco-induced mutagenicity. *Phytomedicine.* 2005, **12**(3): 216-220

[33] C Ioannides, V Yoxall. Antimutagenic activity of tea: role of polyphenols. *Current Opinion in Clinical Nutrition and Metabolic Care.* 2003, **6**(6): 649-656

[34] RL Thangapazham, AK Singh, A Sharma, J Warren, JP Gaddipati, RK Maheshwari. Green tea polyphenols and its constituent epigallocatechin gallate inhibits proliferation of human breast cancer cells *in vitro* and *in vivo*. *Cancer Letters.* 2007, **245**(1-2): 232-241

[35] S Valcic, BN Timmermann, DS Alberts, GA Wachter, M Krutzsch, J Wymer, JM Guillen. Inhibitory effect of six green tea catechins and caffeine on the growth of four selected human tumor cell lines. *Anti-Cancer Drugs.* 1996, **7**(4): 461-468

[36] CS Yang, S Prabhu, J Landau. Prevention of carcinogenesis by tea polyphenols. *Drug Metabolism Reviews.* 2001, **33**(3 & 4): 237-253

[37] D Bandyopadhyay, TK Chatterjee, A Dasgupta, J Lourduraja, SG Dastidar. *In vitro* and *in vivo* antimicrobial action of tea: The commonest beverage of Asia. *Biological & Pharmaceutical Bulletin.* 2005, **28**(11): 2125-2127

[38] T Shimamura, WH Zhao, ZQ Hu. Mechanism of action and potential for use of tea catechin as an anti-infective agent. *Anti-infective Agents in Medicinal Chemistry.* 2007, **6**(1): 57-62

[39] JH Lee, JS Shim, JS Lee, JK Kim, IS Yang, MS Chung, KH Kim. Inhibition of pathogenic bacterial adhesion by acidic polysaccharide from green tea (*Camellia sinensis*). *Journal of Agricultural and Food Chemistry.* 2006, **54**(23): 8717-8723

[40] SW Liu, H Lu, Q Zhao, Y He, JK Niu, AK Debnath, SG Wu, SB Jiang. Theaflavin derivatives in black tea and catechin derivatives in green tea inhibit HIV-1 entry by targeting gp41. *Biochimica et Biophysica Acta, General Subjects.* 2005, **1723**(1-3): 270-281

[41] P Chattopadhyay, SE Besra, A Gomes, M Das, P Sur, S Mitra, JR Vedasiromoni. Anti-inflammatory activity of tea (*Camellia sinensis*) root extract. *Life Sciences.* 2004, **74**(15): 1839-1849

[42] P Sur, T Chaudhuri, JR Vedasiromoni, A Gomes, DK Ganguly. Anti-inflammatory and antioxidant property of saponins of tea [*Camellia sinensis* (L) O. kuntze] root extract. *Phytotherapy Research.* 2001, **15**(2): 174-176

[43] T Miura, T Koike, T Ishida. Antidiabetic activity of green tea (*Thea sinensis* L.) in genetically type 2 diabetic mice. *Journal of Health Science.* 2005, **51**(6): 708-710

[44] K Hosoda, MF Wang, ML Liao, CK Chuang, M Iha, B Clevidence, S Yamamoto. Antihyperglycemic effect of oolong tea in type 2 diabetes. *Diabetes Care.* 2003, **26**(6): 1714-1718

[45] 吴国任，吴启瑞，蔡泛修，林立伟，吕宗俊，王文信，彭文煌，谢明村. 茶叶改善脑缺血诱发之大鼠记忆障碍. 中台湾医志. 2005, **10**: 9-15

[46] AM Haque, M Hashimoto, M Katakura, Y Tanabe, Y Hara, O Shido. Long-term administration of green tea catechins improves cognition learning ability in rats. *The Journal of Nutrition.* 2006, **136**(4): 1043-1047

翅荚决明 Chijiajueming

豆科

Cassia alata L.
Winged Cassoa

概述

豆科 (Fabaceae) 植物翅荚决明 *Cassia alata* L.，其干燥叶入药。药用名：对叶豆。

决明属 (*Cassia*) 植物全世界约有 600 种，分布于热带和亚热带地区，少数分布到温带地区。中国原产约有 10 多种，引种栽培现有 20 多种，全国各地广布。本属现供药用者近 20 种。本种分布于中国广东、香港和云南南部地区；原产于美洲热带地区，现广布于世界热带地区。

翅荚决明以"对叶豆"药用之名，始载于《云南思茅中草药选》。也是中国西双版纳傣族较常用的傣药，也是台湾民间草药。主产于中国云南和广东等地区。

翅荚决明主要含有蒽醌类、黄酮类成分。

药理研究表明，翅荚决明具有抗炎、镇痛、抗菌、降血糖、抗氧化等作用。

民间经验认为对叶豆具有祛风燥湿，止痒，缓泻的功效。

翅荚决明 *Cassia alata* L.

化学成分

翅荚决明的叶含蒽醌类成分：大黄酸 (rhein)、芦荟大黄素 (aloe-emodin)[1]、大黄酚 (chrysophanol)[2]、大黄素 (emodin)、4,5-二羟基-1-羟甲基蒽酮 (4,5-dihydroxy-1-hydroxymethyl anthrone)、4,5-二羟基-2-羟甲基蒽酮 (4,5-dihydroxy-2-hydroxymethyl anthrone)[3]、异大黄酚 (isochrysophanol)、大黄素甲醚-L-葡萄糖苷 (physcion-L-glucoside)[4]；黄酮类成分：山奈酚 (kaempferol)[5]、山奈酚-3-O-龙胆二糖苷 (kaempferol-3-O-gentiobioside)[6]、山奈酚-3-O-槐糖苷 (kaempferol-3-O-sophoroside)[7]；异黄酮类成分：6,8,4'-三羟基异黄酮 (6,8,4'-trihydroxy isoflavone)[8]；挥发油类成分：芳樟醇 (linalool)、龙脑 (borneol)[9]。

翅荚决明的茎含蒽醌类成分：1,5-二羟基-2-甲基蒽醌 (1,5-dihydroxy-2-methyl anthraquinone)、5-羟基-2-甲基蒽醌-1-O-芸香糖苷 (5-hydroxy-2-methylanthraquinone-1-O-rutinoside)[10]、alatinone[11]、alarone[12]、alquinone[13]、alatonal[14]等。

翅荚决明的种子含黄酮类成分：金圣草黄素-7-O-（2''-O-β-D-吡喃甘露糖基）-β-D-吡喃阿洛糖苷 [chrysoeriol-7-O-(2''-O-β-D-mannopyranosyl)-β-D-allopyranoside]、鼠李黄素-3-O-（2''-O-β-D-吡喃甘露糖基）-β-D-吡喃阿洛糖苷 [rhamnetin-3-O-(2''-O-β-D-mannopyranosyl)-β-D-allopyranoside][15]等。

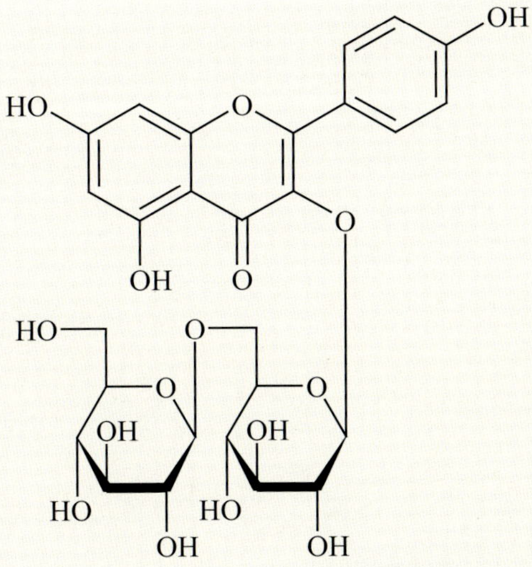

kaempferol-3-O-gentiobioside

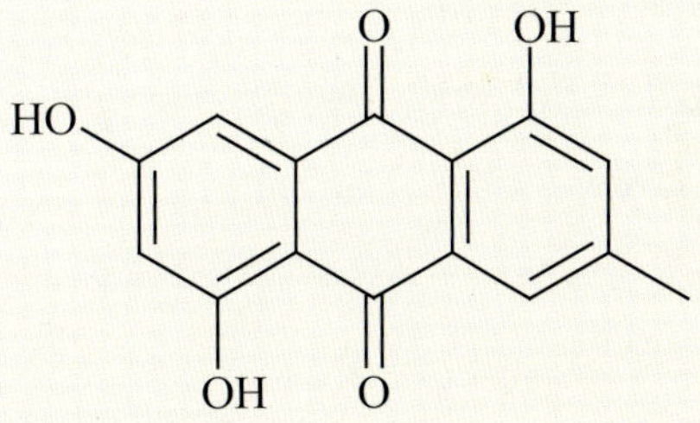

alatinone

药理作用

1. 抗炎

   翅荚决明叶水提取物和山奈酚-3-O-龙胆二糖苷能明显抑制刀豆蛋白A (ConA) 导致的小鼠腹腔渗出细胞的组胺释放，还能抑制脂肪氧化酶和环氧合酶 (COX) 活性[6]。翅荚决明叶乙醇提取物和山奈酚-3-O-槐糖苷也有抗炎作用[7]。翅荚决明叶己烷提取物和醋酸乙酯提取物腹腔注射均能明显抑制角叉菜胶导致的小鼠足趾肿胀[16]。

2. **镇痛**

翅荚决明叶乙醇提取物和山奈酚-3-O-槐糖苷腹腔注射对小鼠或大鼠甩尾法、剪尾法以及醋酸所致的扭体反应均有镇痛作用[17]。翅荚决明叶己烷提取物腹腔注射也能抑制醋酸导致的小鼠扭体反应[16]。

3. **抗菌**

翅荚决明叶或树皮的水、甲醇、乙醇、氯仿、环己烷等提取物体外对金黄色葡萄球菌、白色念珠菌、大肠杆菌、普通变形杆菌、枯草杆菌等有不同程度的抑制作用[18-19]。翅荚决明叶水提取物对花斑癣等皮肤癣菌和真菌具有生长抑制作用[3, 20]。

4. **降血糖**

翅荚决明叶醋酸乙酯提取物腹腔注射能明显降低注射葡萄糖引起的小鼠血糖升高[16]。灌胃翅荚决明叶提取物能明显抑制链脲霉素导致的大鼠高血糖症[21]。

5. **抗氧化**

二苯代苦味酰肼 (DPPH) 自由基清除实验表明,翅荚决明叶甲醇提取物具有较强抗氧化活性,可能与所含山奈酚相关[22]。

6. **对血液流变学的影响**

翅荚决明叶水提物给大鼠口服能显著减少血红蛋白 (Hb) 水平和红细胞数量,升高血球压积 (PCV)、红细胞平均容积 (MCV)以及红细胞平均血红蛋白量 (MCHC)[23]。

7. **其他**

翅荚决明叶还具有抗诱变[16]、促进胆汁分泌[24]等作用;翅荚决明叶所含的腺嘌呤还能抑制血小板聚集[25]。

应用

本品为中医临床用药。功能:祛风燥湿,止痒,缓泻。主治:湿疹,皮肤瘙痒,牛皮癣,神经性皮炎,疱疹,疮疖肿疡,便秘等。

现代临床还用于爱滋病患者条件致病菌感染的治疗[26]。

评注

翅荚决明作为中国傣族民族药,还用于治疗治咽喉肿痛、口舌生疮、疮肿脓疡、疥癣、湿疹、骨折等病。翅荚决明树形健壮粗放,花冠鲜黄色,花姿优雅美观,具有观赏价值,适做行道树和庭园观赏树[27]。

参考文献

[1] NS Nguyen, VN Thai, DB Hoang. Anthraquinones from the leaves of *Cassia alata* L., Caesalpiniaceae. *Tap Chi Hoa Hoc.* 2002, **40**(2): 10-12

[2] J Harrison, V Garro C. Study on anthraquinone derivatives from *Cassia alata* L. (Leguminosae). *Revista Peruana de Bioquimica.* 1977, **1**(1): 31-32

[3] MC Fuzellier, F Mortier, P Lectard. Antifungal activity of *Cassia alata* L. *Annales Pharmaceutiques Francaises.* 1982, **40**(4): 357-363

[4] RM Smith, S Ali. Anthraquinones from the leaves of *Cassia alata* from Fiji. *New Zealand Journal of Science.* 1979, **22**(2): 123-125

[5] MS Rahman, AJ Hasan, MY Ali, MU Ali. A new flavanone from the leaves of *Cassia alata*. *Bangladesh Journal of Scientific and Industrial Research.* 2005, **40**(1-2): 123-126

[6] H Moriyama, T Iizujka, M Nagai, H Miyataka, T Satoh. Antiinflammatory activity of heat-treated *Cassia alata* leaf extract and its flavonoid glycoside. *Yakugaku Zasshi.* 2003, **123**(7): 607-611

[7] S Palanichamy, S Nagarajan. Anti-inflammatory activity of *Cassia alata* leaf extract and kaempferol 3-O-sophoroside. *Fitoterapia*. 1990, **61**(1): 44-47

[8] MS Rahman, AJMM Hasan, MY Ali, MU Ali. An isoflavone from the leaves of *Cassia alata*. *Bangladesh Journal of Scientific and Industrial Research*. 2005, **40**(3-4): 287-290

[9] H Agnaniet, R Bikanga, JM Bessiere, C Menut. Aromatic plants of tropical central Africa. Part XLVI. Essential oil constituents of *Cassia alata* (L.) from Gabon. *Journal of Essential Oil Research*. 2005, **17**(4): 410-412

[10] KN Rai, SN Prasad. Chemical examination of the stem of *Cassia alata* Linn. *Journal of the Indian Chemical Society*. 1994, **71**(10): 653-654

[11] Hemlata, SB Kalidhar. Alatinone, an anthraquinone from *Cassia alata*. *Phytochemistry*. 1993, **32**(6): 1616-1617

[12] Hemlata, SB Kalidhar. Alarone, an anthrone from *Cassia alata*. *Proceedings of the Indian National Science Academy*. 1994, **60**(6): 765-767

[13] SK Yadav, SB Kalidhar. Alquinone: an anthraquinone from *Cassia alata*. *Planta Medica*. 1994, **60**(6): 601

[14] Hemlata, SB Kalidhar. Alatonal, an anthraquinone derivative from *Cassia alata*. *Indian Journal of Chemistry*. 1994, **33**B(1): 92-93

[15] D Gupta, J Singh. Flavonoid glycosides from *Cassia alata*. *Phytochemistry*. 1991, **30**(8): 2761-2763

[16] IM Villasenor, AP Canlas, MPI Pascua, MN Sabando, LAP Soliven. Bioactivity studies on *Cassia alata* Linn. leaf extracts. *Phytotherapy Research*. 2002, **16**(S1): 93-96

[17] S Palanichamy, S Nagarajan. Analgesic activity of *Cassia alata* leaf extract and kaempferol 3-O-sophoroside. *Journal of Ethnopharmacology*. 1990, **29**(1): 73-78

[18] M Idu, FE Oronsaye, CL Igeleke, SE Omonigho, OE Omogbeme, BA Ayinde. Preliminary investigation on the phytochemistry and antimicrobial activity of *Senna alata* L. leaves. *Journal of Applied Sciences*. 2006, **6**(11): 2481-2485

[19] MN Somchit, I Reezal, IE Nur, AR Mutalib. *In vitro* antimicrobial activity of ethanol and water extracts of *Cassia alata*. *Journal of Ethnopharmacology*. 2003, **84**(1): 1-4

[20] S Damodaran, S Venkataraman. A study on the therapeutic efficacy of *Cassia alata*, Linn. leaf extract against *Pityriasis versicolor*. *Journal of Ethnopharmacology*. 1994, **42**(1): 19-23

[21] S Palanichamy, S Nagarajan, M Devasagayam. Effect of *Cassia alata* leaf extract on hyperglycemic rats. *Journal of Ethnopharmacology*. 1988, **22**(1): 81-90

[22] P Panichayupakaranant, S Kaewsuwan. Bioassay-guided isolation of the antioxidant constituent from *Cassia alata* L. leaves. *Songklanakarin Journal of Science and Technology*. 2004, **26**(1): 103-107

[23] OA Sodipo, KD Effraim, E Emmagun. Effect of aqueous leaf extract of *Cassia alata* (Linn.) on some hematological indices in albino rats. *Phytotherapy Research*. 1998, **12**(6): 431-433

[24] M Assane, M Traore, E Bassene, A Sere. Choleretic effects of *Cassia alata* Linn in the rat. *Dakar Medical*. 1993, **38**(1): 73-77

[25] H Moriyama, T Iizuka, M Nagai, K Hoshi. Adenine, an inhibitor of platelet aggregation, from the leaves of *Cassia alata*. *Biological & Pharmaceutical Bulletin*. 2003, **26**(9): 1361-1364

[26] CO Crockett, F Guede-Guina, D Pugh, M Vangah-Manda, TJ Robinson, JO Olubadewo, RF Ochillo. *Cassia alata* and the preclinical search for therapeutic agents for the treatment of opportunistic infections in AIDS patients. *Cellular and Molecular Biology*. 1992, **38**(5): 505-511

[27] 马洁, 张丽霞, 管艳红. 决明属5种傣药植物介绍. 中国民族民间医药杂志. 2004, **3**: 178-180

豆 科

翅荚决明 Chijiajueming

翅荚决明种植地

108　翅荚决明　Chijiajueming

积雪草 Jixuecao CP, VP, IP, EP, BP

伞形科

Centella asiatica (L.) Urban
Asiatic Pennywort

概述

伞形科 (Apiaceae) 植物积雪草 *Centella asiatica* (L.) Urban，其干燥全草入药。中药名：积雪草。

积雪草属 (*Centella*) 植物全世界约有 20 种，主要分布于热带和亚热带地区，主产于南非。中国仅有 1 种，也可供药用。本种分布于中国华东、中南及西南各省区；印度、日本、澳洲及中非、南非也有分布。

"积雪草"药用之名，始载于《神农本草经》，列为中品。历代本草多有著录，古今常有异物同名。《中国药典》(2005 年版) 收载本种为中药积雪草的法定原植物来源种。主产于中国江苏、浙江、江西、广东、香港、广西、湖南、四川、福建等省区。

积雪草主要含有三萜皂苷类、三萜类和黄酮类成分等。其中，三萜皂苷及皂苷元为主要活性成分。《中国药典》采用热浸法测定，规定积雪草含醇溶性浸出物不得少于 25%，以控制药材质量。

药理研究表明，积雪草具有保护胃黏膜、抗病毒、抗炎、抗抑郁、抗肿瘤等作用。

中医理论认为积雪草具有清热利湿，解毒消肿的功效。

积雪草 *Centella asiatica* (L.) Urban

伞形科

积雪草 Jixuecao

药材积雪草 Herb Centellae

1cm

化学成分

积雪草全草含三萜皂苷类成分：积雪草苷 (asiaticoside)[1]、积雪草苷 A、B、C、D、E、F (asiaticosides A – F)[2-3]、积雪草二糖苷 (asiaticodiglycoside)、羟基积雪草苷 (madecassoside)[4]、积雪草皂苷A、B、C、D (centellasaponins A – D)[5-6]；三萜类成分：积雪草酸 (asiatic acid)、羟基积雪草酸 (madecassic acid)[4]、熊果

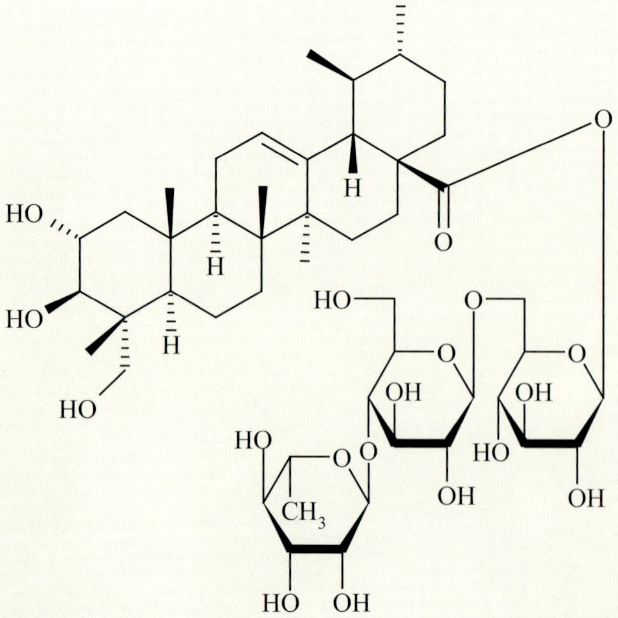

asiaticoside

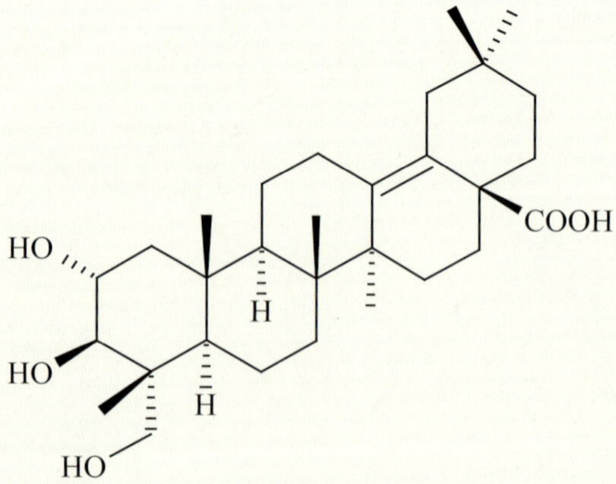

centellasapogenol A

积雪草　Jixuecao

酸 (ursolic acid)、果树酸 (pomolic acid)、3-表山楂酸 (3-epimaslinic acid)、可乐苏酸 (corosolic acid)[7]、2α,3β,20,23-四羟基-28-熊果酸 (2α,3β,20,23-tetrahydroxyurs-28-oic acid)[8]、榄仁萜酸 (terminolic acid)[4]、积雪草皂醇 A (centellasapogenol A)[5]；黄酮类成分：槲皮素 (quercetin)、山奈酚 (kaempferol)[4]、槲皮素-3-葡萄糖苷 (quercetin-3-O-glucoside)、山奈酚-3-葡萄糖苷 (kaempferol-3-O-glucoside)[9]；有机酸类成分：迷迭香酸 (rosmarinic acid)[7]、香草酸 (vanillic acdi)、丁二酸 (succinic acid)[4]。

药理作用

1. **对皮肤组织的影响**
   积雪草提取物能显著减轻辐射所致大鼠皮肤伤害程度[10]；积雪草苷能明显影响体外成纤维细胞的超微结构，抑制胶原蛋白的合成；裸鼠体内局部注射积雪草苷可抑制瘢痕增生[11]。

2. **保护胃黏膜**
   饲喂积雪草提取物能预防乙醇所致大鼠胃黏膜损伤，降低黏膜髓过氧化物酶 (MPO) 活性[12]，增加胃黏膜细胞存活率，促进醋酸造成的胃溃疡创面愈合[13]。灌胃积雪草鲜汁液对阿司匹林、幽门结扎等所致小鼠胃溃疡有保护作用[14]。

3. **抗菌**
   积雪草挥发油体外对大肠杆菌等细菌和黑曲霉菌等真菌有显著的抗菌活性[15]。积雪草苷体外对多种临床致病菌显示有较强的抗菌作用，尤其对耐甲氧西林的金黄色葡萄球菌、耐氨基糖苷类抗生素的粪肠球菌等耐药菌作用显著；给实验性泌尿系统感染小鼠灌胃，对大肠杆菌 26 有较好的清除作用[16]。

4. **抗病毒**
   积雪草水粗提物可抑制单纯性疱疹病毒 (HSV) 的复制活性，主要有效成分为积雪草苷[17]。

5. **抗炎**
   积雪草总苷灌胃给药能显著抑制大鼠棉球肉芽肿和二甲苯所致小鼠耳郭肿胀[18]。

6. **镇痛**
   灌胃积雪草总苷对小鼠热板法所致的疼痛及醋酸扭体反应均具明显抑制作用[19]。

7. **对中枢神经系统的影响**
   (1) 抗抑郁　积雪草挥发油灌胃可明显拮抗利舍平引起的大鼠眼睑下垂和体温下降；缩短电刺激小鼠角膜引起的最长持续不动状态时间[20]。积雪草提取物能显著抑制小鼠体外脑单胺氧化酶 A (MAO-A) 的活性[21]；积雪草总苷灌胃能降低实验性抑郁症大鼠的血清皮质酮水平，增加脑内 5-羟色胺 (5-HT)、去甲肾上腺素 (NE) 和多巴胺 (DA) 及其代谢产物的含量[22]。大鼠灌胃或腹腔注射积雪草提取物能不同程度减少其强迫游泳不动时间[23]。
   (2) 抗焦虑　积雪草甲醇提取物、醋酸乙酯提取物以及积雪草苷对大鼠或小鼠高架十字迷宫实验、开放场实验等结果表明，均有显著的抗焦虑作用[24-25]。
   (3) 抗痴呆　羟基积雪草苷给慢性铝中毒痴呆小鼠灌胃，可明显减轻铝过负荷所致的海马神经元损伤，缩短小鼠水迷宫实验中寻找平台潜伏期，降低小鼠脑组织中 MAO-B 活性，改善痴呆小鼠的学习记忆能力[26]。积雪草水提物对侧脑室给药链脲霉素所致痴呆症大鼠的认知性损伤有预防作用[27]。

8. **抗肿瘤**
   积雪草苷体外可抑制小鼠成纤维瘤母细胞 L929 和鼻咽癌细胞 CNE 的增殖，高剂量的积雪草苷灌胃能显著降低接种 S_{180} 肉瘤小鼠的肿瘤细胞的重量，延长荷瘤小鼠的存活时间[28]。积雪草苷体外可诱导人口腔鳞癌敏感细胞 KB、人乳腺癌敏感细胞 MCF-7 等肿瘤细胞凋亡，并与长春新碱有协同作用[29]。

9. 抗氧化损伤

积雪草提取物和粉末能通过改变大鼠的抗氧化防御系统，抑制脂质过氧化反应发生，减轻过氧化氢所致的氧化应激性损伤[30]。积雪草口服给药对戊四氮和砷离子引起的氧化应激性损伤也有保护作用[31-32]。

10. 其他

积雪草还具有促进受损坐骨神经功能恢复[33]、保护线粒体[34]、调节免疫[35]、降血糖[36]、抗惊厥[37]、抗癫痫[31]等作用。积雪草总苷还具有抗慢性肝纤维化[38]、抑制乳腺增生[39]、抑制肾小球系膜细胞 (MC) 增殖[40]等作用。

应用

本品为中医临床用药。功能：清热利湿，解毒消肿。主治：湿热黄疸，中暑腹泻，砂淋血淋，痈肿疮毒，跌扑损伤等。

现代临床还用于溃疡病、小儿暑疖、乳痈、硬皮病、黄疸性肝炎、百日咳、流行性腮腺炎、膀胱湿热、胆结石等病的治疗。

评注

非洲、南亚、东南亚和南美等许多地区也将积雪草作为民间或传统药物加以应用，在印度和斯里兰卡传统医药中用于治疗皮肤病、梅毒、风湿病、精神病、癫痫、癔病、脱水和麻风病等；而在东南亚国家用于治疗腹泻、眼疾、感染、哮喘和高血压等。

积雪草的有效组分积雪草总苷广泛应用于临床，用于治疗各种皮肤病、慢性肾脏病、乳腺增生、抑郁症、癫痫等，具有良好的开发前景。

参考文献

[1] JE Bontems. A new heteroside, asiaticoside, isolated from *Hydrocotyle asiatica* L. (Umbelliferae). *Bulletin des Sciences Pharmacologiques*. 1941, **49**: 186-191

[2] NP Sahu, SK Roy, SB Mahato. Spectroscopic determination of structures of triterpenoid trisaccharides from *Centella asiatica*. *Phytochemistry*. 1989, **28**(10): 2852-2854

[3] ZY Jiang, XM Zhang, J Zhou, JJ Chen. New triterpenoid glycosides from *Centella asiatica*. *Helvetica Chimica Acta*. 2005, **88**(2): 297-303

[4] 张蕾磊，王海生，姚庆强，刘拥军，栾阳，王秀丽. 积雪草化学成分研究. 中草药. 2005, **36**(12): 1761-1763

[5] H Matsuda, T Morikawa, H Ueda, M Yoshikawa. Medicinal foodstuffs. XXVI. Inhibitors of aldose reductase and new triterpene and its oligoglycoside, centellasapogenol A and centellasaponin A, from *Centella asiatica* (Gotu Kola). *Heterocycles*. 2001, **55**(8): 1499-1504

[6] H Matsuda, T Morikawa, H Ueda, M Yoshikawa. Medicinal foodstuffs. XXVII. Saponin constituents of gotu kola (2): structures of new ursane- and oleanane-type triterpene oligoglycosides, centellasaponins B, C, and D, from *Centella asiatica* cultivated in Sri Lanka. *Chemical & Pharmaceutical Bulletin*. 2001, **49**(10): 1368-1371

[7] M Yoshida, M Fuchigami, T Nagao, H Okabe, K Matsunaga, J Takata, Y Karube, R Tsuchihashi, J Kinjo, K Mihashi, T Fujioka. Antiproliferative constituents from umbelliferae plants VII. Active triterpenes and rosmarinic acid from *Centella asiatica*. *Biological & Pharmaceutical Bulletin*. 2005, **28**(1): 173-175

[8] QL Yu, HQ Duan, Y Takaishi, WY Gao. A novel triterpene from *Centella asiatica*. *Molecules*. 2006, **11**(9): 661-665

[9] N Prum, B Illel, J Raynaud. Flavonoid glycosides from *Centella asiatica* L. (Umbelliferae). *Pharmazie*. 1983, **38**(6): 423

[10] YJ Chen, YS Dai, BF Chen, A Chang, HC Chen, YC Lin, KH Chang, YL Lai, CH Chung, YJ Lai. The effect of tetrandrine and extracts of *Centella asiatica* on acute radiation dermatitis in rats. *Biological & Pharmaceutical Bulletin*. 1999, **22**(7): 703-706

[11] 祁少海，谢举临，利天增，黎志明，唐冰，贡晓松．积雪草苷对烧伤增生性瘢痕作用的实验研究．中华烧伤杂志．2000，**16**(1)：53-56

[12] CL Cheng, MWL Koo. Effects of *Centella asiatica* on ethanol-induced gastric mucosal lesions in rats. *Life Sciences*. 2000, **67**(21): 2647-2653

[13] 陈宝雯，纪宝安，张学智，谢竹藩，贾博琦．积雪草提取物对胃黏膜的保护作用及其机制探讨．中国消化杂志．1999，**19**(4)：246-248

[14] K Sairam, CV Rao, RK Goel. Effect of *Centella asiatica* Linn on physical and chemical factors induced gastric ulceration and secretion in rats. *Indian Journal of Experimental Biology*. 2001, **39**(2): 137-142

[15] J Minija, JE Thoppil. Antimicrobial activity of *Centella asiatica* (L.) Urb. essential oil. *Indian Perfumer*. 2003, **47**(2): 179-181

[16] 张胜华，余兰香，甄瑞贤，刘京芳，娄人慧，许先栋．积雪草苷的抗菌作用及对小鼠实验性泌尿系统感染的治疗作用．中国新药杂志．2006，**15**(20)：1746-1749

[17] C Yoosook, N Bunyapraphatsara, Y Boonyakiat, C Kantasuk. Anti-herpes simplex virus activities of crude water extracts of Thai medicinal plants. *Phytomedicine*. 2000, **6**(6): 411-419

[18] 明志君，孙萌．积雪草总苷抗炎作用的实验研究．中国中医药科技．2002，**9**(1)：62

[19] 明志君，孙萌．积雪草总苷对小鼠镇痛作用的实验研究．中医药学报．2001，**29**(6)：53-54

[20] 秦路平，丁如贤，张卫东，郑水庆，管阳太，胡耀铭．积雪草挥发油成分分析及其抗抑郁作用研究．第二军医大学学报．1998，**19**(2)：186-187

[21] 张中启，袁莉，罗质璞．积雪草提取物抑制小鼠体外脑单胺氧化酶A的活性．军事医学科学院院刊．2000，**24**(2)：158

[22] 陈瑶，韩婷，芮耀诚，殷明，秦路平，郑汉臣．积雪草总苷对实验性抑郁症大鼠血清皮质酮和单胺类神经递质的影响．中药材．2005，**28**(6)：492-496

[23] 陈瑶，秦路平，芮耀诚，郑汉臣，殷明．积雪草提取物抗抑郁作用实验研究．中国药理学会通讯．2002，**19**(1)：70

[24] P Wijeweera, JT Arnason, D Koszycki, Z Merali. Evaluation of anxiolytic properties of Gotukola-(*Centella asiatica*) extracts and asiaticoside in rat behavioral models. *Phytomedicine*. 2006, **13**(9-10): 668-676

[25] SW Chen, WJ Wang, WJ Li, R Wang, YL Li, YN Huang, X Liang. Anxiolytic-like effect of asiaticoside in mice. *Pharmacology, Biochemistry and Behavior*. 2006, **85**(2): 339-344

[26] 孙峰，刘颖菊，肖小华，高丽佳．羟基积雪草苷对慢性铝中毒痴呆小鼠的治疗作用．中国老年学杂志．2006，**26**(10)：1363-1365

[27] MHV Kumar, YK Gupta. Effect of *Centella asiatica* on cognition and oxidative stress in an intracerebroventricular streptozotocin model of Alzheimer's disease in rats. *Clinical and Experimental Pharmacology and Physiology*. 2003, **30**(5-6): 336-342

[28] 王锦菊，王瑞国，王宝奎，余详彬．积雪草苷抗肿瘤作用的初步实验研究．福建中医药．2001，**32**(4)：39-40

[29] 黄云虹，张胜华，甄瑞贤，许先栋，甄永苏．积雪草苷诱导肿瘤细胞凋亡及增强长春新碱的抗肿瘤作用．癌症．2004，**23**(12)：1599-1604

[30] M Hussin, A Abdul-Hamid, S Mohamad, N Saari, M Ismail, MH Bejo. Protective effect of *Centella asiatica* extract and powder on oxidative stress in rats. *Food Chemistry*. 2006, **100**(2): 535-541

[31] YK Gupta, MH Veerendra Kumar, AK Srivastava. Effect of *Centella asiatica* on pentylenetetrazole-induced kindling, cognition and oxidative stress in rats. *Pharmacology, Biochemistry and Behavior*. 2003, **74**(3): 579-585

[32] R Gupta, SJS Flora. Effect of *Centella asiatica* on arsenic induced oxidative stress and metal distribution in rats. *Journal of Applied Toxicology*. 2006, **26**(3): 213-222

[33] A Soumyanath, YP Zhong, SA Gold, X Yu, DR Koop, D Bourdette, BG Gold. *Centella asiatica* accelerates nerve regeneration upon oral administration and contains multiple active fractions increasing neurite elongation *in vitro*. *The Journal of Pharmacy and Pharmacology*. 2005, **57**(9): 1221-1229

[34] A Gnanapragasam, S Yogeeta, R Subhashini, KK Ebenezar, V Sathish, T Devaki. Adriamycin induced myocardial failure in rats: protective role of *Centella asiatica*. *Molecular and Cellular Biochemistry*. 2007, **294**(1-2): 55-63

[35] XS Wang, Y Zheng, JP Zuo, JN Fang. Structural features of an immunoactive acidic arabinogalactan from *Centella asiatica*. *Carbohydrate Polymers*. 2005, **59**(3): 281-288

[36] 王雪松，郑芸，方积年．积雪草中降血糖多糖的研究．中国药学杂志．2005，**40**(22)：1697-1700

[37] S Sudha, S Kumaresan, A Amit, J David, BV Venkataraman. Anticonvulsant activity of different extracts of *Centella asiatica* and *Bacopa monnieri* in animals. *Journal of Natural Remedies*. 2002, **2**(1): 33-41

积雪草 Jixuecao

[38] 明志君,刘世增,曹莉,唐丽华. 积雪草总苷抗 DMN 诱导大鼠肝纤维化的作用. 中国中西医结合杂志. 2004, 24(8): 731-734
[39] 明志君,朱路佳,薛洁,顾振纶. 积雪草总苷抗实验性大鼠乳腺增生. 中国新药与临床杂志. 2004, 23(8): 510-512
[40] 张边江,黄怀鹏,徐华洲,韩丽荣. 积雪草总苷对大鼠系膜细胞游离钙的影响. 中国中医基础医学杂志. 2006, 12(1): 22-23

积雪草种植地

鹅不食草 Ebushicao CP

Centipeda minima (L.) A. Br. et Aschers.
Small Centipeda

菊 科

概述

菊科 (Asteraceae) 植物鹅不食草 *Centipeda minima* (L.) A. Br. et Aschers.，其干燥全草入药。中药名：鹅不食草。

石胡荽属 (*Centipeda*) 植物全世界约有 6 种，分布于亚洲、澳洲及南美洲。中国仅有 1 种，也可供药用。本种广泛分布于中国东北、华北、华中、华东、华南、西南等地；朝鲜半岛、日本、印度、马来西亚、澳洲也有分布。

"鹅不食草"药用之名，始载于《食物本草》。历代本草多有著录，古今药用品种基本一致。《中国药典》(2005 年版) 收载本种为中药鹅不食草的法定原植物来源种。主产于中国浙江、湖北、江苏、广东等省。

鹅不食草主要含三萜类、倍半萜内酯类、黄酮类、苷类成分等。《中国药典》从性状、显微鉴别、总灰分测定等方面来控制药材质量。

药理研究表明，鹅不食草具有抗炎、抗菌、抗过敏、抗肿瘤、保肝等作用。

中医理论认为鹅不食草具有祛风通窍，解毒消肿的功效。

鹅不食草 *Centipeda minima* (L.) A. Br. et Aschers.

药材鹅不食草 Herba Centipedae

1cm

菊科

鹅不食草 Ebushicao

化学成分

石胡荽的全草含三萜和三萜皂苷类成分：羽扇豆醇醋酸酯 (lupeol acetate)、羽扇醇 (lupeol)[1]、蒲公英甾基棕榈酸酯 (taraxasteryl palmitate)、蒲公英甾基醋酸酯 (taraxasteryl acetate)、蒲公英甾醇 (taraxasterol)[2]、1β,2α,3β,19α-四羟基-12-乌苏烯-28-酯-3-O-β-D-吡喃木糖苷 (1β,2α,3β,19α-tetrahydroxy-urs-12-ene-28-oate-3-O-β-D-xylopyranoside)[3]、1β,2α,3β,19α-四羟基-12-乌苏烯-28-酯 (1β,2α,3β,19α-tetrahydroxyurs-12-en-28-oate)[4]、2α,3β,23,19α-四羟基-12-乌苏烯-28-酸-O-β-D-吡喃木糖苷 (2α,3β,23,19α-tetrahydroxyurs-12-en-28-oic acid-O-β-D-xylopyranoside)[5]、3α,21β,22α,28-四羟基-12-齐墩果烯 (3α,21β,22α,28-tetrahydroxyolean-12-ene)[6]；倍半萜内酯类成分：短叶老鹳草素A (brevilin A)[7]、6-O-异丁烯酰基多梗白菜菊素 (6-O-methylacrylylplenolin)、6-O-异丁酰基多梗白菜菊素 (6-O-isobutyroylplenolin)[8]、6-O-异戊烯酰基多梗白菜菊素 (6-O-senecioylplenolin)、山金

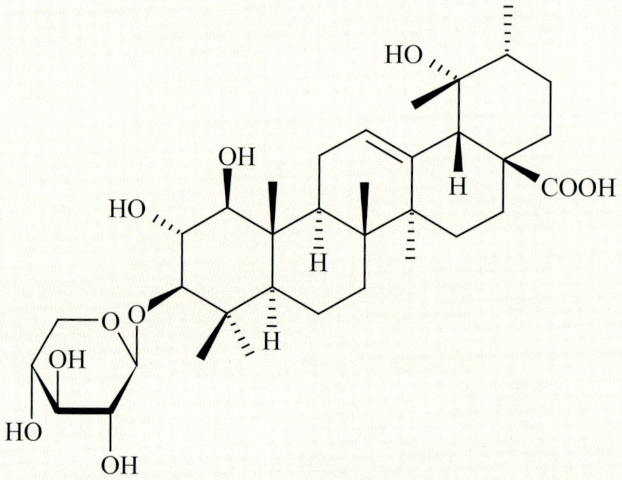

1β,2α,3β,19α-tetrahydroxy-urs-12-ene-28-oate-3-O-β-D-xylopyranoside

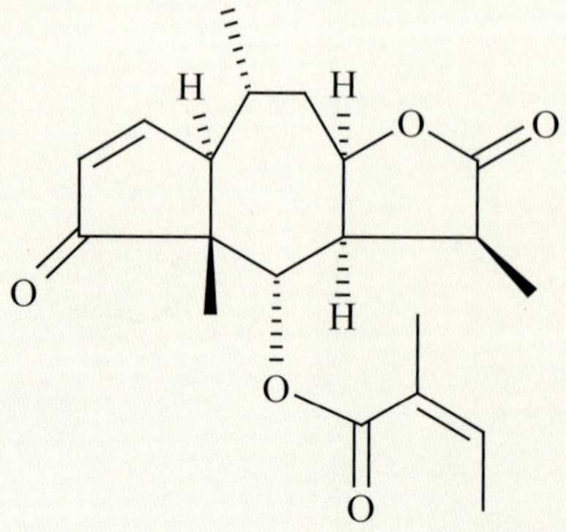

brevilin A

车内酯C (arnicolide C)[9]；黄酮类化合物：槲皮素 (quercetin)、槲皮素-3-甲基醚 (quercetin-3-methylether)、山奈酚-7-葡萄糖基鼠李糖苷 (kaempferol-7-glucosylrhamnoside)[10]、槲皮素-3,3'-二甲醚 (quercetin-3,3'-dimethylether)、槲皮素-3-甲基醚 (quercetin-3-methylether)、芹菜苷 (apigenin)[9]；芪类化合物：3,5,4'-三甲氧基-反式均二苯乙烯 (3,5,4'-trimethoxy-trans-stilbene)[6]、顺式-3,5,4'-三甲氧基-均二苯乙烯 [(Z)-3,5,4'-trimethoxystilbene][11]。

药理作用

1. **抗炎**
   鹅不食草挥发油灌胃给药，能明显抑制小鼠棉球肉芽肿和蛋清致大鼠足趾肿胀，减少大鼠炎症组织中组胺的含量[12]；显著抑制急性肺损伤所致大鼠肺水肿及中性粒细胞升高和支气管上皮细胞中 CD54 的表达，保护大鼠急性肺损伤[13]；还能显著对抗胸膜炎模型大鼠白细胞增高，减少胸膜炎渗出液中一氧化氮 (NO) 的产生和前列腺素 E_2 (PGE_2) 的生成，明显对抗血清中 C 反应蛋白 (CRP) 和肿瘤坏死因子 α (TNF-α) 的升高，对角叉菜胶致大鼠急性胸膜炎有明显的保护作用[14]。

2. **抗过敏**
   从鹅不食草中分离得到的黄酮、倍半萜内酯及酰胺类化合物能减少肥大细胞中组胺的释放，在被动皮内过敏反应试验中具有很强的抗过敏活性[15]。

3. **抗菌**
   鹅不食草中的 6-O-异丁烯酰基多梗白菜菊素、6-O-异丁酰基多梗白菜菊素、短叶老鹳草素 A 对枯草杆菌及金黄色葡萄球菌有抑制作用，能用于治疗鼻窦感染[8]。

4. **抗原虫**
   短叶老鹳草素 A 体外能对抗贾第虫、痢疾变形虫及恶性疟原虫等[10]。

5. **抗肿瘤**
   短叶老鹳草素 A 是法尼基转移酶 (FPTase) 抑制剂，能产生抗肿瘤功效[7]。鹅不食草中的顺式-3,5,4'-三甲氧基均二苯乙烯能通过抑制微管蛋白聚合，对抗人结肠癌细胞（Caco-2 细胞）的有丝分裂[11]。鹅不食草对诱变剂苦酮酸及苯并芘的诱变有抑制作用[16]。

6. **保肝**
   鹅不食草煎液给小鼠灌胃，可明显降低四氯化碳、对乙酰氨基酚及 D-氨基半乳糖合用脂多糖引起的肝损伤后小鼠血清谷丙转氨酶 (GPT) 水平，对实验性肝损伤有明显的保护作用[17]。

7. **其他**
   鹅不食草还具有止咳化痰等作用[18]。鹅不食草中的倍半萜内酯类成分能抑制血小板活化因子 (PAF) 的活性[19]。

应用

本品为中医临床用药。功能：祛风通窍，解毒消肿。主治：感冒，头痛，鼻渊，鼻息肉，咳嗽，哮喘，喉痹，耳聋，目赤翳膜，疟疾，痢疾，风湿痹痛，跌打损伤，肿毒，疥癣。

现代临床用于感冒、偏头痛、慢性气管炎、支气管哮喘、慢性肠胃炎、细菌性痢疾、阿米巴痢疾、跌打损伤、风湿性关节炎、疮痈肿毒、膀胱结石、不完全性蛔虫性肠梗阻、鸡眼、鹅口疮、小儿麻痹后遗症、百日咳、小儿疳积、急性结膜炎、角膜炎、角膜翳、急慢性鼻炎、过敏性鼻炎、萎缩性鼻炎等病的治疗[20-21]。

菊科

鹅不食草 Ebushicao

评注

鹅不食草,也称石胡荽。《本草纲目》中记载有"天胡荽"之名,李时珍在论述本品时,将石胡荽和伞形科 (Apiaceae) 植物天胡荽 Hydrocotyle sibthorpoioides Lam. 混淆,到了清代,《质问本草》中也将石胡荽和天胡荽混为一谈[22],可见历史上曾出现二者混淆现象,临床使用时应注意区别。

近年来,鹅不食草的抗肿瘤活性受到关注,研究表明其中的挥发油和倍半萜类成分均为活性成分,值得进一步的研究与开发。

参考文献

[1] AB Sen, YN Shukla. Chemical constituents of Centipeda minima. Journal of the Indian Chemical Society. 1970, 47(1): 96

[2] T Murakami, CM Chen. Constituents of Centipeda minima. 1. Yakugaku Zasshi. 1970, 90(7): 846-849

[3] N Rai, J Singh. Two new triterpenoid glycosides from Centipeda minima. Indian Journal of Chemistry. 2001, 40B(4): 320-323

[4] N Rai, IR Siddiqui, J Singh. Two new triterpenoids from Centipeda minima. Pharmaceutical Biology. 1999, 37(4): 314-317

[5] D Gupta, J Singh. Triterpenoid saponins from Centipeda minima. Phytochemistry. 1990, 29(6): 1945-1950

[6] D Gupta, J Singh. Phytochemical investigation of Centipeda minima. Indian Journal of Chemistry. 1990, 29B(1): 34-39

[7] HM Oh, BM Kwon, NI Baek, SH Kim, JH Lee, JS Eun, JH Yang, DK Kim. Inhibitory activity of 6-O-angeloylprenolin from Centipeda minima on farnesyl protein transferase. Archives of Pharmacal Research. 2005, 29(1): 64-66

[8] RSL Taylor, GHN Towers. Antibacterial constituents of the Nepalese medicinal herb, Centipeda minima. Phytochemistry. 1997, 47(4): 631-634

[9] JB Wu, YT Chun, Y Ebizuka, U Sankawa. Biologically active constituents of Centipeda minima: isolation of a new plenolin ester and the antiallergy activity of sesquiterpene lactones. Chemical & Pharmaceutical Bulletin. 1985, 33(9): 4091-4094

[10] HW Yu, CW Wright, Y Cai, SL Yang, JD Phillipson, GC Kirby, DC Warhurst. Antiprotozoal activities of Centipeda minima. Phytotherapy Research. 1994, 8(7): 436-438

[11] P Chabert, A Fougerousse, R Brouillard. Anti-mitotic properties of resveratrol analog (Z)-3,5,4'-trimethoxystilbene. BioFactors. 2006, 27(1-4): 37-46

[12] 覃仁安, 梅璇, 陈敏, 宛蕾, 沈映君. 鹅不食草挥发油抗炎作用及机制研究. 中国医院药学杂志. 2006, 26(4): 369-371

[13] 覃仁安, 师晶丽, 宛蕾, 梅璇, 姚丽君, 沈映君. 鹅不食草挥发油对急性肺损伤大鼠支气管上皮细胞 CD54 表达的影响. 中国中医药杂志. 2005, 20(8): 466-468

[14] 覃仁安, 梅璇, 宛蕾, 师晶丽, 沈映君. 鹅不食草挥发油对角叉菜胶致大鼠急性胸膜炎的影响. 中国中药杂志. 2005, 30(15): 1192-1194

[15] JB Wu, YT Chun, Y Ebizuka, U Sankawa. Biologically active constituents of Centipeda minima: sesquiterpenes of potential antiallergy activity. Chemical & Pharmaceutical Bulletin. 1991, 39(12): 3272-3275

[16] H Lee, JY Lin. Antimutagenic activity of extracts from anticancer drugs in Chinese medicine. Mutation Research. 1988, 204(2): 229-234

[17] 钱妍, 赵春景, 颜雨. 鹅不食草煎液对小鼠肝损伤的保护作用. 药物研究. 2004, 13(6): 25

[18] XS Pham, MT Pham, TTH Nguyen. Study of Coc-Man (Centipeda minima L. Asteracore) - an antitussive traditional medicine. Tap Chi Duoc Hoc. 1994, 3: 10-11

[19] S Iwakami, JB Wu, Y Ebizuka, U Sankawa. Platelet activating factor (PAF) antagonists contained in medicinal plants: lignans and sesquiterpenes. Chemical & Pharmaceutical Bulletin. 1992, 40(5): 1196-1198

[20] 吴成善. 石胡荽的临床应用选介. 中国农村医学. 1997, 25(4): 63-64

[21] 刘志刚, 余洪猛, 文三立, 刘玉琳. 鹅不食草挥发油治疗过敏性鼻炎作用机理的研究. 中国中药杂志. 2005, 30(4): 292-294

[22] 曹萍, 褚小兰, 范崔生. 江西金钱草-天胡荽类药用植物的本草考证. 中药材. 2002, 25(8): 593-595

土荆芥 Tujingjie

Chenopodium ambrosioides L.
Wormseed

概 述

藜科 (Chenopodiaceae) 植物土荆芥 *Chenopodium ambrosioides* L.，其干燥带果穗全草入药。中药名：土荆芥。

藜属 (*Chenopodium*) 植物全世界约 250 种，遍及世界各地。中国有 19 种、2 亚种，本属现供药用者约 6 种。本种分布于中国福建、广东、香港、广西、江西、浙江、江苏、湖南、四川、台湾等省区，多为野生，北方各省常有栽培；原产热带美洲，现在世界热带及温带地区广布。

"土荆芥"药用之名，始载于《生草药性备要》。主产于中国南方地区。

土荆芥的主要活性成分为挥发油。

药理研究表明，土荆芥具有驱虫、抗菌、抗癌和促渗透的作用。

中医理论认为土荆芥具有祛风除湿，杀虫止痒，活血消肿的功效。

土荆芥 *Chenopodium ambrosioides* L.

药材土荆芥 Herba Chenopodii Ambrosioidis

土荆芥 Tujingjie

化学成分

土荆芥全草含挥发油成分：驱蛔素 (ascaridole)、异驱蛔素 (isoascaridole)、聚伞花素 (p-cymene)、α-松油烯 (α-terpinene)、柠檬烯 (limonene)[1]、樟脑 (camphor)、松油酮 (pinocarvone)、α-蒎烯 (α-pinene)、香叶醇 (geraniol)[2]、薄荷醇 (menthol)、香芹孟烯醇 (carvomenthenol)、对伞花烃 (paracymene)、1,8-桉叶素 (1,8-cineole)[3]、吉马烯B、D (germacrenes B, D)、β-石竹烯 (β-caryophyllene)、莪术烯 (curzerene)、β-榄香烯 (β-elemene)、β-侧柏烯 (β-thujene)[4]；此外，还含(1R,2S,3S,4S)-1,2,3,4-tetrahydroxy-p-menthene、4-isopropyl-1-methyl-4-cyclohexene-1,2,3-triol、槲皮素 (quercetin)、反式桂皮酸 (trans-cinnamic acid)[5]、(-)-(2S,4S)-p-mentha-1(7),8-dien-2-hydroperoxide、(-)-(2R,4S)-p-mentha-1(7),8-dien-2-hydroperoxide、(-)-(1R,4S)-p-mentha-2,8-dien-1-hydroperoxide、(-)-(1S,4S)-p-mentha-2,8-dien-1-hydroperoxide[6]。

土荆芥的果实含黄酮类成分：山奈酚 (kaempferol)、异鼠李素 (isorhamnetin)、槲皮素 (quercetin)[7]、4-O-demethylabrectorin-7-O-α-L-rhamnopyranoside 3'-O-β-D-xylopyranoside[8]。

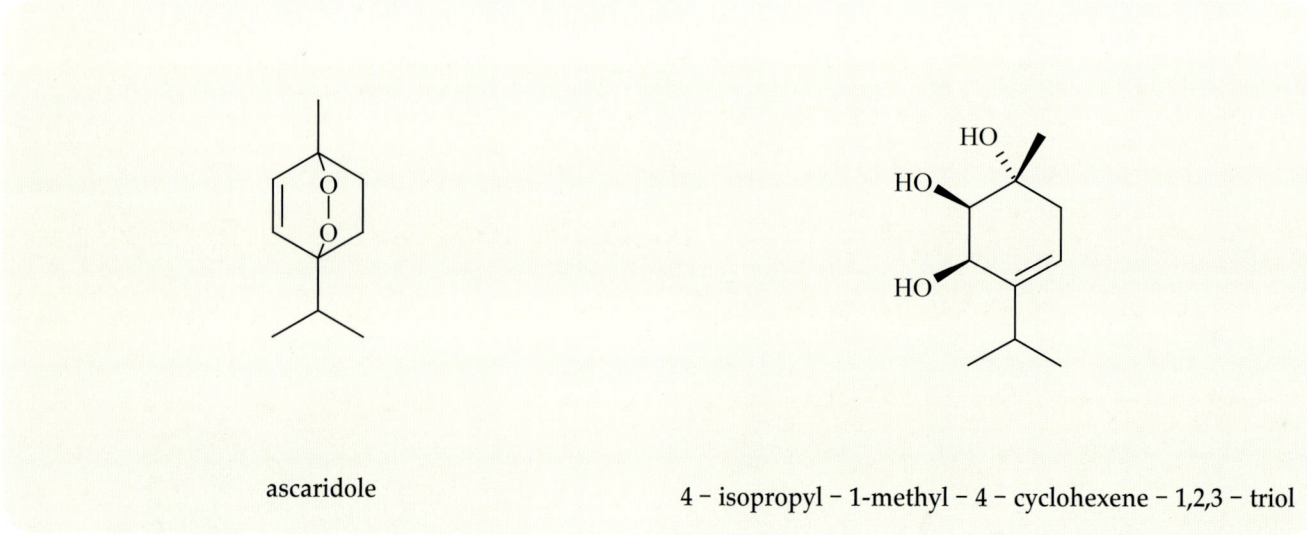

ascaridole

4-isopropyl-1-methyl-4-cyclohexene-1,2,3-triol

药理作用

1. 驱虫

土荆芥驱虫的有效成分主要为驱蛔素，能对蛔虫和马蛔虫等肠道寄生虫产生毒杀作用[9-10]；体外对克氏锥虫也有杀灭作用[6]；还能抑制恶性疟原虫的生长[11]。土荆芥油给感染利什曼原虫的小鼠腹腔注射有杀利什曼原虫的作用[12]。

2. 抗真菌

土荆芥油对毛发状分支孢子菌[13]、须疮癣菌、奥杜盎小孢子菌[14]等皮肤致病真菌有显著抑制作用；对黑曲霉菌、烟曲霉菌、黄曲霉菌等也有抗真菌作用[15]。

3. 促渗透

土荆芥油能促进蛇床子素经离体鼠皮的渗透性，其机理为改变角质层的通透性，减低药物渗透的阻力，提高药物在角质层的扩散系数[16]。

4. 抗肿瘤

土荆芥甲醇提取物对肝癌细胞HepG2有细胞毒作用[17]。土荆芥含水乙醇提取物腹腔注射对小鼠移植性艾氏腹水癌和实体瘤有显著抑制作用[18]。

5. 其他

土荆芥还有促进一氧化氮(NO)产生[19]、抗氧化[15]等作用。

应用

本品为中医临床用药。功能：祛风除湿，杀虫止痒，活血消肿。主治：钩虫病，蛔虫病，蛲虫病，头虱，皮肤湿疹，疥癣，风湿痹痛，经闭，痛经，口舌生疮，咽喉肿痛，跌打损伤，蛇虫咬伤。

现代临床还用于顽癣、稻田皮炎等病的治疗[20-21]。

评注

土荆芥不仅为传统中药，也是中美洲和南美洲的民间常用药，西班牙、墨西哥和秘鲁等地将其地上部分用于解痉、止吐、助消化、驱虫、通便和治疗胃病等。由于土荆芥对霉菌、钩虫、蛔虫和虱蚤等有显著杀灭作用，除可用于人体外，也可作为天然杀虫剂，用于畜牧业和水产养殖业中。

参考文献

[1] JF Cavalli, F Tomi, AF Bernardini, J Casanova. Combined analysis of the essential oil of *Chenopodium ambrosioides* by GC, GC-MS and ^{13}C-NMR spectroscopy: quantitative determination of ascaridole, a heat-sensitive compound. *Phytochemical Analysis*. 2004, **15**(5): 275-279

[2] R Omidbaigi, F Sefidkon, FB Nasrabadi. Essential oil content and compositions of *Chenopodium ambrosioides* L. *Journal of Essential Oil-Bearing Plants*. 2005, **8**(2): 154-158

[3] 熊秀芳，张银华，龚复俊，南蓬，袁萍，王国亮. 湖北土荆芥挥发油化学成分研究. 武汉植物学研究. 1999, **17**(3): 244-248

[4] 贺祝英，周欣，王道平，徐必学，梁光义. 贵州土荆芥挥发油化学成分研究. 贵州科学. 2002, **20**(2): 76-79

[5] 黄雪峰，李凡，陈才良，孔令义. 土荆芥化学成分的研究. 中国天然药物. 2003, **1**(1): 24-26

[6] F Kiuchi, Y Itano, N Uchiyama, G Honda, A Tsubouchi, J Nakajima-Shimada, T Aoki. Monoterpene hydroperoxides with trypanocidal activity from *Chenopodium ambrosioides*. *Journal of Natural Products*. 2002, **65**(4): 509-512

[7] N Jain, MS Alam, M Kamil, M Ilyas, M Niwa, A Sakae. Two flavonol glycosides from *Chenopodium ambrosioides*. *Phytochemistry*. 1990, **29**(12): 3988-3991

[8] M Kamil, N Jain, M Ilyas. A novel flavone glycoside from *Chenopodium ambrosioides*. *Fitoterapia*. 1992, **63**(3): 230-231

[9] HA Oelkers, W Rathje. The mode of action of anthelmintics. *Tropical Diseases Bulletin*. 1942, **39**: 767-768

[10] HA Oelkers. Pharmacology of chenopodium oil. *Archiv fuer Experimentelle Pathologie und Pharmakologie*. 1940, **195**: 315-328

[11] Y Pollack, R Segal, J Golenser. The effect of ascaridole on the *in vitro* development of *Plasmodium falciparum*. *Parasitology Research*. 1990, **76**(7): 570-572

[12] L Monzote, AM Montalvo, S Almanonni, R Scull, M Miranda, J Abreu. Activity of the essential oil from *Chenopodium ambrosioides* grown in Cuba against *Leishmania amazonensis*. *Chemotherapy*. 2006, **52**(3): 130-136

[13] N Kishore, AK Mishra, JP Chansouria. Fungitoxicity of essential oils against dermatophytes. *Mycoses*. 1993, **36**(5-6): 211-215

[14] N Kishore, JPN Chansouria, NK Dubey. Antidermatophytic action of the essential oil of *Chenopodium ambrosioides* and an ointment prepared from it. *Phytotherapy Research*. 1996, **10**(5): 453-455

[15] R Kumar, AK Mishra, NK Dubey, YB Tripathi. Evaluation of *Chenopodium ambrosioides* oil as a potential source of antifungal, antiaflatoxigenic and antioxidant activity. *International Journal of Food Microbiology*. 2007, **115**(2): 159-164

[16] 苑振亭, 陈大为, 徐晖, 丁平田, 张汝华. 渗透促进剂对蛇床子素透皮吸收的影响. 中国药学杂志. 2003, 38(9): 683-685

[17] MJ Ruffa, G Ferraro, ML Wagner, ML Calcagno, RH Campos, L Cavallaro. Cytotoxic effect of Argentine medicinal plant extracts on human hepatocellular carcinoma cell line. *Journal of Ethnopharmacology*. 2002, 79(3): 335-339

[18] FRF Nascimento, GVB Cruz, PVS Pereira, MCG Maciel, LA Silva, APS Azevedo, ESB Barroqueiro, RNM Guerra. Ascitic and solid Ehrlich tumor inhibition by *Chenopodium ambrosioide*s L. treatment. *Life Sciences*. 2006, 78(22): 2650-2653

[19] GVB Cruz, PVS Pereira, FJ Patricio, GC Costa, SM Sousa, JB Frazao, WC Aragao-Filho, MCG Maciel, LA Silva, FMM Amaral, ESB Barroqueiro, RNM Guerra, FRF Nascimento. Increase of cellular recruitment, phagocytosis ability and nitric oxide production induced by hydroalcoholic extract from *Chenopodium ambrosioides* leaves. *Journal of Ethnopharmacology*. 2007, 111(1): 148-154

[20] 杨福龙. 土荆芥洗浴治疗股癣. 中医外治杂志. 1998, 7(5): 26

[21] 杨仕卫. 土荆芥防治稻田皮炎43例疗效卓著. 中国社区医师. 2003, 19(8): 30

樟 Zhang CP, KHP, VP, USP

Cinnamomum camphora (L.) Presl
Camphora

樟 科

 概 述

樟科 (Lauraceae) 植物樟 *Cinnamomum camphora* (L.) Presl，其新鲜枝、叶经提取加工制成的结晶入药，中药名：天然冰片（右旋龙脑）；其干、枝、叶及根部经提取加工制成的结晶入药，中药名：樟脑。

樟属 (*Cinnamomum*) 植物全世界约有 250 种，分布于热带、亚热带、亚洲东部、澳洲及太平洋岛屿。中国约有 46 种、1 变型，主产于南方各省区，北达陕西及甘肃南部。本属现供药用者约 21 种。本种分布于中国南方各省区，越南、朝鲜半岛、日本也有分布，其他各国常有引种栽培。

"樟脑"药用之名，始载于《本草品汇精要》。历代本草多有著录，古今药用品种一致。《中国药典》(2005 年版) 收载本种为中药天然冰片的法定原植物来源种。本种主产于中国江西、广东、广西、福建和台湾等地，其中台湾的产量约占全世界产量的 70%。

樟树的枝、叶主要含挥发油和木脂素类成分。《中国药典》采用气相色谱法测定，规定天然冰片中右旋龙脑的含量不得少于 95.0%，以控制药材质量。

药理研究表明，樟脑具有兴奋中枢神经系统、强心、升血压、抗菌、局部刺激和促皮渗透等作用。

中医理论认为天然冰片具有开窍醒神，清热止痛的功效；樟脑具有通关窍，利滞气，避秽浊，杀虫止痒，消肿止痛的功效。

樟 *Cinnamomum camphora* (L.) Presl

樟 Zhang

药材冰片 Borneolum

化学成分

樟的心材含木脂素类成分：maculatin、樟树宁 (kusunokinin)[1]；还含有5-十二烷基-4-羟基-4-甲基-2-环戊烯酮(5-dodecanyl-4-hydroxy-4-methyl-2-cyclopentenone)[2]。

樟的茎、叶、果实、树皮、根和根皮均含挥发油成分：樟脑 (camphor)、1,8-桉叶素 (1,8-cineole)、芳樟醇 (linalool)、莰烯 (camphene)、黄樟素 (safrole)、丁香酚 (eugenol)、月桂烯 (myrcene)、异龙脑 (isoborneol)、柠檬烯 (limonene)、香桧烯 (sabinene)、龙脑 (borneol)[2-6]等；倍半萜类成分：枯苏醇 (kusunol)[7]、樟脑烯酮 (campherenone)、樟脑烯醇 (campherenol)[8]。

樟的茎还含有木脂素类成分：(+)-diasesamin、(+)-芝麻素 [(+)-sesamin]、(+)-表芝麻素 [(+)-episesamin][9]。

樟的叶还含有非挥发性倍半萜类成分：9-氧橙花叔醇 (9-oxonerolidol)、9-氧金合欢醇 (9-oxofarnesol)、cis-3,7,11-trimethyldodeca-1,7,10-trien-3-ol-9-one、trans-3,7,11-trimethyldodeca-1,7,10-trien-

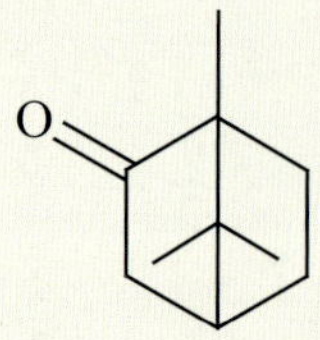

camphor

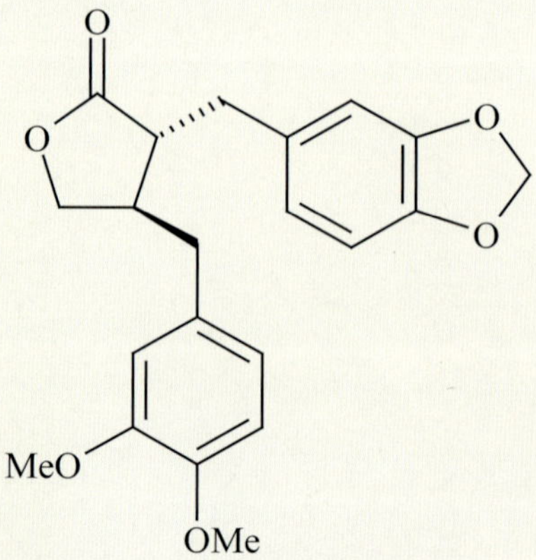

kusunokinin

3 - ol - 9 - one[10]；木脂素类成分：二甲基裂环落叶松树脂醇 (dimethyl secoisolariciresinol)、樟树宁、樟树醇 (kusunokinol)、肉桂醇 (cinnamonol)、桧树宁 (hinokinin)[11]。

樟的树皮还含有黄酮类成分：5,7 - dimethoxy - 3',4' - methylenedioxyflavan - 3 - ol、4' - hydroxy - 5,7,3' - trimethoxyflavan - 3 - ol；内酯类成分：三桠乌药内酯 (obtusilactone)、异三桠乌药内酯 (isoobtusilactone)[12]。

樟的种子还含有核糖体灭活蛋白cinnamomin和camphorin[13]。

药理作用

1. **兴奋中枢神经系统**
   樟脑对中枢神经系统尤其是高级中枢有兴奋作用，大剂量时作用于大脑皮层运动区及脑干，可引起皮质性癫痫样惊厥。皮下注射能刺激外周感受器而引起反射性兴奋[14]。

2. **局部刺激**
   樟脑外用轻涂于皮肤有温和刺激作用，刺激皮肤冷觉感受器而有清凉感，呈现出微弱的局部麻醉作用，可止痒止痛[14]。

3. **强心升血压**
   樟脑体内代谢产物氧化樟脑有强心升血压作用。

4. **抗微生物**
   樟树叶片提取物体外对大肠杆菌、金黄色葡萄球菌、巨大芽孢杆菌、枯草杆菌和毛霉均有较强的抑制作用[15]。樟脑油精喷剂体外对白色念珠菌有强抑菌作用[16]。樟脑体外对羊毛样小孢子菌和红色毛癣菌也有强烈抑制作用[14]。

5. **促皮渗透**
   用两室扩散池体外透皮实验装置，以兔皮为屏障，观察樟脑对皮肤外用药透皮吸收的影响，结果表明樟脑对水杨酸、氟脲嘧啶、萘酰胺和双氯芬酸钠有促皮渗透作用[17-18]。

6. **抗肿瘤**
   樟树种子中的核糖体灭活蛋白 cinnamomin 和 camphorin 体外对人肝癌细胞 7721 均有细胞毒作用[19]。

应用

天然冰片
本品为中医临床用药。功能：开窍醒神，清热止痛。主治：热病神昏，惊厥，中风痰厥，惊痫痰迷，喉痹齿痛，口疮痈疡，目赤。

樟脑
本品为中医临床用药。功能：通关窍，利滞气，辟秽浊，杀虫止痒，消肿止痛。主治：热病神昏，中恶猝倒，痧胀吐泻腹痛，寒湿脚气，疥疮顽癣，秃疮，冻疮，臁疮，水火烫伤，跌打伤痛，牙痛，风火赤眼。

现代临床多将本品配成各种制剂外用，用于神经痛、头痛、肌肉痛、皮肤瘙痒、关节炎、冻疮等病的治疗[20]。

评注

樟树除了樟脑和樟油等用于医药卫生领域外，樟油作为天然原料，还用于香料工业和有机合成化工等领域中，樟脑还有驱蚊和防虫的作用。

天然冰片（右旋龙脑）仅存在于少数樟的化学类型中，因而应加强对樟的化学品种选育工作。

有研究指出樟树根皮、茎皮和叶的水浸液有杀灭钉螺的作用，并呈量效相关关系，如用 1% 的樟树根皮水浸液浸泡钉螺 72 小时后，死螺率可达 100%，在血吸虫流行地区，樟树能取代化学合成的灭螺剂，减少环境污染，有开发利用价值[21]。

由于天然樟脑产量难以满足市场，现有人工樟脑丸制成的杀虫防蛀剂，其主要成分为对二氯化苯。人工樟脑丸有明显的生殖细胞毒性，已被提倡停止使用[22]。

参考文献

[1] D Takaoka, M Imooka, M Hiroi. Studies of lignoids in Lauraceae. III. A new lignan from the heart wood of *Cinnamomum camphora* Sieb. *Bulletin of the Chemical Society of Japan.* 1977, **50**(10): 2821-2822

[2] D Takaoka, M Imooka, M Hiroi. A novel cyclopentenone, 5-dodecanyl-4-hydroxy-4-methyl-2-cyclopentenone from *Cinnamomum camphora*. *Phytochemistry.* 1979, **18**(3): 488-489

[3] SN Garg, D Gupta, R Charles, A Yadav, AA Naqvi. Volatile oil constituents of leaf, stem, and bark of *Cinnamomum camphora* (Linn.) Nees and Eberm. (A potential source of camphor). *Indian Perfumer.* 2002, **46**(1): 41-44

[4] 梁光义, 邱德文, 魏惠芬, 李宏玉, 赵山, 贺祝英, 刘宁. 樟果实挥发油的研究. 贵阳中医学院学报. 1994, **16**(4): 59-60

[5] JA Pino, V Fuentes. Leaf oil of *Cinnamomum camphora* (L.) J. Presl. from Cuba. *Journal of Essential Oil Research.* 1998, **10**(5): 531-532

[6] A Baruah, SC Nath, AKS Baruah. Chemical constituents of root bark and root wood oils of *Cinnamomum camphora* Nees. *Fafai Journal.* 2002, **4**(4): 37-38

[7] H Hikino, N Suzuki, T Takemoto. Sesquiterpenoids. XXI. Structure and absolute configuration of kusunol. *Chemical & Pharmaceutical Bulletin.* 1968, **16**(5): 832-838

[8] H Hikino, N Suzuki, T Takemoto. Structure of campherenone and campherenol. *Tetrahedron Letters.* 1967, **50**: 5069-5070

[9] TJ Hsieh, CH Chen, WL Lo, CY Chen. Lignans from the stem of *Cinnamomum camphora*. *Natural Product Communications.* 2006, **1**(1): 21-25

[10] M Hiroi, D Takaoka. Nonvolatile sesquiterpenoids in the leaves of camphor tree (*Cinnamomum camphora*). *Nippon Kagaku Kaishi.* 1974, **4**: 762-765

[11] D Takaoka, N Takamatsu, Y Saheki, K Kono, C Nakaoka, M Hiroi. Lignoids in Lauraceae. I. Lignans in the leaves of camphor tree (*Cinnamomum camphora*). *Nippon Kagaku Kaishi.* 1975, **12**: 2192-2196

[12] RK Mukherjee, Y Fujimoto, K Kakinuma. 1-(ω-Hydroxyfattyacyl)glycerols and two flavanols from *Cinnamomum camphora*. *Phytochemistry.* 1994, **37**(6): 1641-1643

[13] XD Li, WF Chen, WY Liu, GH Wang. Large-scale preparation of two new ribosome-inactivating proteins-cinnamomin and camphorin from the seeds of *Cinnamomum camphora*. *Protein Expression and Purification.* 1997, **10**(1): 27-31

[14] 王本祥. 现代中药药理学. 天津: 天津科学技术出版社. 1997: 1138-1139

[15] 刘学群, 杜爱玲, 王春台, 林滢. 樟树叶片抑菌化合物的分离纯化及其部分特性研究. 华中农业大学学报. 1996, **15**(4): 333-337

[16] 马桢红, 陈淑玉, 瞿明芳. 樟脑油精药效及其安全性评价. 中国媒介生物学及控制杂志. 2001, **12**(1): 58-60

[17] 刘郴淑, 许碧莲, 何康. 樟脑对水杨酸和氟脲嘧啶的促皮渗透作用. 广东医学院学报. 1996, **14**(4): 320-321

[18] 许碧莲, 王宗锐, 何康, 陈海兴. 樟脑对烟酰胺和双氯芬酸钠透皮吸收作用的研究. 中国医院药学杂志. 1999, **19**(7): 398-400

[19] J Ling, WY Liu. Cytotoxicity of two new ribosome-inactivating proteins, cinnamomin and camphorin, to carcinoma cells. *Cell Biochemistry and Function.* 1996, **14**(3): 157-161

[20] 刘宝华, 张爱军, 田顺华, 朱绪文. 樟树的临床应用. 中医外治杂志. 2005, **14**(1): 39

[21] 刘颖芳, 王万贤, 聂冉, 彭宇. 樟树水浸液的灭螺效果. 动物学杂志. 2004, **39**(3): 79-81

[22] 季坚, 沈维干, 王丽, 朱银军. 樟脑丸对雌性小鼠生殖细胞和脏器的影响. 生殖医学杂志. 2001, **10**(5): 282-285

肉桂 Rougui
CP, JP, KHP, VP, EP, BP

Cinnamomum cassia Presl
Cassia

樟科

 概述

樟科 (Lauraceae) 植物肉桂 *Cinnamomum cassia* Presl，其干燥树皮入药，中药名：肉桂；其干燥嫩枝入药，中药名：桂枝。

樟属 (*Cinnamomum*) 植物全世界约有 250 种，分布于热带、亚热带、亚洲东部地区及澳洲至太平洋岛屿。中国约有 46 种、1 变型，分布于南方各省区，北达陕西及甘肃南部，本属现供药用者约 20 种、1 变种。本种分布于中国广西、广东、香港、海南、云南、福建和台湾等省区；印度、老挝、越南、印度尼西亚也有栽培。

肉桂以"牡桂"药用之名，始载于《神农本草经》，列为上品。"肉桂"药用之名，始载于《新修本草》。历代本草多有著录，古今药用品种一致。"桂枝"药用之名，始载于《伤寒论》，唐代以前的本草记述以肉桂的嫩枝皮入药，以后才用嫩枝，沿用至今。《中国药典》(2005 年版) 收载本种为中药肉桂和桂枝的法定原植物来源种。主产于中国广西、广东、海南、福建等省区；越南、柬埔寨等地也产。

肉桂的树皮含挥发油、二萜类和缩合鞣质类成分，桂皮醛为抗肿瘤和抗菌的主要成分之一。《中国药典》采用挥发油测定法测定，规定肉桂中挥发油含量不得少于 1.2%；采用高效液相色谱法测定，规定肉桂中桂皮醛含量不得少于 1.5%，以控制药材质量。

药理研究表明，肉桂具有保护心肌组织、抗肿瘤、抗氧化和抗菌等作用。

中医理论认为肉桂具有补火助阳，引火归源，散寒止痛，温经通脉等功效；桂枝具有散寒解表，温通经脉，通阳化气等功效。

肉桂 *Cinnamomum cassia* Presl

肉桂 Rougui

药材肉桂 Cortex Cinnamomi

药材桂枝 Ramulus Cinnamomi

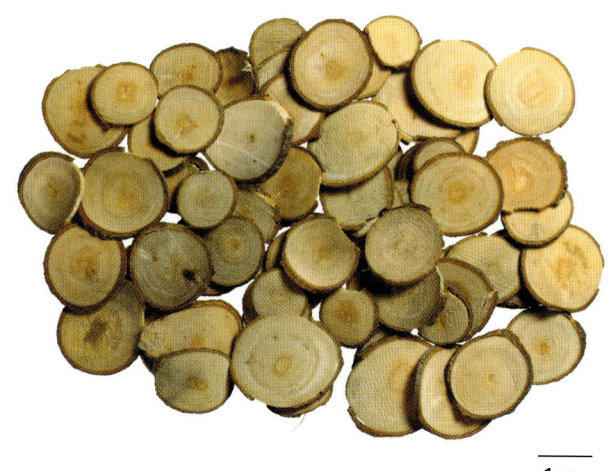

化学成分

肉桂的树皮含挥发油成分：桂皮醛 (cinnamaldehyde)、醋酸肉桂酯 (cinnamyl acetate)、2-羟基桂皮醛 (2-hydroxycinnamaldehyde)[1]、肉桂醇 (cinnamyl alcohol)、肉桂酸 (cinnamic acid)[2]、丁香酚 (eugenol)[3]；苷类成分：

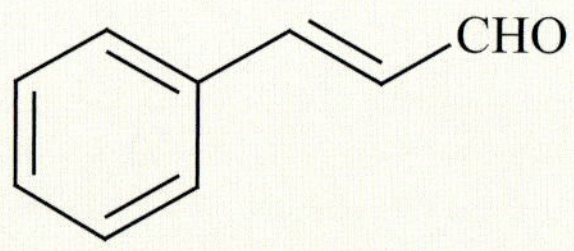

cinnamaldehyde

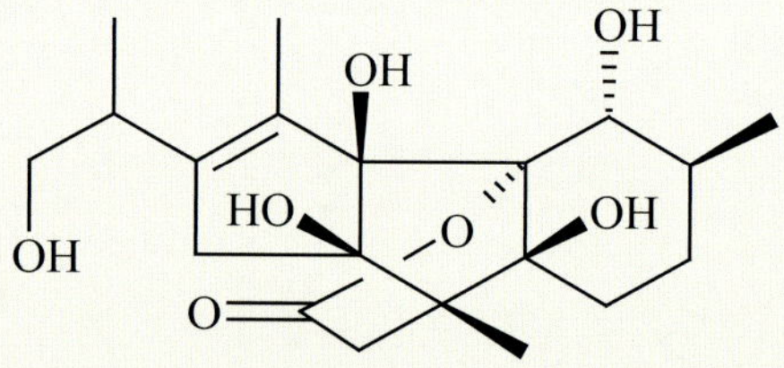

cinncassiol A

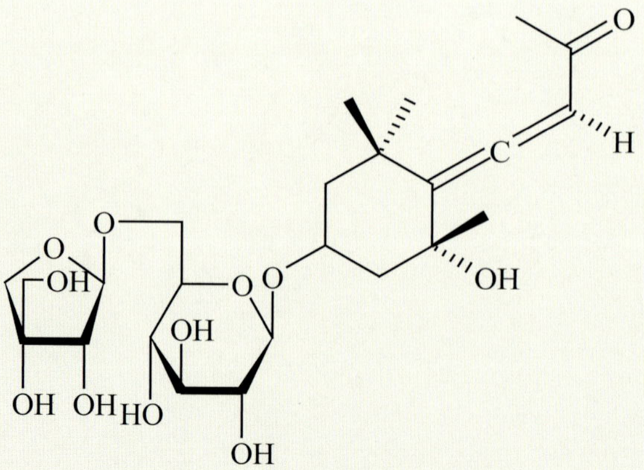

cinnamoside

肉桂苷 (cassioside)、桂皮苷 (cinnamoside)、kelampayoside A[4]；缩合鞣质类 (condensed tannins) 成分：原花青素 A_2、B_1、B_2、B_5、B_7[5]、C_1 (procyanidins A_2, B_1 - B_2, B_5, B_7, C_1)、肉桂鞣质 A_2、A_3、A_4 (cinnamtannins A_2 - A_4)[6]；二萜类成分：肉桂萜醇 A[7]、B[8]、C_1[9]、C_2、C_3[10]、D_1、D_2、D_3[11]、D_4[12]、E[13] (cinncassiols A - B, C_1 - C_3, D_1 - D_4, E)、桂皮烯宁 (cinnzeylanin)、桂皮烯酮 (cinnzeylanol)、脱水桂皮烯宁 (anhydrocinnzeylanin)、脱水桂皮烯酮 (anhydrocinnzeylanol)[7]；二萜苷类成分：肉桂萜醇 A[7]、B[8]、C_1[10]、D_1、D_2[11]、D_4[12] 葡萄糖苷 (cinncassiol A - B, C_1, D_1 - D_2, D_4 glucosides)；有机酸类成分：原儿茶酸 (protocatechuic acid)、香荚兰酸 (vanillic acid)、丁香酸 (syringic acid)[14]；此外，还含丁香脂素 (syringaresinol)[15]、肉桂多糖 AX (cinnaman AX)[16]等。

药理作用

1. **对心血管系统的影响**
   口服肉桂油可降低柯萨奇病毒 B (CVB) 诱发性病毒性心肌炎 (VMC) 小鼠的死亡率，延长中位生存时间，降低急性期血清中肌酸激酶 (CK)、肌酸激酶同工酶 (CK - MB) 含量以及心肌中丙二醛 (MDA) 含量，提高超氧化物歧化酶 (SOD) 活性，减轻急性期、亚急性期小鼠心肌组织的坏死与钙化[17]。肉桂酸对离体大鼠心脏缺血再灌注损伤有保护作用[18]，体外能抑制肿瘤坏死因子α (TNF - α) 诱导的人脐静脉内皮细胞 ECV304 组织因子 (TF) 的表达[19]。

2. **抗肿瘤**
   肉桂树皮的乙醇提取物能抑制人乳腺癌细胞 MCF - 7 的生长[20]。桂皮醛体外能抑制人宫颈癌细胞 HeLa、黑色素瘤细胞 SK - MEL - 2、结肠癌细胞 HCT - 15、人肺腺癌细胞 A549 增殖；丁香酚对卵巢癌细胞 SK - OV - 3、人中枢神经系统癌细胞 XF - 498 具有细胞毒活性[21]。肉桂酸体外对人肺腺癌细胞 A549 的增殖有抑制作用[22]。埃姆斯试验中，肉桂对小鼠苯并芘 (B[a]P) 和环磷酰胺 (CP) 引起的突变有抑制作用[23]。

3. **抗氧化**
   肉桂树皮的水提物和乙醇提取物体外能有效清除大鼠肝匀浆超氧离子，显著抑制过氧化物的形成[24]。肉桂树皮的水煎物灌胃给药能提高老龄大鼠血清总抗氧化能力 (TAA) 及红细胞 SOD 活性，降低脑脂褐素 (LPF) 和肝脏 MDA 含量，增加心肌组织 Na^+, K^+ - ATP 酶活性，改善肝细胞膜脂流动性 (LFU)[25]。肉桂酸和丁香酚能抑制RAW264.7细胞诱生型一氧化氮合酶 (iNOS) 表达[26]。

4. **抗菌**
   肉桂油体外对金黄色葡萄球菌、大肠杆菌、产气肠杆菌、普通变形杆菌、绿脓杆菌、霍乱弧菌、白色念珠菌、红色发癣菌、须发癣菌[27]、蜡样芽孢杆菌[28]等有抑制作用，主要有效成分为桂皮醛[27]。桂皮醛体外对产气荚膜梭状芽孢杆菌、脆弱拟杆菌、两歧双歧杆菌、长双歧杆菌等肠道细菌也有抑制作用[29]。

5. **抗病毒**
   肉桂树皮体外对I型人类免疫缺陷病毒 (HIV - I) 有抑制作用[30]，还能抑制啮齿类动物鼻内的流感病毒[31]。

6. **抗骨质疏松**
   肉桂树皮的乙醇提取物体外能增加成骨细胞 MC3T3 - E1 存活率，增加碱性磷酸酶 (AKP) 活性，促进胶原质的形成和骨钙素 (osteocalcin) 分泌，减低肿瘤坏死因子 - α (TNF - α) 诱导的成骨细胞凋亡[20]。

7. **降血糖**
   葡萄糖耐量试验表明，大鼠给药肉桂树皮或提取物能显著降低血糖水平[32]。肉桂挥发油灌胃给药可显著降低四氧嘧啶糖尿病小鼠的血糖[33]。肉桂树皮提取物体外能抑制大鼠晶状体醛糖还原酶活性，主要有效成分为桂皮醛[34]。

8. **其他**
   肉桂还具有抑制神经元死亡[35]、解热[31]、抗过敏[36]、抗补体[10]、抗肾小球肾炎[37]、促进淋巴细胞增殖[38]、降尿酸[39]等作用。

肉桂 Rougui

应用

肉桂

本品为中医临床用药。功能：补火助阳，引火归源，散寒止痛，活血通脉。主治：肾阳不足，命门火衰之畏寒肢冷，腰膝酸软，阳痿遗精，小便不利或频数，肾阳衰弱的阳痿宫冷，虚喘心悸等。

桂枝

本品为中医临床用药。功能：散寒解表，温通经脉，通阳化气。主治：风寒表证，寒湿痹痛，四肢厥冷，经闭痛经，症瘕结块，胸痹，心悸，痰饮，小便不利等。

现代临床还用于慢性肠胃炎、慢性风湿性关节炎、心血管疾病等的治疗。

评注

肉桂除供药用外，还是常用的香料和烹饪调料，是中国卫生部规定的药食同源品种之一。肉桂用途广泛，具有重大经济价值。从肉桂的枝、叶、果实、花梗提取的肉桂油，是合成桂皮酸等重要香料及化妆品的原料，也是驱风药、健胃药，清凉油等中成药的主要成分。目前市场上肉桂的销量大，价格高，质量参差不齐，应大力开发肉桂资源，加强引种栽培和综合利用，以供市场需求。

参考文献

[1] JW Choi, KT Lee, H Ka, WT Jung, HJ Jung, HJ Park. Constituents of the essential oil of the *Cinnamomum cassia* stem bark and the biological properties. *Archives of Pharmacal Research*. 2001, **24**(5): 418-423

[2] K Sagara, T Oshima, T Yoshida, YY Tong, GD Zhang, YH Chen. Determinations in Cinnamomi Cortex by high-performance liquid chromatography. *Journal of Chromatography*. 1987, **409**: 365-370

[3] GB Lockwood. The major constituents of the essential oils of *Cinnamomum cassia* Blume growing in Nigeria. *Planta Medica*. 1979, **36**(4): 380-381

[4] Y Shiraga, K Okano, T Akira, C Fukaya, K Yokoyama, S Tanaka, H Fukui, M Tabata. Structures of potent antiulcerogenic compounds from *Cinnamomum cassia*. *Tetrahedron*. 1988, **44**(15): 4703-4711

[5] S Morimoto, G Nonaka, I Nishioka. Tannins and related compounds. XXXIX. Procyanidin C-glucosides and an acylated flavan-3-ol glucoside from the barks of *Cinnamomum cassia* Blume and *C. obtusifolium* Nees. *Chemical & Pharmaceutical Bulletin*. 1986, **34**(2): 643-649

[6] S Morimoto, G Nonaka, I Nishioka. Tannins and related compounds. XXXVIII. Isolation and characterization of flavan-3-ol glucosides and procyanidin oligomers from cassia bark (*Cinnamomum cassia* Blume). *Chemical & Pharmaceutical Bulletin*. 1986, **34**(2): 633-642

[7] A Yagi, N Tokubuchi, T Nohara, G Nonaka, I Nishioka, A Koda. The constituents of Cinnamomi Cortex. I. Structures of cinncassiol A and its glucoside. *Chemical & Pharmaceutical Bulletin*. 1980, **28**(5): 1432-1436

[8] T Nohara, N Tokubuchi, M Kuroiwa, I Nishioka. The constituents of Cinnamomi Cortex. III. Structures of cinncassiol B and its glucoside. *Chemical & Pharmaceutical Bulletin*. 1980, **28**(9): 2682-2686

[9] T Nohara, I Nishioka, N Tokubuchi, K Miyahara, T Kawasaki. The constituents of Cinnamomi Cortex. Part II. Cinncassiol C_1, a novel type of diterpene from Cinnamomi Cortex. *Chemical & Pharmaceutical Bulletin*. 1980, **28**(6): 1969-1970

[10] Y Kashiwada, T Nohara, T Tomimatsu, I Nishioka. Constituents of Cinnamomi Cortex. IV. Structures of cinncassiols C_1 glucoside, C_2 and C_3. *Chemical & Pharmaceutical Bulletin*. 1981, **29**(9): 2686-2688

[11] T Nohara, Y Kashiwada, K Murakami, T Tomimatsu, M Kido, A Yagi, I Nishioka. Constituents of Cinnamomi Cortex. V. Structures of five novel diterpenes, cinncassiols D_1, D_1 glucoside, D_2, D_2 glucoside and D_3. *Chemical & Pharmaceutical Bulletin*. 1981, **29**(9): 2451-2459

[12] T Nohara, Y Kashiwada, T Tomimatsu, I Nishioka. Studies on the constituents of Cinnamomi Cortex. Part VII. Two novel diterpenes from bark of *Cinnamomum cassia*. *Phytochemistry*. 1982, 21(8): 2130-2132

[13] T Nohara, Y Kashiwada, I Nishioka. Cinncassiol E, a diterpene from the bark of *Cinnamomum cassia*. *Phytochemistry*. 1985, **24**(8): 1849-1850

[14] 袁阿兴，覃凌，姜达衢．中药肉桂化学成分的研究．中药通报．1982，**7**(2)：26-28

[15] M Miyamura, T Nohara, T Tomimatsu, I Nishioka. Studies on the constituents of Cinnamomi Cortex. Part 8. Seven aromatic compounds from bark of *Cinnamomum cassia*. *Phytochemistry*. 1983, **22**(1): 215-218

[16] M Kanari, M Tomoda, R Gonda, N Shimizu, M Kimura, M Kawaguchi, C Kawabe. A reticuloendothelial system-activating arabinoxylan from the bark of *Cinnamomum cassia*. *Chemical & Pharmaceutical Bulletin*. 1989, **37**(12): 3191-3194

[17] 丁媛媛，谢艳华，缪珊，廖博，王四旺．肉桂油治疗小鼠 CVB3m 病毒性心肌炎的实验研究．第四军医大学学报．2005，**26**(11)：1037-1040

[18] 陈非，傅延龄，邹丽琰，路雪雅，王超英．肉桂酸对心缺血-再灌注损伤的保护作用．中国医药学报．1999，**14**(1)：68-69

[19] 李小飞，文志斌，何晓凡，贺石林．肉桂酸对肿瘤坏死因子诱导血管内皮细胞组织因子表达的作用及其机制．血栓与止血学．2004，**10**(4)：148-151

[20] KH Lee, EM Choi. Stimulatory effects of extract prepared from the bark of *Cinnamomum cassia* Blume on the function of osteoblastic MC3T3-E1 cells. *Phytotherapy Research*. 2006, **20**(11): 952-960

[21] HS Lee, SY Kim, CH Lee, YJ Ahn. Cytotoxic and mutagenic effects of *Cinnamomum cassia* bark-derived materials. *Journal of Microbiology and Biotechnology*. 2004, **14**(6): 1176-1181

[22] 金戈，张婷，王涛．肉桂酸对 A549 人肺腺癌细胞增殖和核仁组成区的影响．河南医学研究．2002，**11**(2)：124-125

[23] N Sharma, P Trikha, M Athar, S Raisuddin. Inhibition of benzo[a]pyrene- and cyclophosphamide-induced mutagenicity by *Cinnamomum cassia*. *Mutation Research, Fundamental and Molecular Mechanisms of Mutagenesis*. 2001, **480-481**: 179-188

[24] CC Lin, SJ Wu, CH Chang, LT Ng. Antioxidant activity of *Cinnamomum cassia*. *Phytotherapy Research*. 2003, **17**(7): 726-730

[25] 王桂杰，欧芹，魏晓东，李世莉，王玉民，白书阁，白晶，纪彰．雌性大鼠抗氧化系统的增龄性变化及肉桂抗衰老作用的实验研究．中国老年学杂志．1998，**18**：241-243

[26] HS Lee, BS Kim, MK Kim. Suppression effect of *Cinnamomum cassia* bark-derived component on nitric oxide synthase. *Journal of Agricultural and Food Chemistry*. 2002, **50**(26): 7700-7703

[27] LSM Ooi, YL Li, SL Kam, H Wang, EYL Wong, VEC Ooi. Antimicrobial activities of cinnamon oil and cinnamaldehyde from the Chinese medicinal herb *Cinnamomum cassia* Blume. *American Journal of Chinese Medicine*. 2006, **34**(3): 511-522

[28] HJ Chung. Antioxidative and antimicrobial activities of cassia (*Cinnamomum cassia*) and dill (*Anethum graveolens* L.) essential oils. *Journal of Food Science and Nutrition*. 2004, **9**(4): 300-305

[29] HS Lee, YJ Ahn. Growth-inhibiting effects of *Cinnamomum cassia* bark-derived materials on human intestinal bacteria. *Journal of Agricultural and Food Chemistry*. 1998, **46**(1): 8-12

[30] M Premanathan, S Rajendran, T Ramanathan, K Kathiresan, H Nakashima, N Yamamoto. A survey of some Indian medicinal plants for anti-human immunodeficiency virus (HIV) activity. *The Indian Journal of Medical Research*. 2000, **112**: 73-77

[31] M Kurokawa, CA Kumeda, J Yamamura, T Kamiyama, K Shiraki. Antipyretic activity of cinnamyl derivatives and related compounds in influenza virus-infected mice. *European Journal of Pharmacology*. 1998, **348**(1): 45-51

[32] EJ Verspohl, K Bauer, E Neddermann. Antidiabetic effect of *Cinnamomum cassia* and *Cinnamomum zeylanicum in vivo* and *in vitro*. *Phytotherapy Research*. 2005, **19**(3): 203-206

[33] 胥新元，彭艳梅，彭源贵，梁逸曾，龚范．肉桂挥发油降血糖的实验研究．中国中医药信息杂志．2001，**8**(2)：26

[34] HS Lee. Inhibitory activity of *Cinnamomum cassia* bark-derived component against rat lens aldose reductase. *Journal of Pharmacy & Pharmaceutical Sciences*. 2002, **5**(3): 226-230

[35] Y Shimada, H Goto, T Kogure, K Kohta, T Shintani, T Itoh, K Terasawa. Extract prepared from the bark of *Cinnamomum cassia* Blume prevents glutamate-induced neuronal death in cultured cerebellar granule cells. *Phytotherapy Research*. 2000, **14**(6): 466-468

[36] K Park, D Koh, Y Lim. Anti-allergic compound isolated from *Cinnamomum cassia*. *Han'guk Nonghwa Hakhoechi*. 2001, **44**(1): 40-42

[37] H Nagai, T Shimazawa, T Takizawa, A Koda, A Yagi, I Nishioka. Immunopharmacological studies of the aqueous extract of *Cinnamomum cassia* (CCAq). II. Effect of CCAq on experimental glomerulonephritis. *Japanese Journal of Pharmacology*. 1982, **32**(5): 823-831

[38] BE Shan, Y Yoshida, T Sugiura, U Yamashita. Stimulating activity of Chinese medicinal herbs on human lymphocytes *in vitro*. *International Journal of Immunopharmacology*. 1999, **21**(3): 149-159

[39] X Zhao, JX Zhu, SF Mo, Y Pan, LD Kong. Effects of cassia oil on serum and hepatic uric acid levels in oxonate-induced mice and xanthine dehydrogenase and xanthine oxidase activities in mouse liver. *Journal of Ethnopharmacology.* 2006, **103**(3): 357-365

化州柚 Huazhouyou^{CP}

芸香科

Citrus grandis (L.) Osbeck 'Tomentosa'
Tomentose Pummelo

概述

芸香科 (Rutaceae) 植物化州柚 *Citrus grandis* (L.) Osbeck 'Tomentosa' [*Citrus grandis* (L.) Osbeck var. *tomentosa* Hort.]，其未成熟或近成熟的干燥外层果皮入药。中药名：化橘红。

柑橘属 (*Citrus*) 植物全世界约有 20 种，原产亚洲东南部及南部，现热带、亚热带地区常有栽培。中国约有 15 种，其中多数为栽培种，均可供药用。本种分布于中国广东、广西、湖南等地。

化州柚以"化橘红"药用之名，始载于《本草纲目拾遗》。《中国药典》(2005 年版) 收载本种为中药化橘红的法定原植物来源种之一。主产于广东化州。

化州柚外层果皮主要活性成分为黄酮类、挥发油和香豆素类成分。《中国药典》采用性状、组织粉末特征及高效液相色谱法测定，规定化橘红中柚皮苷含量不得少于 1.5%，以控制药材质量。

药理研究表明，化州柚外层果皮具有止咳、祛痰、抗菌、解热、镇痛等作用。

中医理论认为化橘红具有散寒，燥湿，利气，消痰等功效。

化州柚 *Citrus grandis* (L.) Osbeck 'Tomentosa'

化州柚 Huazhouyou

药材化橘红 Exocarpium Citri Grandis

2cm

化学成分

化州柚果皮含黄酮类成分：柚皮苷 (naringin)、野漆树苷 (rhoifolin)、芹菜素 (apigenin)、柚皮苷元 (naringenin)[1]；挥发油成分：柠檬烯 (limonene)、β-月桂烯 (β-myrcene)、α-、β-蒎烯 (α-,β-pinenes)、芳樟醇 (linalool)、对伞花烃 (paracymene)、柠檬醛 (citral)、顺式香叶醇 (cis-geraniol)[2]、γ-松油烯 (γ-terpinene)、γ-、δ-杜松烯 (γ-,δ-cadinenes)、表双环倍半水芹烯 (epi-bicyclosesquiphellandrene)、吉马烯B (germacrene B)、橙花叔醇 (nerolidol)[3]等。香豆素类成分：异欧前胡素 (isoimperatorin)、佛手柑内酯 (bergapten)[4]、meranzin hydrate、pranferin、isomeranzin[5]；此外，还含原儿茶酸 (protocatechuic aicd)等[1]。

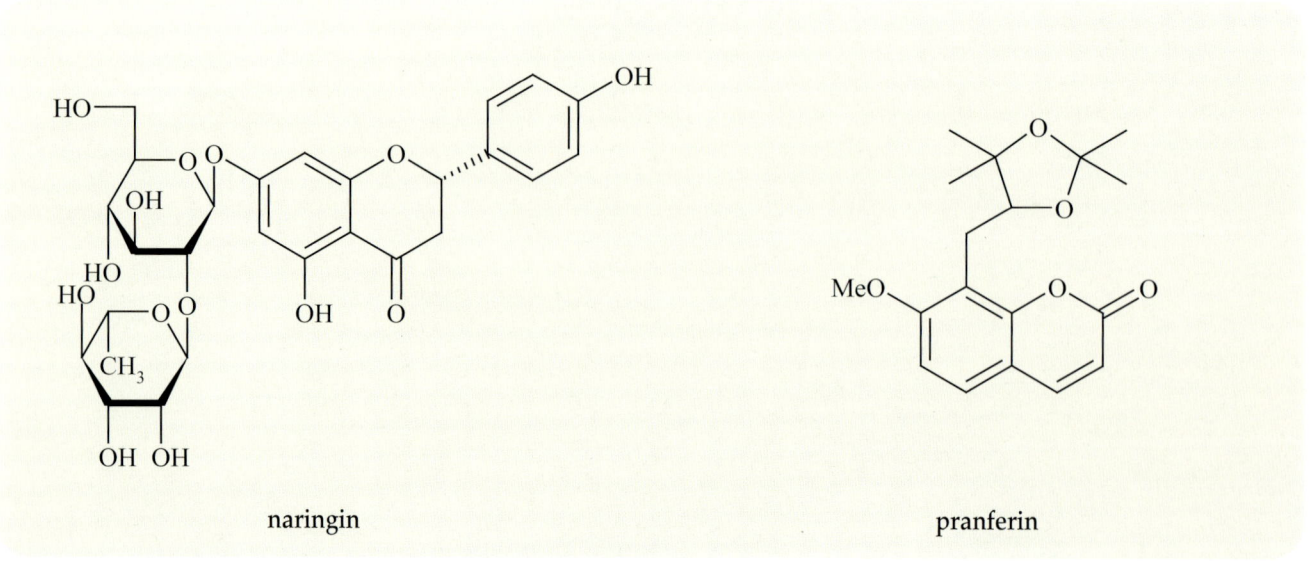

naringin

pranferin

药理作用

1. 止咳祛痰平喘

化州柚提取物（主要含黄酮类成分）灌胃给药能显著延长氨水喷雾引起半数小鼠咳嗽的时间，减少枸橼酸引起的豚鼠咳嗽次数并延长咳嗽潜伏期，还能促进小鼠气管酚红的排泌和增加大鼠玻管的排痰量；对组胺和氯化乙酰胆碱混合液引起的豚鼠哮喘也有抑制作用[6]。

2. 解痉

化州柚外层果皮水提醇沉物能显著降低豚鼠离体气管平滑肌的静息张力，对乙酰胆碱、组胺、氯化钙、氯化钾、氯化钡所致的气管平滑肌收缩均有抑制作用，还可明显抑制乙酰胆碱所致的外钙内流引起的收缩[7]。

3. 抗炎

化州柚外层果皮水提醇沉物灌胃给药对二甲苯所致小鼠耳郭肿胀、蛋清所致大鼠足趾肿胀、大鼠棉球肉芽肿均有显著抑制作用[8]。

4. 抗氧化

化橘红多糖在体外有清除邻苯三酚自氧化体系产生的超氧阴离子自由基 (SAFR) 的作用[9]。

应用

本品为中医临床用药。功能：散寒，燥湿，利气，消痰。主治：风寒咳嗽，喉痒痰多，食积伤酒，呕恶痞闷等。

现代临床还用于慢性支气管炎、慢性阻塞性肺气肿等病的治疗。

评注

同属植物柚 Citrus grandis (L.) Osbeck 为《中国药典》收载的中药化橘红的另一法定原植物来源种。

化州柚为历史沿用化橘红正品，一般认为化州柚质量比柚佳，20 世纪 80 年代时，由于化州城内植物株数较少，产量不大，故柚的果皮作为化橘红代用，沿用至今。化州柚果皮有毛，因多加工成七爪形，故又称毛绿七爪。柚的果皮无毛，又称光橘红或光七爪。两者在商品流通时应当表明产地和来源种，不应同冠以"化橘红"之名。

研究化州柚生长过程中黄酮类成分等含量的动态规律发现，果龄 34 天时采收化州柚幼果、果龄 55 天时采收化州柚未成熟果较为合适[10]。

化州柚可药食两用，果实含有丰富的维生素和其他营养物质，果皮可药用，内皮可制蜜饯或果胶，果瓤可制果汁或柠檬酸，种子可榨油，为极具开发利用价值的经济植物。

参考文献

[1] 袁旭江, 林励, 陈志霞. 化橘红中酚性成分的研究. 中草药. 2004, 35(5): 498-500

[2] 程荷凤, 蔡春, 李小凤. 化橘红挥发油化学成分的研究. 中国药学杂志. 1996, 31(7): 424-425

[3] 陆连剑, 李婷, 李成. 化橘红超临界 CO_2 萃取物的 GC-MS 分析. 中药材. 2003, 26(8): 559-560

[4] 陈志霞, 林励. 化橘红药材中香豆素类成分的研究. 中药材. 2004, 27(8): 577-578

[5] 古淑仪, 宋晓虹, 苏薇薇. 化州柚中香豆素成分的研究. 中草药. 2005, 36(3): 341-343

[6] 李沛波, 马燕, 王永刚, 苏薇薇. 化州柚提取物止咳化痰平喘作用的实验研究. 中国中药杂志. 2006, 31(16): 1350-1352

[7] 关骏良, 吴钊华, 吴万征. 化橘红提取物对豚鼠离体气管平滑肌收缩功能的影响. 中药材. 2004, 27(7): 515-517

[8] 李沛波, 马燕, 杨宏亮, 贾强, 王永刚, 苏薇薇. 化州柚提取物的抗炎作用. 中草药. 2006, 37(2): 251-253

[9] 程荷凤, 李小凤, 东野广智. 化橘红水溶性多糖的化学及体外抗氧化活性的研究. 化学世界. 2002, 2: 91-93, 84

[10] 林励, 黄兰珍, 欧剑锋, 陈康. 化橘红原植物化州柚生长过程中黄酮类成分的变化规律研究. 广州中医药大学学报. 2006, 23(3): 256-261

芸香科

黄皮 Huangpi

Clausena lansium (Lour.) Skeels
Chinese Wampee

概述

芸香科 (Rutaceae) 植物黄皮 *Clausena lansium* (Lour.) Skeels，其干燥叶和干燥成熟种子入药。中药名：黄皮叶、黄皮核。

黄皮属 (*Clausena*) 植物全世界约有 30 种，分布于亚洲、非洲、澳洲及新西兰。中国约有 10 种、2 变种，其中 1 种为引进栽培，分布于长江以南地区，以云南、广西和广东的种类最多。本属现供药用者约 5 种、1 变种。本种原产于中国南部地区，福建、广东、香港、广西、云南、台湾、贵州南部及四川金沙江河谷均有栽培，现世界热带及亚热带地区有引种。

"黄皮叶"和"黄皮核"药用之名，始载于《岭南采药录》。黄皮最早以成熟果实入药，"黄皮果"药用之名，始载于《本草纲目》，历代本草多有著录，古今药用品种一致。《广东省中药材标准》收载本种为中药黄皮核的原植物来源种。主产于中国广西，四川、云南、贵州、湖北等地也产。

黄皮叶主要含酰胺类和咔唑生物碱类成分，其中黄皮酰胺为主要活性成分；黄皮核主要含酰胺类成分。

药理研究表明，黄皮叶具有保肝、益智、抗氧化、降血糖等作用。

民间经验认为黄皮叶具有解表散热，行气化痰，利尿，解毒的功效；黄皮核具有行气止痛，解毒散结的功效。

黄皮 *Clausena lansium* (Lour.) Skeels

药材黄皮叶 Folium Clausenae Lansii

1cm

药材黄皮核 Semen Clausenae Lansii

1cm

化学成分

黄皮的叶含酰胺类成分：黄皮酰胺 (clausenamide)[1]、黄皮酰胺I、II (clausenamides I-II)[2]、新黄皮酰胺 (neoclausenamide)、桥环黄皮酰胺(cycloclausenamide)[1]、原黄皮酰胺(secoclausenamide)、裂环去甲基原黄皮酰胺 (secodemethyl-clausenamide)[3]、高黄皮酰胺 (homoclausenamide)、ζ-黄皮酰胺 (ζ-clausenamide)[4]、

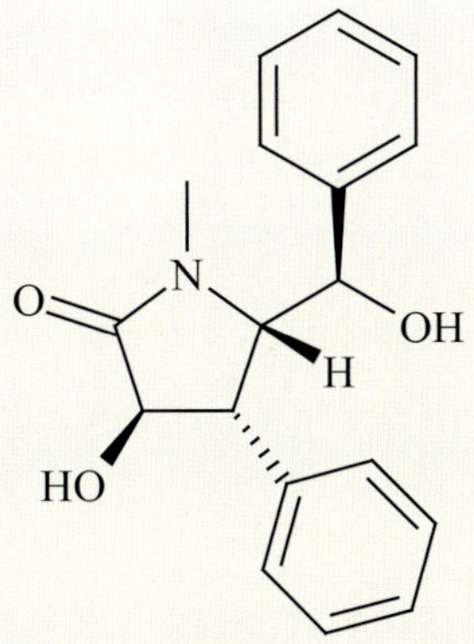

clausenamide

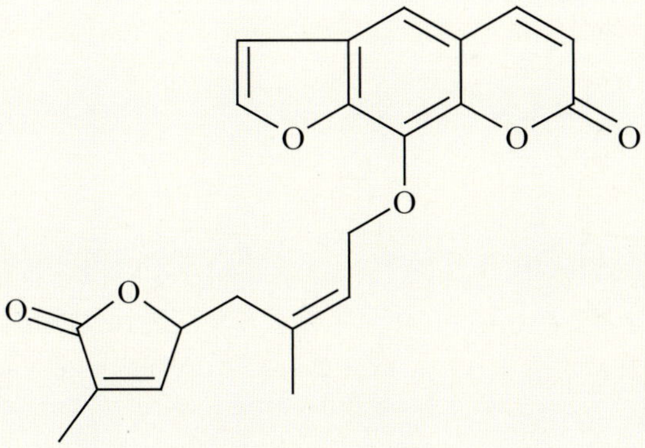

clausenacoumarin

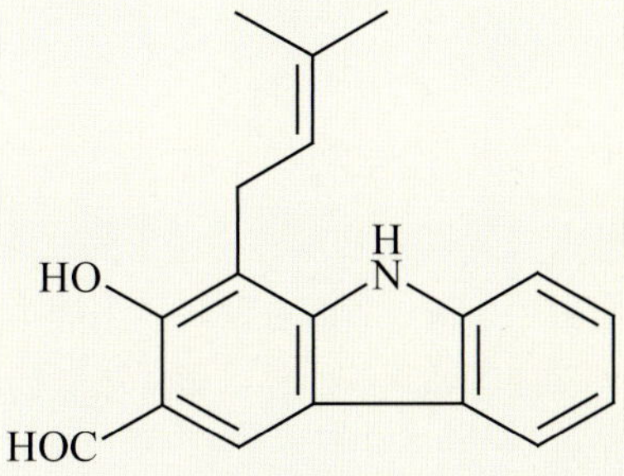

heptaphylline

黄皮　Huangpi

黄皮 Huangpi

lansamides-I[5]、-2、-3、-4[6]、黄皮酰亚胺-2、-3 (lansimides-2, -3)[7]、N-2-苯乙基肉桂酰胺 (N-2-phenylethylcinnamamide)、N-甲基肉桂酰胺 (N-methylcinnamamide)[2];咔唑生物碱类成分:七叶黄皮碱 (heptaphylline)、lansine[5];香豆素类成分:黄皮香豆精 (clausenacoumarin)[8]、3-苯甲基香豆素 (3-benzylcoumarin)[2];三萜类成分:黄皮萜醇 (lansiol)[7];挥发油成分:石竹烯氧化物 (caryophyllene oxide)、(Z)-α-檀香醇 [(Z)-α-santalol][9]、cis-β-farnesene[10]、β-檀香醇 (β-santalol)、甜没药醇 (bisabolol)、甲基檀香醇 (methyl santalol)、喇叭茶萜醇 (ledol)、甜橙醛 (sinensal)[11]。

黄皮的种子含酰胺类成分:黄皮新肉桂酰胺 A、B、C (lansiumamides A-C)、lansamide-I[12]。

黄皮的树干含咔唑生物碱类成分:3-甲基咔唑 (3-methylcarbazole)、3-甲酰基咔唑 (3-formylcarbazole)、甲基咔唑-3-羧酸甲酯 (methyl carbazole-3-carboxylate);香豆素类成分:欧前胡素 (imperatorin)、花椒毒酚 (xanthotoxol)、8-牻牛儿醇基补骨脂素 (8-geranoxypsoralen)、黄皮呋喃香豆精 (wampetin)[13]、chalepin、珊瑚菜素 (phellopterin)[14];倍半萜类成分:日本刺参萜酮 (oplopanone)[13]。

黄皮的根含咔唑生物碱类成分:3-甲酰基-6-甲氧基咔唑 (3-formyl-6-methoxycarbazole)、3-甲酰基-1,6-二甲氧基咔唑 (3-formyl-1,6-dimethoxycarbazole)、九里香碱 (murrayanine)、山小桔灵 (glycozoline)、印度黄皮唑碱 (indizoline)[15];酰胺类成分:狭叶香茶菜素 (angustifoline);香豆素类成分:继状芸香素 (chalepensin)、chalepin、芸香内酯 (gravelliferone)[16]。

从黄皮的树枝还分离到香豆素类成分:lansiumarins A、B、C[17]。

药理作用

1. **保肝**
   黄皮叶氯仿提取物、黄皮酰胺或原黄皮酰胺灌胃对 CCl_4、扑热息痛、硫代乙酰胺所致的小鼠肝损伤均有显著保护作用,可降低血清谷丙转氨酶 (sGPT) 含量,减轻肝脏病理损害,并增强肝脏的解毒功能[18-19]。黄皮酰胺、新黄皮酰胺和桥环黄皮酰胺均为降低转氨酶的有效成分[1]。黄皮酰胺类化合物体外还可保护黄曲霉素 B_1 (AFB$_1$) 引起的大鼠肝细胞非程序性 DNA 合成 (UDS) 损伤和并抑制GPT的释放[20]。

2. **对中枢神经系统的影响**
   (1) 益智 黄皮酰胺灌胃给药能改善樟柳碱所致的小鼠记忆障碍和β-淀粉样肽引起的大鼠空间辨别障碍,其益智机理与对抗樟柳碱引起的脑皮层、海马、纹状体内乙酰胆碱的含量降低[21-22]、增加脑内 NMDA 受体的密度[23]、提高脑皮层的胆碱乙酰化酶 (ChAT) 活性、提高脑内蛋白磷酸酯酶神经钙蛋白和钙蛋白酶的活性[22]以及增强海马齿状回突触传递功能有关[24]。
   (2) 对脑组织的影响 黄皮酰胺经口给药对 5-羟色胺 (5-HT)、前列腺素$F_{2α}$ ($PGF_{2α}$) 和花生四烯酸引起的大鼠脑基底动脉条收缩有明显抑制作用,能缓解血管痉挛,增加脑血流量[25]。黄皮酰胺口服多日能增加断乳小鼠和成年大鼠海马突触密度和苔藓神经纤维末梢发芽数[22];体外可抑制 PC12 细胞的凋亡[26],还可对抗硝普钠的神经毒性作用,对抗海马神经元凋亡,其机理可能与增加抗凋亡基因 bcl-2 的表达,降低促凋亡基因 bax 的表达,增高 bcl-2/bax 的比值有关[27]。

3. **抗氧化**
   黄皮酰胺经口给药能抑制乙醇诱发的小鼠肝脂质过氧化反应,使硫代巴比妥酸 (TBA) 反应值下降,并能显著激活脑和肝组织胞浆液中谷胱甘肽过氧化酶 (GSH-Px) 的活力[25]。在Fenton反应体系中,黄皮酰胺对羟自由基和超氧阴离子均有清除作用。此外,黄皮酰胺还可清除由佛波醇豆蔻酸醋酸酯 (PMA) 刺激人多形核白细胞 (PML) 所产生的氧自由基[28]。

4. 降血糖

黄皮香豆精经口给药能降低四氧嘧啶和肾上腺素所致小鼠高血糖，对正常小鼠的血糖也有降低的作用[8]。

5. 其他

黄皮酰胺经口给药能显著延长小鼠断头后的张口喘息时间和亚硝酸钠中毒小鼠的存活时间[25]。黄皮核含的胰蛋白酶抑制剂有抑制人类免疫缺陷病毒(HIV)逆转录和抗真菌作用[29]，黄皮酰亚胺-2、-3有抗菌作用[7]。

应用

黄皮叶为中国岭南民间草药。功能：解表散热，行气化痰，利尿，解毒。主治：温病发热，流行性脑膜炎，疟疾，咳嗽痰喘，脘腹疼痛，风湿痹痛，黄肿，小便不利，热毒疥癣，蛇虫咬伤。

黄皮核也为中国岭南民间草药。功能：行气止痛，健胃消肿。主治：气滞脘腹疼痛，疝痛，睾丸疼痛，痛经，小儿头疮，蜈蚣咬伤。

现代临床还用于感冒、风湿骨痛、木薯中毒、狂犬咬伤、急性胃肠炎等病的治疗。

评注

黄皮叶中的黄皮酰胺类成分具有较强的抗衰老和益智作用，值得进一步开发利用。黄皮果含丰富的氨基酸和多种人体需要的微量元素，是热带、亚热带水果之一，具有较高的营养和药用价值。

参考文献

[1] MH Yang, YY Chen, L Huang. Three novel cyclic amides from *Clausena lansium*. *Phytochemistry*. 1988, **27**(2): 445-450

[2] SH Li, SL Wu, WS Li. Amides and coumarin from the leaves of *Clausena lansium*. *Chinese Pharmaceutical Journal*. 1996, **48**(5): 367-373

[3] MH Yang, L Huang. Studies on the chemical constituents of *Clausena lansium* (Lour.) Skeels. IV. The structural elucidation of seco- and secodemethyl-clausenamide. *Chinese Chemical Letters*. 1991, **2**(10): 775-776

[4] MH Yang, YY Chen, L Huang. Studies on the chemical constituents of *Clausena lansium* (Lour.) Skeels. III. The structural elucidation of homo- and ζ- clausenamide. *Chinese Chemical Letters*. 1991, **2**(4): 291-292

[5] D Prakash, K Raj, RS Kapil, SP Popli. Chemical constituents of *Clausena lansium*: Part I. Structure of lansamide-I and lansine. *Indian Journal of Chemistry*. 1980, **19B**(12): 1075-1076

[6] V Lakshmi, K Raj, RS Kapil. Chemical constituents of *Clausena lansium*: Part III. Structure of lansamide-3 and 4. *Indian Journal of Chemistry*. 1998, **37B**(4): 422-424

[7] V Lakshmi, R Kumar, V Varshneya, A Chaturvedi, PK Shukla, SK Agarwal. Antifungal activity of lansimides from *Clausena lansium* (Lour.). *Nigerian Journal of Natural Products and Medicine*. 2005, **9**: 61-62

[8] 申竹芳，陈其明．黄皮香豆精的降血糖作用．药学学报．1989，**24**(5)：391-392

[9] JA Pino, R Marbot, V Fuentes. Aromatic plants from western cuba IV. Composition of the leaf oils of *Clausena lansium* (Lour.) Skeels and *Swinglea glutinosa* (Blanco) Merr. *Journal of Essential Oil Research*. 2006, **18**(2): 139-141

[10] 罗辉，蔡春，张建和，莫丽儿．黄皮叶挥发油化学成分研究．中药材．1998，**21**(8)：405-406

[11] JY Zhao, P Nan, Y Zhong. Chemical composition of the essential oils of *Clausena lansium* from Hainan Island, China. *Zeitschrift fur Naturforschung. C, Journal of Biosciences*. 2004, **59**(3-4): 153-156

[12] J Lin. Cinnamamide derivatives from *Clausena lansium*. *Phytochemistry*. 1989, **28**(2): 621-622

[13] SL Wu, WS Li. Chemical constituents from the stems of *Clausena lansium*. *Chinese Pharmaceutical Journal*. 1999, **51**(3): 227-240

[14] AC Adebajo, V Kumar, J Reish. 3-Formylcarbazole and furocoumarins from *Clausena lansium*. *Nigerian Journal of Natural Products and Medicine*. 1998, 2: 57-58

[15] WS Li, JD McChesney, FS El-Feraly. Carbazole alkaloids from *Clausena lansium*. *Phytochemistry*. 1991, **30**(1): 343-346

[16] V Kumar, K Vallipuram, AC Adebajo, J Reisch. 2,7-Dihydroxy-3-formyl-1-(3'-methyl-2'-butenyl)carbazole from *Clausena lansium*. *Phytochemistry*. 1995, **40**(5): 1563-1565

[17] C Ito, S Katsuno, H Furukawa. Structures of lansiumarin-A, -B, -C, three new furocoumarins from *Clausena lansium*. *Chemical & Pharmaceutical Bulletin*. 1998, **46**(2): 341-343

[18] 魏怀玲，李伟勋，陈延镛，刘耕陶．黄皮叶对小鼠化学性肝损伤的保护作用及其毒性．中药药理与临床．1996，**12**(4)：18-20

[19] GT Liu, WX Li, YY Chen, HL Wei. Hepatoprotective action of nine constituents isolated from the leaves of *Clausena lansium* in mice. *Drug Development Research*. 1996, **39**(2): 174-178

[20] 吴宇群，刘耕陶．光学活性黄皮酰胺类化合物体外对黄曲霉毒素 B_1 损伤大鼠肝细胞非程序性 DNA 合成的保护作用．中国药理学与毒理学杂志．2006，**20**(5)：393-398

[21] 段文贞，张均田．(-),(+)黄皮酰胺对樟柳碱引起的小鼠脑内乙酰胆碱含量降低及记忆障碍的影响．药学学报．1998，**33**(4)：259-263

[22] 张均田，段文贞，刘少林，王润生．(-)黄皮酰胺的抗老年痴呆作用．医药导报．2001，**20**(7)：403-404

[23] 段文贞，张均田．(-)黄皮酰胺对鼠脑内NMDA受体的影响．药学学报．1997，**32**(4)：259-263

[24] 刘少林，赵明瑞，张均田．黄皮酰胺对清醒自由活动大鼠齿状回突触传递的影响．药学学报．1999，**34**(5)：325-328

[25] 刘云，石成璋，张均田．黄皮酰胺的抑制脂质过氧化和脑保护作用．药学学报．1991，**26**(3)：166-170

[26] 王润生，张均田．Bax α 高表达 PC12 细胞系的建立及(-)黄皮酰胺抗细胞凋亡作用机制的研究．药学学报．2000，**35**(6)：404-407

[27] 刘勇军，祝其锋．(-)黄皮酰胺对硝普钠诱导的海马神经元凋亡的影响．中国老年学杂志．2006，**26**(7)：936-938

[28] 林童俊，刘耕陶，李小洁，赵保路，忻文娟．黄皮酰胺抗脂质过氧化及对氧自由基清除作用．中国药理学与毒理学杂志．1992，**6**(2)：97-102

[29] TB Ng, SK Lam, WP Fong. A homodimeric sporamin-type trypsin inhibitor with antiproliferative, HIV reverse transcriptase-inhibitory and antifungal activities from wampee (*Clausena lansium*) seeds. *Biological Chemistry*. 2003, **384**(2): 289-293

水翁 Shuiweng

Cleistocalyx operculatus (Roxb.) Merr. et Perry
Operculate Cleistacalyx

桃金娘科

概述

桃金娘科 (Myrtaceae) 植物水翁 *Cleistocalyx operculatus* (Roxb.) Merr. et Perry，其干燥花蕾入药。中药名：水翁花。

水翁属 (*Cleistocalyx*) 植物全世界约有 20 多种，主要分布于亚洲热带地区和澳洲。中国有 2 种，分布于广东、广西和云南等地，本属现供药用者有 1 种。本种分布于中国广东、香港、广西和云南等地；中南半岛、印度、马来西亚、印度尼西亚及澳洲也有分布。

水翁以"水翁花"药用之名，始载于《岭南采药录》。中国广东省习惯在夏季将其煎作凉茶饮以解暑。《广东省中药材标准》收载本种为水翁花的原植物来源种。主产于中国广东、海南、广西、云南、台湾等省区。

水翁主要含查耳酮类、黄酮类、挥发油成分。

药理研究表明，水翁具有抗菌、抗肿瘤、抗氧化等作用。

中医理论认为水翁花具有清热解毒，祛暑生津，消滞利湿的功效。

水翁 *Cleistocalyx operculatus* (Roxb.) Merr. et Perry

水翁 Shuiweng

药材水翁花 Flos Cleistocalycis Operculati

化学成分

水翁花蕾含查耳酮类成分：2',4'-二羟基-6'-甲氧基-3',5'-二甲基查耳酮 (2',4'-dihydroxy-6'-methoxy-3',5'-dimethylchalcone)[1]、3'-甲酰基-4',6'-二羟基-2'-甲氧基-5'-甲基查耳酮 (3'-formyl-4',6'-dihydroxy-2'-methoxy-5'-methylchalcone)[2]、2,4-二羟基-6-甲氧基-3,5-二甲基二氢查尔酮 (2,4-dihydroxy-6-methoxy-3,5-dimethylchalcone)[3]；黄酮类成分：(2S)-8-甲酰基-5-羟基-7-甲氧基-6-甲基二氢黄酮 [(2S)-8-formyl-5-hydroxy-7-methoxy-6-methylflavanone][2]、7-羟基-5-甲氧基-6,8-二甲基二氢黄酮 (7-hydroxy-5-methoxy-6,8-dimethylflavanone)、5,7-二羟基-6,8-二甲基二氢黄酮 (5,7-dihydroxy-6,8-dimethylflavanone)[3]；三萜类成分：熊果酸 (ursolic acid)[1]等。

水翁叶含挥发油成分：Z-、E-β-罗勒烯 (Z-, E-β-ocimenes)、桂叶烯 (myrcene)、丁子香烯 (β-caryophyllene)、芳樟醇 (linalool)、柠檬烯 (limonene)、去氢白菖蒲烯 (calamenene)、异松油烯 (terpinolene)[4]等。

水翁皮含三萜类成分：阿江榄仁酸 (arjunolic acid)[5]等。

2',4'-dihydroxy-6'-methoxy-3',5'-dimethylchalcone

药理作用

1. 抗菌

水翁花对常见化脓性球菌和肠道致病菌均有较强的抑制作用。

2. 抗肿瘤

2′,4′-二羟基-6′-甲氧基-3′,5′-二甲基查耳酮 (DMC) 能明显增强耐药性肿瘤细胞 KB-A1 对多柔比星 (doxorubicin) 的敏感性，增加肿瘤细胞中多柔比星的浓度，明显减轻移植肿瘤重量[6]。染色试验证实，DMC 能使慢性髓性白血病细胞 K_{562} 中染色质浓集、断裂，下调 bcl-2 蛋白水平，诱导白血病细胞凋亡[7]。静脉注射 DMC，能通过抑制 KDR 酪氨酸激酶，抑制促细胞分裂剂活化的蛋白激酶，阻断 KDR 介导的信号转导，抑制小鼠皮下接种人肝癌细胞 Bel7402 和肺癌 GLC-82 瘤块生长[8]。对六种人肿瘤细胞的细胞毒实验证实，鼠肝癌细胞 SMMC-7721 对 DMC 最敏感，DMC 能明显抑制癌细胞生长，并诱导其凋亡；DMC 也能抑制体内接种 SMMC-7721 小鼠的瘤块生长[9-10]。

3. 抗氧化

水翁花能在大鼠肝脏微粒体中表现出明显的脂质过氧化保护作用，对双氧水导致的大鼠肾上腺嗜铬瘤细胞 PC12 损伤也有明显保护作用[11]。

4. 对心脏的作用

水翁花水提取物能抑制离体大鼠心脏肌纤维膜内 Na^+,K^+-ATP 酶活性，增强心脏收缩性，降低收缩频率，体现出正性肌力和负性频率作用[12]。

应用

本品为中医临床用药。功能：清热解毒，祛暑生津，消滞利湿。主治：外感发热头痛，暑热烦渴，热毒泻痢，积滞腹胀。

现代临床还用于感冒、细菌性痢疾、急性胃肠炎、消化不良等病的治疗。

评注

除花蕾外，水翁的叶用作中药水翁叶；水翁的皮用作水翁皮，均具有清热消滞，解毒杀虫，燥湿止痒的功效，主治湿热泻痢，食积腹胀，脚气湿烂，湿疹，烧烫伤等。

水翁皮在中国广东又用作"土荆皮"，《中国药典》（2005 年版）收载的土荆皮来源于松科植物金钱松 *Pseudolarix kaempferi* Gord. 的干燥根皮或近根树皮。这两种树皮均有止痒、杀虫作用。金钱松系中国特产，属国家二级保护植物之一。

参考文献

[1] CL Ye, YH Lu, XD Li, DZ Wei. HPLC analysis of a bioactive chalcone and triterpene in the buds of *Cleistocalyx operculatus*. *South African Journal of Botany*. 2005, **71**(3&4): 312-315

[2] CL Ye, YH Lu, DZ Wei. Flavonoids from *Cleistocalyx operculatus*. *Phytochemistry*. 2004, **65**(4): 445-447

[3] TAD Le, XD Nguyen, VL Hoang. Chemical composition of different parts of *Cleistocalyx operculatus* Roxb Merr et Perry from Vietnam. *Tap Chi Hoa Hoc*. 1997, **35**(3): 47-51

[4] NX Dung, HV Luu, TT Khoi, PA Leclercq. GC and GC/MS analysis of the leaf oil of *Cleistocalyx operculatus* Roxb. Merr. et Perry (Syn. *Eugenia operculata* Roxb.; *Syzygicum mervosum* DC.). *Journal of Essential Oil Research*. 1994, **6**(6): 661-662

[5] M Nomura, K Yamakawa, Y Hirata, M Niwa. Antidermatophytic constituent from the bark of *Cleistocalyx operculatus*. *Shoyakugaku*

Zasshi. 1993, **47**(4): 408-410

[6] F Qian, CL Ye, DZ Wei, YH Lu, SL Yang. *In vitro* and *in vivo* reversal of cancer cell multidrug resistance by 2',4'-dihydroxy-6'-methoxy-3',5'-dimethylchalcone. *Journal of Chemotherapy.* 2005, **17**(3): 309-314

[7] CL Ye, F Qian, DZ Wei, YH Lu, JW Liu. Induction of apoptosis in K_{562} human leukemia cells by 2',4'-dihydroxy-6'-methoxy-3',5'-dimethylchalcone. *Leukemia Research.* 2005, **29**(8): 887-892

[8] XF Zhu, BF Xie, JM Zhou, GK Feng, ZC Liu, XY Wei, FX Zhang, MF Liu, YX Zeng. Blockade of vascular endothelial growth factor receptor signal pathway and antitumor activity of ON-III (2',4'-dihydroxy-6'-methoxy-3',5'-dimethylchalcone), a component from Chinese herbal medicine. *Molecular Pharmacology.* 2005, **67**(5): 1444-1450

[9] CL Ye, JW Liu, DZ Wei, YH Lu, F Qia. *In vitro* anti-tumor activity of 2',4'-dihydroxy-6'-methoxy-3',5'-dimethylchalcone against six established human cancer cell lines. *Pharmacological Research.* 2004, **50**(5): 505-510

[10] CL Ye, JW Liu, DZ Wei, YH Lu, F Qian. *In vivo* antitumor activity by 2',4'-dihydroxy-6'-methoxy-3',5'-dimethylchalcone in a solid human carcinoma xenograft model. *Cancer Chemotherapy and Pharmacology.* 2005, **56**(1): 70-74

[11] 卢艳花，杜长斌，吴子斌，叶春林，刘建文，魏东芝．水翁花对微粒体和神经细胞氧化损伤的保护作用．中国中药杂志．2003，**28**(10)：964-966

[12] AYH Woo, MMY Waye, HS Kwan, MCY Chan, CF Chau, CHK Cheng. Inhibition of ATPases by *Cleistocalyx operculatus*. A possible mechanism for the cardiotonic actions of the herb. *Vascular Pharmacology.* 2002, **38**(3): 163-168

肾茶 Shencha

Clerodendranthus spicatus (Thunb.) C. Y. Wu ex H. W. Li
Spicate Clerodendranthus

唇形科

概述

唇形科 (Lamiaceae) 植物肾茶 *Clerodendranthus spicatus* (Thunb.) C. Y. Wu ex H. W. Li，其干燥全草入药。中药名：猫须草。

肾茶属 (*Clerodendranthus*) 植物全世界约有 5 种，分布于东南亚至澳洲。中国有 1 种，可供药用。本种分布于中国广东、香港、福建、海南、广西、云南、台湾等省区；印度、缅甸、泰国、从印度尼西亚、菲律宾至澳洲及邻近岛屿也有分布。

肾茶为傣族民间传统草药，已有两千余年的使用历史，其傣文药名"雅糯秒"，始载于傣族医书《贝叶经》、《档哈雅》中[1]。曾以"猫须公"药用之名，载于广州部队《常用中草药手册》。主产于中国广东、海南、广西、云南、台湾等省区。

肾茶主要含二萜类、三萜类、黄酮类、三萜皂苷类成分等。

药理研究表明，肾茶具有利尿、抗肿瘤、抗炎、免疫调节、抗氧化作用、抗血小板聚集及抗血栓、抗肾小球系膜细胞增殖、抗菌等作用。

民间经验认为猫须草具有清热利湿，通淋排石的功效。

肾茶 *Clerodendranthus spicatus* (Thunb.) C. Y. Wu ex H. W. Li

肾茶 Shencha

药材猫须草 Herba Clerodendranthi Spicati

化学成分

肾茶的全草含二萜类成分：orthosiphols A、B、D、E、F、G、H、I、J、K、L、M、N、O、P、Q、R、S、T、U、V、W、X、Y、secoorthosiphols A、B、C、neoorthosiphols A、B、siphonols A、B、C、D、E、staminols A、B[2]、C、D[3]、norstaminols A、B、C、staminolactones A、B、nororthosiphonolide A、norstaminolactone A[2]、orthosiphonones A、B[4]、C、D、14-deoxo-14-O-acetylorthosiphol Y、3-O-deacetylorthosiphol I、2-O-deacetylorthosiphol J[3]、neoorthosiphonone A[5]；三萜酸类成分：熊果酸 (ursolic acid)、齐墩果酸 (oleanolic acid)、白桦脂酸 (betulinic acid)[6]、山楂酸 (maslinic acid)[7]、orthosiphonoic acid[8]；三萜皂苷类成分：orthosiphonosides A、B、C、D、E[9]；黄酮及黄酮苷类成分：ladanein[6]、3'-羟基-5,6,7,4'-四甲氧基黄酮 (3'-hydroxy-5,6,7,4'-tetramethoxyflavone)、泽兰黄素 (eupatorin)、橙黄酮 (sinensetin)[10]、异橙黄酮 (isosinensetin)、鼠尾草素 (salvigenin)、gonzalitosin I、6-甲氧基木犀草素 (6-methoxyluteolin)、黄芪苷 (astragalin)、异槲皮素 (isoquercetrin)[11]、6-甲氧基芫花素 (6-methoxygenkwanin)[12]、四甲基黄芩素 (tetramethylscutellarein)[13]、pedalitin permethylether[14]、5,7,4'-三甲基芹菜素 (5,7,4'-trimethylapigenin)、

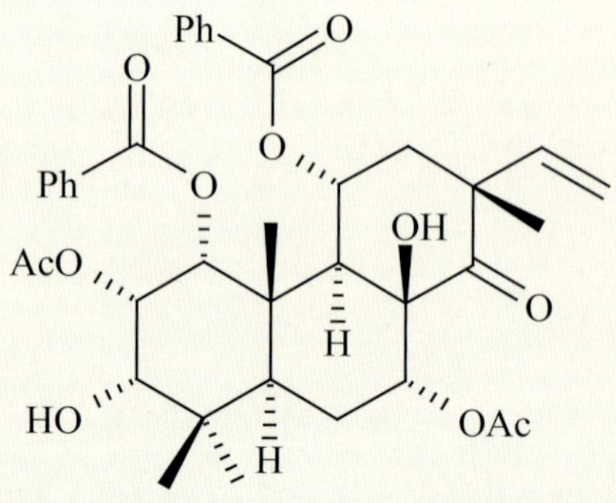

orthosiphol A

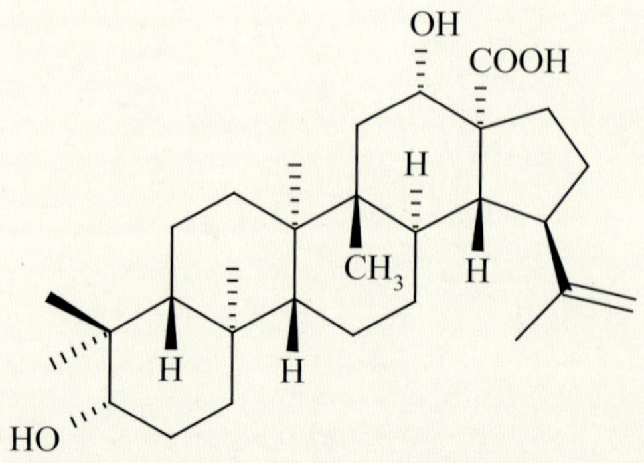

orthosiphonoic acid

5,7,3',4'-四甲基木犀草素 (5,7,3',4'-tetramethylluteolin)[15]；苯并色烯类成分：orthochromene A[4]、methylripariochromene A[16]；有机酸类成分：咖啡酸 (cafeic acid)、原儿茶酸 (protocatechuic acid)、迷迭香酸 (rosmarinic acid)[11]、菊苣酸 (cichoric acid)[17]；香豆素类成分：秦皮乙素 (esculetin)[11]。

药理作用

1. **利尿**
   口服肾茶水煎液能增加正常大鼠或小鼠的尿量，对尿液的pH值无影响[18-19]。肾茶水煎液十二指肠给药使家兔输尿管动作电位的频率和幅度增加，有促进尿道结石排出的作用[19]；还能显著抑制培养的大鼠肾小球系膜细胞增殖及白介素1β (IL-1β) 分泌[20]。肾茶水提液给腺嘌呤所致慢性肾功能衰竭大鼠灌胃可增加肾小球滤过率和肾血流量，有效降低血清血尿素氮 (BUN) 和肌酐含量，改善贫血症状，增加内生肌酐清除率和尿肌酐的排泄[21]。

2. **抗炎**
   肾茶水煎液口服能显著抑制巴豆油所致的小鼠耳郭肿胀[18]。肾茶氯仿提取物可抑制角叉菜胶引起的小鼠足趾肿胀[22]。

3. **抗菌**
   肾茶水煎液体外对金黄色葡萄球菌、大肠杆菌、绿脓杆菌、肺炎链球菌、宋内氏志贺菌、普通变形杆菌等均有一定的抑制作用[1, 18]。

4. **降血压**
   肾茶提取物体外能明显抑制猪主动脉内皮细胞中缩血管物质内皮素-1 (ET-1) 的释放[23]。有效成分主要为 methylripariochromene A，也与二萜类和黄酮类成分有关[24]。Methylripariochromene A 皮下注射对自发性高血压脑卒中大鼠 (SHRSP) 有降低收缩压和心率的作用[25]。

5. **抗氧化**
   肾茶甲醇提取物体外对二苯代苦味酰肼 (DPPH) 自由基和超氧离子有较好的清除作用[26]，还能抑制黄嘌呤氧化酶的活性[27]。有效成分主要为黄酮类化合物[26-27]。

6. **抗肿瘤**
   肾茶所含的多种黄酮类和二萜类成分体外对小鼠肝转移性结肠癌细胞 26-L5 有细胞毒活性[6, 28]，橙黄酮和四甲基黄芩素体外对艾氏腹水瘤细胞有抑制作用[13]。

7. **免疫调节功能**
   肾茶能够显著增强腹腔巨噬细胞吞噬功能，刀豆蛋白A (Con A) 诱导的脾淋巴细胞增殖反应及自然杀伤细胞 (NK) 活性，增加溶血空斑形成细胞 (PFC) 数目[29]。肾茶所含的二萜类成分能抑制脂多糖 (LPS) 诱导的小鼠巨噬细胞样细胞 J774.1 中一氧化氮 (NO) 的产生[3, 5]。

8. **其他**
   肾茶还具有降血糖[30]、保肝[31]、止血[19]、抑制黑色素形成[23]等作用。

应用

本品为傣族和中国岭南民间草药。功能：清热利湿，通淋排石。主治：急慢性肾炎，膀胱炎，尿道结石，胆结石，风湿性关节炎，热性水肿，小便不利。

现代临床还用于尿道结石、尿道感染、急慢性肾炎、风湿性关节炎等病的治疗。

肾茶在东南亚也是一种常用草药。

肾茶 Shencha

评注

据报道，海南深红鸡脚参 *Orthosiphon rubicundus* (D. Don) Benth. var. *hainanensis* Sun ex C. Y. Wu 与本种相似，其叶为窄椭圆形或长圆形，边缘锯齿较粗，叶柄很短或无叶柄，应注意鉴别，以免产生混乱。同时也应加强对其化学成分和药理活性研究，扩大药用资源的开发利用。

参考文献

[1] 高南南，田泽，李玲玲，李国青，李瑞玲，陈慧珍，娄人慧，彦桂华. 肾茶药理作用的研究. 中草药. 1996, **27**(10): 615

[2] S Awale, Y Tezuka, AH Banskota, S Kadota. Inhibition of NO production by highly-oxygenated diterpenes of *Orthosiphon stamineus* and their structure-activity relationship. *Biological & Pharmaceutical Bulletin*. 2003, **26**(4): 468-473

[3] NMT Thi, A Suresh, T Yasuhiro, CH Chang, K Shigetoshi. Staminane- and isopimarane-type diterpenes from *Orthosiphon stamineus* of Taiwan and their nitric oxide inhibitory activity. *Journal of Natural Products*. 2004, **67**(4): 654-658

[4] H Shibuya, T Bohgaki, T Matsubara, M Watarai, K Ohashi, I Kitagawa. Indonesian medicinal plants. XXII. Chemical structures of two new isopimarane-type diterpenes, orthosiphonones A and B, and a new benzochromene, orthochromene A from the leaves of *Orthosiphon aristatus* (Lamiaceae). *Chemical & Pharmaceutical Bulletin*. 1999, **47**(5): 695-698

[5] S Awale, Y Tezuka, M Kobayashi, JY Ueda, S Kadota. Neoorthosiphonone A; a nitric oxide (NO) inhibitory diterpene with new carbon skeleton from *Orthosiphon stamineus*. *Tetrahedron Letters*. 2004, **45**(7): 1359-1362

[6] Y Tezuka, P Stampoulis, AH Banskota, S Awale, KQ Tran, I Saiki, S Kadota. Constituents of the Vietnamese medicinal plant *Orthosiphon stamineus*. *Chemical & Pharmaceutical Bulletin*. 2000, **48**(11): 1711-1719

[7] MA Hossain, Z Ismail. Maslinic acid from the leaves of *Orthosiphon stamineus*. *Journal of Bangladesh Academy of Sciences*. 2005, **29**(1): 61-64

[8] MA Hossain, Z Ismail. A new lupene-type triterpene from the leaves of *Orthosiphon stamineus*. *Indian Journal of Chemistry*. 2005, **44B**(2): 436-437

[9] FV Efimova, AD Inaishvili. Java tea (*Orthosiphon stamineus*) saponins. *Aktual'nye Voprosy Farmatsii*. **1970**: 17-18

[10] GA Akowuah, I Zhari, I Norhayati, A Sadikun, SM Khamsah. Sinensetin, eupatorin, 3'-hydroxy-5,6,7,4'-tetramethoxyflavone and rosmarinic acid contents and antioxidative effect of *Orthosiphon stamineus* from Malaysia. *Food Chemistry*. 2004, **87**(4): 559-566

[11] 赵爱华，赵勤实，李蓉涛，孙汉董. 肾茶的化学成分. 云南植物研究. 2004, **26**(5): 563-568

[12] 钟纪育，邬宗实. 肾茶的化学成分. 云南植物研究. 1984, **6**(3): 344-345

[13] KE Malterud, IM Hanche-Olsen, I Smith-Kielland. Flavonoids from *Orthosiphon spicatus*. *Planta Medica*. 1989, **55**(6): 569-570

[14] MA Hossain, Z Ismail. Synthesis of sinensetin, a naturally occurring polymethoxyflavone. *Pakistan Journal of Scientific and Industrial Research*. 2004, **47**(4): 268-271

[15] IM Lyckander, KE Malterud. Lipophilic flavonoids from *Orthosiphon spicatus* prevent oxidative inactivation of 15-lipoxygenase. *Prostaglandins, Leukotrienes and Essential Fatty Acids*. 1996, **54**(4): 239-246

[16] T Matsubara. Pharmacological actions of methylripariochromene A in an Indonesian traditional herbal medicine, kumis kucing (*Orthosiphon aristatus*). *Toyama-ken Yakuji Kenkyusho Nenpo*. 1998, **25**: 23-35

[17] NK Olah, L Radu, C Mogosan, D Hanganu, S Gocan. Phytochemical and pharmacological studies on *Orthosiphon stamineus* Benth. (Lamiaceae) hydroalcoholic extracts. *Journal of Pharmaceutical and Biomedical Analysis*. 2003, **33**(1): 117-123

[18] 蔡华芳，寿燕，汪菁菁，李林. 肾茶的药理作用初探. 中药材. 1997, **20**(1): 38-40

[19] 黄荣桂，沈文通，郑兴中，许有容. 肾茶对尿路结石的治疗作用. 福建医科大学学报. 1999, **33**(4): 402-405

[20] 李月婷，黄荣桂，郑兴中. 肾茶对肾小球系膜细胞增殖及白细胞介素1β表达的影响. 中国中西医结合肾病杂志. 2003, **4**(10): 571-573

[21] 高南南，田泽，李玲玲，李国青，李瑞玲. 肾茶对 Adenine 所致慢性肾功能衰竭大鼠的改善作用. 西北药学杂志. 1996, **11**(3): 114-117

[22] L Vuanghao, A Sadikun, TS Ying, MZ Asmawi. High-performance liquid chromatographic analysis of flavones from the anti-inflammtory fraction of *Orthosiphon stamineus* chloroform extract. *Journal of Physical Science*. 2005, **16**(1): 1-8

[23] R Hashizume, S Maruyama. Extract from *Orthosiphon stamineus* of Okinawa and its pharmacological action. *Fragrance Journal*. 2006, **34**(8): 54-61

[24] T Matsubara. Pharmacological actions of extracts and constituents from an Indonesian traditional herbal medicine, kumis kucing (*Orthosiphon aristatus*). (Part 3). *Toyama-ken Yakuji Kenkyusho Nenpo*. 2000, **27**: 1-6

[25] T Matsubara, T Bohgaki, M Watarai, H Suzuki, K Ohashi, H Shibuya. Antihypertensive actions of methylripariochromene A from *Orthosiphon aristatus*, an Indonesian traditional medicinal plant. *Biological & Pharmaceutical Bulletin*. 1999, **22**(10): 1083-1088

[26] GA Akowuah, I Zhari, I Norhayati, A Sadikun. Radical scavenging activity of methanol leaf extracts of *Orthosiphon stamineus*. *Pharmaceutical Biology*. 2004, **42**(8): 629-635

[27] GA Akowuah, I Zhari, A Sadikun, I Norhayati. HPTLC densitometric analysis of *Orthosiphon stamineus* leaf extracts and inhibitory effect on xanthine oxidase activity. *Pharmaceutical Biology*. 2006, **44**(1): 65-70

[28] P Stampoulis, Y Tezuka, AH Banskota, KQ Tran, I Saiki, S Kadota. Staminolactones A and B and norstaminol A: three highly oxygenated staminane-type diterpenes from *Orthosiphon stamineus*. *Organic Letters*. 1999, **1**(9): 1367-1370

[29] 岑小波，王瑞淑．肾茶对小鼠免疫功能的影响．现代预防医学．1997，**24**(1)：73-74

[30] K Sriplang, S Adisakwattana, A Rungsipipat, S Yibchok-Anun. Effects of *Orthosiphon stamineus* aqueous extract on plasma glucose concentration and lipid profile in normal and streptozotocin-induced diabetic rats. *Journal of Ethnopharmacology*. 2007, **109**(3): 510-514

[31] MF Yam, R Basir, MZ Asmawi, Z Ismail. Antioxidant and hepatoprotective effects of *Orthosiphon stamineus* Benth. standardized extract. *The American Journal of Chinese Medicine*. 2007, **35**(1): 115-126

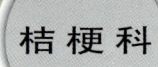

桔梗科

羊乳 Yangru

Codonopsis lanceolata Sieb. et Zucc.
Lance Asiabell

 概 述

桔梗科 (Campanulaceae) 植物羊乳 *Codonopsis lanceolata* Sieb. et Zucc.，其干燥根入药。中药名：山海螺。

党参属 (*Codonopsis*) 植物全世界约有 40 多种，主要分布于亚洲东部和中部地区。中国约有 39 种、11 变种，是该属植物分布的中心，主要分布于西南各省区，本属现供药用者约有 18 种、10 变种。本种分布于中国东北、华北、华东、中南和南方各省区；俄罗斯远东地区、朝鲜半岛、日本也有分布。

"羊乳"药用之名，始载于《名医别录》，历代本草多有著录。主产于中国大部分省区。

羊乳主要含三萜类、三萜皂苷类、生物碱类、黄酮类等成分。

药理研究表明，羊乳具有抗氧化、抗菌、抗高血脂、抗突变、提高记忆力等作用。

民间经验认为山海螺具有益气养阴，解毒消肿，排脓，通乳的功效。

羊乳 *Codonopsis lanceolata* Sieb. et Zucc.

药材山海螺 Radix Codonopsis Lanceolatae

2cm

化学成分

羊乳根含三萜类成分：刺囊酸 (echinocystic acid)[1]、蒲公英赛酮 (taraxerone)、蒲公英赛醇 (taraxerol)[2]；三萜皂苷类成分：codonolaside[3]、codonosides A、B、C[4-5]、codonoposide[6]；生物碱类成分：N‐9‐formylharman、1‐carbomethoxycarboline、川芎哚 (perlolyrine)、去甲哈尔满 (norharman)[7]；固醇类成分：α‐菠甾醇 (α‐spinasterol)、α‐菠甾醇‐β‐D‐葡萄糖苷 (α‐spinasterol‐β‐D‐glucoside)、Δ^7‐豆甾烯醇‐β‐D‐葡萄糖苷 (Δ^7‐stigmastenol‐β‐D‐glucoside)、豆甾醇‐β‐D‐葡萄糖苷 (stigmasterol‐β‐D‐glucoside)[2]；黄酮类成分：鸢尾苷 (tectoridin)[8]；挥发油类成分：香芹酮 (carvone)、α‐松油醇 (α‐terpineol)[9]等。

羊乳叶含黄酮类成分：木犀草素 (luteolin)、木犀草素‐7‐O‐β‐D‐吡喃葡萄糖苷 (luteolin‐7‐O‐β‐D‐glucopyranoside)、木犀草素‐5‐O‐β‐D‐吡喃葡萄糖苷 (luteolin‐5‐O‐β‐D‐glucopyranoside)[10]等。

echinocystic acid

药理作用

1. **抗氧化**
   灌胃羊乳根水提取物能对抗四氯化碳导致的大鼠肝脏细胞色素P_{450}降低，降低肝脏黄嘌呤氧化酶、谷胱甘肽过氧化酶活性，升高超氧化物歧化酶 (SOD) 活性，降低谷胱甘肽和脂质过氧化物含量[11]。灌胃羊乳根水提取物能明显降低小鼠脑组织和红细胞及大鼠红细胞中脂质过氧化物含量，明显提高成年大鼠血清中的SOD活性[12]。羊乳根乙醇提取物，在豆油和猪油的氧化实验中显示出较强的抗氧化作用，其活性强于人参乙醇提取物[13]。

2. **抗菌**
   羊乳根煎剂在试管内对肺炎链球菌、甲型链球菌、流感杆菌、金黄色葡萄球菌、炭疽杆菌、白喉杆菌和乙型链球菌均有不同程度的抑制作用[14]。

3. **抗高血脂**
   灌胃羊乳根乙醇提取液，对高脂饲料所导致的大鼠三酰甘油升高具有良好的抑制作用，同时能显著提高肝总脂解酶活性，降低血清三酰甘油水平，进而预防动脉粥样硬化[15]。

4. 抗突变

   羊乳根乙醇提取物水溶部分对环磷酰胺导致的大鼠外周血淋巴细胞突变有明显的抗突变和去突变作用[16]，表明羊乳皂苷也具有增强机体免疫的能力。并可通过提高免疫功能以增强机体抗病能力，达到间接抗突变作用，这也是羊乳抗突变的机理之一[17]。

5. 提高记忆力

   羊乳根水提液灌胃雌性老年小鼠，给药组小鼠从水迷宫实验起点到达终点所需的时间明显缩短。羊乳水提取物灌胃还能明显缩短老年小鼠在水迷宫实验中的潜伏不动时间并明显减少错误次数[12, 14]。

6. 增强免疫

   羊乳根乙醇提取物水溶部分 (WACL) 能拮抗丝裂霉素所致免疫抑制的淋巴细胞转化率的降低，并且呈剂量效应关系，说明WACL具有增强淋巴细胞免疫的作用；且在低浓度时即可表现出很好的抑制效果[17]。

7. 抗疲劳

   羊乳根煎剂灌胃，可使小鼠疲劳后游泳时间明显延长，其作用较党参强[14]。

8. 抗肿瘤

   羊乳多糖连续灌胃 S_{180} 肉瘤荷瘤小鼠，小鼠瘤重明显低于对照组，抑瘤活性较显著[14]。

9. 降血压

   羊乳煎剂灌胃或麻醉兔静脉注射均可使血压有明显的下降，呼吸明显兴奋，并能消除肾上腺素的升血压作用[18]。

10. 镇静

    小鼠腹腔注射羊乳根提取物，能增加小鼠戊巴比妥钠阈上剂量的睡眠时间及阈下剂量的睡眠率，对小鼠的自主活动有明显的抑制作用，具有显著的镇静作用[19]。

11. 镇痛

    小鼠腹腔注射羊乳提取物，对热刺激及醋酸引起的疼痛具有显著的缓解作用[19]。

应用

本品为中医临床用药。功能：益气养阴，解毒消肿，排脓，通乳。主治：神疲乏力，头晕头痛，肺痈，乳痈，肠痈，疮疖肿毒，喉蛾，产后乳少，白带，毒蛇咬伤等。

现代临床还用于支气管炎、肺癌、缺乳症等病的治疗，也用于辅助治疗糖尿病[14]。

评注

羊乳在不同地区的异名有羊奶参、轮叶党参、四叶参、奶参、土党参、山胡萝卜等，可能引起混淆，应当注意鉴别。

羊乳为药食两用植物，其根鲜嫩，可开发为保健食品；同时，羊乳药用价值也较高，为常用补中益气药，可开发为益智、抗衰老药等。但在目前已有的研究中，药理研究方面仅以水煎剂、醇提物及粗多糖报道为多见。因此，应进一步加强其药理学研究，阐明其药效成分及其药理作用机理，以便提高其应用价值。

参考文献

[1] HS Yang, SS Choi, BH Han, SS Kang, WS Woo. Sterols and triterpenoids from *Codonopsis lanceolata*. *Yakhak Hoechi*. 1975, **19**(3): 209-212

[2] 任启生, 余雄英, 宋新荣, 陈黄实. 山海螺化学成分研究. 中草药. 2005, **36**(12): 1773-1775

[3] Z Yuan, ZM Liang. A new triterpenoid saponin from *Codonopsis lanceolata*. *Chinese Chemical Letters*. 2006, **17**(11): 1460-1462

[4] JG Jon, MH Ho, SI Kim. Saponin components of root of *Codonopsis lanceolata* Benth. et Hook. *Choson Minjujuui Inmin Konghwaguk Kwahagwon Tongbo*. 2004, **1**: 53-56

[5] NG Alad'ina, PG Gorovoi, GB Elyakov. Codonoside B, the major triterpene glycoside of *Codonopsis lanceolata*. *Khimiya Prirodnykh Soedinenii*. 1988, **1**: 137-138

[6] KT Lee, J Choi, WT Jung, JH Nam, HJ Jung, HJ Park. Structure of a new echinocystic acid bisdesmoside isolated from *Codonopsis lanceolata* roots and the cytotoxic activity of prosapogenins. *Journal of Agricultural and Food Chemistry*. 2002, **50**(15): 4190-4193

[7] YK Chang, SY Kim, BH Han. Chemical studies on the alkaloidal constituents of *Codonopsis lanceolata*. *Yakhak Hoechi*. 1986, **30**(1): 1-7

[8] 毛士龙，桑圣民，劳爱娜，陈仲良．山海螺的化学成分研究．天然产物研究与开发．2000，**12**(1)：1-3

[9] 余雄英，任启生，宋新荣．山海螺挥发油的GC-MS分析．中国中药杂志．2003，**28**(5)：467-468

[10] WK Whan, KY Park, SH Chung, IS Oh, IH Kim. Flavonoids from *Codonopsis lanceolata* leaves. *Saengyak Hakhoechi*. 1994, **25**(3): 204-208

[11] EG Han, SY Cho. Effect of *Codonopsis lanceolata* water extract on the activities of antioxidative enzymes in carbon tetrachloride treated rats. *Han'guk Sikp'um Yongyang Kwahak Hoechi*. 1997, **26**(6): 1181-1186

[12] 韩春姬，李莲姬，朴奎善，申英爱，朴永泉．轮叶党参对老年小鼠益智及抗氧化的作用．中药材．1999，**22**(3)：136-138

[13] YS Maeng, HK Park. Antioxidant activity of ethanol extract from dodok (*Codonopsis lanceolata*). *Han'guk Sikp'um Kwahakhoechi*. 1991, **23**(3): 311-316

[14] 余雄英，任启生，宋新荣．山海螺的研究进展．江西中医药．2004，**35**(255)：60-61

[15] 王冬明，韩春姬，刘智，张兆强．轮叶党参对大鼠高脂血症的预防作用．延边大学医学学报．2003，**26**(4)：253-255

[16] 张兆强，韩春姬，朴惠善，吴丽花．轮叶党参醇提取物水溶部分对环磷酰胺诱发微核的拮抗作用．环境与职业医学．2005，**22**(5)：424-425，445

[17] 张兆强，韩春姬，李莲姬，陈廷．轮叶党参醇提取物对淋巴细胞增殖的影响．中国公共卫生．2005，**21**(4)：467

[18] 吴丽花，朴惠善，韩春姬．轮叶党参化学与药理研究进展．中国中医药信息杂志．2005，**12**(10)：97-99

[19] 徐惠波，孙晓波，周重楚，李焕荣，张洁．轮叶党参提取物对中枢神经系统的影响．特产研究．1991，**1**：49-51

姜科

闭鞘姜 Biqiaojiang

Costus speciosus (Koen.) Smith
Crape Ginger

概 述

姜科 (Zingiberaceae) 植物闭鞘姜 *Costus speciosus* (Koen.) Smith，其干燥根茎入药。中药名：樟柳头。

闭鞘姜属 (*Costus*) 植物全世界约有 150 种，分布于热带及亚热带地区。中国约有 3 种，主要分布于东南部至西南部，均可供药用。本种分布于中国广东、香港、广西、海南、云南、台湾等省区；亚洲热带广布。

"闭鞘姜"药用之名，始载于《生草药性备要》。主产于中国广东、广西、海南、云南、台湾等省区。

闭鞘姜主要含固醇皂苷类、固醇皂苷元类成分，其中固醇皂苷为闭鞘姜的活性成分。

药理研究表明，闭鞘姜具有抗炎、抗菌、抗病毒、抗肿瘤等作用。

民间经验认为樟柳头具有利水消肿，清热解毒的功效。

闭鞘姜 *Costus speciosus* (Koen.) Smith

药材樟柳头 Rhizoma Costi Speciosi

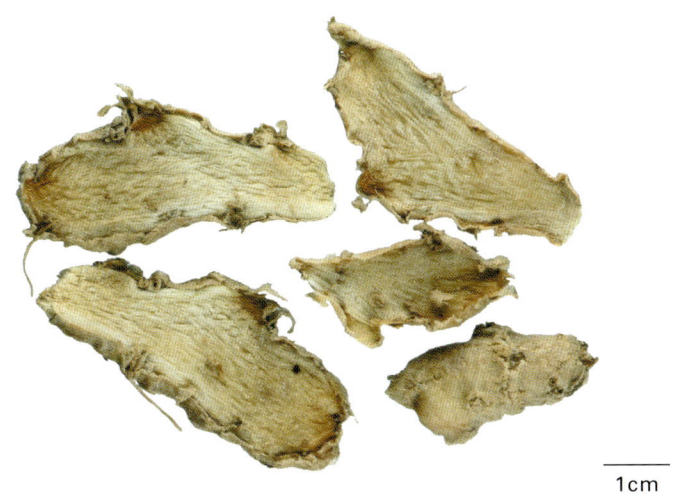

1cm

化 学 成 分

闭鞘姜根茎含固醇皂苷元类成分：薯蓣皂苷元 (diosgenin)[1]、替告皂苷元 (tigogenin)[2]；固醇皂苷类成分：薯蓣皂苷 (dioscin)、沿阶草皂苷C (ophiopogonin C)、纤细薯蓣苷 (gracillin)、甲基原纤细薯蓣皂苷 (methyl protogracillin)[3]、薯蓣次苷B (prosapogenin B of dioscin)、甲基原薯蓣皂苷 (methyl protodioscin)、原纤细薯蓣皂苷 (protogracillin)、薯蓣皂苷元－3－O－β－D－吡喃葡萄糖基(1→3)－β－D－吡喃葡萄糖苷 [diosgenin－3－O－β－D－glucopyranosyl (1→3)－β－D－glucopyranoside][4]；三萜类成分：环阿尔廷醇 (cycloartenol)、25－烯－环阿尔廷醇 (25－en－cycloartenol)[5]、环木菠萝烷醇 (cycloartanol)、环阿乔醇 (cycloartenol)[6]；挥发油类成分：松香芹醇(pinocarveol)、杜松烯 (cadinene)、桉叶素 (cineole)、香芹酚 (carvacrol)[7]等；还含有methyl－3－(4－hydroxyphenyl)－2E－propenoate[8]。

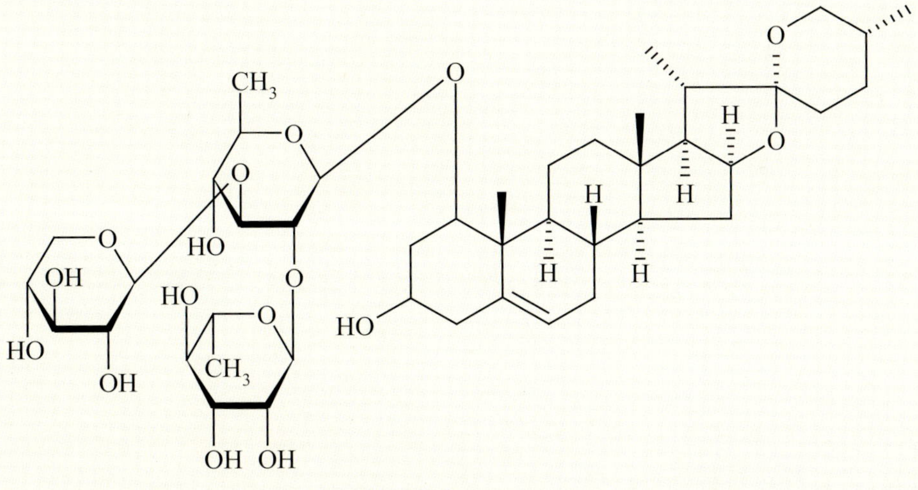

ophiopogonin C

闭鞘姜的种子含固醇皂苷元类成分：薯蓣皂苷元[9]；固醇皂苷类成分：薯蓣次苷A、B (prosapogenins A – B of dioscin)、薯蓣皂苷、纤细薯蓣苷、甲基原薯蓣皂苷、原薯蓣皂苷 (protodioscin)[10]、costusosides I、J[11]。

药理作用

1. 抗炎

闭鞘姜皂苷类成分具有明显抗炎作用，薯蓣皂苷元能上调环氧化酶–2 (COX–2)，抑制人类风湿性关节炎 (RA) 成纤维样滑膜细胞 (FLS) 体外增殖，诱导细胞凋亡[12-13]。饲喂薯蓣皂苷元能抑制皮下注射吲哚美辛导致的亚急性肠炎大鼠体重减轻、饮食减少和炎症发展。薯蓣皂苷元能明显增加胆汁胆固醇、胆酸排泄，增强胆汁流动，提高胆汁中猪去氧胆酸、去氧胆酸等水平。薯蓣皂苷元能明显增强吲哚美辛消除，降低血浆吲哚美辛浓度[14]。

2. 抗菌

闭鞘姜挥发油对金黄色葡萄球菌、溶血性链球菌、霍乱弧菌、绿脓杆菌等病原菌具有明显抑制作用[15]。Methyl–3–(4–hydroxyphenyl)–2E–propenoate 对黑曲霉、枝状枝孢霉、胶孢炭疽菌、弯孢属霉菌等真菌具有明显体外抑制作用[8]。

3. 抗病毒

闭鞘姜醇水提取物对ranikhet病毒以及痘苗病毒 (vaccinia) 有抑制作用[15]。

4. 抗肿瘤

薯蓣皂苷元体外能抑制人骨肉瘤 1547 细胞生长 G_1 期，并诱导细胞凋亡[16]。体外实验表明，薯蓣皂苷元能抑制癌基因 bcl–2，诱导半胱天冬酶–3 表达，抑制人结肠癌细胞HT–29生长，导致癌细胞凋亡[17]。薯蓣皂苷元能抑制破骨细胞瘤基因的增殖、侵入，抑制核因子–κB (NF–κB) 调节基因表达，在细胞因子的共同作用下，诱导细胞凋亡[18]。薯蓣皂苷通过改变线粒体蛋白质表达，抑制蛋白合成，影响磷酸酯酶活性，诱导线粒体凋亡途径，对人白血病细胞 HL–60 产生细胞毒性[19]。薯蓣皂苷能降低半胱天冬酶–8 活性，升高半胱天冬酶–9 活性，通过线粒体途径明显抑制人宫颈癌细胞 HeLa 增殖[20]。薯蓣皂苷对乳房肿瘤细胞 MDA–MB–435、肺肿瘤细胞 H14 也有显著抑制作用[21]。

5. 对生殖系统的影响

闭鞘姜根茎的汁液，能直接作用于子宫肌肉，对兔和豚鼠的离体子宫有收缩作用，对犬、兔的在体子宫也有兴奋作用，其活性成分富集于汁液的氯仿部位[15]。闭鞘姜皂苷能增加切除卵巢大鼠的子宫重量，升高糖原浓度，导致阴道上皮角质化及增生，产生类似于己烯雌酚的雌激素样作用[15, 22-23]，闭鞘姜皂苷成分对受孕大鼠有抗生育作用[24]。

应用

本品为中国岭南民间草药。功能：利水消肿，清热解毒。主治：水肿臌胀，淋症，白浊，痈肿恶疮；外用主治皮疹和荨麻疹[2]。

现代临床还用于中耳炎、骨折、阳痿、肾炎、浮肿、肝硬化腹水、小便不利、尿道刺痛、肾结石等病的治疗[25]。

评注

闭鞘姜的中药异名之一为"广东商陆"；《中国药典》(2005年版) 收载商陆科植物商陆 *Phytolacca acinosa* Roxb. 或垂序商陆 *P. americana* L. 为中药商陆的法定原植物来源种。临床使用广东商陆、商陆以及其他商陆类药材时[26]，应当注意鉴别。

薯蓣皂苷元是制药工业合成固醇激素药物的一个重要原料之一。目前中国国内工业上主要是从薯蓣科植物盾叶薯蓣

Dioscorea zingiberensis C. H. Wright 和穿龙薯蓣 *D. nipponica* Makino，这两种植物中提取薯蓣皂苷元，其得率为 2%左右，而国外报道自闭鞘姜中提取薯蓣皂苷元的得率为 2.12%。闭鞘姜在中国分布较广，有望成为提取薯蓣皂苷元的另一植物来源[27]，其高产个体的筛选值得进一步研究。

闭鞘姜也是中国海南省山区黎族著名食用野菜，其嫩茎可腌制或鲜食，市场需求量大，少有外销。闭鞘姜的人工栽培以及药食两用开发研究值得深入[14, 25]。

参考文献

[1] 乔春峰，檀爱民，董辉，徐珞珊，王峥涛. 国产闭鞘姜属植物中薯蓣皂苷元的含量测定. 中国药科大学学报. 2000, 31(2): 156-158

[2] 吴德邻. 闭鞘姜 (*Costus speciosus*) 甾类皂苷元 (steroid sapogenin) 原料新资源. 广西植物. 1984, 4(1): 57-64

[3] 陈昌祥，银慧新. 闭鞘姜根中的甾体皂苷. 天然产物研究与开发. 1995, 7(4): 18-23

[4] K Inoue, S Kobayashi, H Noguchi, U Sankawa, Y Ebizuka. Spirostanol and furostanol glycosides of *Costus speciosus* (Koenig.) Sm. *Natural Medicines*. 1995, 49(3): 336-339

[5] 乔春峰，李秋文，董辉，徐珞珊，王峥涛. 闭鞘姜属两种植物的化学成分研究. 中国中药杂志. 2002, 27(2): 123-125

[6] MM Gupta, SB Singh, YN Shukla. Investigation of Costus; V. Triterpenes of *Costus speciosus* roots. *Planta Medica*. 1988, 54(3): 268

[7] ML Sharma, MC Nigam, KL Hande. Essential oil of *Costus speciosus*. *Perfumery and Essential Oil Record*. 1963, 54(9): 579-580

[8] BM Bandara, CM Hewage, V Karunaratne, NKB Adikaram. Methyl ester of para-coumaric acid: antifungal principle of the rhizome of *Costus speciosus*. *Planta Medica*. 1988, 54(5): 477-478

[9] SB Singh, MM Gupta, RN Lai, RS Thakur. *Costus speciosus* seeds as an additional source of diosgenin. *Planta Medica*. 1980, 38(2): 185-186

[10] SB Singh, RS Thakur. Plant saponins. II. Saponins from the seeds of *Costus speciosus*. *Journal of Natural Products*. 1982, 45(6): 667-671

[11] SB Singh, RS Thakur. Plant saponins. Part 3. Costusoside-I and costusoside-J, two new furostanol saponins from the seeds of *Costus speciosus*. *Phytochemistry*. 1982, 21(4): 911-915

[12] VB Pandey, B Dasgupta, SK Bhattacharya, PK Debnath, S Singh, AK Sanyal. Chemical and pharmacological investigation of saponins of *Costus speciosus*. *Indian Journal of Pharmacy*. 1972, 34(5): 116-119

[13] B Liagre, P Vergne-Salle, C Corbiere, JL Charissoux, JL Beneytout. Diosgenin, a plant steroid, induces apoptosis in human rheumatoid arthritis synoviocytes with cyclooxygenase-2 over-expression. *Arthritis Research & Therapy*. 2004, 6(4), R373-R383

[14] T Yamada, M Hoshino, T Hayakawa, H Ohhara, Y Namada, T Nakazawa, T Inagaki, M Iida, T Ogasawara, A Uchida, C Hasegawa, G Murasaki, M Miyaji, A Hirata, T Takeuchi. Dietary diosgenin attenuates subacute intestinal inflammation associated with indomethacin in rats. *The American Journal of Physiology*. 1997, 273(2 Pt 1): G355-G364

[15] 毕培曦，江润祥，吴德邻. 姜科药用植物的化学、药理和经济用途-（一）闭鞘姜. 中药材. 1984, 4: 37-40

[16] S Moalic, B Liagre, C Corbiere, A Bianchi, M Dauca, K Bordji, JL Beneytout. A plant steroid, diosgenin, induces apoptosis, cell cycle arrest and COX activity in osteosarcoma cells. *FEBS Letters*. 2001, 506(3): 225-230

[17] J Raju, JMR Patlolla, MV Swamy, CV Rao. Diosgenin, a steroid saponin of Trigonella foenum graecum (Fenugreek), inhibits azoxymethane-induced aberrant crypt foci formation in F344 rats and induces apoptosis in HT-29 human colon cancer cells. *Cancer Epidemiology, Biomarkers & Prevention*. 2004, 13(8): 1392-1398

[18] S Shishodia, BB Aggarwal. Diosgenin inhibits osteoclastogenesis, invasion, and proliferation through the downregulation of Akt, IκB kinase activation and NF-κB-regulated gene expression. *Oncogene*. 2006, 25(10): 1463-1473

[19] Y Wang, YH Cheung, ZQ Yang, JF Chiu, CM Che, QY He. Proteomic approach to study the cytotoxicity of dioscin (saponin). *Proteomics*. 2006, 6(8): 2422-2432

[20] J Cai, MJ Liu, Z Wang, Y Ju. Apoptosis induced by dioscin in HeLa cells. *Biological & Pharmaceutical Bulletin*. 2002, 25(2): 193-196

[21] Z Wang, JB Zhou, J Yong, SQ Yao, HJ Zhang. Effects of dioscin extracted from *Polygonatum zanlanscianense* Pamp on several human tumor cell lines. *Tsinghua Science and Technology*. 2001, 6(3): 239-242

[22] PV Tewari, C Chaturvedi, VB Pandey. Estrogenic activity of diosgenin isolated from *Costus speciosus*. *Indian Journal of Pharmacy*. 1973, 35(1): 35-36

[23] S Singh, AK Sanyal, SK Bhattacharya, VB Pandey. Estrogenic activity of saponins from *Costus speciosus* (Koen) Sm. *Indian Journal of Medical Research*. 1972, **60**(2): 287-290

[24] PV Tewari, C Chaturvedi, VB Pandey. Antifertility activity of *Costus speciosus*. *Indian Journal of Pharmacy*. 1973, **35**(4): 114-115

[25] 曾凌云. 闭鞘姜及其人工栽培开发利用. 蔬菜. 2001, **4**: 33-34

[26] 林锦明, 郑汉臣, 张剑春, 苏中武, 宓鹤鸣, 易杨华. 热差分析鉴别商陆类药材及其误用品. 中药材. 1995, **18**(12): 611-613

[27] 李忠琼, 傅文, 林瑞超, 王钢力, 魏锋, 杭太俊. 闭鞘姜属植物化学成分及药理研究概况. 中药材. 2001, **24**(2): 148-150

姜黄 Jianghuang

CP, JP, KHP, VP, IP

姜科

Curcuma longa L.
Common Turmeric

概 述

姜科 (Zingiberaceae) 植物姜黄 *Curcuma longa* L., 其干燥根茎入药, 中药名: 姜黄; 其干燥块根入药, 中药名: 郁金。

姜黄属 (*Curcuma*) 植物全世界约有 50 余种, 分布于东南亚和澳洲北部。中国约有 7 种, 分布于东南部至西南部, 均可供药用。本种分布于中国福建、广东、香港、广西、四川、云南、西藏、台湾等省区; 东亚和东南亚也有栽培。

"姜黄"药用之名, 始载于《新修本草》, 早期本草记述"姜黄"系指该属多种植物, 至《植物名实图考》明确定为本种, 此后逐渐演化为"姜黄"的主流品种。"郁金"药用之名, 始载于《药性论》。历代本草多有著录, 古今药用品种一致。《中国药典》(2005 年版) 收载本种为中药姜黄的法定原植物来源种及中药郁金的法定原植物来源种之一。主产于中国四川、福建、江西等省, 广东、广西、湖北、陕西、云南、台湾等省区也产。

姜黄的根茎含二苯基庚烷类、倍半萜类、挥发油类成分等。挥发油为抗炎、镇痛、保肝的活性成分之一。《中国药典》采用挥发油测定法测定, 规定姜黄的挥发油含量不得少于 7.0%; 采用高效液相色谱法测定, 规定姜黄中姜黄素含量不得少于 1.0%, 以控制药材质量。

药理研究表明, 姜黄具有消肿止痛、抗炎、抗肿瘤、抗菌等作用。

中医理论认为姜黄具有破血行气, 通经止痛的功效; 郁金具有行气化瘀, 清心解郁, 利胆退黄的功效。

姜黄 *Curcuma longa* L.

药材姜黄 Rhizoma Curcumae Longae

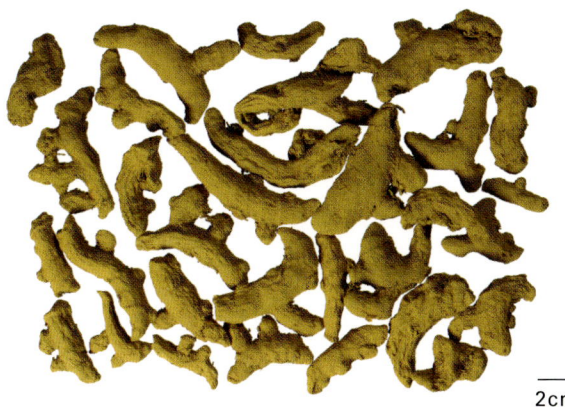

2cm

1cm

姜黄 Jianghuang

姜黄 Jianghuang

化学成分

姜黄的根茎含二苯基庚烷类 (diarylheptanoids) 成分：姜黄素 (curcumin)、去甲氧基姜黄素 (demethoxycurcumin)、双去甲氧基姜黄素 (bisdemethoxycurcumin)、letestuianin C、二氢姜黄素 (dihydrocurcumin)[1]、四氢姜黄素 (tetrahydrocurcumin)[2]；倍半萜类成分：姜黄新酮 (curlone)[3]、姜黄酮醇 A、B (turmeronols A - B)[4]、大牻牛儿酮-13-醛 (germacrone - 13 - al)、莪术双环烯酮 (curcumenone)、α-姜黄酮 (α - turmerone)、甜没药姜黄醇 (bisacumol)、甜没药姜黄酮 (bisacurone)、莪术醇 (curcumenol)、原莪术醇 (procurcumenol)、异原莪术醇 (isoprocurcumenol)、表原莪术醇 (epiprocurcumenol)、去氢莪术二酮 (dehydrocurdione)、(+)-吉玛酮-4,5-环氧化物 [(+) - germacrone - 4,5 - epoxide]、莪术薁酮二醇 (zedoarondiol)[5]；多糖类成分：姜黄多糖A、B、C、D (ukonans A - D)[6-8]；挥发油成分：姜黄酮 (turmerone)、芳姜黄酮 (ar - turmerone)、姜烯 (zingiberene)、水芹烯 (phellandrene)、香桧烯 (sabinene)、龙脑 (camphol) 等[9-10]。

姜黄的叶主要含挥发油成分，其中异松油烯 (terpinolene) 为主要成分[11]。

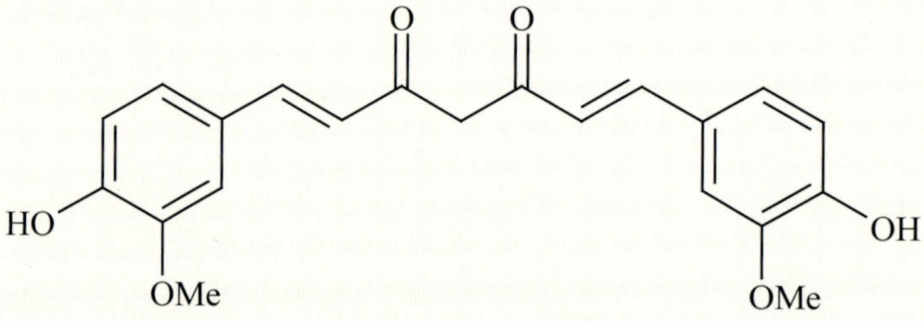

curcumin

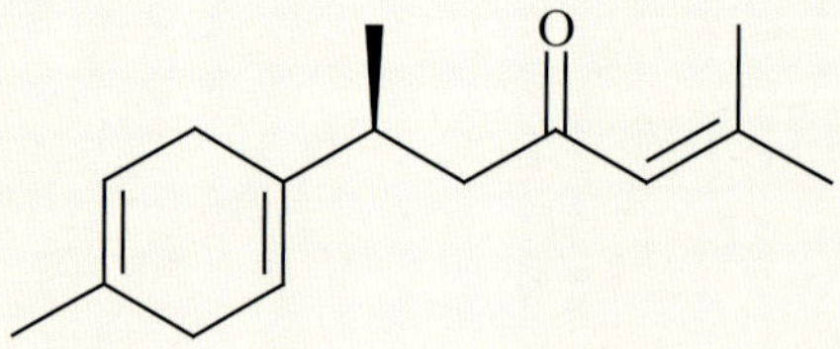

turmerone

药理作用

1. 抗炎、镇痛

姜黄挥发油及姜黄各种提取物灌胃能减少醋酸所致小鼠扭体反应次数，对蛋清所致大鼠足趾肿胀有明显抑制作用[12]；在蛙皮素和乙醇结合低剂量胆囊收缩素造成的两种大鼠胰腺炎模型中，姜黄素能明显改善血清淀粉酶、胰蛋白酶和嗜中性粒细胞浸润等指标[13]；姜黄素体内和体外均可通过阻断T淋巴细胞中Janus激酶-STAT (JAK - STAT) 通路上的白介素 12 (IL-12) 信号传导，抑制实验性变应性脑脊髓炎 (EAE) 小鼠的炎症反应[14]；姜黄素给慢性结肠炎小鼠口服，能增加髓过氧化物酶 (MPO) 和肿瘤坏死因子 α (TNF-α) 的活性[15]。

2. **抑制血小板聚集**
   姜黄根茎甲醇提取物的环己烷部分体外能抑制胶原蛋白和花生四烯酸诱导的家兔血小板聚集，芳姜黄酮为主要活性成分[16]。

3. **抗肿瘤**
   姜黄素可抑制人肝癌细胞生长[17]；还能通过调节细胞免疫功能，防止小鼠肠黏膜腺癌的形成[18]。

4. **抗菌**
   体外实验表明，姜黄挥发油对金黄色葡萄球菌、枯草杆菌、白喉杆菌、大肠杆菌、蜡样芽孢杆菌、鼠伤寒沙门氏菌等细菌及黑曲霉素等真菌有不同程度的抑制作用[19-21]；姜黄的甲醇提取物对产气荚膜梭状芽孢杆菌、大肠杆菌有强烈的抑制作用[22]；姜黄根茎的醋酸乙酯、甲醇和水提取物均能抑制耐甲氧苯青霉素金黄色葡萄球菌，醋酸乙酯提取物还能有效地抑制耐甲氧苯青霉素金黄色葡萄球菌入侵人类黏膜成纤维细胞[23]。姜黄素是抑菌活性成分之一[24]。

5. **保肝**
   姜黄粉末体外能提高大鼠肝细胞膜的抗氧化作用，消除对-乙酰氨基酚对肝细胞的促氧化作用[25]；口服给药能降低 CCl_4 引起的大鼠肝细胞损伤[26]，还能降低腹腔注射氯化镉所致肝损伤小鼠的氧化应激和血清转氨酶升高[27]。姜黄根乙醇提取物能抑制乙酰氨基酚所致肝损伤大鼠血清丙氨酸转氨酶 (ALT)、天冬氨酸转氨酶 (AST) 和碱性磷酸酶 (ALP) 升高[28]；口服给药能抑制曼森氏裂体吸虫感染造成的小鼠肝功能异常，还能降低丙酮酸激酶的水平[29]。姜黄素灌胃给药对 CCl_4、D-半乳糖胺及卡介苗加脂多糖诱导小鼠的肝损伤均有保护作用[30]；体外能抑制小鼠肝星状细胞-T_6 I 型胶原的表达和细胞外信号调节激酶的磷酸化，从而抑制肝星状细胞的增生[31]。

6. **保肾**
   姜黄素体内给药可上调线粒体基质内抗氧化酶的表达，对大鼠输尿管梗阻或缺血再灌注引起的肾损伤有保护作用[32]。

7. **抗氧化**
   腹腔注射姜黄素可抑制缺血再灌注大鼠脑组织丙二醛 (MDA) 和亚硝酸盐的产生，提高超氧化物歧化酶 (SOD) 活性[33]。

8. **抗纤维化**
   口服姜黄素可明显抑制博莱霉素所致大鼠肺纤维化[34]，减少大鼠肝脏胶原沉积和星形细胞 DNA 合成[35]。在琼脂糖凝胶中，姜黄的提取物对 DNA 的氧化损伤有保护作用[36]。

9. **缓解心理压力**
   口服姜黄乙醇提取物能降低小鼠强迫性游泳产生的压力，包括降低血清素、5-羟基吲哚乙酸、去甲肾上腺素、多巴胺等水平[37]。长期轻微受压的大鼠口服姜黄乙醇提取物，能增加血清的白介素 6 (IL-6)、肿瘤坏死因子 α (TNF-α)，减低脾细胞的自然杀伤细胞 (NKC) 的活性，达到减压的作用[38]。

10. **降血糖**
    四氢姜黄素口服能降低 2 型糖尿病小鼠的血糖和血浆糖蛋白[2]。姜黄根乙醇提取物中的类姜黄色素和己烷提取物中的倍半萜类成分口服能抑制 2 型糖尿病小鼠 KK-A(y) 的血糖上升[40]。姜黄素给链脲霉素所致糖尿病肾病大鼠口服，可提高氧化应激，产生肾保护作用[41]。

11. **对心血管系统的影响**
    口服姜黄粉能降低心肌局部缺血再灌注损伤大鼠的心肌细胞脱噬作用[42]，减少由缺血再灌注引起的心肌梗塞，恢复心肌的抗氧化状态和改变的血液动力学参数，明显减低脂质过氧化反应[43]。

姜黄 Jianghuang

12. 其他

姜黄还具有调节免疫[43]、抗胃溃疡[44]、抗生育[45]等作用；姜黄素还具有抗皮肤氧化损伤[46]、杀利什曼原虫[47]等作用。

应用

本品为中医临床用药。功能：破血行气，通经止痛。主治：胸腹胁痛，妇女痛经，闭经产后瘀滞腹痛，风湿痹痛，跌打损伤等。

现代临床还用于跌打损伤，筋断骨折，瘀血肿痛，闪腰岔气，疮疡肿痛，丹毒流注等病的治疗。

评注

姜黄为常用中药，其所含的姜黄素类成分具有广泛的生理活性，特别对多种癌细胞有抑制作用，具有良好的开发应用前景。

除药用外，姜黄还是一种天然着色剂。姜黄色素着色鲜明，着色力强，使用量小，而且兼顾医疗及保健的功能，是联合国粮食与农业组织 (FAO) 和世界卫生组织所规定的使用安全性高的天然色素之一，广泛用于食品和饮料着色。姜黄粉（姜黄破碎细磨而制得的黄色粉末）可用于咖喱粉、腌菜等高级调味品系列，姜黄油可作为食用香料。

姜黄还是一种具较好开发前景的美容物添加剂，其挥发油能抑制痤疮；提取物作为沐浴液有保湿作用；而且，新鲜的姜黄汁还有促进伤口愈合作用等。

参考文献

[1] HL Jiang, BN Timmermann, DR Gang. Use of liquid chromatography-electrospray ionization tandem mass spectrometry to identify diarylheptanoids in turmeric (*Curcuma longa* L.) rhizome. *Journal of Chromatography, A*. 2006, **1111**(1): 21-31

[2] L Pari, P Murugan. Changes in glycoprotein components in streptozotocin-nicotinamide induced type 2 diabetes: influence of tetrahydrocurcumin from *Curcuma longa*. *Plant Foods for Human Nutrition*. 2007, **62**(1): 25-29

[3] Y Kiso, Y Suzuki, Y Oshima, H Hikino. Stereostructure of curlone, a sesquiterpenoid of *Curcuma longa* rhizomes. *Phytochemistry*. 1983, **22**(2): 596-597

[4] S Imai, M Morikiyo, K Furihata, Y Hayakawa, H Seto. Turmeronol A and turmeronol B, new inhibitors of soybean lipoxygenase. *Agricultural and Biological Chemistry*. 1990, **54**(9): 2367-2371

[5] M Ohshiro, M Kuroyanagi, A Ueno. Structures of sesquiterpenes from *Curcuma longa*. *Phytochemistry*. 1990, **29**(7): 2201-2205

[6] M Tomoda, R Gonda, N Shimizu, M Kanari, M Kimura. A reticuloendothelial system-activating glycan from the rhizomes of *Curcuma longa*. *Phytochemistry*. 1990, **29**(4): 1083-1086

[7] R Gonda, M Tomoda, N Shimizu, M Kanari. Characterization of polysaccharides having activity on the reticuloendothelial system from the rhizome of *Curcuma longa*. *Chemical & Pharmaceutical Bulletin*. 1990, **38**(2): 482-486

[8] R Gonda, K Takeda, N Shimizu, M Tomoda. Characterization of a neutral polysaccharide having activity on the reticuloendothelial system from the rhizome of *Curcuma longa*. *Chemical & Pharmaceutical Bulletin*. 1992, **40**(1): 185-188

[9] 侯卫，韩素丽，王鸿梅. 姜黄挥发油化学成分的分析. 中草药. 1999, **30**(1): 15

[10] J Pino, R Marbot, E Palau, E Roncal. Essential oil constituents from Cuban turmeric rhizomes. *Revista Latinoamericana De Quimica*. 2003, **31**(1): 16-19

[11] C Pande, CS Chanotiya. Constituents of the leaf oil of *Curcuma longa* L. from Uttaranchal. *Journal of Essential Oil Research*. 2006, **18**(2): 166-167

[12] 赵艳玲，肖小河，袁海龙，夏文娟，陈古荣，陈万群. 姜黄和郁金的药理作用比较实验. 中药材. 2002, **25**(2): 112-114

[13] I Gukovsky, CN Reyes, EC Vaquero, AS Gukovskaya, SJ Pandol. Curcumin ameliorates ethanol and nonethanol experimental pancreatitis. *American Journal of Physiology*. 2003, **284**(1): G85-G95

[14] C Natarajan, JJ Bright. Curcumin inhibits experimental allergic encephalomyelitis by blocking IL-12 signaling through Janus kinase-STAT pathway in T lymphocytes. *Journal of Immunology*. 2002, **168**(12): 6506-6513

[15] L Camacho-Barquero, I Villegas, JM Sanchez-Calvo, E Talero, S Sanchez-Fidalgo, V Motilva, C Alarcon de la Lastra. Curcumin, a *Curcuma longa* constituent, acts on MAPK p38 pathway modulating COX-2 and iNOS expression in chronic experimental colitis. *International Immunopharmacology*. 2007, **7**(3): 333-342

[16] HS Lee. Antiplatelet property of *Curcuma longa* L. rhizome-derived ar-turmerone. *Bioresource Technology*. 2006, 97(12): 1372-1376

[17] 厉红元，车艺，汤为学．姜黄素对人肝癌细胞增殖和凋亡的影响．中华肝脏病杂志．2002，**10**(6)：449-451

[18] M Churchill, A Chadburn, RT Bilinski, MM Bertagnolli. Inhibition of intestinal tumors by curcumin is associated with changes in the intestinal immune cell profile. *Journal of Surgical Research*. 2000, **89**(2): 169-175

[19] SC Garg, RK Jain. Antimicrobial activity of the essential oil of *Curcuma longa*. *Indian Perfumer*. 2003, **47**(2): 199-202

[20] JH Jagannath, M Radhika. Antimicrobial emulsion (coating) based on biopolymer containing neem (*Melia azardichta*) and turmeric (*Curcuma longa*) extract for wound covering. *Bio-Medical Materials and Engineering*. 2006, **16**(5): 329-336

[21] G Singh, S Maurya, CAN Catalan, MP De Lampasona. Chemical, antifungal, insecticidal and antioxidant studies on *Curcuma longa* essential oil and its oleoresin. *Indian Perfumer*. 2005, **49**(4): 441-451

[22] HS Lee. Antimicrobial properties of turmeric (*Curcuma longa* L.) rhizome-derived ar-turmerone and curcumin. *Food Science and Biotechnology*. 2006, **15**(4): 559-563

[23] KJ Kim, HH Yu, JD Cha, SJ Seo, NY Choi, YO You. Antibacterial activity of *Curcuma longa* L. against methicillin-resistant *Staphylococcus aureus*. *Phytotherapy Research*. 2005, **19**(7): 599-604

[24] BS Park, JG Kim, MR Kim, SE Lee, GR Takeoka, KB Oh, JH Kim. *Curcuma longa* L. constituents inhibit sortase A and Staphylococcus aureus cell adhesion to fibronectin. *Journal of Agricultural and Food Chemistry*. 2005, **53**(23): 9005-9009

[25] ST Paolinelli, R Reen, T Moraes-Santos. *Curcuma longa* ingestion protects *in vitro* hepatocyte membrane peroxidation. *Revista Brasileira de Ciencias Farmaceuticas*. 2006, **42**(3): 429-435

[26] M Alizadeh, M Fereidoni, N Mahdavi, A Moghimi. Protective and therapeutic effects of *Curcuma longa* powder on the CCl_4 induced hepatic damage. *Fiziolozhi va Farmakolozhi*. 2006, **9**(2): 143-150

[27] N Yadav, S Khandelwal. Ameliorative potential of turmeric (*Curcuma longa*) against cadmium induced hepatotoxicity in mice. *Toxicology International*. 2005, **12**(2): 119-124

[28] MN Somchit, A Zuraini, AA Bustamam, N Somchit, MR Sulaiman, R Noratunlina. Protective activity of turmeric (*Curcuma longa*) in paracetamol-induced hepatotoxicity in rats. *International Journal of Pharmacology*. 2005, **1**(3): 252-256

[29] EAK Afaf, SA Ahmed, SA Aly. Biochemical studies on the hepatoprotective effect of *Curcuma longa* on some glycolytic enzymes in mice. *Journal of Applied Sciences*. 2006, **6**(15): 2991-3003

[30] 刘永刚，陈厚昌，蒋毅萍．姜黄素对小鼠实验性肝损伤的保护作用．中国中药杂志．2003，**28**(8)：756-758，793

[31] Y Cheng, J Ping, C Liu, YZ Tan, GF Chen. Study on effects of extracts from *Salvia miltiorrhiza* and *Curcuma longa* in inhibiting phosphorylated extracellular signal regulated kinase expression in rat's hepatic stellate cells. *Chinese Journal of Integrative Medicine*. 2006, **12**(3): 207-211

[32] AR Shahed, E Jones, D Shoskes. Quercetin and curcumin up-regulate antioxidant gene expression in rat kidney after ureteral obstruction or ischemia/reperfusion injury. *Transplantation Proceedings*. 2001, **33**(6): 2988

[33] 石晶，陶沂，胡晋红，田亚平．姜黄素对缺血再灌注大鼠脑组织 SOD，MDA 和亚硝酸盐含量的影响．第二军医大学学报．1999，**20**(6)：386-387

[34] D Punithavathi, N Venkatesan, M Babu. Curcumin inhibition of bleomycin-induced pulmonary fibrosis in rats. *British Journal of Pharmacology*. 2000, **131**(2): 169-172

[35] HC Kang, JX Nan, PH Park, JY Kim, SH Lee, SW Woo, YZ Zhao, EJ Park, DH Sohn. Curcumin inhibits collagen synthesis and hepatic stellate cell activation *in vivo and in vitro*. *Journal of Pharmacy and Pharmacology*. 2002, **54**(1): 119-126

[36] GS Kumar, H Nayaka, SM Dharmesh, PV Salimath. Free and bound phenolic antioxidants in amla (*Emblica officinalis*) and turmeric (*Curcuma longa*). *Journal of Food Composition and Analysis*. 2006, **19**(5): 446-452

姜黄 Jianghuang

[37] X Xia, G Cheng, Y Pan, ZH Xia, LD Kong. Behavioral, neurochemical and neuroendocrine effects of the ethanolic extract from *Curcuma longa* L. in the mouse forced swimming test. *Journal of Ethnopharmacology*. 2007, **110**(2): 356-363

[38] X Xia, Y Pan, WY Zhang, G Cheng, LD Kong. Ethanolic extracts from *Curcuma longa* attenuates behavioral, immune, and neuroendocrine alterations in a rat chronic mild stress model. *Biological and Pharmaceutical Bulletin*. 2006, **29**(5): 938-944

[39] T Nishiyama, T Mae, H Kishida, M Tsukagawa, Y Mimaki. M Kuroda, Y Sashida, K Takahashi, T Kawada, K Nakagawa, M Kitahara. Curcuminoids and sesquiterpenoids in turmeric (*Curcuma longa* L.) suppress an increase in blood glucose level in type 2 diabetic KK-Ay mice. *Journal of Agricultural and Food Chemistry*. 2005, **53**(4): 59-63

[40] S Sharma, SK Kulkarni, K Chopra. Curcumin, the active principle of turmeric (*Curcuma longa*), ameliorates diabetic nephropathy in rats. *Clinical and Experimental Pharmacology and Physiology*. 2006, **33**(10): 940-945

[41] I Mohanty, DS Arya, SK Gupta. Effect of *Curcuma longa* and *Ocimum sanctum* on myocardial apoptosis in experimentally induced myocardial ischemic-reperfusion injury. *Complementary and Alternative Medicine*. 2006, **6**: 3

[42] I Mohanty, AD Singh, A Dinda, S Joshi, KK Talwa, SK Gupta. Protective effects of *Curcuma longa* on ischemia-reperfusion induced myocardial injuries and their mechanisms. *Life Sciences*. 2004, **75**(14): 1701-1711

[43] IM El-Ashmawy, KM Ashry, OM Salama. Immunomodulatory effects of myrrh (*Commiphora molmol*) in comparison with turmeric (*Curcuma longa*) in mice. *Alexandria Journal of Pharmaceutical Sciences*. 2006, **20**(1): 19-22

[44] DC Kim, SH Kim, BH Choi, NI Baek, D Kim, MJ Kim, KT Kim. *Curcuma longa* extract protects against gastric ulcers by blocking H_2 histamine receptors. *Biological and Pharmaceutical Bulletin*. 2005, **28**(12): 2220-2224

[45] P Ashok, B Meenakshi. Contraceptive effect of *Curcuma longa* (L.) in male albino rat. *Asian Journal of Andrology*. 2004, 6(1): 71-74

[46] TT Phan, P See, ST Lee, SY Chan. Protective effects of curcumin against oxidative damage on skin cells *in vitro*: its implication for wound healing. *Journal of Trauma*. 2001, **51**(5): 927-931

[47] T Koide, M Nose, Y Ogihara, Y Yabu, N Ohta. Leishmanicidal effect of curcumin *in vitro*. *Biological & Pharmaceutical Bulletin*. 2002, **25**(1): 131-133

蓬莪术 Peng'ezhu^{CP}

Curcuma phaeocaulis Val.
Zedoary

姜科

概 述

姜科 (Zingiberaceae) 植物蓬莪术 *Curcuma phaeocaulis* Val., 其干燥根茎入药, 中药名: 莪术; 其干燥块根入药, 中药名: 郁金, 习称"绿丝郁金"。

姜黄属 (*Curcuma*) 植物全世界约有 50 种, 主要分布于东南亚至澳洲北部。中国约有 7 种, 均可供药用。本种产于中国福建、江西、广东、香港、广西、四川、云南、台湾等省区; 印度至马来西亚也有分布。

莪术以"蓬莪茂"药用之名, 始载于《雷公炮炙论》。历代本草多有著录, 自古以来作莪术药用者系姜黄属多种植物。《中国药典》(2005 年版) 收载本种为中药莪术和郁金的法定原植物来源种之一。主产于中国四川温江及乐山。

蓬莪术主要含挥发油和二芳基庚烷类成分。《中国药典》采用挥发油测定法测定, 规定莪术中挥发油的含量不得少于 1.5% (mL/g), 以控制药材质量。

药理研究表明, 莪术具有抗肿瘤、抗血栓形成、抗肝损伤、镇痛、增强免疫等作用。

中医理论认为莪术有行气破血, 消积止痛的功效。

蓬莪术 *Curcuma phaeocaulis* Val.

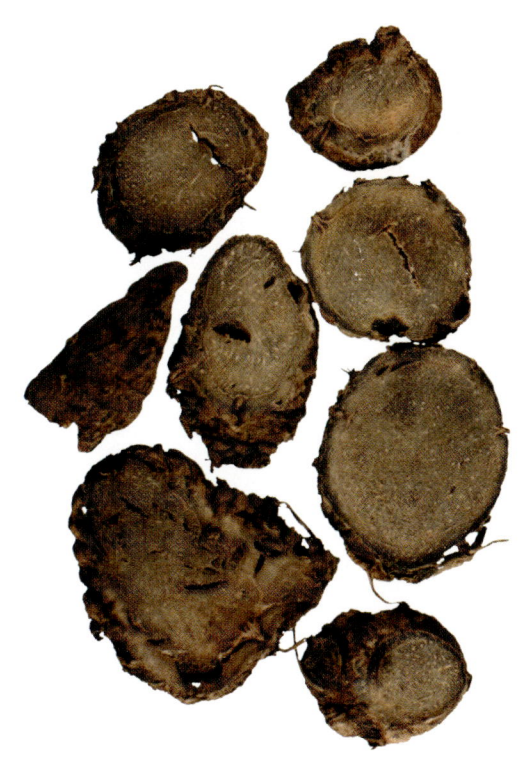

药材莪术 Rhizoma Curcumae

1cm

蓬莪术 Peng'ezhu

化学成分

莪术的根茎含挥发油成分，包括单萜类成分：1,8-桉叶素 (1,8-cineole)、o-、p-聚伞花素 (o-, p-cymenes)、异松油烯 (terpinolene)、α-、β-蒎烯 (α-, β-pinenes)；倍半萜类成分：α-、β-水芹烯 (α-, β-phellandrenes)[1]、蓬莪术环二烯(furanodiene)、吉玛酮 (germacrone)、莪术二酮 (curdione)、新莪术二酮 (neocurdione)、莪术醇 (curcumenol)、异莪术醇 (isocurcumenol)、莪术双环烯酮 (curcumenone)、莪术二醇 (aerugidiol)、莪术奠酮二醇 (zedoarondiol)[2]、蓬莪术环二烯酮 (furanodienone)、莪术脱酮 (zederone)、莪术酮 (curzerenone)、蓬莪术烯 (curzeone)、13-羟基大牻牛儿酮 (13-hydroxygermacrone)、去氢莪术二酮 (dehydrocurdione)[3]、4-表-莪术醇(4-epi-curcumenol)、新莪术醇 (neocurcumenol)、gajutsulactones A, B、zedoarolides A, B[4]、新莪术二酮 (neocurdione)、异原莪术醇 (isoprocurcumenol)、9-O-新原莪术醇 (9-oxo-neoprocurcumenol)[5]、1,7-bis(4-hydroxyphenyl)-1,4,6-heptatrien-3-one、原莪术醇 (procurcumenol)、表原莪术醇 (epiprocurcumenol)[6]、异蓬莪术环二烯酮 (isofuranodienone)[7]、姜黄醇酮 (curcolone)[8]、二氢莪术二酮 (dihydrocurdione)[9]、curcarabranols A, B[10]、curcolonol、愈创木奠二醇 (guaidiol)[11]、β-姜黄酮 (β-turmerone)、芳姜黄酮 (ar-turmerone)[12]；二芳基庚烷类 (diarylheptanoids) 成分：姜黄素 (curcumin)、二氢姜黄素 (dihydrocurcumin)、四氢去甲氧基姜黄素 (tetrahydrodemethoxycurcumin)、四氢二去甲氧基姜黄素 (tetrahydrobisdemethoxycurcumin)[13]、去甲氧基姜黄素 (demethoxycurcumin)、二去甲氧基姜黄素 (bisdemethoxycurcumin)[11]。

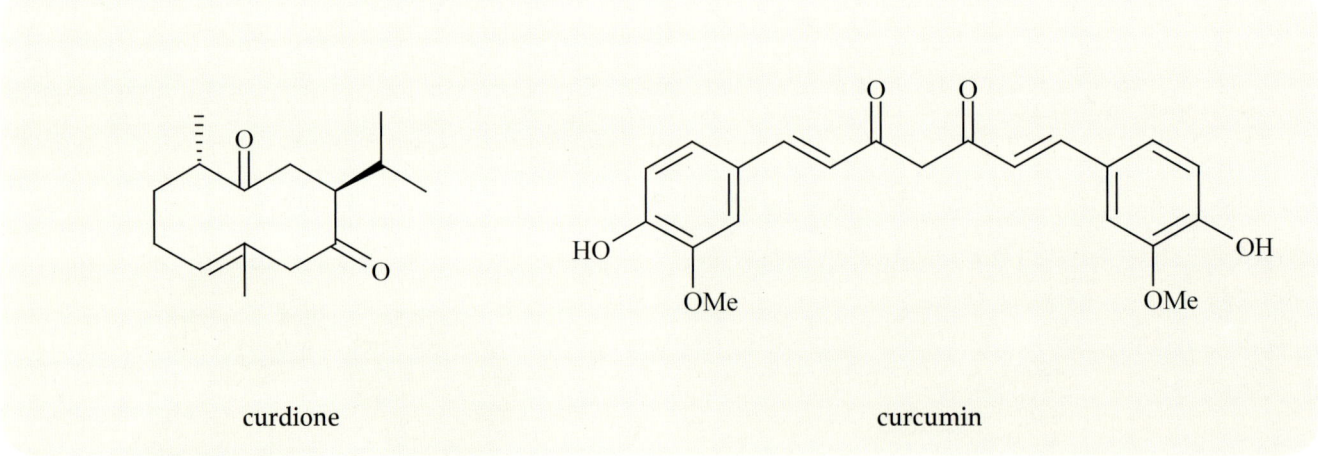

curdione   curcumin

药理作用

1. 抗肿瘤

蓬莪术根茎体外对人肝癌细胞 7721 和 Bel27402 有明显的抑制作用[14]，还能降低人胃癌细胞 SGC7901 环氧合酶-2 (COX-2) 及其下游前列腺素E_2 (PGE_2) 的表达，从而使血管内皮生长因子 (VEGF) 下调以抑制肿瘤细胞的增殖[15]。莪术油体外能抑制人子宫内膜癌细胞 RL-95-2 增殖，在体内实验中对小鼠肝癌 HepA 和大鼠移植性肝癌均有显著的抑制作用，还能拮抗硫酸镍诱发的大鼠鼻癌前病变[16-17]。莪术醇体外对妇科肿瘤细胞人乳腺癌细胞 MCF7、MM231、人卵巢癌细胞 OV-UL-2、人宫颈癌细胞 HeLa、U14、小鼠肉瘤 S37 和艾氏腹水癌细胞的增殖均有抑制作用[17-18]。蓬莪术及其有效组分抗肿瘤的机理可能与抑制肿瘤细胞 DNA 和 RNA 合成，诱导细胞凋亡或分化及促进机体免疫功能等有关[17]。

2. 对血液系统的影响

蓬莪术根茎水煎液灌胃，能降低血瘀证模型大鼠的全血黏度，明显提高红细胞变形指数[19]。莪术二酮体外对二磷酸腺苷 (ADP) 诱导的兔血小板聚集有抑制作用[20]。莪术油腹腔注射能抑制大鼠颈动脉球囊导管损伤后的动脉内膜增生和血管重构，有防治血管成形术后再狭窄的作用[21]。

3. 对肝脏的影响
   (1) 抗急性肝损伤　蓬莪术环二烯、吉玛酮、莪术二酮、新莪术二酮、莪术烯醇、异莪术烯醇、莪术双环烯酮和姜黄素等成分对D-半乳糖胺或脂多糖引起的小鼠急性肝损伤有保护作用[2]。
   (2) 抗脂肪肝　蓬莪术根茎浓缩液灌胃能降低高脂饲料喂养所致脂肪肝大鼠肝匀浆的丙二醛 (MDA)、胆固醇 (TC)、三酰甘油 (TG) 水平，同时还能降低丙氨酸转氨酶 (ALT) 及天冬氨酸转氨酶 (AST) 水平[22]。
   (3) 抗肝纤维化　蓬莪术根茎50%甲醇提取物灌胃对 CCl_4 诱导的大鼠肝纤维化有抑制作用，能减轻肝组织的纤维化程度，降低肝组织中的羟脯氨酸 (Hyp) 含量，还能抑制 I 型胶原蛋白 α1mRNA，其作用机理可能与干扰血管紧张素 II (ANG II) 的分泌，部分阻断血管紧张素 I 型受体，下调转化生长因子 β1 (TGF β1) 的致纤维化效应有关[23]。

4. 镇痛
   蓬莪术根茎含水乙醇和二氯甲烷提取物及有效成分莪术醇有镇痛作用，腹腔注射对甲醛和辣椒辣素所致的小鼠扭体反应有抑制作用[24]。

5. 增强免疫
   蓬莪术根茎水煎液给小鼠灌胃，对小鼠抗体产生能力、淋巴细胞增殖以及白介素-2 (IL-2) 的产生均有显著增强作用，具有免疫增强作用[25]。

6. 对胃肠系统的影响
   蓬莪术根茎水煎剂灌胃对大鼠功能性消化不良有改善作用，可能与增强胃排空率，促进胃动力有关[26]。莪术酮灌胃对盐酸-乙醇所致的大鼠胃损伤有保护作用[27]。

7. 对生殖系统的影响
   蓬莪术根茎水煎液能兴奋子宫平滑肌，减少正常小鼠怀孕率，增加妊娠小鼠致畸率，减轻雄性小鼠睾丸和贮精囊重量，有抗生育作用[28]。

8. 其他
   蓬莪术还有抗菌[29]、抗病毒[30]、抗炎[31]作用。莪术醇有镇静作用[27]。

应用

莪术
本品为中医临床用药。功能：行气破血，消积止痛。主治：血气心痛，饮食积滞，脘腹胀痛，血滞经闭，痛经，症瘕痞块，跌打损伤。

现代临床还用于冠心病、消化性溃疡、宫颈糜烂、宫颈癌、真菌性阴道炎、婴幼儿秋季腹泻、皮肤溃疡、放射性皮肤烧伤等病的治疗。

郁金
本品为中医临床用药。功能：行气化瘀，清心解郁，利胆退黄。主治：经闭痛经，胸腹胀痛、刺痛，热病神昏，癫痫发狂，黄疸尿赤。

评注

同属植物广西莪术 Curcuma kwangsiensis S. G. Lee et C. F. Liang 和温郁金 C. Wenyujin Y. H. Chen et C. Ling 的干燥根茎也为《中国药典》收载的中药莪术的法定原植物来源种，后者习称"温莪术"。

蓬莪术 Peng'ezhu

参考文献

[1] G Singh, OP Singh, YR Prasad, MP Lampasona, C Catalan. Chemical and biocidal investigations on rhizome volatile oil of *Curcuma zedoaria* Rosc - part 32. *Indian Journal of Chemical Technology*. 2003, 10(5): 462-465

[2] H Matsuda, K Ninomiya, T Morikawa, M Yoshikawa. Inhibitory effect and action mechanism of sesquiterpenes from Zedoariae rhizoma on D-galactosamine/lipopolysaccharide-induced liver injury. *Bioorganic & Medicinal Chemistry Letters*. 1998, 8(4): 339-344

[3] H Makabe, N Maru, A Kuwabara, T Kamo, M Hirota. Anti-inflammatory sesquiterpenes from *Curcuma zedoaria*. *Natural Product Research*. 2006, 20(7): 680-685

[4] H Matsuda, T Morikawa, I Toguchida, K Ninomiya, M Yoshikawa. Inhibitors of nitric oxide production and new sesquiterpenes, 4-epi-curcumenol, neocurcumenol, gajutsulactones A and B, and zedoarolides A and B from Zedoariae rhizoma. *Heterocycles*. 2001, 55(5): 841-846

[5] H Etoh, T Kondoh, N Yoshioka, K Sugiyama, H Ishikawa, H Tanaka. 9-Oxo-neoprocurcumenol from *Curcuma aromatica* (Zingiberaceae) as an attachment inhibitor against the blue mussel, *Mytilus edulis* galloprovincialis. *Bioscience, Biotechnology, and Biochemistry*. 2003, 67(4): 911-913

[6] MK Jang, HJ Lee, JS Kim, JH Ryu. A curcuminoid and two sesquiterpenoids from *Curcuma zedoaria* as inhibitors of nitric oxide synthesis in activated macrophages. *Archives of Pharmacal Research*. 2004, 27(12): 1220-1225

[7] H Hikino, K Agatsuma, C Konno, T Takemoto. Sesquiterpenoids. XXXV. Structure of furanodiene and isofurano-germacrene (curzerene). *Chemical & Pharmaceutical Bulletin*. 1970, 18(4): 752-755

[8] H Hikino, Y Sakurai, T Takemoto. Sesquiterpenoids. XX. Structure and absolute configuration of curcolone. *Chemical & Pharmaceutical Bulletin*. 1968, 16(5): 827-831

[9] CR Pamplona, SMM de, MDS Machado, FV Cechinel, D Navarro, RA Yunes, MF Delle, R Niero. Seasonal variation and analgesic properties of different parts from *Curcuma zedoaria* Roscoe (Zingiberaceae) grown in Brazil. *Zeitschrift fuer Naturforschung. C, Journal of Biosciences*. 2006, 61(1-2): 6-10

[10] H Matsuda, T Morikawa, K Ninomiya, M Yoshikawa. Absolute stereostructure of carabrane-type sesquiterpene and vasorelaxant-active sesquiterpenes from Zedoariae rhizoma. *Tetrahedron*. 2001, 57(40): 8443-8453

[11] WJ Syu, CC Shen, MJ Don, JC Ou, GH Lee, CM Sun. Cytotoxicity of curcuminoids and some novel compounds from *Curcuma zedoaria*. *Journal of Natural Products*. 1998, 61(12): 1531-1514

[12] CH Hong, MS Noh, WY Lee, SK Lee. Inhibitory effects of natural sesquiterpenoids isolated from the rhizomes of *Curcuma zedoaria* on prostaglandin E_2 and nitric oxide production. *Planta Medica*. 2002, 68(6): 545-547

[13] H Matsuda, S Tewtrakul, T Morikawa, A Nakamura, M Yoshikawa. Anti-allergic principles from Thai zedoary: structural requirements of curcuminoids for inhibition of degranulation and effect on the release of TNF-alpha and IL-4 in RBL-2H3 cells. *Bioorganic & Medicinal Chemistry*. 2004, 12(22): 5891-5898

[14] 李士怡, 周一荻. 莪术三棱白花蛇舌草对肿瘤细胞抑制作用的研究. 实用中医内科杂志. 2006, 20(3): 246-247

[15] 沈洪, 刘增巍, 朱萱萱, 张坤, 王伟, 郭青龙, 袁胜涛. 莪术对 SGC7901 胃癌细胞 COX-1, COX-2, VEGF 和 PGE2 表达的影响. 世界华人消化杂志. 2006, 14(16): 1548-1553

[16] 赵华, 汤为学. 莪术油对人子宫内膜癌细胞株 RL-95-2 抑制作用的体外研究. 实用妇产科杂志. 2006, 22(3): 158-160

[17] 丁玉玲, 徐爱秀. 莪术油及其有效组分抗肿瘤研究. 中药材. 2005, 28(2): 152-156

[18] 徐立春, 边可君, 刘志敏, 周娟, G Wang. 天然药物莪术醇抑制肿瘤细胞生长及 RNA 合成影响的初步研究. 肿瘤. 2005, 25(6): 570-572

[19] 和岚, 毛腾敏. 三棱、莪术对血瘀证模型大鼠血液流变性影响的比较研究. 安徽中医学院学报. 2005, 24(6): 35-37

[20] 夏泉, 董婷霞, 詹华强, 梁嘉荣, 李绍平. 莪术二酮对 ADP 诱导的兔血小板聚集的抑制作用. 中国药理学通报. 2006, 22(9): 1151-1152

[21] 翁书和, 赵军礼, 陈镜合, 罗小星, 吴思慧. 莪术油对动脉损伤大鼠血管成形术后再狭窄的抑制作用. 广州中医药大学学报. 2003, 20(4): 282-284

[22] 李晶, 冯五金. 生山楂、泽泻、莪术对大鼠脂肪肝的影响及其交互作用的实验研究. 山西中医. 2006, 22(3): 57-59

[23] 杨玲, 钱伟, 侯晓华, 徐可树, 汪建平. 莪术提取物对肝纤维化大鼠血管紧张素 II 及其 I 型受体的影响. 中华肝脏病杂志. 2006, 14(4): 303-305

[24] DDF Navarro, MM de Souza, RA Neto, V Golin, R Niero, RA Yunes, MF Delle, FV Cechinel. Phytochemical analysis and analgesic properties of *Curcuma zedoaria* grown in Brazil. *Phytomedicine.* 2002, **9**(5): 427-432

[25] 李法庆，邱大琳，陈蕾．莪术对小鼠免疫功能影响的研究．时珍国医国药．2006，**17**(8)：1482-1483

[26] 魏兰福，邹百仓，魏睦新．莪术对实验性功能性消化不良大鼠胃排空的影响．南京医科大学学报．2003，**23**(4)：350-352

[27] KH Shin, KY Yoon, TS Cho. Pharmacological activities of sesquiterpenes from the rhizomes of *Curcuma zedoaria*. *Saengyak Hakhoechi.* 1994, **25**(3): 221-225

[28] 周宁娜，毛晓健，张洁，杨颂雯，张晶玫．莪术妊娠禁忌的药理学研究．中医药学刊．2004，**22**(12)：2291-2292

[29] EYC Lai, CC Chyau, JL Mau, CC Chen, YJ Lai, CF Shih, LL Lin. Antimicrobial activity and cytotoxicity of the essential oil of *Curcuma zedoaria*. *American Journal of Chinese Medicine.* 2004, **32**(2): 281-290

[30] 赵艺，杨汝刚，罗岷．莪术油的药理作用及临床应用研究进展．实用中医内科杂志．2006，**20**(2)：125-126

[31] C Tohda, N Nakayama, F Hatanaka, K Komatsu. Comparison of anti-inflammatory activities of six Curcuma rhizomes: a possible curcuminoid-independent pathway mediated by *Curcuma phaeocaulis* extract. *Evidence-based Complementary and Alternative Medicine.* 2006, **3**(2): 255-260

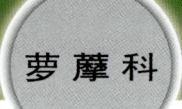

徐长卿 Xuchangqing CP, KHP

Cynanchum paniculatum (Bge.) Kitag.
Paniculate Swallowwort

概述

萝藦科 (Asclepiadaceae) 植物徐长卿 *Cynanchum paniculatum* (Bge.) Kitag.，其干燥根及根茎入药。中药名：徐长卿。

鹅绒藤属 (*Cynanchum*) 植物全世界约有 200 种，分布于非洲东部、地中海地区及欧亚大陆热带、亚热带及温带地区。中国有 53 种、2 变种，主要分布于西南和南方各省区，西北及东北各省区也有，现供药用者约 24 种、2 变种。本种中国大部分地区均有分布，日本及朝鲜半岛也有分布。

"徐长卿"药用之名，始载于《神农本草经》，列为上品。历代本草多有著录，古今药用品种一致。《中国药典》(2005 年版) 收载本种为中药徐长卿的法定原植物来源种。主产于中国江苏、浙江、安徽、山东、湖北、湖南、河南等省。

徐长卿主要含 C_{21} 固醇类成分等。《中国药典》采用高效液相色谱法测定，规定徐长卿中丹皮酚含量不得少于 1.3%，以控制药材质量。

药理研究表明，徐长卿具有抗炎、镇痛、镇静、抗肿瘤、保肝、免疫促进、解热、抗血小板聚集等作用。

中医理论认为徐长卿具有祛风除湿，行气活血，去痛止痒，解毒消肿的功效。

徐长卿 *Cynanchum paniculatum* (Bge.) Kitag.

药材徐长卿 Radix et Rhizoma Cynanchi Paniculati

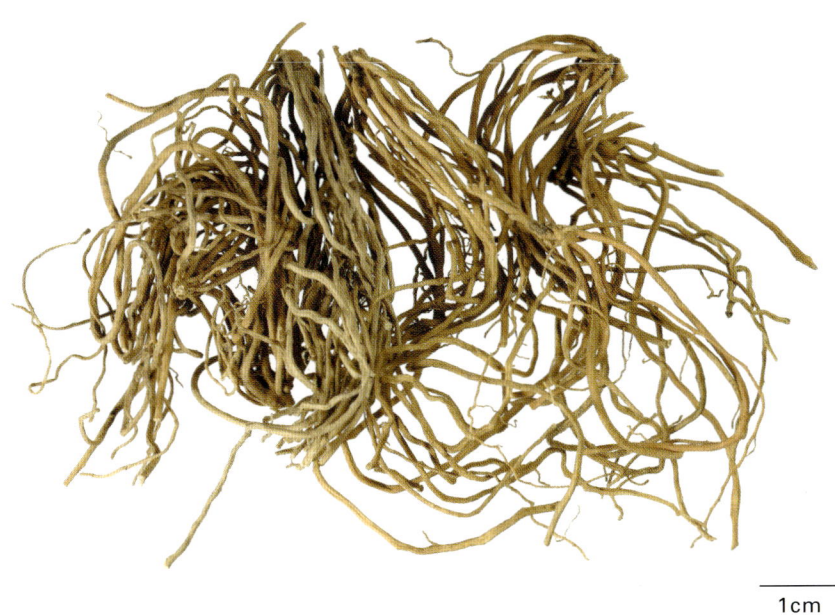

1cm

化学成分

徐长卿的根及根茎含C_{21}固醇苷元类成分：新徐长卿苷元 A、B、C、F (neocynapanogenins A - C, F)、3β,14-dihydroxy - 14β - pregn - 5 - en - 20 - one、芫花叶白前苷元 A、C、D (glaucogenins A, C, D)、肉珊瑚苷元 (sarcostin)、去酰牛皮消苷元 (deacylcynanchogenin)、托曼托苷元 (tomentogenin)、去酰基萝藦苷元 (deacylmetaplexigenin)[1-4]；C_{21}固醇苷类成分：paniculatumosides A、B[2]、徐长卿苷 A、B、C (cynapanosides A - C)、白薇苷 B (cynatratoside B)[5]、芫花叶白前苷元C - 3 - O - β - D - 黄甲苷 (glaucogenin C - 3 - O - β - D - thevetoside)[3]、新白薇苷元 C - 3 - O - β - D - 夹竹桃吡喃糖苷 (neocynapanogenin C - 3 - O - β - D - oleandropyranoside)[6]；免疫促进活性的多糖类成分：CPB - 2IG[7]、CPB - 64[8]、CPB - 54[9]、CPB - 4[10]；生物碱类成分：安托芬 (antofine)[11]；挥发油：丹皮酚 (paeonol)、邻苯二甲酸二丁酯 (dibutyl phthalate)、对羟基苯乙酮 (4 - hydroxy acetophenone)[12]、异丹皮酚 (isopaeonol)[13]。

cynapanoside A

paeonol

徐长卿 Xuchangqing

药理作用

1. **抗炎、镇痛、镇静**
   徐长卿醋酸乙酯提取物口服给药能降低醋酸引起的小鼠毛细血管通透性增加，减轻大鼠花生四烯酸所致足趾肿胀和棉球肉芽肿，减少醋酸所致的小鼠扭体反应次数，延长福尔马林引起的小鼠甩尾时间；腹腔注射能延长小鼠的戊巴比妥睡眠时间[14]。丹皮酚和异丹皮酚为镇痛的主要有效成分[13]。徐长卿乙醇提取液灌胃，能明显抑制眼镜蛇毒所致的大鼠足趾肿胀及慢性肉芽肿，对眼镜蛇中毒小鼠有明显的减毒作用，能降低中毒小鼠死亡率[15]。

2. **抗肿瘤**
   徐长卿根提取物的二氯甲烷部分能抑制人肺癌细胞 A549 和人结肠癌细胞 Col2 的生长[16]，安托芬为主要有效成分[11]。

3. **保肝**
   徐长卿水提物体外对乙型肝炎病毒 e 抗原 (HBeAg)、乙型肝炎表面抗原 (HBsAg) 的分泌及肝癌细胞 HepG–2 的增殖有显著的抑制作用[17-18]。

4. **免疫促进**
   徐长卿多糖 CPB–2IG、CPB–64 体外对脾细胞增殖有促进作用[7-8]；CPB–54 对脾细胞和淋巴细胞的增殖有较强的促进作用[9]；CPB–4 对刀豆蛋白 A (Con A) 或脂多糖 (LPS) 诱导的 T、B–淋巴细胞增殖有抑制作用[10]。

5. **解热**
   丹皮酚皮下注射能减退酵母混悬液所致的小鼠发热[19]。

6. **抗血小板聚集**
   徐长卿体外能降低红细胞和血小板的聚集[20]。

7. **对平滑肌的影响**
   丹皮酚、异丹皮酚灌胃给药，对小鼠的肠胃蠕动有明显的抑制作用[13]。

8. **其他**
   徐长卿还有抗菌、抗变态反应、调血脂及抗动脉粥样硬化等作用。

应用

本品为中医临床用药。功能：祛风通窍，解毒消肿。主治：感冒，头痛，鼻渊，鼻息肉，咳嗽，哮喘，喉痹，耳聋，目赤翳膜，疟疾，痢疾，风湿痹痛，跌打损伤，肿毒，疥癣。

现代临床用于小儿哮喘、带状疱疹、荨麻疹、老年瘙痒症、过敏性紫癜、顽固性皮癣、结节性红斑、晕动症、毒蛇咬伤、神经衰弱、慢性心衰、小儿病毒性心肌炎、腱鞘囊肿、肛裂、各种疼痛、慢性乙型肝炎等病的治疗[21]。

评注

中国药典收载的白前、白薇和徐长卿均来源于萝藦科鹅绒藤属，它们的形态、性状相似，但所含成分不同，作用各有特点，易发生混淆。徐长卿在一些地区有作白前用，也有作白薇用，还有混作细辛用，故又名竹叶细辛（《植物名汇》），山东个别地区作透骨草用，名为徐长卿透骨草（《全国中草药汇编》）[22]。近年来，由于徐长卿临床用量大，资源紧缺，价格高，市场上偶有白薇、蔓生白薇根的饮片充当徐长卿或掺入徐长卿中，应注意鉴别，以保证临床用药的安全有效[23]。

徐长卿中挥发油成分丹皮酚具有镇痛、镇静、催眠、解热、抗炎、抗过敏、免疫调节等多种药理活性[24]，一直以来是人们关注和研究的重点。近年来，随着鹅绒藤属中C_{21}固醇类化合物研究的进一步深入，发现该类化合物具有良好的抗肿瘤、增强免疫、抗氧化活性[25]。

参考文献

[1] K Sugama, K Hayashi. A glycoside from dried roots of *Cynanchum paniculatum*. *Phytochemistry*. 1988, **27**(12): 3984-3986

[2] SL Li, H Tan, YM Shen, K Kawazoe, XJ Hao. A pair of new C-21 steroidal glycoside epimers from the roots of *Cynanchum paniculatum*. *Journal of Natural Products*. 2004, **67**(1): 82-84

[3] 窦静, 毕志明, 张永清, 李萍. 徐长卿中的 C_{21} 甾体化合物. 中国天然药物. 2006, **4**(3): 192-194

[4] H Mitsuhashi, K Hayashi, T Nomura. The constituents of Asclepiadaceae plants. XVIII. Components of *Cynanchum paniculatum*. *Chemical & Pharmaceutical Bulletin*. 1966, **14**(7): 779-783

[5] K Sugama, K Hayashi, H Mitsuhashi, K Kaneko. Studies on the constituents of Asclepiadaceae plants. LXVI. The structures of three new glycosides, cynapanosides A, B, and C, from the Chinese drug "Xu-Chang-Qing", *Cynanchum paniculatum* Kitagawa. *Chemical & Pharmaceutical Bulletin*. 1986, **34**(11): 4500-4507

[6] 谭华, 李顺林, 郁志芳, 何红平, 沈月毛, 郝小江. 徐长卿中的一个新的 C_{21} 甾体配糖体. 云南植物研究. 2002, **24**(6): 795-798

[7] 王顺春, 方积年. 徐长卿多糖的分离纯化与化学结构研究 I. 中国药学杂志. 1999, **34**(10): 656-658

[8] 王顺春, 金丽伟, 方积年. 徐长卿中阿拉伯半乳聚糖 CPB64 的化学结构. 药学学报. 1999, **34**(10): 755-758

[9] 王顺春, 方积年. 徐长卿多糖 CPB54 的结构及其活性的研究. 药学学报. 2000, **35**(9): 675-678

[10] 王顺春, 鲍幸峰, 方积年. 徐长卿中多糖 CPB-4 的化学结构研究. 中国中药杂志. 2002, **27**(2): 128-130

[11] SK Lee, KA Nam, YH Heo. Cytotoxic activity and G_2/M cell cycle arrest mediated by antofine, a phenanthroindolizidine alkaloid isolated from *Cynanchum paniculatum*. *Planta Medica*. 2003, **69**(1): 21-25

[12] 张永清, 李萍, 王建成, 李佳. 鲜品与干品徐长卿挥发油成分分析. 中国中药杂志. 2006, **31**(14): 1205-1206

[13] 孙奋治, 蔡鸣, 楼凤昌. 徐长卿中 3-羟-4-甲氧苯乙酮的镇痛、抑制胃肠蠕动作用. 中国中药杂志. 1993, **18**(6): 362-363

[14] JH Choi, BH Jung, OH Kang, HJ Choi, PS Park, SH Cho, YC Kim, DH Sohn, H Park, JH Lee, DY Kwon. The anti-inflammatory and anti-nociceptive effects of ethyl acetate fraction of cynanchi paniculati radix. *Biological & Pharmaceutical Bulletin*. 2006, **29**(5): 971-975

[15] 林丽珊, 刘广芬, 王晴川, 李克华. 徐长卿提取液对眼镜蛇蛇毒引起的炎症及毒性的影响. 福建医科大学学报. 2003, **37**(2): 188-190

[16] KA Nam, SK Lee. Evaluation of cytotoxic potential of natural products in cultured human cancer cells. *Natural Product Sciences*. 2000, **6**(4): 183-188

[17] 谢斌, 刘妮, 赵昉. 徐长卿水提物抗乙型肝炎病毒的体外实验研究. 中国热带医学. 2005, **5**(2): 196-197, 233

[18] 谢斌, 杨子峰, 陈俏妍, 刘妮. 徐长卿水提物抗肝癌作用初探. 中国热带医学. 2006, **6**(2): 228-229

[19] SJ Lee. Structure and pharmacological action of a component of *Cynanchum paniculatum*. *Soul Taehakkyo Nonmunjip, Uiyakke*. 1967, **18**: 75-77

[20] 吉中强, 高晓昕, 宋鲁卿, 纪文岩, 王培霞, 刘宗田, 牛其昌, 刘孟宇. 调脂中药抗血小板聚集和对红细胞流变性影响的实验研究. 中医药研究. 1999, **15**(5): 47-49

[21] 朱光宇. 徐长卿的临床应用研究进展. 中医药临床杂志. 2005, **17**(4): 417-418

[22] 吴顺俭, 祁怀军, 朱茂礽. 白前、白薇、徐长卿同属异用辨. 北京中医杂志. 2003, **22**(2): 34-35

[23] 潘旭. 同属易混品种白前、白薇和徐长卿的鉴别. 首都医药. 2005, **12**(12): 43-44

[24] 章灵华, 肖培根, 黄芸, 钱玉昆. 丹皮酚的药理与临床研究进展. 中国中西医结合杂志. 1996, **16**(3): 187-190

[25] 刘卫卫, 张朝晖, 吴立云, 戴永健, 吴琼珠. 鹅绒藤属植物化学成分与药理研究进展. 中药材. 2003, **26**(3): 216-218

降香檀 Jiangxiangtan CP, KHP

豆科

Dalbergia odorifera T. Chen
Rosewood

概述

豆科 (Fabaceae) 植物降香檀 *Dalbergia odorifera* T. Chen，其树干和根的干燥心材入药。中药名：降香。

黄檀属 (*Dalbergia*) 植物全世界约有 100 种，分布于亚洲、非洲、美洲的热带和亚热带地区。中国有 28 种、1 变种，本属现供药用者约有 13 种。本种分布于中国海南省。

降香入药，始载于《海药本草》。历代本草多有著录，自古以来降香药材就有进口与国产之分。进口降香主要为印度黄檀 *Dalbergia sisso* Roxb.，国产降香即为本种。《中国药典》（2005 年版）收载本种为中药降香的法定原植物来源种。主产于中国海南省。

降香檀的心材含挥发油和黄酮类成分等。《中国药典》采用热浸法测定，规定降香醇溶性浸出物不得少于 8.0%，以控制药材质量。

药理研究表明，降香檀具有抗血小板聚集、扩张冠脉、镇痛、抗炎等作用。

中医理论认为降香具有行气活血，止痛，止血等功效。

降香檀 *Dalbergia odorifera* T. Chen

药材降香 Lignum Dalbergiae Odoriferae

1cm

1cm

化学成分

降香檀的心材含挥发油成分：β-甜没药烯（β-bisabolene）、反式-β-金合欢烯（trans-β-farnesene）、反式橙花叔醇（trans-nerolidol）、1,2,4-三甲基环己烷（1,2,4-trimethylcyclohexane）、α-白檀油醇（α-santalol）、4-甲基-4-羟基环己烷（4-methyl-4-hydroxy-cyclohexone）、香叶基丙酮（geranylacetone）[1]；异黄酮类成分：3'-羟基大豆苷元（3'-hydroxydaidzein）、koparin、2',7-双羟基-4',5'-双甲氧基异黄酮（2',7-dihydroxy-4',5'-dimethoxyisoflavone）、2'-羟基芒柄花素（2'-hydroxyformononetin）、芒柄花素（formononetin）、樱黄素（prunetin）[2]、鲍迪木醌（bowdichione）、漆树黄酮（fisetin）、xenognosin B[3]；二氢异黄酮类成分：violanone、3'-o-methylviolanone、vestitone、sativanone；Neoflavones 成分：3'-hydroxymelanettin、melanettin、stevenin、黄檀素（dalbergin）、4'-羟基-4-甲氧基黄檀醌（4'-hydroxy-4-methoxydalbergione）、4-甲氧基黄檀醌（4-methoxydalbergione）[2]、3'-hydroxy-2,4,5-trimethoxydalbergiquinol、羟基黄檀内酯（stevenin）[4]；二氢黄酮类成分：紫铆素（butin）、甘草素（liquiritigenin）、生松素（pinocembrin）；查耳酮类成分：紫铆花素（butein）、异甘草素（isoliquiritigenin）[2]、2'-O-甲氧基异甘草素（2'-O-methyoxyisoliquiritigenin）[5]；异二氢黄酮醇类成分：（3R）-4'-甲氧基-2',3,7-三羟基异黄酮[（3R）-4'-methoxy-2',3,7-trihydroxyisoflavanone]；紫檀素类成分：美迪紫檀素（medicarpin）[2]、3-hydroxy-9-methoxy-coumestan、白香草木犀紫檀酚A[3]、C、D（meliotocarpan A, C, D）、左旋甲基尼森林[（-）methylnissolin]、左旋降香紫檀素[（-）-odoricarpan]；异黄烷类成分：右旋异豆素[（+）-isoduartin]、odoriflavene、mucronulatol[6]、（3R）-克劳瑟醌[（3R）-claussequinone]、（3R）-维斯体素[（3R）-vestitol]、（3R）-5-甲氧基维斯体素[（3R）-5-methoxyvestitol]、（3R）-3',8-二羟基维斯体素[（3R）-3',8-dihydroxyvestitol][7]；双黄酮类成分：DO-18、19、20、21[8]；此外还含有硫黄菊素（sulfuretin）、cearoin[3]、决明烯（obtustyrene）、isomucronustyrene[6]。

降香檀 Jiangxiangtan

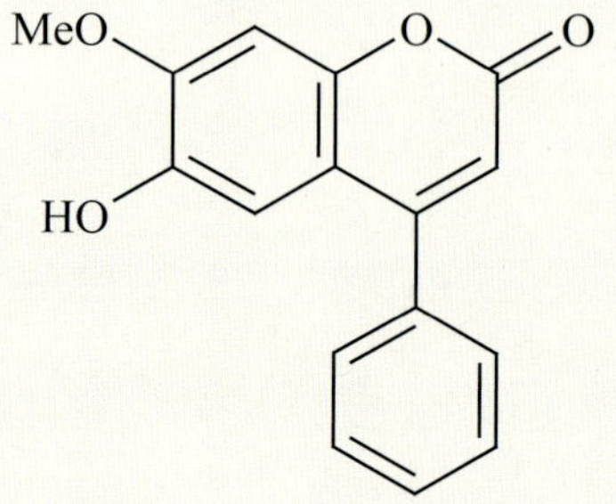

豆科

dalbergin

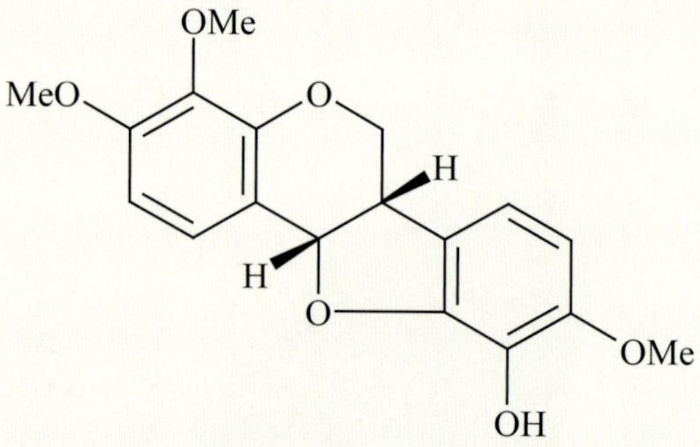

odoricarpan

药理作用

1. **抗血小板聚集**
   降香中的桂皮酰酚类、异黄烷、异黄酮和苯甲酸衍生物能明显抑制前列腺素合成，对花生四烯酸诱导的血小板聚集有抑制作用[9]。降香挥发油及其芳香水灌胃给药可明显抑制大鼠实验性血栓形成，提高兔血小板环磷酸腺苷 (cAMP) 的水平，体外能促进兔血浆纤溶酶活性[10]。

2. **舒张血管**
   紫铆花素对去氧肾上腺素 (phenylephrine) 诱导的大鼠大动脉收缩有舒张作用，此舒张作用是由内皮衍生松弛因子 (EDRF) 介导的，可能为特异的 cAMP 磷酸二酯酶抑制剂[9]。

3. **抗肿瘤**
   2'-甲氧基异甘草素对人肺腺癌细胞 A549、黑色素瘤细胞 SK-MEL-2、人卵巢癌细胞 SK-OV-3 有细胞毒作用[5]。

4. **抗氧化**
   降香中所含的黄酮类成分有抗氧化活性，体外对猪油和海鞘油有显著的抗氧化作用[11]。

5. **抗炎**
   降香二氯甲烷提取物对肥大细胞瘤细胞白三烯 C_4 (LTC_4) 的生成有抑制作用，活性成分为美迪紫檀素等[12]。(S)-4-甲氧基黄檀醌、紫铆花素等黄酮类成分也具有抗炎活性[3]。

6. **抗过敏**
   (S)-4-甲氧基黄檀醌和 cearoin 有抗过敏作用[3]。

7. **其他**
   降香还有促进酪氨酸酶活性的作用[13]。

应用

本品为中医临床用药。功能：行气活血，止痛，止血。主治脘腹疼痛，肝郁胁痛，胸痹刺痛，跌扑损伤，外伤出血等症。现代临床还用于冠心病、心绞痛及心肌梗塞等病的治疗。

评注

由于降香檀资源有限,目前市场上降香的主流品除降香檀的干燥心材外,其他来源品种也有混用。豆科植物海南黄檀 *Dallbergia hainanensis* Merr.、印度黄檀 *D. sisso* Roxb.、印度紫檀 *Pterocarpus indicus* Willd. 和芸香科植物山油柑 *Acronychia pedunculate* (L.) Miq. 的心材,均见于商品降香药材中。

参考文献

[1] 赵谦,郭济贤,章蕴毅. 中药降香的化学成分和药理学研究进展. 中国药学. 2000, 9(1): 1-5

[2] RX Liu, M Ye, HZ Guo, KH Bi, DA Guo. Liquid chromatography/electrospray ionization mass spectrometry for the characterization of twenty-three flavonoids in the extract of *Dalbergia odorifera*. Rapid Communications in Mass Spectrometry. 2005, 19(11): 1557-1565

[3] SC Chan, YS Chang, JP Wang, SC Chen, SC Kuo. Three new flavonoids and antiallergic, anti-inflammatory constituents from the heartwood of *Dalbergia odorifera*. Planta Medica. 1998, 64(2): 153-158

[4] SC Chan, YS Chang, SC Kuo. Neoflavonoids from *Dalbergia odorifera*. Phytochemistry. 1997, 46(5): 947-949

[5] JD Park, YH Lee, MI Baek, SI Kim, BZ Ahn. Isolation of antitumor agent from the heartwood of *Dalbergia odorifera*. Saengyak Hakhoechi. 1995, 26(4): 323-326

[6] Y Goda, F Kiuchi, M Shibuya, U Sankawa. Inhibitors of prostaglandin biosynthesis from *Dalbergia odorifera*. Chemical & Pharmaceutical Bulletin. 1992, 40(9): 2452-2457

[7] S Yahara, T Ogata, R Saijo, R Konishi, J Yamahara, K Miyahara, T Nohara. Isoflavan and related compounds from *Dalbergia odorifera*. I. Chemical & Pharmaceutical Bulletin. 1989, 37(4): 979-987

[8] T Ogata, S Yahara, R Hisatsune, R Konishi, T Nohara. Isoflavan and related compounds from *Dalbergia odorifera*. II. Chemical & Pharmaceutical Bulletin. 1990, 38(10): 2750-2755

[9] SM Yu, ZJ Cheng, SC Kuo. Endothelium-dependent relaxation of rat aorta by butein, a novel cyclic AMP-specific phosphodiesterase inhibitor. European Journal of Pharmacology. 1995, 280(1): 69-77

[10] 朱亮,冷红文,谭力伟,郭济贤. 降香挥发油对血栓形成、血小板 cAMP 和血浆纤溶酶活性的影响. 中成药. 1992, 14(4): 30-31

[11] 姜爱莉,孙利芹. 降香抗氧化成分的提取及活性研究. 精细化工. 2004, 21(7): 525-528

[12] DK Miller, S Sadowski, GQ Han, H Joshua. Identification and isolation of medicarpin and a substituted benzofuran as potent leukotriene inhibitors in an anti-inflammatory Chinese herb. Prostaglandins, Leukotrienes and Essential Fatty Acids. 1989, 38(2): 137-143

[13] 吴可克,王舫. 中药降香对酪氨酸酶激活作用的动力学研究. 日用化学工业. 2003, 33(3): 204-206

野胡萝卜 Yehuluobo CP

伞形科

Daucus carota L.
Wild Carrot

概述

伞形科 (Apiaceae/Umbelliferae) 植物野胡萝卜 *Daucus carota* L., 其干燥果实入药。中药名：南鹤虱。

胡萝卜属 (*Daucus*) 植物全世界约有 60 种，分布于欧洲、非洲、美洲和亚洲。中国有 1 种和 1 栽培变种，均可供药用。本种分布于中国四川、贵州、湖北、江西、安徽、江苏和浙江等省；欧洲及东南亚地区也有分布。

"野胡萝卜"药用之名，始载于《救荒本草》。在《本草求真》中被认为是鹤虱的代用品。《中国药典》(2005 年版) 收载本种为中药南鹤虱的法定原植物来源种。主产于江苏、安徽、湖北和浙江等省。

南鹤虱主要含挥发油和黄酮类成分。《中国药典》采用薄层色谱法鉴别，以控制药材质量。

药理研究表明，南鹤虱具有驱虫、抑菌、扩张冠状动脉、抗生育等作用。

中医理论认为南鹤虱具有杀虫，消积，止痒的功效。

野胡萝卜 *Daucus carota* L.

药材南鹤虱 Fructus Carotae

1cm

0.1cm

化学成分

野胡萝卜果实含挥发油成分：胡萝卜醇 (daucol)、胡萝卜次醇 (carotol)、β-丁香烯 (β-caryophyllene)[1]、carota-1,4-β-oxide[2]、α-蒎烯 (α-pinene)、松油烯-4-醇 (terpinene-4-ol)、γ-松油烯 (γ-terpinene)、柠檬烯 (limonene)[3]、反式细辛醚 (trans-asarone)、β-没药烯 (β-bisabolene)、细辛醚香荚兰醛 (asarone aldehyde)、顺式细辛醚 (cis-asarone)、丁香酚 (eugenol)、2-hydroxy-4-methoxyacetophenone、3-蒈烯 (3-carene)、甲基丁香酚 (methyl eugenol)[4]、芳樟醇 (linalool)、香叶醇 (geraniol)、香叶醇醋酸酯 (geranyl acetate)、β-蒎烯 (β-pinene)、香桧烯 (sabinene)、佛手柑油烯 (bergamotene)、胡萝卜烯 (daucene)、p-麝香草酚 (p-thymol)、α-姜黄烯 (α-curcumene)、榄香素 (elemicin)[5]、8-反式胡萝卜烯-4β-醇 (trans-dauc-8-en-4β-ol)、8,11-反式胡萝卜二烯 (trans-dauca-8,11-diene)、5,8-胡萝卜二烯 (dauca-5,8-diene)、4,9-胡萝卜二烯 (acora-4,9-diene)、4,10-胡萝卜二烯 (acora-4,10-diene)、(E)-β-10,11-二氢-10,11-环氧金合欢烯[(E)-β-10,11-dihydro-10,11-epoxyfarnesene]、(E)-甲基异丁香酚 [(E)-methylisoeugenol][6]；黄酮类成分：木犀草素 (luteolin)、dracocephaloside、juncein[7]；此外还含有巴豆油酸 (crotonic acid)[8]、2,4,5-三甲氧基苯甲醛 (2,4,5-trimethoxy benzaldehyde)[9]。

野胡萝卜的地上部分含香豆素苷类成分[10]。

野胡萝卜的根含聚乙炔类 (polyacetylenes) 成分：镰叶芹二醇 (falcarindiol)、镰叶芹二醇-3-醋酸酯 (falcarindiol 3-acetate)、镰叶芹醇 (falcarinol)[11]。

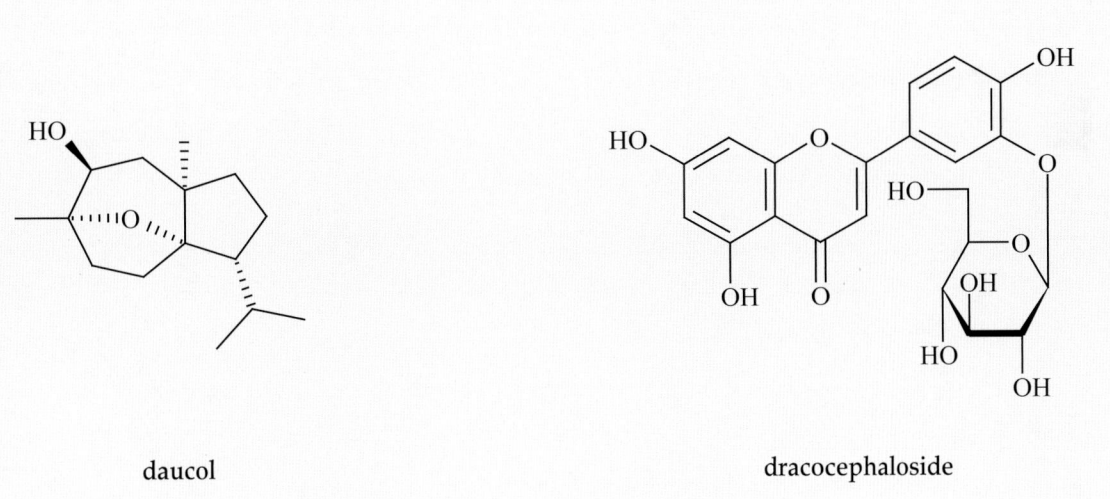

daucol

dracocephaloside

药理作用

1. **驱虫**

   野胡萝卜子对钩虫有先兴奋后麻痹的作用，能使钩虫落入肠腔致死。野胡萝卜子水浸膏和挥发油在体外实验24小时内均有杀蛔虫的作用。

2. **抗菌**

   野胡萝卜子水提物和醇提物对金黄色葡萄球菌、伤寒杆菌、副伤寒甲乙菌、绿脓杆菌和大肠杆菌均有抑菌作用。野胡萝卜根所含的成分体外对金黄色葡萄球菌、疥疮链霉菌、枯草杆菌、蜡样芽孢杆菌、绿脓杆菌、大肠杆菌、尖孢镰刀菌、黑曲霉素有较好的抑制作用[12]。

伞形科

野胡萝卜 Yehuluobo

3. 对生殖系统的影响

野胡萝卜子有温和的雌激素样作用，有抗生育作用[13]。野胡萝卜子石油醚及脂肪酸成分能阻断成年大鼠的动情周期，减轻卵巢的重量，还能显著地抑制δ5,3-β-羟基类固醇脱氢酶和6-磷酸葡萄糖脱氢酶，从而阻断卵巢的甾体激素生成[14]。

4. 解痉

野胡萝卜子有罂粟碱样的解痉作用，对多种动物的回肠平滑肌、子宫、血管和气管有非特异性的肌肉松弛和解痉作用，但效价仅约为罂粟碱的 1/10[15]。

5. 降血压

野胡萝卜地上部分所含香豆素苷化合物 DC-2 和 DC-3 成分经静脉注射，能降低麻醉大鼠的动脉血压。DC-2 和 DC-3 还能抑制离体豚鼠右心房的自主收缩，使钾离子引起的兔主动脉收缩得到舒张，提示其降血压作用可能是抑制钙离子经钙离子通道进入细胞的结果[10]。野胡萝卜种子的含水乙醇提取物也有降血压作用[16]。

6. 改善认知障碍

野胡萝卜子的乙醇提取物经口给药对地西泮、东莨菪碱和自然衰老所致的小鼠记忆缺失有显著的改善作用，能减少小鼠在迷宫和被动回避实验中的犯错次数，还能降低年轻和老龄小鼠大脑中的乙酰胆碱酯酶活性和胆固醇水平[17]。

7. 其他

野胡萝卜子还有抑制环氧化酶 (COX) 的作用[18]。

应用

本品为中医临床用药。功能：杀虫，消积，止痒。主治：蛔虫、蛲虫、绦虫、钩虫病，虫积腹痛，小儿疳积，阴痒等。

现代临床还用于蛲虫病肛痒等病的治疗。

评注

菊科植物天名精 Carpesium abrotanoides L. 的果实，名为鹤虱；伞形科植物窃衣 Torilis japonica (Houtt.) DC. 的果实，名为华南鹤虱，因两者名称与南鹤虱相近，常相互混淆。实验证明，鹤虱和南鹤虱均有很好的驱虫作用，且南鹤虱的作用更强，而华南鹤虱无效[19]，临床应区别使用。

参考文献

[1] I Jasicka-Misiak, J Lipok, EM Nowakowska, PP Wieczorek, P Mlynarz, P Kafarski. Antifungal activity of the carrot seed oil and its major sesquiterpene compounds. *Zeitschrift fuer Naturforschung. C, Journal of Biosciences.* 2004, **59**(11-12): 791-796

[2] RS Dhillon, VK Gautam, PS Kalsi, BR Chhabra. Carota-1,4-β-oxide, a sesquiterpene from *Daucus carota*. *Phytochemistry.* 1989, **28**(2): 639-640

[3] D Mockute, O Nivinskiene. The sabinene chemotype of essential oil of seeds of *Daucus carota* L. ssp. *carota* growing wild in Lithuania. *Journal of Essential Oil Research.* 2004, **16**(4): 277-281

[4] H Kameoka, K Sagara, M Miyazawa. Components of essential oils of Kakushitsu (*Daucus carota* L. and *Carpesium abrotanoides* L.). *Nippon Nogei Kagaku Kaishi.* 1989, **63**(2): 185-188

[5] GV Pigulevskii, VI Kovaleva, DV Motskus. Essential oils obtained from the fruit of the wild carrot *Daucus carota*, collected in different regions. *Rast. Resursy.* 1965, **1**(2): 227-230

[6] V Mazzoni, F Tomi, J Casanova. A daucane-type sesquiterpene from *Daucus carota* seed oil. *Flavour and Fragrance Journal.* 1999, **14**(5): 268-272

[7] Y Kumarasamy, L Nahar, M Byres, A Delazar, SD Sarker. The assessment of biological activities associated with the major constituents of the methanol extract of 'wild carrot' (Daucus carota L) seeds. *Journal of Herbal Pharmacotherapy.* 2005, **5**(1): 61-72

[8] I Jasicka-Misiak, PP Wieczorek, P Kafarski. Crotonic acid as a bioactive factor in carrot seeds (Daucus carota L.). *Phytochemistry.* 2005, **66**(12): 1485-1491

[9] RA Momin, MG Nair. Pest-managing efficacy of trans-asarone isolated from Daucus carota L. seeds. *Journal of Agricultural and Food Chemistry.* 2002, **50**(16): 4475-4478

[10] AH Gilani, E Shaheen, SA Saeed, S Bibi, Irfanullah, M Sadiq, S Faizi. Hypotensive action of coumarin glycosides from *Daucus carota. Phytomedicine.* 2000, **7**(5): 423-426

[11] LP Christensen, S Kreutzmann. Determination of polyacetylenes in carrot roots (Daucus carota L.) by high-performance liquid chromatography coupled with diode array detection. *Journal of Separation Science.* 2007, **30**(4): 483-490

[12] AA Ahmed, MM Bishr, MA El-Shanawany, EZ Attia, SA Ross, PW Pare. Rare trisubstituted sesquiterpenes daucanes from the wild *Daucus carota. Phytochemistry.* 2005, **66**(14): 1680-1684

[13] A Kant, D Jacob, NK Lohiya. The estrogenic efficacy of carrot (Daucus carota) seeds. *Journal of Advanced Zoology.* 1986, **7**(1): 36-41

[14] PK Majumder, S Dasgupta, RK Mukhopadhaya, UK Mazumdar, M Gupta. Anti-steroidogenic activity of the petroleum ether extract and fraction 5 (fatty acids) of carrot (Daucus carota L.) seeds in mouse ovary. *Journal of Ethnopharmacology.* 1997, **57**(3): 209-212

[15] SS Gambhir, SP Sen, AK Sanyal, PK Das. Antispasmodic activity of the tertiary base of *Daucus carota*, Linn. seeds. *Indian Journal of Physiology and Pharmacology.* 1979, **23**(3): 225-228

[16] AA Siddiqui, SM Wani, R Rajesh, V Alagarsamy. Isolation and hypotensive activity of three new phytocontituents from seeds of *Daucus carota. Indian Journal of Pharmaceutical Sciences.* 2005, **67**(6): 716-720

[17] M Vasudevan, M Parle. Pharmacological evidence for the potential of Daucus carota in the management of cognitive dysfunctions. *Biological & Pharmaceutical Bulletin.* 2006, **29**(6): 1154-1161

[18] RA Momin, DL De Witt, MG Nair. Inhibition of cyclooxygenase (COX) enzymes by compounds from *Daucus carota* L. Seeds. *Phytotherapy Research.* 2003, **17**(8): 976-979

[19] 魏璐雪，李家实．中药鹤虱挥发油化学成分分析．北京中医学院学报．1993，**16**(2)：64-66

广金钱草 Guangjinqiancao CP, VP

豆科

Desmodium styracifolium (Osbeck) Merr.
Snowbellleaf Tickclover

概 述

豆科 (Fabaceae) 植物广金钱草 *Desmodium styracifolium* (Osbeck) Merr.，其干燥地上部分入药。中药名：广金钱草。

山蚂蝗属 (*Desmodium*) 植物全世界约有 350 种，分布于亚热带和热带地区。中国约有 27 种、5 变种，本属现供药用者约 15 种、1 变种。本种分布于中国广东、海南、香港、广西、云南；印度、斯里兰卡、缅甸、泰国、越南、马来西亚也有分布。

广金钱草以"广东金钱草"药用之名，始载于《岭南草药志》。《中国药典》(2005 年版) 收载本种为中药广金钱草的法定原植物来源种。主产于中国广东、广西、福建及海南等省区。

广金钱草全草含黄酮类、生物碱类、多糖类成分等，多糖为治疗结石的主要有效成分。《中国药典》规定广金钱草中水溶性浸出物含量不得少于 5.0%，以控制药材质量。

药理研究表明，广金钱草具有利尿、排石、利胆、抗炎等作用。

中医理论认为广金钱草具有清热利湿，通淋排石等功效。

广金钱草 *Desmodium styracifolium* (Osbeck) Merr.

龙眼的种子含特殊氨基酸类成分: 2-氨基-4-甲基-5-己炔酸 (2-amino-4-methylhex-5-ynoic acid)、降血糖氨酸 (hypoglycin A)、2-氨基-4-羟基-6-庚炔酸 (2-amino-4-hydroxyhept-6-ynoic acid)[6]; 鞣质类成分: 丙酮基老鹳草鞣质A、B (acetonylgeraniins A-B)、鞣料云实精 (corilagin); 酚酸类成分: 没食子酸 (gallic acid)、诃子酸 (chebulagic acid)[7]、鞣花酸 (ellagic acid); 黄酮类成分: 槲皮苷 (quercitrin)[8]; 脂肪酸类成分: 二氢苹婆酸 (dihydrosterculic acid)[9]。

龙眼的树皮含(-)-表儿茶素 [(-)-epicatechin]、原花青素B_2、C_1 (procyanidins B_2, C_1)[7]。

龙眼的花含鞣质类成分: acalyphidin M_1、鞣料云实精、杠香藤酸A (repandusinic acid A)、叶下珠鞣质C (phyllanthusiin C)、夫罗星鞣质 (furosin)、老鹳草鞣质 (geraniin); 酚酸类成分: 短叶苏木酚酸 (brevifolincarboxylic acid)、对香豆酸 (p-coumaric acid); 黄酮类成分: 木犀草素 (luteolin)、山柰酚 (kaempferol)、金圣草黄素 (chrysoeriol)、槲皮素 (quercetin)、金丝桃苷 (hyperin)[10]。

龙眼的果壳含龙眼三萜A [即木栓醇 (friedelinol)] 和龙眼三萜B [即木栓酮 (friedelin)][11]。

药理作用

1. **增强免疫**
   龙眼肉提取液给小鼠灌胃,能显著增加胸腺及淋巴结组织的T细胞检出率,具有一定提高细胞免疫功能的作用[12]。

2. **抗氧化**
   龙眼肉提取液体外能抑制小鼠肝匀浆过氧化脂质 (LPO) 的生成,给小鼠灌胃能提高小鼠血中谷胱甘肽过氧化物酶 (GSH-Px) 的活力[12]。此外,龙眼多糖在过硫酸铵N,N,N',N'-四甲基乙二胺体系检测中,对活性氧自由基具有较强的清除能力[13]。

3. **垂体-性腺轴作用**
   龙眼肉乙醇提取物腹腔注射可显著降低雌性大鼠血清中催乳素的含量,大剂量时能显著减少雌二醇和睾丸酮的含量,还可明显增加孕酮和促卵泡刺激素的含量,而对促黄体生成素无影响[14]。

4. **抗焦虑**
   通过小鼠冲突缓解试验发现,龙眼肉提取物皮下注射有显著的抗焦虑活性,腺苷为抗焦虑的活性成分[4]。

5. **对血压的影响**
   丙酮基老鹳草鞣质A静脉注射可促进大鼠去甲肾上腺素能末梢神经释放去甲肾上腺素 (NA),使体位性低血压得到明显改善[15]。鞣料云实精可通过减少NA释放或直接舒张血管,对自发性高血压大鼠产生显著的降血压作用[16]。

6. **降血糖**
   龙眼种子水提液给四氧嘧啶诱发的糖尿病小鼠灌胃能明显缓解小鼠体内的高血糖症状,降低血糖值[17]。

7. **其他**
   龙眼肉还有抗菌作用;5-羟甲基-2-糠醛有抗惊厥作用[5]。龙眼种子还具有酪氨酸激酶抑制作用[18];龙眼种子中的3种特异氨基酸有抗突变作用[6]。

应用

本品为中医临床用药。功能:补心脾,养气血,安心神。主治:心脾两虚,气血不足所致的惊悸、怔忡、健忘、失眠,血虚萎黄,月经不调,崩漏。

现代临床用于滋补,还用于内耳眩晕、消化系统疾病及冠心病等病的治疗。

药材龙眼肉 Arillus Longan

化学成分

龙眼的假种皮含脑苷脂类成分：大豆脑苷I、II (soyacerebrosides I - II)、龙眼脑苷I、II (longan cerebrosides I - II)、苦瓜脑苷 (momor - cerebroside I)、商陆脑苷 (phytolacca cerebroside)[1]；挥发性成分：苯并噻唑 (benzothiazole)、苯并异噻唑 (benzisothiazole)、新戊酸-6-苎烯脂 (limonene - 6 - ol privalate)[2]、反式罗勒烯 (trans - ocimene)、反式丁香烯 (trans - caryophyllene)[3]；此外，还含腺嘌呤 (adenine)、腺苷 (adenosine)、尿苷 (uridnine)[4]、5-羟甲基-2-糠醛 [5 - (hydroxymethyl) - 2 - furfuraldehyde][5]。

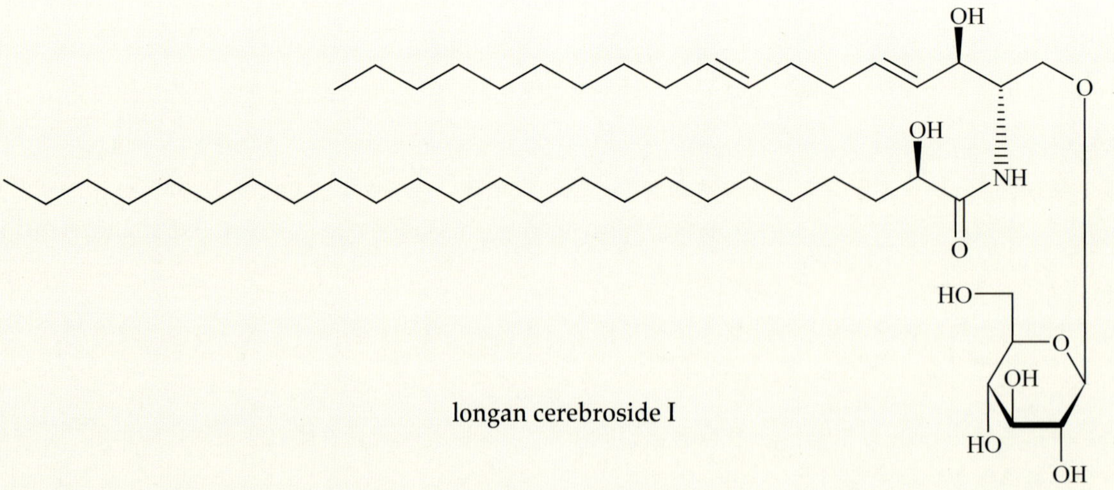

longan cerebroside I

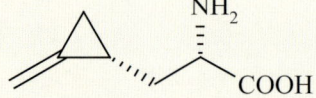

hypoglycin A

无患子科

龙眼 Longyan CP, VP

Dimocarpus longan Lour.
Longan

概 述

无患子科 (Sapindaceae) 植物龙眼 *Dimocarpus longan* Lour., 其干燥假种皮入药。中药名：龙眼肉。果品名：桂圆。

龙眼属 (*Dimocarpus*) 植物全世界约有 20 种，分布于亚洲热带地区。中国约有 4 种，仅本种供药用。本种栽培于中国西南部至东南部地区，以福建最为多，广东次之；广东、广西及云南也可见野生或半野生种。东南亚也有栽培。

"龙眼"药用之名，始载于《神农本草经》，列为中品。历代本草多有著录，古今药用品种一致。《中国药典》(2005年版) 收载本种为中药龙眼肉的法定原植物来源种。主产于中国福建、广东、广西、云南等省区。

龙眼含脑苷脂类、特殊氨基酸类、鞣质类成分等。《中国药典》采用热浸法测定，规定龙眼肉水溶性浸出物不得少于 70%，以控制药材质量。

药理研究表明，龙眼的假种皮具有增强免疫、抗衰老、抗氧化等作用。

中医理论认为龙眼肉具有补心脾，养气血，安心神等功效。

龙眼 *Dimocarpus longan* Lour.

[4] T Kubo, S Hamada, T Nohara, ZR Wang, H Hirayama, K Ikegami, KYasukawa, M Takido. Leguminous plants. XIV. Study on the constituents of *Desmodium styracifolium*. *Chemical & Pharmaceutical Bulletin*. 1989, **37**(8): 2229-2231

[5] T Aoshima, M Kuroda, Y Mimaki. Triterpene glycosides from the whole plants of *Desmodium styracifolium*. *Natural Medicines*. 2005, **59**(4): 193

[6] 高瑞英, 郭璇华. 广金钱草化学成分的分离与鉴定. 中药材. 2001, **24**(10): 724-725

[7] 刘茁, 董焱, 王宁, 王楠, 王金辉, 李铣. 广金钱草的化学成分. 沈阳药科大学学报. 2005, **22**(6): 422-424, 437

[8] 陈丰连, 王术玲, 徐鸿华. 广金钱草挥发油的气相色谱-质谱分析. 广州中医药大学学报. 2005, **22**(4): 302-303

[9] 王植柔, 白先忠, 覃光熙, 平山英雄, 上田昭一, 池上奎一, 久保智子, 野原稔弘. 广金钱草主要成分防治尿石症的实验研究. 中华泌尿外科杂志. 1991, **12**(1): 13-16

[10] H Hirayama, Z Wang, K Nishi, A Ogawa, T Ishimatu, S Ueda, T Kubo, T Nohara. Effect of *Desmodium styracifolium*-triterpenoid on calcium oxalate renal stones. *British Journal of Urology*. 1993, **71**(2): 143-147

[11] 李惠芝, 袁志豪, 魏永煜. 广金钱草与川金钱草抑制一水草酸钙结晶的有效部分的研究. 沈阳药学院学报. 1988, **5**(3): 208-212

[12] 顾丽贞, 张百舜, 南继红. 四川金钱草与金钱草抗炎作用的研究. 中药通报. 1988, **13**(7): 40-42

[13] VD Vu, TT Mai, TL Chu. Exploration of some pharmacological actions of *Desmodium styracifolium* (Osb) Merr.. *Tap Chi Duoc Hoc*. 1997, **4**: 16-18

[14] 刘敬军, 郑长青, 周卓, 牛福玉. 广金钱草、木香对犬胆囊运动及血浆 CCK 含量影响的实验研究. 中华医学研究杂志. 2003, **3**(5): 404-405

[15] 许实波, 钟如芸, 冼顺英. 广金钱草总黄酮对心脑血管的效应. 中草药. 1980, **11**(6): 265-267

[16] CS Ho, YH Wong, KW Chiu. The hypotensive action of *Desmodium styracifolium* and *Clematis chinensis*. *American Journal of Chinese Medicine*. 1989, **17**(3-4): 189-202

[17] 覃文才, 洪庚辛. 广金钱草益智作用研究. 中药药理与临床. 1992, **8**(3): 24-26

豆科

广金钱草 Guangjinqiancao

药理作用

1. **抑制尿结石**
   广金钱草中的三萜醇配糖体和黄酮苷配糖体给高草酸钙尿症大鼠饲喂能预防草酸钙结石的形成，其机理与抑制内源性高草酸尿和吸收性高钙尿症有关[9-10]。广金钱草的多糖对一水草酸钙结晶生长有抑制作用[11]。

2. **抗炎**
   广金钱草注射剂、广金钱草黄酮给小鼠腹腔注射，能显著抑制组胺引起的血管通透性增加和巴豆油所致的小鼠耳郭肿胀；还能显著抑制蛋清引起的大鼠关节肿胀；广金钱草黄酮及酚酸物对棉球肉芽肿也有明显的抑制作用[12]。

3. **利胆**
   广金钱草总黄酮能刺激胆汁分泌[13]。犬在灌服广金钱草后胆囊明显收缩，胆囊收缩素（CCK）显著升高，并与胆囊体积呈显著负相关[14]。

4. **对心血管系统的影响**
   广金钱草总黄酮腹腔注射能明显增加小鼠心肌营养性血流量，增加在体犬冠状动脉及脑血流量，增强小鼠对缺氧的耐受力，拮抗家兔主动脉痉挛，此外，对大鼠急性心肌缺血有保护作用[15]。广金钱草水提取物通过兴奋胆碱能受体，对大鼠有持续的降血压作用[16]。

5. **抗菌**
   广金钱草水提物、醇提物、总皂苷和总黄酮体外对革兰氏阳性菌有抑制作用，以醇提物作用最为显著[13]。

6. **其他**
   广金钱草还有镇痛、益智等作用[13, 17]。

应用

本品为中医临床用药。功能：清热利湿，通淋排石。主治：泌尿系感染，泌尿系结石，肾炎水肿，胆囊炎，胆结石，黄疸型肝炎，小儿疳积，痈肿。

现代临床还用于膀胱结石、肾结石、乳腺炎、荨麻疹等病的治疗。

评注

广金钱草是治疗尿道结石的理想药物，它对一水草酸钙结晶的生长有很好的抑制作用。而且还有降血压、增加血流量和缓解动脉痉挛的作用，有希望被开发为尿石症病人食品补充剂，对伴发高血压或其他心血管疾病患者更为适宜。

广金钱草、金钱草（报春花科）*Lysimachia christinae* Hance 以及连钱草（唇形科）*Glechoma longituba* (Nakai) Kupr. 在中国各地都以金钱草之名入药，在药材流通方面，广金钱草多数在广东、广西及临近地区使用，其他地区均选用金钱草或者连钱草。三者来源迥异，所含化学成分、性味及功能主治均有不同。一般认为，广金钱草偏重治疗膀胱结石；金钱草偏重治疗胆石症；连钱草偏重治疗肾结石，临床用药应有所侧重和区别。

参考文献

[1] K Yasukawa, T Kaneko, S Yamanouchi, M Takido. Studies on the constituents in the water extracts of crude drugs. V. On the leaves of *Desmodium styracifolium* Merr. (1). *Yakugaku Zasshi*. 1986, **106**(6): 517-519

[2] 苏亚伦, 王玉兰, 杨峻山. 广金钱草黄酮类化学成分的研究. 中草药. 1993, **24**(7): 343-344, 378

[3] 王植柔, 白先忠, 刘锋, 平山英雄, 上田昭一, 池上奎一, 久保智子, 野原稔弘. 广金钱草化学成分的研究. 广西医科大学学报. 1998, **15**(3): 10-14

广金钱草 D. styracifolium (Osbeck) Merr.

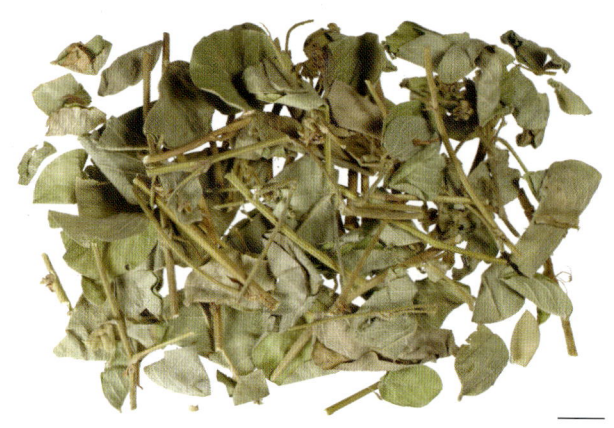
药材广金钱草 Herba Desmodii Styracifolii

化学成分

广金钱草全草含黄酮类成分：夏佛塔苷 (schaftoside)、新西兰牡荆苷-1、-2、-3 (vicenins 1-3)[1-2]、异牡荆苷 (isovitexin)、异荭草苷 (isoorientin)[3]；三萜皂苷类成分：大豆皂苷B[3]、I[4] (soyasaponins B, I)、22位酮基大豆皂苷B (22-keto-soyasaponin B)[3]、脱氢大豆皂苷Ⅰ (dehydrosoyasaponin I)[4]、槐花皂苷 III (kaikasaponin III)、lupinoside PA4[5]；生物碱类成分：广金钱草碱 (desmodimine)[6]、(3α,4β,5α)-4,5-二氢-3-(1-吡咯基)-4,5-二甲基-2(3H)-呋喃酮 [(3α,4β,5α)-4,5-dihydro-4,5-dimethyl-3-(1-pyrrolyl)-furan-2(3H)-one]；有机酸类成分：水杨酸 (salicylic acid)、香草酸 (vanillic acid)、阿魏酸 (ferulic acid)、乙二酸 (oxalic acid)[7]；此外，还含有广金钱草内酯 (desmodilactone)[6]、羽扇豆酮 (lupenone)、羽扇豆醇 (lupeol)[8]等。

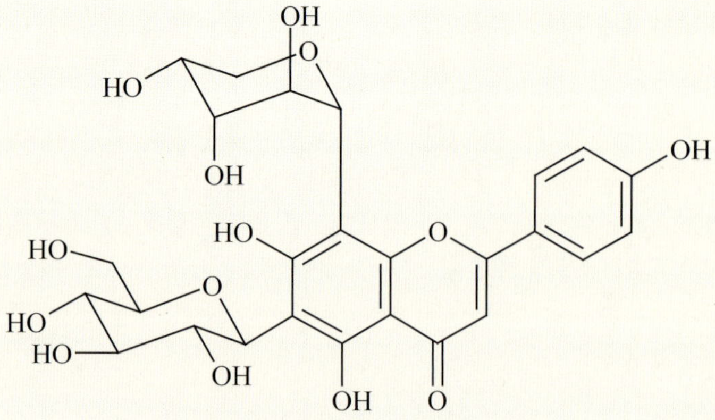

schaftoside

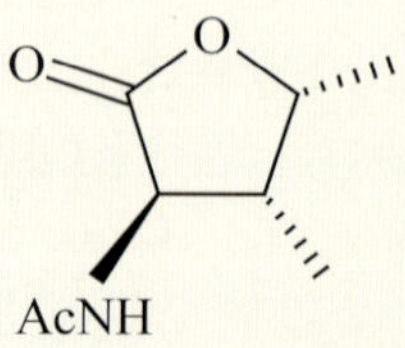

desmodilactone

广金钱草　Guangjinqiancao

评注

龙眼肉为中国常用滋补食品和中药，是中国卫生部规定的药食同源品种之一，有很好的增强免疫作用，广泛用于中医处方、食品和保健品中。除龙眼肉可作药用外，民间经验认为龙眼壳和龙眼树皮可祛风，解毒，敛疮，临床有将树皮煎剂外洗治疗头癣的记录[19]。

同属植物龙荔 *Dimocarpus confinis* (How et Ho) H. S. Lo 的干燥果实性状与龙眼基本相似，该品有毒，不可食用，服用过量有致死危险[20]，应严格注意区分。

参考文献

[1] J Ryu, JS Kim, SS Kang. Cerebrosides from *Longan Arillus*. *Archives of Pharmacal Research*. 2003, **26**(2): 138-142

[2] 杨晓红，侯瑞瑞，赵海霞，张平. 鲜龙眼肉挥发性化学成分的GC/MS分析. 食品科学. 2002, **23**(7): 123-125

[3] 张景辉，游铜锡，林丽云，张基郁. 龙眼，热风干燥龙眼干及市售烟熏龙眼干中重要香气成分之探讨. 中国农业化学会志. 1998, **36**(5): 521-532

[4] E Okuyama, H Ebihara, H Takeuchi, M Yamazaki. Adenosine, the anxiolytic-like principle of the arillus of *Euphoria longana*. *Planta Medica*. 1999, **65**(2): 115-119

[5] DH Kim, DW Kim, SY Choi, CH Park, NI Baek. 5-(Hydroxymethyl)-2-furfuraldehyde, anticonvulsant furan from the arils of *Euphoria longana* L. *Agricultural Chemistry and Biotechnology*. 2005, **48**(1): 32-34

[6] H Minakata, H Komura, SY Tamura, Y Ohfune, K Nakanishi, T Kada. Antimutagenic unusual amino acids from plants. *Experientia*. 1985, **41**(12): 1622-1623

[7] FL Hsu, L Chyn. Studies on the tannins from *Euphoria longana* LAM. *Proceedings of the National Science Council, Part A: Physical Science and Engineering*. 1991, **15**(6): 541-546

[8] YY Soong, PJ Barlow. Isolation and structure elucidation of phenolic compounds from longan (*Dimocarpus longan* Lour.) seed by high-performance liquid chromatography-electrospray ionization mass spectrometry. *Journal of Chromatography, A*. 2005, **1085**(2): 270-277

[9] R Kleiman, FR Earle, IV Wolff. Dihydrosterculic acid, a major fatty acid component of *Euphoria longana* seed oil. *Lipids*. 1969, **4**(5): 317-320

[10] JH Lin, CC Tsai. Phenolic constituents from the flowers of *Euphoria longana* Lam. *Chinese Pharmaceutical Journal*. 1995, **47**(2): 113-121

[11] 徐坚. 龙眼三萜B的晶体结构. 中草药. 1999, **30**(4): 254-255

[12] 王惠琴，白玉尘，蒋保季，马忠杰，刘丽娟，付希娟，沈家芹，张宏伟，信东，王兴翠. 龙眼肉提取液抗自由基及免疫增强作用的实验研究. 中国老年学杂志. 1994, **14**(4): 227-229

[13] 吴华慧，李雪华，邱莉. 荔枝、龙眼果肉及荔枝、龙眼多糖清除活性氧自由基的研究. 食品科学. 2004, **25**(5): 166-169

[14] 许兰芝，王洪岗，耿秀芳，冷萍. 龙眼肉乙醇提取物对雌性大鼠垂体-性腺轴的作用. 中医药信息. 2002, **19**(5): 57-58

[15] FL Hsu, FH Lu, JT Cheng. Influence of acetonylgeraniin, a hydrolyzable tannin from *Euphoria longana*, on orthostatic hypotension in a rat model. *Planta Medica*. 1994, **60**(4): 297-300

[16] JT Cheng, TC Lin, FL Hsu. Antihypertensive effect of corilagin in the rat. *Canadian Journal of Physiology and Pharmacology*. 1995, **73**(10): 1425-1429

[17] 黄儒强，邹宇晓，刘学铭. 龙眼核提取液的降血糖作用. 天然产物研究与开发. 2006, **18**: 991-992

[18] N Rangkadilok, S Sitthimonchai, L Worasuttayangkurn, C Mahidol, M Ruchirawat, J Satayavivad. Evaluation of free radical scavenging and antityrosinase activities of standardized longan fruit extract. *Food and Chemical Toxicology*. 2007, **45**(2): 328-336

[19] 黎小冰，关惠军，杨引. 龙眼树皮煎剂外洗治疗头癣的疗效观察及护理. 现代护理. 2001, **7**(8): 28

[20] 平忠明，赵宇萍. 龙眼与伪品龙荔的鉴别. 中药材. 1993, **9**(9): 17-18

百合科 剑叶龙血树 Jianyelongxueshu

Dracaena cochinchinensis (Lour.) S. C. Chen
Chinese Dragon's Blood

概 述

百合科 (Liliaceae) 植物剑叶龙血树 *Dracaena cochinchinensis* (Lour.) S. C. Chen，其含脂木材经提取后得到的树脂入药。中药名：龙血竭。

龙血树属 (*Dracaena*) 植物全世界约 40 种，分布于亚洲和非洲的热带与亚热带地区。中国有 5 种，分布于南方地区，本属现供药用者约 4 种。本种分布于中国云南南部和广西南部，越南和老挝也有分布。

血竭以"骐驎竭"药用之名，始载于《雷公炮炙论》。历代本草多有著录，自古以来作血竭药用者系龙血树属多种植物的木部树脂，习称"木血竭"。龙血竭在中国云南有约五百年的应用历史，为明清以来所用之血竭，但近代失传，一度大部分依赖进口血竭。目前市售商品多为进口的棕榈科 (Arecaceae) 植物麒麟竭 *Daemonorops draco* Bl. 的树脂。20 世纪 70 年代以来，中国医药工作者经过资源调查，在云南和广西等省区找到了剑叶龙血树，其树脂经过 20 多年药效、毒理和临床研究，证明可以代替进口血竭使用。主产于中国云南和广西。

剑叶龙血树树脂主要含黄酮类、固醇皂苷类成分等。

药理研究表明，剑叶龙血树具有活血化瘀、止血、抗心肌损伤、抗炎、镇痛等。

中医理论认为龙血竭具有活血散瘀，止血定痛，敛疮生肌的功效[1]。

剑叶龙血树 *Dracaena cochinchinensis* (Lour.) S. C. Chen

药材龙血竭 Resina Dracaenae Cochinchinensis

dracaenoside A

pterostilbene

cochinchinenin

百合科

剑叶龙血树 Jianyelongxueshu

化学成分

剑叶龙血树树脂含黄酮类成分：剑叶血竭素 (cochinchinenin)、异甘草素 (isoliquiritigein)、二氢异甘草素 (dihydroisoliquiritigein)、socotrin-4'-ol, 2'-methoxysocotrin-5'-ol[2]、剑叶龙血素A、B、C (cochinchinenins A-C)[3-4]、龙血素A、B、C、D (loureirins A-D)[2, 5]、刺甘草查耳酮 (echinatin)、楮树素 (broussin)、去甲基楮树素 (demethylbroussin)[6]、7-羟基黄酮 (7-hydroxyflavone)、芹菜素 (apigenin)、8-甲基芹菜素 (8-methylapigenin)、6-甲基芹菜素 (6-methylapigenin)、5-甲氧基-8-甲基芹菜素 (5-methoxy-8-methylapigenin)[7]、equol、cochichin[8]、10,11-dihydroxydracaenone C、7,4'-高异黄酮 (7,4'-homoisoflavane)[9]；固醇皂苷类成分：dracaenosides A、B、C、D、E、F、G、H、I、J、K、L、M、N、O、P、Q、R[10]、desglucoruscoside[11]；固醇类成分：dracaenogenins A、B[12]；木脂素类成分：五加苷B (acanthoside B)[13]；芪类成分：紫檀芪 (pterostilbene)、白藜芦醇 (resveratrol)[14]；此外还含有原儿茶醛 (protocatechualdehyde)[13]、tachioside[9]。

药理作用

1. **对血液系统的影响**

   (1) 活血化瘀　龙血竭灌胃给药能降低葡聚糖所致家兔急性血瘀模型的全血黏度和血浆浓度，加快红细胞电泳速度，抑制大鼠实验性血栓的形成[15]。

   (2) 止血　龙血竭灌胃给药可缩短小鼠凝血和止血时间、家兔血浆复钙时间、优球蛋白溶解时间 (ELT)[16-17]。

2. **抗心肌损伤**

   龙血竭总黄酮体外能抑制 H_2O_2 引起的乳鼠心肌细胞损伤，还能降低培养液中乳酸脱氢酶 (LDH) 的浓度，增强受损细胞的活力[18]。龙血竭总黄酮灌胃给药，对垂体后叶素所致大鼠心肌缺血和冠脉结扎所致犬心肌缺血有较好的保护作用，可对抗大鼠心肌缺血心电图 J 点和 T 波的变化，缩小犬心肌缺血的梗死范围，降低心电图的 ST 段，减少血清中肌酸激酶 (CK)、乳酸脱氢酶 (LDH) 和乳酸 (LD) 的释放[19]。

3. **抗炎镇痛**

   龙血竭外搽能显著抑制巴豆油所致的小鼠耳郭肿胀和角叉菜胶引起的大鼠足趾肿胀，降低小鼠腹腔毛细血管的通透性；灌胃给药时能减少小鼠扭体反应次数[20]，抑制二甲苯引起的小鼠耳郭肿胀[17]，对抗己烯雌酚所致的大鼠在体子宫收缩[20]。

4. **抗菌**

   龙血竭体外对金黄色葡萄球菌、白喉杆菌、类炭疽杆菌、白色念珠菌、新型隐球菌、申克氏孢子丝菌[21]、须发毛癣菌、光滑念珠菌、近平滑毛癣菌、热带念珠菌和克柔念珠菌有抑制作用[22]。芪类化合物为活性成分之一[14]。

应用

本品为中医临床用药。功能：活血散瘀，止血定痛，敛疮生肌。主治：跌打损伤，瘀血作痛，妇女气血凝滞，外伤出血，脓疮久不收口。

现代临床还用于消化道溃疡、缺血性心脏病、急性心肌梗塞、子宫肌瘤等病的治疗[1]。

评注

棕榈科植物麒麟竭 *Daemonorops draco* Bl. 果实中渗出的树脂为中药血竭，又名麒麟竭，历来依靠进口，为中国紧缺的名贵药材。百合科剑叶龙血树中得到的龙血竭作为血竭的代用品现今在临床上应用广泛。龙血竭在化学成分上虽与血竭有很大差异，但在药理作用上基本一致，具有广阔的应用前景。

参考文献

[1] 朱卫东，孙志琴．龙血竭的药理作用研究．黑龙江医药．2006，19(5)：403-404

[2] 周志宏，王锦亮，杨崇仁．剑叶血竭素——国产血竭中一个新的二聚查耳酮．药学学报．2001，36(3)：200-204

[3] 卢文杰，王雪芬，陈家源，吕扬，吴楠，康文俊，郑启泰．剑叶龙血树氯仿部位化学成分的研究．药学学报．1998，33(10)：755-758

[4] 文东旭，刘伟林，陈骞，唐人九．反相高效液相色谱法测定龙血竭中剑叶龙血素C的含量．广西科学．2003，10(4)：279-281

[5] 李忠琼，向东．HPLC测定龙血竭中龙血素A和龙血素B的含量．华西药学杂志．2005，20(4)：348-349

[6] QA Zheng, HZ Li, YJ Zhang, CR Yang. Flavonoids from the resin of *Dracaena cochinchinensis*. Helvetica Chimica Acta. 2004, 87(5): 1167-1171

[7] 屠鹏飞，陶晶，胡迎庆，赵明波．龙血竭黄酮类成分研究．中国天然药物．2003，1(1)：27-29

[8] L He, ZH Wang, XH Liu, DC Fang, HM Li. Cochinchin from *Dracaena cochinchinensis*. Chinese Journal of Chemistry. 2004, 22(8): 867-869

[9] QA Zheng, YJ Zhang, CR Yang. A new meta-homoisoflavane from the fresh stems of *Dracaena cochinchinensis*. Journal of Asian Natural Products Research. 2006, 8(6): 571-577

[10] QA Zheng, YJ Zhang, HZ Li, CR Yang. Steroidal saponins from fresh stem of *Dracaena cochinchinensis*. Steroids. 2004, 69(2): 111-119

[11] 周志宏，王锦亮，杨崇仁．云南血竭中的三个配糖体．中草药．1999，30(11)：801-804

[12] QA Zheng, HZ Li, YJ Zhang, CR Yang. Dracaenogenins A and B, new spirostanols from the red resin of *Dracaena cochinchinensis*. Steroids. 2006, 71(2): 160-164

[13] 周志宏，王锦亮，杨崇仁．国产血竭的化学成分研究．中草药．2001，32(6)：484-486

[14] 胡迎庆，屠鹏飞，李若瑜，万吉吉，王端礼．剑叶龙血树中芪类化合物及其抗真菌活性的研究．中草药．2001，32(2)：104-106

[15] 黄树莲，陈学芬，陈晓军，林华．广西血竭的活血化瘀研究．中药材．1994，17(9)：37-39

[16] 农兴旭．广西血竭的止血作用．中国中药杂志．1997，22(4)：240-242

[17] 曹广军，张静泽，胡迎庆，宋月英，王雅婷．不同工艺提取龙血竭的抗炎镇痛止血作用的比较．天津药学．2005，17(3)：3-4，34

[18] 邓嘉元，李运曼，方伟蓉．龙血竭总黄酮对乳鼠损伤心肌细胞的保护作用．中国天然药物．2006，4(5)：373-376

[19] 方伟蓉，李运曼，邓嘉元．龙血竭总黄酮对动物心肌缺血的保护作用．中国临床药理学与治疗学．2005，10(9)：1020-1023

[20] 曾雪瑜，何飞，李友娣，何兴全，曹斌，覃文才，李翠红．广西血竭的消炎止痛作用及毒性研究．中国中药杂志．1999，24(3)：171-173

[21] 蔡润溪，容玉莲，陈柏遐，刘家驹，陈自明．广西血竭抗微生物作用的实验研究初步报告．桂林医学院学报．1990，3(1)：16-19

[22] 高颖，张庆云，曹广军，董小青，郭鹏，胡迎庆．两种工艺提取的龙血竭体外抗真菌活性比较．武警医学院学报．2004，13(3)：183-185

剑叶龙血树 Jianyelongxueshu

百合科

野生剑叶龙血树

剑叶龙血树 Jianyelongxueshu

地胆草 Didancao

Elephantopus scaber L.
Scabrous Elephantfoot

菊 科

概 述

菊科 (Asteraceae) 植物地胆草 *Elephantopus scaber* L.，其干燥全草入药。中药名：苦地胆。

地胆草属 (*Elephantopus*) 植物全世界约 30 种，大部分分布于美洲，少数分布于热带非洲、亚洲及澳洲。中国仅有 2 种，分布于华南和西南地区，均可供药用。本种分布于中国浙江、江西、福建、湖南、广东、香港、广西、贵州、云南和台湾等省区；美洲、亚洲、非洲各热带地区均广泛分布。

"苦地胆"药用之名，始载于《生草药性备要》。地胆草作为中国岭南地区惯用民间草药，至少有五百年的药用历史[1]。《中国药典》（1977 年版）曾收载本种为中药苦地胆的法定原植物来源种。主产于中国广东、广西、福建、江西等省区。

地胆草主要活性成分为倍半萜内酯类、黄酮类和挥发油成分等。其中倍半萜内酯类为主要活性成分。

药理研究表明，地胆草具有抗菌、抗病毒、抗炎、解热、保肝、抗肿瘤等作用。

民间经验认为苦地胆具有清热，凉血，解毒，利湿的功效。

地胆草 *Elephantopus scaber* L.

菊科

地胆草 Didancao

药材苦地胆 Herba Elephantopi Scaberis

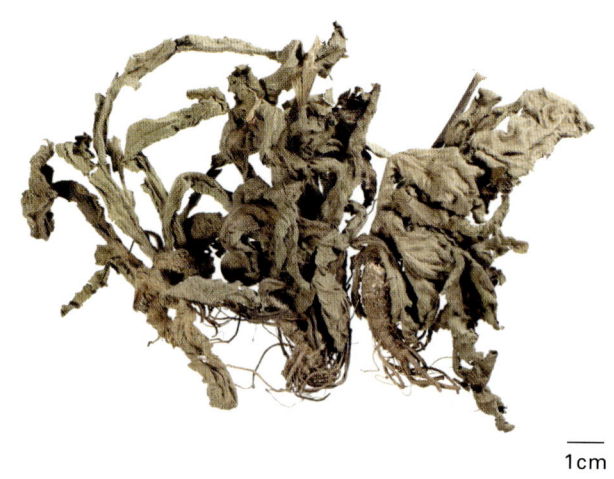

1cm

化学成分

地胆草全草含大根香叶内酯型 (germacranolides) 倍半萜内酯类成分：地胆草种内酯 (scabertopin)、异地胆草种内酯 (isoscabertopin)、去氧地胆草内酯 (deoxyelephantopin)、异去氧地胆草内酯 (isodeoxyelephantopin)[2]、17,19 - 二氢去氧地胆草内酯 (17,19 - dihydrodeoxyelephantopin)、异 - 17,19 - 二氢去氧地胆草内酯 (iso - 17,19 - dihydrodeoxyelephantopin)[3]、11,13 - 二氢去氧地胆草内酯 (11,13 - dihydrodeoxyelephantopin)[4]；愈创木内酯型 (guaianolides) 倍半萜内酯类成分：去酰基菜蓟苦素 (deacylcynaropicrin)、葡萄糖基中美菊素 C (glucozaluzanin - C)、还阳参属苷 E (crepiside E)[5]；黄酮类成分：苜蓿素 (tricin)、香叶木素 (diosmetin)、木犀草素 (luteolin)、菜蓟糖苷 (cynaroside)[6]；有机酸类成分：4,5 - 二咖啡酰奎宁酸 (4,5 - dicaffeoyl quinic acid)、3,5 - 二咖啡酰奎宁酸 (3,5 - dicaffeoyl quinic acid)[7]；挥发油成分：β - 倍半水芹烯 (β - sesquiphellandrene)、植醇 (phytol)[8]；酰胺类成分：橙黄胡椒酰胺酯 (aurantiamide)、枸杞酰胺 (lyciumamide)[9]。

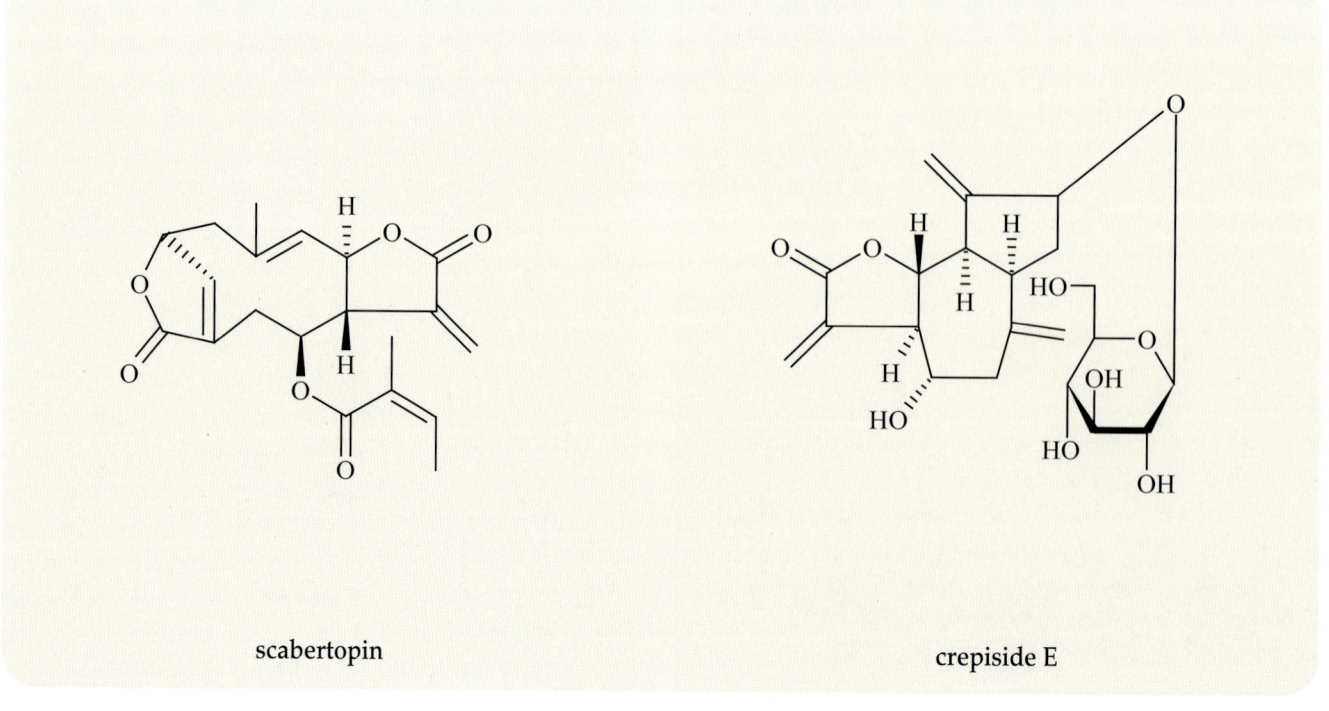

scabertopin

crepiside E

地胆草　Didancao

药理作用

1. **抗菌、抗病毒**
   地胆草煎剂体外对大肠杆菌、绿脓杆菌、伤寒杆菌、痢疾杆菌、金黄色葡萄球菌、龋齿致病菌和变形链球菌均有显著的抑制作用[10-11]。地胆草水提物还有抗呼吸道合胞体病毒 (RSV) 的作用[12]。

2. **解热**
   地胆草水提物和醇提物对大鼠腹腔注射时，可显著降低酿酒酵母菌引起的高热，但口服给药时无解热作用[13]。

3. **保肝**
   地胆草水提物对 β–D–半乳糖胺 (D–GalN) 和扑热息痛 (APAP) 引起的急性肝损伤及 CCl_4 所致的大鼠慢性肝损伤均有保护作用，能降低血清谷草转氨酶 (sGOT) 和谷丙转氨酶 (sGPT) 水平，对肝细胞损伤也有显著改善作用[14-15]。

4. **抗肿瘤**
   地胆草种内酯、去氧地胆草内酯、异去氧地胆草内酯体外对大鼠肝癌细胞 SMMC–7721、人子宫颈癌细胞 HeLa 和 Caco–2 细胞均有显著抑制作用，异地胆草种内酯的抗肿瘤作用相对稍弱；去氧苦地胆内酯对 HeLa 细胞还有体内抑制作用[16]。

5. **对心血管系统的影响**
   地胆草水提物和醇提物给大鼠静脉注射，可出现降血压和减慢心率的作用，其作用可被阿托品拮抗，但不能被吡拉明 (pyrilamine)、西米替丁 (cimetidine) 复合给药所拮抗[13]。

6. **其他**
   地胆草所含的 4,5–二咖啡酰奎宁酸和 3,5–二咖啡酰奎宁酸有抑制醛糖还原酶的作用[7]。地胆草叶含水乙醇提取物还有促进大鼠伤口愈合的作用[17]。

应用

本品为中国岭南民间草药。功能：清热，凉血，解毒，利湿。主治：感冒，百日咳，扁桃体炎，咽喉炎，眼结膜炎，黄疸，肾炎水肿，月经不调，白带，疮疖，湿疹，虫蛇咬伤。

现代临床还用于急性扁桃体炎、急性肺炎、急性肝炎、急性皮肤感染、口腔溃疡、水肿等病的治疗。

评注

同属植物白花地胆草 *Elephantopus tomentosus* L. 为中药苦地胆的另一来源植物种之一。

苦地胆不仅为中国岭南常用草药，南美洲的巴西、非洲的尼日利亚和马达加斯加等地的土著人也常将此药用作利尿剂或解热剂等，用于痢疾、关节炎等疾病的治疗。现代研究发现苦地胆具有抗菌、抗炎、保肝、抗肿瘤等多种活性，具有很大的医学价值。

地胆草又名土蒲公英，在中国岭南地区常被当作蒲公英入药。地胆草与蒲公英均有清热解毒的功效，但功效各有偏重，在临床用药中应慎重对待，明确分开，避免使用混乱[18]。

地胆草 Didancao

参考文献

[1] 曹晖, 刘玉萍, 毕培曦. 中药苦地胆的本草学研究. 中国中药杂志. 1997, 22(7): 387-389

[2] 梁侨丽, 龚祝南, 施国新. NOESY谱在地胆草倍半萜内酯化合物结构鉴定中的应用. 波谱学杂志. 2004, 21(3): 311-315

[3] NN Than, S Fotso, M Sevvana, GM Sheldrick, HH Fiebig, G Kelter, H Laatsch. Sesquiterpene lactones from *Elephantopus scaber*. Zeitschrift fuer Naturforschung. 2005, 60(2): 200-204

[4] LB De Silva, WHMW Herath, RC Jennings, M Mahendran, GE Wannigama. A new sesquiterpene lactone from *Elephantopus scaber*. Phytochemistry. 1982, 21(5): 1173-1175

[5] A Hisham, L Pieters, M Claeys, R Dommisse, BD Vanden, A Vlietinck. Guaianolide glucosides from *Elephantopus scaber*. Planta Medica. 1992, 58(5): 474-475

[6] 郭峰, 梁侨丽, 闵知大. 地胆草中黄酮成分的研究. 中草药. 2002, 33(4): 303-304

[7] K Ichikawa, Y Sakurai, T Akiyama, S Yoshioka, T Shiraki, H Horikoshi, H Kuwano, T Kinoshita, M Boriboon. Isolation and structure determination of aldose reductase inhibitors from traditional Thai medicine, and synthesis of their derivatives. *Sankyo Kenkyusho Nenpo*. 1991, 43: 99-110

[8] L Wang, SG Jian, N Peng, Y Zhong. Chemical composition of the essential oil of *Elephantopus scaber* from Southern China. Zeitschrift fuer Naturforschung. 2004, 59(5/6): 327-329

[9] 梁侨丽, 闵知大, 成亮. 地胆草中的两个寡肽. 中国药科大学学报. 2002, 33(3): 178-180

[10] 杨其蓥, 郑企琨, 黎新荣. 广东地胆草化学成分研究. 广州医药. 1983, 14(3): 33-35

[11] CP Chen, CC Lin, T Namba. Screening of Taiwanese crude drugs for antibacterial activity against *Streptococcus mutans*. Journal of Ethnopharmacology. 1989, 27(3): 285-295

[12] YL Li, LSM Ooi, H Wang, PPH But, VEC Ooi. Antiviral activities of medicinal herbs traditionally used in southern mainland China. Phytotherapy Research. 2004, 18(9): 718-722

[13] A Poli, M Nicolau, CM Simoes, RM Nicolau, M Zanin. Preliminary pharmacologic evaluation of crude whole plant extracts of *Elephantopus scaber*. Part I: In vivo studies. Journal of Ethnopharmacology. 1992, 37(1): 71-76

[14] CC Lin, CC Tsai, MH Yen. The evaluation of hepatoprotective effects of Taiwan folk medicine 'teng-khia-u'. Journal of Ethnopharmacology. 1995, 45(2): 113-123

[15] MG Rajesh, MS Latha. Hepatoprotection by *Elephantopus scaber* Linn. in CCl_4-induced liver injury. Indian Journal of Physiology and Pharmacology. 2001, 45(4): 481-486

[16] G Xu, Q Liang, Z Gong, W Yu, S He, L Xi. Antitumor activities of the four sesquiterpene lactones from *Elephantopus scaber* L. Experimental Oncology. 2006, 28(2): 106-109

[17] SDJ Singh, V Krishna, KL Mankani, BK Manjunatha, SM Vidya, YN Manohara. Wound healing activity of the leaf extracts and deoxyelephantopin isolated from *Elephantopus scaber* Linn. Indian Journal of Pharmacology. 2005, 37(4): 238-242

[18] 陈进军, 邓选金. 广东省地胆草属中草药的分布及其利用. 湛江海洋大学学报. 2005, 25(3): 94-96

问荆 Wenjing EP, BP

Equisetum arvense L.
Horsetail

木贼科

概述

木贼科 (Equisetaceae) 植物问荆 *Equisetum arvense* L.，其干燥地上部分入药。中药名：问荆。

木贼属 (*Equisetum*) 植物全世界约有 25 种，全球广布。中国约有 10 种、3 亚种，本属现供药用者约 5 种。本种分布于欧洲、北美洲、俄罗斯、喜马拉雅、日本、朝鲜半岛、土耳其、伊朗等地；在中国各地也广泛分布。

"问荆"药用之名，始载于《本草拾遗》。历代本草多有著录，古今药用品种一致。《欧洲药典》（第 5 版）和《英国药典》（2002 年版）收载本种为问荆的法定原植物来源种。主产于中国黑龙江、吉林、辽宁、陕西、四川、贵州、江西、安徽等省也产。

问荆主要含黄酮类、挥发油类、酚苷类、蕨素类成分等。

药理研究表明，问荆具有抗菌、抗血小板聚集、松弛血管、镇痛、抗炎、镇静、抗惊厥、抗肝损伤、抗氧化、抗认知功能障碍、抑制 α-葡萄糖苷酶、调血脂、利尿等作用。

中医理论认为问荆具有止血，利尿，明目的功效。

问荆 *Equisetum arvense* L.

药材问荆 Herba Equiseti

1cm

问荆 Wenjing

化学成分

问荆的地上部分含酚苷类成分：问荆苷A、B、C (equisetumosides A-C)[1]；蕨素类成分：金粉蕨素 (onitin)、金粉蕨素-9-O-葡萄糖苷 (onitin-9-O-glucoside)[2]；苯乙烯基吡喃酮类成分：equisetumpyrone[3]；黄酮类成分：芹菜素 (apigenin)、木犀草素 (luteolin)、木犀草素-5-O-β-D-吡喃葡萄糖苷 (luteolin-5-O-β-D-glucopyranoside, luteolin-5-glucoside)、山奈酚-3-O-葡萄糖苷 (kaempferol-3-O-glucoside)、槲皮素-3-O-β-D-吡喃葡萄糖苷 (quercetin-3-O-β-D-glucopyranoside, quercetin-3-O-glucoside)、异槲皮苷 (isoquercitroside, isoquercitrin)、山奈酚 (kaempferol)、山奈酚-3-芸香糖-7-葡萄糖苷 (kaempferol-3-rutinoside-7-glucoside)、山奈酚-3,7-双葡萄糖苷 (kaempferol-3,7-di-O-glucoside, kaempferol

3,7 - diglucoside)、山奈酚－3－O－β－D－槐糖基－7－O－β－D－吡喃葡萄糖苷 (kaempferol－3－O－β－D－sophoroside－7－O－β－D－glucopyranoside)[1-2, 4-6]、草棉苷 (herbacitrin)[7]等；单萜类成分：黑麦草内酯 (loliolide)[8]；挥发油类成分：主要为六氢法呢基丙酮 (hexahydrofarnesyl acetone)、顺香叶基丙酮 (cis－geranyl acetone)、麝香草酚 (thymol)、反叶绿醇 (trans－phytol)、反－β－紫罗兰酮 (trans－β－ionone)、β－丁香烯 (β－caryophyllene)、1,8－桉叶素 (1,8－cineol)[9]等；有机酸类成分：dicaffeoyl－meso－tartaric acid[10]、咖啡酸 (caffeic acid)、阿魏酸 (ferulic acid)[6]。

问荆的根茎含苯乙烯基吡喃酮类成分：3'－deoxyequisetumpyrone、4'－O－methylequisetumpyrone[11]等。

药理作用

1. **抗病原微生物**
   问荆挥发油体外能显著抑制金黄色葡萄球菌、大肠杆菌、肺炎杆菌、绿脓杆菌、肠炎沙门氏菌、白色念珠菌、黑曲霉等菌株的生长，有广谱抗菌作用[9]。

2. **抗血小板聚集**
   问荆水提取物体外能显著抑制凝血酶 (thrombin) 诱导的大鼠血小板聚集[12]。

3. **镇痛、抗炎**
   问荆乙醇提取物腹腔注射，能显著抑制醋酸所致的小鼠扭体反应，并能显著抑制角叉菜胶所致小鼠足趾肿胀[13]。

4. **镇静、抗惊厥**
   问荆乙醇提取物能显著延长巴比妥酸盐 (barbiturate) 诱导的大鼠睡眠时间；能显著延长戊四氮 (pentylenetetrazole) 诱导的大鼠惊厥发作的潜伏期，减轻其严重程度，减少发作的大鼠只数，并降低死亡率[14]。

5. **抗肝损伤**
   问荆硅化物 (silicon compound of Equisetum) 腹腔注射能显著降低正常大鼠的血清丙氨酸转氨酶 (ALT) 和 CCl_4 中毒大鼠升高的血清 ALT；可使 CCl_4 中毒大鼠肝线粒体肿胀减轻，粗面内质网基本恢复正常，肝糖原颗粒增多，脂滴明显减少。也能显著降低 CCl_4 中毒小鼠升高的血清磺溴酞钠 (BSP) 滞留量，显著降低琉代己酰胺 (TAA) 及强的松龙 (prednisolone) 所致小鼠升高的血清 ALT[15]。问荆甲醇提取物的醋酸乙酯部位、所含的金粉蕨素和木犀草素，体外能显著抑制他克林 (tacrine) 导致的肝细胞毒性[2]。

6. **抗氧化**
   问荆乙醇提取物、水提取物体外对超氧自由基等有显著的清除作用[16, 17]；从问荆甲醇提取物的醋酸乙酯部位分离得到的金粉蕨素和木犀草素，体外对超氧化物和二苯代苦味酰肼 (DPPH) 自由基有显著的清除能力[2]。

7. **改善学习记忆**
   问荆乙醇提取物腹腔注射能对抗老年大鼠的认知功能障碍，改善其学习记忆能力。作用机理可能与乙醇提取物所含异槲皮苷等黄酮类成分的抗氧化活性有关[18]。

8. **其他**
   从问荆中分离得到的 dicaffeoyl－meso－tartaric acid 有松弛血管的作用[10]；问荆甲醇提取物具有α－葡萄糖苷酶 (α－glucosidase) 抑制活性[16]。此外，问荆还有利尿、调血脂、降血压等作用。

问荆 Wenjing

应用

本品为中医临床用药。功效：止血，利尿，明目。主治：鼻衄，吐血，咳血，便血，崩漏，外伤出血，淋症，目赤翳膜。

现代临床还用于感冒、肝炎、小儿疳积、扁平疣及疣瘊、高血压等病的治疗。

评注

问荆是中小型蕨类植物，枝二型，其能育枝春季先萌发，孢子散落后能育枝枯萎；不育枝后萌发，高可达40cm，绿色，主枝有多个轮生分枝。夏季采集不育枝供药用。

问荆有2个化学型(chemotype)：一个为亚洲和美洲型(Asian and American)，另一个为欧洲型(European)。2个化学型均含槲皮素－3－O－β－D－吡喃葡萄糖苷，但亚洲和美洲型含木犀草素－5－O－β－D－葡萄吡喃糖苷，欧洲型不含；欧洲型含槲皮素－3－O－槐糖苷(quercetin－3－O－sophoroside)、芫花素－4'－O－β－D－吡喃葡萄糖苷(genkwanin－4'－O－β－D－glucopyranoside)、原芫花素－4'－O－β－D－吡喃葡萄糖苷(protogenkwanin－4'－O－β－D－glucopyranoside)，亚洲和美洲型不含[5, 19]。

认知功能障碍与老年痴呆密切相关，问荆的抗认知功能障碍的活性值得关注。

参考文献

[1] 昌军，宣利江，徐亚明．问荆中三个新的酚苷化合物．植物学报．2001，43(2)：193-197

[2] H Oh, DH Kim, JH Cho, YC Kim. Hepatoprotective and free radical scavenging activities of phenolic petrosins and flavonoids isolated from *Equisetum arvense*. *Journal of Ethnopharmacology*. 2004, 95(2-3): 421-424

[3] M Veit, H Geiger, V Wray, A Abou-Mandour, W Rozdzinski, L Witte, D Strack, FC Czygan. Equisetumpyrone, a styrylpyrone glucoside in gametophytes from *Equisetum arvense*. *Phytochemistry*. 1993, 32(4): 1029-1032

[4] 赵磊，张承忠，李冲，陶保全．问荆化学成分研究．中草药．2003，34(1)：15-16

[5] M Veit, H Geiger, FC Czygan, KR Markham. Malonylated flavone 5-O-glucosides in the barren sprouts of *Equisetum arvense*. *Phytochemistry*. 1990, 29(8): 2555-2560

[6] 周荣汉，段金廒．植物化学分类学．上海：上海科技出版社．2005：360-363

[7] M Ito, S Shirahata, N Ohta. Effects of herbacitrin, a flavonoid, on the growth of normal and transformed serum-free mouse embryo cells. *Agricultural and Biological Chemistry*. 1990, 54(10): 2743-2744

[8] Y Hiraga, K Taino, M Kurokawa, R Takagi, K Ohkata. (-)-Loliolide and other germination inhibitory active constituents in *Equisetum arvense*. *Natural Product Letters*. 1997, 10(3): 181-186

[9] N Radulovic, G Stojanovic, R Palic. Composition and antimicrobial activity of *Equisetum arvense* L. essential oil. *Phytotherapy Research*. 2006, 20(1): 85-88

[10] N Sakurai, T Iizuka, S Nakayama, H Funayama, M Noguchi, M Nagai. Vasorelaxant activity of caffeic acid derivatives from *Cichorium intybus* and *Equisetum arvense*. *Yakugaku Zasshi*. 2003, 123(7): 593-598

[11] M Veit, H Geiger, B Kast, C Beckert, C Horn, KR Markham, H Wong, FC Czygan. Styrylpyrone glucosides from *Equisetum*. *Phytochemistry*. 1995, 39(4): 915-917

[12] H Mekhfi, ME Haouari, A Legssyer, M Bnouham, M Aziz, F Atmani, A Remmal, A Ziyyat. Platelet anti-aggregant property of some Moroccan medicinal plants. *Journal of Ethnopharmacology*. 2004, 94(2-3): 317-322

[13] FHM Do Monte, JGJ Dos Santos, M Russi, VMNB Lanziotti, LKAM Leal, GMDA Cunha. Antinociceptive and anti-inflammatory properties of the hydroalcoholic extract of stems from *Equisetum arvense* L. in mice. *Pharmacological Research*. 2004, 49(3): 239-243

[14] JGJ Dos Santos, MM Blanco, FHM Do Monte, M Russi, VMNB Lanziotti, LKAM Leal, GM Cunha. Sedative and anticonvulsant effects of hydroalcoholic extract of *Equisetum arvense*. *Fitoterapia*. 2005, 76(6): 508-513

[15] 李淑玉，党月兰，王俊秋，尹小勇．问荆硅化物对实验性肝损伤的保护作用．中国药理学与毒理学杂志．1992，**6**(1)：67-70

[16] G Jia, YS Jin, W Han, TH Shim, JH Sa, MH Wang. Studies for component analysis, antioxidative activity and α-glucosidase inhibitory activity from *Equisetum arvense*. *Han'guk Eungyong Sangmyong Hwahakhoeji*. 2006, **49**(1): 77-81

[17] T Nagai, T Myoda, T Nagashima. Antioxidative activities of water extract and ethanol extract from field horsetail (tsukushi) *Equisetum arvense* L. *Food Chemistry*. 2005, **91**(3): 389-394

[18] JGJ Dos Santos, FHM Do Monte, MM Blanco, VMNB Lanziotti, MF Damasseno, LKAM Leal. Cognitive enhancement in aged rats after chronic administration of *Equisetum arvense* L. with demonstrated antioxidant properties *in vitro*. *Pharmacology, Biochemistry, and Behavior*. 2005, **81**(3): 593-600

[19] J Bruneton. Pharmacognosy, Phytochemistry, Medicinal Plants (2nd edition). Paris: Technique & Documentation. 1999: 340-342

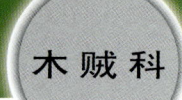

木贼 Muzei CP, KHP

Equisetum hiemale L.
Rough Horsetail

 概 述

木贼科 (Equisetaceae) 植物木贼 *Equisetum hiemale* L. [*Hippochaete hiemale* (L.) Borher]，其干燥地上部分入药。中药名：木贼。

木贼属 (*Equisetum*) 植物全世界约有 25 种，全球广布。中国约有 10 种、3 亚种，本属现供药用者约 5 种。本种主要分布于中国东北、华北及西北各省区；从北美西部至日本、朝鲜半岛，从俄罗斯到欧洲均有分布。

"木贼"药用之名，始载于《嘉祐本草》。历代本草多有著录，古今药用品种一致。《中国药典》(2005 年版) 收载本种为中药木贼的法定原植物来源种。主产于中国辽宁、吉林、黑龙江、陕西和湖北等省，辽宁产者质佳。

木贼主要含黄酮类和挥发油成分。《中国药典》采用高效液相色谱法测定，规定木贼中山奈酚的含量不得少于 0.20%，以控制药材质量。

药理研究表明，木贼具有降血压、降血脂和抗氧化等作用。

中医理论认为木贼具有疏风散热，明目退翳，止血的功效。

木贼 *Equisetum hiemale* L.

药材木贼 Herba Equiseti Hiemalis

1cm

化学成分

木贼地上部分含黄酮类成分：山柰酚 (kaempferol)、芦丁 (rutin)、槲皮素 (quercetin)、异槲皮苷 (isoquercitrin)[1]、山柰酚-7-葡萄糖苷 (kaempferol-7-glucoside)、槲皮素-3-吡喃葡萄糖苷 (quercetin-3-glucopyranoside)、山柰酚-3-芸香糖-7-葡萄糖苷 (kaempferol-3-rutinose-7-glucoside)、山柰酚-3,7-双葡萄糖苷 (kaempferol-3,7-diglucoside)[2]、herbacetin-3-β-D-(2-O-β-D-glucopyranosidoglucopyranoside)-8-β-D-glucoside、gossypetin-3-β-D-(2-O-β-D-glucopyranosidoglucopyranoside)-8-β-D-glucoside、kaempferol-3-sophoroside-7-glucoside[3]；有机酸成分：香草酸 (vanillic acid)、咖啡酸 (caffeic acid)、对甲氧基肉桂酸 (p-methoxycinnamic acid)、间甲氧基肉桂酸 (m-methoxycinnamic acid)、阿魏酸 (ferulic acid)、间羟基苯甲酸 (m-hydroxybenzoic acid)、对羟基苯甲酸 (p-hydroxybenzoic acid)、延胡索酸 (fumaric acid)、琥珀酸 (succinic acid)[4]；此外，还含犬问荆碱 (palustrine) 和微量菸碱 (nicotine)[5]。

palustrine

药理作用

1. **对心功能的影响**
   用木贼药液对大鼠离体心脏做灌注后，心脏左室收缩压 (LVSP)、左室内压上升速率最大值 (dP/dtmax)、左室内压下降速率最大值 (-dP/dtmax)、冠状动脉流量 (CF) 均增大，心率 (HR) 变慢[6]。

2. **降血压**
   木贼醇提取物对小鼠有显著而持久的降血压作用，机理与 M-胆碱能反应系统有关[7]。

3. **抗动脉粥样硬化**
   木贼水煎液灌胃给药能降低大鼠动脉粥样硬化早期血管内皮细胞的凋亡率，显著降低 bax 基因表达量，抑制平滑肌增殖[8-9]；还能使降低的一氧化氮合酶 (NOS) 活性恢复，调节大鼠体内一氧化氮 (NO) 的代谢，对动脉粥样硬化始动环节及其发生有干预作用[10]。木贼水煎液灌胃能降低高脂血症大鼠的血清胆固醇 (TC)、低密度脂蛋白胆固醇 (LDL-C)，升高高密度脂蛋白胆固醇 (HDL-C)，降低血清中炎性细胞因子白介素 1、8 (IL-1, 8) 含量，延缓动脉粥样硬化病变的形成[11]。

4. **抑制血小板聚集**
   木贼提取物给大鼠灌胃，能抑制二磷酸腺苷 (ADP)、胶原和凝血酶诱导的血小板聚集，还能减轻血栓的重量[12]。

5. **抗氧化**
   木贼水醇提取物体外或灌胃均能降低小鼠脑、心、肺匀浆中过氧化脂质 (LPO) 的含量[13]。

6. 其他

木贼还有抗菌、抗病毒、镇痛、镇静[14]、增强肠蠕动[15]等作用。

应用

本品为中医临床用药。功效：散风热，退目翳。主治：风热目赤，迎风流泪，目生云翳，肠风下血，痔血，血痢，妇人月水不断，脱肛。

现代临床还用于崩漏[16]、尖锐湿疣[17]等病的治疗。

评注

木贼属植物多具有较强的药理活性，除本种外，多毛木贼 *Equisetum myriochaetum* Schlecht. et Cham. 在墨西哥传统医学中用于治疗肾病和 2 型糖尿病。实验证明，多毛木贼地上部分的水和丁醇提取物的降血糖效果较好[18]。日本产植物巨木贼 *E. giganteum* L. 的醇提取物有保护皮肤的作用。以巨木贼为主要成分的皮肤外用剂可减轻色素沉着、增白、预防皮肤粗糙、治疗或控制皮肤炎症及牛皮癣等。

参考文献

[1] M Beschia, A Leonte, I Oancea. Phenolic components with biological activity. II-determination of components in water plants. *Buletinul Universitatii din Galati, Fascicula 6.* 1982, 5: 23-27

[2] 张承忠, 赵磊, 李冲, 刘英. 木贼化学成分研究. 中草药. 2002, 33(11): 978-979

[3] H Geiger, S Reichert, KR Markham. Herbacetin-3-β-D-(2-O-β-D-glucopyranosidoglucopyranoside)-8-β-D-glucopyranoside and gossypetin-3-β-D-(2-O-β-D-glucopyranosidoglucopyranoside)-8-β-D-glucopyranoside, two new flavonol-glycosides from *Equisetum hyemale* L. (Equisetaceae). *Zeitschrift fuer Naturforschung, Teil B.* 1982, 37B(4): 504-507

[4] 魏莉. 木贼挥发油中有机酸的分析. 国土与自然资源研究. 1991, 3: 78-80

[5] 李淑惠, 靳丹虹, 李德坤, 李平亚, 李静. 木贼科植物研究概况I. 化学成分研究. 中草药. 2000, 31(7): 附12-附14

[6] 陈英茂, 刘豫安, 张游, 黄素珍, 陈淑芝, 张秋实, 张诚. 木贼对大鼠心功能的影响. 承德医学院学报. 2001, 18(3): 184-187

[7] 张世芳, 何功倍, 李乐真, 陈芍芳, 王怀真, 杨竣. 木贼降压机制的探讨. 湖北中医杂志. 1982, 2: 43

[8] 甄艳军, 安杰, 侯建明, 朱方, 刘芳, 周晓红. 木贼对动脉粥样硬化早期大鼠内皮细胞凋亡及 Bax、Bcl-2 表达的影响. 中国老年学杂志. 2003, 23(5): 304-305

[9] 甄艳军, 侯建明, 姜秀娟, 牛丽颖, 张雪静, 武梅芳, 张凤梅, 刘志敏. 木贼提取物对大鼠动脉粥样硬化早期血管平滑肌细胞增殖与凋亡的影响. 中国老年学杂志. 2006, 26(12): 1665-1667

[10] 侯建明, 甄艳军, 安杰, 朱方, 刘芳, 徐华洲. 木贼对动脉粥样硬化大鼠血清 NO 和 NOS 的影响. 中华实用中西医杂志. 2003, 3(16): 1008-1009

[11] 甄艳军, 安杰, 周晓红, 侯建明, 朱方, 刘芳, 王耀民, 何立, 李梅. 木贼对动脉粥样硬化早期大鼠血清 IL-1、IL-8 及 TNF-α 的影响. 中国老年学杂志. 2003, 23(8): 538-539

[12] 齐志敏, 王倩. 木贼提取物对大鼠血小板聚集与血栓形成的影响. 中国临床康复. 2004, 34(8): 7738-7739

[13] 徐朝峰, 孙丽云. 木贼提取物对小鼠脑心肺过氧化脂质产生的影响. 中国现代应用药学. 1998, 15(3): 5-7

[14] 朴惠顺, 金光洙. 木贼的化学成分和药理作用研究进展. 时珍国医国药. 2006, 17(6): 1077-1078

[15] 卷柏、木贼及其复方对离体兔肠平滑肠的作用. 黑龙江医药科学. 1988, 11(3): 194

[16] 李春有, 李春贵. 木贼治崩漏. 上海中医药杂志. 2001, 9: 37

[17] 陈树钊. 木贼草膏外敷治疗尖锐湿疣 78 例. 河北中医. 2004, 26(7): 542

[18] MC Revilla, A Andrade-Cetto, S Islas, H Wiedenfeld. Hypoglycemic effect of *Equisetum myriochaetum* aerial parts on type 2 diabetic patients. *Journal of Ethnopharmacology.* 2002, 81(1): 117-120

谷精草 Gujingcao ᶜᴾ

Eriocaulon buergerianum Koern.
Pipewort

谷精科

概 述

谷精科 (Eriocaulaceae) 植物谷精草 *Eriocaulon buergerianum* Koern.，其干燥带花茎的头状花序入药。中药名：谷精草。

谷精草属 (*Eriocaulon*) 植物全世界约 400 种，以亚洲热带为分布中心，广布于热带、亚热带。中国约有 34 种，分布于西南部和南部，现供药用者约 7 种。本种分布于中国江苏、安徽、浙江、江西、福建、湖北、湖南、广东、香港、广西、四川、贵州、台湾等省区；日本也有分布。

"谷精草"药用之名，始载于《本草拾遗》。历代本草多有著录，古今药用品种基本一致，有地区用同属其他种植物入药。《中国药典》（2005 年版）收载本种为中药谷精草的法定原植物来源种。主产于中国浙江、江苏、湖北等省，以浙江、江苏质量佳。

谷精草主要含黄酮类成分。

药理研究表明，谷精草具有抗菌等作用。

中医理论认为谷精草具有祛风散热，明目退翳的功效。

谷精草 *Eriocaulon buergerianum* Koern.

谷精草 Gujingcao

药材谷精草 Flos Eriocauli

化学成分

谷精草的头状花序主要含黄酮类成分：高车前素 (hispidulin)、高车前素-7-O-葡萄糖苷 (hispidulin 7-O-glucoside)、高车前素-7-(6-反式-对香豆酰-β-D-吡喃葡萄糖苷) [hispidulin 7-(6-E-p-coumaroyl-β-D-glucopyranoside)]、(2S)-3',4'-二氧甲叉基-5,7-二甲氧黄烷 [(2S)-3',4'-methylenedioxy-5,7-dimethoxyflavane][1]；还含有维生素 E (γ-tocopherol)[1]、挥发油类成分[2]等。

hispidulin

(2S)-3',4'-methylenedioxy-5,7-dimethoxyflavane

药理作用

1. **抗菌**
   体外实验表明，谷精草水浸剂对奥杜盎小芽孢癣菌、铁锈色小芽孢癣菌等致病性皮肤病真菌有抑制作用；谷精草煎剂对绿脓杆菌、大肠杆菌及肺炎双球菌有不同程度的抑制作用。

2. **保肝**
   高车前素能明显对抗四氯化碳所致的小鼠肝细胞损伤，增加肝线粒体膜上丝氨酸磷脂、磷脂酰肌醇酯、溶血磷脂胆碱等的含量，降低心肌磷脂等的含量，具有保肝作用[3-4]。

3. **其他**
   高车前素还有抗氧化、抗肿瘤[5]、抗惊厥[6]、抗炎、镇痛[7]等作用。

应用

本品为中医临床用药。功能：祛风散热，明目退翳。主治：目赤翳障，羞明流泪，雀目，头痛，鼻渊，喉痹，牙痛及风疹瘙痒。

现代临床还用其复方治疗急性结膜炎、慢性鼻窦炎及手足掌心热等疾病。

评注

除谷精草外，同属的白药谷精草（赛谷精草）*Eriocaulon sieboldianum* Sieb. et Zucc.、华南谷精草 *E. sexangulare* L.、毛谷精草 *E. australe* R. Br.、小谷精草 *E. luzulaefolium* Mart.、冠瓣谷精草 *E. cristatum* Mart. 及瑶山谷精草 *E. yaoshanense* Ruhl. 等植物的干燥头状花序或全草均作药用。前三种植物在少数地方被当作谷精草入药，尤其华南谷精草，为商品药材谷精珠的原植物来源种，在香港及华南地区常作谷精草用[8]，两者功效相似，容易混淆。

到目前为止，谷精草在化学成分、药理、毒性方面的研究报道甚少，作为《中国药典》收载品种，有关方面研究值得深入。

参考文献

[1] JC Ho, CM Chen. Flavonoids from the aquatic plant *Eriocaulon buergerianum*. Phytochemistry. 2002, 61(4): 405-408

[2] 邱燕, 范明, 单萍. 谷精草中挥发油的气质联用分析. 福建中医药. 2006, 37(1): 46

[3] 吴斐华, 梁敬钰, 陈荣, 王奇志, 李伟光. 毛平车前的化学成分和保肝活性. 中国天然药物. 2006, 4(6): 435-439

[4] GM Irgasheva, RP Rustamova, ZA Khushbaktova, LS Klemesheva, KT Almatov. Influence of hispidulin and 5,5-dihydroxy-7,8-dimethoxyflavone on phospholipid contents of liver mitochondria membranes. O'zbekiston Biologiya Jurnali. 2005, 2-3: 10-15

[5] P Dabaghi-Barbosa, AM Rocha, AFC Lima, BH de Oliveira, MBM de Oliveira, EGS Carnieri, SMSC Cadena, MEM Rocha. Hispidulin: antioxidant properties and effect on mitochondrial energy metabolism. Free Radical Research. 2005, 39(12): 1305-1315

[6] D Kavvadias, P Sand, KA Youdim, MZ Qaiser, C Rice-Evans, R Baur, E Sigel, WD Rausch, P Riederer, P Schreier. The flavone hispidulin, a benzodiazepine receptor ligand with positive allosteric properties, traverses the blood-brain barrier and exhibits anticonvulsive effects. British Journal of Pharmacology. 2004, 142(5): 811-820

[7] S Kavimani, VM Mounissamy, R Gunasegaran. Analgesic and antiinflammatory activities of hispidulin isolated from *Helichrysum bracteatum*. Indian Drugs. 2000, 37(12): 582-584

[8] 赵中振, 李应生. 香港容易混淆中药. 香港：香港中药联商会. 2005: 114-115

桃金娘科

丁香 Dingxiang   CP, VP, USP, EP, BP

Eugenia caryophyllata Thunb.
Clove Tree

 概 述

桃金娘科 (Myrtaceae) 植物丁香 *Eugenia caryophyllata* Thunb. [*Syzygium aromaticum* (L.) Merr. et Perry]，其干燥花蕾入药，中药名：丁香；其干燥花蕾水蒸气蒸馏得到的挥发油，中药名：丁香油；其干燥近成熟果实入药，中药名：母丁香。

蒲桃属 (*Syzygium*) 植物全世界约有 500 种，主要分布于亚洲热带地区，少数种分布大洋洲和非洲。中国约有 70 余种，现供药用者约 12 种。本种在中国海南、广西、云南等地有少量引种栽培；原产于印度尼西亚，现坦桑尼亚、马达加斯加、巴西及其他热带地区也有栽培。

"丁香"药用之名，始载于《药性论》。历代本草多有著录，古今药用品种一致。《中国药典》(2005 年版) 收载本种为中药丁香和母丁香的法定原植物来源种。主产于马来西亚、印度尼西亚及东非沿海国家。

丁香主要含挥发油和鞣花鞣质类成分等。《中国药典》采用气相色谱法测定，规定丁香中丁香酚含量不得少于 11%；采用高效液相色谱法测定，规定母丁香中丁香酚含量不得少于 0.65%，以控制药材质量。

药理研究表明，丁香具有抗病原微生物、杀螨、灭虱、胰岛素样作用、抗氧化、抗肿瘤、抗胃溃疡、镇痛等作用。

中医理论认为丁香具有温中降逆，温肾助阳的功效；丁香油具有暖胃，降逆，温肾，止痛的功效；母丁香具有温中散寒，理气止痛的功效。

丁香 *Eugenia caryophyllata* Thunb.

药材丁香 Flos Caryophylli

化学成分

丁香的叶、花蕾、果实均含挥发油（含量15%～20%），油中主成分为丁香酚(eugenol, 占挥发油组成成分的60%～90%)[1]、β-丁香烯（β-caryophyllene）等；挥发油的组成成分及含量因产地、部位等不同而有较大差异[2-6]。

丁香的花蕾含酚类成分：丁香酚、反式异丁香酚 (trans-isoeugenol)[7]、苔藓酸葡萄吡喃糖苷 (orsellinic-2-O-

eugenol

eugeniin

β-D-glucopyranoside)[8]；倍半萜类成分：β-丁香烯、α-葎草烯 (α-humulene)[9]等；黄酮类成分：双花母草素 (biflorin)、异双花母草素 (isobiflorin)[10]、山奈酚 (kaempferol)、鼠李柠檬素 (rhamnocitrin)、杨梅黄酮 (myricetin)[11]、异鼠李素-3-O-葡萄糖苷 (isorhamnetin-3-O-glucoside)[12]、木犀草素 (luteolin)、槲皮素 (quercetin)[13]等；三萜类成分：齐墩果酸 (oleanolic acid)、山楂酸 (crategolic acid, maslinic acid)[8,12]等；鞣花鞣质类成分：木麻黄鞣亭 (casuarictin)、tellimagrandin I、丁香英 (tellimagrandin II, eugeniin)、1,3-di-O-galloyl-4,6-(S)-hexahydroxydiphenoyl-β-D-glucopyranose[10]。

丁香的叶也含鞣花鞣质类成分：丁香英、syzyginins A、B、strictinin、casuariin、gemin D、pterocarinin A、rugosins A、D、E[14-15]等。

药理作用

1. 抗病原微生物

丁香甲醇提取物体外能显著抑制牙龈卟啉单胞菌、中间普雷沃菌等革兰氏阴性厌氧口腔致病菌的生长；山奈酚等黄酮类成分为其主要的抑菌成分[11]。丁香油、丁香酚体外对白色念珠菌等皮肤病致病真菌有显著抑制作用[16-17]。丁香水煎剂体外能显著抑制人巨细胞病毒 (HCMV) 的增殖[18]；丁香甲醇提取物、所含的鞣质等成分体外能显著抑制病毒合胞体的形成[10]。

2. 抗寄生虫

滤纸扩散实验表明，丁香油和丁香叶油的杀灭头虱作用与苯氧司林 (phenothrin) 和除虫菊 (pyrethrum) 相当，丁香酚为主要的灭虱活性成分；丁香酚熏蒸也有灭虱活性[3]。丁香油和丁香叶油及所含的丁香酚类成分直接接触或熏蒸，对房尘螨、食物螨等有明显的杀灭作用，其杀螨作用优于苯甲酸苄酯、避蚊胺 (DEET) 等化学合成药[19-21]。

3. 胰岛素样作用

丁香提取物（主要含多元酚类化合物）体外能发挥胰岛素样作用，减少肝细胞和肝肿瘤细胞中磷酸烯醇丙酮酸羧激酶 (PEPCK) 和葡萄糖-6-磷酸酶 (G6Pase) 的基因表达；丁香提取物以和胰岛素相似的方式调节多种基因的表达[22]。

4. 抗氧化

丁香油和丁香叶油体外对二苯代苦味酰肼 (DPPH) 自由基有显著的清除能力[2,23]。丁香油所含的丁香酚等成分体外能显著抑制鱼肝油、芬顿氏试剂 (Fenton's reagent) 氧化马血浆中丙二醛的形成，其抗氧化作用与α-生育酚相当[5,24]。

5. 抗肿瘤

umu 实验表明，丁香甲醇提取物的己烷部位和醋酸乙酯部位能抑制呋喃基糖酰胺等化学诱变剂引起的 SOS 反应[7,25]。丁香能诱导 P815 肥大细胞瘤细胞的凋亡[26]；丁香树皮的甲醇提取物及所含的丁香酚能显著抑制脂多糖 (LPS) 诱导的小鼠巨噬细胞 RAW264.7 释放前列腺素 E_2 (PGE_2)；丁香酚还能显著抑制人结肠癌细胞 HT-29 的增殖和环氧化酶-2 (COX-2) mRNA 的表达[27]；丁香所含的 β-丁香烯等倍半萜类成分也有抗肿瘤活性[9]。

6. 抗过敏

丁香水提物腹腔注射能显著抑制化合物 48/80 诱导的大鼠速发型过敏反应，抑制大鼠腹膜肥大细胞释放组胺[28]。

7. 对 Na^+,K^+-ATP 酶的影响

丁香水提物、丁香酚能显著抑制离体大鼠空肠、肾和犬肾 Na^+,K^+-ATP 酶的活性[29]。

8. 其他

丁香所含的多糖类成分有抗血栓形成的作用[30]，所含的黄酮等成分是脯氨酰内肽酶 (PEP) 抑制剂[13]。此外，丁香还有健胃、止泻、抗胃溃疡、促胆汁分泌、镇痛等作用。

应用

丁香

本品为中医临床用药。功能：温中降逆，温肾助阳。主治：胃寒呃逆，脘腹冷痛，食少吐泻，肾虚阳痿，腰膝酸冷，阴疽。

母丁香

本品为中医临床用药。功能：温中散寒，理气止痛。主治：暴心气痛，胃寒呃逆，风冷齿痛，口舌生疮，妇人阴冷，小儿疝气。

现代临床还用于呃逆、疟疾、麻痹性肠梗阻等病的治疗。

评注

丁香的经济价值颇高，是中国卫生部规定的药食同源品种之一。除丁香的花蕾供药用和食用香料外，叶也用于提取丁香叶油。

丁香在中国也有悠久的使用历史。丁香多个部位均可供药用，除花蕾和果实外，丁香树皮有散寒理气，止痛止泻的功效；丁香树枝（丁香枝）有理气散寒，温中止泻的功效；丁香根有散热解毒的功效。

参考文献

[1] Facts and Comparisons (Firm). The review of natural products (3rd edition). Missouri: Facts and Comparisons. 2000: 200-201

[2] L Jirovetz, G Buchbauer, I Stoilova, A Stoyanova, A Krastanov, E Schmidt. Chemical composition and antioxidant properties of clove leaf essential oil. *Journal of Agricultural and Food Chemistry*. 2006, **54**(17): 6303-6307

[3] YC Yang, SH Lee, WJ Lee, DH Choi, YJ Ahn. Ovicidal and adulticidal effects of *Eugenia caryophyllata* bud and leaf oil compounds on *Pediculus capitis*. *Journal of Agricultural and Food Chemistry*. 2003, **51**(17): 4884-4888

[4] JA Pino, R Marbot, J Aguero, V Fuentes. Essential oil from buds and leaves of clove (*Syzygium aromaticum* (L.) Merr. et Perry) grown in Cuba. *Journal of Essential Oil Research*. 2001, **13**(4): 278-279

[5] KG Lee, T Shibamoto. Antioxidant property of aroma extract isolated from clove buds (*Syzygium aromaticum*). *Food Chemistry*. 2001, **74**(4): 443-448

[6] 赵晨曦，梁逸曾. 公丁香与母丁香挥发油化学成分的 GC/MS 研究. 现代中药研究与实践. 2004, **18**: 92-95

[7] M Miyazawa, M Hisama. Suppression of chemical mutagen-induced SOS response by alkylphenols from clove (*Syzygium aromaticum*) in the *Salmonella typhimurium* TA1535/pSK1002 umu test. *Journal of Agricultural and Food Chemistry*. 2001, **49**(8): 4019-4025

[8] R Charles, SN Garg, S Kumar. An orsellinic acid glucoside from *Syzygium aromaticum*. *Phytochemistry*. 1998, **49**(5): 1375-1376

[9] GQ Zheng, PM Kenney, LK Lam. Sesquiterpenes from clove (*Eugenia caryophyllata*) as potential anticarcinogenic agents. *Journal of Natural Products*. 1992, **55**(7): 999-1003

[10] HJ Kim, JS Lee, ER Woo, MK Kim, BS Yang, YG Yu, H Park, YS Lee. Isolation of virus-cell fusion inhibitory components from *Eugenia caryophyllata*. *Planta Medica*. 2001, **67**(3): 277-279

[11] LN Cai, CD Wu. Compounds from *Syzygium aromaticum* possessing growth inhibitory activity against oral pathogens. *Journal of Natural Products*. 1996, **59**(10): 987-990

[12] KH Son, SY Kwon, HP Kim, HW Chang, SS Kang. Constituents from *Syzygium aromaticum* Merr. et Perry. *Natural Product Sciences*. 1998, **4**(4): 263-267

[13] KH Lee, JH Kwak, KB Lee, KS Song. Prolyl endopeptidase inhibitors from Caryophylli Flos. *Archives of Pharmacal Research*. 1998, **21**(2): 207-211

[14] T Tanaka, Y Orii, GI Nonaka, I Nishioka, I Kouno. Syzyginins A and B, two ellagitannins from *Syzygium aromaticum*. *Phytochemistry*. 1996, **43**(6): 1345-1348

[15] T Tanaka, Y Orii, G Nonaka, I Nishioka. Tannins and related compounds. CXXIII. Chromone, acetophenone and phenylpropanoid glycosides and their galloyl and/or hexahydroxydiphenoyl esters from the leaves of *Syzygium aromaticum* Merr. et Perry. *Chemical & Pharmaceutical Bulletin*. 1993, **41**(7): 1232-1237

[16] CW Gayoso, EO Lima, VT Oliveira, FO Pereira, EL Souza, IO Lima, DF Navarro. Sensitivity of fungi isolated from onychomycosis to *Eugenia caryophyllata* essential oil and eugenol. *Fitoterapia*. 2005, **76**(2): 247-249

[17] 宋军，李鹤玉，赵小秋，于廉君．丁香酚抗真菌作用的实验研究．中国皮肤性病学杂志．1996，**10**(4)：203-204

[18] 刘洪，貌盼勇，洪世雯，鞠连才，白雁平．中药丁香体外抑制人巨细胞病毒作用研究．解放军医学杂志．1997，**22**(1)：73

[19] EH Kim, HK Kim, YJ Ahn. Acaricidal activity of clove bud oil compounds against *Dermatophagoides farinae* and *Dermatophagoides pteronyssinus* (Acari: Pyroglyphidae). *Journal of Agricultural and Food Chemistry*. 2003, **51**(4): 885-889

[20] BK Sung, HS Lee. Chemical composition and acaricidal activities of constituents derived from *Eugenia caryophyllata* leaf oils. *Food Science and Biotechnology*. 2005, **14**(1): 73-76

[21] 阮娜，宋晓平．丁香杀螨活性成分的追踪分离纯化与结构鉴定．中国农学通报．2005，**21**(9)：24-27

[22] RC Prasad, B Herzog, B Boone, L Sims, M Waltner-Law. An extract of *Syzygium aromaticum* represses genes encoding hepatic gluconeogenic enzymes. *Journal of Ethnopharmacology*. 2005, **96**(1-2): 295-301

[23] HJ Park. Toxicological studies on the essential oil of *Eugenia caryophyllata* buds. *Natural Product Sciences*. 2006, **12**(2): 94-100

[24] KG Lee, T Shibamoto. Inhibition of malonaldehyde formation from blood plasma oxidation by aroma extracts and aroma components isolated from clove and eucalyptus. *Food and Chemical Toxicology*. 2001, **39**(12): 1199-1204

[25] M Miyazawa, M Hisama. Antimutagenic activity of phenylpropanoids from clove (*Syzygium aromaticum*). *Journal of Agricultural and Food Chemistry*. 2003, **51**(22): 6413-6422

[26] HI Park, MH Jeong, YJ Lim, BS Park, GC Kim, YM Lee, HM Kim, KS Yoo, YH Yoo. *Szygium aromaticum* (L.) Merr. et Perry (Myrtaceae) flower bud induces apoptosis of p815 mastocytoma cell line. *Life Sciences*. 2001, **69**(5): 553-566

[27] SS Kim, OJ Oh, HY Min, EJ Park, YL Kim, HJ Park, HY Nam, SK Lee. Eugenol suppresses cyclooxygenase-2 expression in lipopolysaccharide-stimulated mouse macrophage RAW264.7 cells. *Life Sciences*. 2003, **73**(3): 337-348

[28] HM Kim, EH Lee, SH Hong, HJ Song, MK Shin, SH Kim, TY Shin. Effect of *Syzygium aromaticum* extract on immediate hypersensitivity in rats. *Journal of Ethnopharmacology*. 1998, **60**(2): 125-131

[29] SI Kreydiyyeh, J Usta, R Copti. Effect of cinnamon, clove and some of their constituents on the Na^+-K^+-ATPase activity and alanine absorption in the rat jejunum. *Food and Chemical Toxicology*. 2000, **38**(9): 755-762

[30] JI Lee, HS Lee, WJ Jun, KW Yu, DH Shin, BS Hong, HY Cho, HC Yang. Purification and characterization of antithrombotics from *Syzygium aromaticum* (L.) Merr. et Perry. *Biological & Pharmaceutical Bulletin*. 2001, **24**(2): 181-187

飞扬草 Feiyangcao

Euphorbia hirta L.
Garden Euphorbia

大戟科

概述

大戟科 (Euphorbiaceae) 植物飞扬草 *Euphorbia hirta* L.，其干燥全草入药。中药名：大飞扬草。

大戟属 (*Euphorbia*) 植物全世界约有 2 000 种，广布全球。中国约有 80 种，南北各地均有分布，本属现供药用者约 30 种。本种分布于中国浙江、江西、福建、湖南、广东、香港、海南、广西、四川、贵州、云南、台湾等省区；世界热带和亚热带地区广泛分布。

飞扬草以"大飞羊"药用之名，始载于《生草药性备要》。主产于中国浙江、广东、广西、福建、云南等省区。

飞扬草主要含黄酮类、鞣质类、三萜类成分等。槲皮苷是止泻的主要活性成分，三萜是抗炎的主要活性成分。

药理研究表明，飞扬草具有镇痛、解热、抗菌、抗炎、兴奋子宫、止泻等作用。

中医理论认为大飞扬草有清热解暑，利湿止痒，通乳，止血的功效。

飞扬草 *Euphorbia hirta* L.

药材大飞扬草 Herba Euphorbia Hirtae

1cm

化学成分

飞扬草的全草含黄酮类成分：euphorbianin[1]、阿福豆苷 (afzelin)、杨梅黄酮 (myricetin)、槲皮苷 (quercitrin)、杨梅苷 (myricitrin)、槲皮素-7-葡萄糖苷 (quercetin-7-glucoside)[2]、白矢车菊苷元 (leucocyanidol)[3]；鞣质类成分：大戟素 A、B[4]、C[5]、E[6] (euphorbins A – C, E)、老鹳草鞣质 (geraniin)、原诃子酸 (terchebin)[4]；有机酸类成分：没食子酸 (gallic acid)、原儿茶酸 (protocatechoic acid)[2]、3,4-二-O-没食子酰奎宁酸 (3,4-di-O-galloylquinic acid)、5-O-咖啡酰奎宁酸 (5-O-caffeoylquinic acid)[4]；三萜类成分：蒲公英赛酮 (taraxerone)、11α,12α-氧桥蒲公英赛醇 (11α,12α-oxidotaraxerol)[7]、24-亚甲基环木菠萝烯醇 (24-methylenecycloartenol)、环木菠萝烯醇 (cycloartenol)；二萜类成分：12-去氧-4β-羟基巴豆醇-13-苯乙酸酯基-20-醋酸酯 (12-deoxy-4β-hydroxyphorbol-13-phenylacetate-20-acetate)、大戟醇二十六烷酸酯 (euphorbol hexacosanoate)、巨大戟醇三乙酯 (ingenol triacetate)[8]。

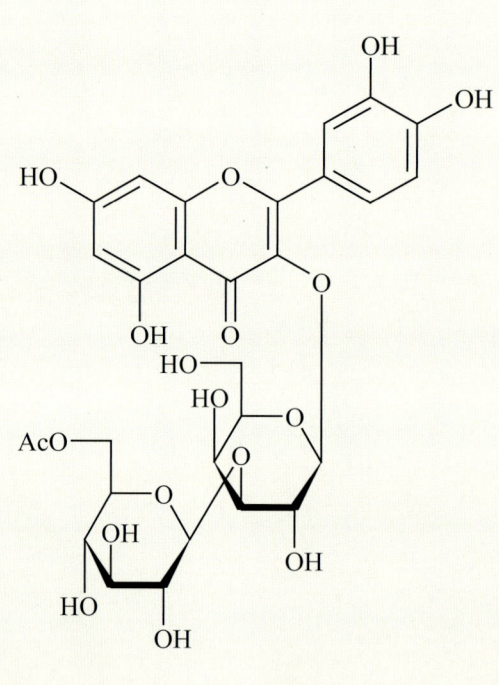

euphorbianin

药理作用

1. **镇痛**
   飞扬草水浸膏给小鼠腹腔注射，可显著减少扭体反应的次数，也可显著增加小鼠热板法中的痛阈[9]。

2. **解热**
   飞扬草水浸膏腹腔注射，可显著降低酵母所致发热大鼠的体温[9]。

3. **抗菌**
   体外实验表明，飞扬草水提物和醋酸乙酯提取物对金黄色葡萄球菌、大肠杆菌和绿脓杆菌有抑制作用；石油醚提取物则对金黄色葡萄球菌、绿脓杆菌和克雷白氏肺炎菌有抑制作用[10]。飞扬草甲醇提取物对引起痢疾的志贺杆菌有抑制作用[11]，多酚类提取物对致病性痢疾阿米巴的生长有抑制作用[12]。

4. 抗炎

飞扬草正己烷提取物及所含的三萜类成分可明显抑制小鼠巴豆油所致的耳郭肿胀[13]。飞扬草提取物预先给大鼠腹腔注射，可明显减少角叉菜胶引起的炎症反应，但对类风湿关节炎无效[9]。

5. 止泻

飞扬草煎剂对小鼠由蓖麻油、花生四烯酸和前列腺素 E_2 (PGE_2) 等引起泄泻有止泻作用，但对硫酸镁引起的泄泻无效[14]。飞扬草煎剂还能延缓大鼠小肠由蓖麻油引起的运动加速。其止泻作用是通过槲皮苷从肠中释放出苷元槲皮素而产生的[15]。

6. 对高血压、水肿的作用

飞扬草叶水提物和醇提物均能引起大鼠排尿量增加。其中水提物增加尿液的 Na^+、K^+ 和 HCO_3^-；而醇提物则增加尿液的 HCO_3^-，减少 K^+ 的损失，对肾脏 Na^+ 的清除无影响。飞扬草叶水提物中的活性成分与利尿药乙酰唑胺对尿液成分的影响相似[16]。

7. 抗疟原虫

飞扬草的乙醇和二氯甲烷提取物口服给药对感染疟原虫小鼠体内疟原虫的生长有抑制作用[17]。

8. 解痉

飞扬草多酚类提取物对乙酰胆碱或KCl溶液引起的离体豚鼠回肠收缩有抑制作用[12]。

9. 其他

飞扬草还具有抗肿瘤[18]、抗过敏[19]、镇静[20]、减慢胃肠运动[21]等作用。

应用

本品为中医临床用药。功能：清热解暑，利湿止痒，通乳，止血。主治：肺痈，乳痈，痢疾，泄泻，热淋，血尿，湿疹，脚癣等。

现代临床用于急性细菌性痢疾、慢性支气管炎、湿疹、脚癣等病的治疗。

评注

飞扬草生命力强，资源丰富，民间用法很多，有鉴于大戟属植物通常具有毒性，应进一步研究飞扬草的疗效和毒副作用，对于保证该药的有效和安全有积极的作用。

飞扬草的乙醇提取物具有抗疟原虫作用和抗过敏作用，为更好地开发和利用，应进一步深入研究。飞扬草在许多热带、亚热带国家也广泛作药用，也应该比较它们在传统应用中的异同。

参 考 文 献

[1] M Aqil, IZ Khan. Euphorbianin - a new flavonol glycoside from *Euphorbia hirta* Linn. *Global Journal of Pure and Applied Sciences*. 1999, 5(3): 371-373

[2] YL Lin, SY Hsu. The constituents of the antiulcer fractions of *Euphorbia hirta*. *The Chinese Pharmaceutical Journal*. 1988, 40(1): 49-51

[3] P Blanc, G De Saqui-Sannes. Flavonoids of *Euphorbia hirta* (Euphorbiaceae). *Plantes Medicinales et Phytotherapie*. 1972, 6(2): 106-109

[4] T Yoshida, L Chen, T Shingu, T Okuda. Tannins and related polyphenols of Euphorbiaceous plants. IV. Euphorbins A and B, novel dimeric dehydroellagitannins from *Euphorbia hirta* L. *Chemical & Pharmaceutical Bulletin*. 1988, 36(8): 2940-2949

[5] T Yoshida, O Namba, L Chen, T Okuda. Tannins and related polyphenols of euphorbiaceous plants. V. Euphorbin C, and equilibrated dimeric dehydroellagitannin having a new tetrameric galloyl group. *Chemical & Pharmaceutical Bulletin*. 1990, **38**(1): 86-93

[6] T Yoshida, O Namba, L Chen, T Okuda. Euphorbin E, a hydrolyzable tannin dimer of highly oxidized structure, from *Euphorbia hirta*. *Chemical & Pharmaceutical Bulletin*. 1990, **38**(4): 1113-1115

[7] MA Sayeed, MA Ali, PK Bhattacharjee, MSTS Yeasmin, GRMAM Khan. Triterpene constituents from *Euphorbia hirta*. *Acta Ciencia Indica, Chemistry*. 2004, **30**(1): 33-36

[8] RK Baslas, R Agarwal. Isolation and characterization of different constituents of *Euphorbia hirta* Linn. *Current Science*. 1980, **49**(8): 311-312

[9] MC Lanhers, J Fleurentin, P Dorfman, F Mortier, JM Pelt. Analgesic, antipyretic and anti-inflammatory properties of *Euphorbia hirta*. *Planta Medica*. 1991, **57**(3): 225-231

[10] AO Oyewale, A Mika, FA Peters. Phytochemical, cytotoxicity and microbial screening of *Euphorbia hirta* Linn. *Global Journal of Pure and Applied Sciences*. 2002, **8**(1): 49-55

[11] K Vijaya, S Ananthan, R Nalini. Antibacterial effect of theaflavin, polyphenon 60 (*Camellia sinensis*) and *Euphorbia hirta* on *Shigella* spp. - a cell culture study. *Journal of Ethnopharmacology*. 1995, **49**(2): 115-118

[12] L Tona, K Kambu, N Ngimbi, K Mesia, O Penge, M Lusakibanza, K Cimanga, T De Bruyne, S Apers, J Totte, L Pieters, AJ Vlietinck. Antiamoebic and spasmolytic activities of extracts from some antidiarrheal traditional preparations used in Kinshasa, Congo. *Phytomedicine*. 2000, **7**(1): 31-38

[13] M Martinez-Vazquez, TOR Apan, ME Lazcano, R Bye. Anti-inflammatory active compounds from the n-hexane extract of *Euphorbia hirta*. *Revista de la Sociedad Quimica de Mexico*. 1999, **43**(3-4): 103-105

[14] J Galvez, A Zarzuelo, ME Crespo, MD Lorente, MA Ocete, J Jimenez. Antidiarrheal activity of *Euphorbia hirta* extract and isolation of an active flavonoid constituent. *Planta Medica*. 1993, **59**(4): 333-336

[15] J Galvez, ME Crespo, J Jimenez, A Suarez, A Zarzuelo. Antidiarrheic activity of quercitrin in mice and rats. *Journal of Pharmacy and Pharmacology*. 1993, **45**(2): 157-159

[16] PB Johnson, EM Abdurahman, EA Tiam, I Abdu-Aguye, IM Hussaini. *Euphorbia hirta* leaf extracts increase urine output and electrolytes in rats. *Journal of Ethnopharmacology*. 1999, **65**(1): 63-69

[17] L Tona, NP Ngimbi, M Tsakala, K Mesia, K Cimanga, S Apers, T De Bruyne, L Pieters, J Totte, AJ Vlietinck. Antimalarial activity of 20 crude extracts from nine African medicinal plants used in Kinshasa, Congo. *Journal of Ethnopharmacology*. 1999, **68**(1-3): 193-203

[18] 章佩芬, 罗焕敏. 飞扬草药理作用研究概况. 中药材. 2005, **28**(5): 437-439

[19] GD Singh, P Kaiser, MS Youssouf, S Singh, A Khajuria, A Koul, S Bani, BK Kapahi, NK Satti, KA Suri, RK Johri. Inhibition of early and late phase allergic reactions by *Euphorbia hirta* L. *Phytotherapy Research*. 2006, **20**(4): 316-321

[20] MC Lanhers, J Fleurentin, P Cabalion, A Rolland, P Dorfman, R Misslin, JM Pelt. Analgesic. Behavioral effects of *Euphorbia hirta* L.: sedative and anxiolytic properties. *Journal of Ethnopharmacology*. 1990, **29**(2): 189-198

[21] SK Hore, V Ahuja, G Mehta, P Kumar, SK Pandey, AH Ahmad. Effect of aqueous *Euphorbia hirta* leaf extract on gastrointestinal motility. *Fitoterapia*. 2006, **77**(1): 35-38

地锦 Dijin^CP

大戟科

Euphorbia humifusa Willd.
Eumifus Euphorbia

概 述

大戟科 (Euphorbiaceae) 植物地锦 *Euphorbia humifusa* Willd., 其干燥全草入药。中药名: 地锦草。

大戟属 (*Euphorbia*) 植物全世界约有 2 000 种, 全球广布。中国约有 80 种, 南北各地均有分布。本属现供药用者约 30 种。本种分布于中国除海南省外的大部分省区; 欧亚大陆温带地区也广为分布。

"地锦草"药用之名, 始载于《嘉祐本草》。历代本草多有著录, 古今药用品种一致。《中国药典》(2005 年版) 收载本种为中药地锦草的法定原植物来源种之一。除广东、广西外, 中国各省区均产。

地锦全草主要含可水解鞣质类、黄酮类和香豆素类成分。总黄酮为抗菌的主要活性成分之一。《中国药典》采用高效液相色谱法测定, 规定地锦草中槲皮素的含量不得少于 0.10%, 以控制药材质量。

药理研究表明, 地锦草具有抗菌、止血、抗氧化等作用。

中医理论认为地锦草具有清热解毒, 利湿退黄, 活血止血等功效。

地锦 *Euphorbia humifusa* Willd.

地锦 Dijin

斑地锦 Euphorbia maculata L.

药材地锦草 Herba Euphorbiae Humifusae

1cm

化学成分

地锦的全草含黄酮类成分：槲皮素 (quercetin)、山柰酚 (kaempferol)、槲皮素-3-O-阿拉伯糖苷 (quercetin-3-O-arabinoside)、大波斯菊苷 (cosmoside)、菜蓟糖苷 (cynaroside)[1]；香豆素类成分：东莨菪内酯 (scopoletin)、伞形花内酯 (umbelliferone)、泽兰内酯 (ayapin)[2]；可水解鞣质类成分：老鹳草鞣质 (geraniin)、euphormisins

ayapin

corilagin

M_1、M_2、M_3、euphorbins A、B、excoecarianin、斑叶地锦素A (eumaculin A)、诃子酸 (chebulagic acid)、鞣料云实精 (corilagin)、新喷呐草素 (tellimagrandin I)、mallotusinin[3]；还含有没食子酸 (gallic acid)、鞣花酸 (ellagic acid)、短叶苏木酚 (brevifolin)[1]。

药理作用

1. 抗菌

地锦草水提物或含水乙醇提取物体外对大肠杆菌、沙门氏菌、金黄色葡萄球菌有抑制作用[4]。地锦草所含的黄酮类成分体外对沙门氏菌、大肠杆菌、葡萄球菌、猪丹毒杆菌有抑菌作用[5]。东莨菪内酯和伞形花内酯也有抗菌作用[2]。

2. 止血

地锦草水煎剂灌胃，可快速缩短小鼠断尾的凝血时间，显著增加血小板数量[6]。

3. 抗氧化

地锦草乙醇提取物体外对$CuSO_4$-维生素C-H_2O_2-酵母菌体系产生的羟自由基有清除作用，对$CuSO_4$-维生素C-H_2O_2-Phen体系产生的羟自由基引发的DNA氧化损伤有保护作用[7]；活性物质为地锦草所含的黄酮类成分[8]。

4. 解毒

地锦草长期饲喂能减轻六六六 (hexachlorocyclohexane) 中毒小鼠各脏器如心、肝、脾、肾组织的损害程度[9]；地锦草酊剂与白喉杆菌外毒素于低温下作用半小时后给豚鼠皮下注射，能降低动物死亡率[10]。

应用

本品为中医临床用药。功能：清热解毒，利湿退黄，活血止血。主治：痢疾，泄泻，黄疸，咳血，尿血，便血，崩漏，乳汁不下，跌打肿痛及热毒疮疡。

现代临床还用于细菌性痢疾、小儿腹泻、急性肠炎、钩蚴性皮炎、上呼吸道感染、急性泌尿系感染、消化道溃疡、蛇咬伤等病的治疗。

评注

《中国药典》还收载同属植物斑地锦 *Euphorbia maculata* L. 为中药地锦草的法定原植物来源种，两种植物主要区别在斑地锦的叶上有明显的斑纹；药理研究显示，斑地锦的总黄酮也具有抑菌作用[11]。在实际使用中，上述两种植物通常不加区分，其化学成分和药效的差异有待进一步研究。

参考文献

[1] 柳润辉，王汉波，孔令义. 地锦草化学成分的研究. 中草药. 2001, 32(2): 107-108

[2] M Kashihara, K Ishiguro, M Yamaki, S Takagi. Antimicrobial constituents of *Euphorbia humifusa* Willd. *Shoyakugaku Zasshi*. 1986, 40(4): 427-428

[3] T Yoshida, Y Amakura, YZ Liu, T Okuda. Tannins and related polyphenols of euphorbiaceous plants. XI. Three new hydrolyzable tannins and a polyphenol glucoside from *Euphorbia humifusa* Willd.. *Chemical & Pharmaceutical Bulletin*. 1994, 42(9): 1803-1807

[4] 宋晓平，王晶钰，李引干，张为民，陈福星，高建军. 地锦草体外抑菌有效部位的筛选试验. 西北农业大学学报. 1999, 27(5): 75-78

[5] 刘湘新，孙志良，冯琦华，盛忠梅. 地锦草有效成分鉴定及其抑菌试验. 中国兽医科技. 1996, 26(7): 30-31

[6] 董鹏，唐万斌，郭连芳. 地锦草止血作用的研究. 武警医学. 1997, 8(2): 117-119

[7] 阿不都热依木，阿卜杜艾尼，哈木拉提，热孜万古丽．五种维吾尔药的清除羟自由基及抗损伤作用研究．中草药．2001，32(3)：236-238

[8] 李宝山，巴根那，张昕原，孙福祥，乌日娜，王志民，赵宗孝．地锦草总黄酮抗氧化作用的研究．时珍国医国药．1998，9(4)：328-329

[9] 马同江，桑雨舟，姒章嫔．地锦草缓解六六六对小鼠组织病理学的毒性作用．中国现代应用药学．1987，4(5)：6-7

[10] 王本祥．现代中药药理与临床．天津：天津科学技术出版社．1997：854-857

[11] 邵留，沈盎绿，郑曙明．斑地锦总黄酮的提取及抑菌作用．西南农业大学学报．2005，27(6)：902-905

药材五指毛桃 Radix Fici

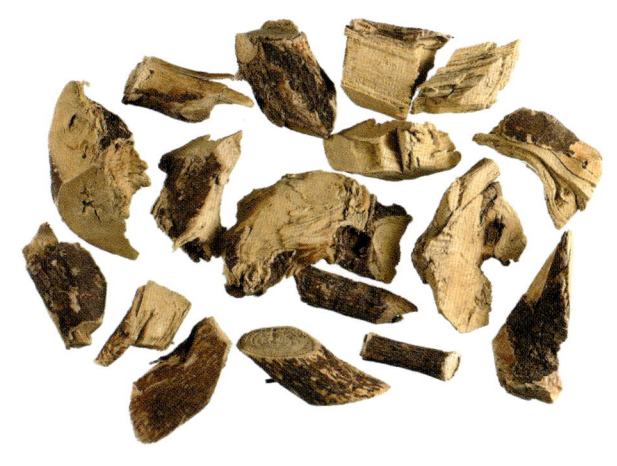

1cm

化学成分

粗叶榕的根主要含香豆素类成分：补骨脂素 (psoralene)、异补骨脂素 (isopsoralene)、佛手柑内酯 (bergapten)[1-2]；黄酮类成分：栀子黄素B (gardenin B)、柑桔黄酮 (tangeritin)、芹菜素 (apigenin)、橙皮苷 (hesperidin)；此外，还含有β-香树脂素醋酸酯 (3β-acetoxy-β-amyrin)[3]等。

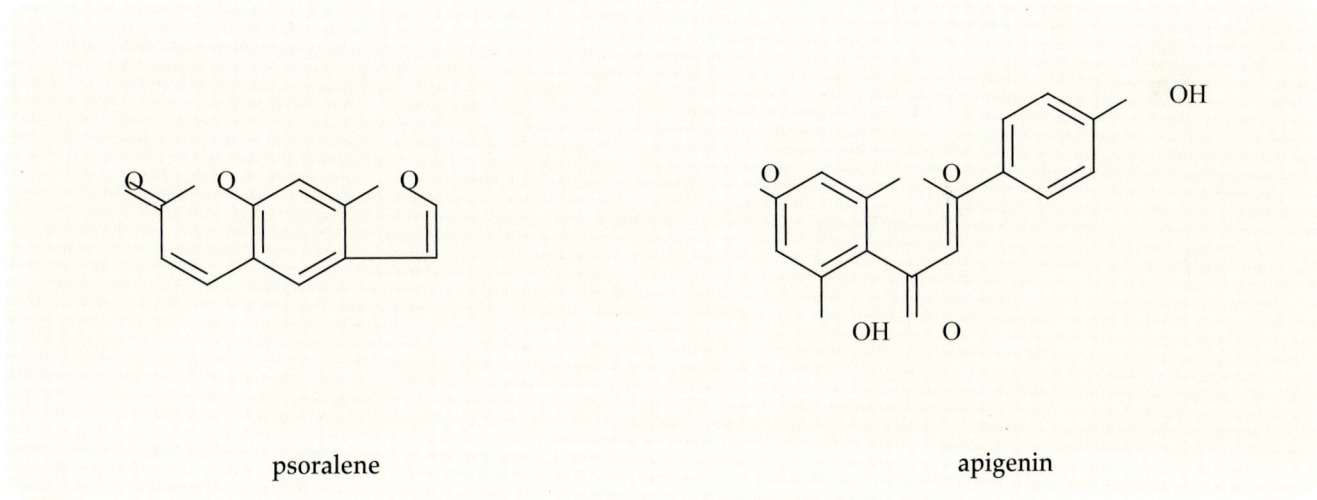

psoralene

apigenin

药理作用

1. **镇咳、平喘**
   粗叶榕根乙醇提取液腹腔注射，能增加豚鼠受方波刺激迷走神经的引咳阈值，降低豚鼠由氯化乙酰胆碱和磷酸组胺混合液的引喘潜伏期；对离体豚鼠气管的容积也具有一定的扩大效应[4]。

2. **祛痰**
   粗叶榕根乙醇提取液灌胃，能显著增加小鼠气管酚红排泌量；滴于大蛙上颌黏膜面上，能加速黏膜上皮纤毛运动速度[4]。

3. **增强免疫**

粗叶榕根的水提液灌胃,能显著提高环磷酰胺所致免疫低下小鼠的炭粒廓清指数和胸腺、脾脏重量指数及血清溶血素水平,提高机体的免疫功能[5]。

4. **抗菌**

粗叶榕提取物体外对金黄色葡萄球菌、甲型链球菌有较好的抑菌作用。

应用

本品为中国岭南民间草药。功能:祛风除湿,祛瘀消肿。主治:风湿痿痹,腰腿痛,痢疾,水肿,带下,瘰疬,跌打损伤,经闭,乳少。

现代临床还用于风湿、肝硬化腹水、痢疾、小儿发热咳嗽、睾丸肿大等病的治疗。

评注

《中国药典》(1977年版)曾收载五指毛桃为同属植物简叶榕 *Ficus simplicissima* Lour.,其后不少参考书都把粗叶榕和简叶榕的拉丁名张冠李戴,经考证,五指毛桃应为粗叶榕 *F. hirta* Vahl. 的根[6]。

五指毛桃是岭南地区常用药,由于具补肺功效,因此有土黄芪、南芪之称,近年被开发为汤料、药酒、冲剂等。五指毛桃主要含香豆素类成分,现代文献报道香豆素类成分具有降血压、抗心律失常、抗人类免疫缺陷病毒(HIV)、抗肿瘤、抗骨质疏松、止咳平喘等作用[7]。

市售五指毛桃品质参差,建议加强对五指毛桃的质量监控。有文献报道以补骨脂素作为含量测定指标以控制五指毛桃质量[8],此方面尚需要与药理作用结合进一步研究和探讨。

参考文献

[1] 江滨,刘占强,曾元儿,徐鸿华. 五指毛桃化学成分研究. 中草药. 2005, 36(8): 1141-1142

[2] 林励,钟小清,魏刚. 五指毛桃挥发性成分的 GC-MS 分析. 中药材. 2000, 23(4): 206-207

[3] 李春,卜鹏滨,岳党昆,孙有富. 五指牛奶化学成分的研究. 中国中药杂志. 2006, 31(2): 131-133

[4] 曾晓春,陈淑慧,赖斯娜,陈建. 粗叶榕的镇咳、祛痰、平喘作用. 中国中医药资讯杂志. 2002, 9(2): 30-32

[5] 刘春玲,徐鸿华,吴清和,卓珊珊,陈繁华. 五指毛桃对小鼠免疫功能影响的实验研究. 中药材. 2004, 27(5): 367-368

[6] 钟小清,徐鸿华. 五指毛桃的品种考证. 中药材. 2000, 23(6): 361-362

[7] 李颖仪,蔡先东. 香豆素的药理研究进展. 中药材. 2004, 27(3): 218-222

[8] 钟兆健,宋粉云,李书渊,毋福海,陈翠玲. 五指毛桃质量标准的研究. 中国实验方剂学杂志. 2005, 11(5): 12-14

芡 Qian CP, KHP, VP

Euryale ferox Salisb.
Gordon Euryale

睡莲科

概 述

睡莲科 (Nymphaeaceae) 植物芡 *Euryale ferox* Salisb.，其干燥成熟种仁入药。中药名：芡实。

芡属 (*Euryale*) 植物全世界仅有1种，可供药用。分布于中国南北各地；俄罗斯、朝鲜半岛、日本和印度也有分布。

芡以"鸡头实"药用之名，始载于《神农本草经》，列为上品。历代本草多有著录，古今药用品种一致。《中国药典》（2005年版）收载本种为芡实的法定原植物来源种。主产于中国江苏、山东、安徽、湖南、湖北等省。

芡的种仁含淀粉、蛋白质和微量元素等多种营养成分，还含有固醇类成分。《中国药典》以性状和显微鉴别等方面来控制药材质量。

药理研究表明，芡的种仁具有抗氧化、增强免疫和保护心脏的作用。

中医理论认为芡实具有益肾固精，补脾止泻，祛湿止带等功效。

芡 *Euryale ferox* Salisb.

芡 Qian

芡 *Euryale ferox* Salisb.

药材芡实 Semen Euryales

化学成分

芡的种仁含固醇类成分：24-ethylcholest-5-en-3β-O-glucopyranosyl palmitate、24-ethylcholesta-5,22E-dien-3β-O-glucopyranosyl palmitate[1]；还含有淀粉、蛋白质、氨基酸、脂肪、膳食纤维、α-、β-、γ-、δ-生育酚(α-, β-, γ-, δ-tocopherols)[2-3]等。

芡的根茎含固醇类成分：24-甲基胆甾-5-烯醇-3β-吡喃葡萄糖苷(24-methylcholest-5-enyl-3β-O-glucopyranoside)、24-乙基胆甾-5-烯醇-3β-吡喃葡萄糖苷(24-ethylcholest-5-enyl-3β-O-glucopyranoside)、24-乙基胆甾-5,22E-双烯基-3β-吡喃葡萄糖苷(24-ethylcholesta-5,22E-dienyl-3β-O-glucopyranoside)[4]；脑苷脂类成分：N-α-hydroxyl-cis-octadecaenoyl-1-O-β-glucopyranosylsphingosine及其反式异构体[5]。

24-ethylcholesta-5,22E-dienyl-3β-O-pyranoglucoside

药理作用

1. 抗氧化

芡的种仁富含生育酚，有显著的抗氧化活性，其总提取物能显著提高仓鼠肺成纤维细胞 V79-4 中超氧化物歧化酶 (SOD)、过氧化氢酶 (CAT) 和谷胱甘肽过氧化物酶 (GSH-Px) 的活性，其中对 GSH-Px 活性提高最为显著[6-8]。

2. 增强免疫

芡对小鼠的体液免疫有显著的促进作用[9]。

3. 保护心脏

离体实验和在体实验表明，芡的种仁可增加缺血再灌注大鼠心脏硫氧还蛋白-1 (Trx-1) 和硫氧还蛋白相关蛋白-32 (TRP32) 含量，改善局部缺血后的心室功能，减小心肌梗塞面积，对心脏产生保护作用[10]。

应用

本品为中医临床用药。功能：温肾固精，补脾止泻，祛湿止带。主治：梦遗滑精，遗尿尿频，脾虚久泻，白浊，带下。

现代临床还用于慢性肾功能衰竭[11]、风湿疼痛、肾虚盗汗、白尿等病的治疗。

评注

芡实为常见的滋补中药和食品，是中国卫生部规定的药食同源品种之一，具有较高的使用价值，但芡实的化学成分和药理作用研究较少，有待进一步深入。

芡梗为常见水生蔬菜。从芡实中还可以提取芡实栲胶，广泛用于工业。

参考文献

[1] HR Zhao, SS Zhao. Characterization of acylated steryl glycosides from *Euryale ferox* by nuclear magnetic resonance spectroscopy. *Phytochemical Analysis*. 1992, **3**(1): 38-41

[2] BK Nath, AK Chakraborty. Studies on amino acid composition of the seeds of *Euryale ferox* Salisb. *Journal of Food Science and Technology*. 1985, **22**(4): 293

[3] 叶佳圣，苏正德. 芡实抗氧化成分之研究. 东海学报. 1993, **34**: 1115-1131

[4] HR Zhao, SX Zhao, CQ Sun, D Guillaume. Glucosylsterols in extracts of *Euryale ferox* identified by high resolution NMR and mass spectrometry. *Journal of Lipid Research*. 1989, **30**(10): 1633-1637

[5] HR Zhao, SX Zhao, D Guillaume, CQ Sun. New cerebrosides from *Euryale ferox*. *Journal of Natural Products*. 1994, **57**(1): 138-141

[6] JD Su, T Osawa, M Namiki. Screening for antioxidative activity of crude drugs. *Agricultural and Biological Chemistry*. 1986, **50**(1): 199-203

[7] 刘玉鹏，刘梅，刘俊英，翁新楚. 30种中草药的抗氧化活性研究. 烟台大学学报（自然科学与工程版）. 2000, **13**(1): 70-73

[8] SE Lee, EM Ju, JH Kim. Antioxidant activity of extracts from *Euryale ferox* seed. *Experimental and Molecular Medicine*. 2002, **34**(2): 100-106

[9] A Puri, R Sahai, KL Singh, RP Saxena, JS Tandon, KC Saxena. Immunostimulant activity of dry fruits and plant materials used in indian traditional medical system for mothers after child birth and invalids. *Journal of Ethnopharmacology*. 2000, **71**(1-2): 89-92

[10] S Das, P Der, U Raychaudhuri, N Maulik, DK Das. The effect of *Euryale ferox* (Makhana), an herb of aquatic origin, on myocardial ischemic reperfusion injury. *Molecular and Cellular Biochemistry*. 2006, **289**(1-2): 55-63

[11] 程锦国，董飞侠，黄蔚霞，任丽雯，陈建晓. 芡实合剂治疗慢性肾功能不全胱抑素-C改变的临床观察. 浙江中医杂志. 2003, **38**(1): 24-25

桑 科

粗叶榕 Cuyerong

Ficus hirta Vahl.
Hairy Fig

概 述

桑科 (Moraceae) 植物粗叶榕 *Ficus hirta* Vahl.，其干燥根入药。中药名：五指毛桃。

榕属 (*Ficus*) 植物全世界约有 1 000 种，分布于热带、亚热带地区。中国约有 98 种、3 亚种、43 变种、2 变型。本属现供药用者约 18 种、1 亚种、10 变种。本种分布于中国云南、贵州、广西、广东、香港、海南、湖南、福建、江西等省区；尼泊尔、不丹、印度、越南、缅甸、泰国、马来西亚、印度尼西亚也有分布。

五指毛桃以"五爪龙"药用之名，始载于清《生草药性备要》。本草书中常与同属植物简叶榕 *Ficus simplicissima* Lour. 混淆。《广东省中药材标准》收载本种为中药五指毛桃的原植物来源种。主产于中国广东、海南、广西。

粗叶榕的根含香豆素类和黄酮类成分。《广东省中药材标准》规定五指毛桃水溶性浸出物不得少于 7.0%，以控制药材质量。

药理研究表明，粗叶榕具有镇咳、平喘、祛痰、提高免疫力和抗菌等作用。

民间经验认为五指毛桃具有祛风除湿，祛瘀消肿的功效。

粗叶榕 *Ficus hirta* Vahl.

桑 科

粗叶榕种植基地

粗叶榕　Cuyerong

钩吻 Gouwen

马钱科

Gelsemium elegans (Gardn. et Champ.) Benth.
Graceful Jessamine

概 述

马钱科 (Loganiaceae) 植物钩吻 *Gelsemium elegans* (Gardn. et Champ.) Benth.，其干燥全株或根入药。中药名：钩吻。

钩吻属 (*Gelsemium*) 植物全世界约2种，1种产于亚洲东南部，另1种产于美洲。中国仅产本种，供药用。本种分布于中国江西、福建、台湾、湖南、广东、香港、广西、贵州和云南等省区；印度、缅甸、泰国、老挝、越南、马来西亚和印度尼西亚也有分布。

"钩吻"药用之名，始载于《神农本草经》，列为下品。历代本草多有著录，古今药用品种一致。钩吻为世界著名的剧毒植物。因其有剧毒，古人认为此草入口即钩人喉吻，故名钩吻，又名断肠草。本品为常绿缠绕藤本，蔓生，故又名葫蔓藤，其根部谓黄藤根（福建）。《广东省中药材标准》收载本种为中药钩吻的原植物来源种。主产于中国广东、广西、福建、浙江、云南和贵州等省区。

钩吻主要含吲哚生物碱类成分，为抗肿瘤的主要活性成分。《广东省中药材标准》采用热浸法测定，规定钩吻水溶性浸出物不得少于8.0%，以控制药材质量。

药理研究表明，钩吻具有抗肿瘤、镇痛、镇静、调节免疫等作用。

民间经验认为钩吻具有祛风攻毒，消肿散结，止痛的功效。

钩吻 *Gelsemium elegans* (Gardn. et Champ.) Benth.

药材钩吻 Herba Gelsemii Elegantis

1cm

化学成分

钩吻的全草含吲哚生物碱类成分：钩吻素甲 (gelsemine)[1]、钩吻素乙 (gelsemicine)[2]、钩吻素丙 (sempervirine)[1]、钩吻素丁 (koumicine)、钩吻素戊 (koumidine)[3]、钩吻素己 (gelsenicine) 即胡蔓藤碱甲 (humantenmine)[2]、钩吻素子 (koumine)[1]、钩吻素寅 (kouminicine)、钩吻素卯 (kouminidine)[4]、钩吻素辰 (kounidine)[5]、胡蔓藤碱乙 (humantenine)、胡蔓藤碱丙 (humantenidine)、胡蔓藤碱丁 (humantenirine)[6]、钩吻绿碱 (gelsevirine)、gelsebanine、gelsebamine、14α-hydroxyelegansamine、脱水伏康二醇 (anhydrovobasindiol)、19-(Z)-阿枯米定碱 [19-(Z)-akuammidine]、19R-羟基二氢钩吻绿碱 (19R-hydroxydihydrogelsevirine)、16-epi-voacarpine、N-甲氧基脱水伏康二醇 (N-methoxyanhydrovobasindiol)[1]、14-乙酰氧基钩吻素己 (14-acetoxygelsenicine)、14-乙酰氧基-15-羟基钩吻素己 (14-acetoxy-15-hydroxygelsenicine)、14-羟基-19-氧化钩吻素己 (14-hydroxy-19-oxogelsenicine)、14-乙酰氧基钩吻精碱 (14-acetoxygelselegine)、14,15-二羟基钩吻素己 (14,15-dihydroxygelsenicine)、钩吻定 (gelsedine)[2]、19-(Z)-taberpsychine、14-羟基钩吻素己 (14-hydroxygelsenicine)、钩吻碱子N-氧化物 (koumine N-oxide)、钩吻碱甲N-氧化物 (gelsemine N-oxide)、19-氧化钩吻素己 (19-oxo-gelsenicine)、14-羟基钩吻定 (14-hydroxygelsedine)[7]、(19R)-、(19S)-kouminols[8]、钩吻模合宁碱 (gelsemoxonine)[9]、N-desmethoxyrankinidine、11-hydroxyrankinidine、11-hydroxyhuman-humantenine[10]、(19R)-、(19S)-羟基二氢钩吻素子 [(19R)-，(19S)-hydroxydihydrokoumines][11]、钩吻麦定碱 (gelsamydine)[12]、14α-羟基钩吻麦定碱 (14α-hydroxygelsamydine)[1]、gelsedilam、14-acetoxygelsedilam、gelsefuranidine、gelseiridone[13]；三萜类成分：uncarinic acid E[14]；环烯醚萜类成分：gelsemide、7-deoxygelsemide、9-deoxygelsemide[15]。

koumidine

gelsemide

药理作用

1. **抗肿瘤**

   钩吻全草醇提物灌胃给药，能明显抑制小鼠移植性肉瘤 S_{180} 的生长[16]。体外实验表明，钩吻总碱能抑制肝癌细胞 HepG2 的增殖[17]；钩吻提取物可抑制 HeLa 细胞增殖，诱导HeLa细胞凋亡[18]；钩吻素子能诱导人结肠腺癌 LoVo 细胞凋亡[19]；钩吻碱注射液（主要含钩吻素子、钩吻素甲等生物碱）能抑制人肺腺癌细胞系 AGEy-83-α 的增殖，还能提高肿瘤细胞对 $^{60}Co-\gamma$ 射线的辐射敏感性[20]。

2. **镇痛、镇静**

   钩吻总碱灌胃给药，能明显抑制醋酸所致的小鼠扭体反应；减轻热刺激引起的疼痛，提高小鼠的痛阈值；并能减少小鼠自发活动次数，增强戊巴比妥钠的睡眠作用[21]。

3. **对免疫系统的影响**

   钩吻根茎乙醇粗提物腹腔注射能明显提高环磷酰胺 (Cy) 所致免疫抑制小鼠的腹腔巨噬细胞功能，并能促进 Cy 免疫小鼠产生抗山羊红细胞抗体，还可显著提高淋巴细胞转化率；但对于正常小鼠，钩吻除能促进巨噬细胞的吞噬功能外，对其他免疫功能无明显增强作用[22]。钩吻素子体外对混合淋巴细胞培养反应、刀豆蛋白A或细菌脂多糖诱发的小鼠脾细胞增殖反应有不同程度的抑制作用；腹腔注射还能降低小鼠血清溶血素的活性，对补体介导的溶血反应也有轻度的抑制作用[23]。

4. **抑制表皮细胞增殖**

   通过制造雌激素期小鼠阴道上皮细胞模型及鼠尾鳞片表皮模型，来模拟银屑病的主要病理生理特点，发现钩吻素子灌注于小鼠阴道内能明显抑制雌激素期小鼠阴道上皮细胞的有丝分裂，促进鼠尾鳞片表皮颗粒层的生成；还可明显降低小鼠血清白介素-2 (IL-2) 的水平；提示钩吻素子可能是通过抑制小鼠表皮细胞增殖与促进其分化，并减少炎性因子的生成而发挥抗银屑病的作用[24]。

5. **对心血管系统的影响**

   钩吻总碱静脉注射对狗血压有明显的快速持久的降血压作用，机理可能为兴奋心血管中枢的胆碱能神经，使肾上腺素能神经的兴奋性减弱，同时兴奋外周 M-受体，使心肌收缩力减弱，血管舒张，从而产生降血压的作用[25]。钩吻碱注射液（主要含钩吻素子、钩吻素甲等生物碱）静脉注射对氯化钡引起的兔心律失常有拮抗作用，腹腔注射对吸入氯仿诱发的小鼠心律失常也有拮抗作用[26]。

6. **抗血小板聚集**

   钩吻素子体外对花生四烯酸 (AA)、凝血酶 (Thr)、Ca^{2+} 诱导的兔血小板聚集有明显的抑制作用[27]。

7. **促进造血功能**

   钩吻根茎乙醇粗提取物腹腔注射，对 Cy 骨髓抑制小鼠的外周血细胞、红细胞、血小板及骨髓有核细胞均有显著提升作用，并显著提高放射线照射后小鼠的生存率和脾集落数[28]。

应用

本品为中国南方民间草药，主要供外用。功能：祛风攻毒，消肿散结，止痛。主治：疥癣，湿疹，瘰疬，痈肿，疔疮，跌打损伤，风湿痹痛，神经痛。

现代临床还用于痈疮肿毒、风湿关节痛等病的治疗。

评注

钩吻是毒性极强的外用中药，应用不当或误服可致中毒，有时甚至致命。每公斤体重注射 4.0mg 以上的钩吻总碱可抑制家兔的呼吸，使心率减慢、血压降低。每公斤体重注射 8.0mg 的钩吻总碱可导致家兔死亡，其机理为抑制延脑的呼吸中枢，导致呼吸中枢麻痹，呼吸衰竭而死亡，同时还作用于迷走神经和心肌，导致血液循环障碍，从而加剧了对肝、肾等脏器的损害[29]。

钩吻是剧毒植物，长期以来，仅作外用。但近年来，由于发现钩吻在抗肿瘤和止痛等方面具有开发价值，钩吻的内服制剂开始在作临床研究。如何避害就利，钩吻应作广泛的药理研究。

参考文献

[1] YK Xu, SP Yang, SG Liao, H Zhang, LP Lin, J Ding, JM Yue. Alkaloids from *Gelsemium elegans*. *Journal of Natural Products*. 2006,

69(9): 1347-1350

[2] M Kitajima, T Nakamura, N Kogure, M Ogawa, Y Mitsuno, K Ono, S Yano, N Aimi, H Takayama. Isolation of gelsedine-type indole alkaloids from *Gelsemium elegans* and evaluation of the cytotoxic activity of gelsemium alkaloids for A431 epidermoid carcinoma cells. *Journal of Natural Products*. 2006, 69(4): 715-718

[3] 刘铸晋，陆仁荣，朱子清，王其灏．钩吻植物碱．I．国产钩吻生物碱再研究和钩吻素子的构造．化学学报．1961，27(1)：47-58

[4] 赵承嘏．中国钩吻之有机碱质．中国生理学杂志．1931，5：345-352

[5] 赵承嘏，王其灏，WC Cheng．中国大茶叶中之植物碱．中国生理学杂志．1936，10：79-84

[6] 杨峻山，陈玉武．胡蔓藤生物碱的研究．药学通报．1982，17(2)：119-120

[7] S Sakai, H Takayama, M Yokota, M Kitajima, K Masubuchi, K Ogata, E Yamanaka, N Aimi, S Wongseripipatana, D Ponglux. Studies on the indole alkaloids from *Gelsemium elegans*. Structural elucidation, proposal of biogenetic route, and biomimetic synthesis of koumine and humantenine skeletons. *Tennen Yuki Kagobutsu Toronkai Koen Yoshishu*. 1987, 29: 224-231

[8] F Sun, QY Xing, XT Liang. Structures of (19R)-kouminol and (19S)-kouminol from *Gelsemium elegans*. *Journal of Natural Products*. 1989, 52(5): 1180-1182

[9] M Kitajima, N Kogure, K Yamaguchi, H Takayama, N Aimi. Structure reinvestigation of gelsemoxonine, a constituent of *Gelsemium elegans*, reveals a novel, azetidine-containing indole alkaloid. *Organic letters*. 2003, 5(12): 2075-2078

[10] LZ Lin, GA Cordell, CZ Ni, J Clardy. New humantenine-type alkaloids from *Gelsemium elegans*. *Journal of Natural Products*. 1989, 52(3): 588-594

[11] LZ Lin, GA Cordell, CZ Ni, J Clardy. 19-(R)- and 19-(S)-hydroxydihydrokoumine from *Gelsemium elegans*. *Phytochemistry*. 1990, 29(3): 965-968

[12] LZ Lin, GA Cordell, CZ Ni, J Clardy. Gelsamydine, an indole alkaloid from *Gelsemium elegans* with two monoterpene units. *Journal of Organic Chemistry*. 1989, 54(13): 3199-3202

[13] N Kogure, N Ishii, M Kitajima, S Wongseripipatana, H Takayama. Four novel gelsenicine-related oxindole alkaloids from the leaves of *Gelsemium elegans* Benth. *Organic Letters*. 2006, 8(14): 3085-3088

[14] MH Zhao, T Guo, MW Wang, QC Zhao, YX Liu, XH Sun, HL Wang, Y Hou. The course of uncarinic acid E-induced apoptosis of HepG2 cells from damage to DNA and p53 activation to mitochondrial release of cytochrome c. *Biological & Pharmaceutical Bulletin*. 2006, 29(8): 1639-1644

[15] H Takayama, Y Morohoshi, M Kitajima, N Aimi, S Wongseripipatana, D Ponglux, S Sakai. Two new iridoids from the leaves of *Gelsemium elegans* Benth, in Thailand. *Natural Product Letters*. 1994, 5(1): 15-20

[16] 杨帆，陆益，李艳，蒙子卿，梁宁生．钩吻提取物抗肿瘤作用的实验研究．广西中医药．2004，27(1)：51-53

[17] 王寅，方云峰，林文，程明和，姜远英，殷明．钩吻总碱对肝癌细胞HepG2的体外抑制作用．中药材．2001，24(8)：579-581

[18] 丁建农，安飞云，曾明．钩吻提取液对HeLa细胞生长增殖和细胞周期的影响．中国现代医学杂志．2005，15(2)：230-232

[19] 迟德彪，雷林生，金宏，庞建新，蒋毅萍．钩吻素子体外诱导人结肠腺癌LoVo细胞凋亡的实验研究．第一军医大学学报．2003，23(9)：911-913

[20] 陆健敏，齐子荣，刘国廉，沈智渊，涂开城．钩吻碱注射液对肿瘤细胞增殖能力的影响．癌症．1990，9(6)：472-474，477

[21] 周名璐，黄聪，杨小平．钩吻总碱的镇痛、镇静及安全性研究．中成药．1998，20(1)：35-36

[22] 周利元，王坤，黄兰青，佘尚杨．钩吻对小鼠免疫功能的影响．中国实验临床免疫学杂志．1992，4(4)：14-15

[23] 孙莉莎，雷林生，方放治，杨淑琴，王剑．钩吻素子对小鼠脾细胞增殖反应及体液免疫反应的抑制作用．中药药理与临床．1999，15(6)：10-12

[24] 张兰兰，黄昌全，张忠义，王志睿，林敬明．钩吻素子治疗银屑病样动物模型的疗效观察．第一军医大学学报．2005，25(5)：547-549

[25] 黄仲林，黎秀叶．钩吻总碱II对狗血压的作用分析．右江民族医学院学报．1995，17(1)：1-6

[26] 罗开国，皇甫秀英，陈忠良，羡秋盛．钩吻碱抗心律失常作用的研究．河南师范大学学报（自然科学版）．1995，23(1)：108-109

[27] 方放治，单春文，陈平雁．钩吻素子对兔血小板聚集的影响．中药药理与临床．1998，14(1)：21-24

[28] 王坤，肖健，黄燕，余晓玲，肖艳芬．钩吻对小鼠造血功能的影响．广西中医药．2000，23(6)：48-50

[29] 易金娥，袁慧．钩吻碱毒性作用机理的研究．湖南农业大学学报（自然科学版）．2003，29(3)：254-257

千日红 Qianrihong

苋 科

Gomphrena globosa L.
Globeamaranth

概 述

苋科 (Amaranthaceae) 植物千日红 *Gomphrena globosa* L.，其干燥头状花序或全草入药。中药名：千日红。

千日红属 (*Gomphrena*) 植物全世界约 100 种，主要分布于热带美洲，有些种分布于大洋洲及马来西亚。中国仅有 2 种，均供药用。本种中国南北各省均有栽培，原产美洲热带。

千日红主要含花色素苷类和黄酮苷类化合物。

药理研究表明，千日红具有祛痰、平喘的作用。

民间经验认为千日红具有止咳定喘，清肝明目，解毒的功效。

千日红 *Gomphrena globosa* L.

药材千日红 Herba Gomphrenae Globosae

化学成分

千日红花序含花色素苷类（β-cyanins）成分：千日红苷 I、II、III、V、VI、VII、VIII (gomphrenins I-III, V-VIII)[1-2]、异千日红苷 I、II、III (isogomphrenins I-III)[3]、苋菜红苷（amaranthin）、甜菜苷（betanin）[1]；黄酮苷类成分：金圣草黄素-7-O-β-D-葡萄糖苷（chrysoeriol-7-O-β-D-glucoside）；还含有 gomphsterol β-D-glucoside、无羁萜（friedelin）、3-表-木栓醇（3-epi-friedelinol）、尿囊素（allantoin）[4]。

千日红的全草含4',5-二羟基-6,7-亚甲二氧基黄酮醇-3-O-β-D-葡萄糖苷（4',5-dihydroxy-6,7-methylenedioxyflavonol-3-O-β-D-glucoside）。

千日红的地上部分含三萜皂苷类成分：gomphrenoside；还含有三萜类成分：hopan-7β-ol[5]。

千日红的叶含黄酮类成分：千日红醇（gomphrenol）[6]。

gomphrenin I

gomphrenol

千日红 Qianrihong

药理作用

1. **祛痰、平喘**
   小鼠酚红法和豚鼠组胺法实验表明，千日红水溶液和乙醇提取物具有祛痰和平喘作用。千日红醇浸膏也有祛痰和平喘作用，总黄酮有祛痰作用，其中的4',5-二羟基-6,7-亚甲二氧基黄酮醇-3-O-β-D-葡萄糖苷为有效成分。

应用

本品为中国民间草药。功能：止咳定喘，清肝明目，解毒。主治：咳嗽，哮喘，百日咳，小儿夜啼，目赤肿痛，肝热头晕，头痛，痢疾，疮疖。

现代临床还用于慢性气管炎等病的治疗。

评注

千日红为常见观赏花卉，其头状花序含天然红色素经久不变。该色素在抗坏血酸、葡萄糖、蔗糖、淀粉、柠檬酸及几种金属离子的影响下性质仍较稳定，可用于食品、保健品及化妆品中，为较好的天然色素资源[7]。

参考文献

[1] S Heuer, V Wray, JW Metzger, D Strack. Betacyanins from flowers of *Gomphrena globosa*. *Phytochemistry*. 1992, **31**(5): 1801-1807

[2] L Minale, M Piattelli, S De Stefano. Pigments of Centrospermae. VII. Betacyanins from *Gomphrena globosa*. *Phytochemistry*. 1967, **6**(5): 703-709

[3] YZ Cai, J Xing, M Sun, H Corke. Rapid identification of betacyanins from *Amaranthus tricolor, Gomphrena globosa,* and *Hylocereus polyrhizus* by matrix-assisted laser desorption/ionization quadrupole ion trap time-of-flight mass spectrometry (MALDI-QIT-TOF MS). *Journal of Agricultural and Food Chemistry*. 2006, **54**(18): 6520-6526

[4] B Dinda, B Ghosh, B Achari, S Arima, N Sato, Y Harigaya. Chemical constituents of *Gomphrena globosa*. II. *Natural Product Sciences*. 2006, **12**(2): 89-93

[5] B Dinda, B Ghosh, S Arima, N Sato, Y Harigaya. Phytochemical investigation of *Gomphrena globosa* aerial parts. *Indian Journal of Chemistry, Section B: Organic Chemistry Including Medicinal Chemistry*. 2004, **43B**(10): 2223-2227

[6] ML Bouillant, P Redolfi, A Cantisani, J Chopin. Gomphrenol, a new methylenedioxyflavonol from the leaves of *Gomphrena globosa* (Amaranthaceae). *Phytochemistry*. 1978, **17**(12): 2138-2140

[7] 刘存瑞，胡喜兰，曾宪佳，赵文彬．天然千日红色素的稳定性研究．广州食品工业科技．2003，**19**(4)：62-63

匙羹藤 Chigengteng

萝藦科

Gymnema sylvestre (Retz.) Schult.
Australian Cowplant

概 述

萝藦科 (Asclepiadaceae) 植物匙羹藤 *Gymnema sylvestre* (Retz.) Schult.，其根或嫩枝叶入药。中药名：匙羹藤。

匙羹藤属 (*Gymnema*) 植物全世界约 25 种，分布于亚洲热带和亚热带地区以及非洲南部和大洋洲。中国约有 8 种，现供药用约有 7 种。本种分布于中国云南、广西、广东、香港、福建、浙江和台湾等省区；印度、越南、印度尼西亚、澳洲和热带非洲也有分布。

匙羹藤在中国和印度民间有悠久的药用历史。中国民间用其全株入药，治疗风湿痹痛、脉管炎、毒蛇咬伤；外用治痔疮、消肿、刀枪创伤、杀虱。印度民间将其叶的干粉与蓖麻油一起外用，有抗肿毒作用；根粉外用治蛇伤；叶煎剂治疗发烧、咳嗽，以及抗疟、利尿、降血糖等[1]。

匙羹藤主要含三萜皂苷类，尚有黄酮、多肽等化合物。据研究报道，齐墩果烷型皂苷是匙羹藤降血糖和抑制甜味反应作用的活性物质，其中匙羹藤酸为降血糖的主要有效成分[1-2]。

药理研究表明，匙羹藤具有降血糖、降血脂、抑制甜味反应等作用。

中医理论认为匙羹藤具有祛风止痛，解毒消肿的功效。近年有日本学者专门成立"匙羹藤研究会"，研究开发匙羹藤降血糖保健茶等保健品[2]。

匙羹藤 *Gymnema sylvestre* (Retz.) Schult.

匙羹藤 Chigengteng

化学成分

匙羹藤叶含三萜类成分：吉玛苷元 (gymnemagenin)三萜皂苷类成分：匙羹藤酸Ⅰ、Ⅱ、Ⅲ、Ⅳ、Ⅴ、Ⅵ、Ⅶ、Ⅷ、Ⅸ、Ⅹ、Ⅺ、Ⅻ、ⅩⅢ、ⅩⅣ、ⅩⅤ、ⅩⅥ、ⅩⅦ、ⅩⅧ、A [2-4] (gymnemic acids Ⅰ - ⅩⅧ, A)、gymnemosides a、b、c、d、e、f[5-7], gymnemasins A、B、C、D[8]、sitakisogenin、齐墩果酸-28-O-β-D-吡喃葡萄糖苷 (oleanoic acid 28-O-β-D-glucopyranoside)、3-O-β-D-吡喃葡萄糖基齐墩果酸-28-O-β-D-吡喃葡萄糖苷 (3-O-β-D-glucopyranosyl oleanoic acid-28-O-β-D-glucopyranoside)[9]、长刺皂苷元-3-O-β-D-吡喃葡萄糖醛酸(longispinogenin-3-O-β-D-glucuronopyranoside)、21β-benzoylsitakisogenin-3-O-β-D-glucuronopyranoside、3-O-β-D-glucopyranosyl(1→6)-β-D-glucopyranosyl oleanolic acid 28-O-β-D-glucopyranosyl ester、oleanolic acid 3-O-β-D-xylopyranosyl(1→6)-β-D-glucopyranosyl(1→6)-β-D-glucopyranoside、3-O-β-D-xylopyranosyl(1→6)-β-D-glucopyranosyl (1→6)-β-D-glucopyranosyl oleanolic acid 28-O-β-D-glucopyranosyl ester、3-O-β-D-glucopyranosyl(1→6)-β-D-glucopyranosyl oleanolic acid 28-β-D-glucopyranosyl (1→6)-β-D-glucopyranosyl ester[10]、21β-O benzoylsitakisogenin3-O-β-D-glucopyranosyl(1→3)-β-D-glucuronopyranoside、长刺皂苷元-3-O-β-D-吡喃葡萄糖基-(1→3)-β-D-吡喃葡萄糖醛酸的钾盐 [the potassium salt of longispinogenin-3-O-β-D-glucopyranosyl(1→3)-β-D-glucuronopyranoside]、29-羟基长刺皂苷元-3-O-β-D-吡喃葡萄糖基-(1→3)-β-D-吡喃葡萄糖醛酸的钾盐 [the potassium salt of 29-hydroxylongispinogenin-3-O-β-D-glucopyranosyl(1→3)-β-D-glucuronopyranoside][11]; 黄酮类成分: kaempferol-3-O-β-D-glucopyranosyl-(1→4)-β-L-rhamnopyranosyl-(1→6)-β-D-galactopyranoside、quercetin-3-O-6"-(3-hydroxyl-3-methylglutaryl)-β-D-glucopyranoside[12]; 还含有多肽类成分: gurmarin[13]。

gymnemagenin $R_1=R_2=R_3=H$
gymnemic acid IV R_1=tigloyl, R_2= H, R_3=glucuropyranosyl
gymnemoside a R_1= tigloyl, R_2=acetyl, R_3= glucuropyranosyl

药理作用

1. 降血糖

匙羹藤叶提取物（主要含匙羹藤酸）可通过抑制豚鼠和大鼠小肠的糖吸收，从而抑制血糖升高[14]。匙羹藤乙醇提取物体外能通过增加细胞膜通透性，促进胰腺 β 细胞 HIT－T15、MIN6 和 RINm5F 等释放胰岛素[15]。匙羹藤皂苷类成分腹腔注射能降低链脲霉素所致高血糖小鼠的血糖水平，其中匙羹藤酸IV的作用强度可与格列本脲相比，在高剂量下还可增加血浆中胰岛素含量，但不影响正常小鼠的血糖水平，为降血糖的主要有效成分[16]。匙羹藤叶水溶性部分也能显著降低离体大鼠单侧膈肌组织中糖原的含量[17]。此外，匙羹藤叶提取物还能降低地塞米松引起的小鼠高血糖[18-19]。

2. 降血脂

匙羹藤酸能增加大鼠排泄物中胆固醇和胆汁酸的含量[20]；口服匙羹藤 50% 乙醇提取物能抑制高血脂大鼠体重增加和肝脂质积累，作用机理为该提取物可增加排泄物中酸性和中性胆固醇的排泄，降低血浆中总胆固醇和三酰甘油（TG）的量，并增强血液中卵磷脂酰基转移酶活性[21-22]。

3. 味觉影响

匙羹藤叶提取物对天冬甜素、甜菊苷、蔗糖、葡萄糖等 8 种甜味剂显示出非竞争性的抑制作用[1]；从匙羹藤叶中分离得到的多肽 gurmarin 对具有 gurmarin 敏感受体的小鼠甜味抑制率达 45%～75%，且不可逆转[23]，但对于氯化钠、盐酸、盐酸奎宁及一些氨基酸则无味觉抑制作用[24]。

4. 其他

匙羹藤酸还具有抗龋齿[1]、抑制油酸在小肠的吸收[25]等作用，匙羹藤叶乙醇提取物还具有抗菌作用[26]。

应用

本品为中医临床用药。功能：祛风止痛，解毒消肿。主治：风湿痹痛，咽喉肿痛，瘰疬，乳痈，疮疖，湿疹，无名肿毒，毒蛇咬伤。

现代临床还用于糖尿病、高脂血症和龋齿等病的治疗。

评注

匙羹藤是民间常用草药，广泛分布于中国南方各省区，资源丰富。近年研究显示匙羹藤具有显著的降血糖作用。据报道印度产的匙羹藤叶具有抑制砂糖等甜味物质对甜味觉的作用，但中国及其他地区所产匙羹藤叶未发现有抑制甜味觉的作用[27]。有研究显示中国广西地区产匙羹藤叶中的齐墩果烷型皂苷元结构与印度所产者不同[1]，因此注重中国产匙羹藤属植物并加强研究十分必要。

匙羹藤在抗龋齿和减肥方面也具有显著活性，开发口香糖、口腔清新剂、各式保健食品和茶剂将具有广阔的市场前景。

参考文献

[1] 王英，叶文才，刘欣，范春林，赵守训. 匙羹藤中三萜皂苷类成分及其药理活性. 国外医药：植物药分册. 2003，18(4)：146-151

[2] 韦宝伟，施骞. 匙羹藤的研究概况. 国外医药：植物药分册. 1996，11(3)：107-111

[3] HM Liu, F Kiuchi, Y Tsuda. Isolation and structure elucidation of gymnemic acids, antisweet principles of *Gymnema sylvestre*. *Chemical & Pharmaceutical Bulletin*. 1992, 40(6):1366-1375

[4] 王英，冯易君，王晓玲，许辉川. 匙羹藤叶中一种新成分的分离和鉴定. 华西药学杂志. 2004，19(5)：336-338

[5] N Murakami, T Murakami, M Kadoya, H Matsuda, J Yamahara, M Yoshikawa. New hypoglycemic constituents in "gymnemic acid" from *Gymnema sylvestre*. *Chemical & Pharmaceutical Bulletin*. 1996, 44(2): 469-471

[6] M Yoshikawa, T Murakami, M Kadoya, Y Li, N Murakami, J Yamahara, H Matsuda. Medicinal foodstuffs. IX. The inhibitors of glucose absorption from the leaves of *Gymnema sylvestre* R. BR. (Asclepiadaceae): structures of gymnemosides a and b. *Chemical &*

Pharmaceutical Bulletin. 1997, **45**(10): 1671-1676

[7] M Yoshikawa, T Murakami, H Matsuda. Medicinal foodstuffs. X. Structures of new triterpene glycosides, gymnemosides-c, -d, -e, and -f, from the leaves of *Gymnema sylvestre* R. Br.: influence of gymnema glycosides on glucose uptake in rat small intestinal fragments. *Chemical & Pharmaceutical Bulletin.* 1997, **45**(12): 2034-2038

[8] NP Sahu, SB Mahato, SK Sarkar, G Poddar. Triterpenoid saponins from *Gymnema sylvestre*. *Phytochemistry.* 1996, **41**(4): 1181-1185

[9] 刘欣, 叶文才, 徐德然, 张庆文, 车镇涛, 赵守训. 匙羹藤的三萜和皂苷成分研究. 中国药科大学学报. 1999, **30**(3): 174-176

[10] WC Ye, QW Zhang, X Liu, CT Che, SX Zhao. Oleanane saponins from *Gymnema sylvestre*. *Phytochemistry.* 2000, **53**(8): 893-899

[11] WC Ye, X Liu, QW Zhang, CT Che, SX Zhao. Antisweet saponins from *Gymnema sylvestre*. *Journal of Natural Products.* 2001, **64**(2): 232-235

[12] X Liu, WC Ye, B Yu, SX Zhao, H Wu, CT Che. Two new flavonol glycosides from *Gymnema sylvestre* and *Euphorbia ebracteolata*. *Carbohydrate Research.* 2004, **339**(4): 891-895

[13] K Kamei, R Takano, A Miyasaka, T Imoto, S Hara. Amino acid sequence of sweet-taste-suppressing peptide (gurmarin) from the leaves of *Gymnema sylvestre*. *Journal of Biochemistry.* 1992, **111**(1): 109-112

[14] K Shimizu, A Iino, J Nakajima, K Tanaka, S Nakajyo, N Urakawa, M Atsuchi, T Wada, C Yamashita. Suppression of glucose absorption by some fractions extracted from *Gymnema sylvestre* leaves. *The Journal of Veterinary Medical Science.* 1997, **59**(4): 245-251

[15] SJ Persaud, H Al-Majed, A Raman, PM Jones. *Gymnema sylvestre* stimulates insulin release *in vitro* by increased membrane permeability. *The Journal of Endocrinology.* 1999, **163**(2): 207-212

[16] Y Sugihara, H Nojima, H Matsuda, T Murakami, M Yoshikawa, I Kimura. Antihyperglycemic effects of gymnemic acid IV, a compound derived from *Gymnema sylvestre* leaves in streptozotocin-diabetic mice. *Journal of Asian Natural Products Research.* 2000, **2**(4): 321-327

[17] RR Chattopadhyay. Possible mechanism of antihyperglycemic effect of *Gymnema sylvestre* leaf extract, part I. *General Pharmacology.* 1998, **31**(3): 495-496

[18] S Gholap, A Kar. Effects of Inula racemosa root and *Gymnema sylvestre* leaf extracts in the regulation of corticosteroid induced diabetes mellitus: involvement of thyroid hormones. *Die Pharmazie.* 2003, **58**(6): 413-415

[19] S Gholap, A Kar. Hypoglycaemic effects of some plant extracts are possibly mediated through inhibition in corticosteroid concentration. *Die Pharmazie.* 2004, **59**(11): 876-878

[20] Y Nakamura, Y Tsumura, Y Tonogai, T Shibata. Fecal steroid excretion is increased in rats by oral administration of gymnemic acids contained in *Gymnema sylvestre* leaves. *The Journal of Nutrition.* 1999, **129**(6):1214-1222

[21] N Shigematsu, R Asano, M Shimosaka, M Okazaki. Effect of long term-administration with *Gymnema sylvestre* R. BR on plasma and liver lipid in rats. *Biological & Pharmaceutical Bulletin.* 2001, **24**(6): 643-649

[22] N Shigematsu, R Asano, M Shimosaka, M Okazaki. Effect of administration with the extract of *Gymnema sylvestre* R. Br leaves on lipid metabolism in rats. *Biological & Pharmaceutical Bulletin.* 2001, **24**(6): 713-717

[23] Y Ninomiya, T Imoto. Gurmarin inhibition of sweet taste responses in mice. *The American Journal of Physiology.* 1995, **268**(4 Pt 2): R1019-1025

[24] S Harada, Y Kasahara. Inhibitory effect of gurmarin on palatal taste responses to amino acids in the rat. *American Journal of Physiology. Regulatory, Integrative and Comparative Physiology.* 2000, **278**(6): R1513-1517

[25] LF Wang, H Luo, M Miyoshi, T Imoto, Y Hiji, T Sasaki. Inhibitory effect of gymnemic acid on intestinal absorption of oleic acid in rats. *Canadian Journal of Physiology and Pharmacology.* 1998, **76**(10-11): 1017-1023

[26] RK Satdive, P Abhilash, DP Fulzele. Antimicrobial activity of *Gymnema sylvestre* leaf extract. *Fitoterapia.* 2003, **74**(7-8): 699-701

[27] 日地康武. 印度原产植物匙羹藤的生理作用. 日本医学介绍. 1992, **13**(9): 385

绞股蓝 Jiaogulan

Gynostemma pentaphyllum (Thunb.) Makino
Gold Theragran

葫芦科

概 述

葫芦科 (Cucurbitaceae) 植物绞股蓝 *Gynostemma pentaphyllum* (Thunb.) Makino，其干燥全草入药。中药名：绞股蓝。

绞股蓝属 (*Gynostemma*) 植物全世界约 13 种，主要产于亚洲热带至东亚，自喜马拉雅山至日本、马来群岛和新几内亚岛。中国有 11 种、2 变种，供药用者仅本种。本种产于中国陕西南部和长江以南各省区。此外，印度、尼泊尔、孟加拉、斯里兰卡、缅甸、老挝、越南、马来西亚、印度尼西亚、新几内亚、朝鲜半岛和日本也有分布。

"绞股蓝"药用之名，始载于《救荒本草》。古今药用品种一致。主产于中国长江以南地区。

绞股蓝主要含三萜皂苷类成分。其中绞股蓝皂苷为主要药理活性成分。

药理研究表明，绞股蓝具有增强免疫、降血脂、抗肿瘤、抗血栓形成、抗肝纤维化、改善记忆、镇痛等作用。

中医理论认为绞股蓝有清热，补虚，解毒的功效。

绞股蓝 *Gynostemma pentaphyllum* (Thunb.) Makino

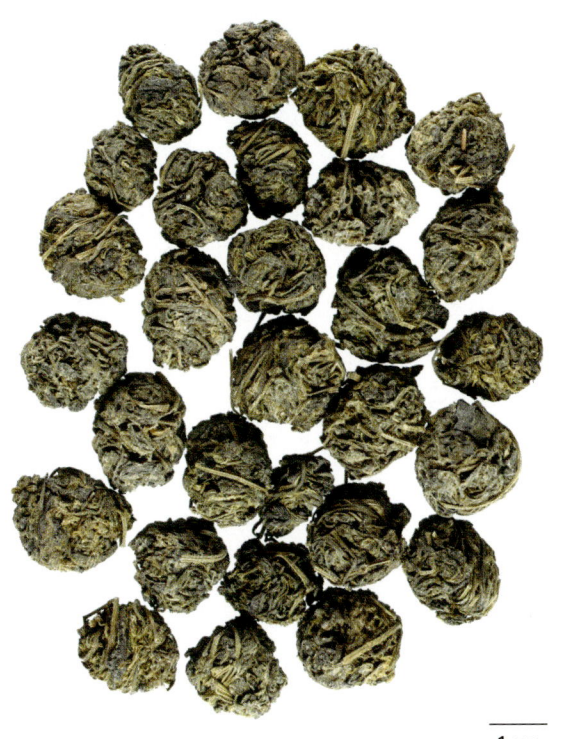

药材绞股蓝 Herba Gynostemmae Pentaphylli

1cm

葫芦科

绞股蓝 Jiaogulan

化学成分

绞股蓝全草主要含三萜皂苷类成分：绞股蓝皂苷 I、II、III、IV、V、VI、VII、VIII、IX、X、XI、XII、XIII、XIV、XV、XVI、XVII、XVIII、XIV、XX、XXI、XXII、XXIII、XXIV、XXV、XXVI、XXVIII、XXIX、XXX、XXXI、XXXII、XXXIII、XXXIV、XXXV、XXXVI、XXXVII、XXXVIII、XXXIX、XL、XLI、XLII、XLIII、XLIV、XLV、XLVI、XLVII、XLVIII、XLIX、L、LI、LIII、LIV、LV、LVI、LVII、LVIII、LVIX、LX、LXI、LXII、LXIII、LXIV、LXVII、LXVIII、LXIX、LXX、LXXI、LXVII (gypenosides I - XXVI, XXVIII - LI, LIII - LXIV, LXVII - LXXI, LXVII)[1-14]（其中绞股蓝皂苷 III、IV、VIII、XII分别为人参皂苷 Rb_1、Rb_3、Rd、F_2 (ginsenosides Rb_1, Rb_3, Rd, F_2)）、gynosides A, B, C, D, E[15]、6″-丙二酰绞股蓝皂苷 III、V、VIII (6″-malonylgypenosides III, V, VIII)[16]、绞股蓝糖苷 TN-1、TN-2[7]、TR_1[17] (gynosaponins TN-1, TN-2, TR_1)、phanoside[18]、gylongiposide I[4]；固醇类成分：24,24-dimethyl-5α-cholest-7-en-3β-ol、(22E)-24,24-dimethyl-5α-cholesta-7,22-dien-3β-ol、24,24-dimethyl-5α-cholesta-7,25-dien-3β-ol[19]、24,24-dimethyl-5α-cholestan-3β-ol[20]、24,24-dimethyl-5α-cholest-8-en-3β-ol[21]、异岩藻甾醇 (isofucosterol)[22]；此外，还含尿囊素 (allantoin)、牡荆苷 (vitexin)[4]等。

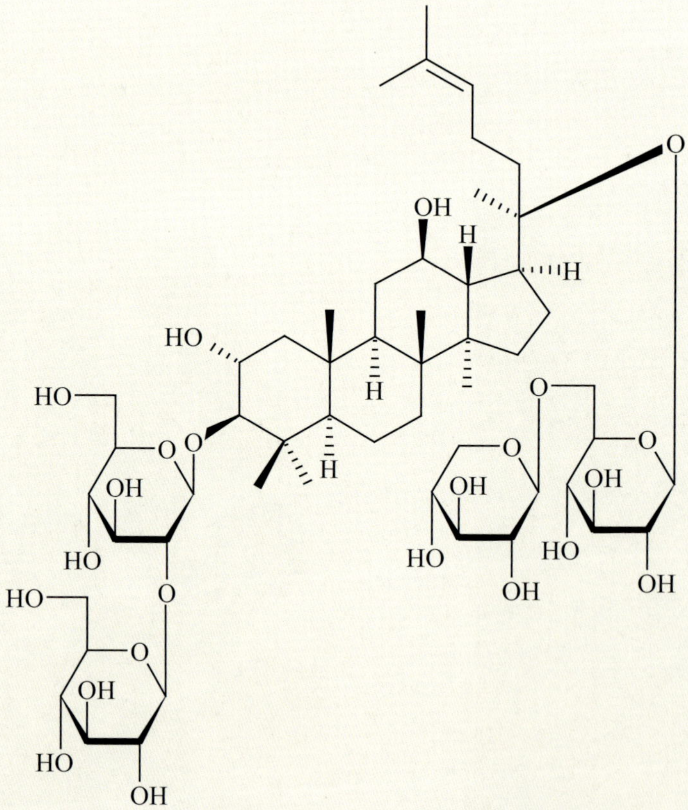

gypenoside LVI

药理作用

1. **增强免疫**

   绞股蓝总皂苷体外对刀豆蛋白A (ConA) 诱导的小鼠 T 淋巴细胞增殖反应和脂多糖诱导的 B 淋巴细胞增殖反应有显著的促进作用；还能促进大鼠腹腔巨噬细胞产生白介素-1 (IL-1) 的活性以及脾细胞产生白介素-2 (IL-2) 的活性[23]。绞股蓝提取物给环磷酰胺所致的白细胞减少症小鼠腹腔注射，能明显升高白细胞、血小板、网质红细胞的数量[24]。绞股蓝总皂苷腹腔注射，能明显增加 Lewis 肺癌荷瘤小鼠的脾淋巴总数，升高外周血和脾自然杀伤细胞 (NK) 活性，有显著的增强免疫功能的作用[25]。

2. **降血脂**

   绞股蓝微粉灌胃给药对实验性兔高脂血症具有显著的降血脂作用，能降低胆固醇 (TC)、三酰甘油 (TG) 或低密度脂蛋白胆固醇 (LDL-C)，升高高密度脂蛋白胆固醇 (HDL-C)；还能降低全血黏度及血浆黏度、红细胞压积，提高红细胞变形能力，有改善血液流变学的作用[26]。

3. **抗肿瘤**

   绞股蓝总皂苷在体外对人宫颈癌细胞 HeLa、人肺癌细胞、小鼠腹水瘤细胞、摩利斯肝癌细胞 MH1C1、肺癌细胞 3LL、黑色素瘤细胞 B1、肉瘤细胞 S_{180}、直肠癌细胞、白血病细胞的增殖均有明显抑制作用，其体外抑瘤作用高于长春碱，而对正常细胞的增殖无不良影响。绞股蓝总皂苷灌胃对小鼠 S_{180} 移植性肿瘤和 Lewis 肺癌原位肿瘤的生长和转移均有显著抑制作用[27]。绞股蓝水煎液体外对肝癌细胞 Huh-7 有促进凋亡的作用，作用机理与下调 bcl-2 蛋白和上调 bax 蛋白的表达，破坏促凋亡分子和抑制凋亡分子表达的平衡相关[28]。

4. **对心脑系统的影响**

   (1) **降血压** 绞股蓝总皂苷静脉注射能显著降低犬血压和周边阻力、脑血管和冠状动脉阻力，还能增加冠脉血流量，减慢心率，使心脏张力时间指数下降[29]。

   (2) **抗休克** 绞股蓝总皂苷对注射内毒素所致的兔休克有明显的拮抗作用，能降低 3P 试验的阳性率，减少纤维蛋白原的消耗，推迟休克发生的时间，还能使凝血酶原波动处于正常范围，有预防弥散性血管内凝血 (DIC) 的作用[29]。

   (3) **抗心肌损伤** 绞股蓝皂苷对肠缺血再灌注引起的家兔心肌损伤和结扎冠状动脉再灌注引起的大鼠心肌缺血均有保护作用，能抑制心肌损伤时的脂质过氧化反应和内皮素 (ET) 释放，还能提高心肌组织的超氧化物歧化酶 (SOD) 活性，促进一氧化氮 (NO) 生成[30-31]。

   (4) **抗脑损伤** 绞股蓝皂苷对光化学（腹腔注射给药）和血管阻断（灌胃给药）诱导的大鼠脑缺血有保护作用，能减轻海马及齿状回 DNA 和 RNA 损伤，缩小缺血区面积，降低脂质过氧化物 TBARS 的含量，还能提高 SOD 活性，降低缺血区 Na^+、Ca^{2+}、H_2O 的含量，升高 K^+ 水平[32-33]。绞股蓝总皂苷体外还能拮抗谷氨酸诱导的胎鼠大脑皮层氧化性神经元损伤[34]。

   (5) **抗血小板聚集、抗血栓形成** 绞股蓝总皂苷体外对花生四烯酸 (AA)、二磷酸腺苷 (ADP) 及胶原诱导的兔血小板聚集有抑制作用[29]。绞股蓝总皂苷灌胃给药对右旋糖苷所致的血栓形成时间、凝血时间及凝血酶原时间缩短具有较强对抗作用[35]。

   (6) **抗血管内膜增殖** 绞股蓝总皂苷耳缘静脉注射对曲匹地尔 (trapidil) 所致的兔髂动脉内皮损伤后的内膜增殖有抑制作用[36]。

5. **抗肝纤维化**

   绞股蓝总皂苷腹腔注射对 CCl_4 诱导的大鼠肝纤维化有抑制作用，能改善肝组织的纤维化程度，减少纤维连接素 (Fn) 的表达；显著降低谷丙转氨酶 (GPT)、谷草转氨酸 (GOT) 及肝组织内的丙二醛 (MDA) 水平，提高 SOD 水平[37]。

6. **抗衰老**

   绞股蓝总皂苷灌胃能提高老龄大鼠红细胞 SOD 和全血谷胱甘肽过氧化物酶 (GSH-Px) 活力，降低大鼠肾上腺皮质中维生素 C 含量；还能逆转小鼠因老化而产生的单胺氧化酶 (MAO) 活性的升高和 Na^+, K^+-ATP 酶活力的降低，具有抗氧化和抗衰老作用[38-39]。

7. 改善记忆

绞股蓝灌胃给药对东莨菪碱和乙醇造成大白鼠学习记忆的获取与再现障碍有明显改善作用[40]，其机理可能与提高脑内谷氨酸水平和降低γ-氨基丁酸水平有关[41]。

8. 镇痛

绞股蓝总皂苷灌胃给药在小鼠醋酸扭体法与小鼠热板法实验中有明显的镇痛作用，可显著提高小鼠痛阈值，降低大鼠足趾炎症组织中前列腺素 E (PGE) 含量，连续给药7天无镇痛耐受现象[42]。

9. 其他

绞股蓝总皂苷灌胃给药对氯化镉所致的小鼠精子畸形率有显著抑制作用[43]。绞股蓝还有抗胃溃疡[44]、抗肾纤维化[45]、平喘[46]、抗菌[47]等作用。

应用

本品为中医临床用药。功能：清热，补虚，解毒。主治：体虚乏力，虚劳失精等。

现代临床还用于白细胞减少症、高脂血症、脂肪肝、病毒性肝炎、慢性胃肠炎、慢性气管炎及肿瘤的辅助治疗。

评注

绞股蓝作用广泛，其药理作用及化学成分与人参有类似之处，已开发为保健品，被誉为"南方人参"，绞股蓝具有资源丰富和价格低廉的优点，具有广阔的开发利用前景。

参考文献

[1] T Takemoto, S Arihara, T Nakajima, M Okuhira. Studies on the constituents of *Gynostemma pentaphyllum* Makino. I. Structures of gypenosides I-XIV. *Yakugaku Zasshi*. 1983, **103**(2): 173-185

[2] F Yin, LH Hu, FC Lou, RX Pan. Dammarane-type glycosides from *Gynostemma pentaphyllum*. *Journal of Natural Products*. 2004, **67**(6): 942-952

[3] T Takemoto, S Arihara, K Yoshikawa. Studies on the constituents of Cucurbitaceae plants. XIV. On the saponin constituents of *Gynostemma pentaphyllum* Makino. (9). *Yakugaku Zasshi*. 1986, **106**(8): 664-670

[4] F Yin, LH Hu. Studies on chemical constituents of Jiaogulan (*Gynostemma pentaphyllum*). *ACS Symposium Series*. 2006, **925**(Herbs): 170-184

[5] K Yoshikawa, T Takemoto, S Arihara. Studies on the constituents of Cucurbitaceae plants. XV. On the saponin constituents of *Gynostemma pentaphyllum* Makino. (10). *Yakugaku Zasshi*. 1986, **106**(9): 758-763

[6] K Yoshikawa, T Takemoto, S Arihara. Studies on the constituents of Cucurbitaceae plants. XVL. On the saponin constituents of *Gynostemma pentaphyllum* Makino (II). *Yakugaku Zasshi*. 1987, **107**(4): 262-267

[7] T Takemoto, S Arihara, K Yoshikawa, J Kawasaki, T Nakajima, M Okuhira. Studies on the constituents of cucurbitaceae plants. XI. On the saponin constituents of *Gynostemma pentaphyllum* Makino (7). *Yakugaku Zasshi*. 1984, **104**(10): 1043-1049

[8] T Takemoto, S Arihara, K Yoshikawa, K Hino, T Nakajima, M Okuhira. Studies on the constituents of cucurbitaceae plants. XII. On the saponin constituents of *Gynostemma pentaphyllum* Makino (8). *Yakugaku Zasshi*. 1984, **104**(11): 1155-1162

[9] T Takemoto, S Arihara, K Yoshikawa, T Nakajima, M Okuhira. Studies on the constituents of Cucurbitaceae plants. VIII. On the saponin constituents of *Gynostemma pentaphyllum* Makino. (4). *Yakugaku Zasshi*. 1984, **104**(4): 332-339

[10] T Takemoto, S Arihara, T Nakajima, M Okuhira. Studies on the constituents of *Gynostemma pentaphyllum* Makino. II. Structures of gypenoside XV-XXI. *Yakugaku Zasshi*. 1983, **103**(10): 1015-1023

[11] T Takemoto, S Arihara, K Yoshikawa, T Nakajima, M Okuhira. Studies on the constituents of Cucurbitaceae plants. IX. On the saponin constituents of *Gynostemma pentaphyllum* Makino. (5). *Yakugaku Zasshi.* 1984, **104**(7): 724-730

[12] T Takemoto, S Arihara, K Yoshikawa, T Nakajima, M Okuhira. Studies on the constituents of Cucurbitaceae plants. X. On the saponin constituents of *Gynostemma pentaphyllum* Makino (6). *Yakugaku Zasshi.* 1984, **104**(9): 939-945

[13] T Takemoto, S Arihara, K Yoshikawa, T Nakajima, M Okuhira. Studies on the constituents of Cucurbitaceae plants. VII. On the saponin constituents of *Gynostemma pentaphyllum* Makino. (3). *Yakugaku Zasshi.* 1984, **104**(4): 325-331

[14] 刘欣, 叶文才, 肖文鸾, 车镇涛, 赵守训. 绞股蓝的化学成分研究. 中国药科大学学报. 2003, **34**(1): 21-24

[15] X Liu, WC Ye, ZY Mo, B Yu, SX Zhao, HM Wu, CT Che, RW Jiang, TCW Mak, WLW Hsiao. Five new ocotillone-type saponins from *Gynostemma pentaphyllum. Journal of Natural Products.* 2004, **67**(7): 1147-1151

[16] M Kuwahara, F Kawanishi, T Komiya, H Oshio. Dammarane saponins of *Gynostemma pentaphyllum* Makino and isolation of malonylginsenosides-Rb_1, -Rd, and malonylgypenoside V. *Chemical & Pharmaceutical Bulletin.* 1989, **37**(1): 135-139

[17] THW Huang, V Razmovski-Naumovski, NK Salam, RK Duke, VH Tran, CC Duke, BD Roufogalis. A novel LXR-alpha activator identified from the natural product *Gynostemma pentaphyllum. Biochemical Pharmacology.* 2005, **70**(9): 1298-1308

[18] A Norberg, NK Hoa, E Liepinsh, PD Van, ND Thuan, H Jornvall, R Sillard, CG Ostenson. A novel insulin-releasing substance, phanoside, from the plant *Gynostemma pentaphyllum. The Journal of Biological Chemistry.* 2004, **279**(40): 41361-41367

[19] T Akihisa, N Shimizu, T Tamura, T Matsumoto. Structures of three new 24,24-dimethyl-δ7-sterols from *Gynostemma pentaphyllum. Lipids.* 1986, **21**(8): 515-517

[20] T Akihisa, H Mihara, T Fujikawa, T Tamura, T Matsumoto. 24,24-Dimethyl-5α-cholestan-3β-ol, a sterol from *Gynostemma pentaphyllum. Phytochemistry.* 1988, **27**(9): 2931-2933

[21] T Akihisa, H Mihara, T Tamura, T Matsumoto. 24,24-Dimethyl-5α-cholest-8-en-3β-ol, a new sterol from *Gynostemma pentaphyllum. Yukagaku.* 1988, **37**(8): 659-662

[22] A Marino, MG Elberti, A Cataldo. Sterols from *Gynostemma pentaphyllum. Bollettino - Societa Italiana di Biologia Sperimentale.* 1989, **65**(4): 317-319

[23] 王斌, 葛志东, 周爱武, 陈敏珠. 绞股蓝总皂苷体外对免疫细胞功能的影响. 中药新药与临床药理. 1999, **10**(1): 36-37

[24] 黄清松, 李红枝, 庄萍, 高丽松. 绞股蓝对环磷酰胺致小白鼠白细胞减少症影响的研究. 中国现代医药科技. 2003, **3**(2): 64-65

[25] 刘侠, 汪平君, 许伏新. 绞股蓝总皂苷抑制小鼠Lewis肺癌生长与提高免疫力研究. 安徽中医学院学报. 2001, **20**(1): 43-44

[26] 马平勃, 朱全红, 黄中伟. 绞股蓝泡腾片对实验性高脂血症及血液流变学的影响. 中国现代应用药学杂志. 2005, **22**(6): 454-455

[27] 姜彬慧, 杨万春, 赵余庆. 绞股蓝抗肿瘤作用研究现状. 中药材. 2003, **26**(9): 683-686

[28] 曹红, 武丽君, 马春蓉, 周晓晴, 臧泽林. 绞股蓝对肝癌细胞表达Bcl-2及Bax的影响. 中药药理与临床. 2006, **22**(5): 36

[29] 倪受东, 徐先祥, 高建. 绞股蓝皂苷心血管系统药理作用的研究进展. 中国中医药科技. 2002, **9**(2): 127-128

[30] 葛君, 朱妤婕, 吴军, 姚蓓蓓. 绞股蓝皂苷对家兔肠缺血再灌注致心肌损伤的保护作用. 蚌埠医学院学报. 2006, **31**(4): 347-348

[31] 郑奇斌, 陈金和, 吴基良. 绞股蓝总皂苷对大鼠心肌缺血再灌注损伤的影响. 咸宁医学院学报. 2002, **16**(2): 89-91

[32] 朱炳阳, 唐小卿, 黄红林, 陈剑雄, 廖端芳, 余麟. 绞股蓝总皂苷对光化学诱导大鼠大脑中动脉栓塞性脑缺血损伤的保护作用. 中国现代应用药学杂志. 2001, **18**(1): 13-15

[33] 齐刚, 张莉, 宋月英, 汪超, 陈小义, 李积胜. 绞股蓝总苷对全脑缺血再灌注大鼠海马及齿状回的保护作用. 中草药. 2001, **32**(5): 430-431

[34] 王旭平, 赵玲, 冯玉新, 商林珊, 刘金成, 曹伟朋, 朱晓音, 辛华. 绞股蓝总苷对谷氨酸诱导的胎鼠大脑皮层神经元氧化性损伤保护机制的研究. 山东大学学报(医学版). 2006, **44**(6): 564-567

[35] 张小丽, 刘珍, 朱自平, 杨甫昭, 谢人明. 绞股蓝总皂苷对体内外血栓及凝血功能的影响. 华西药学杂志. 1999, **14**(5-6): 335-337

[36] 侯晓平, 贾国良, 赵宽, 贾广兴, 笪冀平. 绞股蓝总皂苷对兔动脉内皮损伤后内膜增殖及sis基因表达的影响. 第四军医大学学报. 1998, **19**(5): 501-504

[37] 韦登明, 余舰, 宋琦, 孙安盛, 饶广勋. 绞股蓝总苷防治大鼠肝纤维化的实验研究. 时珍国医国药. 2002, **13**(5): 257-259

[38] 章荣华, 张仲苗, 耿宝琴, 雍定国. 绞股蓝总苷对老龄大鼠的抗氧化作用观察. 中国现代应用药学杂志. 2000, **17**(4): 306-308

[39] 龚国清, 钱之玉, 周曙. 绞股蓝总苷对老化小鼠脑中MAO和Na/K-ATP酶活性的影响. 中草药. 2001, **32**(5): 426-427

[40] 王福顺, 史献君, 岳文浩, 吴从平, 芦宗玉, 江虹. 绞股蓝对大白鼠学习、记忆的影响. 中国行为医学科学. 1999, **8**(1): 30-31

[41] 冯冰虹，李伟煊，罗健，杜淇璋．绞股蓝皂苷 XLIII 对小鼠脑内谷氨酸和 γ-氨基丁酸的影响．中国药理学通报．1998，**14**(3)：234-236

[42] 程小跃，刘人树，孙兆泉．绞股蓝总皂苷镇痛作用的实验研究．中华现代中西医杂志．2004，**2**(10)：865-866

[43] 杜琰琰，李少群，石同幸．绞股蓝总皂苷对氯化镉所致睾丸生殖细胞毒性的影响．现代预防医学．2002，**29**(1)：7-8

[44] 张青蓓，马俊江，曹之宪，林志彬．绞股蓝总皂苷对 NCTC11637 株 HP 延缓大鼠实验性胃溃疡愈合的治疗作用及其机制．中国药理学通报．1999，**15**(3)：225-228

[45] 张永，丁国华，张建鄂，肖厚勤，吴平勇，乐发国．绞股蓝总皂苷防治单侧输尿管结扎大鼠肾间质纤维化的实验研究．中国中西医结合肾病杂志．2005，**6**(7)：382-385

[46] C Circosta, R De Pasquale, DR Palumbo, F Occhiuto. Bronchodilatory effects of the aqueous extract of *Gynostemma pentaphyllum* and gypenosides III and VIII in anaesthetized guinea-pigs. *Journal of Pharmacy and Pharmacology*. 2005, **57**(8): 1053-1057

[47] 曾晓黎．绞股蓝的体外抗菌活性试验．中成药．1999，**21**(6)：308-310

千年健 Qiannianjian ^{CP, VP}

天南星科

Homalomena occulta (Lour.) Schott
Obscured Homalomena

概 述

天南星科 (Araceae) 植物千年健 *Homalomena occulta* (Lour.) Schott，其干燥根茎入药。中药名：千年健。

千年健属 (*Homalomena*) 植物全世界约有 140 种，分布于热带亚洲和美洲。中国约有 3 种，分布于西南、华南和台湾等地区，均可供药用。本种分布于中国海南岛、广西西南部至东部、云南南部至东南部。

"千年健"药用之名，始载于《本草纲目拾遗》。《中国药典》(2005 年版) 收载本种为中药千年健的法定原植物来源种。主产于中国广西、云南等地。

千年健的主要化学成分为挥发油，是抗菌、抗病毒的有效成分之一。此外，千年健还含有倍半萜类化合物。《中国药典》以性状和根茎横切面显微特征等鉴别，以控制药材质量。

药理研究表明，千年健具有抗菌、抗病毒、抗炎镇痛、抗组胺、抗凝血等作用。

中医理论认为千年健有祛风湿，健筋骨的功效。

千年健也为中国瑶族民间草药，用于治疗跌打损伤、骨折、外伤出血、四肢麻木、筋脉拘挛、风湿腰腿痛、类风湿关节炎、胃痛、肠胃炎和痧症等病症。

千年健 *Homalomena occulta* (Lour.) Schott

千年健 Qiannianjian

千年健 *Homalomena occulta* (Lour.) Schott

药材千年健 Rhizoma Homalomenae

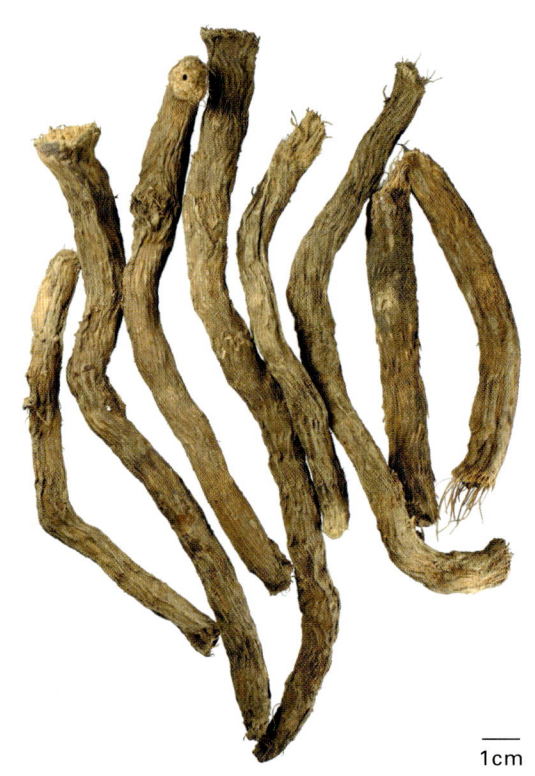

化学成分

千年健根茎含约0.69%的挥发油，主要成分有芳樟醇 (linalool)、松油烯-4-醇 (terpinen-4-ol)、香叶醇 (geraniol)、广藿香醇 (patchouli alcohol)、α-、β-蒎烯 (α-, β-pinenes)、柠檬烯 (limonene)、α-、β-松油醇 (α-, β-terpineols)、橙花醇 (nerol)、丁香油酚 (eugenol)、香叶醛 (geranial)、异龙脑 (isoborneol)[1-2]；倍半萜类成分：千年健醇 C (homalomenol C)、oplodiol、oplopanone、bullatantriol、1β,4β,7α-trihydroxyeudesmane[3]；还含常春藤皂苷 (hederagenin saponin)、E-、Z-N-(p-coumaroyl)-serotonins[4]等。

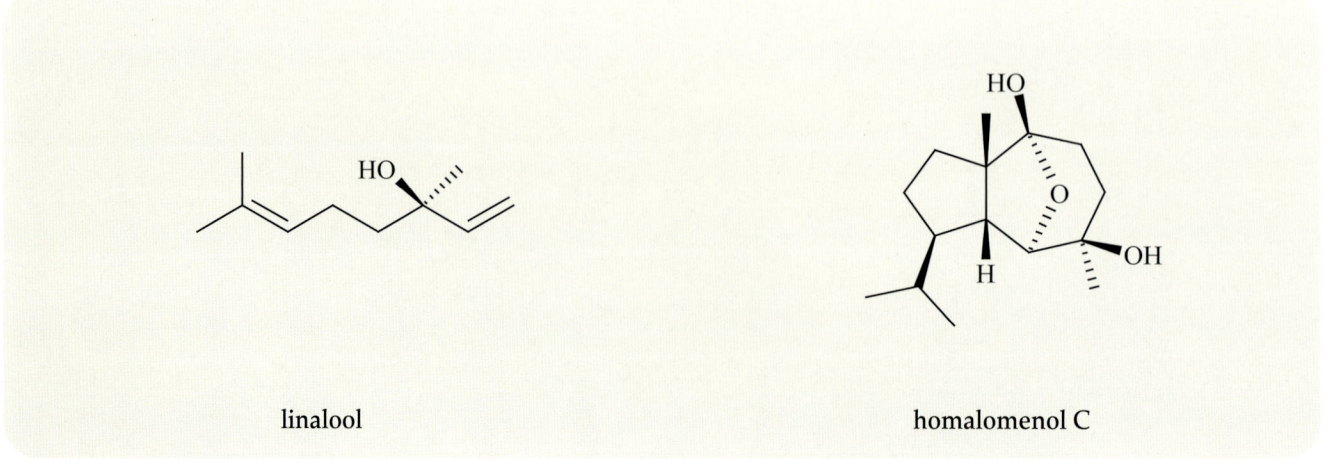

linalool

homalomenol C

药理作用

1. **抗菌、抗病毒**
   滤纸片平板法实验显示千年健挥发油可完全抑制布氏杆菌的生长[5];千年健水提取物体外还能抑制 I 型单纯性疱疹病毒 (HSV – 1)[6]。

2. **抗炎、镇痛**
   千年健甲醇提取物可明显抑制角叉菜胶引起的大鼠足趾肿胀,也可有效抑制醋酸引起的小鼠扭体反应[5]。

3. **抗组胺**
   豚鼠离体气管法显示千年健醇提取物能拮抗组胺引起的豚鼠气管平滑肌收缩。

4. **抗凝血**
   千年健水提取物有较强的抗凝血作用[7]。

5. **其他**
   千年健还具有抑制钙通道阻滞剂受体和血管紧张素 II 受体的活性[8]。

应用

本品为中医临床用药。功能:祛风湿,舒筋活络,止痛,消肿。主治:风湿痹痛,肢节酸痛,筋骨痿软,跌打损伤,胃痛,痈疽疮肿。

现代临床还用于风湿性关节炎等病的治疗。

评注

《植物名实图考》大血藤项下,曾误引《简易草药》:"大血藤即千年健",以致后人常将千年健误名为大血藤 *Sargentodoxa cuneata* (Oliv.) Rehd. et Wils.,两者基原不同,使用时应加以区别。

千年健非挥发油类成分以及作用机理的研究报道甚少,因此其作用物质基础及其活性评价的研究有待深入。

参考文献

[1] 周诚,麦惠环. 越南产千年健挥发油成分分析. 中药材. 2002, **25**(10): 719-720

[2] 王方敏,毛秀红,季申. 气相色谱法测定千年健中芳樟醇的含量. 中成药. 2006, **28**(7): 1019-1020

[3] 胡永美,杨中林,叶文才,程启厚. 千年健化学成分的研究 (I). 中国中药杂志. 2003, **28**(4): 342-344

[4] M Elbandy, H Lerche, H Wagner, MA Lacaille-Dubois. Constituents of the rhizome of *Homalomena occulta*. Biochemical Systematics and Ecology. 2004, **32**(12): 1209-1213

[5] 易建文. 试述千年健的产销及其发展前景. 中药材. 1993, **16**(10): 37-39

[6] 郑民实. 472 种中草药抗单纯疱疹病毒的实验研究. 中西医结合杂志. 1990, **10**(1): 39-41

[7] 欧兴长,张建兴. 126 种中药抗凝血酶作用的实验观察. 中草药. 1987, **18**(4): 21-22

[8] 王序,韩桂秋,李荣芷,潘竞先,陈雅研,何云庆,涂馥,王邠,LY Huang,C Lee,M Sandrino,MN Chang,TY Shen. 现代生物分析法对常用中药的筛选研究. 北京医科大学学报. 1986, **18**(1): 31-36

石杉科

蛇足石杉 Shezushishan

Huperzia serrata (Thunb. ex Murray) Trev.
Serrate Clubmoss

概 述

石杉科 (Huperziaceae) 植物蛇足石杉 *Huperzia serrata* (Thunb. ex Murray) Trev.，其干燥全草入药。中药名：千层塔。

石杉属 (*Huperzia*) 植物全世界约有 100 种，主要分布于热带和亚热带。中国约有 25 种、1 变种，主要分布于西南地区，本属现供药用者约有 3 种。本种在中国除西北部分省区和华北地区外均有分布；亚洲其他国家、太平洋地区、俄罗斯、大洋洲、中美洲也有分布。

蛇足石杉以"千层塔"药用之名，始载于《植物名实图考》，中国大部分地区均产。

蛇足石杉中主要含生物碱类、三萜类成分等。

药理研究表明，蛇足石杉具有抗胆碱酯酶、保护神经细胞、增强学习记忆、缩瞳等作用。

民间经验认为千层塔有散瘀止血，消肿止痛，除湿，清热解毒的功效。

蛇足石杉 *Huperzia serrata* (Thunb. ex Murray) Trev.

化学成分

蛇足石杉全草主要含生物碱类成分：石松碱 (lycopodine)、6α-羟基石松碱 (6α-hydroxylycopodine)、去-N-甲基-β-暗石松碱 (N-demethyl-β-obscurine)[1]、蛇足石松碱 (lycoserrine)、棒石松宁碱 (clavolonine)、千层塔尼定碱 (serratinidine)、千层塔它宁碱 (serratanine)、千层塔它尼定碱 (serratanidine)[2]、石松文碱 (lycoclavine)[3]、光泽石松灵碱 (lucidioline)[4]、N-甲基石杉碱B (N-methylhuperzine B)、8-去氧千层塔宁碱 (8-deoxyserratinine)[5]、蛇足石杉碱C (huperzinine C)[6]、石松灵碱 (lycodoline)、千层塔碱 (serratin)、千层塔宁碱 (serratinine)[7]、石杉碱A、B[8]、G[9]、H[10]、I[11]、J、K、L[12]、O[13]、P[14]、Q[15]、R[16]、S、T、U[17]、W[18] (huperzines A-B, G-L, O-U, W)、石杉碱Q-N-氧化物 (N-oxyhuperzine Q)[15]、石松定碱 (lycodine)[19]、12-表石松灵碱-N-氧化物 (12-epilycodoline N-oxide)、7-羟基石松碱 (7-hydroxylycopodine)、4,6-二羟基石松碱 (4,6-dihydroxylycopodine)[3]、马尾杉碱B[19]、M[20] (phlegmariurine B, M)、8β-羟基马尾杉碱B (8β-hydroxyphlegmariurine B)[21]、11α-过氧羟基马尾杉碱B (11α-hydroperoxyphlegmariurine B)、7-过氧羟基马尾杉碱B (7-hydroperoxyphlegmariurine B)[22]、2-氧代马尾杉碱B (2-oxophlegmariurine B)、11-氧代马尾杉碱B (11-oxophlegmariurine B)、2α-羟基马尾杉碱B (2α-hydroxyphlegmariurine B)[23]、7α-羟基马尾杉碱B (7α-hydroxyphlegmariurine B)、11α-羟基马尾杉碱B (11α-hydroxyphlegmariurine B)、7α,11α-二羟基马尾杉碱B (7α,11α-dihydroxyphlegmariurine B)[24]、异福定碱 (isofordine)[20]、huperserratinine[25]、lycoposerramines F、G、H、I、J、K、L、M、N、O[26]、X、Y、Z[27]；三萜类成分：千层塔三醇 (tohogenol)、

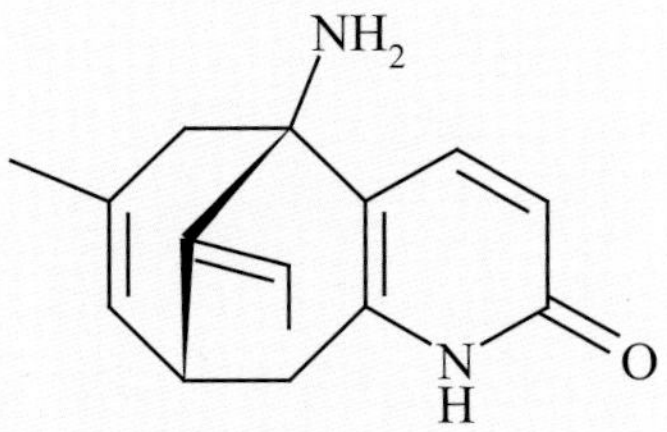

huperzine A

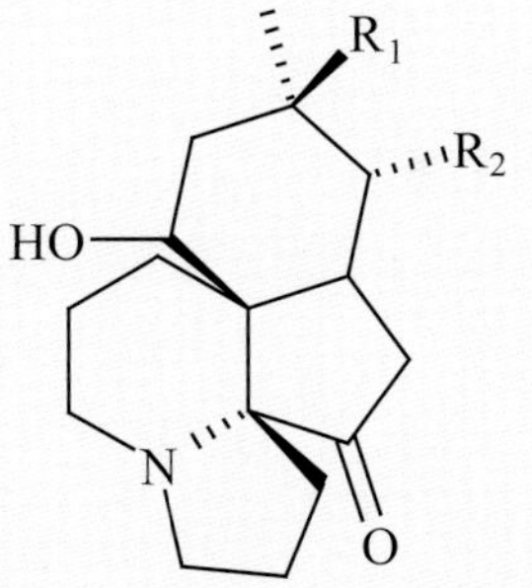

serratin R_1=OH, R_2=H
serratinine R_1=H, R_2=OH

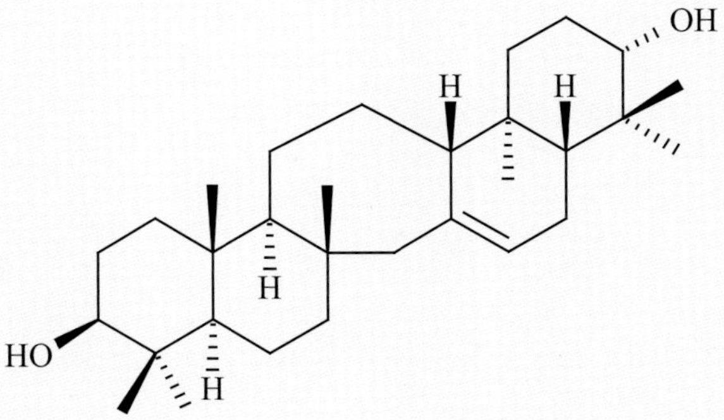

serratenediol

千层塔四醇 (tohogeninol)、千层塔烯三醇 (serratriol)[28]、千层塔烯二醇 (serratenediol)、千层塔烯二醇-3-醋酸酯 (serratenediol-3-acetate)、21-表千层塔烯二醇 (21-epi-serratenediol)、16-氧代双表千层塔烯二醇 (16-oxodiepiserratenediol)、千层塔烯二醇-21-醋酸酯 (serratenediol-21-acetate)[29]、马尾杉醇A[30]、C、E (phlegmanols A, C, E)、cathayas C、D、F、双表石松隐四醇 (diepilycocryptol)、双表千层塔烯二醇 (diepiserratenediol)、16-氧代石松三醇 (16-oxolycoclavanol)[31]。

药理作用

1. **抗氧化**
   石杉碱 A 给大鼠灌胃能明显提高海马、脑皮层及血清中超氧化物歧化酶 (SOD) 的活力，降低丙二醛 (MDA) 的含量，产生清除氧自由基和减少自由基损伤的作用[32-33]。

2. **对胆碱能系统的影响**
   石杉碱 A 和 B 灌胃给药对大鼠脑中胆碱酯酶 (AChE) 均能产生剂量依赖性抑制作用[34-35]。对离体小鼠膈神经肌肉实验表明，石杉碱 A 可增强自发释放的小终板电位 (MEPP) 的振幅、上升相和半下降相，由此促进神经肌肉接头处的胆碱能传递[36-37]。石杉碱 A 静脉注射能明显增强和改善重症肌无力 (EAMG) 兔病态肌肉的电位和收缩功能，并对抗筒箭毒 (d-Tc) 引起的阻断[38]，明显缩短 d-Tc 肌松作用的峰效应[39]。蛇足石杉提取物滴入兔眼对瞳孔有持续的缩瞳作用，对离体豚鼠眼球也有明显的缩瞳作用[40]。

3. **保护神经细胞**
   跳台试验和水迷宫试验结果表明，石杉碱 A 灌胃给药可恢复血管性痴呆小鼠海马低水平的胆碱乙酰转移酶 (CHAT) 及其 mRNA[41-42]、额叶皮层和海马组织中环磷酸腺苷 (cAMP) 水平[43]，降低海马神经细胞 $[Ca^{2+}]_i$，从而改善小鼠学习记忆成绩[44]。石杉碱 A 腹腔注射能有效改善大鼠基底核大细胞部 (NBM) 损毁导致的空间记忆障碍[45]，还能抑制脑组织中谷氨酸的释放，对缺氧缺血脑损伤 (HIBD) 新生大鼠海马 CA1区神经元产生保护作用[46]。石杉碱 B 体外对大鼠嗜铬细胞瘤细胞糖氧缺乏所致的 PC12 神经细胞损伤有保护作用，可能与调节氧化能量代谢失衡有关[47]。石杉碱 A 对 β-淀粉样肽所引起的氧化压力具有神经保护作用[48]，及改善 β-淀粉样肽诱发大鼠学习记忆障碍[49]。

4. **其他**
   石杉碱 A 能抑制大鼠 C6 及人 BT325 星形胶质瘤细胞产生一氧化氮 (NO)[50]，对大鼠大脑皮层 N-甲基-D-天冬氨酸 (NMDA) 受体也有拮抗作用[51]。

应用

本品为中医临床用药。功能：散瘀止血，消肿止痛，除湿，清热解毒。主治：跌打损伤，劳伤吐血，尿血，痔疮下血，水湿臌胀，溃疡久不收口，烫火伤，毒蛇咬伤。

现代临床还用于早老性痴呆 (AD)、血管性痴呆 (VD)、精神分裂、重症肌无力、老年性记忆功能减退等病的治疗。

石杉碱 A 为临床上治疗 AD 和 VD 等神经退行性疾病的常用药物。

评注

千层塔岭南民间草药用于跌打损伤，又名"金不换"。

石杉碱 A 对脑内乙酰胆碱酯酶有极高的选择性抑制作用，且周边副作用甚微，1994 年已成功开发应用于 AD 及良性记忆障碍的治疗。此外，石杉碱 A 对精神发育迟滞儿童也具有潜在的治疗前景。

同属植物作千层塔入药者尚有：长柄石杉 *Huperzia longipetiolata* (Spring) C. Y. Yang 和虱婆草 *H. serrata* (Thunb.) Trev. f. *intermedia* (Nakai) Ching，迄今相关的化学成分和药理活性研究尚未见报道。

参考文献

[1] 袁珊琴，冯锐，顾国明. 蛇足石杉生物碱成分的研究 (III). 中草药. 1995, **26**(3): 115-117

[2] Y Inubushi, H Ishii, B Yasui, T Harayama, M Hosokawa, R Nishino, Y Nakahara. Constituents of domestic *Lycopodium* plants. VII. Alkaloid constituents of *L. serratum* var *serratum* f. *serratum* and *L. serratum* var *serratum* f. *intermedium*. Yakugaku Zasshi. 1967, **87**(11): 1394-1404

[3] CH Tan, DY Zhu. Lycopodine-type *Lycopodium* alkaloids from *Huperzia serrata*. Helvetica Chimica Acta. 2004, **87**(8): 1963-1967

[4] BN Zhou, DY Zhu, MF Huang, LJ Lin, LZ Lin, XY Han, GA Cordell. NMR assignments of huperzine A, serratinine and lucidioline. Phytochemistry. 1993, **34**(5): 1425-1428

[5] 李军，韩燕艺，刘嘉森. 千层塔生物碱的研究. 中草药. 1987, **18**(2): 50-51

[6] 袁珊琴，赵毅民，冯锐. 蛇足石杉碱丙的结构鉴定. 药学学报. 2004, **39**(2): 116-118

[7] 张秀尧，王惠康，齐一萍. 蛇足草（千层塔）的化学成分研究. 中草药. 1990, **21**(4): 2-3

[8] 查圣华，李秀男，孙海虹，陈婷，林海，苏志国. 从千层塔中微波协助提取石杉碱甲和石杉碱乙. 中国生物工程杂志. 2004, **24**(11): 87-89

[9] 王保德，蒋山好，高文运，朱大元，孔祥铭，杨一青. 石杉碱庚的结构鉴定. 植物学报. 1998, **40**(9): 842-845

[10] WY Gao, YM Li, BD Wang, DY Zhu. Huperzine H, a new *Lycopodium* alkaloid from *Huperzia serrata*. Chinese Chemical Letters. 1999, **10**(6): 463-466

[11] WY Gao, BD Wang, YM Li, SH Jiang, DY Zhu. A new alkaloid and arbutin from the whole plant of *Huperzia serrata*. Chinese Journal of Chemistry. 2000, **18**(4): 614-616

[12] WY Gao, YM Li, SH Jiang, DY Zhu. Three *Lycopodium* alkaloid N-oxides from *Huperzia serrata*. Planta Medica. 2000, **66**(7): 664-667

[13] 王保德，滕宁宁，朱大元. 石杉碱 O 的结构鉴定. 有机化学. 2000, **20**(5): 812-814

[14] CH Tan, SH Jiang, DY Zhu. Huperzine P, a novel *Lycopodium* alkaloid from *Huperzia serrata*. Tetrahedron Letters. 2000, **41**(30): 5733-5736

[15] CH Tan, XQ Ma, GF Chen, DY Zhu. Two novel *Lycopodium* alkaloids from *Huperzia serrata*. Helvetica Chimica Acta. 2002, **85**(4): 1058-1061

[16] CH Tan, GF Chen, XQ Ma, SH Jiang, DY Zhu. Huperzine R, a novel 15-carbon *Lycopodium* alkaloid from *Huperzia serrata*. Journal of Natural Products. 2002, **65**(7): 1021-1022

[17] CH Tan, XQ Ma, GF Chen, DY Zhu. Huperzines S, T, and U: New *Lycopodium* alkaloids from *Huperzia serrata*. Canadian Journal of Chemistry. 2003, **81**(4): 315-318

[18] CH Tan, XQ Ma, GF Chen, SH Jiang, DY Zhu. Huperzine W, a novel 14 carbons *Lycopodium* alkaloid from *Huperzia serrata*. Chinese Chemical Letters. 2002, **13**(4): 331-332

[19] 袁珊琴，冯锐，顾国明. 蛇足石杉生物碱成分的研究 (II). 中草药. 1994, **25**(9): 453-454, 473

[20] 袁珊琴，赵毅民. 蛇足石杉生物碱成分的研究 (VI). 中草药. 2003, **34**(7): 595-596

[21] 袁珊琴，赵毅民. 蛇足石杉中一个新 Phlegmariurine 型生物碱. 药学学报. 2003, **38**(8): 596-598

[22] 谭昌恒，马晓强，周慧，蒋山好，朱大元. 蛇足石杉中两个新的过氧羟基取代的石松生物碱. 植物学报. 2003, **45**(1): 118-121

[23] CH Tan, GF Chen, XQ Ma, SH Jiang, DY Zhu. Three new phlegmariurine B-type *Lycopodium* alkaloids from *Huperzia serrata*. Journal of Asian Natural Products Research. 2002, **4**(3): 227-231

[24] CH Tan, BD Wang, SH Jiang, DY Zhu. New *Lycopodium* alkaloids from *Huperzia serrata*. Planta Medica. 2002, **68**(2): 188-190

[25] DY Zhu, SH Jiang, MF Huang, LZ Lin, GA Cordell. Huperserratinine from *Huperzia serrata*. Phytochemistry. 1994, **36**(4): 1069-1072

[26] H Takayama, K Katakawa, M Kitajima, K Yamaguchi, N Aimi. Ten new *Lycopodium* alkaloids having the lycopodane skeleton isolated from *Lycopodium serratum* Thunb. Chemical & Pharmaceutical Bulletin. 2003, **51**(10): 1163-1169

[27] K Katakawa, M Kitajima, K Yamaguchi, H Takayama. Three new phlegmarine-type *Lycopodium* alkaloids, lycoposerramines-X, -Y

and -Z, having a nitrone residue, from *Lycopodium serratum*. *Heterocycles*. 2006, **69**: 223-229

[28] JW Rowe, CL Bower. Triterpenes of pine barks. Naturally occurring derivatives of serratenediol. *Tetrahedron Letters*. 1965, **32**: 2745-2750

[29] 李军, 韩燕艺, 刘嘉森. 千层塔中三萜成分的研究. 药学学报. 1988, **23**(7): 549-552

[30] H Zhou, CH Tan, SH Jiang, DY Zhu. Serratene-type triterpenoids from *Huperzia serrata*. *Journal of Natural Products*. 2003, **66**(10): 1328-1332

[31] H Zhou, YS Li, XT Tong, HQ Liu, SH Jiang, DY Zhu. Serratane-type triterpenoids from *Huperzia serrata*. *Natural Product Research*. 2004, **18**(5): 453-459

[32] 商亚珍, 叶家伟, 唐希灿. 石杉碱甲对老年大鼠异常的脂质过氧化和超氧化物歧化酶的改善作用. 中国药理学报. 1999, **20**(9): 824-828

[33] 周永其, 邓湘平, 顾振纶. 石杉碱甲对氧自由基的影响. 中国野生植物资源. 2004, **23**(2): 44-45

[34] 汪红, 唐希灿. 石杉碱甲, E2020 和他克林对大鼠胆碱酯酶的抑制作用. 中国药理学报. 1998, **19**(1): 27-30

[35] 刘静, 章海燕, 王黎明, 唐希灿. 石杉碱乙的抗胆碱酯酶作用. 中国药理学报. 1999, **20**(2): 141-145

[36] 林佳慧, 胡国渊, 唐希灿. 石杉碱甲, 他克林和 E2020 对离体小鼠神经肌肉接头胆碱能传递作用的比较. 中国药理学报. 1997, **18**(1): 6-10

[37] 林佳慧, 胡国渊, 唐希灿. 石杉碱甲对离体小鼠神经肌肉接头递质传递的易化作用. 中国药理学报. 1996, **17**(4): 299-301

[38] 胡定浩, 董华进. 石杉碱甲对兔肌肉功能的影响和治疗实验性重症肌无力的效果. 中国药理学与毒理学杂志. 1989, **3**(1): 12-17

[39] 戴体俊, 郭忠民, 黄卉芳, 段世明. 石杉碱甲催醒、抗肌松作用的实验研究. 临床麻醉学杂志. 1992, **8**(5): 247-249

[40] 齐一萍, 曹剑虹, 林绥. 蛇足草缩瞳作用初步研究. 福建医药杂志. 1990, **12**(6): 32-33

[41] 吕佩源, 宋春风, 樊敬峰, 梁翠萍, 王伟斌, 尹昱. 石杉碱甲对血管性痴呆小鼠学习记忆及海马胆碱乙酰转移酶的影响. 中国行为医学科学. 2005, **14**(12): 1068-1070

[42] 吕佩源, 宋春风, 樊敬峰, 尹昱, 王伟斌, 梁翠萍. 血管性痴呆小鼠海马胆碱乙酰转移酶 mRNA 表达特征及石杉碱甲的影响. 中风与神经疾病杂志. 2006, **23**(1): 15-17

[43] 吕佩源, 王伟斌, 尹昱, 梁翠萍, 樊敬峰. 石杉碱甲对血管性痴呆小鼠额叶皮层和海马 cAMP 水平的影响. 中华神经科杂志. 2005, **38**(5): 325-327

[44] 吕佩源, 尹昱, 王伟斌, 梁翠萍, 李文斌. 石杉碱甲对血管性痴呆小鼠海马神经细胞 $[Ca^{2+}]_i$ 及钙调蛋白、蛋白激酶 II 信使核糖核酸表达的影响. 中国新药与临床杂志. 2004, 23(2): 73-76

[45] 熊志奇, 程东航, 唐希灿. 石杉碱甲对基底核大细胞部损毁所致工作记忆障碍的影响. 中国药理学报. 1998, **19**(2): 128-132

[46] 董艳臣, 高革, 李晓娟, 张淑玲. 石杉碱甲对新生大鼠缺氧缺血性脑损伤的保护作用. 实用儿科临床杂志. 2003, **18**(6): 448-449

[47] 王志菲, 周瑾, 唐希灿. 石杉碱乙对大鼠嗜铬细胞瘤细胞氧糖缺乏所致细胞损伤的保护作用. 中国药理学报. 2002, **23**(12): 1193-1198

[48] QX Xia, RT Wan. Huperzine A and tacrine attenuate β-amyloid peptide-induced oxidative injury. *Journal of Neuroscience Research*. 2000, **61**: 564-569

[49] R Wang, HY Zhang, XC Tang. Huperzine A attenuates cognitive dysfunction and neuronal degeneration caused by β-amyloid protein (1-40) in rats. *European Journal of Pharmacology*. 2001, **421**: 149-156

[50] 赵红卫, 李晓玉. 银杏内酯 A 和 B 及石杉碱甲抑制大鼠 C6 及人 BT325 胶质细胞瘤产生一氧化氮. 中国药理学报. 1999, **20**(10): 941-943

[51] 王晓东, 张景明, 杨惠华, 胡国渊. 石杉碱甲对大鼠大脑皮层 NMDA 受体的调制作用. 中国药理学报. 1999, 20(1): 31-35

田基黄 Tianjihuang

Hypericum japonicum Thunb.
Japanese St. John's Wort

藤黄科

概 述

藤黄科 (Clusiaceae) 植物田基黄 *Hypericum japonicum* Thunb.，其干燥全草入药。中药名：地耳草。

金丝桃属 (*Hypericum*) 植物全世界约有 400 种，除南北两极地或荒漠地及大部分热带低地外，世界广布。中国约有55种、8亚种，分布几遍全国各地，主要集中在西南地区，现供药用者约有 21 种、2 变种。本种分布于中国辽宁、山东至长江以南各省区；日本、朝鲜半岛、尼泊尔、新西兰及夏威夷等地也有分布。

田基黄以"地耳草"药用之名，始载于《植物名实图考》。《中国药典》(1977 年版)、《广东省中药材标准》收载本种为中药地耳草的原植物来源种。主产中国广东、江苏、浙江、福建、湖南、江西等省。

田基黄主要含酚类、咄酮类、黄酮类、挥发油等成分。

药理研究表明，田基黄具有抑菌、保肝、抗肿瘤、提高机体免疫功能等作用。

中医理论认为地耳草具有清热利湿，散瘀解毒的功效。

田基黄 *Hypericum japonicum* Thunb.

药材地耳草 Herba Hyperici Japonici

1cm

田基黄 Tianjihuang

化学成分

田基黄全草含间苯三酚类化合物：田基黄绵马素A、B、C (saroaspidins A－C)[1]，田基黄灵素 (sarothralin)[2]、田基黄棱素B (sarothralen B)[3]及田基黄灵素G (sarothralin G)[4]、地耳草素A、B、C、D (japonicins A－D)、2,6－dihydroxy－3,5－dimethyl－1－isobutyrylbenzene－4－O－β－D－glucoside、2,6－dihydroxy－3,5－dimethyl－1－(2－methylbutyryl)benzene－4－O－β－D－glucoside[5]等；𠮿酮类化合物：1,5－二羟基𠮿酮－6－O－β－D－葡萄糖苷 (1,5－dihydroxyxanthone－6－O－β－D－glucoside)、1,5,6－三羟基𠮿酮 (1,5,6－trihydroxyxanthone)、田基黄双𠮿酮 (bijaponicaxanthone)、异巴西红厚壳素 (isojacareubin)、6－去氧异巴西红厚壳素 (6－deoxyisojacareubin)、1,3,5,6－四羟基－4－异戊烯基𠮿酮 (1,3,5,6－tetrahydroxy－4－prenylxanthone)、4',5'－二氢-1,5,6－三羟基－4',4',5'－三甲基呋喃(2',3',4,5) 𠮿酮 [4',5'－dihydro－1,5,6－trihydroxy－4',4',5'－trimethyl furano (2',3',4,5) xanthone][6]、1,3,5,6－四羟基𠮿酮 (1,3,5,6－tetrahydroxyxanthone)、1,3,6,7－四羟基𠮿酮 (1,3,6,7－tetrahydroxyxanthone)、1,3,5－三羟基𠮿酮 (1,3,5－trihydroxyxanthone)[7]、jacarelhyperols A、B[8]、田基黄双𠮿酮C (bijaponicaxanthone C)[9]等；黄酮类化合物：(2R,3R)－双氢槲皮素－7－鼠李糖苷 [(2R,3R)－taxifolin－7－rhamnoside]、vincetoxicoside B[10]、槲皮素 (quercetin)、异槲皮素 (isoquercetin)、槲皮素－7－O－鼠李糖苷 (quercetin－7－O－rhamnoside)[11]、山奈酚 (kaempferol)、5,7,3',4'－四羟基－3－甲氧基黄酮 (5,7,3',4'－tetrahydroxy－3－methoxyflavone)、3,5,7,3',5'－五羟基黄酮醇 (3,5,7,3',5'－pentahydroxyflavonol)[12]、7,8－(2'',2''－二甲基吡喃)－5,3',4'－三羟基－3－甲氧基黄酮 [7,8－(2'',2''－dimethylpyrano)－5,3',4'－trihydroxy－3－methoxyflavone]、(2R,3R)－双氢槲皮素－3,7－O－α－L－双鼠李糖苷 [(2R,3R)－dihydroquercetin－3,7－O－α－L－dirhamnoside][13]等。

bijaponicaxanthone

saroaspidin A

药理作用

1. **抑菌**
田基黄流浸膏对金黄色葡萄球菌、链球菌、牛型结核杆菌、肺炎球菌、猪霍乱杆菌均有不同程度的抑制作用。10% 及 100% 煎剂在试管内分别对金黄色葡萄球菌、链球菌及伤寒杆菌有抑菌作用。鲜全草压汁体外对金黄色葡萄球菌、炭疽杆菌、白喉杆菌、乙型链球菌也有抑菌作用。醚提取物分离出的 sarothralens A 和 B 对金黄色葡萄球菌、蜡样芽孢杆菌和诺卡氏菌属具有显著的抑菌作用[14]。

2. **保肝**
田基黄对 CCl_4 及 D-氨基半乳糖所致的大鼠血清丙氨酸转氨酶 (ALT)、天冬氨酸转氨酶 (AST) 活性升高有明显的抑制作用，对大鼠急性肝损伤具有保护作用[15-16]。田基黄水提物能抑制大鼠离体肝脏脂质过氧化[17]。

3. **抗肿瘤**
利用 SRB 法显色和光镜观察不同浓度田基黄对人鼻咽癌细胞的细胞毒作用，发现田基黄对人鼻咽癌细胞生长有明显的抑制作用，且抑制率随着浓度的增加而增加[18]。用 MTT 法研究发现田基黄明显抑制人舌癌 TSCCa 细胞生长，作用机理可能是药物通过损伤肿瘤细胞内线粒体和粗面内质网而导致细胞死亡[19]。体外实验研究结果表明田基黄对人喉癌细胞 Hep-2 和人宫颈癌细胞 HeLa 的生长均有明显抑制作用，使细胞圆缩、不贴壁和死亡[20]。

4. **增强免疫**
给大鼠皮下注射田基黄注射液可提高周边血酸性 α-醋酸萘酯酶 (ANAE) 阳性的淋巴细胞百分比和特异性玫瑰花环形成细胞数，即表明田基黄有提升 T 淋巴细胞数和兴奋体液免疫的作用[21]。

5. **其他**
田基黄流浸膏对蟾蜍心脏先兴奋后抑制，对离体兔肠可使收缩增强，乃至痉挛性收缩。

应用

本品为中医临床用药。功能：清热利湿，散瘀解毒。主治：湿热黄疸，泄泻痢疾，毒蛇咬伤，疮疖痈肿，外伤积瘀肿痛。

现代临床还用于急慢性肝炎、原发性肝癌[22]、跌打损伤、疮毒等病的治疗。

评注

田基黄的混淆品种主要有小二仙草科植物小二仙草 *Haloragis micrantha* R. BR. 和玄参科植物直立婆婆纳 *Veronica arvensis* L.。小二仙草在非花果期，形态与田基黄相似，在湖南、湖北、安徽等地用作田基黄。

田基黄作为食疗配方，常用于肝炎病的家庭调治。

参考文献

[1] K Ishiguro, M Yamaki, M Kashihara, S Takagi. Saroaspidins A, B, and C: additional antibiotic compounds from *Hypericum japonicum*. Planta Medica. 1987, **53**(5): 415-417

[2] K Ishiguro, M Yamaki, S Takagi, Y Yamagata, K Tomita. X-ray crystal structure of sarothralin, a novel antibiotic compound from *Hypericum japonicum*. Journal of the Chemical Society, Chemical Communications. 1985, **1**: 26-27

[3] LH Hu, CW Khoo, JJ Vittal, KY Sim. Phloroglucinol derivatives from *Hypericum japonicum*. Phytochemistry. 2000, **53**(6): 705-709

[4] K Ishiguro, M Yamaki, M Kashihara, S Takagi, K Isoi. Sarothralin G: a new antimicrobial compound from *Hypericum japonicum*. Planta Medica. 1990, **56**(3): 274-276

[5] QL Wu, SP Wang, LW Wang, JS Yang, PG Xiao. New phloroglucinol glycosides from *Hypericum japonicum*. *Chinese Chemical Letters*. 1998, **9**(5): 469-470

[6] QL Wu, SP Wang, Du LJ, JS Yang, PG Xiao. Xanthones from *Hypericum japonicum* and *H. henryi*. *Phytochemistry*. 1998, **49**(5): 1395-1402

[7] 傅芄, 李廷钊, 柳润辉, 张薇, 张卫东, 陈海生. 田基黄叫酮成分的研究. 天然产物研究与开发. 2004, **16**(6): 511-513

[8] K Ishiguro, S Nagata, H Oku, M Yamaki. Bisxanthones from *Hypericum japonicum*: inhibitors of PAF-induced hypotension. *Planta Medica*. 2002, **68**(3): 258-261

[9] P Fu, WD Zhang, TZ Li, RH Liu, HL Li, W Zhang, HS Chen. A new bisxanthone from *Hypericum japonicum* thunb. ex murray. *Chinese Chemical Letters*. 2005, **16**(6): 771-773

[10] K Ishiguro, S Nagata, H Fukumoto, M Yamaki, S Takagi, K Isoi. Sarothralin G: a new antimicrobial compound from *Hypericum japonicum*. Part 6. A flavanonol rhamnoside from *Hypericum japonicum*. *Phytochemistry*. 1991, **30**(9): 3152-3153

[11] JY Peng, GR Fan, YT Wu. Preparative separation and isolation of three flavonoids and three phloroglucinol derivatives from *Hypericum japonicum* Thumb. using high-speed countercurrent chromatography by stepwise increasing the flow rate of the mobile phase. *Journal of Liquid Chromatography & Related Technologies*. 2006, **29**(11): 1619-1632

[12] 傅芄, 李廷钊, 柳润辉, 张薇, 张川, 张卫东, 陈海生. 田基黄黄酮类化学成分的研究. 中国天然药物. 2004, **2**(5): 283-284

[13] Wu Q, Wang SP, Du LJ, Zhang SM, Yang JS, Xiao PG. Chromone glycosides and flavonoids from *Hypericum japonicum*. *Phytochemistry*. 1998, **49**(5): 1417-1420

[14] M Yamaki, M Miwa, K Ishiguro, S Takagi. Antimicrobial activity of naturally occurring and synthetic phloroglucinols against *Staphylococcus aureus*. *Phytotherapy Research*. 1994, **8**(2): 112-114

[15] 李沛波, 唐西, 杨立伟, 苏薇薇. 田基黄对大鼠急性肝损伤的保护作用. 中药材. 2006, **29**(1): 55-56

[16] 苏娟, 傅芄, 张卫东, 柳润辉, 徐希科, 张川. 田基黄提取物保肝作用的实验研究. 药学实践杂志. 2005, **23**(6): 342-344

[17] 蒋惠娣, 黄夏琴, 杨怡, 张企兰. 九种护肝中药抗脂质过氧化作用的研究. 中药材. 1997, **20**(12): 624-626

[18] 肖大江, 朱国臣, 王晓岚, 张亚男, 黄红宇. 田基黄、冬凌草甲素对人鼻咽癌细胞系 CNE 细胞毒作用的研究. 齐齐哈尔医学院学报. 2005, **26**(12): 1396-1397

[19] 金辉喜, 李金荣. 田基黄对人舌癌细胞株 TSCCa 细胞毒作用的研究. 临床口腔医学杂志. 1997, **13**(1): 19-20

[20] 黎七雄, 孙忠义, 陈金和. 田基黄对人喉癌 Hep-2 和人宫颈癌 HeLa 细胞株生长的抑制作用. 华西药学杂志. 1993, **8**(2): 93-94

[21] 宋志军, 王潮临. 鱼腥草, 田草黄和丁公藤注射液对大鼠免疫功能的影响. 中草药. 1993, **24**(12): 643-644, 438

[22] 孙忠义, 金高瑾, 徐涛, 李犁, 黎七雄. 田基黄治疗原发性肝癌 30 例. 中西医结合肝病杂志. 1995, **5**(4): 29-30

扣树 Koushu

Ilex kaushue S. Y. Hu
Kaushue Holly

冬 青 科

概 述

冬青科 (Aquifoliaceae) 植物扣树 *Ilex kaushue* S. Y. Hu，其干燥叶入药。中药名：苦丁茶。

冬青属 (*Ilex*) 植物全世界约有 400 种以上。分布于南北两半球的热带、亚热带至温带地区，中南美洲为主要分布区。中国有 200 余种，分布于华东、华南及西南等地区，本属现供药用者约有 20 种。本种分布于中国海南、云南等省。

扣树以"苦丁茶"药用之名，始载于《本草纲目拾遗》。自古以来供药用者多指同属植物枸骨 *Ilex cornuta* Lindl. ex Paxt. 的叶。目前市场上作苦丁茶药用的主要为本种。《广东省中药材标准》收载本种为苦丁茶的原植物来源种。主产于中国广东、广西、湖南、湖北等省区。

扣树叶主要含三萜皂苷类、三萜类成分等。三萜皂苷类为主要活性成分。

药理研究表明，扣树叶具有降心脑血压、降血脂等作用。

中医理论认为苦丁茶有疏风清热，明目生津，消食化痰的功效。

扣树 *Ilex kaushue* S.Y. Hu

药材苦丁茶 Folium Ilicis Kaushi

1cm

扣树 Koushu

化学成分

苦丁茶的叶含三萜皂苷类成分：苦丁冬青苷 A、B、C[1]、D、E、F、G、I、J[2]、K、L、M、N、O、P[3] (kudinosides A-G, I-P)、大叶冬青苷 A、C、G、H (latifolosides A, C, G, H)、ilekudinosides A、B、C、D、E、F、G、H、I、J[4]、K、L、M、N、O、P、Q、R、S[5]、冬青三萜苷XLVIII (ilexoside XLVIII)、cynarasaponin C[4]；三萜类成分：α-、β-kudinlactones[2]、ilekudinols A、B、C、ulmoidol、23-羟基熊果酸 (23-hydroxyursolic acid)、27-反式对香豆酰氧基熊果酸 (27-trans-p-coumaroyloxyursolic acid)、27-顺式对香豆酰氧基熊果酸 (27-cis-p-coumaroyloxyursolic acid)[6]、熊果酸 (ursolic acid)、羽扇豆醇 (lupeol)[7]、苦丁茶苷元 I (kudinchagenin I)[8]、kudinolic acid[3]；黄酮类成分：槲皮素 (quercetin)、山奈酚 (kaempferol)[9]；挥发油：芳樟醇 (linalool)、香茅醇 (rhodinol)、香叶醇 (geraniol)[10]。

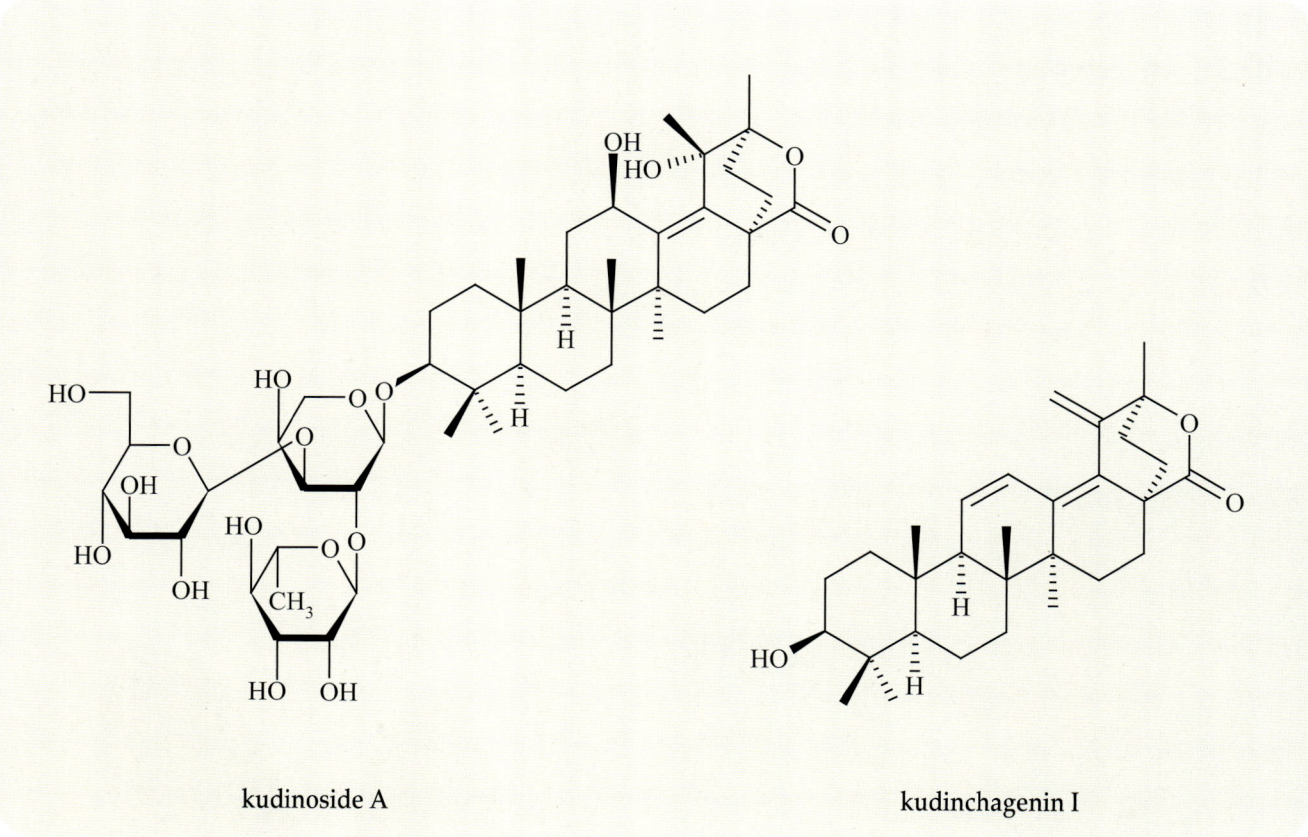

kudinoside A   kudinchagenin I

药理作用

1. 对心血管系统的影响

扣树叶提取的苦丁茶皂苷类成分能抑制细胞外钙内流，对 $CaCl_2$ 或去甲肾上腺素 (NE) 引起的离体兔胸主动脉血管收缩产生抑制作用[11]。扣树叶水提物能显著增加离体豚鼠心脏冠状动脉流量，腹腔注射能显著提高小鼠耐缺氧能力，静脉注射对垂体后叶素所致大鼠急性心肌缺血有明显保护作用，并能明显增加麻醉兔的脑血流量，降低脑血管阻力和血压[12]。扣树叶提取物静脉注射可明显降低麻醉犬的血压，灌胃给药能使清醒二肾一夹型高血压大鼠和自发性高血压大鼠的血压显著下降[13]。

2. 降血脂

扣树叶提取物灌胃给药可显著减少正常和肥胖大鼠腹部皮下脂肪指数[13]。扣树叶沸水泡煮液给大鼠灌胃能降低高脂血症大鼠的血清总胆固醇 (TC)、三酰甘油 (TG) 及低密度脂蛋白 (LDL)，提高高密度脂蛋白 (HDL) 与 LDL 的比值[14]。

3. 抗氧化

扣树叶水提物和醇提物对大鼠肝匀浆脂质过氧化有抑制作用，以水提物抗氧化作用更强[15]。

应用

本品为中医临床用药。功能：疏风清热，明目生津，消食化痰。主治：风热头痛，齿痛，目赤，口疮，热病烦渴，泄泻，湿热痢疾，食滞有痰。

现代临床还用于口腔炎、烫伤、外伤出血等病的治疗。

评注

苦丁茶的"同名异物"现象普遍。现作苦丁茶的植物有11个种，来自5个科的植物，如藤黄科 (Clusiaceae/Guttiferae)、冬青科、木犀科 (Oleaceae)、紫草科 (Boraginaceae) 和马鞭草科 (Verbenaceae)。市场上的苦丁茶主要来源于冬青科的扣树和大叶冬青 *Ilex latifolia* Thunb.[16]。在开发利用的同时，应加强品种的鉴别，以免产生混乱。

参考文献

[1] MA Ouyang, HQ Wang, ZL Chien, CR Yang. Triterpenoid glycosides from *Ilex kudincha*. Phytochemistry. 1996, **43**(2): 443-445

[2] MA Ouyang, CR Yang, ZL Chen, HQ Wang. Triterpenes and triterpenoid glycosides from the leaves of *Ilex kudincha*. Phytochemistry. 1996, **41**(3): 871-877

[3] MA Ouyang, CR Yang, ZJ Wu. Triterpenoid saponins from the leaves of *Ilex kudincha*. Journal of Asian Natural Products Research. 2001, **3**(1): 31-42

[4] K Nishimura, T Miyase, H Noguchi. Triterpenoid Saponins from *Ilex kudincha*. Journal of Natural Products. 1999, **62**(8): 1128-1133

[5] L Tang, Y Jiang, HT Chang, MB Zhao, PF Tu, JR Cui, RQ Wang. Triterpene saponins from the leaves of *Ilex kudingcha*. Journal of Natural Products. 2005, **68**(8): 1169-1174

[6] K Nishimura, T Fukuda, T Miyase, H Noguchi, XM Chen. Activity-guided isolation of triterpenoid acyl CoA cholesteryl acyl transferase (ACAT) inhibitors from *Ilex kudincha*. Journal of Natural Products. 1999, **62**(7): 1061-1064

[7] 刘韶，秦勇，杜方麓. 苦丁茶化学成分研究. 中国中药杂志. 2003, **28**(9): 834-836

[8] 文永新，梁小燕，成桂仁，吴楠，康文俊，郑启泰，吕扬. 苦丁茶苷元的结构鉴定. 植物学报. 1999, **41**(2): 206-208

[9] 蒙大平，黄雪梅，邓玉庄. 苦丁茶老叶中槲皮素和山柰素的含量测定. 中国医院药学杂志. 2006, **26**(2): 135-137

[10] 毋福海，宋粉云，曾艳红，池缔萍. 苦丁茶挥发油化学成分的GC-MS分析. 广东药学. 2004, **14**(3): 3-5

[11] 王志琪，田育望，杜方麓，陈少辉，许宏大，程聪. 苦丁茶皂苷类物质对家兔离体胸主动脉条影响的实验研究. 湖南中医学院学报. 2002, **22**(2): 29-31

[12] 朱莉芬，李美珠，钟伟新，李爱华，罗集鹏，房志坚. 苦丁茶的心血管药理作用研究. 中药材. 1994, **17**(3): 37-40

[13] 陈一，李开双，谢唐贵. 苦丁茶冬青叶的降压作用研究. 中草药. 1995, **26**(5): 250-252

[14] 向华林，许宏大，田文艺，田洪. 中国皋卢（苦丁）茶降脂作用的实验研究. 中国中药杂志. 1994, **19**(8): 497-498

[15] 杨彪，龙盛京，覃振江，周江道. 苦丁茶提取物抗氧化作用的研究. 广西民族学院学报. 2000, **6**(2): 108-110

[16] CF Tam, Y Peng, ZT Liang, ZD He, ZZ Zhao. Application of microscopic techniques in authentication of herbal tea-Ku-Ding-Cha. Microscopy Research and Technique. 2006, **69**(11): 927-932

八角茴香 Bajiaohuixiang CP, VP

Illicium verum Hook. f.
Chinese Star Anise

木兰科

概述

木兰科 (Magnoliaceae) 植物八角茴香 *Illicium verum* Hook. f.，其干燥成熟果实入药。中药名：八角茴香。

八角属 (*Illicium*) 植物全世界约有 50 种，大多数分布在亚洲东部、东南部（中国、日本、印度东北部、中南半岛、马来半岛、印度尼西亚和菲律宾）。中国有 28 种、2 变种，产西南部、南部至东部，本属现供药用者有 11 种。本种主要分布在中国广西，福建、广东、云南也有种植。

"八角茴香" 药用之名，始载于《本草品汇精要》。历代本草多有著录，古今药用品种一致。《中国药典》（2005 年版）收载本种为中药八角茴香的法定原植物来源种。主产于中国广西、云南。

八角茴香中含有挥发油、黄酮类、苯丙素及其糖苷类、倍半萜类成分等。挥发油中的茴香脑是主要活性成分之一。《中国药典》采用水蒸气蒸馏法测定，规定八角茴香中挥发油含量不得少于 4.0% (mL/g)，以控制药材质量。

药理研究表明，八角茴香具有抗菌、杀虫、升高白细胞、抗支气管痉挛等作用。

中医理论认为八角茴香具有温阳散寒，理气止痛的功效。

八角茴香 *Illicium verum* Hook. f. (花枝)

木兰科

八角茴香 *Illicium verum* Hook. f. （果枝）

药材八角茴香 Fructus Anisi Stellati

1cm

化学成分

八角茴香果实含挥发油约5.0%：含量最高的为反式茴香脑 (trans-anethole) 占挥发油总量的80%～90%，其次为对3,3-二甲基烯丙基-对丙烯基苯醚 (3,3-dimethylallyl p-propenyl ether)、茴香醛 (anisaldehyde)、茴香酮 (anisylacetone)、茴香酸 (anisic acid)、柠檬烯 (limonene)、水芹烯 (phellandrene)、甲基胡椒酚 (methylchavicol)、黄樟醚 (safrole) 等[1]；黄酮类成分：槲皮素-3-O-鼠李糖苷 (quercetin-3-O-rhamnoside)、槲皮素-3-O-葡萄糖苷 (quercetin-3-O-glucoside)、槲皮素-3-O-半乳糖苷 (quercetin-3-O-galactoside)、槲皮素-3-O-木糖苷 (quercetin-3-O-xyloside)、槲皮素 (quercetin)、山奈酚 (kaempferol)、山奈酚-3-O-葡萄糖苷 (kaempferol-3-O-glucoside)、山奈酚-3-O-半乳糖苷 (kaempferol-3-O-galactoside)、山奈酚-3-芸香糖苷 (kaempferol-3-rutinoside)[2]；苯丙素及其糖苷类成分：苏式、赤式茴香脑二醇 (threo-, erythro-anethole glycols)、verimols A、B、C、D、E、F、G、H、I、J、K[3]、1-(4'-methoxyphenyl)-1,2,3-trihydroxypropane、(R)-sec-butyl-β-D-glucopyranoside[4]、1-(4'-methoxyphenyl)-(1R,2S and 1S,2R)-propanediol、1-(4'-methoxyphenyl)-(1R,2R and 1S,2S)-propanediol、1-(4'-methoxyphenyl)-(1S,2R)-propan-1-ol 2-O-β-D-glucopyranoside、1-(4'-methoxyphenyl)-(1R,2S)-propan-1-ol 2-O-β-D-glucopyranoside、1-(4'-methoxyphenyl)-(1S,2S)-propan-1-ol 2-O-β-D-glucopyranoside、1-(4'-methoxyphenyl)-(1R,2R)-propan-1-ol 2-O-β-D-glucopyranoside[5]；倍半萜类成分：veranisatins A、B、C[6]；有机酸类成分：莽草酸 (shikimic acid)[7]、3-、4-、5-咖啡酰奎宁酸 (3-, 4-, 5-caffeoylquinic acids)、3-、4-、5-阿魏酰奎宁酸 (3-, 4-, 5-feruloylquinic acids)[8]等。

八角茴香的叶含裂环阿尔廷烷型三萜类成分：nigranoic acid 26-methyl ester[9]。

八角茴香 Bajiaohuixiang

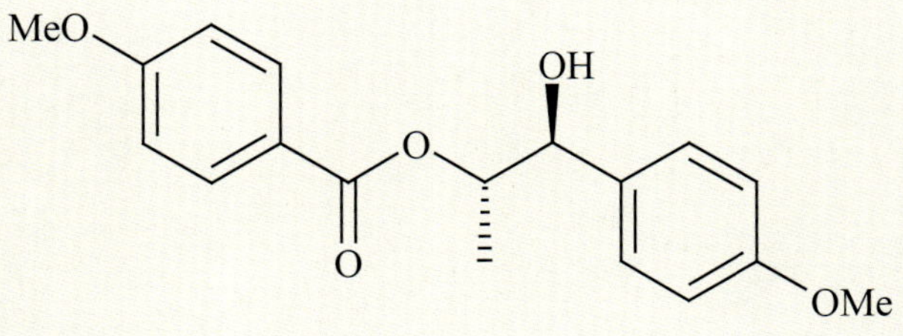

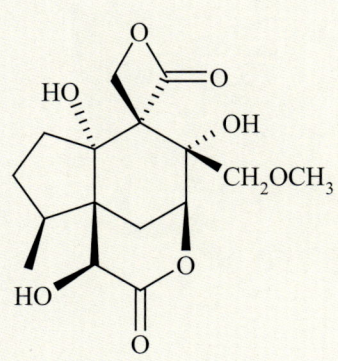

verimol A

veranisatin A

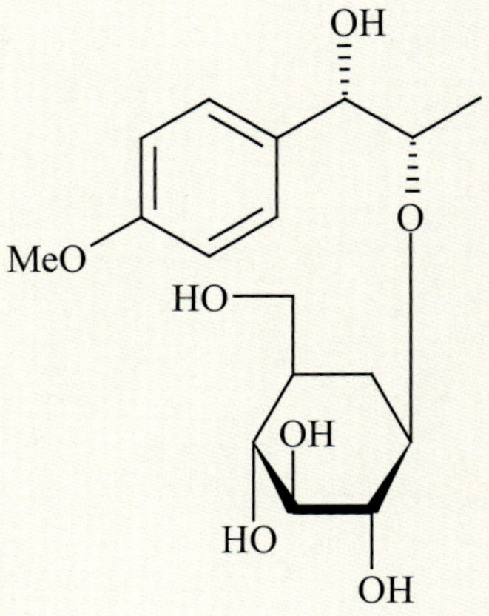

1 - (4' - methoxyphenyl) - (1S,2S) - propan - 1 - ol 2 - O - β - D - glucopyranoside

药理作用

1. **抗菌、杀虫**

   八角茴香水煎剂对人型核杆菌及枯草杆菌有抑制作用。八角茴香醇提物体外对枯草杆菌、大肠杆菌、痢疾杆菌、霍乱弧菌、伤寒、副伤寒等革兰氏阴性菌以及金黄色葡萄球菌、肺炎球菌、白喉杆菌等革兰氏阳性菌具有抑制作用。茴香脑体外能抑制细菌、真菌和酵母菌的生长[10]。八角茴香甲醇提取液体外对侵蚀艾肯菌有显著的抗菌活性[11]。八角茴香挥发油体外对白念珠菌、光滑白念珠菌、近平滑念珠菌等临床常见致病性念珠菌有抑制作用，与氟康唑 (fluconazole) 联用还具有协同作用[12]；此外，对作为细菌传染媒介的蚊子也具有杀灭作用[13]。

2. **升高白细胞**

   八角茴香提取物给正常犬口服能显著持久地增加白细胞数量[14]。茴香脑给正常犬、家兔和猴肌肉注射能使骨髓有核细胞处于活跃状态，白细胞数量增加。

3. **祛痰**

   茴香脑可促进呼吸道分泌细胞的分泌，产生祛痰作用。

4. **改善致癌物质的肝脏代谢**

   给小鼠饲喂八角茴香可显著增加其肝重量和苯并芘 - 3 - 酚的代谢，同时激发环氧化物水解酶活性[15]；饲喂八角茴香乙醇提取物时，还可显著增加 7 - 乙氧基香豆素 - O - 脱乙基酶 (ECD) 和微粒体环氧化物水合酶 (EH) 的活性，有利于苯并芘和黄曲霉素的肝脏代谢[16]。

5. 其他

八角茴香还有抗脓毒症[5]、镇痛[6]、抗氧化[17]和降低体温[18]等作用。

应用

本品为中医临床用药。功能：散寒，理气，止痛。主治：①寒疝腹痛，腰膝冷痛，脘腹疼痛；②胃寒呕吐，寒湿脚气。

现代临床还用于小肠气痛、各种疝气、腰痛、风毒湿气破伤风等病的治疗。

评注

八角茴香是中国南方很有价值的经济树种，果实不仅可入药，也是著名的调味香料。八角茴香是中国卫生部规定的药食同源品种之一。八角茴香的果皮、种子和叶都含挥发油，常被称为八角茴香油，是制造化妆品、甜香酒、啤酒和食品工业的重要原料。近年抗禽流感药物的"特敏福"(tamiflu)，其生产原料主要来源于八角茴香所含的莽草酸[19]，八角茴香油及其提取物也是中国重要的出口物资。

同属多种植物的果实外形与八角茴香极相似，常有剧毒，中毒后严重者可导致死亡。常见的误用品种有：莽草 *Illicium lanceolatum* A. C. Smith、红茴香 *I. henryi* Diels、野八角 *I. majus* Hook. f. et Thoms 和日本八角茴香 *I. anisatum* L.，有报道日本八角茴香在美国和欧洲市场的草药茶中与八角茴香混淆，发生中毒事件[17, 20]，应用时要特别注意鉴别。

参考文献

[1] 王晓春，马继平，陈令新，谭峰，关亚风. 微柱高效液相色谱法分离八角茴香挥发油成分. 分析测试学报. 2004, **23**(4): 54-57

[2] J Knackstedt, K Herrmann. Flavonol glycosides of bay leaves (*Laurus nobilis* L.) and star anise fruits (*Illicium verum* Hook. fil.). 7. Phenolics of spices. *Zeitschrift fuer Lebensmittel-Untersuchung und -Forschung*. 1981, **173**(4): 288-290

[3] LK Sy, GD Brown. Novel phenylpropanoids and lignans from *Illicium verum*. *Journal of Natural Product*. 1998, **61**: 987-992

[4] SW Lee, G Li, KS Lee, DK Song, JK Son. A new phenylpropanoid glucoside from the fruits of *Illicium verum*. *Archives of Pharmacal Research*. 2003, **26**(8): 591-593

[5] SW Lee, G Li, KS Lee, JS Jung, ML Xu, CS Seo, HW Chang, SK Kim, DK Song, JK Son. Preventive agents against sepsis and new phenylpropanoid glucosides from the fruits of *Illicium verum*. *Planta Medica*. 2003, **69**: 861-864

[6] T Nakamura, E Okuyama, M Yamazaki. Neurotropic components from star anise (*Illicium verum* Hook. fil.). *Chemical & Pharmaceutical Bulletin*. 1996, **44**(10): 1908-1914

[7] DL Nguyen, TH Le, TH Phan. Isolation of shikimic acid from *Illicium verum*. *Tap Chi Duoc Hoc*. 2006, **46**(2): 8-9

[8] U Dirks, K Herrmann. High performance liquid chromatography of hydroxycinnamoyl-quinic acids and 4-(β-D-glucopyranosyloxy)-benzoic acid in spices. 10. Phenolics of spices. *Zeitschrift fuer Lebensmittel-Untersuchung und -Forschung*. 1984, **179**(1): 12-16

[9] LK Sy, GD Brown. A seco-cycloartane from *Illicium verum*. *Phytochemistry*. 1998, **48**(7): 1169-1171

[10] M De, AK De, P Sen, AB Banerjee. Antimicrobial properties of star anise (*Illicium verum* Hook f). *Phytotherapy Research*. 2002, **16**(1): 94-95

[11] L Iauk, AM Lo Bue, I Milazzo, A Rapisarda, G Blandino. Antibacterial activity of medicinal plant extracts against periodontopathic bacteria. *Phytotherapy Research*. 2003, **17**(5): 599-604

[12] 赵俊丽，骆志成，武三卯，周晓黎，薛晓云，石磊，李文竹. 八角茴香挥发油抗念珠菌活性的体外研究. 中华皮肤科杂志. 2004, **37**(8): 475-477

[13] D Chaiyasit, W Choochote, E Rattanachanpichai, U Chaithong, P Chaiwong, A Jitpakdi, P Tippawangkosol, D Riyong, B Pitasawat. Essential oils as potential adulticides against two populations of *Aedes aegypti*, the laboratory and natural field strains, in Chiang Mai province, northern Thailand. *Parasitology Research*. 2006, **99**(6): 715-721

[14] 刘小宇，张欣荣，罗国军，车文良. 浅谈升白细胞中药的有效成分. 药学实践杂志. 1996, **14**(5): 266-269

[15] S Hendrich, LF Bjeldanes. Effects of dietary cabbage, *Brussels sprouts, Illicium verum, Schizandra chinensis* and alfalfa on the benzo[alpha]pyrene metabolic system in mouse liver. *Food and Chemical Toxicology.* 1983, **21**(4): 479-486

[16] S Hendrich, LF Bjeldanes. Effects of dietary Schizandra chinensis, brussels sprouts and *Illicium verum* extracts on carcinogen metabolism systems in mouse liver. *Food and Chemical Toxicology.* 1986, **24**(9): 903-912

[17] G Singh, S Maurya, MP de Lampasona, C Catalan. Chemical constituents, antimicrobial investigations and antioxidative potential of volatile oil and acetone extract of star anise fruits. *Journal of the Science of Food and Agriculture.* 2005, **86**(1): 111-121

[18] E Okuyama, T Nakamura, M Yamazaki. Convulsants from star anise (*Illicium verum* Hook. F.). *Chemical & Pharmaceutical Bulletin.* 1993, **41**(9): 1670-1671

[19] 张中朋. 八角茴香、莽草酸生产市场概况. 中国现代中药. 2006, **8**(4): 41-42

[20] ES Johanns, LE van der Kolk, HM van Gemert, AE Sijben, PW Peters, I de Vries. An epidemic of epileptic seizures after consumption of herbal tea. *Nederlands Tijdschrift voor Geneeskunde.* 2002, **146**(17): 813-816

[21] C Garzo Fernandez, P Gomez Pintado, A Barrasa Blanco, R Martinez Arrieta, R Ramirez Fernandez, F Ramon Rosa, Grupo de Trabajo del Anis Estrellado. Cases of neurological symptoms associated with star anise consumption used as a carminative. *Anales Españoles de Pediatría.* 2002, **57**(4): 290-294

[22] D Ize-Ludlow, S Ragone, IS Bruck, JN Bernstein, M Duchowny, BM Pena. Neurotoxicities in infants seen with the consumption of star anise tea. *Pediatrics.* 2004, **114**(5): 653-656

[23] 希雨. 美国植物药协会澄清八角茴香茶的安全问题. 国外医药：植物药分册. 2005, **20**(1): 44

素馨花 Suxinhua

Jasminum grandiflorum L.
Largeflower Jasmine

木犀科

概 述

木犀科 (Oleaceae) 植物素馨花 *Jasminum grandiflorum* L.，其干燥花蕾或开放的花入药。中药名：素馨花。

素馨属 (*Jasminum*) 植物全世界约有 200 种，主要分布于非洲、亚洲、澳洲及太平洋南部岛屿；南美洲仅有 1 种。中国约有 47 种、1 亚种、4 变种、4 变型，主要分布于秦岭以南各省区，本属现供药用者约有 22 种、5 变种。本种在世界各地广泛栽培；中国云南、四川、西藏及喜马拉雅地区有分布。

素馨花以"耶悉茗花"药用之名，始载于《南方草木状》。历代本草多有著录，古今药用品种一致。《广东省中药材标准》收载本种为中药素馨花的原植物来源种。主产于中国云南、四川、西藏，世界各地广泛栽培，广东及福建作观赏植物栽培。

素馨花主要含挥发油和裂环烯醚萜类等成分。

药理研究表明，素馨花具有解痉、抗肿瘤等作用。

中医理论认为素馨花具有舒肝解郁，行气止痛的功效。

素馨花 *Jasminum grandiflorum* L.

素馨花 Suxinhua

药材素馨花 Flos Jasmini

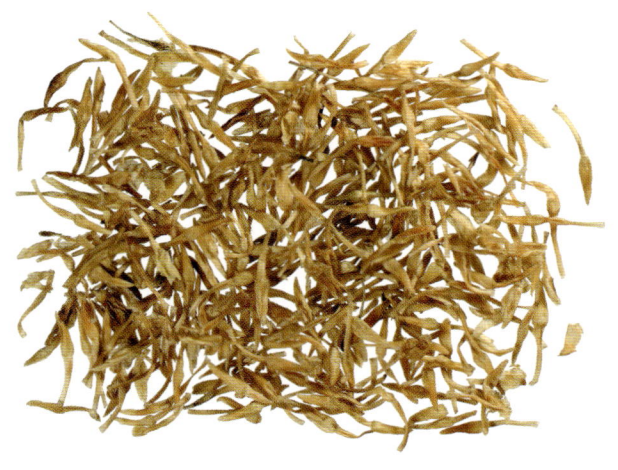

化学成分

素馨花花含挥发油类成分：芳樟醇 (linalool)、萜品醇 (α-terpineol)、香叶醇 (geraniol)、草蒿脑 (estragole)、茉莉酮 (jasmone)、橙花叔醇 (nerolidol)[1]、甲基茉莉酮 (methyl jasmonate)、表甲基茉莉酮 (epi-methyl jasmonate)[2]、丁香酚 (eugenol)、顺式茉莉酮 (cis-jasmone)、金合欢烯 (farnesene)[3]、金合欢醇 (farnesol)[4]、橙花醇 (nerol)[5]、香兰素 (vanillin)、香叶基芳樟醇 (geranyl linalool)、月桂烯 (myrcene)等。

素馨花叶含裂环烯醚萜类成分：(2″R)-2″-甲氧基橄榄苦苷 [(2″R)-2″-methoxyoleuropein]、(2″S)-2″-甲氧基橄榄苦苷 [(2″S)-2″-methoxyoleuropein]、橄榄苦苷 (oleuropein)、ligstroside、去甲橄榄苦苷 (demethyloleuropein)、oleoside dimethyl ester[6]等。

另外，素馨花地上部分还含有异槲皮苷 (isoquercitrin)、熊果酸 (ursolic acid)[7]等。

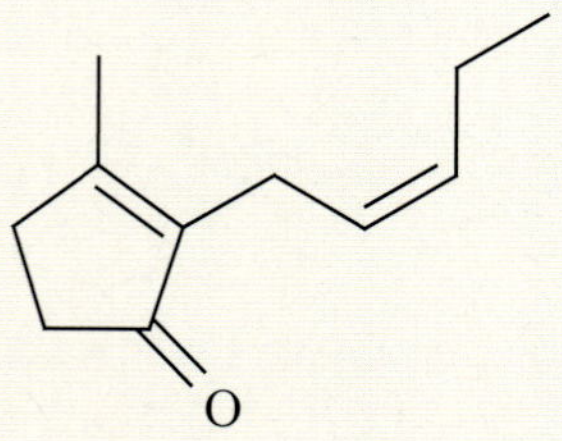

jasmone

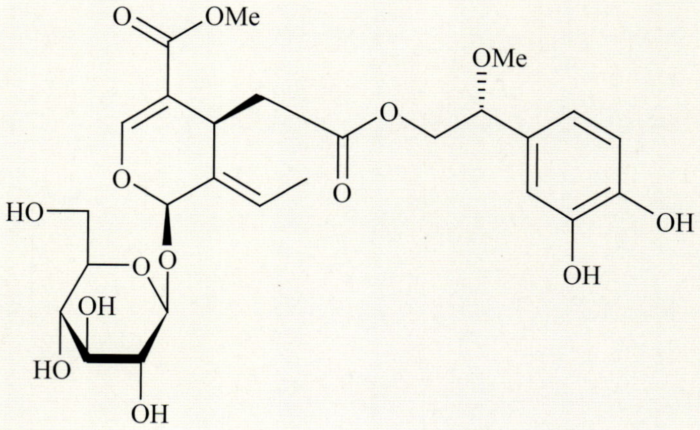

(2″R)-2″-methoxyoleuropein

药理作用

1. 解痉

素馨花精油通过直接作用于腺苷酸环化酶进而升高细胞内环腺苷酸 (cAMP)，抑制外源性乙酰胆碱和组胺引起的豚鼠回肠平滑肌收缩，其解痉作用不受肾上腺素能受体阻滞剂酚妥拉明、普萘洛尔的影响。可溶性鸟苷酸环化酶选择性抑制剂 quinoxalin-1-one 抑制硝普钠的平滑肌松弛作用，但不影响素馨花精油的解痉作用，表明精油的作用与第二信使环磷鸟苷 (cGMP) 无关。该精油与维拉帕米相似，能阻断钙通道，而对钾通道开放的作用不明显。该精油的镇静、松弛作用可能与其所含的具解痉作用的醇、醛、酯、酮和倍半萜等成分有关[8]。

2. 抗肿瘤

灌胃素馨花乙醇提取物能抑制 7,12-二甲基苯并蒽 (DMBA) 导致的大鼠乳房癌的形成，素馨花乙醇提取物也能通过抗脂质过氧化作用，对癌症大鼠产生抗氧化作用[9]。

应用

本品为中医临床用药。功能：舒肝解郁，行气止痛。主治：肝郁气滞所致的胁肋脘痛，下痢腹痛。

现代临床还用于胃、十二指肠溃疡、肝病（肝郁气滞型）、慢性阑尾炎、神经官能症性眩晕、更年期综合征、急性乳腺炎（早期）、肝癌、胃癌、肠癌引起的疼痛等病的治疗[10]。

评注

迄今对素馨花的化学成分研究较少，其药理活性研究的报道也不多。生物活性作用物质基础尚不明确，导致本属植物在临床上的应用受到局限。另一方面，素馨花在我国分布广泛，并有大量栽培，但主要用于观赏。因此，素馨花的化学成分和药理活性值得进一步研究，为临床用药提供理论依据。

参考文献

[1] G Cum, A Spadaro, T Citraro, R Gallo. Process for the supercritical phase extraction of components of flowers of *Jasminum grandiflorum*, L. *Essenze, Derivati Agrumari*. 1998, **68**(4): 384-400

[2] WA Koenig, B Gehrcke, D Icheln, P Evers, J Doennecke, WC Wang. New selectively substituted cyclodextrins as stationary phases for the analysis of chiral constituents of essential oils. *Journal of High Resolution Chromatography*. 1992, **15**(6): 367-372

[3] BA Atawia, SA Hallabo, MK Morsi. Effect of freezing of jasmine flowers on their jasmine concrete and absolute qualities. *Egyptian Journal of Food Science*. 1989, **16**(1-2): 237-247

[4] O Anac, AC Aydogan, T Mazlumoglu. Studies on the cold-pressed oils from jasmine concretes produced from *Jasminum grandiflorum* L. II. *Bulletin of the Technical University of Istanbul*. 1988, **41**(3): 483-486

[5] O Anac. Gas chromatographic analysis of absolutes and volatile oil isolated from Turkish and foreign jasmine concretes. *Flavour and Fragrance Journal*. 1986, **1**(3): 115-119

[6] T Tanahashi, T Sakai, Y Takenaka, N Nagakura, CC Chen. Structure elucidation of two secoiridoid glucosides from *Jasminum officinale* L. var. *grandiflorum* (L.) Kobuski. *Chemical & Pharmaceutical Bulletin*. 1999, **47**(11): 1582-1586

[7] B Somanadhan, U Wagner Smitt, V George, P Pushpangadan, S Rajasekharan, JO Duus, U Nyman, CE Olsen, JW Jaroszewski. Angiotensin converting enzyme (ACE) inhibitors from *Jasminum azoricum* and *Jasminum grandiflorum*. *Planta Medica*. 1998, **64**(3): 246-250

[8] M Lis-Balchin, S Hart, LB Wan Hang. Jasmine absolute (*Jasminum grandiflora* L.) and its mode of action on guinea-pig ileum *in vitro*. *Phytotherapy Research*. 2002, **16**(5): 437-439

木犀科

素馨花 Suxinhua

[9] K Kolanjiappan, S Manoharan. Chemopreventive efficacy and anti-lipid peroxidative potential of *Jasminum grandiflorum* Linn. on 7,12-dimethylbenz(a) anthracene induced rat mammary carcinogenesis. *Fundamental & Clinical Pharmacology*. 2005, **19**(6): 687-693

[10] 陈元，陈秋龙，李瑛．素馨花的临床应用．中国民族民间医药杂志．2005，**5**：306-307

灯心草 Dengxincao CP, KHP, VP

Juncus effusus L.
Common Rush

灯心草科

概 述

灯心草科 (Juncaceae) 植物灯心草 *Juncus effusus* L.，其干燥茎髓入药。中药名：灯心草。

灯心草属 (*Juncus*) 植物全世界约有 240 种，广泛分布于世界各地，主要分布于温带和寒带地区。中国约有 77 种，2 亚种、10 变种，遍布全国各地，尤以西南地区种类较多。本属现供药用者约有 7 种。本种广布于中国各省区，全世界温带地区均有分布。

"灯心草"药用之名，始载于《开宝本草》。历代本草多有著录，古今药用品种一致。《中国药典》(2005 年版) 收载本种为中药灯心草的法定原植物来源种。主产于中国江苏，四川、福建、贵州等省也产。

灯心草茎髓含 9,10 - 二氢菲类、三萜类和黄酮类成分等。9,10 - 二氢菲类化合物结构独特，为抗菌、抗肿瘤的重要活性成分。《中国药典》采用热浸法测定，规定灯心草醇溶性浸出物不得少于 5.0%，以控制药材质量。

药理研究表明，灯心草具有镇静、抗肿瘤、利尿等作用。

中医理论认为灯心草具有清心火，利小便，散肿的功效。

灯心草 *Juncus effusus* L.

灯心草 Dengxincao

药材灯心草 Medulla Junci

1cm

化学成分

灯心草茎髓含9,10-二氢菲类成分：灯心草二酚 (effusol)、6-甲基灯心草二酚 (juncusol)、灯心草酚 (juncunol)[1]、灯心草酮 (juncunone)、马可仁醇B (micrandrol B)[2]、effusides I、II、III、IV、V[3]、2-羟基-7-羟甲基-1-甲基-5-乙烯基-9,10-二氢菲 (2-hydroxy-7-hydroxymethyl-1-methyl-5-vinyl-9,10-dihydrophenanthrene)[4]；菲类衍生物：去氢灯心草二酚 (dehydroeffusol)、dehydroeffusal、去氢6-甲基灯心草二酚 (dehydrojuncusol)[5]；对香豆酰甘油酯类成分：juncusyl esters A、B[6]；环木菠萝烷型三萜类成分：juncosides I、II、III、IV、V[7]、lagerenol、胖大海素A (sterculin A)[8]；黄酮类成分：木犀草素 (luteolin)[5]、槲皮素 (quercetin)、6-去甲氧基柑桔黄酮 (6-demethoxy tangeritin)、蜜桔黄素 (nobiletin)[6]、木犀草素-5,3'-二甲酯 (luteolin-5,3'-dimethyl ether)[9]。

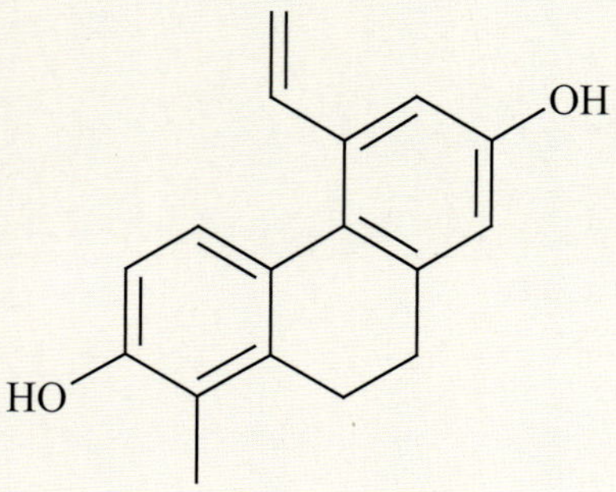

effusol

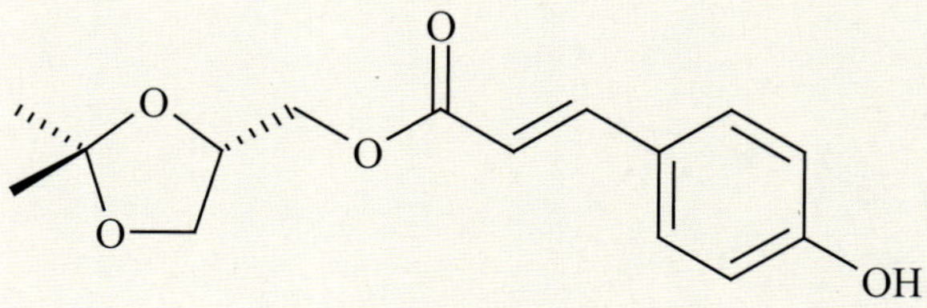

juncusyl ester A

药理作用

1. **镇静**

   灯心草95%乙醇提取物灌胃给药能显著减少小鼠的自主活动,延长小鼠的戊巴比妥钠睡眠时间[10]。

2. **抗肿瘤**

   灯心草水提取液体外对人宫颈癌细胞 JIC-26 有抑制作用,但同时对正常人胚细胞 (HEI) 也有抑制作用[11]。有效成分为 9,10-二氢菲类化合物[1-2]。

3. **抗氧化、抗微生物**

   灯心草醋酸乙酯提取物、丙酮提取物、乙醇提取物均有不同程度的抗氧化和抗微生物的作用,以醋酸乙酯提取物作用最为显著[12]。

4. **其他**

   灯心草还有利尿止血的作用。

应用

本品为中医临床用药。功能:清心火,利小便,散肿。主治:心烦失眠,口舌生疮,鼻衄,痔瘘出血,呼吸道及消化道出血。

现代临床还用于小儿夜啼、慢性肾小球肾炎、流行性腮腺炎、口腔溃疡、肛门手术后大便困难、呃逆[13]、带状疱疹[14]等病的治疗。

评注

灯心草为常用中药,常生长在草甸、沼泽和湿地中,现代研究表明,灯心草等湿地植物能净化污水,吸附污水中的铅、锌、铜、镉等重金属[15]。可大力提倡在相关重污染地带建立灯心草人工湿地,清除工矿和厂房等重金属污染,净化污水。

由于灯心草等湿地植物能吸附重金属,所以在药用采收时,应注意植物的生长环境,避免采收重金属污染地带的灯心草,以防重金属含量超标。

参考文献

[1] M Della Greca, A Fiorentino, L Mangoni, A Molinaro, P Monaco, L Previtera. 9,10-Dihydrophenanthrene metabolites from *Juncus effusus* L. *Tetrahedron Letters*. 1992, 33(36): 5257-5260

[2] M Della Greca, A Fiorentino, L Mangoni, A Molinaro, P Monaco, L Previtera. Cytotoxic 9,10-dihydrophenanthrenes from *Juncus effusus* L. *Tetrahedron*. 1993, 49(16): 3425-3432

[3] M Della Greca, A Fiorentino, P Monaco, L Previtera, A Zarrelli. Effusides I-V: 9,10-Dihydrophenanthrene glucosides from *Juncus effusus*. *Phytochemistry*. 1995, 40(2): 533-535

[4] M DellaGreca, P Monaco, L Previtera, A Zarrelli, A Pollio, G Pinto, A Fiorentino. Minor bioactive dihydrophenanthrenes from *Juncus effuses*. *Journal of Natural Products*. 1997, 60(12): 1265-1268

[5] K Shima, M Toyota, Y Asakawa. Phenanthrene derivatives from the medullae of *Juncus effusus*. *Phytochemistry*. 1991, 30(9): 3149-3151

[6] DZ Jin, ZD Min, GCY Chiou, M Iinuma, T Tanaka. Two p-coumaroyl glycerides from *Juncus effusus*. *Phytochemistry*. 1996, 41(2): 545-547

[7] MM Corsaro, M Della Greca, A Fiorentino, P Monaco, L Previtera. Cycloartane glucosides form *Juncus effusus*. *Phytochemistry*. 1994, **37**(2): 515-519

[8] M Della Greca, A Fiorentino, P Monaco, L Previtera. Cycloartane triterpenes from *Juncus effusus*. *Phytochemistry*. 1994, **35**(4): 1017-1022

[9] 李红霞，邓铁忠，陈玉，冯慧谨，杨光忠．灯心草酚性成分的分离与结构鉴定．药学学报．2007，**42**(2)：174-178

[10] 王衍龙，黄建梅，张硕峰，孙建宁．灯心草镇静作用活性部位的研究．北京中医药大学学报．2006，**29**(3)：181-183

[11] A Sato. Studies on anti-tumor activity of crude drugs. I. The effects of aqueous extracts of some crude drugs in shortterm screening test. (1). *Yakugaku Zasshi*. 1989, **109**(6): 407-423

[12] M Oyaizu, H Ogihara, U Naruse. Antioxidative and antimicrobial activities of igusa (*Juncus effusus* L. var. *decipiens* Buch.). *Yukagaku*. 1991, 40(6): 511-515

[13] 张舒雁．巧用灯心草治呃逆．浙江中医杂志．2001，**36**(10)：453

[14] 金妙青．灯心草灸治疗带状疱疹．中国民间疗法．1996，**6**：34

[15] H Deng, ZH Ye, MH Wong. Accumulation of lead, zinc, copper and cadmium by 12 wetland plant species thriving in metal-contaminated sites in China. *Environmental Pollution*. 2004, **132**(1): 29-40

山奈 Shannai CP, VP

Kaempferia galanga L.
Galanga Resurrectionlily

姜科

概述

姜科 (Zingibcraceae) 植物山奈 *Kaempferia galanga* L., 其干燥根茎入药。中药名：山奈。

山奈属 (*Kaempferia*) 全世界约有 70 种，分布于亚洲热带地区及非洲。中国约有 4 种、1 变种，分布于西南部至南部各省，本属现供药用者约有 3 种。本种在中国广东、广西、云南和台湾等省区有栽培；南亚至东南亚地区也有分布。

山奈以"三赖"药用之名，始载于《本草品汇精要》，其后《本草纲目》也有较为详细的记述。《中国药典》(2005 年版) 收载本种为中药山奈的法定原植物来源种。山奈主要为栽培品，主产于中国广西、广东、云南、福建，台湾也产。

山奈主要含挥发油和黄酮类成分等，挥发油为指标性成分。《中国药典》采用挥发油测定法测定，规定山奈中挥发油的含量不得少于 4.5% (mL/g)，以控制药材质量。

药理研究表明，山奈具有抗肿瘤、杀虫、抗菌、抗病毒、舒张血管等作用。

中医理论认为山奈具有温中除湿，行气消食，止痛等功效。

山奈 *Kaempferia galanga* L.

山柰 Shannai

药材山柰 Rhizoma Kaempferiae

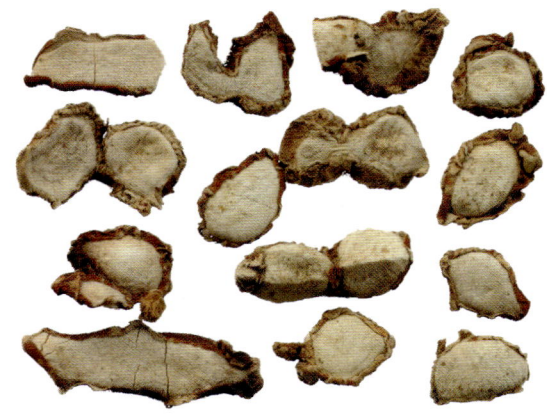

1cm

化学成分

山柰根茎含挥发油：反式对甲氧基桂皮酸乙酯 (ethyl trans - p - methoxycinnamate)[1]、对甲氧基桂皮酸乙酯 (p - methoxycinnamate)[2]、1,8 - 桉叶素 (1,8 - cineole)、龙脑 (borneol)、胡椒烯酮 (piperitenone)、异麝香草酚 (carvacrol)、优葛缕酮 (eucarvone)[1]、莰烯 (camphene)、α - 蒎烯 (α - pinene)[3]、Δ^3 - 蒈烯 (Δ^3 - carene)、桂皮酸 (cinnamic acid)、对聚伞花素 (p - cymene)、α - 侧柏烯 (α - thujene)、香桧烯 (sabinene)[4]、桂皮醛 (cinnamaldehyde)[5]等；黄酮类成分：山柰酚 (kaempferol)、山柰素 (kaempferide) 等。

另据报道在广东产山柰中还含有2 - 呋喃甲醛 (2 - furancarboxaldehyde)、2 - 庚醇(2 - heptanol)、β - 月桂烯 (β - myrcene)、苯乙醛 (phenyl acetaldehyde)及罗汉柏烯 (thujopsene) 等成分[3]。

药理作用

1. **抗肿瘤**
   反式对甲氧基桂皮酸乙酯体外对人子宫颈癌细胞 HeLa 具有较强的抑制作用[6]。体外实验表明，山柰酚可激活 MEK - MAPK 通路，降低人肺癌细胞 A549 的生存和 DNA 合成能力，产生细胞凋亡作用[7]；还可通过调节雌激素受体α的表达和功能，对雌激素受体呈阳性反应的乳癌细胞产生抗增殖活性[8]；此外，也能通过抑制糖蛋白的活性对抗长春花碱 (vinblastine) 和太平洋紫杉醇 (paclitaxel) 所致人宫颈癌细胞 KB - V1 的多重耐药性[9]。山柰挥发油和山柰素给移植人胃癌细胞的裸鼠腹腔注射，均能通过多种分子机理抑制细胞增殖，诱导细胞凋亡，抑制胃癌转移[10-11]。

2. **杀虫**
   山柰中提取的桂皮酸乙酯、对甲氧基桂皮酸乙酯和对甲氧基桂皮酸对犬蛔虫的幼虫有杀灭作用[2]。

3. **抗菌**
   山柰的甲醇提取物对幽门螺旋杆菌有抑制作用，其有效成分为反式对甲氧基桂皮酸乙酯和对甲氧基桂皮酸[12-13]；山柰挥发油对荠曲霉有选择性抑制作用[14]。

4. **抗肿瘤**
   山柰根茎提取物能对抗促癌物质 12 - 邻 - 十四酰 - 佛波醇 - 13 - 醋酸酯 (TPA) 对 Epstein - Barr 病毒的诱导作用[15]。

5. **对心血管系统的影响**
   山柰二氯甲烷提取物给麻醉大鼠静脉注射能降低基础平均动脉压，活性成分为桂皮酸乙酯[16]；桂皮酸乙酯对鼠主动脉也有血管舒张作用，能抑制高浓度 K^+ 和去甲肾上腺素 (PE) 引起的血管紧张性收缩，其作用机理可能与抑制细胞外 Ca^{2+} 内流以及内皮细胞释放 NO 和前列腺环素有关[17]。U46619 诱导的离体猪冠状动脉环收缩实验表明，高浓度的山柰酚具有显著的血管平滑肌舒张作用，低浓度时则可增强内皮依赖性和非内皮依赖性的舒张作用[18]；山柰酚还可通过抑制血管平滑肌细胞增殖而对心血管产生保护作用[19]。

6. 对骨骼系统的影响

山柰酚能显著增强体外培养的人成骨细胞 MG-63 中碱性磷酸酶 (ALP) 活性，从而促进成骨作用[20]；也可通过对抗肿瘤坏死因子受体功能、中断噬骨细胞内细胞活素的产生以及减弱蚀骨前体细胞的分化产生显著的抗噬骨作用[21]；还可激发大鼠成骨前细胞 MC3T3-E1 的分化和矿化作用[22]。

7. 对神经元的影响

山柰酚可阻断神经元细胞的凋亡，显著抑制细胞外产生的活性氧和抗坏血酸依赖的 NADH 氧化酶活性，并抑制原生质膜氧化还原反应中超氧阴离子的产生[23]；山柰酚对正常和缺氧时大鼠海马 CA1 神经元电压依赖性钾通道具有抑制作用，可能与其脑缺血保护作用有关[24]。

8. 对肝细胞色素 P_{450} 酶活性的影响

山柰酚能显著抑制大鼠肝细胞色素 P_{450} 同工酶—红霉素N-脱甲基酶 (ENRD) 活性，同时能轻度抑制氨基比林 N-脱甲基酶 (ADM) 活性；还可以通过活化孕烷 X 受体诱导肝细胞色素 P_{450} 3A4 的转录表达[25-26]。

9. 其他

反式对甲氧基桂皮酸乙酯可竞争性抑制单胺氧化酶活性[27]；山柰乙醇提取物对豚鼠离体气管有抗组胺作用；山柰酚还具有抗炎[28]和调节免疫[29]的作用；山柰素可促进黑素细胞增殖[30]。

应用

本品为中医临床用药。功能：温中除湿，行气消食，止痛。主治：脘腹冷痛，寒湿吐泻，霍乱，胸腹胀满，饮食不消，牙痛，风湿痹痛。

现代临床还用于感冒食滞、骨鲠喉、面上雀斑、头屑等病的治疗。

评注

在山柰药材中常有品种混淆的情况，其中主要混淆品种为同属植物苦山柰 Kaempferia marginata Carey，分布于中国云南耿马、河口、景东和景谷等地，也见于泰国、缅甸，20 世纪 60 年代曾在云南出现中毒事件[31]。有研究表明，苦山柰的化学成分为苦山柰萜醇 (marginatol)、8(14),15-isopimaradiene-6α-ol、8(14),15-sanderacopimaradiene-1α,9α-diol、8(14),15-sanderacopimaradiene-1α,6β,9α-triol、吉马酮 (germacrone) 和对甲氧基肉桂酸乙酯等[32]。山柰与苦山柰在成分上有差异，两者不能混用。

山柰除作药用外，也可作为香味调料的原料。现代药理研究报道山柰具有驱虫、杀虫的活性，因此以山柰为原料开发生物性农药大有前景。

参考文献

[1] KC Wong, KS Ong, CL Lim. Composition of the essential oil of rhizomes of *Kaempferia galanga* L. *Flavour and Fragrance Journal*. 1992, 7(5): 263-266

[2] F Kiuchi, N Nakamura, Y Tsuda, K Kondo, H Yoshimura. Studies on crude drugs effective on visceral larva migrans. II. Larvicidal principles in Kaempferiae Rhizoma. *Chemical & Pharmaceutical Bulletin*. 1988, 36(1): 412-415

[3] 邱琴, 刘廷礼, 赵怡, 赵伟亮. 气相色谱-质谱法分析山柰挥发油化学成分. 理化检验-化学分册. 2000, **36**(7): 294-295, 298

[4] L Jirovetz, G Buchbauer, PM Shafi, GT Abraham. Analysis of the essential oil of the roots of the medicinal plant *Kaempferia galanga* L. (Zingiberaceae) from South-India. *Acta Pharmaceutica Turcica.* 2001, **43**(2): 107-110

[5] L Arambewela, A Perera, RTRLC Wijesundera, J Gunatileke. Investigations on *Kaempferia galanga*. *Journal of the National Science Foundation of Sri Lanka.* 2000, **28**(3): 225-230

[6] T Kosuge, M Yokota, K Sugiyama, M Saito, Y Iwata, M Nakura, T Yamamoto. Studies on anticancer principles in Chinese medicines. II. Cytotoxic principles in *Biota orientalis* (L.) Endl. and *Kaempferia galanga* L. *Chemical & Pharmaceutical Bulletin.* 1985, **33**(12): 5565-5567

[7] TT Nguyen, E Tran, CK Ong, SK Lee, PT Do, TT Huynh, TH Nguyen, JJ Lee, Y Tan, CS Ong, H Huynh. Kaempferol-induced growth inhibition and apoptosis in A549 lung cancer cells is mediated by activation of MEK-MAPK. *Journal of Cellular Physiology.* 2003, **197**(1): 110-121

[8] H Hung. Inhibition of estrogen receptor alpha expression and function in MCF-7 cells by kaempferol. *Journal of Cellular Physiology.* 2004, **198**(2): 197-208

[9] P Limtrakul, O Khantamat, K Pintha. Inhibition of P-glycoprotein function and expression by kaempferol and quercetin. *Journal of Chemotherapy.* 2005, **17**(1): 86-95

[10] 刘彦芳, 魏品康. 山柰挥发油提取物对裸鼠原位移植人胃癌细胞增殖和凋亡的影响. 辽宁中医学院学报. 2005, **7**(4): 339-340

[11] 刘彦芳, 魏品康. 山柰素对裸鼠原位移植人胃癌细胞凋亡及转移影响的实验研究. 中华实用中西医杂志. 2005, **18**(15): 591-593

[12] S Bhamarapravati, SL Pendland, GB Mahady. Extracts of spice and food plants from Thai traditional medicine inhibit the growth of the human carcinogen *Helicobacter pylori*. *In Vivo.* 2003, **17**(6): 541-544

[13] A Inada, T Nakanishi, L Imamura, M Tsuchiya, K Kobashi. Studies on crude drugs effective on growth of *Helicobacter pylori*. Growth inhibitors in *Kaempferiae Rhizoma*. *International Congress Series.* 1998, **1157**: 319-326

[14] I bin Jantan, MSM Yassin, CB Chin, LL Chen, NL Sim. Antifungal activity of the essential oils of nine Zingiberaceae species. *Pharmaceutical Biology.* 2003, **41**(5): 392-397

[15] S Vimala, AW Norhanom, M Yadav. Anti-tumour promoter activity in Malaysian ginger rhizobia used in traditional medicine. *British Journal of Cancer.* 1999, **80**(1-2): 110-116

[16] R Othman, H Ibrahim, MA Mohd, MR Mustafa, K Awang. Bioassay-guided isolation of a vasorelaxant active compound from *Kaempferia galanga* L. *Phytomedicine.* 2006, **13**(1-2): 61-66

[17] R Othman, H Ibrahim, MA Mohd, K Awang, AU Gilani, MR Mustafa. Vasorelaxant effects of ethyl cinnamate isolated from *Kaempferia galanga* on smooth muscles of the rat aorta. *Planta Medica.* 2002, **68**(7): 655-657

[18] YC Xu, DK Yeung, RY Man, SW Leung. Kaempferol enhances endothelium-independent and dependent relaxation in the porcine coronary artery. *Molecular and Cellular Biochemistry.* 2006, **287**(1-2): 61-67

[19] SY Kim, YR Jin, Y Lim, JH Kim, MR Cho, JT Hong, HS Yoo, YP Yun. Inhibition of PDGF beta-receptor tyrosine phosphorylation and its downstream intracellular signal transduction in rat aortic vascular smooth muscle cells by kaempferol. *Planta Medica.* 2005, **71**(7): 599-603

[20] C Prouillet, JC Maziere, C Maziere, A Wattel, M Brazier, S Kamel. Stimulatory effect of naturally occurring flavonols quercetin and kaempferol on alkaline phosphatase activity in MG-63 human osteoblasts through ERK and estrogen receptor pathway. *Biochemical Pharmacology.* 2004, **67**(7): 1307-1313

[21] JL Pang, DA Ricupero, S Huang, N Fatma, DP Singh, JR Romero, N Chattopadhyay. Differential activity of kaempferol and quercetin in attenuating tumor necrosis factor receptor family signaling in bone cells. *Biochemical Pharmacology.* 2006, **71**(6): 818-826

[22] M Miyake, N Arai, S Ushio, K Iwaki, M Ikeda, M Kurimoto. Promoting effect of kaempferol on the differentiation and mineralization of murine pre-osteoblastic cell line MC3T3-E1. *Bioscience, Biotechnology, and Biochemistry.* 2003, **67**(6): 1199-1205

[23] AK Samhan-Arias, FJ Martin-Romero, C Gutierez-Merino. Kaempferol blocks oxidative stress in cerebellar granule cells and reveals a key role for reactive oxygen species production at the plasma membrane in the commitment to apoptosis. *Free Radical Biology & Medicine.* 2004, **37**(1): 48-61

[24] 董敏, 肖亮, 宋明柯. 山柰酚对急性短暂缺氧时大鼠海马 CA1 神经元电压依赖性钾通道的作用. 中南药学. 2004, **2**(3): 135-138

[25] 张芳芳, 郑一凡, 祝慧娟, 沈筱筠, 朱心强. 山柰酚和槲皮素对大鼠细胞色素 P_{450} 酶活性的影响. 浙江大学学报(医学版). 2006, **35**(1): 18-22

[26] 刘冬英, 祝慧娟, 郑一凡, 朱心强. 山柰酚调节细胞色素 P_{450} 3A4 转录表达的研究. 浙江大学学报（医学版）. 2006, **35**(1): 14-17

[27] T Noro, T Miyase, M Kuroyanagi, A Ueno, S Fukushima. Monoamine oxidase inhibitor from the rhizomes of *Kaempferia galanga* L. *Chemical & Pharmaceutical Bulletin*. 1983, **31**(8): 2708-2711

[28] V Garcia-Mediavilla, I Crespo, PS Collado, A Esteller, S Sanchez-Campos, MJ Tunon, J Gonzalez-Gallego. The anti-inflammatory flavones quercetin and kaempferol cause inhibition of inducible nitric oxide synthase, cyclooxygenase-2 and reactive C-protein, and down-regulation of the nuclear factor kappaB pathway in Chang Liver cells. *European Journal of Pharmacology*. 2007, **557**(2-3): 221-229

[29] I Okamoto, K Iwaki, S Koya-Miyata, T Tanimoto, K Kohno, M Ikeda, M Kurimoto. The flavonoid Kaempferol suppresses the graft-versus-host reaction by inhibiting type 1 cytokine production and CD_8^+ T cell engraftment. *Clinical Immunology*. 2002, **103**(2): 132-144

[30] 谭城, 朱文元, 鲁严. 山柰素对 melan-a 黑素细胞株黑素生成的影响. 中国麻疯皮肤病杂志. 2006, **22**(9): 732-734

[31] 吴润, 吴峻松, 方洪钜, 章菽, 陈毓亨. 山柰和苦山柰精油化学成分的比较研究. 中药材. 1994, **17**(10): 27-29, 56

[32] 余竞光, 余东蕾, 章菽, 罗秀珍, 孙兰, 郑才成, 陈毓亨. 苦山柰化学成分的研究. 药学学报. 2000, **35**(10): 760-763

山柰种植地

红大戟 Hongdaji ^{CP}

茜草科

Knoxia valerianoides Thorel et Pitard
Knoxia

概述

茜草科 (Rubiaceae) 植物红大戟 *Knoxia valerianoides* Thorel et Pitard，其干燥块根入药。中药名：红大戟。

红芽大戟属 (*Knoxia*) 植物全世界约有 9 种，分布于亚洲热带地区和大洋洲。中国有 3 种，分布于南部地区，本属现供药用者有 2 种。本种主要分布于柬埔寨及中国福建、广东、海南、广西、云南等省区。

红大戟以"红芽大戟"药用之名，始载于《药物出产辨》。《中国药典》（2005 年版）收载本种为中药红大戟的法定原植物来源种。主产于中国广西、云南、广东等省区。

红大戟主要含蒽醌类化合物。《中国药典》采用薄层色谱法鉴别，以控制药材质量。

药理研究表明，红大戟具有抑菌、利尿的作用。

中医理论认为红大戟具有泻水逐饮，解毒散结的功效。

红大戟 *Knoxia valerianoides* Thorel et Pitard

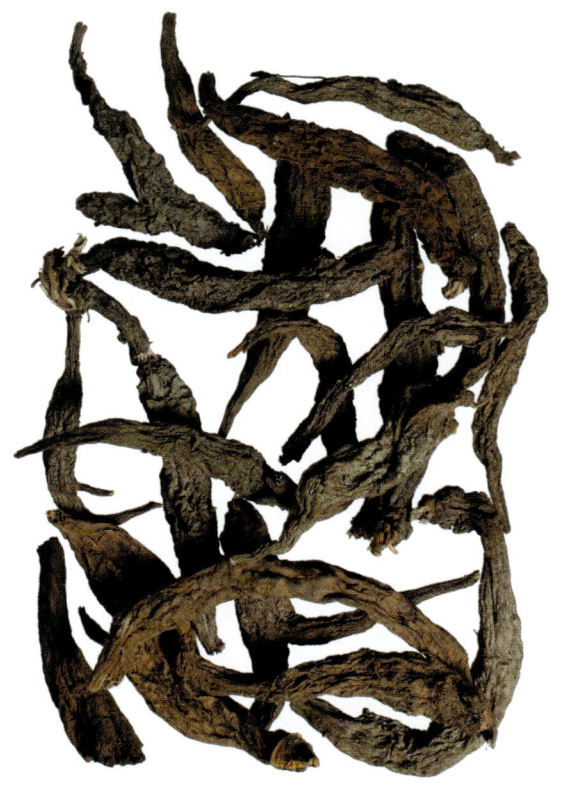

药材红大戟 Radix Knoxiae

1cm

化学成分

红大戟根含蒽醌类成分：红大戟素 (knoxiadin)、虎刺醛 (damnacanthal)、甲基异茜草素 (rubiadin)、3-羟基橙树素 (3-hydroxymorindone)[1]、2-ethoxymethylknoxiavaledin、2-formylknoxiavaledin、2-hydroxymethylknoxiavaledin、虎刺素 (damnacanthol)、3-methylalizarin、去甲基虎刺醛 (nordamnacanthal)、lbericin[2]、1,3,5-三羟基-2-乙氧甲基-6-甲氧基蒽醌 (1,3,5-trihydroxy-2-ethoxymethyl-6-methoxyl-anthraquinone)、1,3-二羟基-2-乙氧甲基蒽醌 (1,3-dihydroxy-2-ethoxymethyl-anthraquinone)[3]、1,3,6-三羟基-5-乙氧甲基蒽醌 (1,3,6-trihydroxy-5-ethoxylmethyl-anthraquinone)[4]。

knoxiadin

damnacanthol

药理作用

1. **抑菌**
   红大戟 50% 乙醇提取物体外对金黄色葡萄球菌及绿脓杆菌具有抑制作用。

2. **利尿**
   生红大戟水煎浓缩液给小鼠灌胃可显著增加尿量。

应用

本品为中医临床用药，功能：泻水逐饮，解毒散结。主治：水肿胀满，痰饮喘急，痈疮肿毒。

现代临床还用于水肿、扭伤、跌打劳伤等病的治疗。

评注

据考证古代本草记载和方书应用的大戟均为大戟科植物京大戟 *Euphorbia pekinensis* Rupr.，红大戟与京大戟的来源与功效均不同，应严格区别使用。在民间，同属植物红芽大戟 *Knoxia corymbosa* Willd. 也作红大戟使用，但品质较次，目前的化学研究显示红芽大戟主要含黄酮苷类化合物[5-7]，因此两者也应区别使用。

近年由于中国广东、广西、云南地区大力发展山区林果经济种植业，导致本品野生资源遭到严重破坏，加上野生变人工栽培技术不容易，红大戟产量逐年减少，市场上供应不足，栽培技术的研究有待加强。

红大戟的现代研究不足，对其临床使用的物质基础和作用机理需进一步深入探讨。

红大戟 Hongdaji

参考文献

[1] 王雪芬,陈家源,卢文杰. 红芽大戟化学成分的研究. 药学学报. 1985, 20(8): 615-618

[2] Z Zhou, SH Jiang, DY Zhu, LZ Lin, GA Cordell. Anthraquinones from *Knoxia valerianoides. Phytochemistry.* 1994, 36(3): 765-768

[3] 袁珊琴,赵毅民. 红芽大戟化学成分的研究. 药学学报. 2005, 40(5): 432-434

[4] 袁珊琴,赵毅民. 红芽大戟的化学成分. 药学学报. 2006, 41(8): 735-737

[5] YB Wang, SX Mei, YH Wang, JF Zhao, HY Ren, J Guo, HB Zhang, L Li. Two new flavonol glycosides from *Knoxia corymbosa. Chinese Chemical Letters.* 2003, 14(9): 923-925

[6] 王玉波,赵静峰,李干鹏,杨靖华,李良. 红芽大戟化学成分研究. 药学学报. 2004, 39(6): 439-441

[7] 王玉波,黄荣,林峰,赵静峰,李良. 红芽大戟的化学成分研究. 云南大学学报(自然科学版). 2004, 26(3): 254-255

马缨丹 Mayingdan

马鞭草科

Lantana camara L.
Common Lantana

概 述

马鞭草科 (Verbenaceae) 植物马缨丹 *Lantana camara* L.，其干燥根、叶、花均可入药。中药名：五色梅根、五色梅叶、五色梅。

马缨丹属 (*Lantana*) 植物全世界约有 150 种，分布于热带美洲。中国有 2 种，仅本种供药用。本种分布于中国福建、广东、香港、广西、台湾等省区，原产美洲热带地区，现世界热带地区均有分布。

五色梅以"龙船花"药用之名，始载于《生草药性备要》。主产于中国福建、广东、广西、台湾。

马缨丹中主要含三萜类、环烯醚萜类和萘醌类成分。

药理研究表明，马缨丹具有抗炎、镇痛、抗肿瘤、抑制免疫、抗菌、抗凝血、镇静等作用。

中医理论认为五色梅根具有清热泻火，解毒散结的功效；五色梅叶具有清热解毒，祛风止痒的功效；五色梅具有清热，止血的功效。

马缨丹 *Lantana camara* L.

马鞭草科

马缨丹 Mayingdan

药材五色梅叶 Radix Lantanae Camarae

1cm

化学成分

马缨丹的根含环烯醚萜类成分：黄夹子苦苷 (theveside)、黄夹苦苷 (theviridoside)、京尼平苷 (geniposide)、8-表马钱素 (8-epiloganin)、lamiridoside、山栀子苷甲酯 (shanzhside methyl ester)[1]；三萜类成分：齐墩果酸 (oleanolic acid)[2]、马缨丹酸 (lantanolic acid)、22β-O-当归酰马缨丹酸 (22β-O-angeloyl-lantanoiic

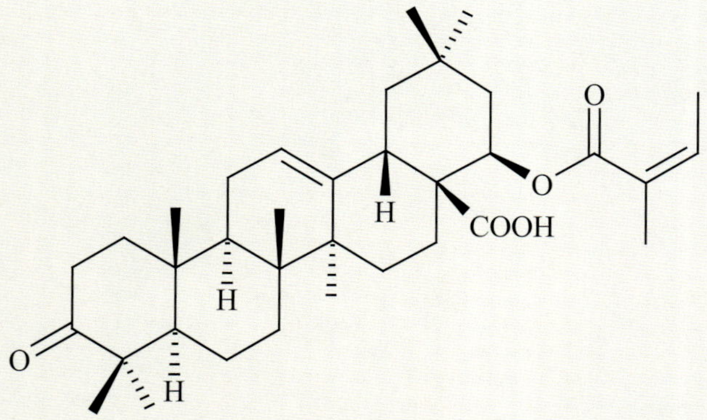

lantadene A

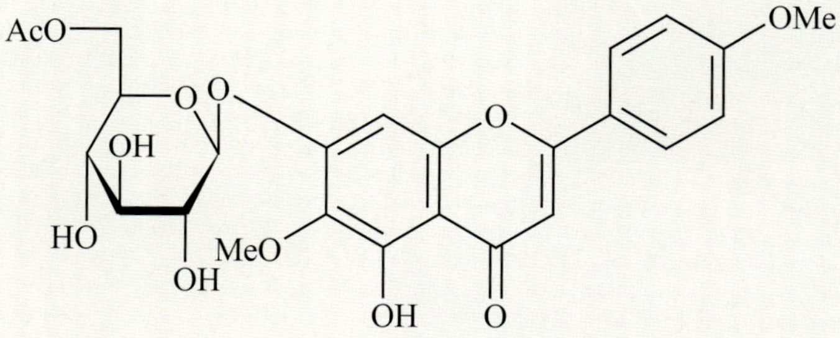

lantanoside

acid)、22β-O-当归酰齐墩果酸 (22β-O-angeloyl-oleanolic acid)、22β-O-千里光酰齐墩果酸 (22β-O-senecioyl-oleanolic acid)、22β-O-羟基齐墩果酸 (22β-hydroxyoleanolic acid)、19α-羟基熊果酸 (19α-hydroxyursolic acid)、马缨丹熊果酸 (lantaiursolic acid)[3]；萘醌类成分：牛膝叶马缨丹二酮 (diodantunezone)、异牛膝叶马缨丹二酮 (isodiodantunezone)、6-甲氧基牛膝叶马缨丹二酮 (6-methoxydiodantunezone、7-甲氧基牛膝叶马缨丹二酮 (7-methoxydiodantunezone)、6-甲氧基异牛膝叶马缨丹二酮 (6-methoxyisodiodantunezone)、7-甲氧基异牛膝叶马缨丹二酮 (7-methoxyisodiodantunezone)[4]；此外，还含马缨丹糖A、B (lantanoses A-B)[1]。

马缨丹的茎、叶含三萜类成分：马缨丹烯 A、B、C、D (lantadenes A-D)[5]、马缨丹异酸 (lantic acid)、camaric acid、camarinic acid[6]、camaryolic acid、methylcamaralate、camangeloyl acid、马缨丹酸[7]、马缨丹桦木酸 (lantabetulic acid)、齐墩果酸、齐墩果酮酸 (oleanonic acid)、白桦脂酮酸 (betulonic acid)、白桦脂酸 (betulic acid)[8]、马缨丹酮酸 (lantalonic acid)、3-酮熊果酸 (3-ketourosolic acid)[9]、22-羟基马缨丹异酸 (lantoic acid)[10]、lantanone；黄酮类成分：lantanoside、linaroside[11]；苯乙醇苷类成分：毛蕊花糖苷 (acteoside)[12]。

药理作用

1. **抗炎**
   马缨丹根水煎液灌胃给药能显著抑制二甲苯所致的小鼠耳郭肿胀和蛋清所致的足趾肿胀，还能显著对抗H^+刺激所致的毛细血管通透性增高；三萜类化合物为抗炎活性成分之一[13-14]。马缨丹根粗粉醇提物腹腔注射能降低弗氏佐剂所致的大鼠类风湿关节炎模型的类风湿因子 (RF) 和免疫球蛋白G (IgG) 水平，其中的三萜类物质是抗类风湿关节炎的有效部位[15]。

2. **镇痛**
   马缨丹根水煎液灌胃能显著减少冰醋酸所致的小鼠扭体反应次数，还能提高热板法中小鼠的痛阈值，镇痛效价与延胡索乙素相当；三萜类化合物为镇痛活性成分之一[13-14]。

3. **抗肿瘤**
   马缨丹中的马缨丹烯 A、B、C 能抑制肿瘤促进剂 (TPA) 诱导的拉吉细胞中 EB 病毒的活化；马缨丹烯 A、B 可抑制小鼠皮肤乳头瘤的发生，马缨丹烯 B 还可降低荷瘤率和肿瘤数[5]，也可对抗由 N-亚硝二乙胺 (N-nitrosodiethylamine) 和苯巴比妥的促鼠肝癌生成作用[16]。马缨丹叶含有的毛蕊花糖苷在体内实验中能抑制鼠 P388 淋巴白血病细胞，在体外实验中能抑制小鼠白血病细胞 L-1210 的增殖[5]。

4. **抑制免疫**
   给羊灌服马缨丹叶粉，能显著抑制羊细胞免疫和体液免疫功能，降低脾网状内皮细胞的非特异性吞噬功能[17]。

5. **抗菌**
   马缨丹挥发油体外对革兰氏阳性菌、革兰氏阴性菌和白色念珠菌都有明显抑制效果[18]。马缨丹根皮的三氯甲烷和甲醇提取物体外对革兰阳性菌有明显抑制效果[19]。马缨丹异酸对大肠杆菌和蜡状芽孢杆菌有显著的抗菌活性[6]。

6. **抗凝血**
   马缨丹叶中的马缨丹烯成分可延长绵羊的凝血时间和前凝血酶时间，降低血沉率，减少总血浆蛋白和纤维蛋白原[5]。马缨丹根水煎液口服，能改善肾病综合征患者的血液黏滞状态，降低纤维蛋白原含量，还可显著改善全血黏度高切、低切、红细胞电泳时间和红细胞压积等指标[20]。

7. **其他**
   马缨丹还有镇静[21]和抗诱变[5]作用。

马鞭草科

马缨丹 Mayingdan

应用

五色梅根

本品为中医临床用药。功能：清热泻火，解毒散结。主治：风湿痹痛，感冒发热，伤暑头痛，胃火牙痛，咽喉炎，瘰疬痰核。

五色梅叶

本品为中医临床用药。功能：清热解毒，祛风止痒。主治：痈肿毒疮，湿疹，皮炎，疥癣，跌打损伤。

五色梅

本品为中医临床用药。功能：清热，止血。主治：肺痨咯血，腹痛吐泻，湿疹，阴痒。

现代临床还将马缨丹根用于类风湿性关节炎及肾病综合征[22]等病的治疗。

评注

马缨丹为世界十大有毒杂草之一，牛、羊等牲畜吃了马缨丹叶后可引致中毒死亡。马缨丹的毒性很大程度上限制了其在医学上的应用。但马缨丹能将丝、棉、羊毛等染色，可作为天然染料的原料[23]。此外，马缨丹对小菜蛾、斜纹夜蛾幼虫和美洲斑潜蝇等种昆虫均有拒食或驱避作用，可作为植物防虫剂加以开发[24-25]。

参考文献

[1] 潘文斗，李毓敬，麦浪天，大谷和弘，笠井良次，田中治．马缨丹根的化学成分研究．药学学报．1992，27(7): 515-521

[2] L Misra, H Laatsch. Triterpenoids, essential oil and photo-oxidative 28,13-lactonization of oleanolic acid from *Lantana camara*. *Phytochemistry*. 2000, 54(8): 969-974

[3] 潘文斗，李毓敬，麦浪天，大谷和弘，笠井良次，田中治，于德泉．马缨丹根的三萜成分研究．药学学报．1993，28(1): 40-44

[4] C Abeygunawardena, V Kumar, DS Marshall, RH Thomson, DBM Wickramaratne. Furanonaphthoquinones from two *Lantana* species. *Phytochemistry*. 1991, 30(3): 941-945

[5] 朱小薇，李红珠．马缨丹化学成分与生物活性．国外医药：植物药分册．2002，17(3): 93-96

[6] M Saleh, A Kamel, XY Li, J Swaray. Antibacterial triterpenoids isolated from *Lantana camara*. *Pharmaceutical Biology*. 1999, 37(1): 63-66

[7] S Begum, A Wahab, BS Siddiqui. Pentacyclic triterpenoids from the aerial parts of *Lantana camara*. *Chemical & Pharmaceutical Bulletin*. 2003, 51(2): 134-137

[8] NK Hart, JA Lamberton, AA Sioumis, H Suares, AA Seawright. Triterpenes of toxic and non-toxic taxa of *Lantana camara*. *Experientia*. 1976, 32(4): 412-413

[9] T Sundararamaiah, VV Bai. Chemical examination of *Lantana camara*. *Journal of the Indian Chemical Society*. 1973, 50(9): 620

[10] S Roy, AK Barua. The structure and stereochemistry of a triterpene acid from *Lantana camara*. *Phytochemistry*. 1985, 24(7): 1607-1608

[11] S Begum, A Wahab, BS Siddiqui, F Qamar. Nematicidal constituents of the aerial parts of *Lantana camara*. *Journal of Natural Products*. 2000, 63(6): 765-767

[12] JM Herbert, JP Maffrand, K Taoubi, JM Augereau, I Fouraste, J Gleye. Verbascoside isolated from *Lantana camara*, an inhibitor of protein kinase C. *Journal of Natural Products*. 1991, 54(6): 1595-1600

[13] 莫云雁，李安，黄祖良．五色梅根三萜类物质镇痛和抗炎的实验研究．时珍国医国药．2004，15(8): 477-478

[14] 蔡毅，李爱媛，谢沛珊．五色梅抗类风湿性关节炎作用的实验观察．广西中医药．1991，14(5): 236-239

[15] 黄祖良，韦启后．五色梅根不同提取物对类风湿性关节炎的影响．广西中医药．2002，25(2): 53-55

[16] A Inada, T Nakanishi, H Tokuda, H Nishino, OP Sharma. Anti-tumor promoting activities of lantadenes on mouse skin tumors and mouse hepatic tumors. *Planta Medica*. 1997, 63(3): 272-274

[17] GN Ganai, GJ Jha. Immunosuppression due to chronic *Lantana camara*, L. toxicity in sheep. *Indian Journal of Experimental Biology*. 1991, **29**(8): 762-766

[18] AA Kasali, O Ekundayo, AO Oyedeji, BA Adeniyi, EO Adeolu. Antimicrobial activity of the essential oil of *Lantana camara* L leaves. *Journal of Essential Oil-Bearing Plants*. 2002, **5**(2): 108-110

[19] S Basu, A Ghosh, B Hazra. Evaluation of the antibacterial activity of *Ventilago madraspatana* Gaertn., *Rubia cordifolia* Linn. and *Lantana camara* Linn: isolation of emodin and physcion as active antibacterial agents. *Phytotherapy Research*. 2005, **19**(10): 888-894

[20] 刘学员，谭伟伟，王大水，杨卫．五色梅根治疗肾病综合征对血液流变学的影响．实用新医学．2000，**2**(5)：389-391

[21] 吴萍，李振中，李安．马缨丹根水煮醇提部位镇痛镇静作用的研究．基层中药杂志．2002，**16**(2)：20-21

[22] 刘学员，贺小年，杨卫．五色梅根治疗难治性肾病综合征．临床荟萃．1998，**13**(24)：1139-1140

[23] R Dayal, PC Dobhal, R Kumar, P Onial, RD Rawat. Natural dye from *Lantana camara* leaves. *Colourage*. 2006, **53**(12): 53-56

[24] 董易之，张茂新，凌冰．马缨丹总岩茨烯对小菜蛾和斜纹夜蛾幼虫的拒食作用．应用生态学报．2005，**16**(12)：2361-2364

[25] 任立云，增玲，陆永跃，黄寿山，张茂新．马缨丹挥发油成分及其对美洲斑潜蝇成虫产卵、取食行为的影响．广西农业生物科学．2006，**25**(1)：43-47

野生马缨丹

枫香树 Fengxiangshu CP

Liquidambar formosana Hance
Beautiful Sweetgum

金缕梅科

概 述

金缕梅科 (Hamamelidaceae) 植物枫香树 *Liquidambar formosana* Hance，其干燥成熟果序和干燥树脂均入药。中药名：路路通、枫香脂。

枫香树属 (*Liquidambar*) 植物全世界约有 6 种，北美及中美洲各 1 种，中国有 2 种、1 变种，本属现供药用者约有 3 种。本种分布于中国秦岭和淮河以南各省区；越南北部、老挝和朝鲜半岛南部也有分布。

"路路通"药用之名，始载于《本草纲目拾遗》。"枫香脂"药用之名，始载于《新修本草》。历代本草多有著录，古今药用品种一致。《中国药典》（2005 年版）收载本种为中药路路通和枫香脂的法定原植物来源种。主产于中国浙江、江西、福建、云南等省。

枫香树果序和树脂主要含三萜类成分和挥发油。果序主要活性成分为齐墩果烷型三萜类化合物，树脂主要活性成分为挥发油。《中国药典》采用高效液相色谱法测定，规定路路通中路路通酸的含量不得少于 0.15%，以控制药材质量。

药理研究表明，枫香树的果序具有调节免疫、保肝等作用；枫香树的树脂具有抗血栓、抗血小板聚集、抗心律失常、扩张冠脉等作用。

中医理论认为路路通具有祛风通络，利水通经的功效；枫香脂具有活血止痛，解毒止血，生肌的功效。

枫香树 *Liquidambar formosana* Hance

金缕梅科

枫香树 L. formosana Hance

药材路路通 Fructus Liquidambaris

1cm

化学成分

枫香树的果实含齐墩果烷型三萜类成分：路路通酸 (liquidambaric acid, betulonic acid)、齐墩果酸 (oleanolic acid)、马缨丹酸 (lantanolic acid)[1]、熊果酸 (ursolic acid)、路路通内酯 (liquidambaric lactone)、羟基齐墩果

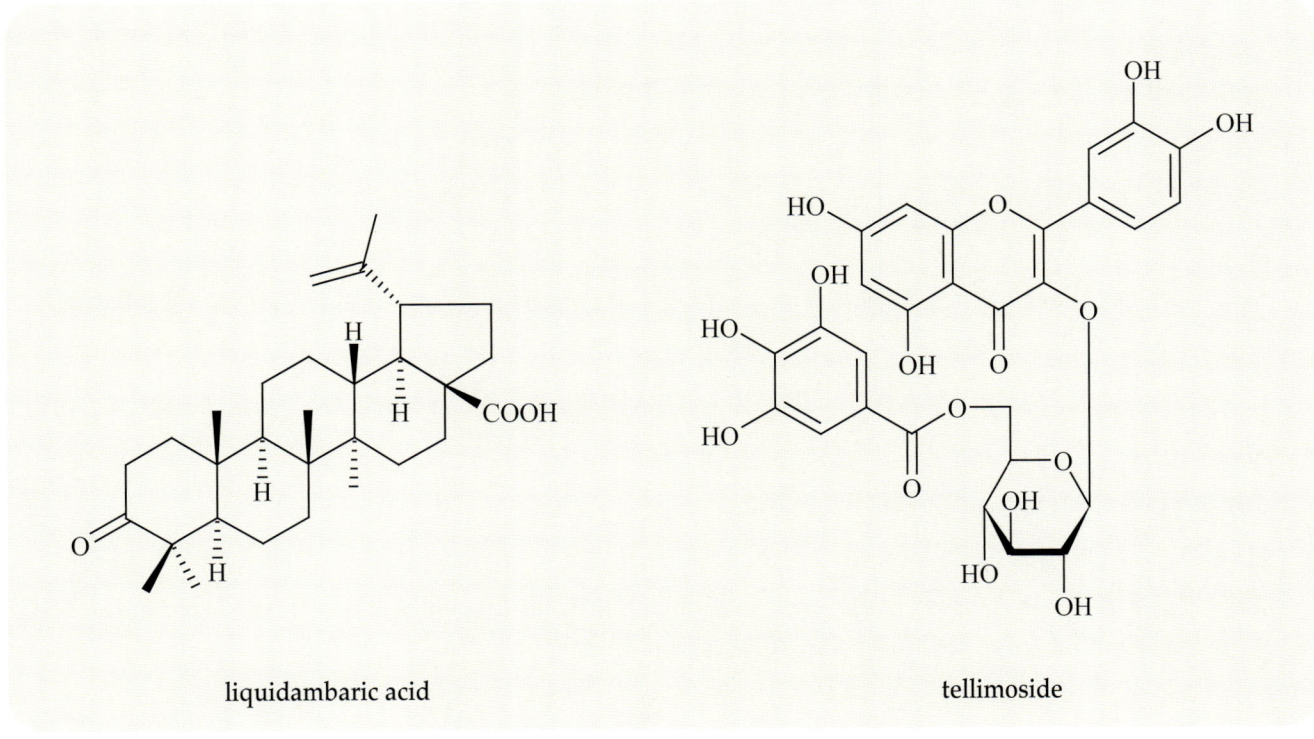

liquidambaric acid

tellimoside

枫香树　Fengxiangshu

内酯 (hydroxyoleanolic lactone)[2]、阿江榄仁酸 (arjunolic acid)[3]；挥发油成分：β-、γ-松油烯 (β-, γ-terpinenes)、β-蒎烯 (β-pinene)、柠檬烯 (limonene)、桃金娘醛 (myrtenal)[4]；此外，还含有左旋桂皮酸龙脑酯[(-)-bornyl cinnamate]、苏合香素环氧化物 (styracin epoxide)、异苏合香素环氧化物 (isostyracin epoxide)[5]。

枫香树的树脂含齐墩果烷型三萜类成分：路路通醛 (liquidambronal)、爱勃龙醛 (ambronal)[6]、路路通醛酸 (liquidambronic acid)、齐墩果酸、28-hydroxy-β-amyrone[7]、枫香酸 (forucosolic acid)[8]、阿波酮酸 (ambronic acid)、阿波醇酸 (ambrolic acid)、阿姆布二醇酸 (ambradiolic acid)[9]；挥发油成分：樟脑萜 (camphene)、异松油烯 (terpinolene)、丁香烯 (caryophyllene)、醋酸龙脑酯 (bornyl acetate)；此外，还含有苏合香素 (styracin)[7]、左旋桂皮酸龙脑酯[6]。

枫香树的叶含黄酮类成分：杨梅树素-3-O-（6"-没食子酰）葡萄糖苷 [myricetin-3-O-(6"-galloyl)-glucoside]、tellimoside、黄芪苷 (astragalin)、三叶草苷 (trifolin)、金丝桃苷 (hyperin)、异槲皮素 (isoquercitrin)、芦丁 (rutin)、杨梅树皮素-3-O-葡萄糖苷 (myricetin-3-O-glucoside)[10]；鞣质类成分：枫香鞣质 (liquidambin)[11]、异皱褶菌素 A、B、D (isorugosins A-B, D)[12]、赤芍素 (pedunculagin)、木麻黄鞣质 (casuariin)、木麻黄鞣宁 (casuarinin)、木麻黄鞣亭 (casuarictin)、新唝呐草素 I、II (tellimagrandins I-II)[13]；环烯醚萜苷类成分：水晶兰苷 (monotropein)[10]。

枫香树的树皮含环烯醚萜苷类成分：水晶兰苷、水晶兰苷甲酯 (monotropein methyl ester)、6α-羟基京尼平苷 (6α-hydroxygeniposide)、6β-羟基京尼平苷 (6β-hydroxygeniposide)[14]。

药理作用

1. **抗血栓**
   枫香树树脂及其挥发油体外可使兔血栓形成长度缩短、重量（湿重和干重）减轻，灌胃给药可明显抑制大鼠血栓形成；在试管法实验中能明显提高纤溶酶活性，显著提高血小板内环磷酸腺苷 (cAMP) 含量，表明其抗血栓机理与促进纤溶酶活性和提高血小板内 cAMP 含量有关，其挥发油可能为抗血栓的主要有效成分[15]。

2. **扩张冠脉**
   枫香树树脂及其挥发油均可明显舒张离体猪冠状动脉条，提高结扎豚鼠的左前降支冠脉流量[16]。

3. **抗心律失常**
   枫香树树脂及其挥发油灌胃能显著降低氯仿诱导的小鼠室颤发生率[16]。

4. **抗缺氧**
   枫香树树脂及其挥发油灌胃能提高小鼠常压耐缺氧能力，延长缺氧条件下的存活时间[16]。

5. **保肝**
   枫香树果序甲醇提取物有明显的抗肝细胞毒活性，体外对化学试剂诱导的大鼠肝细胞的细胞毒性有明显保护作用[5]。

6. **免疫调节功能**
   枫香树果序甲醇提取物对过度激活的 T-细胞核因子 (NFAT) 有抑制活性，有效成分为齐墩果烷型三萜类化合物[1]。

7. **抗炎**
   路路通能促进大鼠甲醛及蛋清所致关节炎的消退。

8. **其他**
   枫香树树脂的挥发油对双氯灭痛 (diclofenac sodium)、甲硝唑 (arilin)、甲氧氯普胺 (metoclopramide) 和川芎嗪 (tetramethylpyrazine) 4 种药物的透皮吸收有促进作用[17]。

应 用

本品为中医临床用药。

路路通

功能：祛风通络，利水通经。主治：关节痹痛，麻木拘挛，水肿胀满，经闭乳少。

现代临床还用于增生性骨关节炎、产后缺乳、不射精症、突发性耳聋等病的治疗。

枫香脂

功能：活血止痛，解毒，生肌，凉血。主治：吐血，咯血，衄血，金疮出血，牙痛。

现代临床还用于急性肠胃炎等病的治疗。

评 注

悬铃木科 (Platanaceae) 植物悬铃木 *Platanus acerifolia* (Ait.) Willd. 的干燥成熟果序外形与路路通较相似，有混作路路通用的报道。悬铃木在中国常作行道树，俗称法国梧桐，未供药用[18]。

现代研究发现，路路通具有很好的护肝作用，在台湾为常用的防治肝炎药物。

同属植物苏合香树 *Liquidambar orientalis* Mill. 的树脂入药称苏合香，与枫香脂一样富含肉桂酸类化合物，有类似的抗血栓，提高冠脉流量，抗心律失常等药理作用，且精制枫香脂的毒性小于苏合香，很有可能成为苏合香的代用品，或在治疗心血管疾病方面开发出新用途。

使用枫香叶的乙醇提取物对狗的脾脏和股动脉进行止血实验，其止血时间快，有效率高。临床应用于口腔外科51例，其止血总有效率及止痛总有效率均令人满意[19]。枫香叶在止血止痛剂的开发应用方面具有良好前景。

参 考 文 献

[1] NT Dat, IS Lee, XF Cai, GH Shen, YH Kim. Oleanane triterpenoids with inhibitory activity against NFAT transcription factor from *Liquidambar formosana*. *Biological & Pharmaceutical Bulletin*. 2004, **27**(3): 426-428

[2] 李春，孙玉茹，孙有富．中药路路通化学成分的研究．药学学报．2002，**37**(4)：263-266

[3] 赖作企，董勇．中药路路通化学成分的研究 (I)-一种新的五环三萜的结构测定．中山大学学报（自然科学版）．1996，**35**(4)：64-69

[4] 王志伟，张兰年，程务本，郭济贤．中药路路通挥发油化学成分的鉴定．复旦学报（医学版）．1984，**11**(2)：147-150

[5] C Konno, Y Oshima, H Hikino, LL Yang, KY Yen. Antihepatotoxic principles of *Liquidambar formosana* fruits. *Planta Medica*. 1988, **54**(5): 417-419

[6] 刘驰，徐金富，何其敏，俞黔生．枫香树脂化学成分．有机化学．1991，**11**(5)：508-510

[7] 刘虹，沈美英，何正洪．枫香树脂化学成分的研究．林产化学与工业．1995，**15**(3)：61-66

[8] LK Yankov, KP Ivanov, TTT Pham Truong. Triterpenic acids with lupane and ursane skeletons from the resin of *Liquidambar formosana* H. *Doklady Bolgarskoi Akademii Nauk*. 1980, **33**(1): 75-78

[9] L Yankov, C Ivanov, TTT Pham. Triterpene acids with oleane skeleton from the resin of *Liquidambar formosana* H. *Doklady Bolgarskoi Akademii Nauk*. 1980, **33**(3): 357-360

[10] M Arisawa, M Hamabe, M Sawai, T Hayashi, H Kiuzu, T Tomimori, M Yoshizaki, N Morita. Constituents of *Liquidamber formosana* (Hamamelidaceae). *Shoyakugaku Zasshi*. 1984, **38**(3): 216-220

[11] T Okuda, T Hatano, T Kaneda, M Yoshizaki, T Shingu. Liquidambin, an ellagitannin from *Liquidambar formosana*. *Phytochemistry*. 1987, **26**(7): 2053-2055

[12] T Hatano, R Kira, T Yasuhara, T Okuda. Tannins of hamamelidaceous plants. III. Isorugosins A, B and D, new ellagitannins from *Liquidambar formosana*. *Chemical & Pharmaceutical Bulletin*. 1988, **36**(10): 3920-3927

[13] T Hatano, R Kira, M Yoshizaki, T Okuda. Seasonal changes in the tannins of *Liquidambar formosana* reflecting their biogenesis. *Phytochemistry*. 1986, **25**(12): 2787-2789

[14] 姜志宏, 周荣汉, 河野功. 枫香树皮中的环烯醚萜成分. 中草药. 1995, **26**(8): 443-444

[15] 朱亮, 冷红文, 谭力伟, 郭济贤. 枫香脂及其挥发油抗血栓作用. 中草药. 1991, **22**(9): 404-405

[16] 李蓓, 邵以德, 郭济贤, 章蕴毅, 卢静, 陈滨凌. 枫香脂和苏合香的心血管药理学研究. 天然产物研究与开发. 1999, **11**(5): 72-79

[17] 李蓓, 徐惠南, 翁伟宇, 沈杰, 张峰. 枫香油对5种药物离体大鼠皮肤渗透的促进作用. 上海医科大学学报. 1998, **25**(5): 365-367

[18] 朱山寅. 路路通及其混伪品悬铃木果序的鉴别. 中药材. 2000, **23**(4): 198-199

[19] 段穆德. 枫香叶制剂在口腔外科应用的临床观察. 口腔颌面外科杂志. 1996, **6**(1): 68-69

荔枝 Lizhi CP, KHP

Litchi chinensis Sonn.
Lichee

无患子科

概述

无患子科 (Sapindaceae) 植物荔枝 *Litchi chinensis* Sonn.，其干燥成熟种子入药。中药名：荔枝核。

荔枝属 (*Litchi*) 植物全世界仅有 2 种，中国和菲律宾各 1 种。本种分布于中国华南、西南等地，尤以广东、福建为多；东南亚、非洲、美洲和大洋洲引种栽培。

"荔枝核"药用之名，始载于《本草衍义》。历代本草多有著录，古今药用品种一致。《中国药典》(2005 年版) 收载本种为中药荔枝核的法定原植物来源种。主产于中国广东、广西、福建等省区。

荔枝核主要含脂肪酸等成分。《中国药典》以性状和显微鉴别等方面来控制药材质量。

药理研究表明，荔枝核具有降血糖、降血脂、抗病毒、抗肝损伤等作用。

中医理论认为荔枝核具有行气散结，祛寒止痛等功效。

荔枝 *Litchi chinensis* Sonn. （果枝）

荔枝 Lizhi

荔枝 Litchi chinensis Sonn.（花枝）

荔枝核 Semen Litchi

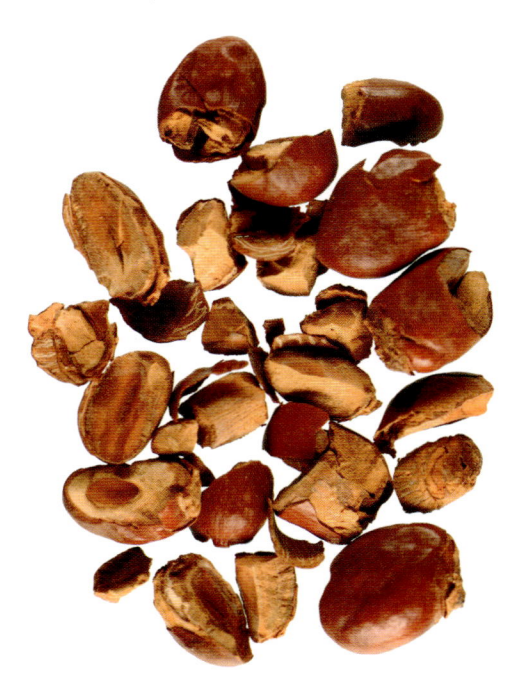

1cm

化学成分

荔枝核含脂肪酸成分：棕榈酸 (palmitic acid)、油酸 (oleic acid)、亚油酸 (linoleic acid)、二氢苹婆酸 (dinyrosterculic acid)、顺式-7,8-亚甲基十六烷酸 (cis-7,8-methylenehexadecanoic acid)、顺式-5,6-亚甲基十四烷酸 (cis-5,6-methylenetetradecanoic acid)、顺式-3,4-亚甲基十二烷酸 (cis-3,4-methylenedodecanoic acid)[1]；挥发油成分：1,3-丁二醇 (1,3-butanediol)、2,3-丁二醇 (2,3-butanediol)、δ-杜松烯 (δ-cadinene)、环氧石竹烯 (epoxycaryophyllene)、β-蛇床烯 (β-selinene)[2]；又含 (24R)-5α-豆甾烷-3,6-二酮 [(24R)-5α-stigmast-3,6-dione]、豆甾烷-22-烯-3,6-二酮 (stigmast-22-ene-3,6-dione)、3-羰基甘遂烷-7,24-二烯-21-酸 (3-oxotirucalla-7,24-dien-21-oic acid)、豆甾醇-β-D-葡萄糖苷、lH-imidazole-4-carboxylic acid, 2,3-dihydro-2-oxo, methyl ester、乔松素-7-新橙皮糖苷

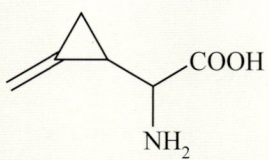

α-methylenecyclopropylglycin

(pinocembrin - 7 - neohesperidoside)、D - 1 - O - 甲基 - 肌醇 (D - 1 - O - methylmyo - inositol)、半乳糖醇 (galactitol)、肌醇 (myo - inositol)[3]、原儿茶酸 (protocatechuic acid)[4]、α - 亚甲基环丙基甘氨酸 (α - methylenecyclopropylglycine)[5]。

荔枝的果皮含儿茶素类成分：儿茶素 (catechin)、表儿茶素 (epicatechin)；花青素类成分：原花青素 A_2[6]、B_2、B_4[7] (procyanidins A_2, B_2, B_4)、矢车菊素 - 3 - 葡萄糖苷 (cyanidin - 3 - glucoside)、矢车菊素 - 3 - 芸香糖苷 (cyanidin - 3 - rutinoside)；黄酮类成分：芦丁 (rutin)、槲皮素 - 3 - 葡萄糖苷 (quercetin - 3 - glucoside)[8]。

荔枝的假果皮含挥发油成分：沉香醇 (linalool)、香茅醇 (citronellol)、香叶醛 (geranial)、金合欢醇 (farnesol)[9]。

药理作用

1. **降血糖**

   荔枝核水提物灌胃给药能显著降低 2 型糖尿病伴胰岛素抵抗大鼠的空腹血糖和口服葡萄糖耐量试验后 2 小时血糖，改善病鼠的糖耐量减退，降低病鼠高胰岛素症，提高胰岛素敏感性指数，增强抗氧化能力，改善肝肾功能[10-11]。荔枝核水提物和醇提物灌胃能抑制肾上腺素、葡萄糖和四氧嘧啶所致大鼠和小鼠空腹血糖的升高作用；较大剂量的荔枝核可改善糖尿病-高脂血症小鼠的血糖和血脂，但却加速小鼠的死亡；初步发现荔枝核具有类似双胍类降血糖药的作用[12]。

2. **降血脂**

   荔枝核水提物灌胃给药能显著降低 2 型糖尿病伴胰岛素抵抗大鼠、高脂血症小鼠、肾上腺素、葡萄糖和四氧嘧啶所致糖尿病小鼠的血清总胆固醇和三酰甘油，提高高密度脂蛋白-胆固醇 (HDL - C) 含量及其与血清总胆固醇的比值[10-12]。荔枝种仁油含有 50.3% 的不饱和脂肪酸和 30.85% 的环丙烷基长链脂肪酸，是降血脂的主要成分[13]。

3. **抗病毒**

   应用酶联免疫吸附检测 (ELISA) 技术对中草药水提物进行抗乙肝病毒表面抗原 (HBsAg) 和 e 抗原 (HBeAg) 的实验研究，发现荔枝核水提物和醇提取物对 HBsAg 和 HBeAg 均有较强抑制作用[14-15]。荔枝核所含的黄酮类化合物体外在人喉癌细胞 Hep - 2 中对呼吸道合胞病毒有抑制作用[16]。

4. **抗肝损伤**

   荔枝核冲剂给小鼠灌胃，能显著降低四氯化碳和硫代乙酰胺 (TAA) 所致肝中毒模型血清天冬氨酸转氨酶 (AST)、丙氨酸转氨酶 (ALT) 的活性；还能使血清超氧化物歧化酶 (SOD) 活性升高，丙二醛 (MDA) 的含量明显降低[17]。

5. **抗肿瘤**

   荔枝核水提液灌胃对小鼠移植性肝癌和小鼠 S_{180} 肉瘤均有一定的抗肿瘤活性[18]。表儿茶素和原花青素 B_2 对人乳腺癌细胞 MCF - 7 及人肺成纤维细胞有细胞毒活性[7]。

6. **其他**

   荔枝核中的氨基酸类成分 α - 亚甲基环丙基氨基乙酸有抗鼠沙门氏菌诱变的作用[5]。荔枝核水提醇沉液给小鼠灌胃还具有促进氧自由基清除，增强机体抗氧化能力的作用[19]。荔枝果皮的醋酸乙酯提取物有调节免疫的作用[7]。

应用

本品为中医临床用药。功效：行气散结，祛寒止痛。主治：寒疝腹痛，睾丸肿痛，胃脘痛。

现代临床还用于糖尿病、血气刺痛、疝气痛、慢性腹泻等病的治疗[20]。

无患子科

荔枝 Lizhi

评注

荔枝的假种皮、果皮、叶和根也可入药，假种皮（即果肉部分）有养血健脾，行气消肿的功效；果皮有除湿止痢，止血的功效；叶有除湿解毒的功效；根有理气止痛，解毒消肿的功效。

糖尿病和心血管系统疾病是严重危及人类健康的两大疾病，荔枝核对两者都有确切的作用，且荔枝核的来源易得，价格低廉，在天然药物开发方面具有相当高的价值。研究表明，荔枝种仁油中 50% 的不饱和脂肪酸和 31% 的环丙烷基长链脂肪酸，是降血脂的主要成分，因而荔枝种仁油可研制开发为保健食用油，有广阔的市场前景。此外，荔枝核富含油脂类，内含大量的二氢苹婆酸及其同系物，可作为提取环丙基脂肪酸的原料，有化工业利用价值。

荔枝是中国的常见水果，除了荔枝核的药用价值外，荔枝的假种皮，含丰富的维生素和蛋白质，具有良好的滋补作用，可以开发为营养食品。荔枝壳中含大量的花青素色素类，可以提取荔枝红色素，为理想的天然色素来源[21]。

参考文献

[1] 郑琳颖, 韩超, 潘竞锵. 荔枝核的化学、药理和临床研究概况. 中医药学报. 1998, 5: 51-53

[2] 陈玲, 刘志鹏, 施文兵, 刘岚, 邓芹英. 荔枝核与荔枝膜挥发油的GC/MS分析. 中山大学学报（自然科学版）. 2005, 44(2): 53-56

[3] 屠鹏飞, 罗青, 郑俊华. 荔枝核的化学成分研究. 中草药. 2002, 33(4): 300-303

[4] 刘兴前, 刘博, 聂晓勤. 中药荔枝核中两种化学成分的分离与鉴定. 成都中医药大学学报. 2001, 24(1): 55

[5] H Minakata, H Komura, SY Tamura, Y Ohfune, K Nakanishi, T Kada. Antimutagenic unusual amino acids from plants. *Experientia*. 1985, 41(12): 1622-1623

[6] E Le Roux, T Doco, P Sarni-Manchado, Y Lozano, V Cheynier. A-type proanthocyanidins from pericarp of *Litchi chinensis*. *Phytochemistry*. 1998, 48(7): 1251-1258

[7] MM Zhao, B Yang, JS Wang, Y Liu, LM Yu, YM Jiang. Immunomodulatory and anticancer activities of flavonoids extracted from litchi (*Litchi chinensis* Sonn.) pericarp. *International Immunopharmacology*. 2006, 7(2): 162-166

[8] P Sarni-Manchado, E Le Roux, C Le Guerneve, Y Lozano, V Cheynier. Phenolic composition of Litchi fruit pericarp. *Journal of Agricultural and Food Chemistry*. 2000, 48(12): 5995-6002

[9] CC Chyau, PT Ko, CH Chang, JL Mau. Free and glycosidically bound aroma compounds in lychee (*Litchi chinensis* Sonn.). *Food Chemistry*. 2002, 80(3): 387-392

[10] 郭洁文, 潘竞锵, 邱光清, 李爱华, 肖柳英, 韩超. 荔枝核增强 2 型糖尿病—胰岛素抵抗大鼠胰岛素敏感性作用. 中国新药杂志. 2003, 12(7): 526-529

[11] 郭洁文, 李丽明, 潘竞锵, 邱光清, 李爱华, 黄国华, 许莲好. 荔枝核拮抗 2 型糖尿病大鼠胰岛素抵抗作用的药理学机制. 中药材. 2004, 27(6): 435-438

[12] 潘竞锵, 刘惠纯, 刘广南, 胡燕玲, 杨旭权, 陈历雄, 丘卓翘. 荔枝核降血糖、调血脂和抗氧化的实验研究. 广东药学. 1999, 9(1): 47-50

[13] 宁正祥, 彭凯文, 秦燕, 王菊样, 谭兴和. 荔枝种仁油对大鼠血脂水平的影响. 营养学报. 1996, 18(2): 159-162

[14] 郑民实, 张玉珍, 陈永康, 邹正宇, 李文. ELISA 技术检测中草药抗 HBsAg. 中西医结合杂志. 1990, 10(9): 560-562

[15] 杨燕, 义样辉, 陈全斌, 谭明雄. 荔枝核对 HBsAg 和 HBeAg 的体外抑制作用. 科技进展. 2001, 7: 24-26

[16] 梁荣感, 刘卫兵, 唐祖年, 徐庆. 荔枝核黄酮类化合物体外抗呼吸道合胞病毒的作用. 第四军医大学学报. 2006, 27(20): 1881-1883

[17] 肖柳英, 潘竞锵, 饶卫农, 韩超, 谭海荣, 肖丽珊, 梁立帼, 江燕梅. 荔枝核颗粒对小鼠肝损伤保护作用的实验研究. 中华中医药杂志. 2005, 20(1): 42-43

[18] 肖柳英, 张丹, 冯昭明, 陈绮文, 张宏, 林培英. 荔枝核对小鼠抗肿瘤作用研究. 中药材. 2004, 27(7): 517-518

[19] 陈汉桂, 郭厚基, 覃艺, 张树球, 梁伟江, 李朝敢. 荔枝核提取液对糖尿病小鼠模型血糖、血脂等相关指标的干预效应. 中国临床康复. 2006, 10(7): 79-81

[20] 刘宝华, 张爱军, 田顺华, 李绍鹏. 荔枝的临床应用. 华夏医药. 2005, 1: 79

[21] 刘佳铭. 荔枝红色素的提取、性质与分析应用. 天然产物研究与开发. 1999, 10(3): 69-72

山鸡椒 Shanjijiao^{CP}

樟科

Litsea cubeba (Lour.) Pers.
Fragrant Litsea

概 述

樟科 (Lauraceae) 植物山鸡椒 *Litsea cubeba* (Lour.) Pers.，其干燥成熟果实入药。中药名：荜澄茄。

木姜子属 (*Litsea*) 植物全世界约有 200 种。分布于亚洲热带与亚热带、南美洲亚热带及北美洲。中国约有 72 种、18 变种、3 变型，主要分布于南方和西南温暖地区。本属现供药用者约有 17 种[1]。本种分布于中国华南、华东、西南及中南部分省区；东南亚各国也有分布。

山鸡椒以"山胡椒"药用之名，始载于《滇南本草》。《中国药典》(2005 年版) 收载本种为中药荜澄茄的法定原植物来源种。主产于中国江苏、安徽、浙江、江西、福建、广东、广西、四川等省区。

山鸡椒主要含挥发油、脂肪酸、生物碱等成分。《中国药典》采用热浸法测定，规定荜澄茄的乙醇浸出物不得少于 28%，以控制药材质量。

药理研究表明，山鸡椒具有抗菌、抗氧化作用、抗哮喘等作用。

中医理论认为荜澄茄具有温中散寒，行气止痛的功效。

山鸡椒 *Litsea cubeba* (Lour.) Pers.

山鸡椒 Shanjijiao

药材荜澄茄 Fructus Litseae

化学成分

山鸡椒根含挥发油类成分：香草醛 (citronellal)、柠檬醛 (citral)、香草醇 (citronellol)等[2]；生物碱类成分：(-)-litcubine、(-)-litcubinine[3]等。

山鸡椒茎含挥发油类成分：香茅醇 (citronellol)、香茅醛 (citronellal)[4]；生物碱类成分：荜澄茄碱 (litebamine)[5]、(-)-oblongine、8-O-methyloblongine、竹叶椒碱 (xanthoplanine)、木兰箭毒碱 (magnocurarine)[6]、d-六驳碱 (d-laurotetanine)、异紫堇定 (isocorydine)[7]等。

山鸡椒叶、花含挥发油类成分：1,8-桉叶素 (1,8-cineole)、芳樟醇 (linalool)、桧烯 (sabinene)[8]、香茅醛 (citronellal)、水芹烯 (phellandrene)、蒎烯 (pinene)[4]等。

山鸡椒果实含挥发油类成分：α、β-柠檬醛 (α, β-citrals)、d-柠檬烯 (d-limonene)、甲基庚烯酮 (methylheptenone)、芳樟醇、α-蒎烯 (α-pinene)、桧烯、香茅醛、桉叶油素 (eucalyptol)[9]、月桂烯 (myrcene)、α-松油醇 (α-terpineol)、β-石竹烯 (β-caryophyllene)[10]等。

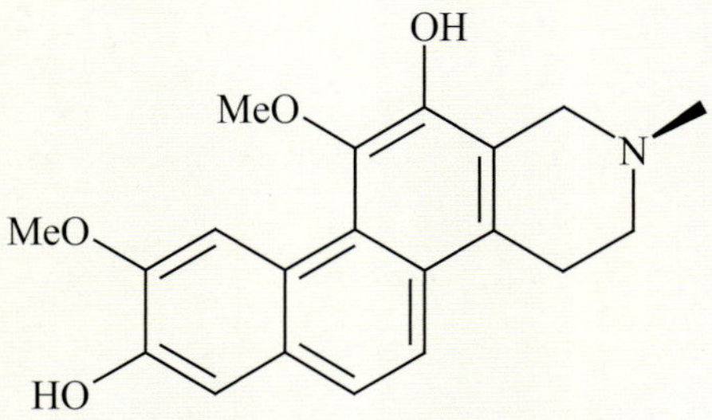

litebamine

另外，从山鸡椒中还分离到生物碱类：波尔定碱 (boldine)、月桂木姜碱 (laurolitsine)、异波尔定碱 (isoboldine)、norisocorydine、N-methyllindcarpine、异南天竹碱 (isodomesticine)、格拉西奥芬 (glaziovine)[11]等。

药理作用

1. **抗菌**

    山鸡椒油对絮状表皮癣菌、红色毛癣菌、石膏样毛癣菌、犬小孢子菌等皮肤癣菌有抗真菌作用[12]。微量稀释法显示山鸡椒油对 5 种念珠菌：白念珠菌、热带念珠菌、光滑念珠菌、近平滑念珠菌、克柔念珠菌有抑制作用[13]。山鸡椒油对串珠镰刀菌、茄病镰刀菌、链格孢、黑曲霉素也有类似的抗菌作用[14]。山鸡椒油的主要成分柠檬醛可以通过损伤黄曲霉质膜而进入细胞，对 DNA 产生不可逆损伤，从而使黄曲霉孢子丧失萌芽发力[15]。

2. **抗氧化**

    采用烘箱贮藏法测定了山鸡椒油对猪油的抗氧化效果，并通过 Fenton 体系和邻苯三酚自氧化法测定了山鸡椒油在体外对自由基的清除作用。实验结果表明，山鸡椒粗油具有较好的抗氧化作用，可以有效地清除羟自由基、超氧自由基[16]。通过二苯基苦味酰肼 (DPPH) 等三种不同分析方法比较，发现山鸡椒甲醇提取物与维生素 E、维生素 C 比较有显著的抗氧化作用[17]。

3. **抗哮喘**

    柠檬醛气雾吸入能明显延长氯化乙酰胆碱-磷酸组胺喷雾引起的豚鼠哮喘潜伏期，延长浓氨水喷雾诱发小鼠咳嗽反应潜伏期，明显减少咳嗽次数，具有一定的平喘、镇咳和祛痰作用以及良好的支气管解痉作用[18]。

4. **健脾益气**

    运用大黄煎剂小鼠腹腔注射造成脾虚模型后，给予不同剂量的山鸡椒煎剂，观察其对脾虚小鼠体重、毛发、外观、脾指数及血液流变学方面的影响，结果显示山鸡椒煎剂具健脾益气作用，与民间用法相一致[19]。

5. **血管松弛作用**

    山鸡椒所含六驳碱能通过抑制钙通道，对离体小鼠胸主动脉产生松弛作用[20]。

6. **灭滴虫**

    以山鸡椒油和乳酸为主要成分的合剂，能直接、迅速杀灭阴道毛滴虫，而且在较低浓度下也具有杀虫效果[21]。

7. **其他**

    山鸡椒水提物对二磷酸腺苷 (ADP) 和胶原诱导的兔血小板聚集有抑制作用[22]。

应用

本品为中医临床用药。功能：温中散寒，行气止痛。主治：胃寒呕逆，脘腹冷痛，寒疝腹痛，寒湿郁滞，小便浑浊。

现代临床还用于类风湿性关节炎[23]、胃溃疡、胃寒痛、产后腰腿痛、急性腰肌劳损、外伤出血、蚊虫叮咬[24]等病的治疗。

评注

除果实外，山鸡椒的干燥根也用作中药"豆豉姜"，具有祛风除湿，温中散寒，行气活血的功效，主治感冒风寒，水肿脚气，风寒湿痹，产后腹痛，血瘀痛经，气滞胃寒之脘腹胀满。山鸡椒的干燥叶也用作中药"山苍子叶"，具有理气散结，解毒消肿，止血的功效，主治慢性支气管炎，乳痈，蛇虫咬伤，外伤出血，脚肿等。

生药学上一般所记载的"荜澄茄"是胡椒科植物荜澄茄 *Piper cubeba* L. 的果实，始载于《海药本草》，《开宝本草》称

山鸡椒 Shanjijiao

"荜澄茄"。此种中国不产,系进口药材。以山鸡椒 *Litsea cubeba* (Lour.) Pers. 的果实作"荜澄茄"在中国南部已经有近百年的历史。山鸡椒与荜澄茄两者为不同科属植物的果实,应注意鉴别。

参考文献

[1] 严小红,张凤仙,谢海辉,魏孝义. 木姜子属化学成分研究概况. 热带亚热带植物学报. 2000, 8(2): 171-176

[2] 金静兰,陈桂初,文永新,成桂仁. 山鸡椒根部精油化学成分的研究. 广西植物. 1991, 11(3): 254-256

[3] SS Lee, CC Chen, FM Huang, CH Chen. Two dibenzopyrrocoline alkaloids from *Litsea cubeba*. Journal of Natural Products. 1996, 59(1): 80-82

[4] S Choudhury, R Ahmed, A Barthel, PA Leclercq. Composition of the stem, flower and fruit oils of *Litsea cubeba* Pers. from two locations of Assam, India. Journal of Essential Oil Research. 1998, 10(4): 381-386

[5] YC Wu, JY Liou, CY Duh, SS Lee, ST Lu. Studies on the alkaloids of Formosan Lauraceae plants. 32. Litebamine, a novel phenanthrene alkaloids from *Litsea cubeba*. Tetrahedron Letters. 1991, 32(33): 4169-4170

[6] SS Lee, YJ Lin, CK Chen, KCS Liu, CH Chen. Quaternary alkaloids from *Litsea cubeba* and *Cryptocarya konishii*. Journal of Natural Products. 1993, 56(11): 1971-1976

[7] M Tomita, ST Lu, PK Lan. Alkaloids of Formosan Lauraceous plants. V. Alkaloids of *Litsea cubeba*. Yakugaku Zasshi. 1965, 85(7): 593-596

[8] A Bighelli, A Muselli, J Casanova, NT Tam, VA Vu, JM Bessiere. Chemical variability of *Litsea cubeba* leaf oil from Vietnam. The Journal of Essential Oil Research. 2005, 17(1): 86-88

[9] 周欣,莫彬彬. 黔产山苍子油化学成分的气相色谱/质谱分析. 贵州大学学报(自然科学版). 2001, 18(1): 45-47

[10] 周永红,王立升,刘雄民. 广西产山苍子油的 GC-MS 分析. 林产化工通讯. 2003, 37(1): 19-21

[11] SS Lee, CK Chen, IS Chen, KCS Liu. Additional isoquinoline alkaloids from *Litsea cubeba*. Journal of Chinese Chemistry Society. 1992, 39(5): 453-455

[12] 荣在丽,魏春波,王刚生,刘洪泉. 山苍子油对皮肤癣菌的药物敏感性及临床试验. 中国麻疯皮肤病杂志. 2006, 22(3): 247-248

[13] 方芳,吕昭萍,王正文,黄云莉,李红宾. 山苍子油抗念珠菌的敏感性及作用机理的电镜研究. 中华皮肤科杂志. 2002, 35(5): 349-351

[14] P Gogoi, P Baruah, SC Nath. Antifungal activity of the essential oil of *Litsea cubeba* Pers. Journal of Essential Oil Research. 1997, 9(2): 213-215

[15] 罗曼,蒋立科,邹国林. 柠檬醛致黄曲霉孢子丧失萌发力的机制. 中国生物化学与分子生物学报. 2002, 18(2): 227-233

[16] 程超. 山苍子油的抗氧化作用. 食品研究与开发. 2005, 26(4): 155-158

[17] JK Hwang, EM Choi, JH Lee. Antioxidant activity of *Litsea cubeba*. Fitoterapia. 2005, 76(7-8): 684-686

[18] 殷志勇,王秋娟,贾莹. 山苍子水提物柠檬醛抗哮喘作用的实验研究. 中国临床药理学与治疗学. 2005, 11(2): 197-201

[19] 洪华炜,邱颂平,汪碧萍,林静瑜. 豆豉姜对脾虚模型小鼠的药理学研究. 海峡药学. 2000, 12(2): 25-26

[20] WY Chen, FN Ko, YC Wu, ST Lu, CM Teng. Vasorelaxing effect in rat thoracic aorta caused by laurotetanine isolated from *Litsea cubeba* Persoon. Journal of Pharmacy and Pharmacology. 1994, 46(5): 380-382

[21] 聂崇兴,赵双星. "妇乐安"杀灭阴道毛滴虫的试验. 暨南大学学报(医学版). 1999, 20(4): 80-82

[22] 张明发,许青媛,沈雅琴. 温里药温通血脉和回阳救逆药理研究. 中国中医药信息杂志. 1999, 6(8): 28-30

[23] 张立亭,张鸣鹤. 山苍子根和山苍子治疗类风湿性关节炎的临床研究. 山东中医杂志. 1998, 17(12): 537-539

[24] 钟开康. 豆豉姜用药七款. 中国民族民间医药杂志. 1998, 35: 41

过路黄 Guoluhuang^{CP}

报春花科

Lysimachia christinae Hance
Christina Loosestrife

概 述

报春花科 (Primulaceae) 植物过路黄 *Lysimachia christinae* Hance，其干燥全草入药。中药名：金钱草。

珍珠菜属 (*Lysimachia*) 植物全世界约有 180 种，主要分布于北半球温带和亚热带地区，少数分布于非洲、拉丁美洲和大洋洲。中国有 132 种、1 亚种、17 变种，本属现供药用约有 34 种、2 变种。本种分布于中国中南、西南、华南及华东等地区。

过路黄以"神仙对坐草"药用之名，始载于《百草镜》。历代本草多有著录，古今药用品种一致。《中国药典》(2005年版) 收载本种为中药金钱草的法定原植物来源种。主产于中国四川及长江流域各省区。

过路黄主要含黄酮类成分。《中国药典》采用高效液相色谱法测定，规定金钱草中槲皮素、山柰素的总量不得少于 0.10%，以控制药材质量。

药理研究表明，过路黄具有利尿排石、利胆排石、抗炎、免疫抑制、抗氧化等作用。

中医理论认为金钱草具有利水通淋，清热解毒，散瘀消肿的功效。

过路黄 *Lysimachia christinae* Hance

过路黄 Guoluhuang

药材金钱草 Herba Lysimachiae

化学成分

过路黄全草含黄酮类成分：槲皮素 (quercetin)、异槲皮苷 (isoquercitrin)、山柰酚 (kaempferol)、三叶豆苷 (trifolin)、3,2',4',6'-四羟基-4,3'-二甲氧基查耳酮 (3,2',4',6'-tetrahydroxy-4,3'-dimethoxy chalcone)、

lysimachiin

山奈酚-3-O-珍珠菜三糖苷 (kaempferol-3-O-lysimachia trioside)[1]、黄芪苷 (astragalin)、沙苑子苷 (complanatuside)、山奈酚-3-O-芸香糖苷 (kaempferol-3-O-rutoside)、山奈酚-3-O-鼠李糖苷-7-O-鼠李糖基-(1→3)-鼠李糖苷 (kaempferol-3-O-rhamnoside-7-O-rhamnosyl-(1→3)-rhamnoside)[2]、金钱草素 (lysimachiin)[3]、山奈酚-3-新橙皮糖苷 (kaempferol-3-neohesperidoside)[4]；挥发油成分：α-蒎烯 (α-pinene)、樟脑 (camphor)、醋酸龙脑酯 (bornyl acetate)、石竹烯氧化物 (caryophyllene oxide)、桉油烯醇 (spathulenol)[5]；此外，还含鼠李酮酸-γ内酯 (rhamnonic acid-γ-lactone)[3]等。

药理作用

1. **利尿排石**
   过路黄煎剂能有效预防和治疗实验性蝌蚪肾结石的形成[6-7]；过路黄还可引起麻醉狗输尿管上段腔内压力增高，输尿管蠕动增强，尿流量增加，对输尿管结石产生挤压和冲击作用，促使结石排出[8]。其有效成分为多糖，可抑制结石主要成分一水草酸钙结晶的生长[9]。

2. **利胆排石**
   过路黄煎剂、注射剂经灌服、静脉注射或十二指肠给大鼠、犬及病人，有利胆、排石和预防胆石生成的作用；过路黄煎剂给大鼠灌胃，经胆管引流明显促进胆汁分泌和排泄。

3. **抗炎**
   过路黄、过路黄总黄酮及酚酸类成分腹腔注射，对组胺引起的小鼠血管通透性增加、巴豆油引起的小鼠耳郭肿胀和蛋清引起的大鼠关节炎及棉球肉芽肿均有显著抑制作用[10]。

4. **对免疫系统的影响**
   小鼠腹腔注射过路黄提取物可减少胸腺内细胞数，显著抑制植物血凝素 (PHA) 和脂多糖 (LPS) 引起的脾细胞淋巴细胞幼稚化反应[11]。过路黄煎剂口服给药可对抗兔甲状腺移植的排斥反应，其作用机理可能是过路黄可抑制 T 细胞的发育过程，从而降低受体的免疫排斥能力[12]。过路黄煎剂给小鼠口服对细胞免疫和体液免疫均有抑制作用，能增强小鼠巨噬细胞和嗜中性白细胞的吞噬功能[13]。

5. **抗氧化**
   过路黄水提取物体外能抑制鼠肝匀浆脂质过氧化物的生成，并能清除超氧阴离子自由基和羟自由基[14]；过路黄甲醇和氯仿 (2:1) 提取物的醋酸乙酯萃取物也有自由基清除作用，槲皮素、异槲皮苷等为主要活性成分[15]。

6. **降低血清尿酸水平**
   过路黄水提物灌胃能显著减少化学诱导剂氧嗪酸钾盐腹腔注射造成高尿酸血症小鼠的血清尿酸水平[16-17]。

7. **其他**
   过路黄还有抑制乙型肝炎病毒表面抗原[18]、松弛血管平滑肌、抑制血小板聚集[2]等作用。

应用

本品为中医临床用药。功能：利水通淋，清热解毒，散瘀消肿。主治：肝胆及泌尿系统结石，热淋，肾炎水肿，湿热黄疸，疮毒痈肿，毒蛇咬伤，跌打损伤

现代临床还用于婴儿肝炎综合征、非细菌性胆道感染、瘢痕疙瘩等病的治疗。

过路黄 Guoluhuang

评注

香港地区使用的金钱草为豆科植物广金钱草 Desmodium styracifolium (Osbeck) Merr. 的地上部分。《中国药典》已将金钱草与广金钱草分列条目，两者应区别使用。

过路黄的开发研究具有很大的潜力。目前对过路黄化学成分的研究多为黄酮类成分，如何把化学研究与药理及临床研究结合起来，并阐明其作用的物质基础和机理应作为今后研究的重点。

参考文献

[1] 沈联德, 姚福润. 金钱草化学成分的研究. 中国中药杂志. 1988, 13(11): 31-34

[2] 赵世萍, 林平, 薛智. 大金钱草化学成分的研究. 中草药. 1988, 19(6): 245-248

[3] 崔东滨, 王淑琴, 严铭铭. 金钱草中黄酮苷的分离与结构鉴定. 药学学报. 2003, 38(3): 196-198

[4] 王宇杰, 孙启时. 金钱草的化学成分研究. 中国药物化学杂志. 2005, 15(6): 357-359

[5] 侯冬岩, 回瑞华, 李铁纯, 杨梅, 朱永强, 刘晓媛. 金钱草化学成分的分析(I). 鞍山师范学院学报. 2004, 6(2): 36-38

[6] 金德明, 沈启华. 磁化水与金钱草预防肾结石形成的实验研究. 中医杂志. 1980, 6: 473-474

[7] 金德明, 沈启华. 实验性肾结石的形成以及用金钱草预防和治疗的研究. 上海中医药杂志. 1982, 4: 47-48

[8] 莫刘基, 邓家泰, 张金梅, 胡本荣. 几种中药对输尿管结石排石机理的研究(摘要). 新中医. 1985, 17(6): 51-52

[9] 李惠芝, 袁志豪, 魏永煜. 广金钱草与川金钱草抑制一水草酸钙结晶的有效部分的研究. 沈阳药科大学学报. 1988, 5(3): 208-212

[10] 顾丽贞, 张百舜, 南继红, 汪嵘卿. 四川大金钱草与广金钱草抗炎作用的研究. 中国中药杂志. 1988, 13(7): 40-42, 63

[11] 范纪劳. 金钱草的研究(I)-对免疫反应的影响. 国外医学: 中医中药分册. 1989, 11(1): 25-27

[12] 王学, 沈文律, 黄孝伦, 杜成友, 李可州, 谭建三. 金钱草抗移植排斥作用的实验研究(摘要). 华西医大学报. 1996, 27(2): 224

[13] 姚楚铮, 李烽, 刘月兰, 张知德, 王金万, 蔡保健, 刘玉英, 程建华, 赵森林. 金钱草对免疫反应的影响-I. 免疫抑制作用. 中国医学科学院学报. 1981, 3(2): 123-126

[14] 杨国玲, 文永均, 孟延发, 胡晓愚. 栀子金钱草等几种中草药抗衰老作用研究. 甘肃科学学报. 1992, 4(4): 17-20

[15] 黄海兰, 徐波, 段春生. 金钱草清除自由基活性及其成分研究. 食品科学. 2006, 27(10): 183-188

[16] 王海东, 葛飞, 郭玉松, 孔令东. 金钱草提取物对高尿酸血症小鼠的影响. 中国中药杂志. 2002, 27(12): 939-941, 944

[17] 魏绍煌. 金钱草及其民间混用品种对高尿酸血症小鼠的效用. 中国药业. 2006, 15(10): 10-11

[18] 周世友, 姚丹帆, 徐传福, 黄林清, 张诗平. 叶下珠和金钱草对乙型肝炎表面抗原的抑制作用. 实用中西医结合杂志. 1995, 8(12): 760-761

杧果 Mangguo IP

Mangifera indica L.
Mango

漆树科

概述

漆树科 (Anacardiaceae) 植物杧果 *Mangifera indica* L.，其干燥树叶入药。中药名：杧果叶。

杧果属 (*Mangifera*) 植物全世界约 50 种，主要分布于热带亚洲，西至印度和斯里兰卡，东至菲律宾，北经印度至中国西南和东南部，南抵印度尼西亚。中国有 5 种，分布于东南至西南部，本属现供药用者约 2 种。本种分布于中国云南、广西、广东、福建、台湾；印度、孟加拉、中南半岛和马来西亚也有分布，现全世界广为栽培。

杧果以"庵罗果"之名，始载于《食性本草》，杧果叶的应用始见于《岭南采药录》。历代本草多有著录，古今药用品种一致。《广东省中药材标准》收载本种为中药杧果叶的原植物来源种。主产于中国福建、广东、广西、云南、海南和台湾等省区。

杧果叶主要含叫酮类、三萜类和挥发油等成分。

药理研究表明，杧果具有止咳、祛痰、抗氧化、抗肿瘤、解热、抗炎、抗应激、降血糖、保护肝脏等作用。

中医理论认为杧果叶具有宣肺止咳，祛痰消滞，止痒的功效。

杧果 *Mangifera indica* L. (果枝)

漆树科

杧果 Mangguo

杧果 *Mangifera indica* L.（花枝）

药材杧果叶 Folium Mangiferae Indicae

药材杧果核 Nux Mangiferae Indicae

化学成分

杧果叶中含𠮿酮类成分：杧果苷 (mangiferin)[1]、gentisein、mangiferitin、高杧果苷 (homomangiferin)[2]；三萜类成分：蒲公英赛酮 (taraxerone)、taraxerol、木栓酮 (friedelin)、羽扇醇 (lupeol)[3]；挥发油成分：α-、β-蒎烯 (α, β-pinenes)、桂叶烯 (myrcene)、柠檬烯 (limonene)、β-罗勒烯 (β-ocimene)、α-萜品油烯 (α-terpinolene)、芳樟醇 (linalool)、爱草脑 (estragole)、δ-、β-榄香烯 (δ, β-elemenes)、甲基丁香油酚 (methyleugenol)、蛇麻烯 (humulene)、别香橙烯 (alloaromadendrene)[4]等。

mangiferin

药理作用

1. **止咳、祛痰**
   杧果叶水、醇提取物给小鼠灌胃，能减少浓氨水引起的小鼠咳嗽的次数，对小鼠气管的酚红排泌还有显著的促进作用[5]。杧果苷为止咳祛痰的主要活性成分[6]。

2. **抗氧化**
   杧果苷连续多日给老龄大鼠灌胃，能降低大鼠的血清、脑组织中的脂质过氧化物 (LPO) 和脑组织中脂褐质的水平，提高超氧化物歧化酶 (SOD) 的活力；饲喂果蝇，能提高果蝇的平均寿命[7]。杧果苷灌胃对四氧嘧啶导致的大鼠脑组织脂质过氧化有抑制作用，能明显清除过氧化脂质，减轻过氧化脂质对神经元的损伤，从而保护神经元的正常功能[8]。体外实验也表明，杧果苷具有抗脂质过氧化作用，能明显提高 SOD 活力，对大鼠脑组织具有保护作用[9]。

3. **抗肿瘤**
   杧果苷体外对白血病细胞K_{562}增殖有抑制作用，可能是通过抑制 bcr/abl 融合基因的表达而诱导肿瘤细胞凋亡[10-11]。体外实验表明，杧果苷对肝癌细胞 BEL－7404 有明显的毒性作用，能诱导肝癌细胞凋亡和阻滞细胞周期于 G_2/M 期[12]，是一个具有针对介导的细胞黏附和讯号转导通路的潜在抗肿瘤物质[13]。

4. **解热、抗炎**
   杧果苷灌胃对大肠杆菌内毒素引起的家兔发热模型有良好的解热作用[14]；对醋酸所致的小鼠腹腔毛细血管通透性增高有显著抑制作用[6]。杧果叶总苷对二甲苯、巴豆油所致的小鼠耳郭肿胀有显著抑制作用[6, 15]。

5. **抗应激**
   杧果苷给小鼠灌胃，能提高小鼠在负重游泳、缺氧和低温情况下的生存时间，还能提高血清中的 SOD 活力，降低丙二醛 (MDA) 含量[16]。

6. **降血糖**
   杧果叶水提物灌胃，能明显降低正常小鼠和葡萄糖致糖尿病小鼠的血糖水平[17]。杧果苷灌胃能降低 2 型糖尿病小鼠血液胆固醇和甘油三酯含量[18]。

7. **保肝**
   腹腔注射杧果苷，能明显降低醋氨酚、四氯化碳和 D－氨基半乳糖所致大鼠血清的谷丙转氨酶 (GPT) 和谷草转氨酶 (GOT) 水平，显著减轻大鼠肝损伤，具有一定的保肝作用[19]。

8. **抗菌**
   杧果叶水提物对大肠杆菌、多杀性巴氏杆菌、鸡白痢沙门氏菌、猪丹毒杆菌、金黄色葡萄球菌、鸭疫里默氏杆菌、链球菌等致病菌有良好的体外抑菌效果[20]。

9. **抗病毒**
   杧果叶水提物对鸡新城疫病毒[20]，杧果苷对人乙肝病毒均具有体外抑制作用[21]。

应用

本品为中医临床用药。功能：宣肺止咳，祛痰消滞，止痒。主治：咳嗽痰多，气滞腹胀；外用治疗湿疹瘙痒。

现代临床还用于慢性气管炎、流感等病的治疗。

评注

除叶外，杧果果实用作中药杧果，具有益胃，生津，止呕，止咳的功效；主治口渴，呕吐，食少，咳嗽。杧果果核用作

漆树科

杧果 Mangguo

中药杧果核，具有健胃消食，化痰行气的功效；主治饮食积滞，食欲不振，咳嗽，疝气，睾丸炎。杧果树皮用作中药杧果树皮，具有清暑热，止血，解疮毒的功效；主治伤暑发热，疟疾，鼻衄，痈肿疔疮。

杧果的名字来源于印度南部的泰米乐语。野杧果树的果实不能食用，印度人最先发现这种树，并栽培成可吃的杧果，还用它来遮蔽热带的骄阳，距今已有四千多年的历史。杧果为著名热带水果之一，其果肉细腻，风味独特，素有"热带果王"的称誉。

杧果苷具有多种药理活性，值得进一步研究开发。

参考文献

[1] 邓家刚，冯旭，王勤，覃洁萍，叶勇. 不同产地及不同品种芒果叶中芒果苷的含量对比研究. 中成药. 2006, 28(12): 1755-1756

[2] LP Smirnova, VI Sheichenko, GM Tokhtabaeva. Study of the chemical composition of alpizarin from mango leaves. *Pharmaceutical Chemistry Journal.* 2000, 34(2): 65-68

[3] V Anjaneyulu, KH Prasad, GS Rao. Triterpenoids of the leaves of *Mangifera indica*. *Indian Journal of Pharmaceutical Sciences.* 1982, 44(3): 58-59

[4] AA Craveiro, CHS Andrade, FJA Matos, JW Alencar, MIL Machado. Volatile constituents of *Mangifera indica* Linn. *Revista Latinoamericana de Quimica.* 1980, 11(3-4): 129

[5] 韦国锋，黄祖良，何有成. 芒果叶提取物的镇咳祛痰作用研究. 时珍国医国药. 2006, 17(10): 1954-1955

[6] 邓家刚，郑作文，曾春晖. 芒果苷的药效学实验研究. 中医药学刊. 2002, 20(6): 802-803

[7] 赵鹏，何励，杨俊峰，李彬，刘荣珍，梁坚，李凤文，黄超培. 芒果苷延缓衰老作用的实验研究. 广西预防医学. 2004, 10(2): 71-73

[8] 黄华艺，钟鸣，农朝赞，赵世元，孟刚. 脂质过氧化大鼠脑组织超微结构改变及杧果苷对脑组织的保护作用. 广西科学. 2000, 7(2): 128-130

[9] 黄华艺，钟鸣，孟刚，农朝赞，赵世元，余胜民，黄琳芸. 芒果苷对大鼠脑组织过氧化脂质损伤的保护作用. 中国中医药科技. 1999, 6(4): 220

[10] 彭志刚，罗军，夏凌辉，宋善俊，陈燕. 芒果苷对白血病 K_{562} 细胞增殖抑制作用的研究. 广西医科大学学报. 2004, 21(2): 168-170

[11] 彭志刚，罗军，夏凌辉，陈燕，宋善俊. 芒果苷诱导慢性髓系白血病 K_{562} 细胞凋亡. 中国实验血液学杂志. 2004, 12(5): 590-594

[12] 黄华艺，农朝赞，郭凌霄，孟刚，查锡良. 芒果苷对肝癌细胞增殖的抑制和凋亡的诱导. 中华消化杂志. 2002, 22(6): 341-343

[13] 农朝赞，郭凌霄，黄华艺. 芒果苷对肝癌大鼠肝组织 β-catenin 和 p120ctn 表达的影响. 右江民族医学院学报. 2003, 25(2): 143-146

[14] 邓家刚，郑作文，杨柯. 芒果苷对内毒素致热家兔体温的影响. 中国实验方剂学杂志. 2006, 12(2): 72-73

[15] 王乃平，邓家刚，黄海滨，李学坚. 芒果叶总苷片的主要药效学研究. 中国中药杂志. 2004, 29(10): 1013-1014

[16] 韦健全，郑子敏，潘勇，许小林，薛强，黄斌学，赖术，黄增琼. 芒果苷对小鼠抗应激作用的实验研究. 右江民族医学院学报. 2003, 25(5): 610-612

[17] AO Aderibigbe, TS Emudianughe, BA Lawal. Evaluation of the antidiabetic action of *Mangifera indica* in mice. *Phytotherapy Research.* 2001, 15(5): 456-458

[18] T Miura, N Iwamoto, M Kato, H Ichiki, M Kubo, Y Komatsu, T Ishida, M Okada, K Tanigawa. The suppressive effect of mangiferin with exercise on blood lipids in type 2 diabetes. *Biological & Pharmaceutical Bulletin.* 2001, 24(9): 1091-1092

[19] 成海龙，李玉华，卞庆亚. 芒果苷对实验性肝损伤大鼠酶及形态变化影响的研究. 中国实验动物学杂志. 1999, 9(1): 24-27

[20] 夏中生，韩春华，何国英，唐延崇，韦励平. 芒果叶提取物体外抑菌及抑制鸡新城疫病毒增殖试验研究. 广西农业生物技术. 2004, 23(4): 274-277

[21] 郑作文，邓家刚，杨柯. 芒果苷在 2215 细胞培养中对乙肝病毒 HBsAg、HBeAg 分泌的影响. 中医药学刊. 2004, 22(9): 1645-1646

紫茉莉 Zimoli

Mirabilis jalapa L.
Common Four-O'clock

紫茉莉科

概 述

紫茉莉科 (Nyctaginaceae) 植物紫茉莉 *Mirabilis jalapa* L., 其干燥根入药。中药名：紫茉莉根。

紫茉莉属 (*Mirabilis*) 植物全世界约有 50 种，分布于热带美洲。中国栽培 1 种，有时逸为野生，可供药用。本种中国各地均有栽培，原产于热带美洲。

紫茉莉根以"白花参"药用之名，始载于《滇南本草》，列于苦丁香项下。中国岭南地区称其为入地老鼠。历代本草多有著录，古今药用品种一致。中国各地均产。

紫茉莉中主要含鱼藤酮类、生物碱类、萜类成分等。

药理研究表明，紫茉莉具有降血糖、抗前列腺增生、抗病毒、抗菌等作用。

中医理论认为紫茉莉根有清热利湿，解毒活血的功效。

紫茉莉 *Mirabilis jalapa* L.

紫茉莉 Zimoli

药材紫茉莉根 Radix Mirabilis Jalapae

2cm

化学成分

紫茉莉根含鱼藤酮类成分：mirabijalones A、B、C、D、9-O-methyl-4-hydroxyboeravinone B、boeravinones C、F[1]；生物碱类成分：葫芦巴碱 (trigonelline)[2]、1,2,3,4-四氢-1-甲基异喹啉-7,8-二醇 (1,2,3,4-tetrahydro-1-methylisoquinoline-7,8-diol)[1]；三萜类成分：α-香树脂素 (α-amyrin)[3]；还含有N-反式阿魏酰基-4'-O-甲基多巴胺 (N-trans-feruloyl-4'-O-methyldopamine)[4]、尿囊素 (allantoin)[5]。

紫茉莉地上部分含有萜类成分：mirabalisol[6]、反式叶绿醇 (trans-phytol)、齐墩果酸 (oleanolic acid)、熊果酸 (ursolic acid)[7]；脂肪酸类成分：mirabalisoic acid[6]；甜菜色素苷类成分：紫茉莉黄素 I、II、III、V (miraxanthins I-III, V)[8]。

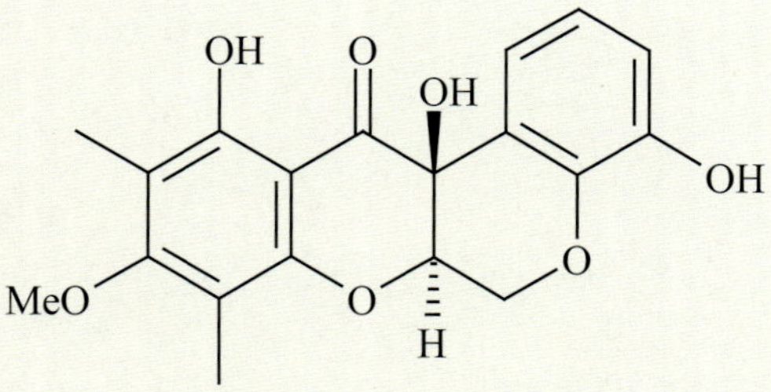

mirabijalone A

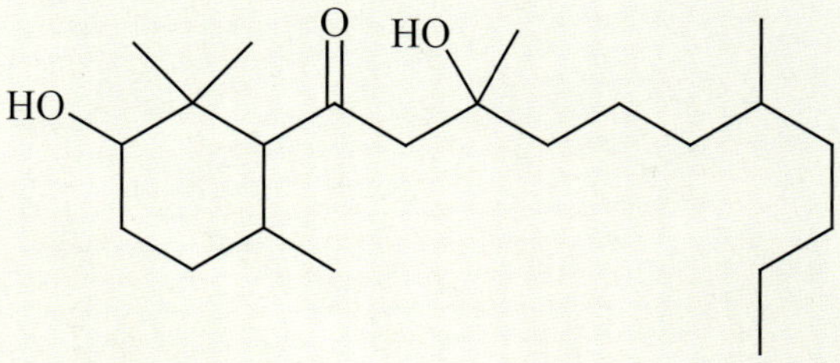

mirabalisol

药理作用

1. 抗菌

N-反式阿魏酰基-4'-O-甲基多巴胺可显著抑制细菌的外泵机理，有效逆转金黄色葡萄球菌的多药耐药性 (MDR)[4]。紫茉莉种子中的粗蛋白及多肽（如Mj-AMP$_1$和Mj-AMP$_2$）对枯草杆菌等革兰氏阳性菌及酵母菌有明显抑制作用[9-11]。

2. 抗病毒

1,2,3,4-四氢-1-甲基异喹啉-7,8-二醇对I型人类免疫缺陷病毒(HIV-1)的逆转录酶有抑制作用[1]。

3. 抗肿瘤

紫茉莉中的蛋白（粗蛋白、MAP等）对肿瘤细胞有抗增殖活性，可明显抑制小鼠成纤维细胞L929的生长[9, 12]。

4. 降血糖

紫茉莉根水提物灌胃给药，可显著降低四氧嘧啶致高血糖小鼠的血糖水平[13]。

5. 抗前列腺增生

紫茉莉根水提物口服给药，能减少小鼠前列腺重量，降低血清内睾酮和二氢睾酮的含量，对前列腺增生有抑制作用，可能是由于抑制睾酮转化成二氢睾酮[14]。

6. 其他

紫茉莉中的蛋白MAP对妊娠小鼠有致流产作用[12]。

应用

本品为中医临床用药。功能：清热利湿，解毒活血。主治：热淋，白浊，水肿，赤白带下，关节肿痛，痈疮肿毒，乳痈，跌打损伤，月经不调。

现代临床还用于淋症、关节肿痛、乳痈、尿血、糖尿病、咽喉肿痛及各种妇科病的治疗[15]。

评注

紫茉莉不仅根入药，其地上部分（包括叶、果实、花）也作药用。功效与根类似。

紫茉莉的根在性状上与兰科植物天麻 *Gastrodia elata* Bl. 十分相似，容易混淆，为常见的天麻伪品。但两者功用、主治完全不同，曾有将紫茉莉的根误作天麻用而发生中毒事故，值得注意[16]。

紫茉莉作为一种观赏花卉和传统中药，在中国各地广泛种植。近年,紫茉莉新的功能被不断发现，如降血糖、抗前列腺增生等。据报道，紫茉莉的种子还能作为天然淀粉和化妆品的生产原料[17]。所以在紫茉莉的开发利用时，应加强新技术的应用，研究不同部位的化学成分和药理作用，以综合利用该植物的各个部位。

参考文献

[1] YF Wang, JJ Chen, Y Yang, YT Zheng, SZ Tang, SD Luo. New rotenoids from roots of *Mirabilis jalapa*. *Helvetica Chimica Acta*. 2002, 85(8): 2342-2348

[2] 宋粉云，张德志，钟运香，王伟，曾韶辉. HPLC法测定紫茉莉根中葫芦巴碱的含量. 中药新药与临床药理. 2005, 16(3): 189-191

[3] S Begum, Q Adil, BS Siddiqui, S Siddiqui. Triterpenes from *Mirabilis jalapa*. *Fitoterapia*. 1994, 65(2): 177

[4] S Michalet, G Chartier, B David, AM Mariotte, MG Dijoux-Franca, GW Kaatz, M Stavri, S Gibons. N-Caffeoylphenalkylamide derivatives as bacterial efflux pump inhibitors. *Bioorganic & Medicinal Chemistry Letters*. 2007, 17(6): 1755-1758

[5] 危英，杨小生，郝小江. 紫茉莉根的化学成分. 中国中药杂志. 2003, 28(12): 1151-1152

[6] M Ali, SH Ansari, E Porchezhian. Constituents of the flowers of *Mirabilis jalapa*. *Journal of Medicinal and Aromatic Plant Sciences*. 2001, 23(4): 662-665

[7] BS Siddiqui, Q Adil, S Begum, S Siddiqui. Terpenoids and steroids of the aerial parts of *Mirabilis jalapa* Linn. *Pakistan Journal of Scientific and Industrial Research*. 1994, 37(3): 108-110

[8] M Piattelli, L Minale, RA Nicolaus. Pigments of centrospermae. V. Betaxanthins from *Mirabilis jalapa*. *Phytochemistry*. 1965, 4(6): 817-823

[9] W Leelamanit, P Lertkunakorn, S Prapaitrkul, R Watthanachaiyingcharoen, O Luanrat, N Ruangwises, P Suppakpatana. Biochemical properties of proteins isolated from *Mirabilis jalapa*. *Warasan Phesatchasat*. 2002, **29**(1-2): 17-22

[10] BPA Cammue, MFC De Bolle, FRG Terras, P Proost, J Van Damme, B Sarah, J Vanderleyden, WF Broekaert. Isolation and characterization of a novel class of plant antimicrobial peptides from *Mirabilis jalapa* L. seeds. *Journal of Biological Chemistry*. 1992, **267**(4): 2228-2233

[11] MFC De Bolle, FRG Terras, BPA Cammue, SB Rees, WF Broekaert. Mirabilis jalapa antibacterial peptides and Raphanus sativus antifungal proteins: a comparative study of their structure and biological activities. *Developments in Plant Pathology*. 1993, **2**: 433-436

[12] RNS Wong, TB Ng, SH Chan, TX Dong, HW Yeung. Characterization of Mirabilis antiviral protein, a ribosome inactivating protein from *Mirabilis jalapa* L. *Biochemistry International*. 1992, **28**(4): 585-593

[13] 李娟好,李明亚,张德志,黄小则. 紫茉莉根水提物降血糖作用的研究. 广东药学院学报. 2006, **22**(3): 299-305

[14] 王峻,崔学教,柯玉诗,黄庆,陈铭,谢建兴,姚建武. 紫花茉莉抗实验性前列腺增生的作用观察. 广州中医药大学学报. 2005, **22**(5): 393-395

[15] 谭经福. 紫茉莉在妇科病的应用. 中国民族民间医药杂志. 2005, **72**: 60

[16] 李文. 天麻及其伪品紫茉莉的鉴别. 时珍国医国药. 2004, **15**(11): 769-770

[17] 李西安,李丕高,曹庆生,王国埃. 陕北紫茉莉种子的化学成分研究. 延安大学学报(自然科学版). 2003, **22**(2): 42-43

紫茉莉种植地

苦瓜 Kugua IP

葫芦科

Momordica charantia L.
Bitter Gourd

概述

葫芦科 (Cucurbitaceae) 植物苦瓜 *Momordica charantia* L., 其干燥近成熟果实入药。中药名：苦瓜。

苦瓜属 (*Momordica*) 植物全世界约 80 种，主要分布于非洲热带地区，少数种类在温带地区有栽培。中国有 4 种，主要分布于南部和西南部地区，个别种在温带地区有栽培。本属现药用者约 2 种。中国南北均普遍栽培，也广泛栽培于世界热带到温带地区。

苦瓜以"锦荔枝"药用之名，始载于《救荒本草》。历代本草多有著录，古今药用品种一致。《广东省中药材标准》收载本种为中药苦瓜的原植物来源种。中国各地均产。

苦瓜果实及种子主要含三萜皂苷类化合物。

药理研究表明，苦瓜具有降血糖、抗病毒、抗肿瘤、抗动脉粥样硬化、抗生育、调节免疫、抗衰老、抗菌等作用。

中医理论认为苦瓜有清暑除热，明目解毒的功效。

苦瓜 *Momordica charantia* L.

苦瓜 Kugua

药材苦瓜 Fructus Momordicae Charantiae

1cm

化学成分

苦瓜果实含三萜及三萜皂苷类成分：苦瓜苷A、B[1]、F₁、F₂、G、I[2]、K、L[3] (momordicosides A – B, F₁ – F₂, G, I, K – L)、苦瓜皂苷元I (aglycone of momordicoside I)[4]、goyaglycosides a、b、c、d、e、f、g、h、goyasaponins I、II、III[5]、momordicin、momordicinin、momordicilin、momordenol[6]、karavilagenins D、

momordicoside A

momordol

E、karavilosides VI、VII、VIII、IX、X、XI[7]；酚性成分：没食子酸 (gallic acid)、龙胆酸 (gentisic acid)、儿茶素 (catechin)、绿原酸 (chlorogenic acid)、表儿茶精 (epicatechin)[8]；此外，还含 momordol[6]、charine[9]、苦瓜脑苷 (momor-cerebroside)、大豆脑苷 (soya-cerebroside)、苦瓜亭 (charantin)[10]。

苦瓜种子含皂苷类成分：苦瓜苷A、B、C、D、E (momordicosides A-E)[11-12]、苦瓜子苷A、B (momorcharasides A-B)[13]；还含α-、β-苦瓜素 (α-, β-momorcharins)[14]、苦瓜凝集素 (momordica charantia lectin)[15]。

药理作用

1. **降血糖**
   鲜苦瓜、苦瓜干、苦瓜皂苷、苦瓜子、苦瓜叶对四氧嘧啶、葡萄糖、链脲霉素等所致的多种糖尿病动物模型、遗传性糖尿病及正常动物的血糖均有明显的降血糖作用。其提高动物血浆胰岛素含量及降血糖效果可以与格列本脲 (glibenclamide) 相比。苦瓜还能恢复糖尿病动物的抗氧化功能，降低糖尿病的并发症。机理研究表明，苦瓜的降血糖作用与减少葡萄糖的吸收，促进糖原合成而增加葡萄糖储存，增加组织对葡萄糖的利用，对抗氧化应激损伤，改善β细胞分泌胰岛素的能力等有关[16-20]。

2. **抗病毒**
   苦瓜种子所含 MAP30 蛋白及皂苷对 I 型人类免疫缺陷病毒 (HIV-1)、疱疹病毒、乙肝病毒、乙脑病毒等均有明显的抑制作用；苦瓜素体外对柯萨奇病毒等有明显的抑制作用[13, 21-24]。

3. **抗肿瘤**
   苦瓜水提物及提取物精制部分（含苦瓜蛋白 MAP30）对乳腺癌、皮肤肿瘤和胃癌等均有抗肿瘤活性。苦瓜抗肿瘤机理与抑制肿瘤细胞蛋白的合成有关[25-28]。

4. **抗动脉粥样硬化**
   含苦瓜果肉的饲料能降低饲喂胆固醇家兔的血清总胆固醇 (TC)、低密度脂蛋白胆固醇 (LDL-C) 和血管壁 TC 水平，还能减少动脉粥样病变面积和内膜厚度、降低 I/M 比值及脂肪肝的程度[29]。

5. **抗生育**
   α-苦瓜素、β-苦瓜素能引起怀孕小鼠的早期和中期流产，对内脏卵黄囊有毒害作用，在早期器官发生阶段可导致畸胎的发生。α-苦瓜素还有抗着床作用，在怀孕早期可影响桑椹胚的发育而终止妊娠[30]。苦瓜果实中提取的一种蛋白质能抑制雄鼠的精子发育，有显著的抗生育活性[31]。

6. **调节免疫**
   苦瓜汁和苦瓜提取液灌胃能显著增强正常小鼠的血凝抗体滴度、血清溶菌酶的含量和血中白细胞的吞噬能力[32]。苦瓜皂苷口服给药还可改善老年荷瘤小鼠免疫功能，增高血清白介素-2 (IL-2) 水平和肿瘤坏死因子α (TNF-α) 含量，增强机体抗肿瘤能力[33]。

7. **抗衰老**
   苦瓜皂苷口服给药能显著促进雌性老年小鼠雌激素受体蛋白的表达，改善血清 IL-2 水平、胸腺指数和吞噬功能，有改善衰老机体内分泌功能和免疫功能的作用[34-35]。

8. **抗菌**
   苦瓜果肉及苦瓜子提取物体外对金黄色葡萄球菌、枯草杆菌、大肠杆菌、变形杆菌、白色葡萄球菌和黑腐菌等均有不同程度的抑制作用[36]。

9. **其他**
   苦瓜还有抗突变的作用[37]。

苦瓜 Kugua

应用

本品为中国民间草药。功能：清暑除热，明目解毒。主治：热病烦渴引饮，中暑发热，湿热泄泻、痢疾，肝热目赤疼痛，痈肿丹毒，恶疮。

现代临床还用于糖尿病的治疗。

评注

苦瓜为常见蔬菜，其皂苷成分功用广泛，在糖尿病的治疗上具有显著的效果，有可观的药用和食用价值。由于苦瓜果实和种子均有抗生育作用，在食用及药用时应对其安全性加以重视。

参考文献

[1] 谢慧媛，黄淑霞，邓胡宁，吴忠，李爱民．中药苦瓜化学成分研究．中药材．1998，**21**(9)：458-459

[2] H Okabe, Y Miyahara, T Yamauchi. Studies on the constituents of *Momordica charantia* L. III. Characterization of new cucurbitacin glycosides of the immature fruits. (1). Structures of momordicosides G, F_1, F_2 and I. *Chemical & Pharmaceutical Bulletin*. 1982, **30**(11): 3977-3986

[3] H Okabe, Y Miyahara, T Yamauchi. Studies on the constituents of *Momordica charantia* L. IV. Characterization of the new cucurbitacin glycosides of the immature fruits. (2). Structures of the bitter glycosides, momordicosides K and L. *Chemical & Pharmaceutical Bulletin*. 1982, **30**(12): 4334-4340

[4] L Harinantenaina, M Tanaka, S Takaoka, M Oda, O Mogami, M Uchida, Y Asakawa. *Momordica charantia* constituents and antidiabetic screening of the isolated major compounds. *Chemical & Pharmaceutical Bulletin*. 2006, **54**(7): 1017-1021

[5] T Murakami, A Emoto, H Matsuda, M Yoshikawa. Medicinal foodstuffs. XXI. Structures of new cucurbitane-type triterpene glycosides, goyaglycosides-a, -b, -c, -d, -e, -f, -g, and -h, and new oleanane-type triterpene saponins, goyasaponins I, II, and III, from the fresh fruit of japanese *Momordica charantia* L. *Chemical & Pharmaceutical Bulletin*. 2001, **49**(1): 54-63

[6] S Begum, M Ahmed, BS Siddiqui, A Khan, ZS Saify, M Arif. Triterpenes, a sterol and a monocyclic alcohol from *Momordica charantia*. *Phytochemistry*. 1997, **44**(7): 1313-1320

[7] H Matsuda, S Nakamura, T Murakami, M Yoshikawa. Structures of new cucurbitane-type triterpenes and glycosides, karavilagenins D and E, and karavilosides VI, VII, VIII, IX, X, and XI, from the fruit of *Momordica charantia*. *Heterocycles*. 2007, **71**(2): 331-341

[8] R Horax, N Hettiarachchy, S Islam. Total phenolic contents and phenolic acid constituents in 4 varieties of bitter melons (*Momordica charantia*) and antioxidant activities of their extracts. *Journal of Food Science*. 2005, **70**(4): C275-C280

[9] S El-Gengaihi, MS Karawya, MA Selim, HM Motawe, N Ibrahim, LM Faddah. A novel pyrimidine glycoside from *Momordica charantia* L. *Pharmazie*. 1995, **50**(5): 361-362

[10] 肖志艳，陈迪华，斯建勇．苦瓜的化学成分研究．中草药．2000，**31**(8)：571-573

[11] H Okabe, Y Miyahara, T Yamauchi, K Miyahara, T Kawasaki. Studies on the constituents of *Momordica charantia* L. I. Isolation and characterization of momordicosides A and B, glycosides of a pentahydroxy-cucurbitane triterpene. *Chemical & Pharmaceutical Bulletin*. 1980, **28**(9): 2753-2762

[12] Y Miyahara, H Okabe, T Yamauchi. Studies on the constituents of Momordica charantia L. II. Isolation and characterization of minor seed glycosides, momordicosides C, D and E. *Chemical & Pharmaceutical Bulletin*. 1981, **29**(6): 1561-1566

[13] 成兰英，唐琳，颜钫，王水，陈放．苦瓜茎叶总皂苷的提取及抗HSV-II型疱疹病毒作用研究．四川大学学报（自然科学版）．2004，**41**(3)：641-643

[14] PMF Tse, TB Ng, WP Fong, RNS Wong, CC Wan, NK Mak, HW Yeung. New ribosome-inactivating proteins from seeds and fruits of the bitter gourd *Momordica charantia*. *International Journal of Biochemistry & Cell Biology*. 1999, **31**(9): 895-901

[15] NAM Sultan, MJ Swamy. Energetics of carbohydrate binding to *Momordica charantia* (bitter gourd) lectin: an isothermal titration calorimetric study. *Archives of Biochemistry and Biophysics*. 2005, **437**(1): 115-125

[16] 范玉玲，崔福德．苦瓜有效部位降糖活性的比较研究．沈阳药科大学学报．2001，**18**(1)：50-52

[17] 张萍萍，王峰，薛爱琴．苦瓜素降血糖作用的实验研究．江苏中医．1992，**7**：30-31

[18] S Sarkar, M Pranava, R Marita. Demonstration of the hypoglycemic action of *Momordica charantia* in a validated animal model of diabetes. *Pharmacological Research*. 1996, **33**(1): 1-4

[19] 刘秀英. 苦瓜降血糖作用机制研究进展. 国外医学（卫生学分册）. 2006, **33**(4): 224-227

[20] J Virdi, S Sivakami, S Shahani, AC Suthar, MM Banavalikar, MK Biyani. Antihyperglycemic effects of three extracts from *Momordica charantia*. *Journal of Ethnopharmacology*. 2003, **88**(1): 107-111

[21] 李双杰, 王佐, 张召才, 陈瑞珍, 杨英珍, 陈灏珠, 葛均波. 苦瓜素对小鼠柯萨奇 B_3 病毒性心肌炎的治疗作用. 中草药. 2004, **35**(10): 1155-1157

[22] 王临旭, 孙永涛, 杨为松, 白雪帆, 黄长形, 王福祥, 王九平, 羿伟. 植物蛋白 MAP30 等药物抗 HBV 的体外实验. 第四军医大学学报. 2003, **24**(9): 840-843

[23] 黄天民, 许兆祥, 王燕平, 曲凤珍, 童玲莉. 苦瓜提取物抗病毒作用及其有效成分的研究. 病毒学杂志. 1990, **4**: 367-373

[24] PL Huang, YT Sun, HC Chen, HF Kung, PL Huang, S Lee-Huang. Proteolytic fragments of anti-HIV and anti-tumor proteins MAP30 and GAP31 are biologically active. *Biochemical and Biophysical Research Communications*. 1999, **262**(3): 615-623

[25] E Basch, S Gabardi, C Ulbricht. Bitter melon (*Momordica charantia*): a review of efficacy and safety. *American Journal of Health-system Pharmacy*. 2003, **60**(4): 356-359

[26] A Singh, SP Singh, R Bamezai. *Momordica charantia* (bitter gourd) peel, pulp, seed and whole fruit extract inhibits mouse skin papillomagenesis. *Toxicology Letters*. 1998, **94**(1): 37-46

[27] 李春阳, 贾文祥, 张雪梅, 马巨辉, 张再容, 刘莉. 苦瓜蛋白诱发胃癌细胞 SGC7901 凋亡的研究. 四川肿瘤防治. 2001, **14**(1): 1-4

[28] A Terenzi, A Bolognesi, L Pasqualucci, L Flenghi, S Pileri, H Stein, M Kadin, B Bigerna, L Polito, PL Tazzari, MF Martelli, F Stirpe, B Falini. Anti-CD30 (BER=H2) immunotoxins containing the type-1 ribosome-inactivating proteins momordin and PAP-S (pokeweed antiviral protein from seeds) display powerful antitumour activity against CD_{30}^+ tumour cells *in vitro* and in SCID mice. *British Journal of Haematology*. 1996, **92**(4): 872-879

[29] 王佐, 吕运成, 唐朝克, 姚峰, 王宗保, 刘录山, 易光辉, 杨永宗. 苦瓜抗兔动脉粥样硬化实验研究. 中国病理生理杂志. 2005, **21**(3): 514-518

[30] 王庆华, 于长春, 徐誉泰, 王海仁. α-苦瓜素和 β-苦瓜素的研究进展. 中草药. 1995, **26**(5): 266-267, 271

[31] 常凤岗, 李建梅. 苦瓜抗生育活性成分的化学研究 (I). 中草药. 1995, **26**(6): 281-284

[32] 程光文, 唐跃华, 陈青山, 张赭忠. 苦瓜对小鼠免疫功能的影响. 中草药. 1995, **26**(10): 535-536

[33] 王先远, 金宏, 许志勤, 高兰兴. 苦瓜皂苷对老年荷瘤小鼠免疫功能的影响. 解放军预防医学杂志. 2002, **20**(3): 160-163

[34] 王先远, 金宏, 许志勤, 南文考, 高兰兴. 苦瓜皂苷对衰老动物内分泌功能的影响. 中国应用生理学杂志. 2002, **18**(3): 291-293

[35] 王先远, 金宏, 许志勤, 南文考, 高兰兴. 苦瓜皂苷抗衰老作用研究. 中国医学研究与临床. 2004, **2**(3): 10-11

[36] 傅明辉, 陈健汉, 庄冬红. 苦瓜提取液的抗氧化、抑菌和降血糖活性. 食品科学. 2001, **22**(4): 88-90

[37] 肖成义, 赖琴英. 苦瓜对环磷酰胺致突变活性的影响. 中华预防医学杂志. 1992, **26**(1): 11-12

葫芦科

罗汉果 Luohanguo CP

Momordica grosvenori Swingle

Grosvener Siraitia

概 述

葫芦科 (Cucurbitaceae) 植物罗汉果 *Momordica grosvenori* Swingle，其干燥成熟果实入药。中药名：罗汉果。

罗汉果属 (*Siraitia*) 植物全世界约有 7 种，分布于中国南部、中南半岛和印度尼西亚。中国约有 4 种，本属现供药用者约 2 种。本种分布于中国广西、贵州、湖南、广东、江西等地。

"罗汉果"药用之名，始载于《岭南采药录》，为中国南方地区制作凉茶的常用原料之一。《中国药典》(2005 年版) 收载本种为中药罗汉果的法定原植物来源种。主产于中国广西。

罗汉果中的主要有效成分为三萜皂苷类、黄酮苷类等成分。其中主要甜味成分为罗汉果苷 V。《中国药典》采用热浸法测定，规定罗汉果中水溶性浸出物不得少于 30%，以控制药材质量。

药理研究表明，罗汉果具有降血糖、降血脂、抑制低密度脂蛋白氧化、抗诱变、镇咳祛痰等作用。

中医理论认为罗汉果有清肺利咽，化痰止咳，润肠通便的功效。

罗汉果 *Momordica grosvenori* Swingle

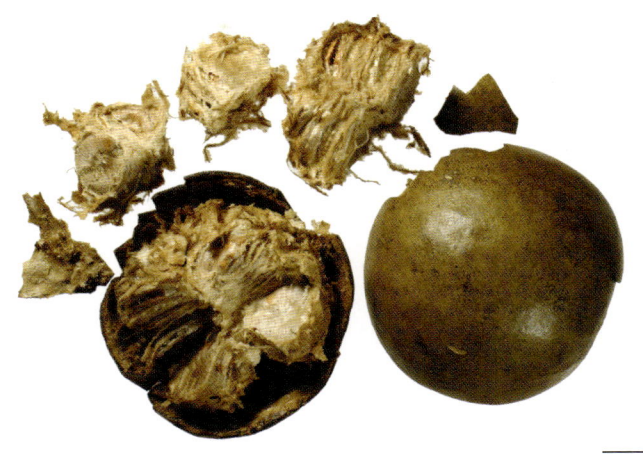

药材罗汉果 Fructus Momordicae

1cm

化学成分

罗汉果的果实含三萜类成分：罗汉果醇 (mogrol)[1]；三萜皂苷类成分：罗汉果苷 II、II_E[2]、II_F、III、IV、V[3]、VI (mogrosides II, II_E, II_F, III - VI)、赛门苷 I (siamenoside I)、11 - 氧代罗汉果苷 V (11 - oxomogroside V)[4]、光果木鳖皂苷 I (grosmomoside I)[2]、罗汉果新苷 (neomogroside)[3]；黄酮苷类成分：罗汉果黄素 (grosvenorine)、山柰苷 (kaempferitrin)[5]。

罗汉果的未成熟果实还分离到三萜皂苷类成分：11 - 氧代罗汉果苷 IA_1、II_E (11 - oxomogrosides IA_1, II_E)、20 - 羟基 - 11 - 氧代罗汉果苷 IA_1 (20 - hydroxy - 11 - oxomogroside IA_1)、罗汉果苷 IVA；黄酮苷类成分：α - rhamnoisorobin[6]。

罗汉果的根含罗汉果酸甲、乙、丙、戊、己 (siraitic acids A - C, E - F)[7-8]等。

药理作用

1. **镇咳祛痰**
   罗汉果水煎液和罗汉果苷灌胃给药均能明显减少浓氨水诱发的小鼠咳嗽次数，延长 SO_2 诱发的小鼠咳嗽潜伏期，增加小鼠气管酚红排泌量[9-10]。

2. **降血糖**
   罗汉果粗提物给大鼠口服可抑制麦芽糖酶的活性，产生降血糖作用，主要有效成分为罗汉果苷 V 等甜味皂苷类化合物[11]。罗汉果皂苷提取物灌胃给药能明显降低四氧嘧啶所致糖尿病小鼠的血糖，其降血糖机理可能与提高糖尿病小鼠的抗氧化能力和改善血脂水平有关[12]。

3. **降血脂**
   罗汉果皂苷提取物灌胃给药能明显降低四氧嘧啶所致糖尿病小鼠血清三酰甘油 (TG) 和胆固醇 (TC) 含量，升高高密度脂蛋白胆固醇 (HDL - C) 含量，使血脂水平趋向正常[12]。

4. **抗氧化**
   罗汉果苷 V、11 - 氧代罗汉果苷 V 等皂苷类成分能抑制低密度脂蛋白 (LDL) 氧化，以 11 - 氧代罗汉果苷 V 作用最为显著，与罗汉果苷的抗动脉粥样硬化作用有关[13]。罗汉果 30% 乙醇提取物体外对超氧自由基和羟自由基均有显著的清除作用[14]。罗汉果苷提取物口服给药能抑制注射铁离子引起的大鼠大脑皮层中硫代巴比妥酸反应产物

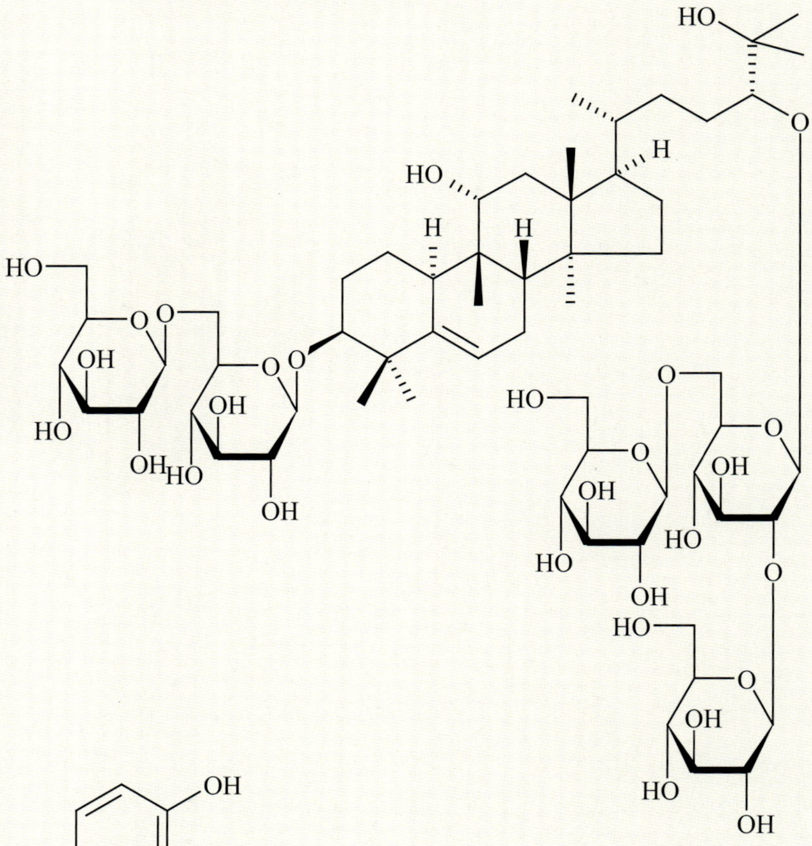

葫芦科

罗汉果 Luohanguo

mogroside V

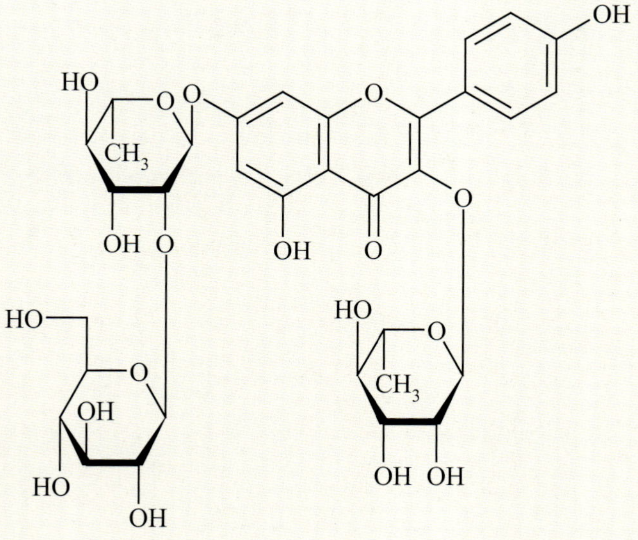

grosvenorine

(TBARS) 和丙二醛 (MDA) 的形成[15]。罗汉果皂苷提取物灌胃给药可降低四氧嘧啶所致糖尿病小鼠肝脏中 MDA 含量，提高超氧化物歧化酶 (SOD) 和还原性谷胱甘肽过氧化物酶 (GSH－Px) 含量，改善糖尿病小鼠的氧化应激水平[12]。

5. **免疫调节功能**

罗汉果皂苷提取物灌胃给药能增加四氧嘧啶所致糖尿病小鼠脾脏 CD_4^+ 淋巴细胞数目，使CD_4^+/CD_8^+ 比值恢复正常，还可显著增加正常小鼠和模型小鼠脾脏淋巴细胞IL－4的表达水平[16-17]。罗汉果提取液体外能显著提高外周血酸性-醋酸萘酯酶阳性淋巴细胞的百分率，增强机体细胞免疫功能，还能提高脾特异性玫瑰花环形成细胞的比率[18]。

6. 对平滑肌的影响

罗汉果乙醇提取物对家兔和小鼠离体回肠的自主活动有显著抑制作用，还可拮抗肾上腺素的作用，使离体家兔回肠由松弛恢复自主收缩活动，对乙酰胆碱、氯化钡引起的肠管强直性收缩也有拮抗作用[19]。

7. 保肝

罗汉果乙醇提取物灌胃能降低四氯化碳或硫代乙酰胺 (TAA) 所致肝损伤小鼠血清谷丙转氨酶 (GPT) 的升高[19]。

8. 抗血栓、抗凝血

罗汉果黄酮给小鼠灌胃对尾静脉注射胶原蛋白和肾上腺素引起的小鼠脑血栓形成有保护作用；大剂量时能抑制二磷酸腺苷 (ADP) 诱导的大鼠血小板聚集，还能明显延长小鼠的凝血时间[20]。

9. 其他

罗汉果还具有抗肿瘤[21]、抗过敏[22]、润肠通便[19]等作用。

应用

本品为中医临床用药。功能：清肺利咽，化痰止咳，润肠通便。主治：肺热咳嗽，咽喉炎，扁桃体炎，急性胃炎，便秘。

现代临床用于治疗喉痛失音、肺燥咳嗽痰多、感冒咳嗽、支气管炎等症。

评注

罗汉果是中国卫生部规定的药食同源品种之一。植物罗汉果除干燥成熟果实作为罗汉果入药外，它的叶和根都有药用价值。罗汉果的叶有解毒，止痒的功能。根据民间经验，取鲜罗汉果叶以火烘热搓软揉皮癣，或捣烂外敷疮毒痈肿的部位，均有疗效。而罗汉果的根中含罗汉果酸甲、乙、丙、戊、己 (siraitic acids A – C, E – F)，为新的去甲葫芦烷三萜酸，中国壮、侗、瑶和苗族等少数民族地区用罗汉果根治疗腹泻、咳嗽、肺结核等。

罗汉果苷具有甜度高，低热量，无毒等优点，很适合目前食品市场对低热量甜味剂的需求。研究发现，罗汉果的甜味物质随生长周期增加，其含量也逐渐增加，但到达一定的时间就趋于稳定。与此同时，罗汉果中的黄酮类物质则逐渐减少[23]。所以，应根据需求选择罗汉果的采摘时间。

参考文献

[1] T Takemoto, S Arihara, T Nakajima, M Okuhira. Studies on the constituents of Fructus Momordicae. II. Structure of sapogenin. *Yakugaku Zasshi*. 1983, **103**(11): 1155-1166

[2] 杨秀伟，张建业，钱忠明．罗汉果中一新葫芦烷型三萜皂苷——光果木鳖皂苷 I．中草药．2005, **36**(9): 1285-1290

[3] 斯建勇，陈迪华．罗汉果中三萜苷的分离和结构测定．植物学报．1996, **38**(6): 489-494

[4] 戚向阳，张俐勤，单夏锋，陈维军，宋云飞．高效液相色谱——电喷雾质谱联用法分析罗汉果皂苷．中国农业科学．2005, **38**(10): 2096-2101

[5] 斯建勇，陈迪华，常琪，沈连钢．鲜罗汉果中黄酮苷的分离及结构测定．药学学报．1994, **29**(2): 158-160

[6] DP Li, T Ikeda, N Matsuoka, T Nohara, HR Zhang, T Sakamoto, GI Nonaka. Cucurbitane glycosides from unripe fruits of Lo Han Kuo (*Siraitia grosvenori*). *Chemical & Pharmaceutical Bulletin*. 2006, **54**(10): 1425-1428

[7] 斯建勇，陈迪华，沈连钢，涂光忠．广西特产植物罗汉果根的化学成分研究．药学学报．1999, **34**(12): 918-920

[8] JY Si, DH Chen, GZ Tu. Siraitic Acid F, a new nor-cucurbitacin with novel skeleton, from the roots of *Siraitia grosvenori*. *Journal of Asian Natural Products Research*. 2005, **7**(1): 37-41

[9] 周欣欣，宋俊生．罗汉果及罗汉果提取物药理作用的研究．中医药学刊．2004, **22**(9): 1723-1724

罗汉果 Luohanguo

[10] 王霆，黄志江，蒋毅珉，周曙，苏玲，姜世英，刘国卿．罗汉果甜苷的生物活性研究．中草药．1999, 30(12)：914-916

[11] YA Suzuki, Y Murata, H Inui, M Sugiura, Y Nakano. Triterpene glycosides of *Siraitia grosvenori* inhibit rat intestinal maltase and suppress the rise in blood glucose level after a single oral administration of maltose in rats. *Journal of Agricultural and Food Chemistry*. 2005, 53(8): 2941-2946

[12] 张俐勤，戚向阳，陈维军，宋云飞．罗汉果皂苷提取物对糖尿病小鼠血糖、血脂及抗氧化作用的影响．中国药理学通报．2006, 22(2)：237-240

[13] E Takeo, H Yoshida, N Tada, T Shingu, H Matsuura, Y Murata, S Yoshikawa, T Ishikawa, H Nakamura, F Ohsuzu, H Kohda. Sweet elements of *Siraitia grosvenori* inhibit oxidative modification of low-density lipoprotein. *Journal of Atherosclerosis and Thrombosis*. 2002, 9(2): 114-120

[14] 郝桂霞．罗汉果提取液对自由基的清除作用．江西化工．2005, 12(4)：89-90

[15] HL Shi, M Hiramatsu, M Komatsu, T Kayama. Antioxidant property of fructus Momordicae extract. *Biochemistry and Molecular Biology International*. 1996, 40(6): 1111-1121

[16] 陈维军，宋方方，刘烈刚，戚向阳，谢笔钧，宋云飞．罗汉果皂苷提取物对 1 型糖尿病小鼠细胞免疫功能的影响．营养学报．2006, 28(3)：221-225

[17] FF Song, WJ Chen, WB Jia, P Yao, AK Nussler, XF Sun, LG Liu. A natural sweetener, *Momordica grosvenori*, attenuates the imbalance of cellular immune functions in alloxan-induced diabetic mice. *Phytotherapy Research*. 2006, 20(7): 552-560

[18] 王密，宋志军，柯美珍，农夫力，王勤．不同剂量的罗汉果对大鼠免疫功能的影响．广西医科大学学报．1994, 11(4)：408-410

[19] 王勤，李爱媛，李献萍，张杰，梁定斌，仇奋丽，黄荣奇，林漓．罗汉果的药理作用研究．中国中药杂志．1999, 24(7)：425-428

[20] 陈全斌，沈钟苏，韦正波，钟正贤．罗汉果黄酮的活血化瘀药理作用研究．广西科学．2005, 12(4)：316-319

[21] T Konoshima. Inhibitory effects of sweet glycosides from fruits of *Siraitia grosvenori* on two stage carcinogenesis. *Food Style 21*. 2004, 8(2): 77-81

[22] MA Hossen, Y Shinmei, SS Jiang, M Takubo, T Tsumuro, Y Murata, M Sugiura, C Kamei. Effect of Lo Han Kuo (*Siraitia grosvenori* Swingle) on nasal rubbing and scratching behavior in ICR mice. *Biological & Pharmaceutical Bulletin*. 2005, 28(2): 238-241

[23] 陈全斌，义祥辉，余丽娟，杨瑞云，杨建香．不同生长周期的罗汉果鲜果中甜苷 V 和总黄酮含量变化规律研究．广西植物．2005, 25(3)：274-277

罗汉果种植基地

巴戟天 Bajitian CP, KHP, VP

Morinda officinalis How
Medicinal Indianmulberry

茜草科

概 述

茜草科 (Rubiaceae) 植物巴戟天 *Morinda officinalis* How，其干燥根入药。中药名：巴戟天。

巴戟天属 (*Morinda*) 植物全世界约 102 种，分布于热带、亚热带和温带地区。中国有 26 种、1 亚种、6 变种，分布于西南、华南、东南和华中等长江流域以南各省区，本属现供药用者约 5 种。本种分布于中国福建、广东、海南、广西等省区的热带和亚热带地区。

"巴戟天"药用之名，始载于《神农本草经》，列为上品。历代本草多有著录。不同历史时期巴戟天的主流品种有所不同，本种为清末发展出的新品种，由于其助阳作用明显，现已成为市售商品的主流品种[1]。《中国药典》(2005年版) 收载本种为中药巴戟天的法定原植物来源种。主产于广东高要、德庆及广西苍梧、百色等地区，福建南部诸县也产。

巴戟天根含蒽醌类、环烯醚萜苷类和低聚糖类等成分。《中国药典》采用薄层色谱法鉴别，以控制药材质量。

药理研究表明，巴戟天的根具有抗抑郁、提高机体机能、增强免疫、促进骨骼生长等作用。

中医理论认为巴戟天具有补肾阳，强筋骨，祛风湿等功效。

巴戟天 *Morinda officinalis* How（果枝）

巴戟天 Bajitian

巴戟天 *Morinda officinalis* How（花枝）

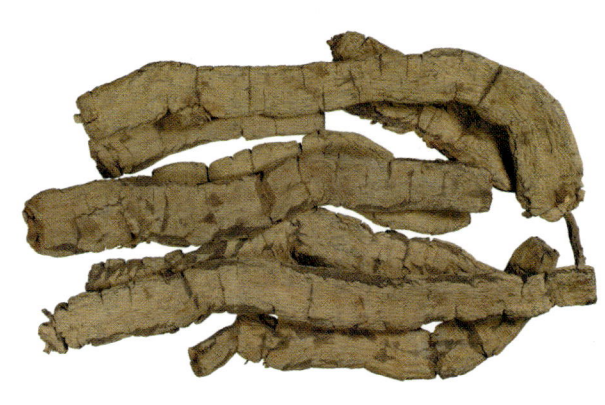

药材巴戟天 Radix Morindae Officinalis

1cm

化学成分

巴戟天的根含蒽醌类成分：1,6-二羟基-2,4-二甲氧基蒽醌(1,6-dihydroxy-2,4-dimethoxy-anthraquinone)、1,6-二羟基-2-甲氧基蒽醌 (1,6-dihydroxy-2-methoxy-anthraquinone)、甲基异茜草素 (rubiadin)、甲基异茜草素-1-甲醚 (rubiadin-1-methylether)、1-羟基-2-甲基蒽醌 (1-hydroxy-2-methylanthraquinone)、1-羟基-2-甲氧基蒽醌 (1-hydroxy-2-methoxyanthraquinone)、大黄素甲醚 (physcion)、1-羟基蒽醌 (1-hydroxy anthraquinone)[2]、2-甲基蒽醌 (2-methyl anthraquinone)[3]、2-羟基-3-羟甲基蒽醌 (2-hydroxy-3-hydroxymethyl anthraquinone)[4]；环烯醚萜及其苷类：四乙酰车叶草苷 (asperuloside tetraacetate)、水晶兰苷 (monotropein)[5]、morindolide、morofficinaloside[6]、去乙酰车叶草酸 (deacetylasperulosidic acid)[7]；具有抗抑郁活性的低聚糖类：耐斯糖 (nystose)、1F-果呋喃糖基耐斯糖 (1F-fructofuranosylnystose)、菊淀粉型六聚糖、七聚糖 (inulin-type hexasaccharide, heptasaccharide)[8]；环丙酮类衍生物：巴戟天素 (officinalisin)[9]。

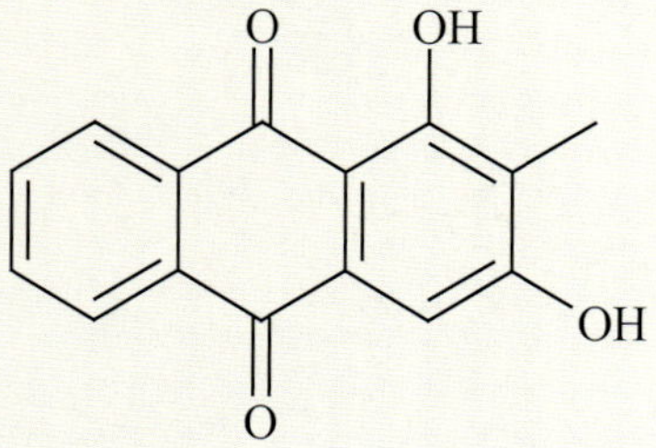

rubiadin

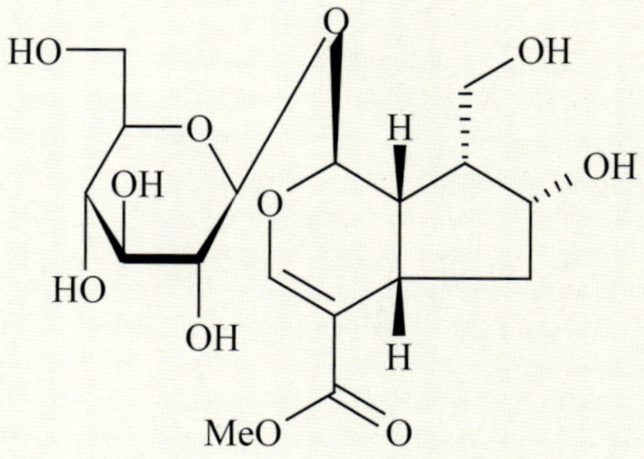

morofficinaloside

药理作用

1. **抗抑郁**
   巴戟天醇提取物经口给药可明显缩短强迫性游泳模型小鼠的不动时间；腹腔注射能显著增强低速率差式强化程序实验中大鼠的强化数，减少获得性无助抑郁模型大鼠逃避失败的次数，抗抑郁活性成分可能是菊淀粉型六聚糖和七聚糖[10-12]。作用机理为巴戟天低聚糖可对抗皮质酮诱导的PC12细胞凋亡[13]，减弱PC12细胞内钙离子超载，上调神经生长因子mRNA表达，从而产生神经保护作用[14-15]；也可能是通过5-羟色胺能神经系统起作用[16]；同时与保护N-甲基-D-天冬氨酸(NMDA)损伤的原代培养大鼠皮层细胞也有关系[17]。

2. **提高机体机能，增强免疫**
   巴戟天水煎液给小鼠灌胃能显著增加小鼠体重，延长游泳时间，提高抗疲劳能力；增加甲基硫氧嘧啶导致的甲状腺功能低下小鼠的耗氧量，使脑中升高的M受体最大结合容量恢复正常[18]；对抗环磷酰胺引起的小鼠免疫抑制，使周边血中白细胞数量明显升高，促进单核吞噬细胞系统对刚果红的廓清率，增强腹腔巨噬细胞吞噬鸡红细胞的能力[19]；还可促进刀豆蛋白A(ConA)诱导的免疫模型小鼠脾淋巴细胞的转化增殖，提高小鼠脾淋巴细胞产生白介素2(IL-2)及γ干扰素(IFN-γ)的水平[20]。巴戟天多糖灌胃能增加幼年小鼠胸腺重量，提高脾脏产生免疫特异玫瑰花结形成细胞以及巨噬细胞的吞噬能力[21]。巴戟天低聚糖体外可显著增强小鼠脾细胞增殖反应，增加小鼠脾细胞抗体形成细胞数目[22]。巴戟天水提液灌胃还能提高S_{180}荷瘤小鼠的免疫功能[23]，增强老年小鼠脾淋巴细胞增殖能力及IL-2活性，调节并改善机体和红细胞免疫功能[24]。

3. **对生殖系统的影响**
   巴戟天水煎液给雌性大鼠灌服，可使卵巢、子宫和垂体重量增加，并增加卵巢中人绒毛膜促性腺激素/促黄体激素(HCG/LH)受体的功能，还能提高卵巢对促黄体激素(LH)的反应，促进排卵黄体生成并维持黄体功能；还能使大鼠注射黄体释放激素(LRH)后，垂体促黄体激素分泌反应显著增加[25]。雄性小鼠连续灌胃巴戟天水煎液可对精原细胞和初级精母细胞产生作用，显著降低精子畸形率[26]。巴戟天水提物对人精子膜的脂质过氧化损伤有显著的干预作用，明显保护精子膜结构和功能[27]。

4. **对骨骼系统的影响**
   巴戟天水提液和醇提物灌胃能使与成骨细胞分化有关的核心结合因子α1(Cbfα1)表达加强，促进骨髓基质细胞向成骨细胞分化，从而促进骨形成，以醇提物活性更为显著[28-29]。

5. **对心肌细胞的影响**
   巴戟天醇提液中正丁醇可溶部分体外对抗缺氧复氧心肌细胞具有明显的抗缺氧复氧损伤和保护心肌作用[30]。巴戟天水提液灌胃对大鼠心肌缺血再灌注损伤也有保护作用[31]；还能通过抗氧化作用抑制过度训练导致大鼠心肌细胞的过度凋亡，发挥保护心肌作用[32]。

6. **保肝**
   巴戟天水煎液灌胃能减弱四氯化碳所致急性肝损伤模型小鼠肝细胞受损程度[33]；还能明显抑制小鼠移植性肝癌肿瘤的生长[34]。

7. **其他**
   巴戟天还具有抗应激[35]、降血糖、抗氧化[36]、促进造血功能[37]、抗炎[38]、抑制晶状体醛糖还原酶[39]、提高果蝇性活力和羽化率[40]等作用。

应用

本品为中医临床用药。功能：补肾壮阳，强筋壮骨，祛风除湿。主治：肾虚阳痿，遗精早泄，少腹冷痛，小便不禁，宫冷不孕，风寒湿痹，腰膝酸软，风湿脚气。

巴戟天 Bajitian

现代临床还用于肾病综合征等病的治疗。

评注

巴戟天是重要的补肾壮阳中药之一，也是中国著名的四大南药之一。长期以来，当地居民有"与肉同煲"的食用习惯，是常见的药食两用品种。

巴戟天生产周期长，一般需种植 4 年以上方可采收。目前，在中国广东德庆县已有 GAP 种植基地。但是据报道，不同栽培品种的巴戟天在遗传水平和化学成分均有差异[41]，选种栽培时应注意种质资源的选择。

对中药巴戟天的研究，除传统功效的作用机理外，也发现了许多新的活性，其中抗抑郁作用显著，在研究开发天然抗抑郁药物方面具有很大潜力。

参考文献

[1] 乔智胜，苏中武，李承祜．巴戟天应用的名实沿革考．广西植物．1993，13(3)：252-256

[2] 杨燕军，舒惠一，闵知大．巴戟天和恩施巴戟的蒽醌化合物．药学学报．1992，27(5)：358-364

[3] 李赛，欧阳强，谈宣中，石珊珊，姚仲青，肖红彬，章仲懿，王伯涛，周自新，梅志英．巴戟天的化学成分研究．中国中药杂志．1991，16(11)：675-676

[4] 周法兴，文洁，马燕．巴戟天的化学成分研究．中药通报．1986，11(9)：42-43

[5] 陈玉武，薛智．巴戟天化学成分研究．中药通报．1987，12(10)：613-614

[6] M Yoshikawa, S Yamaguchi, H Nishisaka, J Yamahara, N Murakami. Chemical constituents of Chinese natural medicine, Morindae Radix, the dried root of *Morinda officinalis* How.: structures of morindolide and morofficinaloside. *Chemical & Pharmaceutical Bulletin*. 1995, 43(9): 1462-1465

[7] J Choi, KT Lee, MY Choi, JH Nam, HJ Jung, SK Park, HJ Park. Antinociceptive anti-inflammatory effect of monotropein isolated from the root of *Morinda officinalis*. *Biological & Pharmaceutical Bulletin*. 2005, 28(10): 1915-1918

[8] 崔承彬，杨明，姚志伟，蔡兵，罗质璞，徐玉坤，陈玉华．中药巴戟天中抗抑郁活性成分的研究．中国中药杂志．1995，20(1)：36-39

[9] 姚仲青，郭青，黄彦合．巴戟天中一新的环丙酮类衍生物的分离与结构鉴定．中草药．1998，29(4)：217-218

[10] 张中启，袁莉，赵楠，徐玉坤，杨明，罗质璞．巴戟天醇提取物的抗抑郁作用．中国药学杂志．2000，35(11)：739-741

[11] 张中启，黄世杰，袁莉，赵楠，徐玉坤，杨明，罗质璞，赵毅民，张永祥．巴戟天寡糖对鼠强迫性游泳和获得性无助抑郁模型的影响．中国药理学与毒理学杂志．2001，15(4)：262-265

[12] ZQ Zhang, L Yuan, M Yang, ZP Luo, YM Zhao. The effect of *Morinda officinalis* How, a Chinese traditional medicinal plant, on the DRL 72-s schedule in rats and the forced swimming test in mice. *Pharmacology, Biochemistry, and Behavior*. 2002, 72(1-2): 39-43

[13] YF Li, ZH Gong, M Yang, YM Zhao, ZP Luo. Inhibition of the oligosaccharides extracted from *Morinda officinalis*, a Chinese traditional herbal medicine, on the corticosterone induced apoptosis in PC12 cells. *Life Science*. 2003, 72(8): 933-942

[14] YF Li, YQ Liu, M Yang, HL Wang, WC Huang, YM Zhao, ZP Luo. The cytoprotective effect of inulin-type hexasaccharide extracted from *Morinda officinalis* on PC12 cells against the lesion induced by corticosterone. *Life Science*. 2004, 75(13): 1531-1538

[15] 李云峰，杨明，赵毅民，罗质璞．巴戟天寡糖对皮质酮损伤的 PC12 细胞的保护作用．中国中药杂志．2000，25(9)：551-554

[16] 蔡兵，崔承彬，陈玉华，徐玉坤，罗质璞，杨明，姚志伟．巴戟天中菊淀粉型低聚糖类单体成分对小鼠的抗抑郁作用．中国药理学与毒理学杂志．1996，10(2)：109-112

[17] 刘艳芹，王永安，王伊文，王恒林，岳永娟，李云峰．巴戟天六聚寡糖对N-甲基-D-天冬氨酸损伤的大鼠大脑皮层细胞的保护作用．中国新医药．2004，3(5)：19-21

[18] 乔智胜，吴焕，苏中武，李承祜，王玲华，易宁育，夏宗勤，卞以洁．巴戟天、鄂西巴戟天和川巴戟药理活性的比较．中西医结合杂志．1991，11(7)：415-417

[19] 陈忠，方代南，纪明慧．南药巴戟天水提液对小鼠免疫功能的影响．科技通报．2003，19(3)：244-246

[20] 吕世静，黄槐莲．巴戟天对淋巴细胞增殖及产生细胞因子的调节作用．中医药研究．1997，13(5)：46-48

[21] 陈小娟, 李爱华, 陈再智. 巴戟多糖免疫药理研究. 实用医学杂志. 1995, 11(5): 348-349

[22] 徐超斗, 张永祥, 杨明, 窦振国. 巴戟天寡糖的促免疫活性作用. 解放军药学学报. 2003, 19(6): 466-468

[23] 付嘉, 熊彬. 巴戟天对荷瘤小鼠抗肿瘤作用研究. 中华实用中西医杂志. 2005, 18(16): 729-730

[24] 付嘉, 熊彬, 陈峰, 王建杰, 张涛, 罗文哲. 巴戟天对老龄小鼠免疫功能的影响. 中国老年学杂志. 2005, 25(3): 312-313

[25] 李炳如, 佘运初. 补肾药对下丘脑-垂体-性腺轴功能影响. 中医杂志. 1984, 7: 63

[26] 林健, 姜瑞钗, 陈冠敏, 陈韧雄, 李鸣, 陈鼎雄. 巴戟天对小鼠精子畸形的影响. 海峡药学. 1995, 7(1): 83-84

[27] 杨欣, 张永华, 丁彩飞, 颜志中, 杜静. 巴戟天水提物对人精子膜功能氧化损伤的保护作用. 中国中药杂志. 2006, 31(19): 1614-1617

[28] 王和鸣, 王力, 李楠. 巴戟天对骨髓基质细胞向成骨细胞分化过程Cbfα1表达的影响. 中国中医骨伤科杂志. 2004, 12(6): 22-29

[29] 王和鸣, 王力, 李楠. 巴戟天对骨髓基质细胞向成骨细胞分化影响的实验研究. 福建中医学院学报. 2004, 14(3): 16-20

[30] 张贺鸣, 韩联合, 冯国清, 马香芹. 巴戟天对培养乳鼠心肌细胞缺氧复氧损伤的防护作用. 河南中医学院学报. 2005, 20(3): 20-21

[31] 赵胜, 冯国清, 付润芳, 杨万雷, 张贺鸣, 郭涛, 翁士艾. 巴戟天水提物对大鼠心肌缺血再灌注损伤的保护作用. 浙江中医杂志. 2005, 3: 124-126

[32] 潘新宇, 牛岭. 巴戟天对过度训练大鼠心肌细胞凋亡的影响. 中国临床康复. 2006, 10(3): 102-103

[33] 陈忠, 邓慧臻, 莫启林, 李中文. 不同产地巴戟天主要有效成分含量的测定及其护肝作用的研究. 海南师范学院报（自然科学版）. 2003, 16(4): 64-67

[34] 冯昭明, 肖柳英, 张丹, 陈绮文, 李浩亮, 张宏, 林培英. 巴戟天水提液对小鼠肝癌模型的作用. 广州医药. 1999, 30(5): 65-67

[35] 李云峰, 袁莉, 徐玉坤, 杨明, 赵毅民, 罗质璞. 中药巴戟天寡糖对大、小鼠的抗应激作用. 中国药理学报. 2001, 22(12): 1084-1088

[36] YY Soon, BK Tan. Evaluation of the hypoglycemic and anti-oxidant activities of *Morinda officinalis* in streptozotocin-induced diabetic rats. *Singapore Medical Journal*. 2002, 43(2): 77-85

[37] 陈忠, 涂涛, 方代南. 南药巴戟天水提液对小鼠造血功能的影响研究初报. 热带农业科学. 2002, 22(5): 21-22, 52

[38] IT Kim, HJ Park, JH Nam, YM Park, JH Won, J Choi, BK Choe, KT Lee. *In-vitro* and *in-vivo* anti-inflammatory and antinociceptive effects of the methanol extract of the roots of *Morinda officinalis*. *The Journal of Pharmacy and Pharmacology*. 2005, 57(5): 607-615

[39] 胡书群, 裴冬生, 侯筱宇, 张光毅. 中药巴戟天对晶状体醛糖还原酶的抑制作用. 徐州医学院学报. 2005, 25(6): 490-492

[40] 肖凤霞, 林励. 巴戟天补肾壮阳作用的初步研究. 食品与药品. 2006, 8(5A): 45-46

[41] 丁平, 徐吉银, 楚桐丽, 徐鸿华. 不同农家类型巴戟天DNA与HPLC指纹图谱的质量评价研究. 中国药学杂志. 2006, 41(13): 974-976, 1038

巴戟天种植地

芸香科

九里香 Jiulixiang ^{CP}

Murraya exotica L.
Murraya Jasminorage

概 述

芸香科 (Rutaceae) 植物九里香 *Murraya exotica* L., 其干燥叶和带叶嫩枝入药。中药名：九里香。

九里香属 (*Murraya*) 植物全世界约有 12 种，分布于亚洲热带、亚热带及澳洲东北部。中国约有 9 种、1 变种，分布于中国南部地区，本属现供药用者约 5 种。本种分布于中国广东、广西、福建、海南、台湾等省区。

"九里香"药用之名，始载于《岭南采药录》。自古以来作九里香入药者系本属多种植物。《中国药典》(2005 年版) 收载本种为中药九里香的法定原植物来源种之一。主产于广东、广西、福建。

九里香的叶含生物碱类、香豆素类、挥发油、黄酮类成分等，月橘烯碱为抗生育的主要活性成分之一。《中国药典》用显微鉴别和化学显色定性鉴别，以控制药材质量。

药理研究表明，九里香具有雌激素样活性和抗菌等作用。

中医理论认为九里香具有行气活血，散瘀止痛，解毒消肿等功效。

九里香 *Murraya exotica* L.

药材九里香 Folium et Cacumen Murrayae

1cm

化学成分

九里香叶含生物碱类成分：九里香卡云碱 (murrayacarine)、柯氏九里香洛林碱 (koeinoline)、柯宁并碱 (koenimbine)[1]、月橘烯碱 (yuehchukene)[2]、小叶九里香咔唑碱 (exozoline)[3]；香豆素类成分：长叶九里香内酯二醇 (murrangatin)、酸橙内酯烯醇 (auraptenol)[4]、过氧酸橙内酯烯醇 (peroxyauraptenol)、顺式去氢欧芹酚甲醚 (cis-dehydroosthol)、九里香醇 (murraol)[5]、小叶九里香内酯 (murraxocin)[6]、九里香素 (murrayatin)[7]、小叶九里香双内酯 (mexolide)[8]、bismurrangatin、murramarin A[9]、长叶九里香内酯醇酮 (murranganon)、异长叶九里香内酯醇酮千里光酯 (isomurranganon senecioate)、氯化小叶九里香内酯醇 (chloticol)、伞形花内酯 (umbelliferone)、东莨菪内酯 (scopoletin)、蛇床子素 (osthol)、欧芹烯酮酚甲醚 (osthenon)[10]；挥发油成分：β-环化枸橼醛 (β-cyclocitral)、水杨酸甲酯 (methyl salicylate)、反式橙花叔醇 (trans-nerolidol)、α-、β-荜澄茄苦素 (α-、β-cubebenes)、(-)-cubenol、异吉玛烯 (isogermacrene)[11]、β-丁香烯 (β-caryophyllene)[12]；黄酮类成分：八甲氧基黄酮 (exoticin)、3,5,6,7,3',4',5'-七甲氧基黄酮 (3,5,6,7,3',4',5'-heptamethoxyflavone)[13]；植物固醇类成分：(23S)-23-ethyl-24-methyl-cycloart-24(241)-en-3β-ol、(23ζ)-23-isopropyl-24-ethyl-cycloart-25-en-3β-yl acetate[14]；二肽类成分：醋酸橙黄胡椒酰胺酯

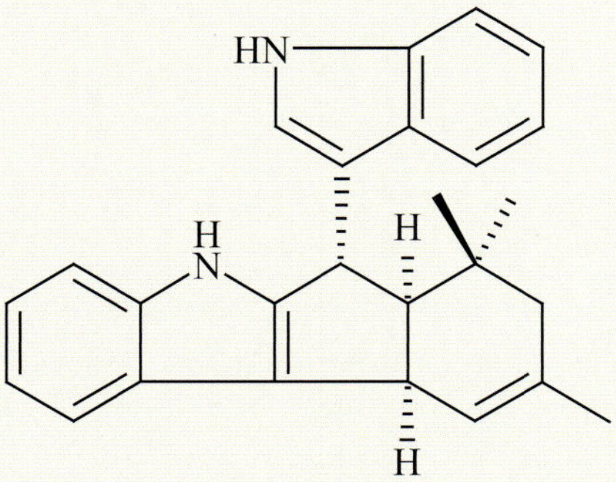

yuehchukene

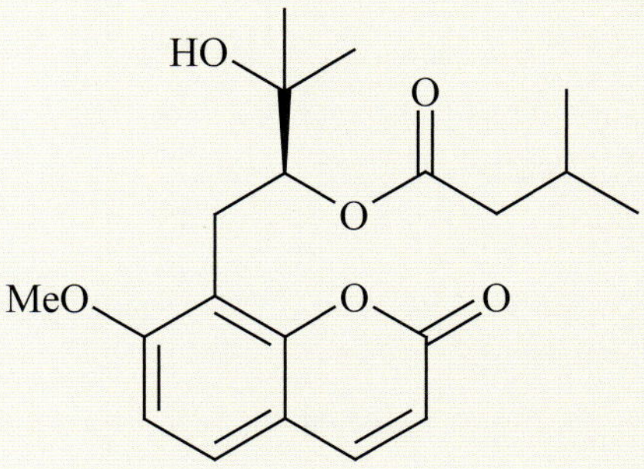

murrayatin

九里香 Jiulixiang

(aurantiamide acetate)[15]；此外还含有柯伦氏泪柏烯酮 (colensenone)、柯伦氏泪柏烯酮 (colensanone)[16]。

从九里香的茎皮还分离到生物碱类成分：吉九里香碱 (girinimbine)、O-甲基柯氏九里香酚碱 (koenimbine)[17]。

药理作用

1. 抗生育
月橘烯碱有明显的雌激素样活性，能与雌激素受体结合，口服或皮下注射对雌性小鼠有显著的抗着床作用，还可增加未成熟小鼠子宫的重量[18]；对大鼠也有抗着床作用[19]。

2. 抗菌
九里香花、叶及果实提取的挥发油体外对白色念珠菌有显著的抗菌作用，对大肠杆菌、绿脓杆菌、金黄色葡萄球菌、藤黄八迭球菌有中等程度的抗菌作用[20]。

3. 抗肿瘤
体外实验表明，月橘烯碱低剂量时可增强环磷酰胺对乳腺癌细胞 MCF-7 的细胞毒活性[21]。

4. 其他
九里香还有局部麻醉的作用。

应用

本品为中医临床用药。功能：行气活血，散瘀止痛，解毒消肿。主治：胃脘疼痛，风湿痹痛，跌扑肿痛，疮痈，蛇虫咬伤等。也用于麻醉止痛。

现代临床还用于牙痛、溃疡病、流行性乙型脑炎等病的治疗以及中期妊娠引产等。

评注

九里香又名千里香、七里香等，花果均具有较高观赏价值。此外，九里香四季青翠，常被种植于园林。九里香木材坚硬致密，可制精细工艺品。九里香精油可作为化妆品香精、食品香精；叶可作调味香料。

《中国药典》还收载同属植物千里香 *Murraya paniculata* (L.) Jack. 为中药九里香的另一法定原植物来源种。

参考文献

[1] EK Desoky, MS Kamel, DW Bishay. Alkaloids of *Murraya exotica* L. (Rutaceae) cultivated in Egypt. *Bulletin of the Faculty of Pharmacy*. 1992, **30**(3): 235-238

[2] YC Kong, KH Ng, PPH But, Q Li, SX Yu, HT Zhang, KF Cheng, DD Soejarto, WS Kan, PG Waterman. Sources of the anti-implantation alkaloid yuehchukene in the genus *Murraya*. *Journal of Ethnopharmacology*. 1986, **15**(2): 195-200

[3] SN Ganguly, A Sarkar. Exozoline, a new carbazole alkaloid from the leaves of *Murraya exotica*. *Phytochemistry*. 1978, **17**(10): 1816-1817

[4] BR Barik, AK Dey, PC Das, A Chatterjee, JN Shoolery. Coumarins of *Murraya exotica*. Absolute configuration of auraptenol. *Phytochemistry*. 1983, **22**(3): 792-794

[5] C Ito, H Furukawa. Three new coumarins from *Murraya exotica*. *Heterocycles*. 1987, **26**(7): 1731-1734

[6] BR Barik, AB Kundu. A cinnamic acid derivative and a coumarin from *Murraya exotica*. *Phytochemistry*. 1987, **26**(12): 3319-3321

[7] BR Barik, AK Dey, A Chatterjee. Murrayatin, a coumarin from *Murraya exotica*. *Phytochemistry*. 1983, **22**(10): 2273-2275

[8] DP Chakraborty, S Roy, A Chakraborty, AK Mandal. BK Chowdhury. Structure and synthesis of mexolide, a new antibiotic

dicoumarin from *Murraya exotica* Linn. [Syn. *M. paniculata* (L) Jack.]. *Tetrahedron*. 1980, **36**(24): 3563-3564

[9] N Negi, A Ochi, M Kurosawa, K Ushijima, Y Kitaguchi, E Kusakabe, F Okasho, T Kimachi, N Teshima, M Ju-Ichi, AM Abou-Douh, C Ito, H Furukawa. Two new dimeric coumarins isolated from *Murraya exotica*. *Chemical & Pharmaceutical Bulletin*. 2005, **53**(9): 1180-1182

[10] C Ito, H Furukawa. Constituents of *Murraya exotica* L. Structure elucidation of new coumarins. *Chemical & Pharmaceutical Bulletin*. 1987, **35**(10): 4277-4285

[11] NO Olawore, IA Ogunwander, O Ekundayo, KA Adeleke. Chemical composition of the leaf and fruit essential oils of *Murraya paniculata* (L.) Jack. (Syn. *Murraya exotica* Linn.). *Flavour and Fragrance Journal*. 2005, **20**(1): 54-56

[12] JA Pino, R Marbot, V Fuentes. Aromatic plants from western Cuba. VI. Composition of the leaf oils of *Murraya exotica* L., *Amyris balsamifera* L., S*everinia buxifolia* (Poir.) Ten. and *Triphasia trifoli*a (Burm. f.) P. Wilson. *Journal of Essential Oil Research*. 2006, **18**(1): 24-28

[13] DW Bishay, SM El-Sayyad, MA Abd El-Hafiz, H Achenbach, EK Desoky. Phytochemical study of *Murraya exotica* L. (Rutaceae). I-Methoxylated flavonoids of the leaves. *Bulletin of Pharmaceutical Sciences*. 1987, **10**(2): 55-70

[14] EK Desoky. Phytosterols from *Murraya exotica*. *Phytochemistry*. 1995, **40**(6): 1769-1772

[15] PC Das, S Mandal, A Das, A Patra. Aurantiamide acetate from *Murraya exotica* L. Application of two-dimensional NMR spectroscopy. *Indian Journal of Chemistry*. 1990, **29**B(5): 495-497

[16] ZA Ahmad, S Begum. Colensenone and colensanone (non-diterpene oxide) from *Murraya exotica* Linn. *Indian Drugs*. 1987, **24**(6): 322

[17] S Roy, L Bhattacharya. Girinimbine and koenimbine from *Murraya exotica* Linn. *Journal of the Indian Chemical Society*. 1981, **58**(12): 1212

[18] 王乃功，关慕贞，雷海鹏．月橘烯碱抗着床作用及其激素活性的研究．药学学报．1990，**25**(2)：85-89

[19] YC Kong, KF Cheng, RC Cambie, PG. Waterman. Yuehchukene: a novel indole alkaloid with antiimplantation activity. *Journal of the Chemical Society*. 1985, **2**: 47-48

[20] FS El-Sakhawy, ME El-Tantawy, SA Ross, MA El-Sohly. Composition and antimicrobial activity of the essential oil of *Murraya exotica* L. *Flavour and Fragrance Journal*. 1998, **13**(1): 59-62

[21] TWT Leung, G Cheng, CH Chui, SKW Ho, FY Lau, JKJ Tjong, TCC Poon, JCO Tang, WCP Tse, KF Cheng, YC Kong. Yuehchukene, a bis-indole alkaloid, and cyclophosphamide are active in breast cancer *in vitro*. *Chemotherapy*. 2000, **46**(1): 62-68

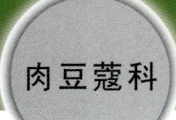

肉豆蔻 Roudoukou ^{CP, VP, IP, EP, BP}

Myristica fragrans Houtt.
Nutmeg

概 述

肉豆蔻科 (Myristicaceae) 植物肉豆蔻 *Myristica fragrans* Houtt.，其干燥种仁入药。中药名：肉豆蔻。

肉豆蔻属 (*Myristica*) 植物全世界约有 120 种，分布于南亚，从波利尼西亚西部、大洋洲、印度东部至菲律宾。中国约有 4 种，分布于台湾、云南等省区，仅本种供药用。本种在中国广东、云南、台湾等省有引种栽培；原产于印度尼西亚的马鲁古群岛，现热带地区广泛栽培。

"肉豆蔻"药用之名，始载于《开宝本草》。历代本草多有著录，古今药用品种一致。《中国药典》(2005 年版) 收载本种为中药肉豆蔻的法定原植物来源种。主产于马来西亚及印度尼西亚；西印度群岛、斯里兰卡也产。

肉豆蔻主要含挥发油，尚含木脂素类成分。《中国药典》规定肉豆蔻中挥发油的含量不得少于 6.0%，以控制药材质量。

药理研究表明，肉豆蔻具有止泻、镇静、抗炎、抗真菌、抗肿瘤、保肝等作用。

中医理论认为肉豆蔻具有温中涩肠，行气消食的功效。

肉豆蔻 *Myristica fragrans* Houtt.

药材肉豆蔻 Semen Myristicae

1cm

化学成分

肉豆蔻的种仁主要含挥发油类成分：肉豆蔻醚 (myristicin)、黄樟醚 (safrole)、丁香酚 (eugenol)、甲基丁香酚 (methyleugenol)、α-、β-蒎烯 (α-, β-pinenes)、香桧烯 (sabinene)、γ-松油烯 (γ-terpinene)、松油烯-4-醇 (terpinen-4-ol)、榄香素 (elemicin)、柠檬烯 (limonene)、α-、β-水芹烯 (α-, β-phellandrenes)、α-松油醇 (α-terpineol)、α-异松油烯 (α-terpinolene)、δ-毕澄茄醇 (δ-cubebene)[1]、对、邻-伞花烃 (p，o-cymenes)[2]、2-、3-、4-蒈烯 (2-，3-，4-carenes)、β-月桂烯 (β-myrcene)、α-崖柏烯 (α-thujene)、肉豆蔻酸 (myristic acid)[3]、异丁香酚 (isoeugenol)[4]；木脂素类成分：肉豆蔻木酚素 (macelignan)[5]、(+)-myrisfragransin[6]、去氢双异丁香油酚 (dehydrodiisoeugenol, licarin A)、利卡灵B (licarin B)[7]、赤藓-(3,4-二氧甲叉基-7-羟基-1'-羟基-3,5'-二甲氧基)-8.0.4'-新木脂素[erythro-(3,4-methylenedioxy-7-hydroxy-1'-allyl-3',5'-dimethoxy)-8.0.4'-neolignan]、赤藓-(3,4-二氧甲叉基-7-羟基-1'-羟基-3',5'-二甲氧基)-8.0.4'-新木脂素乙酸酯 [erythro-(3,4-methylenedioxy-7-hydroxy-1'-allyl-3',5'-dimethoxy)-8.0.4'-neolignan acetate][8]、3,4:3',4'-bis(methylenedioxy)lignan[9]、内消旋二氢愈创木脂酸 (meso-dihydroguaiaretic acid) 和奥托肉豆蔻酚脂素 (otobaphenol)[10]；另外还有间苯二酚类化合物马拉巴醇B、C (malabaricones B、C)[11]。

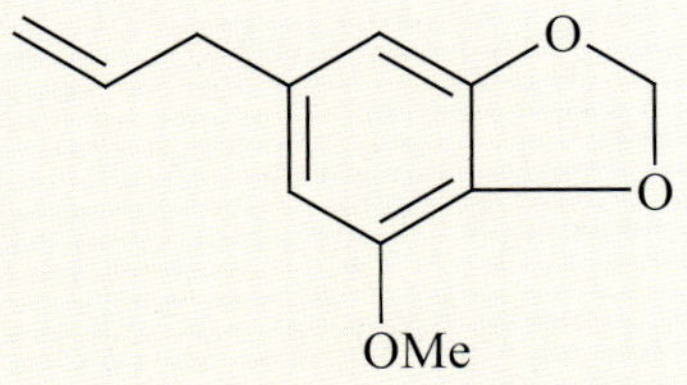

myristicin

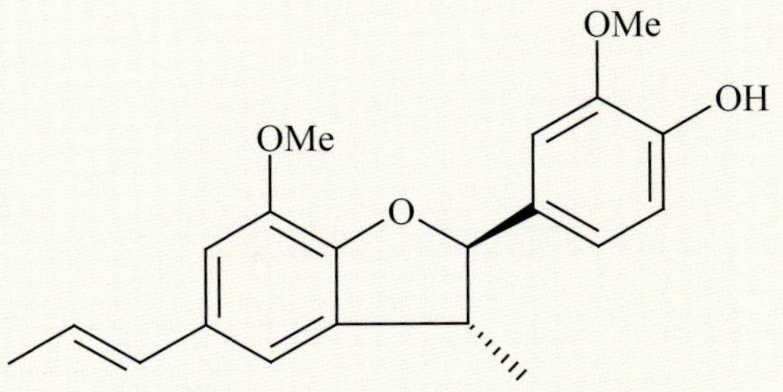

licarin A

肉豆蔻 Roudoukou

药理作用

1. **对胃肠道的影响**
   肉豆蔻口服给药，可增强动物肠内的电解质水平并使电解质水平保持稳定，具有止泻作用[12]。

2. **镇静**
   利卡灵A、B给小鼠腹腔注射，能延长环己烯巴比妥致睡眠时间、抑制N-氨基比林脱甲基酶和环己烯巴比妥羟化酶的活性，有中枢神经抑制作用[13]。肉豆蔻提取物（正己烷提取物丙酮不溶部分）及三肉豆蔻酸甘油酯给小鼠腹腔注射，能使敞箱实验中小鼠水平穿越格数和竖立次数减少，洞板实验中小鼠探洞次数减少[14]。肉豆蔻挥发油萜类腹腔注射可加强雏鸡乙醇致睡眠时间[15]。

3. **抗微生物**
   肉豆蔻木酚素对龋齿相关细菌变形链球菌有显著抑制作用[16]。马拉巴醇C能抑制牙龈卟啉单胞菌的生长，减少急性复发性牙龈炎发作[17]。肉豆蔻对大肠杆菌O157、O111有选择性抑制作用[18]。肉豆蔻酸、肉豆蔻酸单酰甘油酯等脂肪酸类成分对上呼吸道化脓性链球菌、流感（嗜血）杆菌、黏膜炎莫拉菌等有很强的抑制作用[19]。

4. **抗炎、镇痛**
   肉豆蔻油对大鼠的急性炎症有抑制作用，可减少醋酸所致的小鼠扭体反应次数及福尔马林引起的小鼠末相痛反应，其药理作用与非固醇抗炎药物类似[20]。肉豆蔻粉口服给药，可降低大鼠肾前列腺素水平；肉豆蔻提取物能抑制离体肾脏内前列腺素的合成[21]。肉豆蔻生品或炮制品均有较好的抗炎作用，尤其对蛋清致炎者更为明显，以生品抗炎作用最强[22]。

5. **抗肿瘤**
   内消旋二氢愈创木酯酸能降低肝脏星形细胞(HSCs)的活性，抑制转化生长因子-β_1(TGF-β_1)的基因表达，具有对肿瘤细胞的细胞毒活性[23]。成年小鼠、妊娠小鼠、胎鼠服用肉豆蔻醚，可检出肝DNA附加体，预示有癌症预防作用[24]。肉豆蔻对3-甲基胆蒽(MCA)诱发的小鼠子宫癌、二甲基苯并蒽(DBMA)诱发的小鼠皮肤乳头状瘤有一定的抑制作用[25-26]。肉豆蔻醚可通过细胞凋亡机理诱导人神经母细胞瘤SK-N-SH细胞的死亡[27]。

6. **保肝**
   肉豆蔻乙醇提取物注射给药，能增加小鼠血浆中丙氨酸转氨酶、天冬氨酸转氨酶的活性，提高丙二醛(MDA)水平，降低血浆及肝中的超氧化物歧化酶水平，对D-氨基半乳糖诱导的肝损伤具有保护作用[28]。肉豆蔻醚为保肝的主要活性成分，对脂多糖及CCl_4诱导的肝损伤小鼠均有保护作用[29]，机理可能是抑制巨噬细胞对肿瘤坏死因子-α(TNF-α)的释放[30]。

7. **抗氧化**
   肉豆蔻挥发油及丙酮提取物有很强的清除自由基能力，效果比叔丁对甲氧酚、二叔丁对甲酚更显著[31]。丁香酚腹腔注射给药，能保护CCl_4致大鼠红细胞损伤，维持抗氧化酶的正常水平，消除CCl_4引起的氧化应激反应[32]。

8. **抗血小板聚集**
   肉豆蔻挥发油体外能明显对抗花生四烯酸所致兔血小板聚集，其活性成分为丁香酚和异丁香酚[33-34]。

9. **致幻**
   摄取少量肉豆蔻会产生类似抗胆碱药中毒的症状，如产生幻觉、引起心悸等[35]。

10. **其他**
    内消旋二氢愈创木酯酸和奥托肉豆蔻酚脂素是蛋白(质)酪氨酸磷酸酶1B(PTP1B)抑制剂，有可能开发成治疗2型糖尿病及肥胖症的药物[10]。内消旋二氢愈创木酯酸还具有神经保护作用[23]。

应 用

本品为中医临床用药。功能：温中涩肠，行气消食。主治：虚泻，冷痢，脘腹胀痛，食少呕吐，宿食不消。

现代临床还用于镇静以及治疗头痛、视力减退、疟疾、霍乱、阳痿、龋齿等病。

评 注

肉豆蔻假种皮（肉豆蔻衣）也入药，功效：芳香健胃和中。主治：脘腹胀满，不思饮食，吐泻。

肉豆蔻是中国卫生部规定的药食同源品种之一，但肉豆蔻可能引起急性中毒。其所含的黄樟醚和肉豆蔻醚既为有效成分也为有毒成分，应加强对其毒性与药理作用的研究，用于食品添加剂时尤应谨慎。

肉豆蔻气芳香而强烈，味辛辣而微苦，果实除药用外，还为著名的香料和调味品，从中提取的精油也是日用化工业中的重要香料，具有重要的经济价值。肉豆蔻具有抗氧化活性和抑菌作用，因而有望开发成具有独特风味的天然食品防腐剂或安全、高效、价廉的防霉药物。

参考文献

[1] 李铁林，周杰，徐植灵，潘炯光，毛淑杰．炮制对肉豆蔻挥发油含量的影响及肉豆蔻挥发油化学成分的研究．中国中药杂志．1990，15(7)：21-23

[2] 赖闻玲，曾志，陈亿新，曾和平．中药复方中后下组分化学成分研究 (II) 肉豆蔻挥发油．中草药．2002，33(7)：596-598

[3] 邱琴，张国英，孙小敏，刘辛欣．超临界 CO_2 流体萃取法与水蒸气蒸馏法提取肉豆蔻挥发性化学成分的研究．中药材．2004，27(11)：823-826

[4] 王莹，杨秀伟，陶海燕，刘海新．商品肉豆蔻挥发油成分的 GC-MS 分析．中国中药杂志．2004，29(4)：339-342

[5] WS Woo, KH Shin, H Wagner, H Lotter. Studies on crude drugs acting on drug-metabolizing enzymes. Part 9. The structure of macelignan from *Myristica fragrans*. *Phytochemistry*. 1987, **26**(5): 1542-1543

[6] M Miyazawa, H Kasahara, H Kameoka. A new lignan, (+)-myrisfragransin, from *Myristica fragrans*. *Natural Product Letters*. 1996, **8**(1): 25-26

[7] S Nishat, N Nahar, MIR Mamun, M Mosihuzzaman, N Sultana. Neolignans isolated from seeds of *Myristica Fragrans* Houtt. *Dhaka University Journal of Science*. 2006, **54**(2): 229-231

[8] SA Zacchino, H Badano. Enantioselective synthesis and absolute configuration assignment of erythro-(3,4-methylenedioxy-7-hydroxy-1'-allyl-3',5'-dimethoxy)-8.0.4'-neolignan and its acetate, isolated from nutmeg (*Myristica fragrans*). *Journal of Natural Products*. 1991, **54**(1): 155-160

[9] KJ Kim, YN Han. Lignans from *Myristica fragrans*. *Yakhak Hoechi*. 2002, **46**(2): 98-101

[10] S Yang, MK Na, JP Jang, KA Kim, BY Kim, NJ Sung, WK Oh, JS Ahn. Inhibition of protein tyrosine phosphatase 1B by lignans from *Myristica fragrans*. *Phytotherapy Research*. 2006, **20**(8): 680-682

[11] KY Orabi, JS Mossa, FS el-Feraly. Isolation and characterization of two antimicrobial agents from mace (*Myristica fragrans*). *Journal of Natural Products*. 1991, **54**(3): 856-859

[12] J Weissinger. Effect of nutmeg, aspirin, chlorpromazine and lithium on normal intestinal transport. *Proceedings of the Western Pharmacology Society*. 1985, **28**: 287-293

[13] KH Shin, ON Kim, WS Woo. Studies on crude drugs acting on drug-metabolizing enzymes. Part 12. Isolation of hepatic drug metabolism inhibitors from the seeds of *Myristica fragrans*. *Archives of Pharmacal Research*. 1988, **11**(3): 240-243

[14] GS Sonavane, VP Sarveiya, VS Kasture, SB Kasture. Antioxgenic activity of *Myristica fragrans* seeds. *Pharmacology, Biochemistry and Behavior*. 2002, **71**(1-2): 239-244

[15] CJ Sherry, RS Mannel, AE Hauck. The effect of the terpene fraction of the oil of nutmeg on the behavior of young chicks. *Planta Medica*. 1979, **36**(1): 49-53

[16] JY Chung, JH Choo, MH Lee, JK Hwang. Anticariogenic activity of macelignan isolated from *Myristica fragrans* (nutmeg) against *Streptococcus mutans*. *Phytomedicine*. 2006, **13**(4): 261-266

[17] C Shinohara, S Mori, T Ando, T Tsuji. Arg-gingipain inhibition and anti-bacterial activity selective for *Porphyromonas gingivalis* by malabaricone C. *Bioscience, Biotechnology, and Biochemistry*. 1999, **63**(8): 1475-1477

[18] A Takikawa, K Abe, M Yamamoto, S Ishimaru, M Yasui, Y Okubo, K Yokoigawa. Antimicrobial activity of nutmeg against *Escherichia coli* O157. *Journal of Bioscience and Bioengineering*. 2002, **94**(4): 315-320

[19] Y Tanaka, S Fukuda, H Kikuzaki, N Nakatani. Antibacterial compounds from nutmeg against upper airway respiratory tract bacteria. *ITE Letters on Batteries, New Technologies & Medicine*. 2000, **1**(3): 412-417

[20] OA Olajide, JM Makinde, SO Awe. Evaluation of the pharmacological properties of nutmeg oil in rats and mice. *Pharmaceutical Biology*. 2000, **38**(5): 385-390

[21] V Misra, RN Misra, WG Unger. Role of nutmeg in inhibiting prostaglandin biosynthesis. *Indian Journal of Medical Research*. 1978, **67**(3): 482-484

[22] 贾天柱，姜涛，关洪全，牛赤，李军，解世全．肉豆蔻不同炮制品抗炎、镇痛及抑菌作用比较．辽宁中医杂志．1996, **23**(10)：474

[23] EY Park, SM Shin, CJ Ma, YC Kim, SG Kim. Meso-dihydroguaiaretic acid from *Machilus thunbergii* down-regulates TGF-β1 gene expression in activated hepatic stellate cells via inhibition of AP-1 activity. *Planta Medica*. 2005, **71**(5): 393-398

[24] K Randerath, KL Putman, E Randerath. Flavor constituents in cola drinks induce hepatic DNA adducts in adult and fetal mice. *Biochemical and Biophysical Research Communications*. 1993, **192**(1): 61-68

[25] SP Hussain, AR Rao. Chemopreventive action of mace (*Myristica fragrans* Houtt.) on methylcholanthrene-induced carcinogenesis in the uterine cervix in mice. *Cancer Letters*. 1991, **56**(3): 231-234

[26] LN Jannu, SP Hussain, AR Rao. Chemopreventive action of mace (*Myristica fragrans* Houtt.) on DMBA-induced papillomagenesis in the skin of mice. *Cancer Letters*. 1991, **56**(1): 59-63

[27] BK Lee, JH Kim, JW Jung, JW Choi, ES Han, SH Lee, KH Ko, JH Ryu. Myristicin-induced neurotoxicity in human neuroblastoma SK-N-SH cells. *Toxicology Letters*. 2005, **157**(1): 49-56

[28] 昌友权，杨世杰，李红，郑丽华，昌喜涛，马金荣．肉豆蔻提取物对 GaIN 致大鼠急性肝损伤的保护作用．中国药理学通报．2004, **20**(1)：118-119

[29] T Morita, K Sugiyama. A newly found physiological effect of myristicin, an essential oil from nutmeg: with reference to a hepatoprotective effect. *Aroma Research*. 2004, **5**(1): 23-27

[30] T Morita, K Jinno, H Kawagishi, Y Arimoto, H Suganuma, T Inakuma, K Sugiyama. Hepatoprotective effect of myristicin from nutmeg (*Myristica fragrans*) on lipopolysaccharide / D-galactosamine-induced liver injury. *Journal of Agricultural and Food Chemistry*. 2003, **51**(6): 1560-1565

[31] G Singh, P Marimuthu, CS De Heluani, C Catalan. Antimicrobial and antioxidant potentials of essential oil and acetone extract of *Myristica fragrans* Houtt. (aril part). *Journal of Food Science*. 2005, **70**(2): M141-M148

[32] P Kumaravelu, S Subramaniyam, DP Dakshinamoorthy, NS Devaraj. The antioxidant effect of eugenol on CCl_4-induced erythrocyte damage in rats. *Journal of Nutritional Biochemistry*. 1996, **7**(1): 23-28

[33] A Rasheed, GM Laekeman, AJ Vlietinck, J Janssens, G Hatfield, J Totte, AG Herman. Pharmacological influence of nutmeg and nutmeg constituents on rabbit platelet function. *Planta Medica*. 1984, **50**(3): 222-226

[34] J Janssens, GM Laekeman, LAC Pieters, J Totte, AG Herman, AJ Vlietinck. Nutmeg oil: identification and quantitation of its most active constituents as inhibitors of platelet aggregation. *Journal of Ethnopharmacology*. 1990, **29**(2): 179-188

[35] MK Abernethy, LB Becker. Acute nutmeg intoxication. *The American Journal of Emergency Medicine*. 1992, **10**(5): 429-430

夹竹桃 Jiazhutao IP

夹竹桃科

Nerium indicum Mill.
Common Oleander

概 述

夹竹桃科 (Apocynaceae) 植物夹竹桃 *Nerium indicum* Mill.，其干燥叶及枝皮入药。中药名：夹竹桃。

夹竹桃属 (*Nerium*) 植物全世界约有 4 种，分布于地中海沿岸及亚洲热带、亚热带地区。中国约有 2 种、1 变种，均为引入栽培。本属现供药用者约 2 种。本种中国各省区有栽培，以南方为多，野生于伊朗、印度、尼泊尔，现世界热带地区广为种植。

"夹竹桃"药用之名，始载于《植物名实图考》，中国现各地均产。

夹竹桃的根皮和叶主要含强心苷类成分。夹竹桃苷为强心、抗肿瘤的主要成分之一。

药理研究表明，夹竹桃具强心、抗肿瘤、保护神经、抗病毒、抗菌等作用。

民间经验认为夹竹桃具有强心利尿，祛痰定喘，镇痛，祛瘀的功效。

夹竹桃 *Nerium indicum* Mill.

夹竹桃科

夹竹桃 Jiazhutao

白花夹竹桃 *Nerium indicum* Mill. cv. Paihua

药材夹竹桃 Folium et Cortex Nerii Indici

1cm

化学成分

夹竹桃的根皮含强心苷及苷元类成分：夹竹桃苷 A、B、D、E、F、H、K、L、M (odorosides A - B, D - F, H, K - M)[1-3]、neriumogenins A、B[4]、pregnenolone-β-D-glucoside[5]、奥多诺双糖苷 K (odorobioside K)、odorotriose、odorogenin B、乌沙苷元 (uzarigenin)、沙弗洛苷元 (sarverogenin)[6]、neridienones A、

odoroside

neridienone A

B[7-8]；还含有东莨菪苷 (scopolin)[3]、2,4-二氢苯乙酮 (2,4-dihydroxy-acetophenone)、4-对羟基苯乙酮 (4-hydroxyacetophenone)[9]。

夹竹桃的叶含强心苷及苷元类成分：夹竹桃苷 G (odoroside G)、gentiobiosyl nerigoside、Δ^{16}-去氢欧夹竹桃苷乙 (Δ^{16}-dehydroadynerin)、oleandrin gentiobioside[10]、夹竹桃苷元 (oleandrigenin)、欧夹竹桃苷乙 (adynerin)、16-去乙酰基去水夹竹桃苷 (16-deacetylanhydrooleandrin)[11]、neriums D、E、F[12]、欧夹竹桃苷 A、E (oleasides A, E)、龙胆双糖欧夹竹桃苷乙 (gentiobiosyl adynerin)、Δ^{16}-欧夹竹桃苷乙 (Δ^{16}-adynerin)[13]、Δ^{16}-dehydroadynerigenin-β-D-digitaloside[14]、欧夹竹桃苷元乙 (adynerigenin)、欧夹竹桃苷甲 (neriagenin)[15]、3-O-β-gentiobiosyl-3β,14-dihydroxy-5α,14β-pregnan-20-one、21-O-β-D-glucosyl-14,21-dihydroxy-14β-pregn-4-ene-3,20-dione[16]。

夹竹桃的花含多糖类成分：半乳糖醛酸鼠李聚糖 (rhamnogalacturonan)、木葡聚糖 (xyloglucan)[17]、多糖 J_2、J_3、J_4 (polysaccharides J_2-J_4)[18] 等。

药理作用

1. **强心**

   夹竹桃叶的水提物能提高蛙心的跳动能力[19]；从夹竹桃提取的强心苷 odorin 能直接作用于心肌，使受水合氯醛和育亨宾抑制的离体蛙心心肌恢复正常[20]；夹竹桃苷和 16-去乙酰基去水夹竹桃苷对蛙心有类似地高辛的作用，能加强心脏的收缩率，但随着剂量的增加会使心脏停顿[21]。其强心机理与抑制细胞膜 Na^+,K^+-ATP 酶活性，引起心肌细胞内钙增加，增强心肌收缩力有关[22]。

2. **抗肿瘤**

   夹竹桃苷体外能抑制人骨髓瘤细胞的生长，对乳癌细胞 MCF7 也有很好的细胞毒活性[23]；半乳糖醛酸鼠李聚糖和木葡聚糖在体外能抑制 PC12 嗜铬细胞瘤的增殖和分化[17]。

3. **保护神经**

   夹竹桃提取的多糖 J_2、J_3、J_4 体外可通过激活蛋白激胺酶 B (Akt) 的存活信号，对神经变性疾病引起的神经损伤产生保护作用[18]。

4. **抗病毒**

   夹竹桃的甲醇提取物和含水甲醇提取物体外对流感病毒和单纯性疱疹病毒有显著的抑制作用[24]。

5. **抗菌**

   夹竹桃水提物体外能抑制恶臭假单胞菌、巨大芽孢杆菌、大肠杆菌、大豆慢生根瘤菌的活性[25]。

6. **其他**

   夹竹桃叶的乙醇提取物经口给药能延长成熟雌性大鼠动情期[26]。夹竹桃还有镇静、利尿等作用。

应用

本品为民间草药。功能：强心利尿，祛痰定喘，镇痛，祛瘀。主治：心脏病心力衰竭，喘咳，癫痫，跌打肿痛，血瘀经闭等。

现代临床还用于心力衰竭、冻伤、外伤等病的治疗。

夹竹桃 Jiazhutao

评注

夹竹桃为民间草药，《广西中药志》和《云南中草药》均指出其"有大毒"，《岭南采药录》指其有"堕胎，通经"的功效，为孕妇忌服药。作为有前途的抗肿瘤药物，其药理及毒理机理有待深入研究。

同属植物欧洲夹竹桃 *Nerium oleander* L. 的化学及药理研究较多，主要作为提取强心苷的原料。同属植物白花夹竹桃 *N. indicum* Mill. cv. Paihua 中国南方也有大量栽培，相关的研究报道较少，有待进一步研究和开发。

夹竹桃是常绿灌木，花色艳丽，花期长，是常见园林绿化和观赏植物。应注意夹竹桃毒性，在医师或药师的指导下使用，避免误服。

参考文献

[1] W Rittel, T Reichstein. Glycosides and aglycons. CVIII. Odoroside D and odoroside F. The glycosides of *Nerium odorium* Sol. 5. *Helvetica Chimica Acta*. 1953, **36**: 554-562

[2] T Yamauchi, M Takahashi, F Abe. Nerium. Part 6. Cardiac glycosides of the root bark of *Nerium odorum*. *Phytochemistry*. 1976, **15**(8): 1275-1278

[3] W Rittel, A Hunger, T Reichstein. Glycosides and aglycones. CVII. The glycosides of *Nerium odorum*. 4. "Odoroside E," odoroside H, odoroside K acetate, and "crystallizate J.". *Helvetica Chimica Acta*. 1953, **36**: 434-462

[4] R Hanada, F Abe, T Yamauchi. Nerium. Part 14. Steroid glycosides from the roots of *Nerium odorum*. *Phytochemistry*. 1992, **31**(9): 3183-3187

[5] T Yamauchi, M Hara, K Mihashi. Nerium. II. Pregnenolone glucosides of *Nerium odorum*. *Phytochemistry*. 1972, **11**(11): 3345-3347

[6] W Rittel, T Reichstein. Glycosides and aglycons. CXXXV. The glycosides of *Nerium odorum*. 6. Odoroside K and odorobioside K. *Helvetica Chimica Acta*. 1954, **37**: 1361-1373

[7] T Yamauchi, F Abe, Y Ogata, M Takahashi. Nerium. IV. Neridienone A, a C_{21}-steroid in *Nerium odorum*. *Chemical & Pharmaceutical Bulletin*. 1974, **22**(7): 1680-1681

[8] F Abe, T Yamauchi. Nerium. Part 7. Pregnanes in the root bark of *Nerium odorum*. *Phytochemistry*. 1976, **15**(11): 1745-1748

[9] T Yamauchi, M Hara, Y Ehara. Acetophenones of the roots of *Nerium odorum*. *Phytochemistry*. 1972, **11**(5): 1852-1853

[10] T Yamauchi, N Takata, T Mimura. Nerium. 5. Cardiac glycosides of the leaves of *Nerium odorum*. *Phytochemistry*. 1975, **14**(5-6): 1379-1382

[11] T Yamauchi, Y Ehara. Nerium. I. Drying condition of the leaves of *Nerium odorum*. *Yakugaku Zasshi*. 1972, **92**(2): 155-157

[12] M Okada. Components of *Nerium odorum* leaves. III. *Yakugaku Zasshi*. 1953, **73**: 86-89

[13] T Yamauchi, F Abe, Y Tachibana, CK Atal, BM Sharma, Z Imre. Nerium. Part 11. Quantitative variations in the cardiac glycosides of oleander. *Phytochemistry*. 1983, **22**(10): 2211-2214

[14] T Yamauchi, Y Mori, Y Ogata. Nerium. III. ^{16}-Dehydroadynerigenin glycosides of *Nerium odorium*. *Phytochemistry*. 1973, **12**(11): 2737-2739

[15] F Abe, T Yamauchi. Nerium. Part 11. Cardenolide triosides of oleander leaves. *Phytochemistry*. 1992, **31**(7): 2459-2463

[16] F Abe, T Yamauchi. Nerium. Part 13. Two pregnanes from oleander leaves. *Phytochemistry*. 1992, **31**(8): 2819-2820

[17] K Ding, JN Fang, TX Dong, KWK Tsim, HM Wu. Characterization of a rhamnogalacturonan and a xyloglucan from *Nerium indicum* and their activities on PC12 pheochromocytoma cells. *Journal of Natural Products*. 2003, **66**(1): 7-10

[18] MS Yu, SW Lai, KF Lin, JN Fang, WH Yuen, RCC Chang. Characterization of polysaccharides from the flowers of *Nerium indicum* and their neuroprotective effects. *International Journal of Molecular Medicine*. 2004, **14**(5): 917-924

[19] T Takahashi. Pharmacological studies of the sweet oleander (*Nerium indicum* Mill.) from Manchuria. *Folia Pharmacology Japan*. 1948, **44**(1): 83-84

[20] I Niimoto. Pharmacological investigation of the glucoside of *Nerium odorum* (odorin). II. The effect of odorin upon the heart, and its cumulative effect. *Okayama Igakkai Zasshi*. 1939, **51**: 1549-1550

[21] B Nuki, T Furukawa, T Matsuguma. Cardiac effects of deacetyloleandrin and 16-deacetylanhydrooleandrin. *Nippon Yakurigaku Zasshi*. 1964, **60**: 218-225

[22] 潘彬，陈锐群，潘德济，顾天爵．夹竹桃苷对 Na^+,K^+-ATP 酶抑制的动力学研究．上海医科大学学报．1990，**17**(6)：413-417

[23] MSH Wahyuningsih, S Mubarika, RLH Bolhuis, K Nooter, IG Gandjar, S Wahyuono. Cytotoxicity of oleandrin isolated from the leaves of *Nerium indicum* Mill. on several human cancer cell lines. *Majalah Farmasi Indonesia*. 2004, **15**(2): 96-103

[24] M Rajbhandari, U Wegner, M Julich, T Schopke, R Mentel. Screening of Nepalese medicinal plants for antiviral activity. *Journal of Ethnopharmacology*. 2001, **74**(3): 251-255

[25] KM Chavan, VS Tare, PP Mahulikar. Studies on stability and antibacterial activity of aqueous extracts of some Indian medicinal plants. *Oriental Journal of Chemistry*. 2003, **19**(2): 387-392

[26] M Dixit, AO Prakash. Effect of *Nerium odorum* soland on the periodicity of estrous cycle in female albino rats. *Indian Journal of Environment and Ecoplanning*. 2006, **12**(1): 253-257

白花蛇舌草 Baihuasheshecao

茜草科

Oldenlandia diffusa (Willd.) Roxb.
Spreading Hedyotis

概述

茜草科 (Rubiaceae) 植物白花蛇舌草 *Oldenlandia diffusa* (Willd.) Roxb. (*Hedyotis diffusa* Willd.)，其干燥全草入药。中药名：白花蛇舌草。

耳草属 (*Hedyotis*) 植物全世界约有 699 种，主要分布于热带和亚热带地区[1]。中国约有 62 种、7 变种，主要分布于长江以南各省区；其中广东、海南、云南等地区为本属植物特有种的分布中心[1]。本属现供药用者约有 17 种。本种分布于中国广东、香港、广西、海南、安徽、云南等省区；在热带亚洲、尼泊尔，东至日本也有分布。

"白花蛇舌草"药用之名，始载于《潮洲志·药物志》。本种清朝末年始在中国厦门、汕头一带民间药用，并大量出口到东南亚地区。民间多应用于治疗阑尾炎、痢疾、痈肿疔疮及毒蛇咬伤等症。《中国药典》(2005 年版) 收载本种为处方药中含有白花蛇舌草的成方制剂使用品种。主产于中国广东、广西和海南等省区。

白花蛇舌草全草含环烯醚萜类、三萜类、黄酮类、蒽醌类化合物。其中熊果酸和齐墩果酸常被作为指标性成分用于控制其药材质量[2]。

药理研究表明，白花蛇舌草具有抗肿瘤、增强免疫、抗化学诱变、抗氧化、抗炎和保护胃黏膜损伤等作用。

中医理论认为白花蛇舌草具有清热解毒，利湿通淋的功效。

白花蛇舌草 *Oldenlandia diffusa* (Willd.) Roxb.

伞房花耳草 *O. corymbose* (L.) Lam.

药材白花蛇舌草 Herba Oldenlandiae

1cm

化学成分

白花蛇舌草全草含环烯醚萜类成分：6-O-对香豆酰鸡屎藤次苷甲酯 (6-O-p-coumaroyl scandoside methyl ester)、6-O-对甲氧基桂皮酰鸡屎藤次苷甲酯 (6-O-p-methoxycinnamoyl scandoside methyl ester)、6-O-阿魏酰鸡屎藤次苷甲酯 (6-O-p-feruloyl scandoside methyl ester)[3]、车叶草苷 (asperuloside)、车叶草苷酸 (asperulosidic acid)、鸡屎藤次苷 (scandoside)、鸡屎藤次苷甲酯 (scandoside methyl ester)、京尼平苷酸 (geniposidic acid)、去乙酰车叶草酸 (deacetyl asperulosidic acid)[4]、oldenlandoside III、10-O-benzoylscandoside methyl ester[5]、去乙酰车叶草酸甲酯 (deacetyl asperulosidic acid methyl ester)、交让木苷 (daphylloside)[6]、E-6-O-对-香豆酰鸡屎藤次苷甲酯-10-甲醚 (E-6-O-p-coumaroyl scandoside methyl ester-10-methyl ether)[7]等；三萜类成分：熊果酸 (ursolic acid)、齐墩果酸 (oleanolic acid) 等[8]；黄酮类成分：槲皮素-3-O-桑布双糖苷 (quercetin-3-O-sambubioside)、槲皮素-3-O-槐

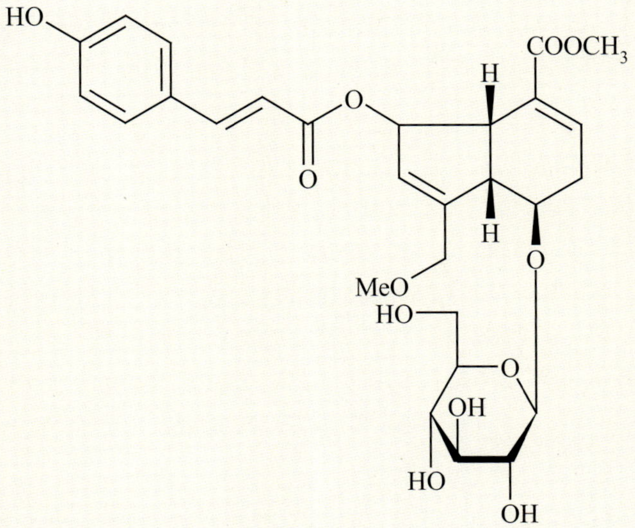

E-6-O-p-coumaroyl scandoside methyl ester-10-methyl ether

糖苷 (quercetin-3-O-sophoroside)[9]、山奈酚-3-O-[2-O-(6-O-E-阿魏酰基)-β-D-吡喃葡萄糖基]-β-D-吡喃半乳糖苷 (kaempferol-3-O-[2-O-(6-O-E-feruloyl)-β-D-glucopyranosyl]-β-D-galactopyranoside)、槲皮素-3-O-[2-O-(6-O-E-阿魏酰基)-β-D-吡喃葡萄糖基]-β-D-吡喃半乳糖苷 (quercetin-3-O-[2-O-(6-O-E-feruloyl)-β-D-glucopyranosyl]-β-D-galactopyranoside)[10]、穗花杉双黄酮 (amentoflavone)[11]、山奈酚 (kaempferol)、山奈酚-3-O-吡喃葡萄糖苷 (kaempferol-3-O-glucopyranoside)、槲皮素-3-O-吡喃葡萄糖苷 (quercetin-3-O-glucopyranoside)、槲皮素-3-O-(2''-O-β-D-吡喃葡萄糖苷)-β-D-吡喃葡萄糖苷 [quercetin-3-O-(2''-O-β-D-glucopyranosyl)-β-D-glucopyranoside][12]、quercetin-3-O-[2-O-(6-O-E-sinapoyl)-β-D-glucopymosyl]-β-D-glucopyranoside[13]、槲皮素-3-O-芸香糖苷 (quercetin-3-O-rutinoside) 和槲皮素-3-O-葡萄糖苷 (quercetin-3-O-glucoside)[14]等；蒽醌类成分：2-甲基-3-羟基蒽醌 (2-methyl-3-hydroxyanthraquinone)、2-甲基-3-甲氧基蒽醌 (2-methyl-3-methoxyanthraquinone)、2-甲基-3-羟基-4-甲氧基蒽醌 (2-methyl-3-hydroxy-4-methoxyanthraquinone)[15]、2,3-二甲氧基-6-甲基蒽醌 (2,3-dimethoxy-6-methylanthraquinone)[16]、2-羟基-1-甲氧基蒽醌(2-hydroxy-1-methoxyanthraquinone)、1,3-二甲氧基-2-羟基蒽醌(1,3-dimethoxy-2-hydroxyanthraquinone)[11]、3-羟基-2-甲酰基-1-甲氧基蒽醌 (3-hydroxy-2-formyl-1-methoxyanthraquinone)、3-羟基-2-甲基-1-甲氧基蒽醌 (3-hydroxy-2-methyl-1-methoxyanthraquinone)[17]等。

药理作用

1. **抗肿瘤**

   白花蛇舌草水提液可增强小鼠和人自然杀伤细胞对肿瘤细胞的特异性杀伤活性、B细胞抗体的产生以及单核细胞的细胞因子产生，并促进单核细胞对肿瘤细胞的吞噬功能，其有效成分为90道尔顿的糖蛋白[18]；口服白花蛇舌草水提液可抑制小鼠体内肾癌细胞增长[19]；给接种 S_{180} 的荷瘤小鼠灌服白花蛇舌草水溶性提取物和新鲜白花蛇舌草水提液，均能显著抑制肿瘤生长[20-21]；此外，白花蛇舌草水提液对小鼠黑色素瘤细胞 B16-F10 的肺转移[22]及人肺癌细胞 SPC-A-1[23]、大鼠胶质瘤细胞 C6[24]和人肝癌细胞的 Bel-7402[25]的增殖均有显著的抑制作用。白花蛇舌草乙醇提取物体外对人口腔癌细胞 KB、胃腺癌细胞 BGC、肝癌细胞 SMMC-7221、宫颈癌细胞 HeLa、肺癌细胞 A549 和小鼠黑色素瘤细胞 B16 有明显的抑制作用，并可显著促进人外周血单个核细胞增殖[26]；还能有效激发白血病细胞 HL-60 产生超氧化物并诱导肿瘤细胞凋亡[27]。白花蛇舌草粗多糖提取物体外能明显抑制胃癌细胞 BGC-823 的生长[28]。熊果酸体外对肺癌细胞 A549、卵巢癌细胞 SK-OV-3、皮肤癌细胞 SK-MEL-2、脑癌细胞 XF498、结肠癌细胞 HCT-15、胃癌细胞 SNU-1、白血病细胞 L1210 和黑素瘤细胞 B16-F0 有显著的抗增殖作用[29]。

2. **增强免疫**

   白花蛇舌草水提物腹腔注射能明显促进刀豆蛋白A (ConA) 和脂多糖 (LPS) 刺激的小鼠脾细胞的增殖反应，增加小鼠脾细胞对羊红细胞的特异抗体分泌细胞数，增强异型小鼠脾细胞诱导的迟发型超敏反应及毒性T淋巴细胞的杀伤功能[30]；与重组干扰素合用可促进大鼠腹膜细胞一氧化氮 (NO) 和肿瘤坏死因子α (TNF-α) 的释放[31]，还能促进小鼠脾细胞的增殖活性，激发巨噬细胞白介素 (IL-6) 和 TNF-α 的产生[32]；口服鲜白花蛇舌草水提液还可轻微增强小鼠脾细胞免疫能力[33]。白花蛇舌草提取物体外可增强巨噬细胞 J774 的功能[34]。白花蛇舌草水煎液灌胃可促进小鼠骨髓细胞增殖反应和 IL-2 的分泌[35]；对小鼠的抗体产生能力、淋巴细胞增殖和 IL-2 产生有增强作用[36]，有效成分为白花蛇舌草总黄酮[37]。白花蛇舌草水溶性提取物还可明显改善环磷酰胺所致的免疫器官萎缩和造血系统的损伤[20]。

3. **抗化学诱变**

   白花蛇舌草水提物对黄曲霉素 B_1 (AFB_1) 及苯并[a]芘 (B[a]P) 引起的化学诱变有明显抑制作用，并能抑制 AFB_1 与 DNA 的结合，白花蛇舌草还可抑制由细胞色素 P_{450} 1A 及 3A 家族所介导的 AFB_1 和 BaP 的生物转化，从而阻断其化学诱变作用[38-41]。

4. 抗氧化

白花蛇舌草的水、乙醇、丙酮、氯仿、乙醚、石油醚提取物均有抗氧化作用，以丙酮提取物作用最强[42]。所含的黄酮苷类成分对于黄嘌呤氧化酶、黄嘌呤-黄嘌呤氧化酶细胞色素 c 和 TBA-MDA 系统均产生抗氧化活性[9]，槲皮素-3-O-芸香糖苷和槲皮素-3-O-葡萄糖苷为主要的抗氧化活性成分[14]，此外，鸡屎藤次苷、京尼平苷酸和去乙酰车叶草苷也可抑制脂质过氧化[5]。白花蛇舌草还能显著抑制大鼠肝匀浆二氯化铁抗坏血酸诱导的脂质过氧化反应，对羟自由基也有清除作用[43]。

5. 抗炎

白花蛇舌草提取物对角叉菜胶所致的大鼠足趾肿胀有明显的抑制作用[44]；白花蛇舌草总黄酮灌胃给药对二甲苯诱导的小鼠耳郭肿胀和醋酸所致小鼠毛细血管通透性增高有显著的抑制作用，对大鼠松节油气囊肉芽增生和新鲜蛋清诱导大鼠足趾肿胀也具有显著的抑制作用[45]。

6. 保护胃黏膜损伤

白花蛇舌草水提液灌胃给药，可明显提高吲哚美辛所致的胃溃疡大鼠血清和胃组织超氧化物歧化酶 (SOD) 活性，降低丙二醛含量，减轻胃黏膜损伤[46]。

7. 其他

白花蛇舌草还具有抗菌[45]、神经保护[10]和保肝[44]等作用。

应用

本品为中医临床用药。功能：清热解毒，利湿通淋。主治：肺热喘嗽，咽喉肿痛，热淋涩痛，湿热黄疸。

现代临床还用于黄疸、泄泻、痢疾、阑尾炎、胃炎、肝炎、肾炎、疮毒、多种癌症如肺癌、食道癌、白血病、恶性淋巴癌、鼻咽癌、宫颈癌以及一些生殖系统疾病的治疗。

评注

20 世纪 60 年代以来，白花蛇舌草逐渐从中国民间草药发展成为中成药原料药。本种是当前中国药用白花蛇舌草商品中的主流品种，野生品产量大，商品开发面广。来源于同属植物伞房花耳草 *Oldenlandia corymbosa* (L.) Lam. 的商品药材和新鲜品在中国华南地区也被广泛使用，已有报道显示两者的环烯醚萜成分具有较大差异[9]，因此两者成分、功效是否完全一致，能否相互替代需深入研究。

本种作为大宗商品药材的主要来源种，尚未被《中国药典》收载，缺乏质量评价标准。文献报道多以熊果酸和齐墩果酸含量作为评价标准，未能全面反映药材质量的优劣。同时，本种主要来源于野生品，仅在江苏地区有少量栽培，且多生长在田边，容易受到农药的污染，严重影响用药安全。因此迫切需要建立白花蛇舌草药材质量标准和 GAP 基地。

参考文献

[1] 王瑞江，赵南先. 耳草属 (*Hedyotis* L.) 的起源及地理分布. 热带亚热带植物学报. 2001, 9(3): 219-228

[2] 周诚，王丽，冯小映. 白花蛇舌草和水线草中齐墩果酸及熊果酸含量比较. 中药材. 2002, 25(5): 313-314

[3] Y Nishihama, K Masuda, M Yamaki, S Takagi, K Sakina. Three new iridoid glucosides from *Hedyotis diffusa*. *Planta Medica*. 1981, 43: 28-33

[4] S Takagi, M Yamaki, Y Nishihama, K Ishiguro. Iridoid glucosides of the Chinese drug Bai Hua She She Cao (*Hedyotis diffusa* Willd.). *Shoyakugaku Zasshi*. 1982, 36(4): 366-369

[5] DH Kim, HJ Lee, YJ Oh, MJ Kim, SH Kim, TS Jeong, NI Baek. Iridoid glycosides isolated from *Oldenlandia diffusa* inhibit LDL-oxidation. *Archives of Pharmacal Research*. 2005, 28(10): 1156-1160

[6] 吴孔松, 曾光尧, 谭桂山, 徐康平, 李福双, 谭健兵, 周应军. 白花蛇舌草化学成分的研究. 天然产物研究与开发. 2006, 18(Suppl.): 52-54

[7] ZT Liang, ZH Jiang, KSY Leung, ZZ Zhao. Determination of iridoid glucosides for quality assessment of Herba Oldenlandiae by high-performance liquid chromatography. Chemical & Pharmaceutical Bulletin. 2006, 54(8): 1131-1137

[8] 吕华冲, 何军. 白花蛇舌草化学成分的研究. 天然产物研究与开发. 1996, 8(1): 34-37

[9] CM Lu, JJ Yang, PY Wang, CC Lin. A new acylated flavonol glycoside and antioxidant effects of Hedyotis diffusa. Planta Medica. 2000, 66(4): 374-377

[10] Y Kim, EJ Park, J Kim, Y Kim, SR Kim, YY Kim. Neuroprotective constituents from Hedyotis diffusa. Journal of Natural Product. 2001, 64(1): 75-78

[11] 吴孔松, 张坤, 谭桂山, 曾光尧, 周应军. 白花蛇舌草化学成分的研究. 中国药学杂志. 2005, 40(11): 817-819

[12] 张海娟, 陈业高, 黄荣. 白花蛇舌草黄酮成分的研究. 中药材. 2005, 28(5): 385-387

[13] 任风芝, 刘刚叁, 张丽, 牛桂云. 白花蛇舌草黄酮类化学成分研究. 中国药学杂志. 2005, 40(7): 502-504

[14] D Permana, NH Lajis, F Abas, AG Othman, R Ahmad, M Kitajima, H Takayama, N Aimi. Antioxidative constituents of Hedyotis diffusa Willd. Natural Product Sciences. 2003, 9(1): 7-9

[15] DF Tai, YM Lin, FC Chen. Components of Hedyotis diffusa Willd. Hua Xue. 1979, 3: 60-61

[16] TI Ho, GP Chen, YC Lin, YM Lin, FC Chen. An anthraquinone from Hedyotis diffusa. Phytochemistry. 1986, 25(8): 1988-1989

[17] Lai KD, Tran VS, Pham GD. Two anthraquinones from Hedyotis corymbosa and Hedyotis diffusa. Tap Chi Hoa Hoc. 2002, 40(3): 66-68, 87

[18] 单保恩, 张金艳, 杜肖娜, 李巧霞, 山下优毅, 吉田安宏, 杉浦勉. 白花蛇舌草的免疫学调节活性和抗肿瘤活性. 中国中西医结合杂志. 2001, 21(5): 370-374

[19] BY Wong, BH Lau, TY Jia, CP Wan. Oldenlandia diffusa and Scutellaria barbata augment macrophage oxidative burst and inhibit tumor growth. Cancer Biotherapy & Radiopharmaceuticals. 1996, 11(1): 51-56

[20] 李瑞, 赵浩如, 林以宁. 白花蛇舌草水溶性提取物的抗肿瘤作用和对化疗损伤的保护作用的研究. 中国药学. 2002, 11(2): 54-58

[21] JJ Yang, CC Lin. The possible use of Peh-Hue-Juwa-Chi-Cao as an antitumour agent and radioprotector after therapeutic irradiation. Phytotherapy Research. 1997, 11: 6-10

[22] S Gupta, D Zhang, J Yi, J Shao. Anticancer activities of Oldenlandia diffusa. Journal of Herbal Pharmacotherapy. 2004, 4(1): 21-33

[23] 陈丽萍, 杨香生, 韦星, 万福生. 白花蛇舌草提取液诱导人肺癌 SPC-A-1 细胞凋亡的实验研究. 江西中医学院学报. 2005, 17(6): 53-55

[24] 王殿洪, 岳武, 史怀璋, 李俊石, 王策. 光动力学疗法与白花蛇舌草联合应用对大鼠 C6 胶质瘤细胞的作用. 中国激光医学杂志. 2005, 14(5): 279-284

[25] 于春艳, 李薇, 刘玉和, 盖小东. 白花蛇舌草提取物体外抗肿瘤作用及机制研究. 北华大学学报（自然科学版）. 2004, 5(5): 412-416

[26] 钱韵旭, 赵浩如, 高展. 白花蛇舌草提取物的体外抗肿瘤活性. 江苏药学与临床研究. 2004, 12(4): 36-38

[27] 雅达赋, 李少钦. 白花蛇舌草激发肿瘤细胞产生超氧化物和启动半胱氨酸天冬氨酸蛋白酶诱导肿瘤细胞凋亡. 中西医结合学报. 2006, 4(5): 485-489

[28] 王赞滔, 黄艳丽, 王文静. 白花蛇舌草作用于人胃癌细胞 BGC-823 后端粒酶的定量表达. 临床输血与检验. 2006, 8(2): 116-117

[29] SH Kim, BZ Ahn, SY Ryu. Antitumor effects of ursolilc acid isolated from Oldenlandia diffusa. Phytotherapy Research. 1998, 12(8): 553-556

[30] 秦凤华, 谢蜀生, 张文仁, 龙振洲, 刘福君. 白花蛇舌草对小鼠免疫功能的增强作用. 上海免疫学杂志. 1990, 10(6): 321-323

[31] HS Chung, HJ Jeong, SH Hong, MS Kim, SJ Kim, BK Song, IS Jeong, EJ Lee, JW Ahn, SH Baek, HM Kim. Induction of nitric oxide synthase by Oldenlandia diffusa in mouse peritoneal macrophages. Biological & Pharmaceutical Bulletin. 2002, 25(9): 1142-1146

[32] Y Yoshida, MQ Wang, JN Liu, BE Shan, U Yamashita. Immunomodulating activity of Chinese medicinal herbs and Oldenlandia diffusa in particular. International Journal of Immunopharmacology. 1997, 19(7): 359-370

[33] JJ Yang, HY Hsu, YH Ho, CC Lin. Comparative study on the immunocompetent activity of three different kinds of Peh-Hue-Juwa-Chi-Cao, Hedyotis diffusa, H. corymbosa and Mollugo pentaphylla after sublethal whole body x-irradiation. Phytotherapy Research. 1997, 11(6): 428-432

[34] BY Wong, BH Lau, TY Jia, CP Wan. *Oldenlandia diffusa* and *Scutellaria barbata* augment macrophage oxidative burst and inhibit tumor growth. *Cancer Biotherapy & Radiopharmaceuticals*. 1996, **11**(1): 51-56

[35] 孟玮，邱世翠，刘志强，韩兆东，张海霞. 白花蛇舌草对小鼠骨髓细胞增殖和IL-2生成的影响. 滨州医学院学报. 2004, **27**(4): 256-257

[36] 孟玮，刘志强，邱世翠，韩兆东，张海霞. 中药白花蛇舌草对小鼠免疫功能影响的初步研究. 现代中西医结合杂志. 2005, **14**(2): 163-164

[37] 王宇翎，张艳，方明，李前进，江勤，明亮. 白花蛇舌草总黄酮的免疫调节作用. 中国药理学通报. 2005, **21**(4): 444-447

[38] BY Wong, BH Lau, RW Teel. Chinese medicinal herbs modulate mutagenesis, DNA binding and metabolism of benzo[a]pyrene 7,8-dihydrodiol and benzo[a]pyrene 7,8-dihydrodiol-9,10-epoxide. *Cancer Letters*. 1992, **62**(2): 123-131

[39] BY Wong, BH Lau, PP Tadi, RW Teel. Chinese medicinal herbs modulate mutagenesis, DNA binding and metabolism of aflatoxin B1. *Mutation Research*. 1992, **279**(3): 209-216

[40] BY Wong, BH Lau, T Yamasaki, RW Teel. Modulation of cytochrome P_{450}IA1-mediated mutagenicity, DNA binding and metabolism of benzo[a]pyrene by Chinese medicinal herbs. *Cancer Letters*. 1993, **68**(1): 75-82

[41] BY Wong, BH Lau, T Yamasaki, RW Teel. Inhibition of dexamethasone-induced cytochrome P_{450}-mediated mutagenicity and metabolism of aflatoxin B_1 by Chinese medicinal herbs. *European Journal of Cancer Prevention*. 1993, **2**(4): 351-356

[42] 于新，杜志坚，陈悦娇，黄统球. 白花蛇舌草提取物抗氧化作用的研究. 食品与发酵工业. 2002, **28**(3): 10-13

[43] CC Lin, LT Ng, JJ Yang. Antioxidant activity of extracts of peh-hue-juwa-chi-cao in a cell free system. *The American Journal of Chinese Medicine*. 2004, **32**(3): 339-349

[44] CC Lin, LT Ng, JJ Yang, YF Hsu. Anti-inflammatory and hepatoprotective activity of peh-hue-juwa-chi-cao in male rats. *American Journal of Chinese Medicine*. 2002, **30**(2-3): 225-234

[45] 王宇翎，张艳，方明，李前进，江勤，明亮. 白花蛇舌草总黄酮的抗炎及抗菌作用. 中国药理学通报. 2005, **21**(3): 348-350

[46] 王桂英，李振彬，石建喜，王辉，高庆丰，耿丽芬，朱建君，赵区生. 白花蛇舌草对吲哚美辛所致大鼠胃黏膜损伤的保护作用. 河北中医. 2001, **23**(1): 70-71

野生白花蛇舌草

牛至 Niuzhi EP

唇形科

Origanum vulgare L.
Oregano

 概 述

唇形科 (Lamiaceae/Labiatae) 植物牛至 *Origanum vulgare* L.，其干燥全草入药。中药名：牛至。

牛至属 (*Origanum*) 植物全世界约 15～20 种，分布于地中海至中亚。中国有 1 种，供药用。本种广泛分布于中国各地，欧洲、亚洲及北非也有分布。

牛至以"江宁府茵陈"药用之名，始载于《本草图经》。历代本草多有著录，古今药用品种一致。《中国药典》(1977 年版) 曾收载本种为中药牛至的法定原植物来源种。主产于中国云南、四川、贵州等省。

牛至主要含黄酮类和有机酸类成分等。

药理研究表明，牛至具有抗微生物、调节免疫系统、抗氧化、抗肿瘤、抗炎、抗高血糖等作用。

中医理论认为牛至具有解表，理气，清暑，利湿的功效。

牛至 *Origanum vulgare* L.

药材牛至 Herba Origani Vulgaris

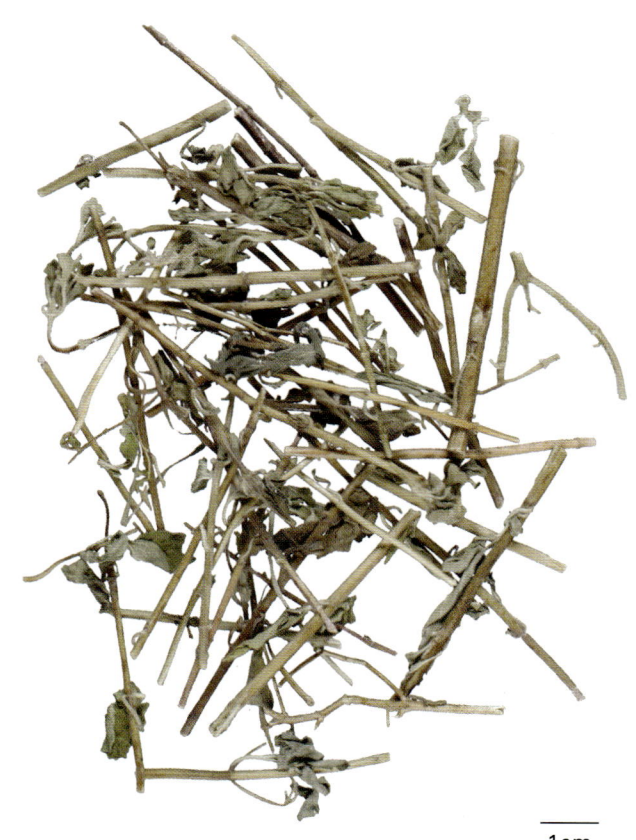

1cm

化学成分

牛至的全草含黄酮类成分：日本椴苷 (tilianin)、箭藿苷 A (sagittatoside A)[1]、芹菜素-7-O-葡萄糖醛酸苷 (apigenin-7-O-glucuronide)、芹菜素-7-O-甲基葡萄糖醛酸苷 (apigenin-7-O-methylglucuronide)、木犀草素 (luteolin)、菜蓟糖苷 (cynaroside)、木犀草素-7-O-葡萄糖醛酸苷 (luteolin-7-O-glucuronide)[2]、大花金鸡菊素 (leptosidin)、5-羟基-3,3',4',7-四甲氧基黄烷 (5-hydroxy-3,3',4',7-tetramethoxyflavone)、芍药花青素 (peonidin)、柚皮素 (naringin)、儿茶酚 (catechol)[3]、大波斯菊苷 (cosmosiin)[4]、荠柠黄酮 (mosloflavone)、7-甲醚黄芩素 (negletein)、poncerin[5]；三萜酸类成分：熊果酸 (ursolic acid)、齐墩果酸 (oleanolic acid)[1]；有机酸类成分：丹酚酸A、C (salvianolic acids A, C)、紫草酸 (lithospermic acid)[2]、异香草酸 (isovanillic acid)、香草酸 (vanillic acid)、迷迭香酸 (rosmarinic acid)、咖啡酸 (caffeic acid)、原儿茶酸 (protocatechuic acid)[6]、马兜铃酸甲、乙 (aristolochic acids I-II)[7]；挥发油类成分：麝香草酚 (thymol)、异麝香草酚 (carvacrol)、对聚伞花素 (p-cymene)、γ-松油烯 (γ-terpinene)[8]；还含有origalignanol[2]。

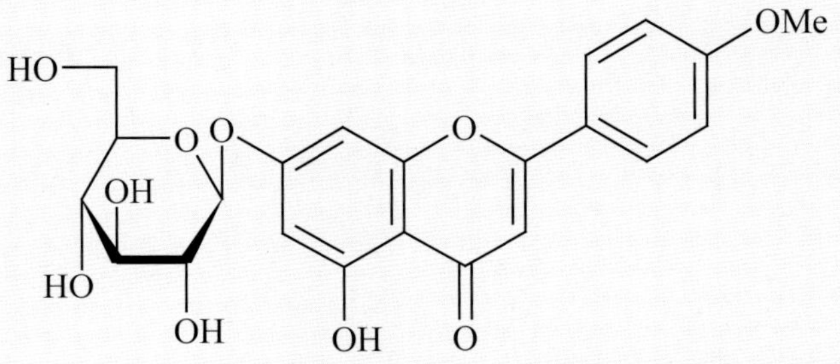

tilianin

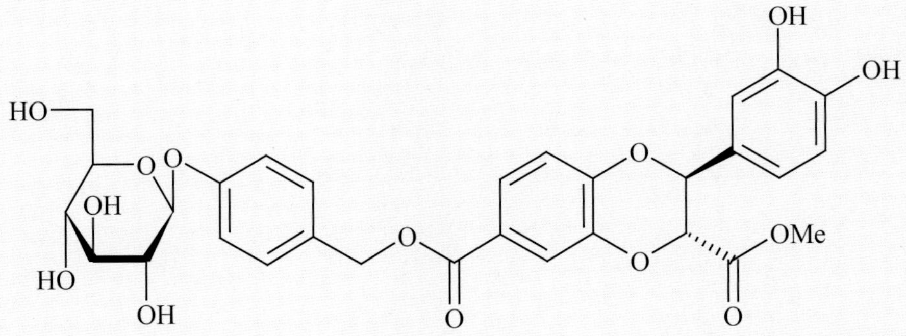

origalignanol

药理作用

1. 抗微生物

    牛至挥发油体外对金黄色葡萄球菌、伤寒杆菌、各型副伤寒杆菌、大肠杆菌、致病性大肠杆菌、产毒性大肠杆菌、侵袭性大肠杆菌、绿脓杆菌[9]、幽门螺旋杆菌[10]等均有不同程度的抑制和杀灭作用。牛至挥发油体外还能抑制酵母菌及酵母样菌的生长[11]。

牛至 Niuzhi

2. **免疫调节功能**

   牛至挥发油腹腔注射，对小鼠特异性细胞免疫功能有明显抑制作用；低剂量时能明显促进对小鼠的特异性体液免疫功能，增强腹腔巨噬细胞的吞噬作用，高剂量时显著抑制小鼠的特异性体液免疫功能及免疫器官胸腺和脾脏的功能[12-13]。

3. **抗氧化**

   牛至挥发油对二苯代苦味酰肼 (DPPH) 自由基有显著的清除作用，并能抑制脂质过氧化反应发生[14]，主要活性成分为麝香草酚和异麝香草酚[15]。牛至酚类提取物能通过调节猪肌肉组织中抗氧化酶的活性，改善过氧化氢诱导的氧化应激副反应[16]。

4. **抗肿瘤**

   异麝香草酚体外能显著减少 3,4 - 苯并芘对大鼠的致癌几率，并抑制平滑肌肉瘤细胞的增殖[17]；牛至对人淋巴瘤细胞有细胞毒活性[18]。马兜铃酸甲、乙能降低凝血酶活性，对非白血性白血病有抗肿瘤活性[7]。

5. **抗炎**

   牛至提取物口服给药，能显著抑制小鼠冷浸应激性胃炎的发生；牛至提取物经皮注射给药，能防止噁唑酮诱导的小鼠接触性过敏反应的发生[19]。

6. **降血糖**

   牛至提取物能抑制猪胰淀粉酶活性[20]，牛至水提物口服给药能明显降低链脲霉素糖尿病小鼠的血糖水平[21]。

7. **对平滑肌的影响**

   牛至挥发油对离体肠平滑肌有解痉作用，对大鼠离体肠管主动收缩和氯化钡引起的收缩无明显影响，但对乙酰胆碱引起的收缩有弱的对抗作用[22]。

8. **其他**

   牛至还具有轻微的抗血小板[17]、镇静[22]等作用。

应用

本品为中医临床用药。功能：解表，理气，清暑，利湿。主治：感冒发热，中暑，胸膈胀满，腹痛吐泻，痢疾，黄疸，水肿，带下，小儿疳积，麻疹，皮肤瘙痒，疮疡肿痛，跌打损伤。

现代临床用于黄疸、小儿疳积、中暑、感冒、腹痛、呕吐、胸膈胀满、气阻食滞、小儿积食腹胀、腹泻、月经过多、崩漏带下、皮肤瘙痒、水肿[1]、急性菌痢[23]等病的治疗，还用于预防流感。

评注

牛至在本草书中常与香薷、茵陈混淆。在贵州、四川等地作土香薷用。在湖南、广西等地以其带花的枝叶作土茵陈用，江西称为白花茵陈。临床使用时，应注意辨别，以保证用药安全。

在欧洲，牛至也深受人们喜爱，其拉丁属名来源于希腊语"oros"和"ganos"，意为"山区的魅力"或"山区的喜悦"[24]。在中东地区，人们将其用于治疗神经痛。另外，牛至叶对刀伤有特殊疗效，全草可提取芳香油，除供调配香精外，也可作酒曲配料。

牛至中提取的牛至油所含有的植物复合酚类具有良好的抗菌作用，是现在研究开发的热点。牛至不仅有很高的药用价值，而且在养殖业上也作为饲料添加剂来使用，生产出安全的动物性食品，具有很好的应用前景。牛至还是很好的蜜源植物[1]。

参考文献

[1] 伍睿, 叶其, 陈能煜, 张国林. 牛至化学成分的研究. 天然产物研究与开发. 2000, 12(6): 13-16

[2] YL Lin, CN Wang, YJ Shiao, TY Liu, WY Wang. Benzolignanoid and polyphenols from *Origanum vulgare*. *Journal of the Chinese Chemical Society*. 2003, 50(5): 1079-1083

[3] V Antonescu, L Sommer, I Predescu, P Barza. Physicochemical study of flavonoids from *Origanum vulgare*. *Farmacia*. 1982, 30(4): 201-208

[4] VA Peshkova, VM Mirovich. *Origanum vulgare* flavonoids. *Khimiya Prirodnykh Soedinenii*. 1984, 4: 522

[5] SZ Zheng, XX Wang, LM Gao, XW Shen, ZL Liu. Studies on the flavonoid compounds of *Origanum vulgare* L. *Indian Journal of Chemistry*. 1997, 36B(1): 104-106

[6] ZX Tang, YK Zeng, Y Zhou, PG He, YZ Fang, SL Zang. Determination of active ingredients of *Origanum vulgare* L. and its medicinal preparations by capillary electrophoresis with electrochemical detection. *Analytical Letters*. 2006, 39(15): 2861-2875

[7] E Goun, G Cunningham, S Solodnikov, O Krasnykch, H Miles. Antithrombin activity of some constituents from *Origanum vulgare*. *Fitoterapia*. 2002, 73(7-8): 692-694

[8] 田辉, 李萍, 赖东美. 牛至挥发油的 GC-MS 分析. 中药材. 2006, 29(9): 920-921

[9] 林清华, 刘波, 徐有为, 刘焱文. 牛至挥发油对肠炎常见菌的体外抗菌作用. 应用与环境生物学报. 1997, 3(1): 76-78

[10] G Stamatis P Kyriazopoulos, S Golegou, A Basayiannis, S Skaltsas, H Skaltsa. *In vitro* anti-*Helicobacter pylori* activity of Greek herbal medicines. *Journal of Ethnopharmacology*. 2003, 88(2-3): 175-179

[11] J Radusiene, A Judzintiene, D Peciulyte, V Janulis. Chemical composition of essential oil and antimicrobial activity of *Origanum vulgare*. *Biologija*. 2005, 4: 53-58

[12] 林清华, 张楚富, 刘焱文. 牛至挥发油对小鼠特异性免疫功能的影响. 应用与环境生物学报. 1997, 3(4): 389-391

[13] 林清华, 汤汉文, 王礼德. 牛至挥发油对小鼠腹腔巨噬细胞活性及免疫器官重量的影响. 基础医学与临床. 1990, 10(1): 49-51

[14] B Bozin, N Mimica-Dukic, N Simin, G Anackov. Characterization of the volatile composition of essential oils of some Lamiaceae spices and the antimicrobial and antioxidant activities of the entire oils. *Journal of Agricultural and Food Chemistry*. 2006, 54(5): 1822-1828

[15] M Puertas-Mejia, S Hillebrand, E Stashenko, P Winterhalter. *In vitro* radical scavenging activity of essential oils from Columbian plants and fractions from oregano (*Origanum vulgare* L.) essential oil. *Flavour and Fragrance Journal*. 2002, 17(5): 380-384

[16] R Randhir, D Vattem, K Shetty. Antioxidant enzyme response studies in H_2O_2-stressed porcine muscle tissue following treatment with oregano phenolic extracts. *Process Biochemistry*. 2005, 40(6): 2123-2134

[17] S Karkabounas, OK Kostoula, T Daskalou, P Veltsistas, M Karamouzis, I Zelovitis, A Metsios, P Lekkas, AM Evangelou, N Kotsis, I Skoufos. Anticarcinogenic and antiplatelet effects of carvacrol. *Experimental Oncology*. 2006, 28(2): 121-125

[18] NA Spiridonov, DA Konovalov, VV Arkhipov. Cytotoxicity of some russian ethnomedicinal plants and plant compounds. *Phytotherapy Research*. 2005, 19(5): 428-432

[19] K Yoshino, N Higashi, K Koga. Antioxidant and antiinflammatory activities of oregano extract. *Journal of Health Science*. 2006, 52(2): 169-173

[20] P McCue, D Vattem, K Shetty. Inhibitory effect of clonal oregano extracts against porcine pancreatic amylase *in vitro*. *Asia Pacific Journal of Clinical Nutrition*. 2004, 13(4): 401-408

[21] A Lemhadri, N-A Zeggwagh, M Maghrani, H Jouad, M Eddouks. Anti-hyperglycaemic activity of the aqueous extract of *Origanum vulgare* growing wild in Tafilalet region. *Journal of Ethnopharmacology*. 2004, 92(2-3): 251-256

[22] 吴廷楷, 周永录, 周世清, 王晓东. 四种香薷挥发油药理作用比较研究. 中药材. 1992, 15(8): 36-38

[23] 杨培明, 刘焱文, 王少华, 陈照良, 郑秀英, 谢素文, 戴梅芳, 徐杏芳, 詹亚华, 姚茵丽, 王怀真, 陈爱德, 梅家俊. 牛至冲剂治疗急性菌痢临床疗效观察. 湖北中医杂志. 1990, 3: 15-16

[24] 汪开治. 香辛药中有牛至. 植物杂志. 2002, 5: 13

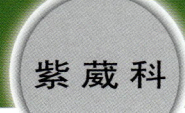

木蝴蝶 Muhudie CP, IP

紫葳科

Oroxylum indicum (L.) Vent.
Indian Trumpetflower

 概 述

紫葳科 (Bignoniaceae) 植物木蝴蝶 *Oroxylum indicum* (L.) Vent.，其干燥成熟种子入药。中药名：木蝴蝶。

木蝴蝶属 (*Oroxylum*) 植物全世界约有 2 种，分布于越南、老挝、泰国、缅甸、印度、马来西亚、斯里兰卡。中国有 1 种，供药用。本种分布于中国福建、广东、香港、广西、四川、云南、贵州、台湾等省区，越南、老挝、泰国、柬埔寨、缅甸、印度、马来西亚、菲律宾、印度尼西亚也有分布。

木蝴蝶以"千张纸"药用之名，始载于《滇南本草》。历代本草多有著录，古今药用品种一致。《中国药典》(2005年版) 收载本种为中药木蝴蝶的法定原植物来源种。主产于中国云南、广西、贵州。

木蝴蝶主要含黄酮类和异黄酮类成分。《中国药典》采用薄层色谱法鉴别，以控制药材质量。

药理研究表明，木蝴蝶具有抗炎、抗菌、抗白内障、抗溃疡、抗诱变等作用。

中医理论认为木蝴蝶有清肺利咽，疏肝和胃的功效。

木蝴蝶 *Oroxylum indicum* (L.) Vent.

药材木蝴蝶 Semen Oroxyli

化学成分

木蝴蝶的种子含黄酮类成分：白杨素 (chrysin)、黄芩素 (baicalein)、木蝴蝶素 A[1]、B (oroxylins A－B)、黄芩苷 (baicalin)、芹菜素 (apigenin)、野黄芩黄素 (scutellarein)、荠柠黄酮 (mosloflavone)、高车前素 (hispidulin)、野黄芩苷 (scutellarin)、pinocembroside[2]、千层纸苷 (tetuin)[3]、木蝴蝶定 (oroxindin)[4]。

木蝴蝶的果实含苯乙醇苷类成分：红景天苷 (rhodosin)、梾木苷 (cornoside)；环己烷乙醇类成分：连翘环己醇 (rengyol)、cleroindicin B；苯并呋喃类成分：连翘环己醇酮 [(+)-rengyolone][5]。

木蝴蝶的叶含黄酮类成分：黄芩素、野黄芩黄素、野黄芩苷、黄芩素－6－葡萄糖醛酸苷 (baicalein－6－glucuronide)[6]；蒽醌类成分：芦荟大黄素 (aloe－emodin)[7]。

木蝴蝶的茎皮中含黄酮类成分：木蝴蝶素A、白杨素、黄芩素、黄芩苷、野黄芩黄素、野黄芩黄素－7－芸香糖苷 (scutellarein－7－rutinoside)[8]；异黄酮类成分：甲基木蝴蝶紫檀素 (methyl oroxylopterocarpan)、十二基木蝴蝶紫檀素 (dodecanyl oroxylopterocarpan)、己基木蝴蝶紫檀素 (hexyl oroxylopterocarpan)、庚基木蝴蝶紫檀素 (heptyl oroxylopterocarpan)[9]。

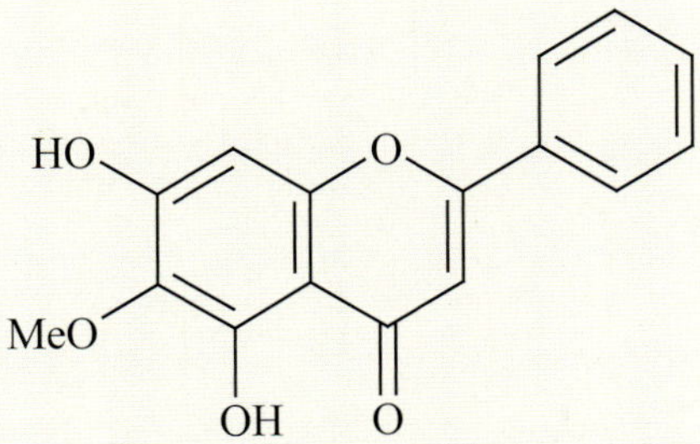

oroxylin A

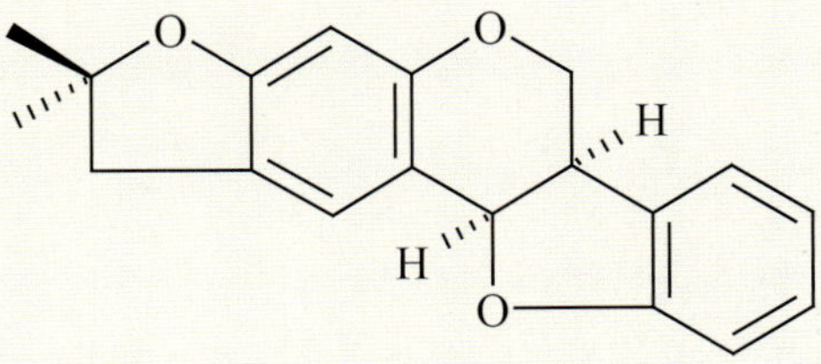

methyl oroxylopterocarpan

紫葳科

木蝴蝶 Muhudie

药理作用

1. 抗炎

木蝴蝶所含的黄酮类成分体内能抑制葡聚糖 (dextran) 引起的小鼠足趾肿胀，并与α-凝乳蛋白 (α-chymotrypsin) 有协同作用[10]。木蝴蝶根二氯甲烷提取物体外能抑制白细胞脂肪氧合酶活性，显示有抗炎作用，与所含的拉帕醇有关[11]。

2. 抗菌

木蝴蝶茎皮和根的二氯甲烷提取物对革兰氏阳性菌（枯草杆菌、金黄色葡萄球菌）、革兰氏阴性菌（大肠杆菌、绿脓杆菌）及白色念珠菌有抗菌活性。有效成分为黄酮类化合物和拉帕醇等[11]。

3. 抗白内障

木蝴蝶水煎液灌胃给药能降低半乳糖性白内障大鼠晶状体中醛糖还原酶活性，降低辅酶 II (NADP)、半乳糖及半乳糖醇含量，升高多元醇脱氢酶、己糖激酶、6-磷酸葡萄糖脱氢酶活性、还原型辅酶 II (NADPH) 及非蛋白巯基含量，使异常的酶活性变化和生化变化得到纠正[12-13]；还能抑制晶状体中的脂质过氧化反应[14]。

4. 抗溃疡

木蝴蝶根皮 50% 乙醇提取物经口给药对大鼠乙醇引起的胃溃疡有胃黏膜细胞保护作用，作用机理与抑制胃酸分泌和脂质过氧化有关[15]。

5. 其他

木蝴蝶还具有调节免疫[16]、抗诱变[17]、抗肿瘤[18]等作用。

应用

本品为中医临床用药。功能：清肺利咽，疏肝和胃，敛疮生肌。主治：肺热咳嗽，喉痹，音哑，肝胃气痛，疮疡久溃不敛，浸淫疮。

现代临床还用于上呼吸道感染咳嗽、咽炎、声带疾患、肝气痛、中心视网膜炎、白内障等病的治疗。

评注

木蝴蝶除其干燥成熟种子作为木蝴蝶入药外，其叶、茎皮和根均可入药。木蝴蝶的叶、茎皮和根均含多种黄酮类成分，具有多种药理活性。

参考文献

[1] LJ Chen, DE Games, J Jones. Isolation and identification of four flavonoid constituents from the seeds of *Oroxylum indicum* by high-speed counter-current chromatography. *Journal of Chromatography, A*. 2003, **988**(1): 95-105

[2] T Tomimori, Y Imoto, M Ishida, H Kizu, T Namba. Studies on the Nepalese crude drugs (VIII). On the flavonoid constituents of the seed of *Oroxylum indicum* Vent. *Shoyakugaku Zasshi*. 1988, **42**(1): 98-101

[3] CR Mehta, TP Mehta. Tetuin, a glucoside from the seeds of *Oroxylum indicum*. *Current Science*. 1953, **22**: 114

[4] AGR Nair, BS Joshi. Oroxindin-a new flavone glucuronide from *Oroxylum indicum* Vent. *Indian Academy of Sciences, Section A*. 1979, **88A**(1): 323-327

[5] KI Teshima, T Kaneko, K Ohtani, R Kasai, S Lhieochaiphant, K Yamasaki. Phenylethanoids and cyclohexylethanoids from *Oroxylum indicum*. *Natural Medicines*. 1996, **50**(4): 307

[6] SS Subramanian, AGR Nair. Flavonoids of the leaves of *Oroxylum indicum* and *Pajanelia longifolia*. *Phytochemistry*. 1972, **11**(1): 439-440

[7] AK Dey, A Mukherjee, PC Das, A Chatterjee. Occurrence of aloe-emodin in the leaves of *Oroxylum indicum* Vent. *Indian Journal of Chemistry*. 1978, **16**B(11): 1042

[8] SS Subramanian, AGR Nair. Flavonoids of the stem bark of *Oroxylon indicum*. *Current Science*. 1972, **41**(2): 62-63

[9] M Ali, A Chaudhary, R Ramachandram. New pterocarpans from *Oroxylum indicum* stem bark. *Indian Journal of Chemistry*. 1999, **38**B(8): 950-952

[10] TDH Le, XT Nguyen. Influence of flavonoids from *Oroxylum indicum* Vent. towards α-chymotrypsin in relation to inflammation. *Tap Chi Duoc Hoc*. 2005, **45**(8): 23-26, 36

[11] RM Ali, PJ Houghton, A Raman, JRS Hoult. Antimicrobial and antiinflammatory activities of extracts and constituents of *Oroxylum indicum*. *Phytomedicine*. 1998, **5**(5): 375-381

[12] 杨涛，梁康，侯纬敏，张昌颖．四种中草药对大鼠半乳糖性白内障相关酶活性的影响．生物化学杂志．1991，**7**(6)：731-736

[13] 杨涛，梁康，侯纬敏，张昌颖．四种中草药对大鼠半乳糖性白内障氧化还原物质及糖类含量的影响．生物化学杂志．1992，**8**(1)：21-25

[14] 杨涛，梁康，侯纬敏，张昌颖．四种中草药抗白内障形成中脂类过氧化水平及脂类含量的变化．生物化学杂志．1992，**8**(2)：164-168

[15] M Khandhar, M Shah, D Santani, S Jain. Antiulcer activity of the root bark of *Oroxylum indicum* against experimental gastric ulcers. *Pharmaceutical Biology*. 2006, **44**(5): 363-370

[16] M Zaveri, P Gohil, S Jain. Immunostimulant activity of n-butanol fraction of root bark of *Oroxylum indicum*, vent. *Journal of Immunotoxicology*. 2006, **3**(2): 83-99

[17] K Nakahara, M Onishi-Kameyama, H Ono, M Yoshida, G Trakoontivakorn. Antimutagenic activity against Trp-P-1 of the edible thai plant, *Oroxylum indicum* Vent. *Bioscience, Biotechnology, and Biochemistry*. 2001, **65**(10): 2358-2360

[18] MK Roy, K Nakahara, VN Thalang, G Trakoontivakorn, M Takenaka, S Isobe, T Tsushida. Baicalein, a flavonoid extracted from a methanolic extract of *Oroxylum indicum* inhibits proliferation of a cancer cell line *in vitro* via induction of apoptosis. *Pharmazie*. 2007, **62**(2): 149-153

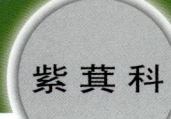

紫萁 Ziqi

Osmunda japonica Thunb.
Japanese Flowering Fern

概述

紫萁科 (Osmundaceae) 植物紫萁 *Osmunda japonica* Thunb.，其带叶柄基的干燥根茎入药。中药名：紫萁贯众。

紫萁属 (*Osmunda*) 植物全世界约 15 种，分布于北半球的温带和热带。中国有 8 种，本属现供药用者 4 种。本种分布于中国南北各地；也广泛分布于日本、朝鲜半岛、印度北部。

"贯众"药用之名，始载于《神农本草经》。历代本草均有著录，但较难断定所载系何种蕨类植物。《中国药典》(1977年版) 曾收载本种为中药紫萁贯众的法定原植物来源种。主产于中国河南、甘肃、山东、安徽、江苏、浙江、湖北、湖南、四川、云南、贵州等省。

紫萁主要含内酯类、固醇类、黄酮类成分等。

药理研究表明，紫萁具有抗病毒、抗菌、驱虫等作用。

中医理论认为紫萁贯众具有清热解毒，祛瘀止血，杀虫的功效。

紫萁 *Osmunda japonica* Thunb.

药材紫萁贯众 Rhizoma Osmundae Japonicae

1cm

化学成分

紫萁的根茎含内酯类成分：葡萄糖基紫萁内酯 (osmundalin)[1]、二氢异葡萄糖基紫萁内酯 (dihydroisoosmundalin)[2]、(4R,5S)-紫萁内酯 [(4R,5S)-osmundalactone]、(4R,5S)-5-羟基-2-己烯酸-4-内酯[(4R,5S)-5-hydroxy-2-hexen-4-olide]、(4R,5S)-5-羟基己酸-4-内酯[(4R,5S)-5-hydroxyhexan-4-olide]、(3S,5S)-3-羟基己酸-5-内酯 [(3S,5S)-3-hydroxyhexan-5-olide][3]；固醇类成分：松甾酮 A (ponasterone A)、蜕皮激素 (ecdysone)、蜕皮甾酮 (ecdysterone)[4]；还含有多肽 (polypeptides)[5]、蛋白聚糖 (proteoglycan)[6]、花楸苷 (parasorboside)[2]、琥珀酸 (succinic acid)[3]等。

紫萁的孢子叶中含黄酮类化合物：异白果双黄酮 (isoginkgetin)、三-O-甲基穗花双黄酮 (tris-O-methylamentoflavone)、紫杉双黄酮 (sciadopitysin)、4',4",7',7"-四甲基穗花双黄酮 (4',4",7',7"-tetramethylamentoflavone)、紫云英苷 (astragalin)[7]。

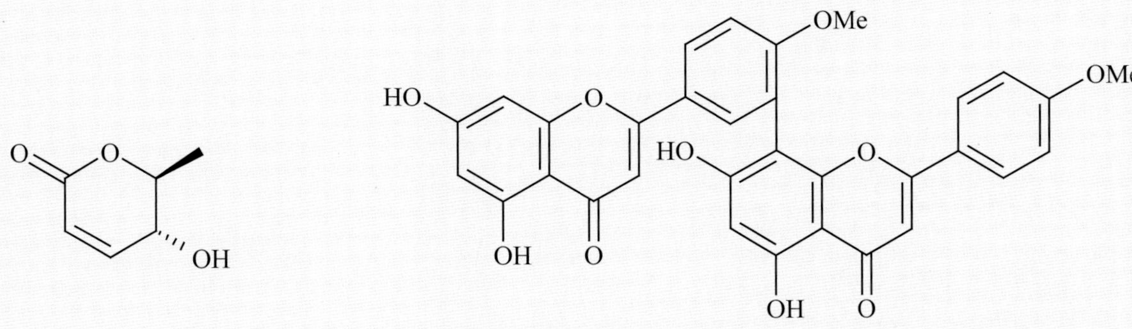

(4R,5S) osmundalactone

isoginkgetin

药理作用

1. **抗病毒**
   紫萁煎液和甲醇提取物体外对 I 型和 II 型单纯性疱疹病毒 (HSV-I, II)、腺病毒 3 型 (Ad_3)、流感病毒等有对抗作用[8]。

2. **抗菌**
   紫萁多糖体外对金黄色葡萄球菌、藤黄色八迭球菌、痢疾杆菌、绿脓杆菌、大肠杆菌等均有抑制作用[9-10]。

3. **驱虫**
   紫萁对猪蛔虫有一定的抑制作用，但杀伤作用较弱。紫萁还能驱除钩虫、鞭虫等人体肠蠕虫[11]。

4. **抑制血细胞凝聚**
   紫萁中的蛋白聚糖能抑制血细胞凝聚反应的发生[6]。

紫萁 Ziqi

应用

本品为中医临床用药。功能：清热解毒，祛瘀止血，杀虫。主治：流感，流行性脑膜炎，乙型脑膜炎，腮腺炎，痈疮肿毒，麻疹，水痘，痢疾，吐血，衄血，便血，崩漏，带下，蛲虫、绦虫、钩虫等肠道寄生虫。

现代临床还用于烧烫伤[9]的治疗。

评注

紫萁，又称"紫萁贯众"，为商品贯众的一种，在中国江苏、浙江、河南、四川等省被当作贯众使用。贯众类药材原植物在形态、生态环境、生药外形等方面非常近似，随着商品贯众类似品的逐渐增多，出现了各种贯众代用、混用的复杂情形，使用时应注意区别。

紫萁与近缘种分株紫萁（桂皮紫萁） *Osmunda cinnamomea* L. 的嫩叶干制后，可食用，商品名称为"薇菜"，其中蛋白质和人体必需氨基酸的含量与木耳、香菇、竹荪等多种名贵山珍相当[12]。

参考文献

[1] T Shimizu, K Asaoka, A Numata. Osmundalin (lactone glucoside) stimulates receptor cells, associated with deterrency, of *Bombyx mori*. *Zeitschrift fuer Naturforschung, C: Biosciences*. 1995, **50**(5-6): 463-465

[2] A Numata, C Takahashi, R Fujiki, E Kitano, A Kitajima, T Takemura. Plant constituents biologically active to insects. VI. Antifeedants for larvae of the yellow butterfly, Eurema hecabe mandarina, in *Osmunda japonica*. (2). *Chemical & Pharmaceutical Bulletin*. 1990, **38**(10): 2862-2865

[3] A Numata, K Hokimoto, T Takemura, T Katsuno, K Yamamoto. Plant constituents biologically active to insects. V. Antifeedants for the larvae of the yellow butterfly, Eurema hecabe mandarina, in *Osmunda japonica*. (1). *Chemical & Pharmaceutical Bulletin*. 1984, **32**(7): 2815-2820

[4] T Takemoto, Y Hikino, H Jin, T Arai, H Hikino. Isolation of insect-molting substances from *Osmunda japonica* and *Osmunda asiatica*. *Chemical & Pharmaceutical Bulletin*. 1968, **16**(8): 1636

[5] H Inoue, A Takano, Y Asano, Y Katoh. Purification and characterization of a 22-kDa protein in chloroplasts from green spores of the fern *Osmunda japonica*. *Physiologia Plantarum*. 1995, **95**(3): 465-471

[6] T Akiyama, K Tanaka, SYamamoto, S Iseki. Blood-group active proteoglycan containing 3-O-methylrhamnose (acofriose) from young plants of *Osmunda japonica*. *Carbohydrate Research*. 1988, **178**: 320-326

[7] T Okuyama, Y Ohta, S Shibata. The constituents of Osmunda spp. III. Studies on the sporophyll of *Osmunda japonica*. *Shoyakugaku Zasshi*. 1979, **33**(3): 185-186

[8] ER Woo, HJ Kim, JH Kwak, YK Lim, SK Park, HS Kim, CK Lee, H Park. Anti-herpetic activity of various medicinal plant extracts. *Archives of Pharmacal Research*. 1997, **20**(1): 58-67

[9] 陶海南，刘辉，薛喜文，陈欣红，刘全俊，吴琼华．紫萁多糖抗菌活性初步研究．南昌大学学报（理科版）．1996，**20**(4)：306-308

[10] 周仁超，李淑彬．蕨类植物抗菌作用的初步研究．湖南中医药导报．1999，**5**(1)：13-14

[11] 赵勋皋，刘华轩．应用中药贯众（紫萁）治疗肠蠕虫病观察报告．江苏中医药．1962，**10**：16-17

[12] 王谋强，励启腾．薇菜干的营养品质分析．植物资源与环境．1995，**4**(2)：63-64

酢浆草 Cujiangcao [IP]

Oxalis corniculata L.
Creeping woodsorrel

酢浆草科

 概 述

酢浆草科 (Oxalidaceae) 植物酢浆草 *Oxalis corniculata* L., 其新鲜或干燥全草入药。中药名：酢浆草。

酢浆草属 (*Oxalis*) 植物全世界约 800 种，主要分布于南美及南非，特别是好望角。中国有 5 种、3 亚种、1 变种，其中 2 种为引进的外来种，本属现供药用者 6 种。本种广布于全国各地，亚洲温带和亚热带地区、欧洲、地中海及北美地区均有分布。

"酢浆草"药用之名，始载于《新修本草》。历代本草多有著录，古今药用品种一致。主产于中国华南、西南、华北、东北、西北各省区。

酢浆草主要含黄酮类、有机酸类、类脂类成分等。

药理研究表明，酢浆草具有止泻、抗菌等作用。

中医理论认为酢浆草具有清热利湿，凉血散瘀，解毒消肿的功效。

酢浆草 *Oxalis corniculata* L.

酢浆草 Cujiangcao

酢浆草 *Oxalis corniculata* L.

药材酢浆草 Herba Oxalis Corniculatae

化学成分

酢浆草的全草含黄酮类成分：异牡荆素 (isovitexin)[1]、牡荆素 (vitexin)、牡荆素-2"-O-β-D-吡喃葡萄糖苷 (vitexin-2"-O-β-D-glucopyranoside)[2]；有机酸类成分：抗坏血酸 (ascorbic acid)、脱氢抗坏血酸 (dehydroascorbic acid)、丙酮酸 (pyruvic acid)、乙醛酸 (glyoxalic acid)[3]、乙二酸 (oxalic acid)[4]；类脂类成分：中性脂类 (neutral lipids)、糖脂 (glycolipids)、磷脂 (phospholipids)[5]；还含有2-庚烯醛 (2-heptenal)、2-戊基呋喃 (2-pentylfuran)[6]、反式植醇 (trans-phytol)[6-7]、二十八醇 (1-octacosanol)、高级脂肪酸酯 (higher fatty acid esters)[1]、α-、β-生育酚 (α-, β-tocopherols)[5]、铁蛋白 (ferritin)[8]等。

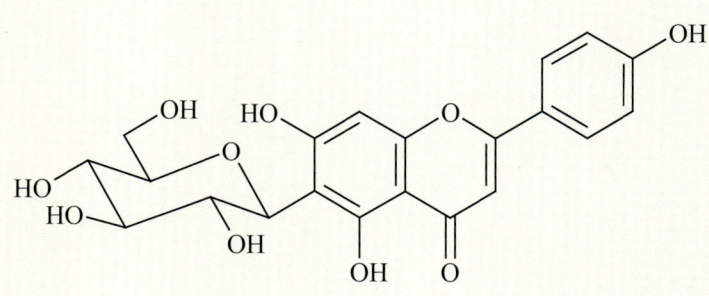

isovitexin

药理作用

1. 止泻

   酢浆草水提取物及甲醇提取物给大鼠口服，能抑制蓖麻油引起的腹泻，降低排便湿度、抑制炭末在小肠内的推进率，以水提物作用更为显著[9]。

2. 抗菌

酢浆草提取液体外能抑制金黄色葡萄球菌的生长，以醋酸乙酯提取液效果最明显[10-11]。

应 用

本品为中医临床用药。功能：清热利湿，凉血散瘀，解毒消肿。主治：湿热泄泻，痢疾，黄疸，淋证，带下，吐血，衄血，尿血，月经不调，跌打损伤，咽喉肿痛，痈肿疔疮，丹毒，湿疹，疥癣，痔疮，麻疹，烫火伤，蛇虫咬伤。

现代临床还用于扭伤、血肿、感染、失眠、急性咽炎、咳喘、中暑、黄疸、痔疮[12]等病的治疗，也能作为肌无力的辅助治疗药[13]。

评 注

酢浆草与同属植物红花酢浆草 *Oxalis corymbosa* DC. 近缘，两者化学成分及药用功效类同，拓展了酢浆草的药用来源范围[14-15]。

酢浆草较易繁殖，在草坪中、路边比较常见。

参考文献

[1] MU Ahmad, MA Hai, M Sayeduzzaman, TW Sam. Chemical constituents of *Oxalis corniculata* Linn. *Journal of the Bangladesh Chemical Society*. 1996, **9**(1): 13-17

[2] R Gunasegaran. Flavonoids and anthocyanins of three Oxalidaceae. *Fitoterapia*. 1992, **63**(1): 89-90

[3] KK Patnaik,. N Samal. Identification of keto acids in three different species of *Oxalis*. *Pharmazie*. 1975, **30**(3): 194

[4] H Bando, F Ikeda, M Ihjima, Y Gotohda. The measurement and evaluation of oxalic acid in vegetables and a weed. *Tokushima Bunri Daigaku Kenkyu Kiyo*. 1988, **36**: 189-192

[5] R Sridhar, G Lakshminarayana. Lipid classes, fatty acids, and tocopherols of leaves of six edible plant species. *Journal of Agricultural and Food Chemistry*. 1993, **41**(1): 61-63

[6] 林禀彬，陈桂珠，林云山，陈发清．酢酱草成分分析．中华药学杂志．1992, **44**(3): 265-267

[7] BB Lin, YS Lin. Selective inhibition activity on 15-lipoxygenase of trans-phytol isolated from *Oxalis corniculata* L. *Chemistry Express*. 1993, **8**(1): 21-24

[8] P Gori. Ferritin in the integumentary cells of *Oxalis corniculata*. *Journal of Ultrastructure Research*. 1977, **60**(1): 95-98

[9] P Watcho, E Nkouathio, TB Nguelefack, SL Wansi, A Kamanyi. Antidiarrhoeal activity of aqueous and methanolic extracts of *Oxalis corniculata* Klotzsch in rats. *Cameroon Journal of Experimental Biology*. 2005, **1**(1): 46-49

[10] NA Awadh Ali, WD Jülich, C Kusnick, U Lindequist. Screening of Yemeni medicinal plants for antibacterial and cytotoxic activities. *Journal of Ethnopharmacology*. 2001, **74**(2): 173-179

[11] CG Hansel, VB Lagare. Antimicrobial screening of Maranao medicinal plants. *Mindanao Journal*. 2005, **28**: 1-17

[12] 夏玮．单味鲜酢浆草的临床应用．浙江中医杂志．1999, **34**(5): 204

[13] 叶明宪，蓝英明．全身型肌无力症中医验案一例．台湾中医临床医学杂志．2005, **11**(4): 325-332

[14] 庄兆祥，李宁汉．香港中草药．香港：商务印书馆．1994, **2**: 56-57

[15] 杨红原，赵桂兰，王军宪．红花酢浆草化学成分的研究．西北药学杂志．2006, **21**(4): 156-158

赤小豆 Chixiaodou CP, KHP

Phaseolus calcaratus Roxb.
Rice Bean

概述

豆科 (Fabaceae) 植物赤小豆 *Phaseolus calcaratus* Roxb.，其干燥种子入药。中药名：赤小豆。

菜豆属 (*Phaseolus*) 植物全世界约有 200 种，分布于温暖地区，尤以热带美洲最多。中国约有 19 种、3 亚种、3 变种。本属现供药用者约 6 种、3 变种。本种中国南部有野生或栽培；原产亚洲热带地区，朝鲜半岛、日本、菲律宾及其他东南亚国家也有栽培。

"赤小豆"药用之名，始载于《神农本草经》，列为中品。历代本草多有著录，古今药用品种一致。《中国药典》(2005 年版) 收载本种为中药赤小豆的法定原植物来源种之一。主产于中国吉林、河北、陕西、山东、安徽、江苏、江西、广东、云南等省。

赤小豆主要含糖类、三萜皂苷类、蛋白质等。《中国药典》以性状和显微鉴别等方面来控制药材质量。

药理研究表明，赤小豆具有抗菌、增强免疫、降血脂、避孕等作用。

中医理论认为赤小豆具有利水消肿，解毒排脓的功效。

赤小豆 *Phaseolus calcaratus* Roxb.

药材赤小豆 Semen Phaseoli

1cm

药材赤豆 Semen Phaseoli Angularis

1cm

赤豆 P. angularis (Willd.) W. F. Wight

化学成分

赤小豆种子含糖类、三萜皂苷类。每 100g 含蛋白质 20.7g、脂肪 0.5g、碳水化合物 58g、粗纤维 4.9g、钙 67mg、磷 305mg、铁 5.2mg、硫胺素 (thiamine) 0.31 mg、核黄素 0.11mg、菸酸 2.7mg 等。

药理作用

1. **抗菌**
   赤小豆煎剂体外对金黄色葡萄球菌、福氏痢疾杆菌、伤寒杆菌有抑制作用。

2. **增强免疫**
   赤小豆体外能促进 E 玫瑰花结形成，对淋巴细胞增殖也有刺激作用，但无凝集血球作用。

3. **降血脂**
   赤小豆中的蛋白质成分能显著地降低血清和肝脏中三酰甘油 (TG) 和低密度脂蛋白-胆固醇 (LDL - C)，提高高密度脂蛋白-胆固醇 (HDL - C) 的水平[1]。

4. **对生殖系统的影响**
   (1) 避孕 赤小豆中含有胰蛋白酶抑制剂，对胰蛋白酶有不可逆的专一抑制效果[2]。赤小豆提纯的胰蛋白酶抑制剂体外能显著地抑制精子顶体酶的活性，阻止精卵结合，达到避孕效果[3]。
   (2) 催产 赤小豆浓煎剂给家兔灌服对整个孕、产程均有显著的缩短作用[4]。

5. **其他**
   赤小豆还有抗氧化作用[5]。

应用

本品为中医临床用药。功能：利水消肿，解毒排脓。主治：水肿，脚气，黄疸，淋病，便血，肿毒疮疡，癣疮。

现代临床还用于扭伤、血肿、疔疮、顽固性呃逆等病的治疗，外敷可治疗颞下颌关节紊乱综合征[6]、静脉炎[7]等。

赤小豆 Chixiaodou

评注

《中国药典》还收载同属植物赤豆 *Phaseolus angularis* (Willd.) W. F. Wight 为中药赤小豆的法定原植物来源种。赤豆功效与赤小豆相似，其种皮中提取的天然色素为良好的着色剂，而且还含芦丁 (rutin)，有抗炎、抑菌、消肿、降血压等作用[8]。赤小豆是中国卫生部规定的药食同源品种之一。

中国部分地区将同科植物相思子 *Abrus precatorius* L. 的种子"相思子"误作赤小豆使用[9]。相思子始载于《本草纲目》，名红豆，有毒，两者不可混用。

参考文献

[1] CF Chau, PCK Cheung, YS Wong. Hypocholesterolemic effects of protein concentrates from three Chinese indigenous legume seeds. *Journal of Agricultural and Food Chemistry*. 1998, **46**(9): 3698-3701

[2] 杨同成．赤小豆抑制剂对胰蛋白酶不可逆抑制作用的动力学探讨．生物化学杂志．1991，**7**(2)：221-224

[3] 杨同成，李田土，胡余男．赤小豆胰蛋白酶抑制剂对人体精子体外抑制作用及其作用机理的初步探讨．福建师范大学学报（自然科学版）．1989，**5**(3)：76-79

[4] 王学俊，狄丽霞，赵金花．赤小豆致早产的实验研究及前瞻性应用．实用医技杂志．2000，**7**(9)：671

[5] CC Lin, SJ Wu, JS Wang, JJ Yang, CH Chang. Evaluation of the antioxidant activity of legumes. *Pharmaceutical Biology*. 2001, **39**(4): 300-304

[6] 王日英，吕明媚．赤小豆外敷治疗颞下颌关节紊乱综合征．中国民间疗法．2002，**10**(11)：26-27

[7] 田明丽．赤小豆外敷治疗献血后静脉炎．中国民间疗法．2002，**10**(2)：30

[8] 王海棠，尹卫平，张玉清，马向东．赤豆中黄色素芦丁的分离与鉴定．洛阳工学院学报．2000，**21**(1)：77-79

[9] 李碧安．几种常用中药材的真伪性状鉴别．湖北中医杂志．2001，**23**(1)：48

石仙桃 Shixiantao

兰科

Pholidota chinensis Lindl.
Chinese Pholidota

概 述

兰科 (Orchidaceae) 植物石仙桃 *Pholidota chinensis* Lindl.，其新鲜或干燥全草及假鳞茎入药。中药名：石仙桃。

石仙桃属 (*Pholidota*) 植物全世界约 30 种，分布于亚洲热带、亚热带南缘地区，南至澳洲及太平洋岛屿。中国约有 14 种，分布于西南、华南至台湾，本属现供药用者约 4 种。本种分布于中国浙江、福建、广东、香港、海南、广西、贵州、云南和西藏等省区；越南及缅甸也有分布。

"石仙桃"药用之名，始载于《生草药性备要》，是中国南方及西南等省常用草药。主产于中国广东、香港、广西、浙江、江西、福建、海南、云南、台湾等地。

石仙桃主要含三萜类和苷类成分。

药理研究表明，石仙桃具有麻醉、镇痛、抗炎、抗疲劳、抗缺氧等作用。

民间经验认为石仙桃具有养阴润肺，清热解毒，利湿，消瘀的功效。

石仙桃 *Pholidota chinensis* Lindl.

石仙桃 Shixiantao

石仙桃 *Pholidota chinensis* Lindl.

化学成分

石仙桃的全草含三萜类成分：环石仙桃萜醇 (cyclopholidonol)、环石仙桃萜酮 (cyclopholidone)[1]；芪类成分：pholidotols A、B、3,4'-二羟基-5-甲氧基二羟基芪 (3,4'-dihydroxy-5-methoxydihydrostilbene)、3,4'-二羟基-4-甲氧基二羟基芪 (3,4'-dihydroxy-4-methoxydihydrostilbene)、thunalbene、反式-3-羟基-2',3',5-三甲氧基芪 (trans-3-hydroxy-2',3',5-trimethoxystilbene)、白藜芦醇 (resveratrol)、反式-3,3'-二羟基-2',5-二甲氧基芪 (trans-3,3'-dihydroxy-2',5-dimethoxystilbene)[2]等。

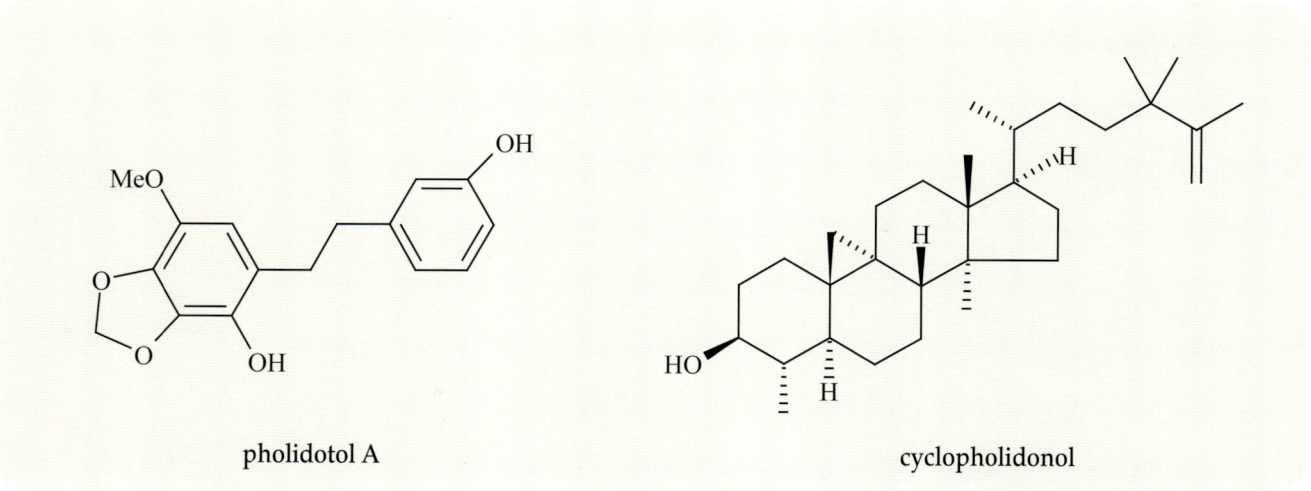

pholidotol A   cyclopholidonol

药理作用

1. 麻醉

石仙桃水提液能阻断蟾蜍神经干动作电位，对兔角膜表面有麻醉作用，给豚鼠皮下注射有浸润麻醉作用[3]。

2. 镇痛

石仙桃提取液及石仙桃水提液的醋酸乙酯部分给小鼠灌胃，可显著减少冰醋酸引起小鼠扭体反应次数，明显提高热板法致痛小鼠和电刺激小鼠的痛阈[4-5]。

3. 抗炎

石仙桃醋酸乙酯提取物对细菌内毒素、γ干扰素引发的小鼠炎症有抑制作用[2]。

4. 对中枢神经系统的影响

石仙桃提取液给小鼠灌胃，可显著减少小鼠自发活动，明显延长戊巴比妥钠引起的小鼠睡眠时间，增强阈下催眠剂量戊巴比妥钠的中枢抑制作用，大剂量时还能抑制电惊厥的产生[6-7]。

5. 耐缺氧、抗疲劳

在小鼠常压耐缺氧实验、特异性心肌缺氧实验、亚硝酸钠所致缺氧实验及对抗脑缺血缺氧实验中，石仙桃提取液能明显增强小鼠的耐缺氧能力[8]。

应用

本品为民间草药。功能：养阴润肺，清热解毒，利湿，消瘀。主治：肺热咳嗽、咳血、吐血、眩晕、头痛、梦遗、咽喉肿痛、风湿疼痛、湿热浮肿、痢疾、白带、疳积、瘰疬、跌打损伤。

现代临床还用于轻度脑震荡后遗症、急性扁桃体炎、眩晕、头痛、急慢性气管炎、肺结核咳血、淋巴结核、神经衰弱[9]等病的治疗，外用可治疗慢性骨髓炎和跌打损伤[9]。

评注

近年来，中药市场上有将石仙桃混为石斛入药者，称"叶上果"[10-11]。两者化学成分不同，功能、主治各异，应严格区分以确保临床用药安全有效[12]。

除石仙桃外，同属的云南石仙桃 *Pholidota yunnanensis* Rolfe.、节茎石仙桃 *P. articulata* Lindl.、宿苞石仙桃 *P. imbricata* Hook. 及细叶石仙桃 *P. cantonensis* Rolfe. 也作石仙桃药用。

石仙桃属植物还具有很高的观赏价值，将药用和观赏综合开发，有较好的市场潜力。

参考文献

[1] W Lin, WM Chen, Z Xue, XT Liang. New triterpenoids of *Pholidota chinensis*. Planta Medica. 1986, 1: 4-6

[2] J Wang, K Matsuzaki, S Kitanaka. Stilbene derivatives from *Pholidota chinensis* and their anti-inflammatory activity. Chemical & Pharmaceutical Bulletin. 2006, 54(8): 1216-1218

[3] 舒文海. 石仙桃的局麻作用研究. 中国药学杂志. 1989, 24(5): 304

[4] 刘建新，周青，连其深. 石仙桃的镇痛作用的研究. 赣南医学院学报. 2002, 22(2): 105-107

[5] 刘洪旭，吴春敏，林丽聪，李鸣. 石仙桃镇痛有效提取部位研究. 福建中医学院学报. 2004, 14(4): 34-36

[6] 刘建新，周青，连其深. 石仙桃对中枢神经系统抑制作用. 赣南医学院学报. 2004, 24(2): 119-121

[7] 刘建新，谢水祥，连其深. 石仙桃的镇静、催眠和抗惊厥作用. 中国医学理论与实践. 2002, 22(7): 926-927

[8] 刘建新，周俐，周青，连其深. 石仙桃抗疲劳和耐缺氧作用的动物实验. 中国临床康复. 2006, 10(7): 157-159

[9] 庄兆祥，李宁汉. 香港中草药. 香港：商务印书馆. 1994, 2: 196

[10] 樊宝和，曹谷珍. 石斛及其伪品石仙桃的鉴别. 时珍国医国药. 2002, 13(4): 224

[11] 毕飞霞，张荣. 石仙桃的显微鉴定. 中药材. 1997, 20(9): 454-455

[12] 曹海燕，王宝亮. 石斛及石仙桃的鉴别. 山西中医. 2004, 20(5): 18

芦苇 Luwei CP, KHP

禾本科

Phragmites communis Trin.
Reed herb

 概 述

禾本科 (Gramineae) 植物芦苇 *Phragmites communis* Trin.，其新鲜或干燥根茎入药。中药名：芦根。

芦苇属 (*Phragmites*) 植物全世界约有 10 种，主要分布于大洋洲、非洲、亚洲热带地区。中国有 3 种，本属现供药用者有 2 种。本种惟一在全球各地广泛分布。

芦苇以"芦根"药用之名，始载于《名医别录》，列为下品。历代本草多有著录，古今药用品种一致。西方民间将芦苇用于利尿、发汗、治疗消化道功能紊乱，常用其鲜汁液治疗蚊虫咬伤。《中国药典》(2005 年版) 收载本种为中药芦根的法定原植物来源种。

芦苇主要含多糖类、生物碱类、有机酸类、黄酮类、三萜类成分等。芦根多糖为主要活性成分。《中国药典》采用性状和薄层色谱法鉴别，以控制药材质量。

药理研究表明，芦苇的根茎具有抗菌、免疫调节、抗氧化、保肝等作用。

中医理论认为芦根具有清热生津，除烦止呕，利尿，透疹的功效。

芦苇 *Phragmites communis* Trin.

药材芦根 Rhizoma Phragmitis

1cm

化学成分

芦苇的根茎含生物碱类成分：芦竹碱 (gramine)、N,N-二甲色胺 (N,N-dimethyltryptamine)；胺类成分：蟾蜍特宁 (bufotenine)、5-甲氧基-N-甲基色胺 (5-methoxy-N-methyltryptamine)[5]；三萜类成分：β-香树脂素 (β-amyrin)、蒲公英赛醇 (taraxerol)、蒲公英赛烯醇 (taraxerenone)[6-7]；有机酸类成分：香草酸 (vanillic acid)、阿魏酸 (ferulic acid)、对香豆酸 (p-coumaric acid)[8]、咖啡酸 (caffeic acid)、龙胆酸 (gentisic acid)[9]、腐殖酸 (humic acid)[10]；多糖类成分：阿拉伯糖基羟基葡聚醣 (arabinoxyloglucan)[1]、半纤维素 (hemicellulose)[2]、木聚糖 (xylan)[3]；黄酮类成分：小麦黄素 (tricin)[4]；还含有2,5-二甲氧基对苯醌 (2,5-dimethoxy-p-benzoquinone)、对羟基苯甲醛 (p-hydroxybenzaldehyde)、丁香醛 (syringaldehyde)、松柏醛 (coniferaldehyde)[8]、木质素 (lignin)[11]等。

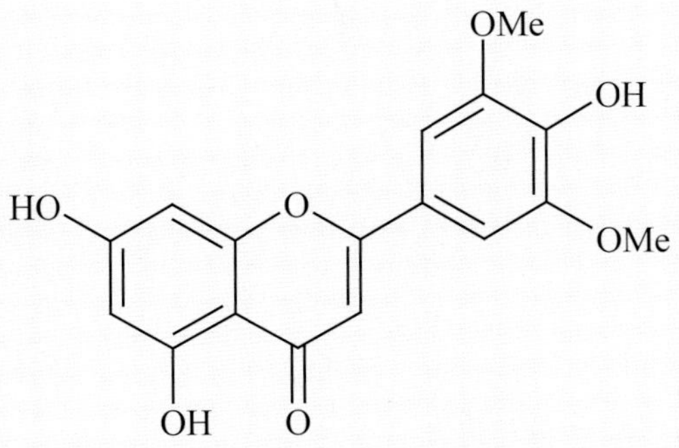

tricin

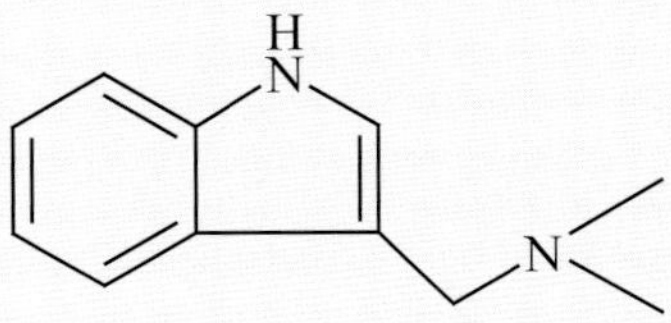

gramine

药理作用

1. **抗菌**
   芦苇提取物体外能抑制绿脓杆菌、金黄色葡萄球菌等的生长[7, 9]。

2. **免疫调节功能**
   芦根中的多糖在小鼠脾细胞空斑形成和淋巴细胞转换中显示出免疫促进作用。

3. **抗氧化**
   用芬顿试剂 (Fenton's reagent) 评价抗氧化能力的实验结果表明，芦苇甲醇提取物对二苯代苦味酰肼 (DPPH) 自由基有较好的清除能力[12]。

4. **保肝**
   芦根多糖给四氯化碳所致肝损伤小鼠腹腔注射，可增强肝细胞抗损伤能力，降低受损伤肝脏内毒物的含量，提高血清和肝脏谷胱甘肽过氧化物酶 (GSH-Px) 活力，使肝脏中丙二醛 (MDA) 和谷丙转氨酶 (GPT) 含量下降[13]，还能缩短四氯化碳中毒小鼠的戊巴比妥钠睡眠时间，增强肝脏的解毒能力，对肝脏起保护作用[14]。芦根多糖给四氯化碳所致肝纤维化大鼠灌胃,可降低血清天冬氨酸转氨酶 (AST) 含量,升高白蛋白与球蛋白比值 (A/G),对肝纤维化和脂肪肝有显著的改善作用[15]。

5. 其他

芦根还具有解热、镇痛、镇静、肌肉松弛、肠管松弛、降血压、降血糖、心脏抑制、甲状腺素样作用、抗肿瘤等作用。

应用

本品为中医临床用药。功能:清热生津,除烦止呕,利尿,透疹。主治:热病烦渴,胃热呕哕,肺热咳嗽,肺痈吐脓,热淋,麻疹,河豚鱼毒。

现代临床还用于便秘等病的治疗。

评注

芦苇除根茎外,叶、花均入药,中药名分别为芦叶和芦花。芦叶具有清热辟秽,止血,解毒的功效,主治霍乱吐泻,吐血,衄血,肺痈等症;芦花具有止泻,止血,解毒的功效,主治吐泻,衄血,血崩,外伤出血,鱼蟹中毒等症。

鲜芦根是中国卫生部规定的药食同源品种之一。芦苇的嫩苗作中药芦笋入药,具有清热生津,利水通淋的功效。另有百合科 (Liliaceae) 植物石刁柏 *Asparagus officinalis* L. 入药称石刁柏,因早春其嫩茎破土而出,状似春笋,故也有芦笋之称,目前市场上称芦笋的多指石刁柏。两者为同名异物,应注意区分。

芦苇能作饲料牧草、轻工业原料(代替优质木材制造高级纸张或纤维板)、建筑材料,还能保护生态环境、维持物种多样性、控制淡水中有害藻类[16]及作观光、旅游之用,具有很高的经济价值和生态价值。

参考文献

[1] JN Fang, YN Wei, BN Liu, ZH Zhang. Immunologically active polysaccharide from *Phragmites communis*. *Phytochemistry*. 1990, **29**(9): 3019-3021

[2] CV Uglea. Hemicelluloses fractionation. *Makromolekulare Chemie*. 1974, **175**(5): 1535-1542

[3] M Driss, G Rozmarin, M Chene. Physicochemical properties of two xylans from reed (*Phragmites communis* and *Arundo donax*) in solution. *Cellulose Chemistry and Technology*. 1973, **7**(6): 703-713

[4] M Kaneta, N Sugiyama. Constituents of *Arthraxon hispidus*, *Miscanthus tinctorius*, *Miscanthus sinensis*, and *Phragmites communis*. *Bulletin of the Chemical Society of Japan*. 1972, **45**(2): 528-531

[5] GM Wassel, SM El-Difrawy, AA Saeed. Alkaloids from the rhizomes of *Phragmites australis* (Cav.) Trin. ex Steud. *Scientia Pharmaceutica*. 1985, **53**(3): 169-170

[6] T Ohmoto, M Ikuse, S Natori. Triterpenoids of the Gramineae. *Phytochemistry*. 1970, **9**(10): 2137-2148

[7] TL Zaitseva, VK Zhukov, AA Krivorot, VS Golubeva. Composition and properties of water alcoholic extracts from some peat-forming plants. *Vestsi Natsyyanal'nai Akademii Navuk Belarusi, Seryya Khimichnykh Navuk*. 2006, **1**: 78-80

[8] T Nikaido, Y Sung, T Ohmoto, U Sankawa. Inhibitors of cyclic AMP phosphodiesterase in medicinal plants. VI. Inhibitors of cyclic adenosine 3',5'-monophosphate phosphodiesterase in *Phyllostachys nigra* Munro var. *henonis* Stapf. and *Phragmites communis* Trin., and inhibition by related compounds. *Chemical & Pharmaceutical Bulletin*. 1984, **32**(2): 578-584

[9] E Tsitsa-Tzardi, H Skaltsa-Diamantidis, S Philianos, A Delitheos. Chemical and pharmacological study of *Phragmites communis* Trin. *Annales Pharmaceutiques Francaises*. 1990, **48**(4): 185-191

[10] AS Savon, LA Prikhod'ko, AD Sumina. Characteristics of several high-ash types of peat from the steppe zone of the Ukraine. *Guminovye Udobreniya*. 1973, **4**: 198-203

[11] NN Shorygina, TS Sdykov. Lignin isolated from *Phragmites communis* by mechanical milling. *Khiicheskikh Prirodnykh Soedineni, Akadeii Nauk Uzbekistan SSR*. 1966, 2(3): 210-212

[12] BJ Kim, JH Kim, HP Kim, MY Heo. Biological screening of 100 plant extracts for cosmetic use (II): anti-oxidative activity and free radical scavenging activity. *International Journal of Cosmetic Science*. 1997, 19(6): 299-307

[13] 张国升，凡明月，彭代银，方方．芦苇多糖对四氯化碳小鼠肝损伤的保护作用．中国药理学通报．2002，18 (3)：354-355

[14] 张国升，凡明月，彭代银，方方．芦苇多糖保肝作用的研究．中国医药通报．2002，17 (7)：416-417

[15] 李立华，张国升，戴敏，刘雪艳，王双．芦苇多糖对四氯化碳致肝纤维化大鼠的保肝作用．安徽中医学院学报．2005，24 (2)：24-26

[16] 李锋民，胡洪营．芦苇抑藻化感物质的分离及其抑制蛋白核小球藻效果研究．环境科学．2004，25 (5)：89-92

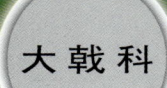

大戟科

余甘子 Yuganzi CP, IP

Phyllanthus emblica L.
Emblic Leafflower

概述

大戟科 (Euphorbiaceae) 植物余甘子 *Phyllanthus emblica* L. (*Emblica officinalis* Gaertn)，其干燥成熟果实入药。中药名：余甘子。

叶下珠属 (*Phyllanthus*) 植物全世界约 600 种，主要分布于热带及亚热带地区，少数为北温带地区。中国有 33 种、4 变种，主要分布于长江以南各省区。本属现供药用者约 10 种。本种分布于中国江西、福建、广东、香港、海南、广西、四川、贵州、云南、台湾等省区；印度、斯里兰卡、中南半岛、印度尼西亚、马来西亚、菲律宾也有分布，南美洲有栽培。

余甘子以"庵摩勒"药用之名，始载于《南方草木状》。"余甘子"药用之名，始载于《新修本草》，系藏族常用药材。历代本草多有著录，古今药用品种一致。《中国药典》(2005 年版) 收载本种为中药余甘子的法定原植物来源种。主产于中国云南，四川、广东、广西、福建、贵州也产。

余甘子主要含可水解鞣质类和黄酮类成分，根还含倍半萜类成分。《中国药典》采用冷浸法测定，规定余甘子水溶性浸出物不得少于30%，以控制药材质量。

药理研究表明，余甘子具有抗菌、抗病毒、抗炎、抗肿瘤、增强免疫、抗氧化、降血糖、降血脂、保肝等作用。

藏医理论认为余甘子具有清热利咽，润肺化痰，生津止渴的功效。

余甘子 *Phyllanthus emblica* L. (果枝)

药材余甘子 Fructus Phyllanthi

1cm

余甘子 P. emblica L.（花枝）

化学成分

余甘子的果实富含可水解鞣质类 (hydrolysable tannins) 成分：诃子酸 (chebulinic acid)、鞣料云实素 (corilagin)、诃黎勒酸 (chebulagic acid)、异小木麻黄素 (isostrictiniin)、1－O－没食子酰基葡萄糖 (1－O－galloylglucose)、3,6－二氧没食子酰基葡萄糖 (3,6－di－O－galloylglucose)、1,6－二氧没食子酰基葡萄糖 (1,6－di－O－galloylglucose)[1]、老鹳草鞣质 (geraniin)、夫罗星鞣质 (furosin)[2]、1,2,3,6－四氧没食子酰基葡萄糖 (1,2,3,6－tetra－O－galloylglucose)、chebulanin、杜英鞣质 (elaeocarpusin)、石榴叶鞣质 (punicafolin)、tercatain、mallonin、putranjivain A、phyllanemblinin A[3]、油柑酸 (phyllaemblic acid)、余甘子酚 (emblicol)[4]、原诃子酸 (terchebin)、诃子次酸 (chebulic acid)[5]、L－苹果酸－2－O－没食子酸酯 (L－malic acid 2－O－gallate)、黏酸－

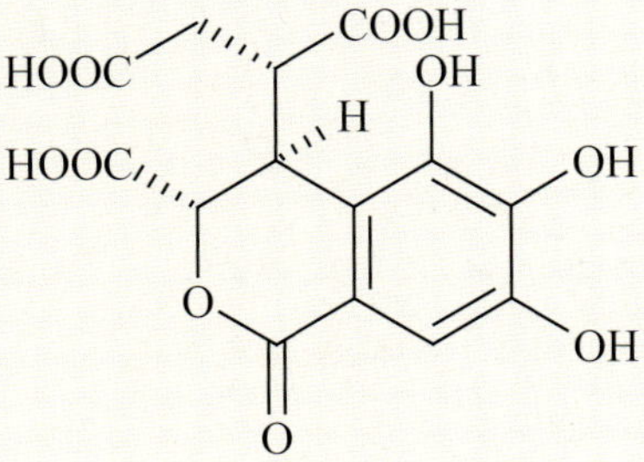

chebulic acid

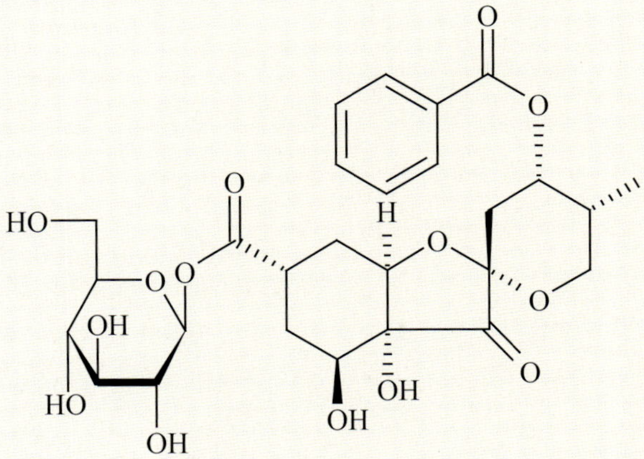

phyllaemblicin A

2-O-没食子酸酯 (mucic acid - 2 - O - gallate)、黏酸-1,4-内酯2-O-没食子酸酯 (mucic acid - 1,4 - lactone 2 - O - gallate)[6]；还含有连苯三酚 (pyrogallol)[7]。

余甘子的枝叶含鞣质类成分：phyllanemblinins B、C、D、E、F、鞣料云实素、1-O-没食子酰基葡萄糖 (1 - O - galloylglucose)、3,6-二氧没食子酰基葡萄糖 (3,6 - di - O - galloylglucose)、1,4-二氧没食子酰基葡萄糖 (1,4 - di - O - galloylglucose)、夫罗星鞣质 (furosin)、chebulanin、诃黎勒酸、mallonin、putranjivains A、B、新诃黎勒酸 (neochebulagic acid)、诃子次酸、carpinusnin、老鹳草鞣质、表阿夫儿茶精 [(-) - epiafzelechin]、原飞燕草素B1、B2 (prodelphinidins B1 - B2)、flavogallonic acid bislactone[3]；黄酮类成分：柚皮素 (naringenin)、圣草酚 (eriodictyol)、山奈酚 (kaempferol)、二氢山奈酚 (dihydrokaempferol)、槲皮素 (quercetin)、樱桃苷 (prunin)、芦丁 (rutin)、tuberonic acid glucoside[8]。

余甘子的根含没药烷型 (bisabolane - type) 倍半萜类成分：phyllaemblicins A、B、C[9]、D[10]、phyllaemblic acid[9]、phyllaemblic acids B、C[10]；还含有 glochidacuminoside A[10]。

药理作用

1. **抗菌、抗病毒**

    余甘子乙醇提取液体外对金黄色葡萄球菌、绿脓杆菌、表皮葡萄球菌等有抑制作用[11]。余甘子甲醇提取物体外对 I 型人类免疫缺陷病毒 (HIV - 1) 的逆转录酶有较强抑制作用，活性成分为 putranjivain A [12]。

2. **抗炎**

    余甘子灌胃给药对琼脂所致的大鼠足趾肿胀、二甲苯所致小鼠耳郭肿胀、组胺所致的毛细血管通透性增强和白细胞游走均有显著的抑制作用，能明显抑制急性炎症的发展，改善和缓解炎性症状，但对慢性增生性炎症抑制作用不明显[13]。

3. **抗肿瘤**

    余甘子汁口服给药能阻断 N-亚硝基化合物在人和大鼠体内的合成，阻断率明显高于同浓度维生素 C 溶液，从而提示，余甘子果汁除抗坏血酸外，还有其他成分能阻断前体物的体内亚硝化反应[14-15]。余甘子含药血清体外对小鼠 S_{180} 腹水癌细胞的存活有抑制作用[16]。联苯三酚是抗肿瘤的活性成分之一[7]。

4. **增强免疫**

    余甘子汁体外具有促诱生人白细胞干扰素的作用[17]；灌胃给药还能促进小鼠脾淋巴细胞增殖和腹腔巨噬细胞的细胞活化作用[16]。

5. **抗氧化**

    余甘子果实中含多种抗氧化成分如维生素 C 和维生素 E 等[18]。余甘子每克鲜果含有超氧化物歧化酶 (SOD) 的活性为 482.14U[19]。余甘子汁口服给药能有效地提高老年人和大、小鼠体内 SOD 活性，降低脂质过氧化物 (LPO) 的含量[20-21]。余甘子干燥果皮醋酸乙酯提取物体外对一氧化氮自由基有显著的清除作用[2]。

6. **降血脂**

    余甘子果汁粉饲喂能明显改善家兔实验性动脉粥样硬化，使主动脉粥样硬化斑块的面积明显缩小，血清总胆固醇、三酰甘油显著降低，高密度脂蛋白胆固醇明显升高，血液黏稠度也有所下降[22]。其降血脂机理可能与调整家兔脂质代谢，提高抗氧化能力，保护内皮功能，抑制动脉内膜内皮素-1 的基因表达有关[23]。

7. **抗溃疡**

    余甘子甲醇提取物口服给药对阿司匹林、乙醇、冷浸应激性和幽门结扎所致大鼠急性胃溃疡以及醋酸所致慢性胃溃疡有明显的保护和治疗作用，其机理与余甘子降低胃酸和胃蛋白酶水平，促进黏液素分泌和延长黏膜细胞寿命有关[24]。余甘子丁醇提取物口服给药能促进大鼠胃黏液和己糖胺分泌，对吲哚美辛所致胃溃疡有保护作用，保护机理与余甘子的抗氧化作用有关[25]。

8. 保肝

余甘子对 CCl_4、D－半乳糖胺、扑热息痛和硫代乙酰胺所致的小鼠急性肝损伤有保护作用，能降低血清谷丙转氨酶 (GPT)、谷草转氨酶 (GOT)、碱性磷酸酶 (ALP) 的活性及肝脏系数，还能增加肝糖元含量，改善肝脏组织的病理损伤[26-28]。

9. 其他

余甘子中的黄酮类成分有降血糖的作用[29]。余甘子还有抗诱变[30]、中枢抑制等作用。

应 用

本品为藏医临床用药。功能：清热利咽，润肺化痰，生津止渴。主治：感冒发热，咳嗽，咽痛，白喉，烦热口渴。

现代临床还用于高血压、乙型肝炎、慢性咽炎、高血糖、高脂血症等病的治疗，也用于延缓衰老。

评 注

余甘子是印度、中国等国家广泛种植的植物，为中国卫生部规定的药食同源品种之一。其果实的维生素 C 含量极高，还含丰富的氨基酸和矿物质，可用于加工健康食品，并可广泛用于抗衰老、祛斑等护肤品中。此外，余甘子中超氧化物歧化酶的含量很高，可作为提取超氧化物歧化酶粉、汁，广泛用于抗衰老、抗癌、抗冠心病、降血脂等医学领域，还可用作保健食品添加剂与美容保健剂。与传统的从牛血、猪血中提取的超氧化物歧化酶比较，余甘子超氧化物歧化酶产品质优价廉，无环境污染，具有广阔的市场前景。

余甘子枝叶和果实中的酚性物质与根中的倍半萜苷类成分和 proanthocyanidin polymers 对胃腺癌细胞 MK-1、子宫癌细胞 HeLa、鼠黑色素瘤细胞 B16F10 均有抑制作用，其中余甘子根中的倍半萜苷类成分对肿瘤细胞的抑制作用最强[31]。数据显示余甘子除果实外，其他部位也可供药用，其成分和药理作用有待进一步深入研究。

余甘子是南亚各国常用的草药，印度对其药理进行了较深入研究，其肿瘤防治及降血脂作用等均值得再深入研究。

参 考 文 献

[1] 张兰珍，赵文华，郭亚健，涂光忠，林树，辛林广. 藏药余甘子化学成分研究. 中国中药杂志. 2003, **28**(10): 940-943

[2] A Kumaran, RJ Karunakaran. Nitric oxide radical scavenging active components from *Phyllanthus emblica* L. *Plant Foods for Human Nutrition*. 2006, **61**(1): 1-5

[3] YJ Zhang, T Abe, T Tanaka, CR Yang, I Kouno. Phyllanemblinins A-F, new ellagitannins from *Phyllanthus emblica*. *Journal of Natural Products*. 2001, **64**(12): 1527-1532

[4] PP Pillay, KM Iyer. A chemical examination of *Emblica officinalis*. *Current Science*. 1958, **27**: 266-267

[5] YM Theresa, KNS Sastry, Y Nayudamma. Biosynthesis of tannins in indigenous [Indian] plants. XII. Occurrence of different polyphenolics in amla (*Phyllanthus emblica*). *Leather Science*. 1965, **12**(9): 327-328

[6] Y J Zhang, T Tanaka, CR Yang, I Kouno. New phenolic constituents from the fruit juice of *Phyllanthus emblica*. *Chemical & Pharmaceutical Bulletin*. 2001, **49**(5): 537-540

[7] MTH Khan, I Lampronti, D Martello, N Bianchi, S Jabbar, MSK Choudhuri, BK Datta, R Gambari. Identification of pyrogallol as an antiproliferative compound present in extracts from the medicinal plant *Emblica officinalis*: effects on *in vitro* cell growth of human tumor cell lines. *International Journal of Oncology*. 2002, **21**(1): 187-192

[8] YJ Zhang, T Abe, T Tanaka, CR Yang, I Kouno. Two new acylated flavanone glycosides from the leaves and branches of *Phyllanthus emblica*. *Chemical & Pharmaceutical Bulletin*. 2002, **50**(6): 841-843

[9] YJ Zhang, T Tanaka, Y Iwamoto, CR Yang, I Kouno. Novel norsesquiterpenoids from the roots of *Phyllanthus emblica*. *Journal of Natural Products*. 2000, **63**(11): 1507-1510

[10] YJ Zhang, T Tanaka, Y Iwamoto, CR Yang, I Kouno. Novel sesquiterpenoids from the roots of *Phyllanthus emblica*. *Journal of Natural Products*. 2001, **64**(7): 870-873

[11] I Ahmad, Z Mehmood, F Mohammad, S Ahmad. Antimicrobial potency and synergistic activity of five traditionally used Indian medicinal plants. *Journal of Medicinal and Aromatic Plant Sciences*. 2001, **22**/4A-23/1A: 173-176

[12] 孙晓芳, 王巍, 杜贵友, 吕维柏. 埃及药用植物中抗人类免疫缺陷病毒药物的研究. 中国中药杂志. 2002, **27**(9): 649-653

[13] 高鹰, 李存仁. 余甘子的抗炎作用与毒性的实验研究. 云南中医中药杂志. 1996, **17**(2): 47-50

[14] 侯开卫, 刘凤书, 杨臣武, 宋圃菊, 梁学军, 程列. 余甘子对强致癌物N-亚硝基化合物在人体内合成的阻断作用. 林业科学研究. 1989, **2**(1): 55-58

[15] 侯开卫, 刘凤书, 杨臣武, 程列. 余甘子对强致癌物N-亚硝基化合物合成的阻断作用（二）. 热带作物学报. 1989, **10**(1): 63-66

[16] 罗春丽, 张永萍, 邱德文, 郑维发. 民族药余甘子冻干粉免疫调节作用的血清药理学研究. 时珍国医国药. 2006, **17**(2): 188-190

[17] 胡坦莲, 文昌凡, 文建成. 余甘子促诱生人白细胞干扰素作用的研究. 成都中医药大学学报. 1996, **19**(2): 36-37

[18] 吴少雄, 周玲仙. 余甘子粉的食用价值研究. 昆明医学院学报. 1996, **17**(3): 22-23

[19] 刘凤书, 侯开卫, 李绍家, 杨臣武, 赵苹. 余甘果抗衰老作用的研究I. 余甘果中超氧化物歧化酶的活性测定. 食品科学. 1991, **3**: 1-3

[20] 刘凤书, 侯开卫, 李绍家, 杨臣武, 赵苹. 余甘果汁清除超氧阴离子自由基的效能及人体试验初步观察. 生物化学与生物物理进展. 1992, **19**(3): 235-237

[21] 刘明堂, 郭维新, 汪家梨. 余甘子汁对大、小鼠血液SOD活性、LPO及Zn、Cu含量的影响. 福建医学院学报. 1992, **26**(4): 297-300

[22] 董磊, 王绿娅, 王大全, 杜兰平, 潘晓冬, 姚崇华. 余甘子果汁粉对家兔实验性动脉粥样硬化形成的影响. 中华临床医药. 2002, **3**(9): 7-9

[23] 王绿娅, 王大全, 秦彦文, 荆涛, 潘晓冬, 杜兰平, 石风茹, 张兰珍. 余甘子对动脉硬化家兔血浆总抗氧化能力及丙二醛和内皮素1水平的影响. 中国临床康复. 2005, **9**(7): 253-256

[24] K Sairam, CV Rao, MD Babu, KV Kumar, VK Agrawal, RK Goel. Antiulcerogenic effect of methanolic extract of *Emblica officinalis*: an experimental study. *Journal of Ethnopharmacology*. 2002, **82**(1): 1-9

[25] SK Bandyopadhyay, SC Pakrashi, A Pakrashi. The role of antioxidant activity of *Phyllanthus emblica* fruits on prevention from indomethacin induced gastric ulcer. *Journal of Ethnopharmacology*. 2000, **70**(2): 171-176

[26] 王锦菊, 王瑞国, 林久茂, 郑良朴. 余甘子对急性肝损伤的干预作用. 福建中医学院学报. 2006, **16**(1): 42-43

[27] 李萍, 谢金鲜, 林启云. 余甘子对D-半乳糖胺致小鼠急性肝损伤的影响. 云南中医中药杂志. 2003, **24**(1): 31-33

[28] 李萍, 林启云, 谢金鲜, 李爱媛, 谢彬. 余甘子护肝作用的实验研究. 中医药学刊. 2003, **21**(9): 1589-1593

[29] L Anila, NR Vijayalakshmi. Beneficial effects of flavonoids from *Sesamum indicum*, *Emblica officinalis*, and *Momordica charantia*. *Phytotherapy Research*. 2000, **14**(8): 592-595

[30] G Rani, S Bala, IS Grover. Antimutagenic studies of diethyl ether extract and tannin fractions of *Emblica myroblan* (*Emblica officinalis* Gaertn.) in Ames assay. *Journal of Plant Science Research*. 1995, **10**(1-4): 1-4

[31] YJ Zhang, T Nagao, T Tanaka, CR Yang, H Okabe, I Kouno. Antiproliferative activity of the main constituents from *Phyllanthus emblica*. *Biological & Pharmaceutical Bulletin*. 2004, **27**(2): 251-255

叶下珠 Yexiazhu VP

大戟科

Phyllanthus urinaria L.
Common Leafflower

概 述

大戟科 (Euphorbiaceae) 植物叶下珠 *Phyllanthus urinaria* L., 其新鲜或干燥全草入药。中药名: 叶下珠。

叶下珠属 (*Phyllanthus*) 植物全世界约有 600 种, 主要分布于热带及亚热带地区, 少数分布在北温带地区。中国约有 33 种、4 变种, 主要分布于长江以南各省区。本属现供药用者约有 10 种。本种分布于中国河北、山西、陕西、华东、华中、华南、西南等省区; 印度、斯里兰卡、中南半岛、日本、马来西亚、印度尼西亚至南美洲也有分布。

叶下珠以"真珠草"药用之名, 始载于《本草纲目拾遗》。叶下珠在印度民间也被广泛用于治疗腹泻下痢、尿道感染、肝炎等疾病, 在美洲曾被用于癌症的治疗[1]。主产于中国长江流域以南各省区。

叶下珠主要含鞣花鞣质类成分、木脂素类成分和黄酮类成分等。

药理研究表明, 叶下珠具有抗病毒、保肝、抗血栓、抗肿瘤等作用。

中医理论认为叶下珠具有清热解毒, 利水消肿, 明目, 消积的功效。

叶下珠 *Phyllanthus urinaria* L.

药材叶下珠 Herba Phyllanthi Urinariae

1cm

叶下珠 Yexiazhu

大戟科

化学成分

叶下珠的全草含鞣花鞣质类成分：叶下珠素 E、F[2]、G[3]、U[4] (phyllanthusiins E、F、G、U)[4]、鞣料云实精 (corilagin)[5]、去氢诃子次酸 (dehydrochebulic acid)[6]、短叶苏木酚酸 (brevifolin carboxylic acid)[7]；木脂素类成分：叶下珠脂素 (phyllanthin)、叶下珠次素 (hypophyllanthin)、珠子草素 (niranthin)、珠子草次素 (nirtetralin)、phyltetralin[8]、5 - demethoxyniranthin、urinatetralin、dextrobursehernin、urinaligran[9]；黄酮类成分：槲皮素 (quercetin)、芦丁 (rutin)、黄芪苷 (astragalin)、异槲皮苷 (isoquercitrin)[10]；有机酸类成分：没食子酸 (gallic acid)、短叶苏木酚酸 (brevifolincarboxylic acid)、并没食子酸 (ellagic acid)[5]、琥珀酸 (butanedioic acid)、2,3,4,5,6 - 五羟基苯甲酸 (2,3,4,5,6 - pentahydroxybenzoic acid)[11]；另外还含有挥发油类成分[12]。

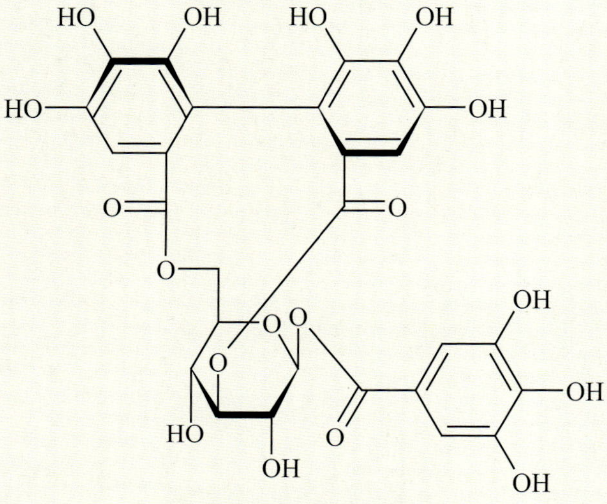

corilagin

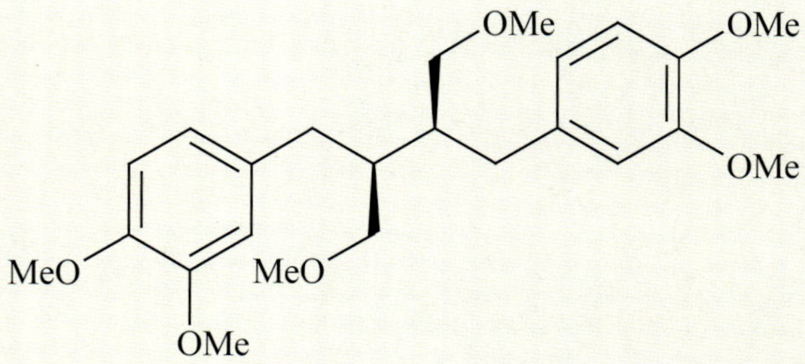

phyllanthin

药理作用

1. **抗病毒**

   叶下珠中的并没食子酸通过抑制乙型肝炎 e 抗原 (HBeAg) 的分泌，表现出显著的抗乙肝病毒 (HBV) 作用[13]。鞣料云实精是丙型肝炎病毒 HCV NS3 蛋白酶抑制剂的前体化合物[14]。体外实验表明，叶下珠有效部位对人 I 型和 II 型单纯性疱疹病毒 (HSV - 1, 2) 有良好的抑制作用[6]。叶下珠中的鞣质类成分对 Epstein - Barr 病毒 DNA 多聚酶也有抑制作用[15]。

2. **保肝**

   叶下珠乙醇提物对小鼠、大鼠灌胃给药，能明显对抗四氯化碳、硫代乙酰胺 (TAA) 和 D - 氨基半乳糖 (D - GN) 引起的谷丙转氨酶升高，还能显著缩短小鼠的戊巴比妥钠睡眠时间[16]。叶下珠能明显拮抗四氯化碳所致大鼠急性肝损伤，具有明显的保肝降酶作用[6]。

3. **抗血栓**

   叶下珠的有效部位（含鞣料云实精 60%以上）静脉注射，可明显减少花生四烯酸引起的小鼠死亡数；延长电刺激大鼠颈动脉闭塞时间，显著提高闭塞颈动脉的再通率，同时降低再通后颈动脉的再栓率，减轻大鼠下腔静脉血栓的湿重和干重，显著降低大鼠血小板-中性粒细胞之间的黏附率，延长大鼠尾静脉出血时间；明显缩短家兔优球蛋白溶解时间，延长白陶土部分凝血活酶时间[17-18]，其溶栓作用可能与鞣料云实精能抑制纤溶酶原激活物抑制剂 (PAI－1) 活性，增强组织型纤溶酶原激活剂 (tPA) 活性有关[19]。

4. 抗肿瘤

叶下珠药物血清能抑制人肝癌细胞 Bel－7402 生长，抑制克隆形成，减少甲胎球蛋白 (AFP) 和 γ-谷氨酰转肽酶 (γ-GT) 的合成和分泌，促进白蛋白 (ALB) 的合成和分泌，诱导肿瘤细胞向正常方向分化，预防原发性肝癌的发生[20]。叶下珠提取物体外能使人肝癌细胞 SMMC 7721 活力明显减弱，氚标记胸腺嘧啶核苷 (^3H－TdR) 掺入率明显降低，抑制DNA的合成，具有杀伤人肝癌细胞 SMMC 7721 并抑制其增殖作用[21]。叶下珠提取物给小鼠口服能抑制肿瘤中新血管的形成，跨膜实验中能抑制脐静脉内皮细胞 (HUVECs) 的迁移，表明叶下珠具有抗肿瘤及抑制肿瘤血管生成的作用[22]。叶下珠还可诱导神经酰胺介导的人早幼粒白血病细胞HL－60细胞凋亡[23]。

5. 抗氧化

通过清除自由基等试验评价抗氧化能力发现，叶下珠有很强的抗氧化活性[24]。叶下珠的抗氧化及心脏保护作用，能对抗阿霉素引起的心脏毒性[25]。

6. 其他

叶下珠还有舒张和收缩豚鼠离体气管[26-27]、镇痛[28]、降血糖[29]等作用。

应用

本品为中医临床用药。功能：清热解毒，利水消肿，明目，消积。主治：痢疾，泄泻，黄疸，水肿，热淋，石淋，目赤，夜盲，疳积，痈肿，毒蛇咬伤。

现代临床还用于肝炎、小儿呛水咳嗽等病的治疗。

评注

自印度学者 Thyagarajan 报道用同属植物珠子草 *Phyllanthus niruri* L. 抗乙肝病毒有效以来，人们开始关注叶下珠属植物[30]。研究表明，两者具有大量相同或相似的有效成分及药理作用，如抗病毒、抗肿瘤、保肝、防止脂质过氧化、镇痛等。

参考文献

[1] 姚庆强，左春旭．叶下珠化学成分的研究．药学学报．1993, **28**(11): 829-835

[2] 张兰珍，郭亚健，涂光忠，苗峰，郭五保．叶下珠多酚化合物的分离与鉴定．中国中药杂志．2000, **25**(12): 724-725

[3] 张兰珍，郭亚健，涂光忠，郭五保，苗峰．叶下珠新鞣花鞣质的分离与鉴定．药学学报．2004, **39**(2): 119-122

[4] 陈玉武，任丽娟，李克明，张永文．叶下珠中新多酚化合物的分离与鉴定．药学学报．1999, **34**(7): 526-529

[5] 张兰珍，郭亚健，涂光忠，郭五保，苗峰．叶下珠化学成分研究．中国中药杂志．2000, **25**(10): 615-617

[6] 仲英，左春旭，李风琴，丁杏苞，姚庆强，吴克霞，张琴冈，王志玉，周玲，王菊，兰静，王晓静．叶下珠化学成分及其抗乙肝病毒活性的研究．中国中药杂志．1998, **23**(6): 363-364

[7] 沙东旭，刘英华，王龙顺，徐绥绪．叶下珠化学成分的研究．沈阳药科大学学报．2000, **17**(3): 176-178

[8] CY Wang, SS Lee. Analysis and identification of lignans in *Phyllanthus urinaria* by HPLC-SPE-NMR. *Phytochemical Analysis*. 2005, **16**(2): 120-126

[9] CC Chang, YC Lien, KCSC Liu, SS Lee. Lignans from *Phyllanthus urinaria*. *Phytochemistry*. 2003, **63**(7): 825-833

[10] TK Nara, J Gleye, E Lavergne de Cerval, E Stanislas. Flavonoids of *Phyllanthus niruri* L., *Phyllanthus urinaria* L., and *Phyllanthus orbiculatus* L. C. Rich. *Plantes Medicinales et Phytotherapie*. 1977, **11**(2): 82-86

[11] WX Wei, YJ Pan, YZ Chen, CW Lin, TY Wei, SK Zhao. Carboxylic acids from *Phyllanthus urinaria*. *Chemistry of Natural Compounds*. 2005, **41**(1): 17-21

[12] 谢惜媚，陆慧宁．新鲜叶下珠挥发性成分的 GC-MS 分析．中山大学学报（自然科学版）．2006，**45**(5)：142-144

[13] MS Shin, EH Kang, YI Lee. A flavonoid from medicinal plants blocks hepatitis B virus-e antigen secretion in HBV-infected hepatocytes. *Antiviral Research*. 2005, **67**(3): 163-168

[14] Y Wang, XS Yang, ZQ Li, W Zhang, LR Chen, XJ Xu. Searching for more effective HCV NS3 protease inhibitors via modification of corilagin. *Progress in Natural Science*. 2005, **15**(10): 896-901

[15] KCSC Liu, MT Lin, SS Lee, JF Chiou, SJ Ren, EJ Lien. Antiviral tannins from two Phyllanthus species. *Planta Medica*. 1999, **65**(1): 43-46

[16] 周军，李茂，樊也军．叶下珠醇提物对实验性肝损伤的保护作用．广西中医药学院学报．2004，**7**(1)：5-7

[17] 沈志强，陈蓬，段理，董泽军，陈植和，刘吉开．叶下珠有效部位静脉注射对动物血栓形成及凝血系统的影响．中西医结合学报．2004，**2**(2)：106-110，122

[18] 沈志强，陈蓬，沈建群，董泽军，刘吉开．叶下珠有效部位的溶栓作用及其对 PAI-1 和 tPA 活性的影响．天然产物研究与开发．2003，**15**(5)：441-445

[19] ZQ Shen, ZJ Dong, H Peng, JK Liu. Modulation of PAI-1 and tPA activity and thrombolytic effects of corilagin. *Planta Medica*. 2003, **69**(12): 1109-1112

[20] 张建军，黄育华，晏雪生，张赤志，盛国光，王伯祥．叶下珠药物血清对人肝癌细胞株的诱导分化作用的实验研究．中国中医药科技．2002，**9**(5)：289-291

[21] 王昌俊，袁德培，陈伟，毛大钧．叶下珠对人肝癌细胞的影响．时珍国药研究．1997，**8**(6)：499-500

[22] ST Huang, RC Yang, PN Lee, SH Yang, SK Liao, TY Chen, JHS Pang. Anti-tumor and anti-angiogenic effects of *Phyllanthus urinaria* in mice bearing Lewis lung carcinoma. *International Immunopharmacology*. 2006, **6**(6): 870-879

[23] ST Huang, RC Yang, MY Chen, JHS Pang. *Phyllanthus urinaria* induces the Fas receptor/ligand expression and ceramide-mediated apoptosis in HL-60 cells. *Life Sciences*. 2004, **75**(3): 339-351

[24] A Kumaran, RJ Karunakaran. In vitro antioxidant activities of methanol extracts of five Phyllanthus species from India. *LWT– Food Science and Technology*. 2006, **40**(2): 344-352

[25] L Chularojmontri, SK Wattanapitayakul, A Herunsalee, S Charuchongkolwongse, S Niumsakul, S Srichairat. Antioxidative and cardioprotective effects of *Phyllanthus urinaria* L. on doxorubicin-induced cardiotoxicity. *Biological & Pharmaceutical Bulletin*. 2005, **28**(7): 1165-1171

[26] N Paulino, V Cechinel-Filho, RA Yunes, JB Calixto. The relaxant effect of extract of *Phyllanthus urinaria* in the guinea pig isolated trachea. Evidence for involvement of ATP-sensitive potassium channels. *Journal of Pharmacy and Pharmacology*. 1996, **48**(11): 1158-1163

[27] N Paulino, V Cechinel Filho, MG Pizzolatti, RA Yunes, JB Balixto. Mechanisms involved in the contractile responses induced by the hydroalcoholic extract of *Phyllanthus urinaria* on the guinea pig isolated trachea: evidence for participation of tachykinins and influx of extracellular Ca^{2+} sensitive to ruthenium red. *General Pharmacology*. 1996, **27**(5): 795-802

[28] ARS Santos, ROP De Campos, OG Miguel, V Cechinel-Filho, RA Yunes, JB Calixto. The involvement of K^+ channels and Gi/o protein in the antinociceptive action of the gallic acid ethyl ester. *European Journal of Pharmacology*. 1999, **379**(1): 7-17

[29] H Higashino, A Suzuki, Y Tanaka, Pootakham K. Hypoglycemic effects of Siamese *Momordica charantia* and *Phyllanthus urinaria* extracts in streptozotocin-induced diabetic rats (the 1st report). *Folia pharmacologica Japonica*. 1992, **100**(5): 415-421

[30] SP Thyagarajan, K Thiruneelakantan, S Subramanian, T Sundaravelu. In vitro inactivation of HBsAg by *Eclipta alba* Hassk and *Phyllanthus niruri* Linn. *The Indian Journal of Medical Research*. 1982, **76**: 124-130

荜茇 Bibo ^{CP, KHP, VP, IP}

Piper longum L.
Long Pepper

胡椒科

概述

胡椒科 (Piperaceae) 植物荜茇 *Piper longum* L.，其干燥近成熟或成熟果穗入药。中药名：荜茇。

胡椒属 (*Piper*) 植物全世界约有 2 000 种，分布于热带地区。中国约有 60 种、4 变种，分布于台湾经东南至西南各省区。本属现供药用者约 20 种、1 变种。本种分布于中国云南，福建、广东、广西、海南有栽培；尼泊尔、印度、斯里兰卡、越南、马来西亚也有分布。

"荜茇"药用之名，始载于《雷公炮炙论》。历代本草多有著录，古今药用品种一致。《中国药典》(2005 年版) 收载本种为中药荜茇的法定原植物来源种。主产于中国云南、广东、海南；原产于印度尼西亚的苏门答腊、菲律宾、越南。

荜茇果穗含酰胺生物碱类、木脂素类成分等。胡椒碱为主要活性成分，《中国药典》采用高效液相色谱法测定，规定荜茇中胡椒碱的含量不得少于 2.5%，以控制药材质量。

药理研究表明，荜茇具有镇痛、抗溃疡、降血脂、抗肿瘤、杀虫、保肝等作用。

中医理论认为荜茇具有温中散寒，下气止痛的功效。

荜茇 *Piper longum* L.

荜茇 Bibo

药材荜茇 Fructus Piperis Longi

化学成分

荜茇的果穗含酰胺生物碱类成分：胡椒碱 (piperine)、pipataline、墙草碱 (pellitorine)、brachystamide B、几内亚胡椒酰胺 (guineensine)、二氢荜茇宁酰胺 (dihydropiperlonguminine)[1]、荜茇宁酰胺 (piperlonguminine)、胡椒新碱 (piperanine)、荜茇环碱 (pipernonaline)[2]、pergumidiene、piperderdine[3]、胡椒杀虫胺 (pipercide)、荜茇十一碳三烯呱啶 (piperundecalidine)[4]、四氢胡椒碱 (tetrahydropiperine)[5]、去氢荜茇环碱 (dehydropipernonaline)[6]、荜茇十八碳三烯呱啶 (piperoctadecalidine)[7]、长柄胡椒碱 (sylvatine)[8]；木脂素类成分：芝麻素 (sesamin)、双异桉脂素 (diaeudesmin)[1]；黄酮类成分：7,3',4'-三甲基木犀草素 (7,3',4'-trimethylluteolin)、7,4'-

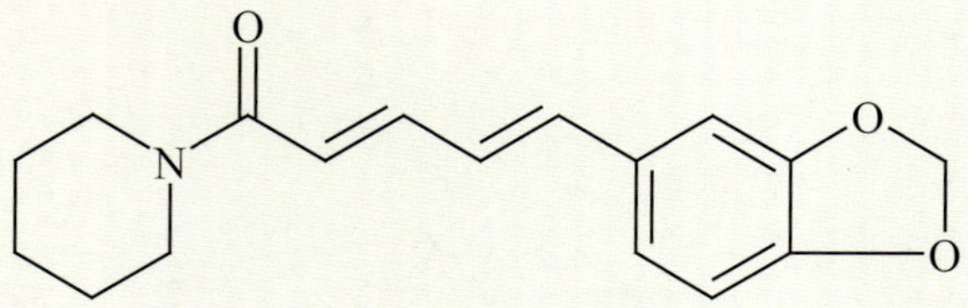

piperine

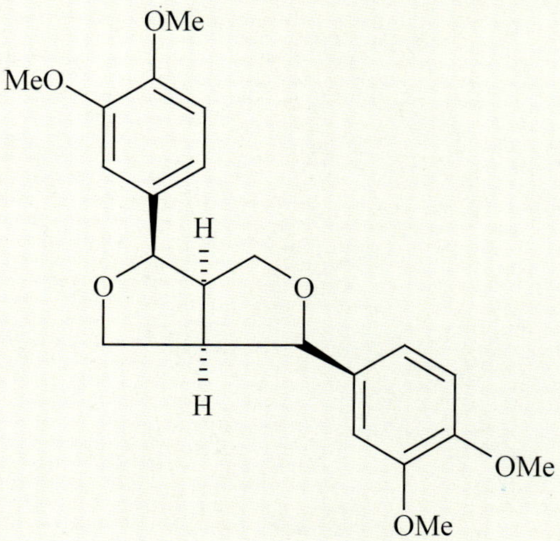

diaeudesmin

二甲基芹菜素 (7,4'-dimethylapigenin)、7-甲基芹菜素 (7-methylapigenin)[1]；挥发油成分：绿花白千层醇 (viridiflorol)、肉豆蔻醚(myristicin)、cyclosativene[9]。

荜茇的根含酰胺生物碱类成分：金线吊乌龟二酮碱A、B (cepharadiones A-B)、金线吊乌龟酮碱 (cepharanone B)、马兜铃内酰胺AⅡ (aristolactam AⅡ)、去甲金线吊乌龟二酮碱B (norcepharadione B)、胡椒内酰胺A、B (piperolactams A-B)、胡椒二酮碱 (piperadione)；还含有去甲土青木香二酮 (noraristolodione)[10]。

药理作用

1. **镇痛**
   荜茇挥发油有镇痛作用，也能增强乌头总碱的镇痛作用，同时还能降低乌头总碱的毒性[11]。

2. **抗溃疡**
   荜茇挥发油乳化剂和乙醇提取物灌胃给药能显著抑制吲哚美辛、利血平、无水乙醇、阿司匹林、醋酸所致大鼠胃溃疡的形成；对大鼠结扎幽门型和冷浸应激型胃溃疡也有抑制作用，能保护胃黏膜，减少胃液量和胃液总酸度[12-14]。

3. **降血脂**
   荜茇油不皂化物能显著抑制高胆固醇饲料所致大鼠和小鼠血清总胆固醇 (TC)、胆固醇/高密度脂蛋白胆固醇 (TC/HDL-C) 水平的提高，升高血清高密度脂蛋白胆固醇的水平[15-16]，还能抑制对异辛基聚氧乙烯酚 (Triton-WR-1339) 诱发的小鼠血清 TC 升高[16]。其主要活性成分为胡椒酸甲酯，机理与促进胆固醇的酯化和排泄以及抑制胆固醇的合成有关[17]。胡椒碱饲喂对实验性兔动脉粥样硬化有明显预防作用[18]。

4. **抗肿瘤**
   荜茇乙醇提取物体外对道尔顿腹水瘤细胞 DLA 和艾氏腹水瘤细胞 EAC 呈现细胞毒作用；体内能抑制小鼠实体瘤的生长，还能延长艾氏腹水瘤小鼠的寿命[19]。

5. **杀虫**
   荜茇甲醇提取物灌胃对小鼠盲肠的阿米巴原虫感染有强抑制作用[20]。荜茇水提物和乙醇提取物体外对贾第鞭毛虫有显著抑制作用，正丁醇提取物作用稍弱[21]。

6. **保肝**
   荜茇乙醇提取物能降低 CCl_4 中毒大鼠的肝脏羟脯氨酸 (HP) 和血清酶含量，减轻中毒后胶原沉积造成的肝脏重量增加，有抗肝纤维化的作用[22]。胡椒碱对叔丁基过氧化氢和 CCl_4 所致小鼠肝损伤有保护作用[23]。

7. **抗胆结石**
   荜茇油不皂化物饲喂能明显降低小鼠肝胆固醇载体蛋白2 (Scp2) mRNA 水平和胆汁胆固醇饱和指数，抑制胆囊结石的形成[24]。

8. **其他**
   荜茇挥发油能促进大鼠骨髓间质干细胞 (MSC) 的增殖[25]。荜茇还有抗氧化[26]、抗抑郁[27]、调节免疫[10]、舒张血管[6]、抗菌[7]、镇静、解热、抗心律失常[11]、抗生育[28]、抑制 α-葡萄糖苷酶[1]的作用。

应用

本品为中医临床用药。功能：温中散寒，下气止痛。主治：脘腹冷痛，呕吐，泄泻，头痛，牙痛，鼻渊，冠心病。

现代临床还用于心绞痛急性发作等病的治疗。

荜茇 Bibo

评注

荜茇提取物对 *Aedes aegypti*、*Amebic protozoa*、*Giardia lamblia* 有显著的抑制作用，可作为天然的杀虫剂，加之荜茇广泛分布于热带地区，价廉易得，对热带地区的寄生虫病防治有著很好的开发价值。

荜茇也为常用蒙药。蒙医理论认为荜茇可调理胃火，调节体素，滋补强壮，平喘，祛痰，止痛，主治胃火衰败，不思饮食，恶心，气喘，气管炎，肺痨，肾寒，尿浊，阳痿等多种疾病，临床应用很广，现代药理研究也证明荜茇具有多种功效。

参考文献

[1] V P Srinivas, KT Ashok, SV UmaMaheswara, V Anuradha, BT Hari, RD Krishna, AK Ikhlas, RJ Madhusudana. HPLC assisted chemobiological standardization of α-glucosidase-I enzyme inhibitory constituents from *Piper longum* Linn-An Indian medicinal plant. *Journal of Ethnopharmacology*. 2006, **108**(3): 445-449

[2] SH Wu, CR Sun, SF Pei, YB Lu, YJ Pan. Preparative isolation and purification of amides from the fruits of *Piper longum* L. by upright counter-current chromatography and reversed-phase liquid chromatography. *Journal of Chromatography, A*. 2004, **1040**(2): 193-204

[3] B Das, A Kashinatham, P Madhusudhan. Studies on phytochemicals. XXI. One new and two rare alkamides from two samples of the fruits of *Piper longum*. *Natural Product Sciences*. 1998, **4**(1): 23-25

[4] W Tabuneng, H Bando, T Amiya. Studies on the constituents of the crude drug "Piperis Longi Fructus." On the alkaloids of fruits of *Piper longum* L. *Chemical & Pharmaceutical Bulletin*. 1983, **31**(10): 3562-3565

[5] P Madhusudhan, KL Vandana. Tetrahydropiperine, the first natural aryl pentanamide from *Piper longum*. *Biochemical Systematics and Ecology*. 2001, **29**(5): 537-538

[6] N Shoji, A Umeyama, N Saito, T Takemoto, A Kajiwara, Y Ohizumi. Dehydropipernonaline, an amide possessing coronary vasodilating activity, isolated from *Piper longum* L. *Journal of Pharmaceutical Sciences*. 1986, **75**(12): 1188-1189

[7] BS Park, WS Choi, SE Lee. Antifungal activity of piperoctadecalidine, a piperidine alkaloid derived from long pepper, *Piper longum* L., against phytopathogenic fungi. *Agricultural Chemistry and Biotechnology*. 2003, **46**(2): 73-75

[8] CP Dutta, N Banerjee, DN Roy. Genus Piper. III. Lignans in the seeds of *Piper longum*. *Phytochemistry*. 1975, **14**(9): 2090-2091

[9] L Trinnaman, NC Da Costa, ML Dewis, TV John. The volatile components of Indian long pepper, *Piper longum* Linn. *Special Publication-Royal Society of Chemistry*. 2005, **300**: 93-103

[10] SJ Desai, BR Prabhu, NB Mulchandani. Aristolactams and 4,5-dioxoaporphines from *Piper longum*. *Phytochemistry*. 1988, **27**(5): 1511-1515

[11] 白音夫，李锐锋．荜茇挥发油抗实验性心律失常作用．内蒙古中医药．1987, **6**(3): 封三

[12] 白音夫，杨宏昕．荜茇挥发油对动物实验性胃溃疡的保护作用．中草药．2000, **31**(1): 40-41

[13] 白音夫，包艳源，哈斯．荜茇对动物实验性胃溃疡的保护作用．中草药．1993, **24**(12): 639-640

[14] 赵小原，其其格，白音夫．荜茇对大鼠寒冷型应激性胃黏膜损伤保护作用及病理改变的观察．中国民族医药杂志．2004, **3**: 28

[15] 陈显慧，王海梅，李月廷，李志忠．荜茇油不皂化物对大鼠血清高密度脂蛋白胆固醇的影响．中国民族医药杂志．1997, **3**(2): 45

[16] 包照日格图，吴恩．荜茇油不皂化物对小鼠高脂血症的影响．中草药．1992, **23**(4): 197-199

[17] 李月廷，王海梅，吴恩，苏瓦迪．胡椒酸甲酯对大鼠血清胆固醇的调整作用及机理．中草药．1993, **24**(1): 27-29

[18] 白永忠．胡椒碱对兔实验性动脉粥样硬化的预防作用．中国民族医药杂志．2002, **8**(3): 35-36

[19] ES Sunila, G Kuttan. Immunomodulatory and antitumor activity of *Piper longum* Linn. and piperine. *Journal of Ethnopharmacology*. 2004, **90**(2-3): 339-346

[20] N Sawangjaroen, K Sawangjaroen, P Poonpanang. Effects of *Piper longum* fruit, *Piper sarmentosum* root and *Quercus infectoria* nut gall on caecal amoebiasis in mice. *Journal of Ethnopharmacology*. 2004, **91**(2-3): 357-360

[21] DM Tripathi, N Gupta, V Lakshmi, KC Saxena, AK Agrawal. Antigiardial and immunostimulatory effect of *Piper longum* on giardiasis due to *Giardia lamblia*. *Phytotherapy research*. 1999, **13**(7): 561-565

[22] AJM Christina, GR Saraswathy, SJH Robert, R Kothai, N Chidambaranathan, G Nalini, RL Therasal. Inhibition of CCl_4-induced liver fibrosis by *Piper longum* Linn. *Phytomedicine*. 2006, **13**(3): 196-198

[23] IB Koul, A Kapil,. Evaluation of the hepatoprotective potential of piperine, an active principle of black and long peppers. *Planta Medica*. 1993, **59**(5): 413-417

[24] 王海梅, 巴图乌拉, 王俊峰, 吴京涛, 刘绍辉, 李月廷. 荜茇油不皂化物抑制 C 57 B L/6 小鼠胆囊结石的形成. 北京中医. 2006, **25**(10): 630-632

[25] 李熙灿, 周健洪, 黎晖, 杜少辉, 李伊为, 黄玲, 陈东风. 荜茇提取物对大鼠骨髓间质干细胞 MSC 的增殖作用及与化学官能团的关系. 中药材. 2005, **28**(7): 570-573

[26] 李熙灿, 赵小军, 谢学明, 钟远声, 黄春花, 陈东风. 荜茇挥发油清除自由基作用及其与分子结构的关系. 中药新药与临床药理. 2006, **17**(3): 218-221

[27] SA Lee, SS Hong, XH Han, JS Hwang, GJ Oh, KS Lee, MK Lee, BY Hwang, JS Ro. Piperine from the fruits of *Piper longum* with inhibitory effect on monoamine oxidase and antidepressant-like activity. *Chemical & Pharmaceutical Bulletin*. 2005, **53**(7): 832-835

[28] V Lakshmi, R Kumar, SK Agarwal, JD Dhar. Antifertility activity of *Piper longum* Linn. in female rats. *Natural Product Research*. 2006, **20**(3): 235-239

胡椒 Hujiao CP, VP

Piper nigrum L.
Pepper

概述

胡椒科 (Piperaceae) 植物胡椒 *Piper nigrum* L., 其干燥近成熟或成熟果实入药。中药名：胡椒。

胡椒属 (*Piper*) 植物全世界约有 2 000 种, 分布于热带地区。中国约有 60 种、4 变种, 分布于台湾经东南至西南部各省区。本属现供药用者约 21 种、1 变种。本种分布于中国福建、广东、海南、广西、云南、台湾等省区; 原产于东南亚, 现热带地区均有栽培。

"胡椒"药用之名, 始载于《新修本草》。历代本草多有著录, 古今药用品种一致。《中国药典》(2005 年版) 收载本种为中药胡椒的法定原植物来源种。主产于中国云南、广东、海南、广西等省区。

胡椒的果实主要含酰胺类生物碱。其中胡椒碱为其主要活性成分。《中国药典》采用高效液相色谱法测定, 规定胡椒中胡椒碱的含量不得少于3.0%, 以控制药材质量。

药理研究表明, 胡椒具有抗炎、抗癫痫、降血脂等作用。

中医理论认为胡椒具有温中散寒, 下气止痛, 止泻, 开胃, 解毒的功效。

胡椒 *Piper nigrum* L. (果枝)

药材胡椒 Fructus Piperis (黑胡椒)

药材胡椒 Fructus Piperis (白胡椒)

胡椒 *Piper nigrum* L.（花枝）

化学成分

胡椒的果实含酰胺类生物碱成分：胡椒碱 (piperine)、胡椒油碱 A、B (piperoleines A－B)、次胡椒酰胺 (piperyline)、胡椒新碱 (piperanine)、胡椒次碱 (pipercide)、类阿魏酰哌啶 (feruperine)、荜茇壬二烯哌啶 (pipernonaline)、去氢荜茇壬二烯哌啶 (dehydropipernonaline)、胡椒环丁酰胺A (pipercyclobutanamide A)、nigramide R[1]、胡椒酰胺 (piperamide)[2]、墙草碱 (pellitorine)、trachyone、pergumidiene、异胡椒油碱 B (isopiperoleine B)[3]、几内亚胡椒酰胺 (guineensine)[4]、双胡椒酰胺 A、B、C、D、E (dipiperamides A－E)、假

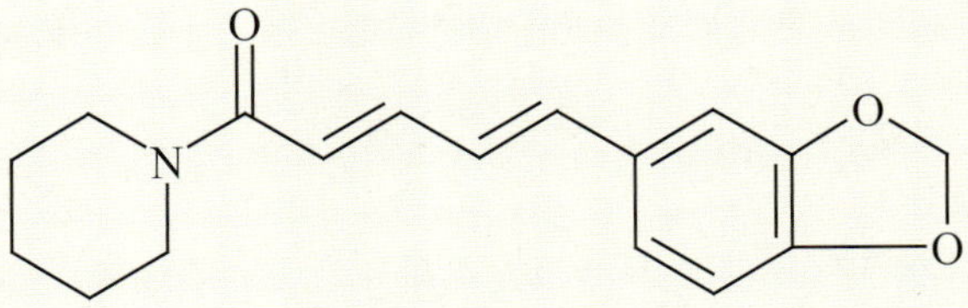

piperine

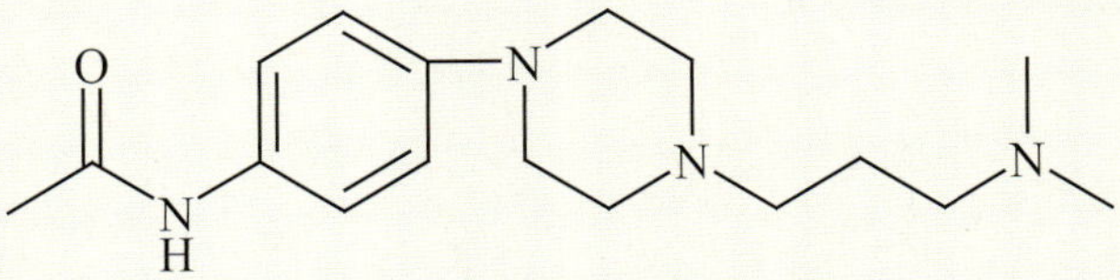

piperamide

荜茇酰胺 A (retrofractamide A)、brachyamide A、新墙草碱 B (neopellitorine B)、tricholein、ilepcimide[5]、pipsaeedine、pipbinine、piptaline[6]、N-反式阿魏酸酰胺 (N-trans-feruloyltyramine)、类对香豆酰哌啶 (coumaperine)[7]、kalecide、假蒟亭碱 (sarmentine)、chingchengenamide、pipnoohine、pipyahyine[8]；黄酮类成分：山柰酚 (kaempferol)、鼠李亭 (rhamnetin)、槲皮素 (quercetin)、异鼠李亭 (isorhamnetin)[9]；木脂素类成分：扁柏脂素 (hinokinin)[5]；挥发油成分：柠檬烯 (limonene)、α-，β-蒎烯 (α-, β-pinenes)、蒈烯 (carene)[10]、(E)-β-罗勒烯 [(E)-β-ocimene]、δ-愈创木烯(δ-guaiene)、(Z), (E)-金合欢醇 [(Z), (E)-farnesols][11]。

胡椒的根含酰胺类生物碱成分：胡椒碱、异胡椒碱 (isopiperine)、花椒酰胺 (fagaramide)、胡椒亭 (piperettine)、锯齿菊除虫素、胡椒新碱、kalecide、次胡椒酰胺、胡椒油碱 B、异胡椒脂碱 (isochavicine)、新墙草碱 B、cinnamonpyrrolidide、piperettyline、tricholein、假蒟亭碱、ilepcimide、荜茇壬二烯呱啶、假蒟碱 (sarmentosine)、brachyamide B、pipercycliamide[12]。

胡椒的叶含木脂素类成分：(-)-荜澄茄脂素 [(-)-cubebin]、(-)-3,4-dimethoxy-3,4-desmethylenedioxycubebin、(-)-3-去甲氧基荜澄茄脂素灵[(-)-3-desmethoxycubebinin][13]。

药理作用

1. **对中枢神经的影响**
   胡椒碱腹腔注射可显著减少小鼠的自主活动，明显延长戊巴比妥钠诱导的小鼠睡眠时间，还能增加家兔的深睡眠[14]；对多种实验型癫痫动物模型也有不同程度的对抗作用，对癫痫大发作动物的最大电休克 (MES)、小发作动物的戊四唑发作阈值 (Met)、小鼠脑室注射海仁藻酸 (KA) 形成的颞叶性癫痫的对抗作用较强[15]，其机理与明显增加小鼠脑内单胺类神经递质 5 羟色胺 (5-HT) 的含量、降低谷氨酸和天冬氨酸含量以及阻断KA受体有关[14-15]。此外，在小鼠强制游泳实验和悬尾实验中，胡椒碱经口给药有较好的抗抑郁作用，其作用是机理与上调中枢神经系统 5-HT 或多巴胺水平有关[16]。

2. **对胆汁分泌的影响**
   胡椒灌胃可使大鼠胆汁浓度增高，胡椒连续多日饲喂则可促进大鼠胆汁流量增多而胆汁浓度下降[17]。胡椒碱饲喂还能降低肝脏氨肽酶N (APN) 的表达和胆汁 APN 酶的活性，抑制 APN 的促成结石作用，从而预防胆固醇结石的形成[18]。

3. **保肝**
   黑胡椒对肝解毒系统的影响实验结果表明，黑胡椒饲喂能升高小鼠肝脏中谷胱甘肽-S-转移酶 (GST)、细胞色素 b5、肝细胞色素 P_{450} 水平，从而能调节肝的解毒功能[19]。白胡椒对人肝线粒体细胞色素 P_{450} 2D6 有抑制作用[1]。

4. **杀虫**
   白胡椒水提液体外对猪囊尾蚴有杀灭作用[20]。

5. **缓解脑血管痉挛**
   胡椒碱耳缘静脉注射对家兔实验性蛛网膜下腔出血后迟发性脑血管痉挛有缓解作用，其机理可能与抑制血管壁上核转录因子 (NF-κB) 活性、下调肿瘤坏死因子α (TNF-α)、白介素1β (IL-1β) 和白介素 6 (IL-6) 的表达有关[21]。

6. **抗肿瘤**
   胡椒的乙烷、醋酸乙酯及甲醇提取物和胡椒碱局部给药或口服，能降低 12-O-十四烷酰佛波醋酸酯-13 (TPA) 所致小鼠皮肤肿瘤的出现数量，胡椒碱局部用药还能延迟肿瘤的发生[22]。

7. 其他

胡椒还有刺激黑色素细胞增殖[23]、抗氧化[24]、抗菌[25]、镇痛和松弛平滑肌的作用。

应用

本品为中医临床用药。功能：温中散寒，下气止痛，止泻，开胃，解毒。主治：胃寒疼痛，呕吐，受寒泄泻，食欲不振，中鱼蟹毒。

现代临床还用于婴幼儿单纯性腹泻、癫痫等病的治疗。

评注

胡椒药材有黑白之分，果实呈暗绿色时采收，晒干，为黑胡椒；果实变红时采收，用水浸渍数日，擦去果肉，晒干，为白胡椒。黑胡椒是中国卫生部规定的药食同源品种之一。

胡椒根在中国广东、广西、海南等地既做调味品又做药用，治疗消化不良、坐骨神经痛、风湿性关节炎等。实验研究发现胡椒根具有药用价值，其成分、药理、毒理等有待深入研究[26]。

胡椒富含胡椒碱，是提取胡椒碱的主要原料。胡椒碱可用作香料、调味品、杀虫剂。胡椒具有加速凝血酶的活化作用，可作为化学防癌剂，对抗致癌剂的致癌作用。

参考文献

[1] Subehan, T Usia, S Kadota, Y Tezuka. Alkamides from *Piper nigrum* L. and their inhibitory activity against human liver microsomal cytochrome P_{450} 2D6 (CYP2D6). *Natural Product Communications*. 2006, **1**(1): 1-7

[2] G Singh, P Marimuthu, C Catalan, MP de Lampasona. Chemical, antioxidant and antifungal activities of volatile oil of black pepper and its acetone extract. *Journal of the Science of Food and Agriculture*. 2004, **84**(14): 1878-1884

[3] SV Reddy, PV Srinivas, B Praveen, KH Kishore, BC Raju, US Murthy, JM Rao. Antibacterial constituents from the berries of *Piper nigrum*. *Phytomedicine*. 2004, **11**(7-8): 697-700

[4] N Nakatani, R Inatani. Constituents of pepper. Part III. Isobutyl amides from pepper (*Piper nigrum* L.). *Agricultural and Biological Chemistry*. 1981, **45**(6): 1473-1476

[5] S Tsukamoto, K Tomise, K Miyakawa, BC Cha, T Abe, T Hamada, H Hirota, T Ohta. CYP3A4 inhibitory activity of new bisalkaloids, dipiperamides D and E, and cognates from white pepper. *Bioorganic & Medicinal Chemistry*. 2002, **10**(9): 2981-2985

[6] BS Siddiqui, T Gulzar, S Begum, F Afshan, FA Sattar. Two new insecticidal amide dimers from fruits of *Piper nigrum* LINN. *Helvetica Chimica Acta*. 2004, **87**(3): 660-666

[7] N Nakatani, R Inatani, H Fuwa. Constituents of pepper. Part I. Structures and syntheses of two phenolic amides from *Piper nigrum* L. *Agricultural and Biological Chemistry*. 1980, **44**(12): 2831-2836

[8] BS Siddiqui, T Gulzar, A Mahmood, S Begum, B Khan, F Afshan. New insecticidal amides from petroleum ether extract of dried *Piper nigrum* L. whole fruits. *Chemical & Pharmaceutical Bulletin*. 2004, **52**(11): 1349-1352

[9] B Voesgen, K Herrmann. Flavonol glycosides of pepper (*Piper nigrum* L.), clove (*Syzygium aromaticum* (L.) Merr. and Perry), and allspice (*Pimenta dioica* (L.) Merr.). 3. Spice phenols. *Zeitschrift fuer Lebensmittel-Untersuchung und –Forschung*. 1980, **170**(3): 204-207

[10] VL Hoang. Chemical components of essential oil of *Piper nigrum* L. and the essential oil of *Piper betle* L. *Tap Chi Duoc Hoc*. 2003, **11**: 15-17

[11] J Pino, G Rodriguez-Feo, P Borges, A Rosado. Chemical and sensory properties of black pepper oil (*Piper nigrum* L.). *Nahrung*. 1990, **34**(6): 555-560

[12] K Wei, W Li, K Koike, YP Pei, YJ Chen, T Nikaido. New amide alkaloids from the roots of *Piper nigrum*. *Journal of Natural Products*. 2004, **67**(6): 1005-1009

[13] H Matsuda, Y Kawaguchi, M Yamazaki, N Hirata, S Naruto, Y Asanuma, T Kaihatsu, M Kubo. Melanogenesis stimulation in murine B16 melanoma cells by *Piper nigrum* leaf extract and its lignan constituents. *Biological & Pharmaceutical Bulletin*. 2004, 27(10): 1611-1616

[14] 崔广智, 李军, 张仲一, 裴印权. 胡椒碱对中枢神经系统功能的影响. 中国药学杂志. 2003, 38(4): 268-270

[15] 崔广智, 裴印权. 胡椒碱抗实验性癫痫作用及其作用机制分析. 中国药理学通报. 2002, 18(5): 675-680

[16] 李崧, 王澈, 李巍, 小池一男, 二阶堂保, 王敏伟. 胡椒碱及其衍生物3,4-次甲二氧桂皮酰哌啶的抗抑郁作用. 沈阳药科大学学报. 2006, 23(6): 392-396

[17] B Ganesh Bhat, N Chandrasekhara. Effect of black pepper and piperine on bile secretion and composition in rats. *Die Nahrung*. 1987, 31(9): 913-916

[18] 李月廷, 祝学光. 胡椒碱抑制兔胆结石形成的作用和机制. 中华肝胆外科杂志. 2003, 9(7): 426-428

[19] A Singh, AR Rao. Evaluation of the modulatory influence of black pepper (*Piper nigrum* L.) on the hepatic detoxication system. *Cancer letters*. 1993, 72(1-2): 5-9

[20] 赵文爱, 李泽民, 王伯霞. 槟榔与白胡椒对猪囊尾蚴形态学改变的影响. 现代中西医结合杂志. 2003, 12(3): 237-238

[21] 张更申, 林成, 张庆俊. 胡椒碱对实验性蛛网膜下腔出血后脑血管痉挛作用机理研究. 中华神经外科杂志. 2006, 22(6): 373-376

[22] 梁爱华译. 传统民间药物的肿瘤化学预防作用 (15): 白胡椒和胡椒碱在体内及体外致癌试验中的抗促癌作用. 国外医药: 中医中药分册. 1998, 20(6): 32-33

[23] 左风. 胡椒子中的胡椒碱能够刺激小鼠黑素细胞的增殖. 国外医学: 中医中药分册. 2001, 23(2): 127

[24] 莫峥嵘, 张岐. 胡椒碱的抗氧化活性及稳定性研究. 海南师范学院学报（自然科学版）. 2006, 19(1): 52-54

[25] HJD Dorman, SG Deans. Antimicrobial agents from plants: antibacterial activity of plant volatile oils. *Journal of Applied Microbiology*. 2000, 88(2): 308-316

[26] 敖平, 李斌, 廖福龙, 胡世林. 胡椒根乙醇提取物药理活性研究. 中医药学报. 1998, 3: 61-62

鸡蛋花 Jidanhua VP

Plumeria rubra L. cv. Acutifolia
Mexican Frangipani

夹竹桃科

概述

夹竹桃科 (Apocynaceae) 植物鸡蛋花 *Plumeria rubra* L. cv. Acutifolia，其干燥花入药。中药名：鸡蛋花。

鸡蛋花属 (*Plumeria*) 植物全世界约有7种，原产于美洲热带地区，现已在亚洲热带、亚热带地区广泛种植。中国仅有1种及1栽培变种，均可供药用。本种分布于中国广东、香港、广西、云南、福建等省区；原产墨西哥，现亚洲热带及亚热带地区均有分布。

"鸡蛋花"药用之名，始载于《植物名实图考》。主产于中国广东、广西、云南、福建、台湾等地。

鸡蛋花主要含环烯醚萜类成分和挥发油，鸡蛋花苷为指标性成分。

药理研究表明，鸡蛋花具有抗菌、抗炎、抗肿瘤、抗突变等作用。

中医理论认为鸡蛋花有清热，解暑，利湿，止咳的功效。

鸡蛋花 *Plumeria rubra* L. cv. Acutifolia

夹竹桃科

鸡蛋花 Jidanhua

鸡蛋花 Plumeria rubra L. cv. Acutifolia

药材鸡蛋花 Flos Plumeriae

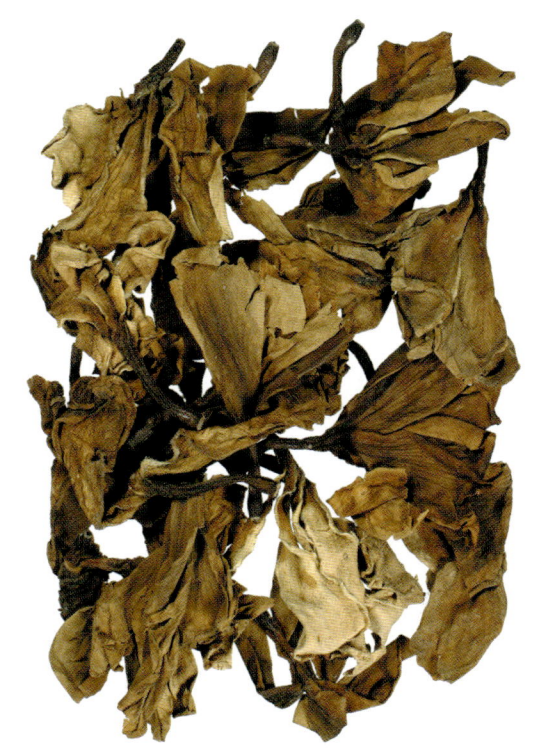

1cm

红鸡蛋花 P. rubra L.

化学成分

鸡蛋花全株均含环烯醚萜苷类成分：鸡蛋花苷 (plumieride)[1]。

鸡蛋花的树皮含环烯醚萜类成分：黄鸡蛋花素 (fulvoplumierin)[2]。

鸡蛋花的根含环烯醚萜类成分：13-O-咖啡酰鸡蛋花苷(13-O-caffeoylplumieride)、13-去氧鸡蛋花苷(13-deoxyplumieride)、β-二氢鸡蛋花新酸葡萄糖酯苷 (β-dihydroplumericinic acid glucosyl ester plumenoside)、1α-鸡蛋花苷(1α-plumieride)、8-异鸡蛋花苷 (8-isoplumieride)、1α-原鸡蛋花素A (1α-protoplumericin A)[3]。

鸡蛋花的叶含L-(+)-白坚皮醇 [L-(+)-bornesitol][4]；三萜类成分：熊果酸 (ursolic acid)、醋酸羽扇豆醇酯 (lupeol acetate)[5]。

鸡蛋花的花含挥发油：β-芳香醇 (β-linalool)、顺式香叶醇 (cis-geraniol)、反式苦橙油醇 (trans-nerolidol)[6]、β-香茅醇 (β-citronellol)[7]。

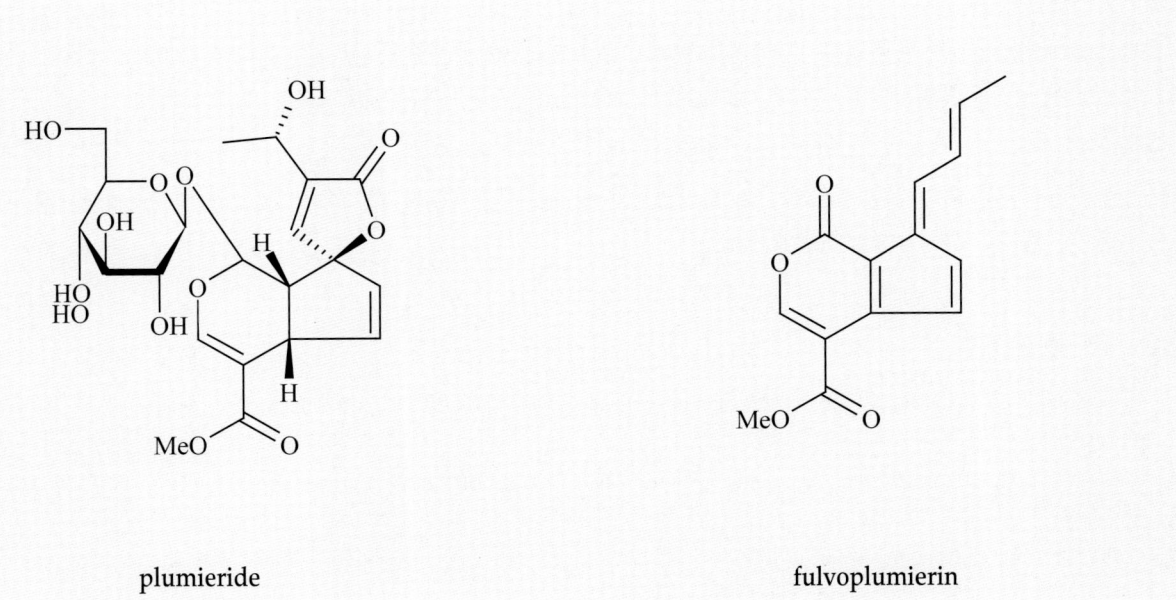

plumieride　　　　　　fulvoplumierin

药理作用

1. **抗菌**
   鸡蛋花根和茎的甲醇提取物体外对溶脂念珠菌等有显著的抗菌活性[8]。黄鸡蛋花素体外可抑制结核分支杆菌的生长[9]。

2. **抗炎**
   鸡蛋花叶甲醇提取物能明显抑制角叉菜胶、葡聚糖、组胺、5-羟色胺所致的大鼠足趾肿胀和棉球引起的大鼠肉芽肿[10]。

3. **抗肿瘤**
   鸡蛋花根甲醇提取物对T淋巴样细胞CEM-SS和结肠癌细胞HT-29有细胞毒活性[8]。

4. **抗突变**
   鸡蛋花叶醇提物能明显减少丝裂霉素C引起的多染性红细胞微核数量[7]。

夹竹桃科

鸡蛋花 Jidanhua

5. **解痉**

   鸡蛋花新鲜叶醇提物对离体兔十二指肠和豚鼠回肠有显著的舒张作用；对大鼠离体子宫有松弛作用，能有效抑制催产素和乙酰胆碱引起的子宫收缩[11]。

6. **对心血管系统的影响**

   鸡蛋花新鲜叶醇提物可明显抑制离体兔心房和心脏的收缩，也能使犬血压急剧下降，其作用与乙酰胆碱类似；还能降低大鼠横膈肌的收缩幅度[11]。

应用

本品为中医临床用药。功能：清热，利湿，解暑，止咳。主治：感冒发热，肺热咳嗽，湿热黄疸，泻泄痢疾，尿道结石，中暑。

现代临床还用于预防中暑及肠炎、细菌性痢疾、消化不良、小儿疳积、传染性肝炎、支气管炎等病的治疗。

评注

鸡蛋花也是中国岭南民间常用草药，用于清热解毒，是"五花茶"的组成药材之一。除花入药之外，鸡蛋花的茎、树皮、根、叶也含有一些活性成分，现代药理研究初步证明其有抗菌、抗肿瘤等药理活性，有关其药理作用及机理尚待进一步深入研究。

鸡蛋花的原种红鸡蛋花 Plumeria rubra L. 又名红花缅栀，具有红色至粉红等多种色调。原产于南美洲，现世界热带及亚热带地区广为栽培，是一种很好的观赏植物。

参考文献

[1] H Wanner, V Zorn-Ahrens. Distribution of plumieride in *Plumeria acutifolia* and *Plumeria bracteata*. Berichte der Schweizerischen Botanischen Gesellschaft. 1972, 81: 27-39

[2] S Rangaswami, EV Rao, M Suryanarayana. Chemical examination of *Plumenia acutifolia*. Indian Journal of Pharmacy. 1961, 23: 122-124

[3] F Abe, RF Chen, T Yamauchi. Studies on the constituents of Plumeria. Part I. Minor iridoids from the roots of *Plumeria acutifolia*. Chemical & Pharmaceutical Bulletin. 1988, 36(8): 2784-2789

[4] S Nishibe, S Hisada, I Inagaki. Cyclitols of *Ochrosia nakaiana*, *Plumeria acutifolia* and *Strophanthus gratus*. Phytochemistry. 1971, 10(10): 2543

[5] AP Guevara, E Amor, G Russell. Antimutagens from *Plumeria acuminata*. Mutation Research. 1996, 361(2-3): 67-72

[6] 黄美燕，周光雄，金钱星，徐珍霞．鸡蛋花挥发油化学成分的研究．安徽中医学院学报．2005, 24(4)：50-51

[7] 林敏明，许寅超，冯飞跃，夏平光，吴忠．鸡蛋花超临界萃取物的 GC-MS 分析．中药材．2001, 24(4)：276-277

[8] MSM Jasril, MM Mackeen, NH Lajis, AA Rahman, AM Ali. Antimicrobial and cytotoxic activities of some malaysian flowering plants. Natural Product Sciences. 1999, 5(4): 172-176

[9] A Grumbach, H Schmid, W Bencze. An antibiotic from *Plumeria acutifolia*. Experientia. 1952, 8: 224-225

[10] M Gupta, UK Mazumder, P Gomathi, VT Selvan. Antiinflammatory evaluation of leaves of *Plumeria acuminata*. BMC Complementary and Alternative Medicine. 2006, 6: 36

[11] S Siddiqi, MI Khan. Pharmacological studies of *Plumeria acutifolia*. Pakistan Journal of Scientific and Industrial Research. 1970, 12(4): 383-386

广藿香 Guanghuoxiang CP, VP

唇形科

Pogostemon cablin (Blanco) Benth.
Cablin Patchouli

概述

唇形科 (Lamiaceae/Labiatae) 植物广藿香 *Pogostemon cablin* (Blanco) Benth.，其干燥地上部分入药。中药名：广藿香。

刺蕊草属 (*Pogostemon*) 植物全世界有 60 余种，主要分布于全球热带至亚热带的亚洲地区，热带非洲仅有 2 种。中国约有 16 种、1 变种，本属现供药用约有 4 种。本种在中国广西、福建、台湾等省区广泛栽培，也分布于印度、斯里兰卡、马来西亚、印度尼西亚、菲律宾。

"藿香"药用之名，始载于《异物志》。历代本草多有著录，《本草图经》和《本草纲目》中记载均指本种。《中国药典》(2005 年版) 收载本种为中药广藿香的法定原植物来源种。主产于中国海南、广东等地，其中广州市郊石牌产的广藿香质量较优。

广藿香主要活性成分为挥发油，尚有黄酮类化合物成分等。《中国药典》采用气相色谱法测定，规定广藿香中百秋李醇（广藿香醇）含量不得少于 0.10%。

药理研究表明，广藿香具有调节胃肠、抗菌、抗疟等作用。

中医理论认为广藿香具有芳香化浊，开胃止呕，发表解暑的功效。

广藿香 *Pogostemon cablin* (Blanco) Benth.

药材广藿香 Herba Pogostemonis

1cm

广藿香 Guanghuoxiang

化学成分

广藿香地上部分的有效成分主要是挥发油，称广藿香油 (patchouli oil)，油中含倍半萜类成分：百秋里醇（广藿香醇，patchouli alcohol）、广藿香酮 (pogostone)、α-、δ-愈创木烯 (α-, δ-guaienes)、α-、β-广藿香烯 (α-, β-patchoulenes)[1]、雅槛蓝油烯 (eremophilene)[2]、环赛车烯 (cycloseychellene)[3]、藿香醇 (patchoulol)、广藿香奥醇 (pagostol)、赛车烯 (seychellene)[4]、10α-氢过氧-愈创-1,11-二烯 (10α-hydroperoxy-guaia-1,11-diene)、1α-氢过氧-愈创-10(15),11-二烯 [1α-hydroperoxy-guaia-10(15),11-diene]、15α-氢过氧-愈创-1(10),11-二烯 [15α-hydroperoxy-guaia-1(10),11-diene][5]。还含有黄酮类成分：5-羟基-3',7,4'-三甲氧基二氢黄酮 (5-hydroxy-3',7,4'-trimethoxyflavanone)、3,5-二羟基-7,4'-二甲氧基黄酮 (3,5-dihydroxy-7,4'-dimethoxyflavone)、3,5,7,3',4-五羟基黄酮 (3,5,7,3',4-pentahydroxyflavone)[6]、甘草查尔酮A (licochalcone A)、商陆黄素 (ombuin)[7]、巴拿马黄檀异黄酮 (retusin)[8]、7,4'-二-O-甲基圣草酚 (7,4'-di-O-methyleriodictyol)、藿香黄酮醇 (pachypodol)、熊竹素 (kumatakenin)[9]。

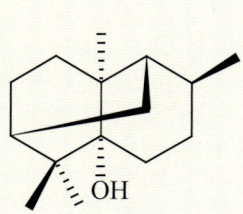

patchouli alcohol

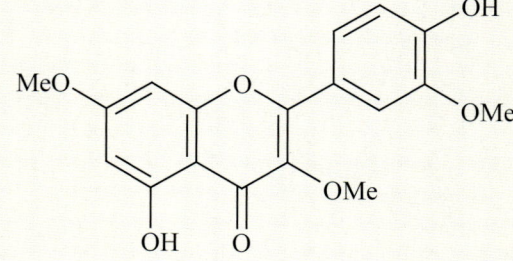

pachypodol

药理作用

1. **调节胃肠**
   广藿香水提物可抑制离体兔肠的自发收缩和乙酰胆碱及氯化钡引起的痉挛性收缩。广藿香水提物灌胃给药能减慢胃排空，抑制正常小鼠和新斯的明引起的小鼠肠推进运动，增加胃酸分泌，促进胰腺分泌淀粉酶，提高血清淀粉酶活力[10]。大鼠吸入广藿香精油能促进消化道运动，增加排便量[11]。广藿香的正己烷提取物及所含的广藿香醇、广藿香奥醇、巴拿马黄檀异黄酮、藿香黄酮醇还具有止吐作用[8]。

2. **抗菌**
   广藿香挥发油体外对新型隐球菌、球毛壳霉菌、短柄帚霉菌、放线杆菌属、梭杆菌属、噬二氧化碳细胞属、埃肯菌族和类杆菌属等均有显著抑制作用[12-14]，对莫拉氏菌、藤黄微球菌、干燥棒杆菌等人体皮肤细菌也有不同程度的抑制作用[15]。广藿香水提取物体外对金黄色葡萄球菌、枯草杆菌、绿脓杆菌等有抗菌作用[16]。

3. **抗肿瘤**
   甘草查尔酮A体外对前髓细胞性白血病细胞HL-60有细胞毒活性[7]。

4. **其他**
   广藿香还具有抗疟[17]、抗诱变[9]、抗锥虫[5]、钙拮抗作用[18]。δ-愈创木烯还有抑制血小板聚集的作用[19]。

应用

本品为中医临床用药。功能：芳香化浊，开胃止呕，发表解暑。主治：湿浊中阻，脘痞呕吐，暑湿倦怠，胸闷不舒，寒湿闭暑，腹痛吐泻，鼻渊头痛等。

现代临床还用于慢性鼻窦炎、上呼吸道感染、手足癣等病的治疗。

评注

传统认为广洲石牌所产广藿香质量为优，近年在广东省已经建立了广藿香 GAP 基地。

广藿香是中成药"藿香正气水"、"藿香正气丸"的主要原料，广藿香油是香水、牙膏等重要香基原料。市场需求量很大。

藿香 Agastache rugosa (Fisch. et Mey.) O. Ktze. 通称"土藿香"，藿香与广藿香是否功效相似，能否同等入药，尚待深入研究。

参考文献

[1] 关玲, 权丽辉, 丛浦珠. 广藿香挥发油化学成分的研究. 天然产物研究与开发. 1992, **4**(2): 34-37

[2] 张强, 李章万, 朱江粤. 广藿香挥发油成分的分析. 华西药学杂志. 1996, **11**(4): 249-250

[3] SJ Terhune, JW Hogg, BM Lawrence. Cycloseychellene, a new tetracyclic sesquiterpene from *Pogostemon cablin*. Tetrahedron Letters. 1973, **47**: 4705-4706

[4] F Deguerry, L Pastore, SQ Wu, A Clark, J Chappell, M Schalk. The diverse sesquiterpene profile of patchouli, *Pogostemon cablin*, is correlated with a limited number of sesquiterpene synthases. Archives of Biochemistry and Biophysics. 2006, **454**(2): 123-136

[5] F Kiuchi, K Matsuo, M Ito, TK Qui, G Honda. New sesquiterpene hydroperoxides with trypanocidal activity from *Pogostemon cablin*. Chemical & Pharmaceutical Bulletin. 2004, **52**(12): 1495-1496

[6] 张广文, 马祥全, 苏镜娱, 曾陇梅, 王发松, 杨得坡. 广藿香中的黄酮类化合物. 中草药. 2001, **32**(10): 871-874

[7] EJ Park, HR Park, JS Lee, JW Kim. Licochalcone A. An inducer of cell differentiation and cytotoxic agent from *Pogostemon cablin*. Planta Medica. 1998, **64**(5): 464-466

[8] Y Yang, K Kinoshita, K Koyama, K Takahashi, T Tai, Y Nunoura, K Watanabe. Anti-emetic principles of *Pogostemon cablin*. Phytomedicine. 1999, **6**(2): 89-93

[9] M Miyazawa, Y Okuno, SI Nakamura, H Kosaka. Antimutagenic activity of flavonoids from *Pogostemon cablin*. Journal of Agricultural and Food Chemistry. 2000, **48**(3): 642-647

[10] 陈小夏, 何冰, 李显奇, 罗集鹏. 广藿香胃肠道药理作用. 中药材. 1998, **21**(9): 462-466

[11] 御厨尚子. 广藿香精油的芳香气味对排便的影响. 国外医学: 中医中药分册. 2005, **27**(4): 243-244

[12] 苏镜娱, 张广文, 李核, 曾陇梅, 杨得坡, 王发松. 广藿香精油化学成分分析与抗菌活性研究 (I). 中草药. 2001, **32**(3): 204-206

[13] 张广文, 蓝文健, 苏镜娱, 曾陇梅, 杨得坡, 王发松. 广藿香精油化学成分分析及其抗菌活性 (II). 中草药. 2002, **33**(3): 210-212

[14] K Osawa, T Matsumoto, T Maruyama, T Takiguchi, K Okuda, I Takazoe. Studies of the antibacterial activity of plant extracts and their constituents against periodontopathic bacteria. The Bulletin of Tokyo Dental College. 1990, **31**(1): 17-21

[15] 杨得坡, JP Chaumont, J Millet. 藿香和广藿香挥发油的抗皮肤细菌活性与化学成分的研究. 微生物学杂志. 1998, **18**(4): 1-4, 16

[16] 罗超坤. 广藿香水提物的抗菌实验研究. 中药材. 2005, **28**(8): 700-701

[17] 刘爱如, 于宗渊, 吕丽莉, 隋在云. 广藿香挥发油对青蒿酯钠抗伯氏疟原虫的增效作用和对抗青蒿酯钠抗伯氏疟原虫的逆转抗性作用. 中国寄生虫学与寄生虫病杂志. 2000, **18**(2): 76-78

[18] K Ichikawa, T Kinoshita, U Sankawa. The screening of Chinese crude drugs for Ca^{2+} antagonist activity: identification of active principles from the aerial part of *Pogostemon cablin* and the fruits of *Prunus mume*. Chemical & Pharmaceutical Bulletin. 1989, **37**(2): 345-348

[19] YC Tsai, HC Hsu, WC Yang, WJ Tsai, CC Chen, T Watanabe. α-Bulnesene, a PAF inhibitor isolated from the essential oil of *Pogostemon cablin*. Fitoterapia. 2007, **78**(1): 7-11

桃金娘科

番石榴 Fanshiliu

Psidium guajava L.
Guava

概述

桃金娘科 (Myrtaceae) 植物番石榴 *Psidium guajava* L.，其干燥嫩叶和干燥未成熟幼果入药。中药名：番石榴叶、番石榴果。

番石榴属 (*Psidium*) 植物全世界约有 150 种，分布于美洲热带地区。中国引种 2 种，其中 1 种逸为野生种。本属现供药用者仅 1 种。本种中国华南地区和四川有栽培，并逸为野生；原产美洲。

番石榴，又名芭乐，始载于清《南越笔记》。原产南美洲，中国的温带及亚热带地区种植已有 200 多年历史。《广东省中药材标准》收载本种为中药番石榴叶和番石榴果的原植物来源种。主产于中国华南各地及四川。

番石榴叶含黄酮类成分；果实含挥发油类成分。

药理研究表明，番石榴叶和果实具有抗菌、抗病毒、降血糖和抗氧化等作用。

民间经验认为番石榴叶具有涩肠止泻，收敛止血的功效；番石榴果具有涩肠止泻的功效。

番石榴 *Psidium guajava* L.（花枝）

番石榴 P. *guajava* L.（果枝）

药材番石榴叶 Folium Psidii Guajavae

1cm

化学成分

番石榴的叶含黄酮类成分：番石榴苷 (guaijaverin)、槲皮素 (quercetin)、桑素－3－O－α－L－吡喃来苏糖苷 (morin－3－O－α－L－lyxopyranoside)、桑素－3－O－α－L－吡喃阿拉伯糖苷 (morin－3－O－α－L－arabopyranoside)[1]、异槲皮素 (isoquercetin)、金丝桃苷 (hyperin)、槲皮苷 (quercitrin)、槲皮素－3－O－龙胆二糖苷 (quercetin－3－O－gentiobioside)[2]、山奈素 (kaempferide)、芦丁 (rutin)[3]；三萜类成分：guajavolide、guavenoic acid、齐墩果酸 (oleanolic acid)[4]、guajavanoic acid、obtusinin、五灵脂酸 I (goreishic acid I)[5]、guavanoic acid、guavacoumaric acid、高加蓝花楹三萜酸 (jacoumaric acid)、isoneriucoumaric acid、

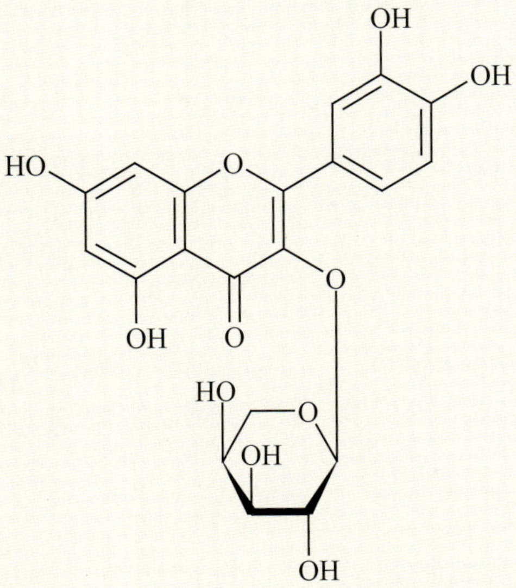

guaijaverin

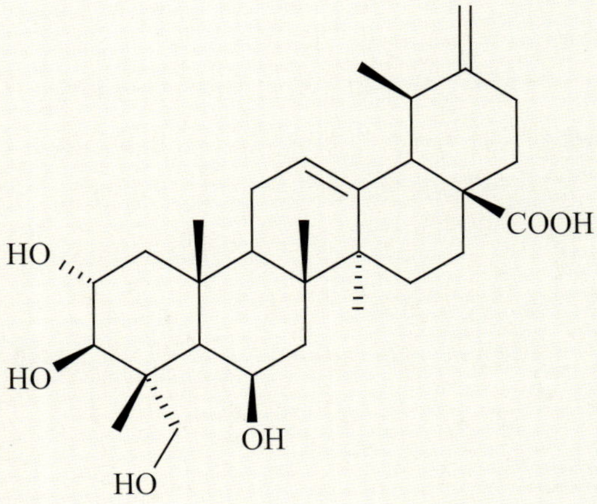

guavenoic acid

ilelatifol D、积雪草酸 (asiatic acid)、2α-羟基熊果酸 (2α-hydroxyursolic acid)[6]、熊果酸 (ursolic acid)、熊果醇 (uvaol)、guajanoic acid[7]；有机酸类成分：绿原酸 (chlorogenic acid)、没食子酸 (gallic acid)、原儿茶酸 (protocatechuic acid)、阿魏酸 (ferulic acid)、咖啡酸 (caffeic acid)[6]；倍半萜类成分：sesquiguavaene[8]；挥发油成分：β-丁香烯 (β-caryophyllene)、柠檬烯 (limonene)[9]、(E)-橙花叔醇 [(E)-nerolidol]、selin-11-en-4α-ol[10]、胡椒烯 (copaene)、桉叶素 (cineole)[11]。

番石榴的果实含挥发油成分：β-丁香烯(β-caryophyllene)、橙花叔醇 (nerolidol)[12]、α-蒎烯 (α-pinene)、香橙烯 (aromadendrene)、柠檬烯 (limonene)、β-没药烯 (β-bisabolene)、α-胡椒烯 (α-copaene)、α-蛇麻烯 (α-humulene)、δ-杜松烯 (δ-cadinene)、芳姜黄烯 (ar-curcumene)、1,8-桉叶素 (1,8-cineole)、γ-衣兰油烯 (γ-muurolene)、去氢白菖烯 (calamenene)、樟脑萜 (camphene)、β-蒎烯 (β-pinene)、桂叶烯 (myrcene)、对-聚伞花素 (p-cymene)、α-萜品醇 (α-terpineol)、顺式-β-罗勒烯 (cis-β-ocimene)[14]。

番石榴的种子含苯乙醇苷类成分：1-O-3,4-dimethoxy-phenylethyl-4-O-3,4-dimethoxy cinnamoyl-6-O-cinnamoyl-β-d-glucopyranose、1-O-3,4-dimethoxyphenylethyl-4-O-3,4-dimethoxy cinnamoyl-β-d-glucopyranose[15]。

番石榴的树皮含鞣质类成分：guajavins A、B、psidinins A、B、C、psiguavin[16]。

药理作用

1. **抗菌、抗病毒**
   番石榴叶水、甲醇、氯仿和醋酸乙酯提取物体外对金黄色葡萄球菌、大肠杆菌、脑膜炎双球菌、白色念球菌、绿脓杆菌有显著的抑菌作用，对枯草杆菌、痢疾杆菌、伤寒杆菌、乙型副伤寒杆菌、变形杆菌、乙型链球菌有抑菌作用[17]；番石榴叶在体外或给小鼠灌胃均能抑制轮状病毒的复制，降低轮状病毒的毒力，削弱其感染能力，其主要有效成分为挥发油、熊果酸和槲皮素[18-19]。

2. **止泻**
   番石榴未成熟果实甲醇提取物对引起腹泻的志贺氏菌和霍乱弧菌的生长有明显抑制作用，还能降低大鼠胃肠能动性，抑制豚鼠回肠中乙酰胆碱的释放[20]。番石榴叶水煎液能促进轮状病毒感染小鼠的小肠对 Na^+ 和糖的吸收，促进小肠分泌 SlgA，对小肠黏膜有保护作用[18]。此外，番石榴叶止泻的机理还与抑制肠道细菌生长和降低十二指肠、空肠、回肠的收缩张力有关[21]。

3. **抗炎**
   腹腔注射番石榴果实提取物可抑制角叉菜胶、白陶土、松节油引起的大鼠足趾和关节肿胀，番石榴果实提取物还可抑制腹腔注射醋酸所致的小鼠腹腔内蛋白质渗出[22]。番石榴叶水提物灌胃能通过免疫调节及抗脂质过氧化作用，对三硝基苯磺酸诱导大鼠结肠炎损伤进行修复，抑制炎症反应发生[23]。

4. **镇痛**
   番石榴叶挥发油腹腔注射能显著抑制醋酸所致小鼠扭体反应，减少甲醛致痛小鼠的舔足次数，咖啡因预处理对番石榴叶精油的镇痛活性有拮抗作用，而纳络酮预处理则无明显拮抗作用，表明其作用与阿片受体无关，而与腺苷有关[24]。

5. **降血糖**
   番石榴叶水提物对链脲霉素诱发的大鼠糖尿病有强降血糖活性，其主要有效成分为分子量在 50 000 和 100 000 之间的糖蛋白；但与胰岛素联合用药并无相加效应，显示其作用是在周边组织而不是作用于胰腺本身[25]。

6. **抗肿瘤**
   番石榴叶挥发油体外对人口腔表皮癌细胞 KB 有显著的抗增殖作用[26]。在体内实验中，番石榴叶还能阻滞小鼠移植性黑色素瘤B16的生长[27]。

7. 止血

番石榴叶水提物能显著增强苯肾上腺素引起的家兔离体主动脉条收缩；体外还可诱导人血小板聚集，增强二磷酸腺苷(ADP)诱导的血小板聚集[28]。

8. 其他

番石榴果实具有抗氧化[29]、抗诱变[30]作用；番石榴茎皮有抗疟原虫的作用[31]；番石榴叶还有镇静和抗惊厥的作用[32]。

应用

番石榴叶和番石榴果为中国岭南民间草药。番石榴叶功能：涩肠止泻，收敛止血；番石榴果功能：涩肠止泻；两者均主治水泻或伤食泄泻不止。番石榴叶外治外伤出血，跌打扭伤。

现代临床还用于急慢性肠炎、痢疾、小儿消化不良，外用于跌打扭伤、外伤出血、痈疮久不愈合等病的治疗。

评注

番石榴原产于美洲热带，在众多热带国家如刚果、巴西、厄瓜多尔等均作药用。番石榴具有多种药理活性。除药用价值外，番石榴叶可提取芳香油，叶和皮可作染料或制革鞣料，是重要的化学工业原料；番石榴果实营养丰富，可作天然维生素C原料，还可加工为各种保健品和食品添加剂等，具有广阔的开发前景。

参考文献

[1] H Arima, GI Danno. Isolation of antimicrobial compounds from guava (*Psidium guajava* L.) and their structural elucidation. *Bioscience, Biotechnology, and Biochemistry*. 2002, 66(8): 1727-1730

[2] X Lozoya, M Meckes, M Abou-Zaid, J Tortoriello, C Nozzolillo, JT Arnason. Quercetin glycosides in *Psidium guajava* L. leaves and determination of a spasmolytic principle. *Archives of Medical Research*. 1994, 25(1): 11-15

[3] 张添，梁清蓉，钱和，袁炜，姚卫蓉．番石榴叶丙酮提取物中酚类物质的提取与鉴定．食品与生物技术学报．2006, 25(3): 104-108

[4] S Begum, SI Hassan, BS Siddiqui. Two new triterpenoids from the fresh leaves of *Psidium guajava*. *Planta Medica*. 2002, 68(12): 1149-1152

[5] S Begum, BS Siddiqui, SI Hassan. Triterpenoids from *Psidium guajava* leaves. *Natural Product Letters*. 2002, 16(3): 173-177

[6] S Begum, SI Hassan, BS Siddiqui, F Shaheen, GM Nabeel, AH Gilani. Triterpenoids from the leaves of *Psidium guajava*. *Phytochemistry*. 2002, 61(4): 399-403

[7] S Begum, SI Hassan, SN Ali, N Syed, BS Siddiqui. Chemical constituents from the leaves of *Psidium guajava*. *Natural Product Research*. 2004, 18(2): 135-140

[8] A Bhati. Terpene chemistry. Preliminary study of the new sesquiterpene isolated from the leaves of guava, *Psidium guajava*. *Perfumery and Essential Oil Record*. 1967, 58(10): 707-709

[9] IA Ogunwande, NO Olawore, KA Adeleke, O Ekundayo, WA Koenig. Chemical composition of the leaf volatile oil of *Psidium guajava* L. growing in Nigeria. *Flavour and Fragrance Journal*. 2003, 18(2): 136-138

[10] JA Pino, J Aguero, R Marbot, V Fuentes. Leaf oil of *Psidium guajava* L. from Cuba. *Journal of Essential Oil Research*. 2001, 13(1): 61-62

[11] 李吉来，陈飞龙，罗佳波．番石榴叶挥发油成分的GC-MS分析．中药材．1999, 22(2): 78-80

[12] JC Paniandy, J Chane-Ming, JC Pieribattesti. Chemical composition of the essential oil and headspace solid-phase microextraction of the guava fruit (*Psidium guajava* L.). *Journal of Essential Oil Research*. 2000, 12(2): 153-158

[13] O Ekundayo, F Ajani, T Seppanen-Laakso, I Laakso. Volatile constituents of *Psidium guajava* L. (guava) fruits. *Flavour and Fragrance Journal*. 1991, 6(3): 233-236

[14] L Oliveros-Belardo, RM Smith, JM Robinson, V Albano. A chemical study of the essential oil from the fruit peeling of *Psidium guajava* L. *Philippine Journal of Science*. 1986, **115**(1): 1-21

[15] JY Salib, HN Michael. Cytotoxic phenylethanol glycosides from *Psidium guaijava* seeds. *Phytochemistry*. 2004, **65**(14): 2091-2093

[16] T Tanaka, N Ishida, M Ishimatsu, G Nonaka, I Nishioka. Tannins and related compounds. CXVI. Six new complex tannins, guajavins, psidinins and psiguavin from the bark of *Psidium guajava* L. *Chemical & Pharmaceutical Bulletin*. 1992, **40**(8): 2092-2098

[17] 蔡玲斐，徐迎．番石榴叶提取物对常见细菌的体外抗菌作用．医药导报．2005，**24**(12)：1095-1097

[18] 陈国宝，陈宝田，王沈歌，张文举．番石榴叶体内抗轮状病毒的实验研究．新中医．2003，**35**(12)：65-67

[19] 陈国宝，陈宝田．番石榴叶提取物体外抗轮状病毒的实验研究．中国医药学报．2002，**17**(8)：502-504

[20] TK Ghosh, T Sen, A Das, AS Dutta, AK Nag Chaudhuri. Antidiarrhoeal activity of the methanolic fraction of the extract of unripe fruits of *Psidiun guajava* Linn. *Phytotherapy Research*. 1993, **7**(6): 431-433

[21] 程天印，朱深海，韦显凯，陈杰．番石榴叶止泻机制的初步研究．畜牧与兽医．2005，**37**(2)：13-15

[22] TS Hussam, SH Nasralla, AKN Chaudhuri. Studies on the antiinflammatory and related pharmacological activities of *Psidium guajava*: a preliminary report. *Phytotherapy Research*. 1995, **9**(2): 118-122

[23] 廖泽云，李玉山，姜锦林．番石榴叶提取物对三硝基苯磺酸诱导大鼠结肠炎结肠组织的保护作用．世界华人消化杂志．2007，**15**(1)：69-71

[24] FA Santos, VSN Rao, ER Silveira. Investigations on the antinociceptive effect of *Psidium guajava* leaf essential oil and its major constituents. *Phytotherapy Research*. 1998, **12**(1): 24-27

[25] P Basnet, S Kadota, RR Pandey, T Takahashi, Y Kojima, M Shimizu, Y Takata, M Kobayashi, T Namba. Screening of traditional medicines for their hypoglycemic activity in streptozotocin (STZ)-induced diabetic rats and a detailed study on *Psidium guajava*. *Wakan Iyakugaku Zasshi*. 1995, **12**(2): 109-117

[26] J Manosroi, P Dhumtanom, A Manosroi. Anti-proliferative activity of essential oil extracted from Thai medicinal plants on KB and P388 cell lines. *Cancer letters*. 2006, **235**(1): 114-120

[27] N Seo, T Ito, NL Wang, XS Yao, Y Tokura, F Furukawa, M Takigawa, S Kitanaka. Anti-allergic Psidium guajava extracts exert an antitumor effect by inhibition of T regulatory cells and resultant augmentation of Th1 cells. *Anticancer Research*. 2005, **25**(6A): 3763-3770

[28] P Jaiarj, Y Wongkrajang, S Thongpraditchote, P Peungvicha, N Bunyapraphatsara, N Opartkiattikul. Guava leaf extract and topical haemostasis. *Phytotherapy Research*. 2000, **14**(5): 388-391

[29] A Jimenez-Escrig, M Rincon, R Pulido, F Saura-Calixto. Guava fruit (*Psidium guajava* L.) as a new source of antioxidant dietary fiber. *Journal of Agricultural and Food Chemistry*. 2001, **49**(11): 5489-5493

[30] IS Grover, S Bala. Studies on antimutagenic effects of guava (*Psidium guajava*) in *Salmonella typhimurium*. *Mutation Research*. 1993, **300**(1): 1-3

[31] N Nundkumar, JAO Ojewole. Studies on the antiplasmodial properties of some South African medicinal plants used as antimalarial remedies in Zulu folk medicine. *Methods and Findings in Experimental and Clinical Pharmacology*. 2002, **24**(7): 397-401

[32] HM Shaheen, BH Ali, AA Alqarawi, AK Bashir. Effect of *Psidium guajava* leaves on some aspects of the central nervous system in mice. *Phytotherapy Research*. 2000, **14**(2): 107-111

使君子 Shijunzi CP, KHP

Quisqualis indica L.
Rangooncreeper

使君子科

概述

使君子科 (Combretaceae) 植物使君子 *Quisqualis indica* L., 其干燥成熟果实入药。中药名：使君子。

使君子属 (*Quisqualis*) 植物全世界约有 17 种，分布于亚洲南部及非洲热带地区。中国有 2 种，仅本种供药用。本种分布于中国西南及江西、福建、湖南、广东、香港、广西、台湾等省区；印度、缅甸至菲律宾也有分布。

"使君子"药用之名，始载于《开宝本草》。历代本草多有著录，古今药用品种一致。《中国药典》(2005 年版) 收载本种为中药使君子的法定原植物来源种。主产于中国福建、江西、湖南、广东、广西、四川、云南、贵州、台湾等省区。

使君子主要含氨基酸类和脂肪酸类成分等，其中使君子氨酸和使君子氨酸钾是驱虫活性成分。《中国药典》以性状鉴别等方面来控制药材质量。

药理研究表明，使君子具有驱虫、抗皮肤真菌等作用。

中医理论认为使君子有杀虫消积，健脾的功效。

使君子 *Quisqualis indica* L.

使君子 Shijunzi

药材使君子 Fructus Quisqualis

1cm

化学成分

使君子的种子含有氨基酸及其盐类成分：使君子氨酸 (quisqualic acid)、使君子氨酸钾 (potassium quisqualate)[1]、精氨酸 (arginine)、γ-氨酪酸 (γ-aminobutyric acid)[2]；脂肪酸类成分：肉豆蔻酸 (myristic acid)、棕榈酸 (palmitic acid)[3]；三萜类成分：白桦脂酸 (betulinic acid)；固醇类成分：赪酮甾醇 (clerosterol)、{3-O-[6'-O-(8Z-十八碳烯酰基)-β-D-吡喃葡萄糖基赪酮甾醇 {3-O-[6'-O-(8Z-octadecenoyl)-β-D-glucopyranosyl]-clerosterol}[4]。

使君子的果肉中含脂肪酸类成分：亚麻油酸 (linoleic acid)、棕榈酸 (palmitic acid)、油酸 (oleic acid)、硬脂酸 (stearic acid)、花生酸 (arachidic acid)[5]；可水解鞣质类成分：quisqualins A、B V、赤芍素 (pedunculagin)[6]；吡啶生物碱类成分：葫芦巴碱 (trigonelline)[7]等。

使君子的花和叶中还含有黄酮类成分：花葵素-3-葡萄糖苷 (pelargonidin-3-glucoside)、芦丁 (rutin)[8]等。

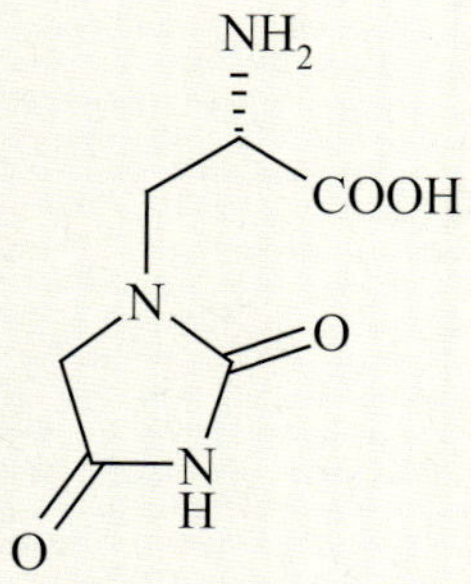

quisqualic acid

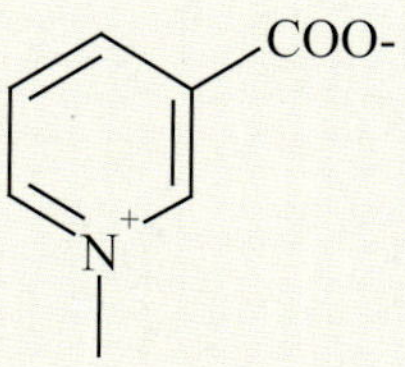

trigonelline

药理作用

1. **驱虫**
   使君子仁给人嚼服有较好的驱蛔虫作用[9]，有效成分为使君子氨酸钾[10]和使君子氨酸[11]，其中使君子氨酸钾与山道年的驱虫活性相当[10]。使君子乙醇提取物体外对细粒棘球绦虫原头节也有一定的杀伤作用[12]。

2. **抗微生物**
   使君子水浸剂体外对堇色毛癣菌、同心性毛癣菌、许兰黄癣菌、奥杜盎小芽孢癣菌、铁锈色小芽孢癣菌、羊毛状小芽孢癣菌、腹股沟表皮癣菌、星形奴卡菌等皮肤真菌，有不同程度的抑制作用。使君子叶乙醇、石油醚及水提物均具有抗微生物活性[13]。

3. **对中枢神经的影响**
   避暗法和跳台法试验结果表明，使君子氨酸给小鼠侧脑室注射能损害小鼠的学习记忆；使君子氨酸侧脑室注射还能明显增加光电管法试验中小鼠的自发活动次数。使君子氨酸给麻醉大鼠侧脑室注射，能使大鼠动脉血压升高后恢复正常[14]。使君子氨酸作为一种兴奋性氨基酸，对中枢神经还有致惊厥和神经毒等作用[15]。

4. **其他**
   使君子石油醚提取物体外对人脑肿瘤细胞 U251 有细胞毒作用[13]。

应用

本品为中医临床用药。功能：杀虫消积，健脾。主治：虫积腹痛，小儿疳积，乳食停滞，腹胀，泻痢。

现代临床还用于驱蛔虫、绦虫、蛲虫；也用于各类皮肤真菌感染、阴道毛滴虫等病的治疗[16]。

评注

使君子除干燥成熟果实入药外，叶及根也作药用。功能：理气健脾，杀虫解毒，降逆止咳。主治脘腹胀满，小儿疳积，虫积，疮疖溃疡等。与果实功效类似。

使君子是古今中外著名的驱虫药，用以治疗小儿病患至少已有 1600 多年历史[17]。使君子氨酸和使君子氨酸钾是其中的主要有效成分。20 世纪 70 年代以来，使君子氨酸 (QA) 作为一种兴奋性氨基酸，谷氨酸的一种受体，对中枢神经系统的作用引起了药理及神经学工作者的极大兴趣。

使君子仁脂肪油含量丰富，脂肪酸的主要组成为油酸、亚油酸和棕榈酸，脂肪酸中以不饱和脂肪酸为主[18]，而饱和脂肪酸以棕榈酸为主。使君子仁脂肪油属优质植物油，是可以进一步研究开发利用的药用植物资源。

参考文献

[1] 张人伟，官碧琴. 使君子化学成分的研究. 中草药. 1981, **12**(7): 40

[2] T Takemoto, N Takagi, T Nakajima, K Koike. Constituents of Quisqualis fructus. I. Amino acids. *Yakugaku Zasshi*. 1975, **95**(2): 176-179

[3] 王立军，陈振德. 超临界流体 CO_2 萃取使君子仁脂肪油化学成分的研究. 中国药房. 2004, **15**(4): 212-213

[4] HC Kwon, YD Min, KR Kim, EJ Bang, CS Lee, KR Lee. A new acylglycosyl sterol from Quisqualis fructus. *Archives of Pharmacal Research*. 2003, **26**(4): 275-278

[5] CF Hsu, PH King. Chemical study of the seed of *Quisqualis indica* (shiu-chun-tzu). I. Composition of the crude oil. *Journal of Chinese Pharmacology Association*. 1940, **2**: 132-156

使君子 Shijunzi

[6] TC Lin, YT Ma, J Wu, FL Hsu. Tannins and related compounds from *Quisqualis indica*. *Journal of the Chinese Chemical Society*. 1997, **44**(2): 151-155

[7] 姜舜尧，田颂九．用高效离子交换色谱法分析使君子药材中葫芦巴碱成分．中国中药杂志．2004，**29**(2)：135-137，187

[8] GA Nair, CP Joshua, AG Nair. Flavonoids of the leaves and flowers of *Quisqualis indica* Linn. *Indian Journal of Chemistry*. 1979, **18B**(3): 291-292

[9] 胡建中，蒋茂芳．使君子与榧子驱治肠蛔虫的疗效观察．中国病原生物学杂志．2006，**1**(4)：268

[10] 段玉清，李正化，陈思义．使君子酸钾对人体蛔虫驱除效力的初步报告．药学学报．1957，**5**(2)：87-91

[11] PC Pan, SD Fang, CC Tsai. The chemical constituents of Shihchuntze, *Quisqualis indica* L. II. Structure of quisqualic acid. *Scientia Sinica*. 1976, **19**(5): 691-701

[12] 康金凤，薛弘燮，杨文光，马新民，姚志道，邹培范．十种中草药体外抗细粒棘球绦虫原头节的实验研究．地方病通报．1994，**9**(3)：22-24

[13] SH Tadros, HH Eid, CG Michel, AA Sleem. Phytochemical and biological study of *Quisqualis indica* L. grown in Egypt. *Egyptian Journal of Biomedical Sciences*. 2004, **15**: 414-434

[14] 孙成春，张士善．脑内注射谷氨酸、使君子氨酸和卡因酸对中枢作用的比较．中国药理学报．1991，**12**(3)：239-241

[15] 张丽慧，张士善．使君子氨酸及其受体的研究进展．中国药理学通报．1994，**10**(1)：16-18

[16] 孙宏伟，陈殿学，李晓燕．复方蛇床子使君子对阴道毛滴虫体外作用的研究．中国药学刊．2002，**20**(3)：367

[17] 周肇基．也花也药使君子．植物杂志．2000，**2**：28

[18] 肖啸，夏春香，严达伟，邱明华，李忠荣．云南使君子仁油化学成分的GC-MS分析．天然产物研究与开发．2006，**18**：72-74

使君子种植地

溪黄草 Xihuangcao

唇形科

Rabdosia serra (Maxim.) Hara
Linearstripe Isodon

概述

唇形科 (Lamiaceae) 植物溪黄草 *Rabdosia serra* (Maxim.) Hara，其干燥全草入药。中药名：溪黄草。

香茶菜属 (*Rabdosia*) 植物全世界约有 150 种，原产于非洲南部，分布至亚洲热带及亚热带地区。中国有 90 种、21 变种。现供药用者约有 24 种。溪黄草于中国西南各省种数较多。本种分布于中国东北、西南、华东及华北、西北的部分省区。

溪黄草为民间草药[1]，主产于中国吉林、辽宁、山西、河南、陕西、甘肃、四川、贵州等地。

溪黄草中主要含二萜类化合物。

药理研究表明，溪黄草具有抗肿瘤、抗炎、保肝、抑制免疫、抗菌等作用。

民间经验认为溪黄草具有清热解毒，利湿退黄，散瘀消肿的功效。

溪黄草 *Rabdosia serra* (Maxim.) Hara

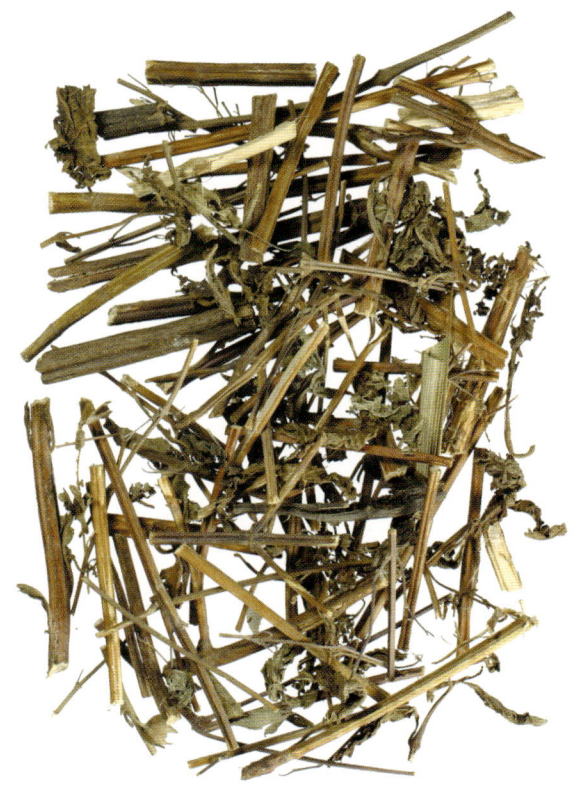

药材溪黄草 Herba Rabdosiae Serrae

1cm

溪黄草 Xihuangcao

化学成分

溪黄草的叶和茎中含抗肿瘤的二萜类成分：溪黄草素A、B、D (rabdoserrins A-B, D)[2]、尾叶香茶菜素A (excisanin A)、kamebakaurin[3]、16-hydroxyhorminone、16-acetoxyhorminone、16-acetoxy-7-O-acetylhorminone[4]、horminone、ferruginol[5]、16-acetoxy-7α-ethoxyroyleanone[6]、艾西多卡平 (isodocarpin)、诺多辛尼辛 (nodosin)、lasiodin、冬凌草甲素 (oridonin)[7]、溪黄醇 (lasiokaurinol)、溪黄宁 (lasiokaurinin)[8]、延命草素 (enmein)[9]；三萜类成分：2α-羟基熊果酸 (2α-hydroxyl-ursolic acid)[10]；固醇类成分：豆甾醇 (stigmasterol)、24-methylcholesterol、3-sitosterol[11]；挥发油成分：枞油烯 (iso-sylvestrene)、1,8-桉叶素 (1,8-cineole)、萜品烯 (α-terpinene)、孜然芹醛 (cumin aldehyde)、α-葎草烯 (α-humulene)、金合欢醇 (2E,6E-farnesol)[12]等。

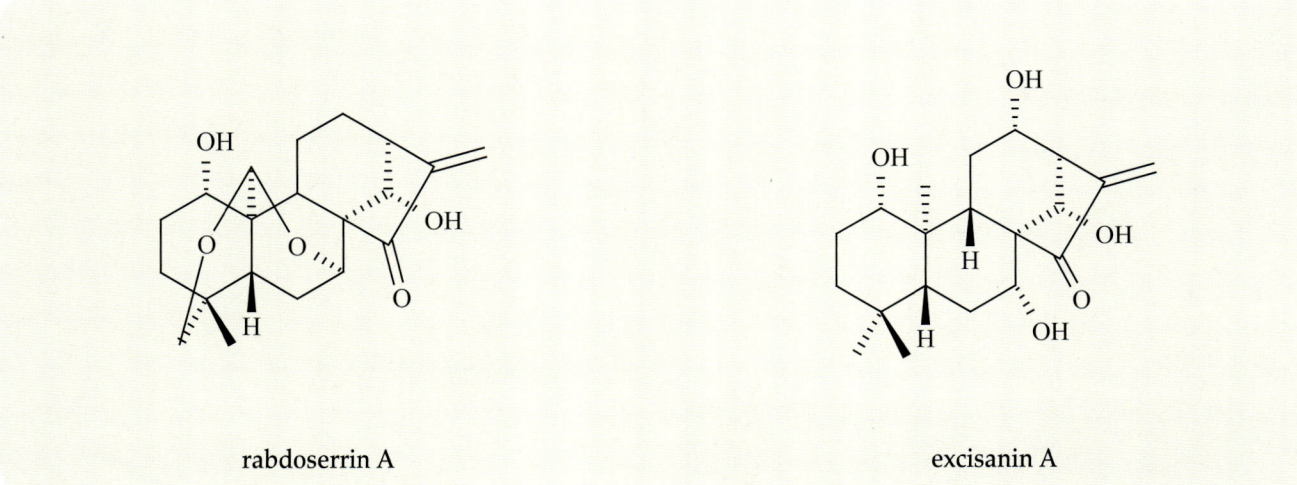

rabdoserrin A　　　　　　　　　excisanin A

药理作用

1. **抗肿瘤**

   溪黄草有效成分溪黄草素A、B、D、尾叶香茶菜素A和kamebakaurin，具有抗肿瘤活性，对人宫颈癌HeLa细胞有显著的抑制作用和细胞毒性[2-3]。溪黄草注射液对小鼠腹腔注射，能明显抑制小鼠移植肝癌H22细胞[13]。

2. **抗炎**

   溪黄草的水提物灌胃能抑制二甲苯致小鼠耳郭肿胀，也能对抗醋酸所致小鼠腹腔毛细血管通透性增加，表明有抗炎作用[14]。

3. **保肝**

   溪黄草水提液灌胃对CCl_4所致小鼠急性肝损伤模型引起的血清谷丙转氨酶 (sGPT) 升高有明显的降低作用[14]。灌胃溪黄草茶浸膏对CCl_4所致小鼠急性肝损伤和α-萘异硫氰酸酯 (ANIT) 造成的大鼠黄疸具有抑制作用，能明显减轻肝细胞的肿胀、脂变、坏死、炎性浸润等症状，具有一定的降酶利胆和保肝护肝作用[15]。

4. **抑制免疫**

   研究溪黄草的二萜类提取物对小鼠不正常淋巴细胞增殖的影响，发现二萜类化合物能有效抑制T淋巴细胞的过度产生[16]。而其中延命草素的抑制活性最强[9]。

5. **抗菌**

   诺多辛尼辛、lasiodin和冬凌草甲素等二萜化合物体外对金黄色葡萄球菌有明显的抑制作用[17]。

应用

本品为中医临床用药。功能：清热解毒，利湿退黄，散瘀消肿。主治：湿热黄疸，胆囊炎，泄泻，痢疾，疮肿，跌打伤痛。

现代临床用于乙型肝炎[17]、急性黄疸性肝炎、急性胆囊炎等病的治疗。

评注

除溪黄草外，还有多种同属植物均作溪黄草药用，如有线纹香茶菜 *Rabdosia lophanthoides* (Buch. - Ham. ex D. Don) Hara 和内折香茶菜 *R. inflexus* (Thunb.) Kudo 等[18]。

溪黄草不仅是保肝良药，而且是很好的保健凉茶。其清热解毒祛湿的效果比一般凉茶好，具有开发应用价值。

参考文献

[1] 肖树雄，张幼扬，马丽莎．溪黄草的质量标准研究．中国中药杂志．2000，**25**(2)：77-79

[2] 居学海，翟宇峰，翟锦库，于文涛．溪黄草中三种活性组分的电子结构与抗癌活性．郑州大学学报（自然科学版）．1997，**29**(3)：80-86

[3] 金人玲，程培元，徐光漪．溪黄草甲素的结构研究．药学学报．1985，**20**(5)：366-371

[4] X Chen, RN Liao, QL Xie. Abietane diterpenes from *Rabdosia serra* (maxim) hara. *Journal of Chemical Research.* 2001, **4**: 148-149

[5] 陈晓，廖仁安，谢庆兰，邓锋杰．溪黄草化学成分的研究．中草药．2000，**31**(3)：171-172

[6] X Chen, FJ Deng, A Ren, QL Xie, XH Xu. Abietane quinones from *Rabdosia serra*. *Chinese Chemical Letters.* 2000, **11**(3): 229-230

[7] 李广义，宋万志，季庆义．溪黄草二萜成分的研究．中药通报．1984，**9**(5)：29-30

[8] E Fujita, M Taoka, T Fujita. Terpenoids. XXVI. Structures of lasiokaurinol and lasiokaurinin, two novel diterpenoids of *Isodon lasiocarpus*. *Chemical & Pharmaceutical Bulletin.* 1974, **22**(2): 280-285

[9] Y Zhang, JW Liu, W Jia, AH Zhao, T Li. Distinct immunosuppressive effect by *Isodon serra* extracts. *International Immunopharmacology.* 2005, **5**(13-14): 1957-1965

[10] 吴剑峰，刘斌，祝晨蒨，赖小平．不同采收期溪黄草中 2α-羟基熊果酸含量的动态研究．中草药．2004，**35**(1)：81-83

[11] 孟艳辉，邓芹英，许国．溪黄草的化学成分研究（II）．天然产物研究与开发．2000，**12**(3)：27-29

[12] 黄浩，侯洁，何纯莲，邹国林．溪黄草挥发油化学成分分析．药物分析杂志．2006，**26**(12)：1888-1890

[13] 张万峰．中药溪黄草对小鼠肝癌 H22 荷瘤抑制作用的实验研究．中医药学报．2000，**28**(6)：58

[14] 廖雪珍，廖惠芳，叶木荣，黄桂英，周莉玲，赖小平．线纹香茶菜、狭基线纹香茶菜、溪黄草水提物抗炎、保肝作用初步研究．中药材．1996，**19**(7)：363-365

[15] 韩坚，钟志勇，林煌权，韩强，吴清和．溪黄草茶浸膏对化学性肝损伤的保护作用．中药新药与临床药理．2005，**16**(6)：414-417

[16] AH Zhao, Y Zhang, ZH Xu, JW Liu, W Jia. Immunosuppressive ent-kaurene diterpenoids from *Isodon serra*. *Helvetica Chimica Acta.* 2004, **87**(12): 3160-3166

[17] 吴剑峰．溪黄草的研究综述．时珍国医国药．2003，**14**(8)：498-500

[18] 肖树雄，杨启存，吕红．溪黄草的来源及与混淆品的鉴别．中药材．1993，**16**(6)：24-26

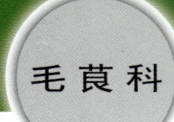

毛茛 Maogen

Ranunculus japonicus Thunb.
Japanese Buttercup

概 述

毛茛科 (Ranunculaceae) 植物毛茛 *Ranunculus japonicus* Thunb.，其带根的全草（新鲜或干燥）入药。中药名：毛茛。

毛茛属 (*Ranunculus*) 植物全世界约有 400 种，广布于温带和寒温带地区，多数分布于亚洲和欧洲。中国约有 78 种、9 变种，本属现供药用者约有 9 种。本种分布于中国各省区（西藏除外）；朝鲜半岛、日本、俄罗斯远东地区也有分布。

"毛茛"药用之名，始载于《本草拾遗》。历代本草多有著录，古今药用品种一致。除西藏外中国各地均产。

毛茛主要活性成分为原白头翁素及其二聚物白头翁素，还有香豆素类、黄酮类成分等。

药理研究表明，毛茛具有舒张平滑肌、抗病原体和抗肿瘤等作用。

中医理论认为毛茛具有退黄，定喘，截疟，镇痛和治翳等功效。

毛茛 *Ranunculus japonicus* Thunb.

化学成分

毛茛全草含原白头翁素 (protoanemonin) 及其二聚物白头翁素 (anemonin)，原白头翁素在干燥过程中易发生分子重合生成无刺激作用的结晶性白头翁素[1]；另含香豆素类成分：滨蒿内酯 (scoparone)、东莨菪内酯 (scopoletin)；黄酮类成分：小麦黄素 (tricin)、木犀草素 (luteolin)、5-羟基-6,7-二甲氧基黄酮 (5-hydroxy-6,7-dimethoxyflavone)、5-羟基-7,8-二甲氧基黄酮 (5-hydroxy-7,8-dimethoxyflavone)；此外，还含有原儿茶酸 (protocatechuic acid)、小毛茛内酯 (ternatolide)[2]。

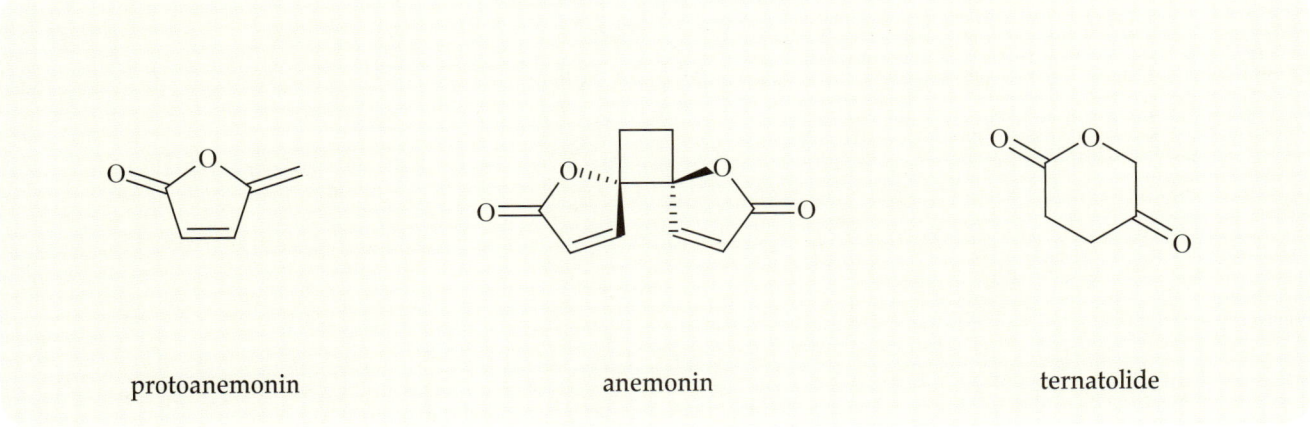

药理作用

1. **镇痛**
   毛茛提取物肠外给药能抑制醋酸引起的小鼠扭体反应，提高热板法试验中小鼠的痛阈值[3]。

2. **抗炎**
   毛茛提取物肠外给药能抑制角叉菜胶所致的大鼠足趾肿胀和二甲苯所致的小鼠耳郭肿胀，还能抑制醋酸引起的小鼠毛细血管通透性增加以及大鼠肉芽肿[3]。

3. **舒张平滑肌**
   毛茛提取液能抑制缩宫素所致的离体子宫平滑肌兴奋作用，可降低收缩幅度，减慢收缩频率；普萘洛尔 (propranolol) 不能完全阻断这种松弛作用，表明此作用与 β_2 受体无明显关系[4]。毛茛醇提物还能对抗支气管、回肠、子宫平滑肌、膀胱逼尿肌和血管平滑肌的收缩作用，毛茛醇提液含药血清对去甲肾上腺素 (NE) 诱发的家兔主动脉平滑肌细胞内游离钙浓度的升高有降低作用[5]。

4. **其他**
   原白头翁素和白头翁素体外有显著的抗菌、抗病毒、灭活白喉毒素以及对正常细胞和肿瘤细胞的致细胞病变作用[6]。

应用

本品为中医临床用药。功能：退黄，定喘，截疟，镇痛，治翳。主治：黄疸，哮喘，疟疾，偏头痛，牙痛，鹤膝风，风湿关节痛，目生翳膜，痈疮肿毒等。

现代临床还用于肱骨外上髁炎、传染性肝炎、胃痛、喘息型慢性气管炎、慢性血吸虫病、肺癌、肝癌等病的治疗。

毛茛 Maogen

评注

毛茛有抗炎、镇痛及抗肿瘤活性，但由于其活性成分原白头翁素有较强的毒性，故一般外用，不作内服。由于原白头翁素对蟋蟀、蚱蜢、黏虫和毛虫有杀灭作用，还可抑制水稻弯孢霉菌、水稻白叶枯病菌和小麦赤霉病菌的菌丝扩展，可作为天然农药，加以开发利用[7-8]。

参考文献

[1] 周滢，胡世玺，胡世卿，梁光义．毛茛中白头翁素的制备工艺研究．中药材．2004，27(10)：762-764

[2] 郑威，周长新，张水利，翁林佳，赵昱．毛茛化学成分的研究．中国中药杂志．2006，31(11)：892-894

[3] BJ Cao, QY Meng, N Ji. Analgesic and anti-inflammatory effects of *Ranunculus japonicus* extract. *Planta Medica*. 1992, 58(6): 496-498

[4] 蔡飒，谭毓治，李淑芳，李校坤．毛茛提取液对离体子宫平滑肌作用及其机制的研究．广东药学院学报．2004，20(1)：37-39

[5] 蔡飒，李校坤．用血清药理学方法观察毛茛提取液对家兔主动脉平滑肌细胞内钙的影响．中药材．2004，27(10)：741-744

[6] A Toshkov, V Ivanov, V Sobeva, T Gancheva, S Rangelova, V Toneva. Antibacterial, antiviral, antitoxic, and cytopathogenic properties of protoanemonin and anemonin. *Antibiotiki*. 1961, 6: 918-924

[7] 温普红，李宗孝，赵立芳，张新利．秦岭山脉杀虫植物的研究．宝鸡文理学院学报（自然科学版）．2001，21(2)：115-117

[8] 吴恭谦，张超，伍越环．三种毛茛科植物提取物及原白头翁素的活性研究．安徽农学院学报．1989，16(1)：21-31

小毛茛 Xiaomaogen CP

毛茛科

Ranunculus ternatus Thunb.
Catclaw Buttercup

概述

毛茛科 (Ranunculaceae) 植物小毛茛 *Ranunculus ternatus* Thunb.，其干燥块根入药。中药名：猫爪草。

毛茛属 (*Ranunculus*) 植物全世界约有 400 种，广布于温带和寒带地区，多数分布于亚洲、欧洲。中国约有 78 种、9 变种，本属现供药用者约有 9 种。本种分布于中国广西、江苏、浙江、江西、湖南、安徽、湖北、河南、台湾等省区；日本也有分布。

小毛茛在中国中原地区习称猫爪草。民间用于治疗淋巴腺结核，用药历史较长。《中国药典》（2005 年版）收载本种为中药猫爪草的法定原植物来源种。主产于中国河南信阳及驻马店地区。

小毛茛主要活性成分为内酯类化合物。《中国药典》采用性状、组织特征鉴别，以控制药材质量。

药理研究表明，小毛茛具有抗结核杆菌和抗肿瘤等作用。

中医理论认为猫爪草具有清热解毒，消肿散结等功效。

小毛茛 *Ranunculus ternatus* Thunb.

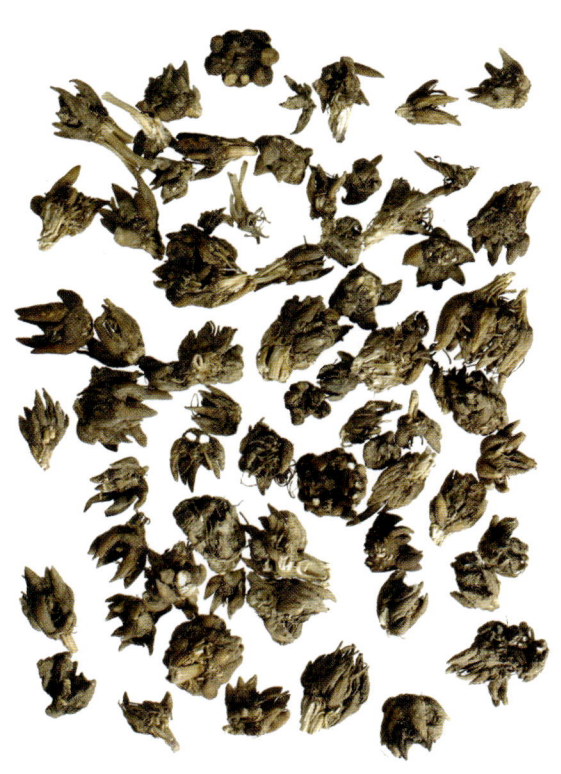

药材猫爪草 Radix Ranunculi Ternunculi

1cm

小毛茛 Xiaomaogen

化学成分

小毛茛的块根主要含内酯类成分：γ-酮-δ-戊内酯（即小毛茛内酯γ-keto-δ-valerolactone）[1]、猫爪草甲素 (ternatolide A)[2]；糖苷类成分：ternatoside A、ternatoside B[3]、4-O-D-glucopyranosyl-p-coumaric acid、linocaffein[4]；黄酮类成分：7-O-甲基圣草酚 (sternbin)[4]；植物固醇类成分：维太菊苷 (vittadinoside)[5]、菜油甾醇 (campesterol)[6]；此外，还含有尿苷 (uridine)、3,4-二羟基苯醛 (3,4-dihydroxybenzaldehyde)[1]、5-羟甲基糠醛 (5-hydroxymethyl furaldehyde)、5-羟甲基糠酸 (5-hydroxymethyl furoic acid)[5]、尼泊金甲酯 (methylparaben)[3]等。

全草中含有原白头翁素 (protoanemonin)。

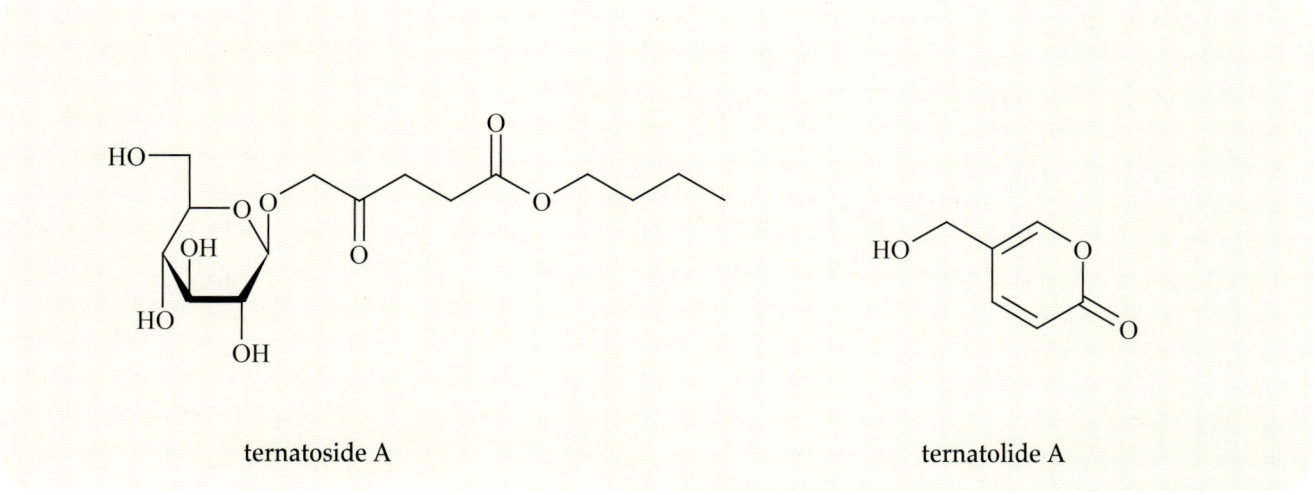

ternatoside A　　　　　　　ternatolide A

药理作用

1. **抗菌**

   猫爪草对结核杆菌有很好的抑制作用，其有效成分小毛茛内酯可通过减少结核休眠菌小热休克蛋白 16KDa SHSP 的表达，激活休眠菌，增强机体细胞毒性淋巴细胞的杀菌能力，从而达到抗耐药的作用[7]。

2. **抗肿瘤**

   猫爪草中的皂苷及多糖成分对体外培养的肉瘤细胞 S_{180}、艾氏腹水瘤细胞 EAC 及人乳腺癌细胞 MCF-7 的生长和集落形成均有不同程度的抑制作用[8]。猫爪草氯仿、醋酸乙酯和正丁醇提取物灌胃给药对移植性肝癌 H22 小鼠的肿瘤生长有一定的抑制作用[9]。猫爪草多糖体外能够增强免疫细胞对人早幼粒白血病细胞 HL-60 的抑制作用[10]。

3. **其他**

   猫爪草对动物神经中枢神经系统、心脏、呼吸系统及肠壁均有不同程度的抑制作用，并能使血压一过性下降。猫爪草水提物可以增加荷瘤小鼠的脾脏指数和胸腺指数，具有一定的免疫增强作用[9]。

应用

本品为中医临床用药。功能：解毒，化痰散结。主治：瘰疬，结核，咽炎，疔疮，蛇咬伤，疟疾，偏头痛，牙痛。

现代临床还用于肺结核、淋巴结炎、咽喉炎、淋巴癌、甲状腺肿瘤及乳腺癌等病的治疗。

评注

猫爪草商品药材主要来源于小毛茛的块根，中国安徽部分地区将肉根毛茛 *Ranunculus polii* Franch. 的根作为猫爪草收购使用。经药理实验证明，肉根毛茛和小毛茛的抗菌作用相似。

在小毛茛生长地区还有少量重瓣小毛茛 *Ranunculus teratus* var. *duplex* Makino et Nemoto 分布，其肉质块根也随小毛茛一起被采挖入药[11]，有关其功效对比研究有待深入。

参考文献

[1] 胡小燕, 窦德强, 裴玉萍, 付文卫. 猫爪草中化学成分的研究. 中国药学. 2006, 15(2): 127-129

[2] 陈丙銮, 杭悦宇, 陈宝儿. 药用植物猫爪草的研究进展. 中国野生植物资源. 2002, 21(4): 7-9

[3] JK Tian, F Sun, YY Cheng. Chemical constituents from the roots of *Ranunculus ternatus*. Journal of Asian Natural Products Research. 2005, 8(1-2): 35-39

[4] 张幸国, 田景奎. 猫爪草化学成分的研究 (III). 中国药学杂志. 2006, 41(19): 1460-1461

[5] 陈赟, 田景奎, 程翼宇. 猫爪草化学成分的研究 (II). 中国药学杂志. 2005, 40(18): 1373-1375

[6] 田景奎, 吴丽敏, 王爱武, 刘洪梅, 耿晖, 王梅, 邓丽群. 猫爪草化学成分的研究 I. 中国药学杂志. 2004, 39(9): 661-662

[7] 詹莉, 戴华成, 杨治平, 易著文, 成诗明. 小毛茛内酯影响耐药结核患者外周血淋巴细胞 SHSP 和 GLS 表达的研究. 中国中药杂志. 2002, 27(9): 677-679

[8] 王爱武, 王梅, 袁久荣, 田景奎, 吴丽敏, 耿晖. 猫爪草提取物体外抗肿瘤作用的研究. 天然产物研究与开发. 2004, 16(6): 529-531

[9] 王爱武, 袁浩, 孙平玉, 袁久荣, 耿晖. 猫爪草不同提取物对移植性肝癌 H22 小鼠的抗肿瘤作用. 中国新药杂志. 2006. 15(12): 971-974

[10] 陈彦, 戴玲, 沈业寿. 猫爪草多糖 RTG-III 的分离纯化及其生物活性. 中国药学杂志. 2004, 39(5): 339-342

[11] 全山丛, 郑汉臣, 胡晋红, 王忠壮. 中药猫爪草的商品鉴定及资源调查. 中国中药杂志. 1997, 22(7): 390-392

羊踯躅 Yangzhizhu CP

Rhododendron molle G. Don
Chinese Azalea

概 述

杜鹃花科 (Ericaceae) 植物羊踯躅 *Rhododendron molle* G. Don, 其干燥花入药。中药名：闹羊花。

杜鹃花属 (*Rhododendron*) 植物全世界约有 960 种，广泛分布于欧洲、亚洲、北美洲，主产东亚和东南亚，形成本属的两个分布中心，少数分布于北极地区和大洋洲。中国约有 542 种，本属现供药用者约 18 种。本种主要分布于中国华南、华东、华中及西南各省区。

"羊踯躅"药用之名，始载于《神农本草经》，列为下品。历代本草多有著录，古今药用品种一致。《中国药典》(2005年版) 收载本种为中药闹羊花的法定原植物来源种。主产于江苏、浙江、河南、湖南和湖北等省。

羊踯躅的花主要含二萜类和二氢查尔酮类成分。《中国药典》采用薄层色谱法鉴别，以控制药材质量。

药理研究表明羊踯躅的花具有镇痛、抗心律失常、降血压、抗菌等作用。

中医理论认为闹羊花具有祛风除湿，定痛，杀虫等功效。

羊踯躅 *Rhododendron molle* G. Don

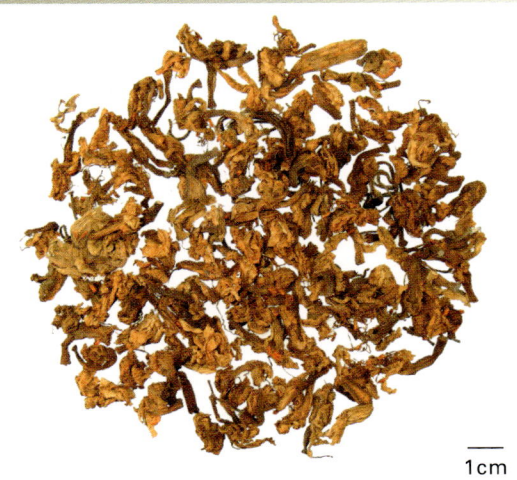

药材闹羊花 Flos Rhododendri Mollis

化学成分

羊踯躅的花含二萜类成分：木藜芦毒素 I、II、III (grayanotoxins I - III)、羊踯躅素I、III[1]、IX、X、XI、XII、XIII、XIV[2]、XVI、XVIII[1]、XIX[2] (rhodomolleins I, III, IX - XIV, XVI, XVIII - XIX)、黄杜鹃素A、B、C (rhodomolins A - C)[1]、闹羊花毒素II、III、VI (rhodojaponins II - III, VI)、山月桂毒素 (kalmanol)[2]、川楝素 (azadirachtin)[3]。

从羊踯躅的花蕾中还分离到二氢查尔酮类成分：4'-甲氧基根皮苷 (4'-methoxyphlorhizin)、根皮素 (phloretin)、4'-甲氧基根皮素 (4'-methoxyphloretin)、根皮素-4'-O-葡萄糖苷 (phloretin-4'-O-glucoside)[4]。

羊踯躅的果实含二萜类成分：羊踯躅素 XV、XVI、XVII、XVIII[5]、XIX、XX[6]、闹羊花毒素 III、VI、山月桂毒素[5]。

羊踯躅的根含二萜类成分：rhodomosides A、B[7]。

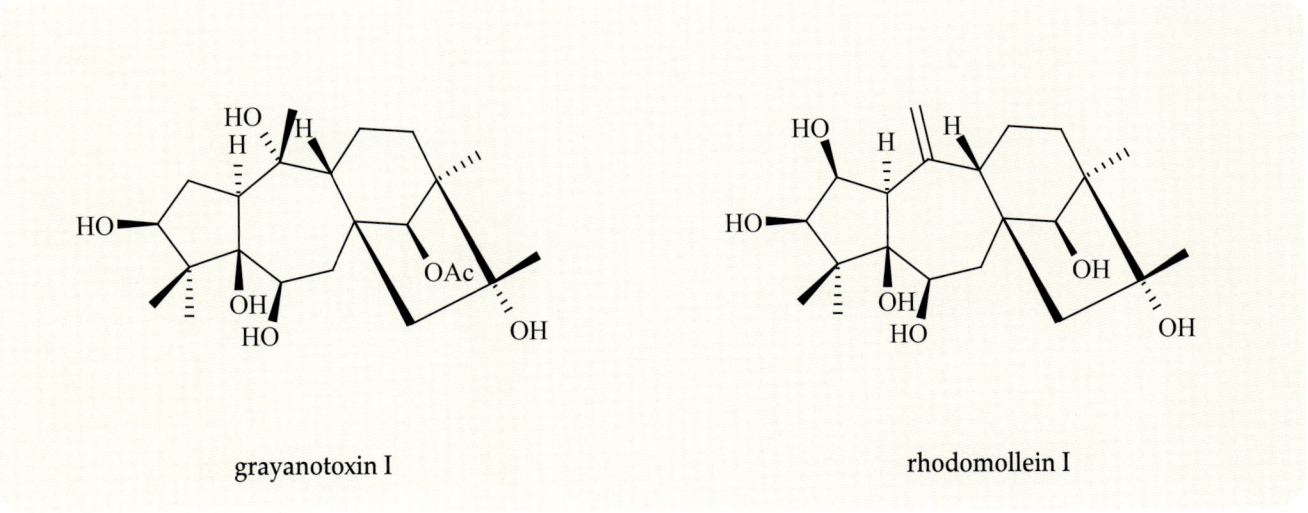

grayanotoxin I　　　　　rhodomollein I

药理作用

1. **镇痛**
   羊踯躅根醋酸乙酯提取物给小鼠灌胃对热板刺激引起的疼痛有较强的抑制作用[8]。

2. **抗心律失常**
   羊踯躅花醇提物静脉注射，对 $BaCl_2$ 诱发的大鼠心律失常有对抗作用[9]。闹羊花毒素 III 对离体豚鼠心肌细胞内钠离子通道电流有显著拮抗作用[6]。

3. 抗肾小球肾炎

羊踯躅根水煎液给慢性肾小球肾炎大鼠灌胃，可通过抑制核转录因子κB (NF-κB) 的激活和表达，改善肾功能，延缓病变进展[10]；还可有效控制循环免疫复合物反复沉着引起的家兔似人类的慢性硬化性肾小球肾炎[11]。

4. 降血压

羊踯躅花可通过抑制血管运动中枢或影响周边血管产生降血压作用[12]，闹羊花毒素 III 为活性成分之一[13]。

5. 其他

羊踯躅还具有抗菌、调节免疫[7]等作用。

应用

本品为中医临床用药。功能：祛风除湿，定痛，杀虫。主治：风湿痹痛，偏正头痛，跌扑肿痛，龋齿疼痛，皮肤顽癣，疥疮。

现代临床还用于手术麻醉。

羊踯躅根用于类风湿性关节炎的治疗[14]。

评注

茄科植物白曼陀罗，中药名为洋金花，在中国广东地区有"广东闹羊花"之名，在市场上常与闹羊花互相混淆，两者均为毒剧药材，在来源鉴定和临床应用上应加以足够重视。

闹羊花对昆虫有强烈毒杀作用，近年来已被开发为植物源杀虫剂，为生物型农药[14]。

参考文献

[1] 钟国华，胡美英，林进添，刘红梅，谢建军，刘金香. 木藜芦烷类化合物对萝卜蚜的生物活性及其构效关系. 华中农业大学学报. 2004, 23(6): 620-625

[2] SN Chen, HP Zhang, LQ Wang, GH Bao, GW Qin. Diterpenoids from the flowers of *Rhododendron molle*. Journal of Natural Products. 2004, 67(11): 1903-1906

[3] 钟国华，刘金香，官珊，谢建军，胡美英. 闹羊花素类化合物对斜纹夜蛾幼虫表皮成分的影响及构效关系. 昆虫学报. 2004, 47(6): 705-714

[4] 王素娟，杨永春，石建功. 羊踯躅花蕾中的二氢查耳酮. 中草药. 2005, 36(1): 21-23

[5] CJ Li, LQ Wang, SN Chen, GW Qin. Diterpenoids from the fruits of *Rhododendron molle*. Journal of Natural Products. 2000, 63(9):1214-1217

[6] 李灿军，刘慧，汪礼权，金满文，陈绍农，鲍官虎，秦国伟. 羊踯躅果实中的二萜化合物. 化学学报. 2003, 61(7): 1153-1156

[7] GH Bao, LQ Wang, KF Cheng, YH Feng, XY Li, GW Qin. Diterpenoid and phenolic glycosides from the roots of *Rhododendron molle*. Planta Medica. 2003, 69(5): 434-439

[8] 张长弓，向彦妮，邓冬青，曾凡波，罗永炎. 羊踯躅根乙酸乙酯提取物的药理作用. 医药导报. 2004, 23(12): 893-895

[9] 樊红鹰，陈兴坚，余传林，郁万利. 闹羊花醇提物对心脏的作用. 第一军医大学学报. 1989, 9(4): 326-328

[10] 刘建社，熊京，朱忠华，李贞琼，朱红艳，邓安国. 羊踯躅根对慢性肾小球肾炎大鼠核因子κB表达的影响. 中华肾脏病杂志. 2005, 21(11): 696-697

[11] 熊密，彭杰青，陈昌纬，罗永焱，李焰卿. 羊踯躅根治疗慢性肾小球肾炎的实验及临床研究. 同济医科大学学报. 1990, 19(3): 198-201

[12] 程东美，胡美英. 黄杜鹃的研究进展. 天然产物研究与开发. 1999, 11(2): 109-113

[13] 赵姣玲，曲玲，方达超. 八厘麻毒素对猫心乳头肌的影响. 武汉医学院学报. 1983, 12(1): 80-83

桃金娘 Taojinniang

Rhodomyrtus tomentosa (Ait.) Hassk.
Downy Rose Myrtle

桃金娘科

概述

桃金娘科 (Myrtaceae) 植物桃金娘 *Rhodomyrtus tomentosa* (Ait.) Hassk.，其干燥根和干燥成熟果实入药。中药名：岗稔、岗稔子。

桃金娘属 (*Rhodomyrtus*) 植物全世界约有 18 种，分布于亚洲热带及大洋洲。中国仅 1 种，供药用。本种分布于中国福建、广东、广西、云南、贵州、湖南南部、台湾等省区；中南半岛、菲律宾、日本、印度、斯里兰卡、马来西亚、印度尼西亚等地也有分布。

"桃金娘"药用之名，始载于《本草纲目拾遗》。历代本草多有著录，古今药用品种一致。《中国药典》(1977 年版) 曾收载本种为中药岗稔的法定原植物来源种；《广东省中药材标准》收载本种为中药岗稔和岗稔子的原植物来源种。主产于中国广东、广西、福建、台湾等省区。

桃金娘的根主要含鞣质类成分；果实主要含黄酮苷类成分。《广东省中药材标准》采用薄层色谱法鉴别，以控制药材质量。

药理研究表明，桃金娘的根和果实具有止血和抗菌等作用。

民间经验认为岗稔具有理气止痛，利湿止泻，祛瘀止血，益肾养血的功效；岗稔子具有养血止血，涩肠固精的功效。

桃金娘 *Rhodomyrtus tomentosa* (Ait.) Hassk.

桃金娘 Taojinniang

药材岗稔 Radix Rhodomyrti

1cm

化学成分

桃金娘的根含鞣质类成分：栗木鞣花素 (castalagin)[1]。

桃金娘的果实主要含黄酮苷类成分：花葵素-3,5-二葡萄糖苷 (pelargonidin-3,5-biglucoside)、矢车菊素-3-半乳糖苷 (cyanidin-3-galactoside)、飞燕草苷-3-半乳糖苷 (delphinidin-3-galactoside)[2]。

桃金娘的叶含鞣质类成分：赤芍素 (pedunculagin)、木麻黄鞣质 (casuariin)、山稔甲素 (tomentosin)[1]；黄酮苷类成分：杨梅苷 (myricitrin)、异杨梅苷 (isomyricitrin)、betmidin[3]；此外，还含有 rhodomyrtone[4]、2,3-六羟基二苯基-D-葡萄糖 (2,3-hexahydroxydiphenyl-D-glucose)[3]。

桃金娘中还分离到三萜类成分：何帕烯二醇 III (hopenediol III)、oleananolides IV、V[5]、羽扇豆醇 (lupeol)、β-香树脂素 (β-amyrin)、β-香树脂酮醇 (β-amyrenonol)、白桦脂醇 (betulin)、蒲公英赛醇 (taraxerol)[6]；黄酮类成分：combretol[7]。

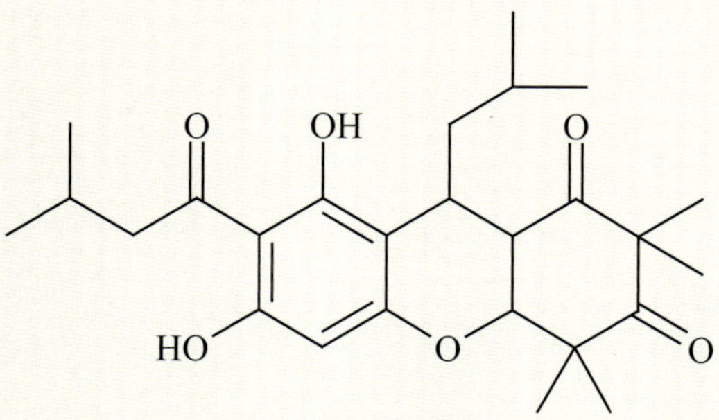

rhodomyrtone

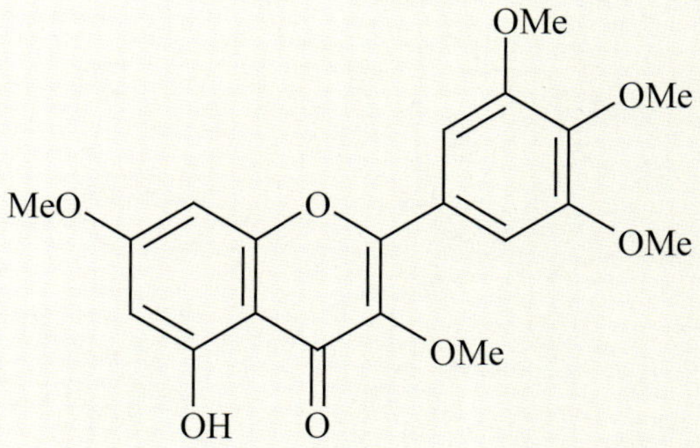

combretol

药理作用

1. **止血**
   桃金娘的果实对上消化道出血和崩漏有较好止血作用。其机理为收缩胃肠平滑肌和血管平滑肌，通过压迫止血，从而缩短出血、凝血时间和凝血酶元时间。还能增加血小板数，促进凝血过程。桃金娘的根也有提高血小板数，增加纤维蛋白原含量和收缩血管平滑肌的作用。

2. **适应原样作用**
   桃金娘的果实能提高血红蛋白含量和红细胞数，还能提高机体耐氧能力和对寒冷、疲劳等的抵抗能力。

3. **抗菌**
   体外实验表明，桃金娘的果实和根水煎剂对金黄色葡萄球菌均有抑制作用。Rhodomyrtone 对大肠杆菌和金黄色葡萄球菌均有抑制作用[4]。

应用

本品为中国岭南民间草药。

岗稔
功能：理气止痛，利湿止泻，祛瘀止血，益肾养血。主治：脘腹疼痛，消化不良，呕吐泻痢，胁痛黄疸，癥瘕，痞块，崩漏，劳伤出血，跌打伤痛，风湿痹痛，血虚体弱，肾虚腰痛，膝软，尿频，白浊，浮肿，疝气，痈肿瘰疬，痔疮，烫火伤。

岗稔子
功能：养血止血，涩肠固精。主治：血虚体弱，吐血，鼻衄，劳伤咳血，便血，崩漏，遗精，带下，痢疾，脱肛，烫伤，外伤出血。

现代临床还将岗稔用于妇女血崩、慢性苯中毒等病的治疗；岗稔子用于子宫功能性出血[8]、上消化道出血[9]等病的治疗。

评注

商品桃金娘油主要来源于桃金娘科植物香桃木 *Myrtus communis* L. 的叶，经提取技术制备而成的桃金娘油，主要由 α-蒎烯、柠檬烯和1,8-桉叶素等组成。桃金娘油与桃金娘 *Rhodomyrtus tomentosa* (Ait.) Hassk. 为同名异物，应当注意避免混淆[10]。

桃金娘为中国岭南民间常用草药，用途广泛。其果实常用于治疗血虚体弱、吐血、鼻衄、劳伤咳血等多种出血证。民间经验将岗稔与野艾根同用治疗崩漏，初步药理研究证明两者共用有很好的止血作用[8]。桃金娘的药用价值很高，功效多样，但是相关的现代研究报道较少，值得进一步研究探讨。

经测试，桃金娘所含色素对光和热稳定性很好，为很有前途的天然色素[11]。此外，岗稔中的维生素含量很高，可作为天然维生素食品原料。

参考文献

[1] 刘延泽，侯爱君，冀春茹，吴养洁. 桃金娘中可水解丹宁的分离与结构. 天然产物研究与开发. 1998, 10(1): 14-19

[2] 贺利民，张丽华，汤建彰，仇厚援，苏贻娟. 岗稔果色素的提取及性状研究. 精细化工. 1998, 15(6): 26-29

[3] 侯爱君，刘延泽，吴养洁. 桃金娘中的黄酮苷和一种逆没食子丹宁. 中草药. 1999, 30(9): 645-648

[4] D Salni, MV Sargent, BW Skelton, I Soediro, M Sutisna, AH White, E Yulinah. Rhodomyrtone, an antibiotic from *Rhodomyrtus tomentosa*. *Australian Journal of Chemistry*. 2002, **55**(3): 229-232

[5] WH Hui, MM Li. Two new triterpenoids from *Rhodomyrtus tomentosa*. *Phytochemistry*. 1976, **15**(11): 1741-1743

[6] WH Hui, MM Li, K Luk. Triterpenoids and steroids from *Rhodomyrtus tomentosa*. *Phytochemistry*. 1975, **14**(3): 833-834

[7] Dachriyanus, R Fahmi, MV Sargent, BW Skelton, AH White. 5-Hydroxy-3,3',4',5',7-pentamethoxyflavone (combretol). *Acta Crystallographica*. 2004, E**60**(1): 86-88

[8] 罗月中. 野艾根、岗稔果"药对"治疗崩漏100例报告. 广州医药. 1993, **1**: 41-42

[9] 黄兆胜, 姚志雄, 江明英. 岗稔果治疗上消化道出血一○六例临床分析. 新中医. 1985, **17**(3): 1-3

[10] 付文卫, 赵春杰, 窦德强, 裴玉萍, 王瑞杰, 陈英杰. 标准桃金娘油药理及临床研究进展. 中成药. 2003, **25**(12): 1009-1012

[11] 钟海雁, 邓毓芳. 山稔红天然食用色素开发利用的研究. 林业科技开发. 1994, **4**: 25-26

茅莓 Maomei

Rubus parvifolius L.
Japanese Raspberry

蔷薇科

概述

蔷薇科 (Rosaceae) 植物茅莓 *Rubus parvifolius* L.，其干燥叶入药。中药名：薅田藨。

悬钩子属 (*Rubus*) 植物全世界约 700 种，主要分布于北半球温带，少数分布到热带和南半球。中国约有 194 种、89变种，本属现供药用者约 46 种。本种分布于中国大部分省区；日本和朝鲜半岛也有分布。

茅莓以"薅田藨"药用之名，始载于《本草纲目》，《岭南采药录》也有收载。历代本草多有著录，古今药用品种一致。主产于中国江苏、浙江、广西、福建、江西、四川及广东等地。

茅莓主要含三萜和三萜皂苷类成分。

药理研究表明，茅莓具有止血、抗心肌缺血、抗氧化等作用。

中医理论认为薅田藨具有清热解毒，散瘀止血，杀虫疗疮的功效。

茅莓 *Rubus parvifolius* L.

药材薅田藨 Folium Rubi Parvifolii

1cm

茅莓 Maomei

化学成分

茅莓的根含三萜和三萜皂苷类成分：悬钩子皂苷 (suavissimoside R_1)、苦莓苷F_1 (niga-ichigoside F_1)、山茶皂苷元A、C (camelliagenins A, C)[1]、野鸦椿酸 (euscaphic acid)、$2\alpha,3\alpha,19\alpha,23$-tetrahydroxy urs-12-en-28-oic acid[2]。

茅莓的叶含挥发油成分：棕榈酸 (palmitic acid)、油酸 (oleic acid)、癸醛 (decylaldehyde)、壬醛 (nonylaldehyde)、顺式-9-烯-十六酸 (Z-9-en-palmitic acid)、顺式-3-烯-癸烯醇 (Z-3-en-decyl alchol)、硬脂酸 (stearic acid)、月桂酸 (lauric acid)、6,10,14-三甲基-2-十五酮 (6,10,14-trimethyl-2-pentadecanone)、十七醇 (heptadecanol)、癸酸 (capric acid)[3]。

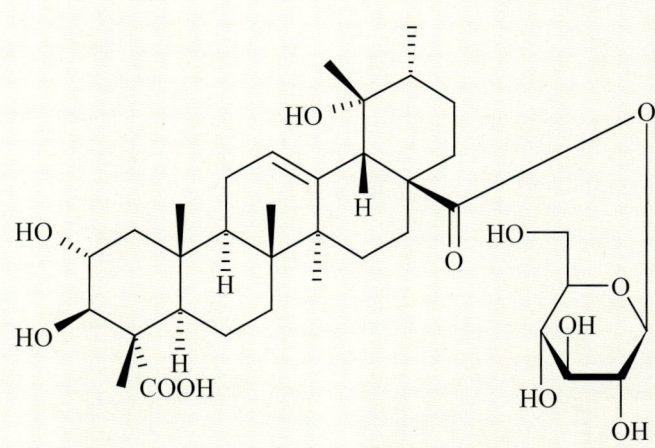

suavissimoside R_1

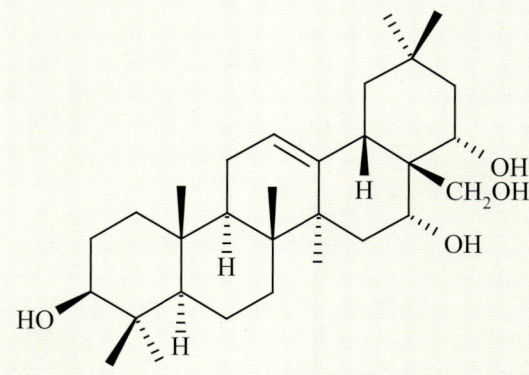

camelliagenin A

药理作用

1. 止血、抗血栓形成

   茅莓根和茎叶的水提物对小鼠灌胃，能缩短剪尾法引起小鼠出血的时间和凝血时间，还能缩短家兔优球蛋白溶解时间，提高纤维蛋白溶解酶的活性，抑制家兔体内血小板血栓形成[4]。

2. 抗心脑组织缺血

   茅莓根和茎叶的水提物能增加离体大鼠心脏冠脉血流量，对抗垂体后叶素引起的大鼠缺血性心电图改变[4]。茅莓茎叶水提物灌胃给药可明显减轻神经元形态病理改变，改善局灶性脑缺血再灌注大鼠异常的神经症状，提高缺血区脑组织的超氧化物歧化酶 (SOD) 和谷胱甘肽过氧化物酶 (GSH－Px) 的活力，减少丙二醛 (MDA) 含量[5]，延长凝血酶时间 (TT) 和活化部分凝血活酶时间 (APTT)，增加纤维蛋白原 (FBG) 的含量[6]，对脑梗死有保护作用。其有效成分为茅莓总皂苷，作用机理与抗自由基和抑制细胞凋亡有关[7-8]。

3. 抗氧化

   茅莓醇提物灌胃给药能对抗大鼠铅中毒引起的 SOD 活性降低和 MDA 含量升高[9]。

4. 抗菌

   茅莓叶体外对大肠杆菌、巴氏杆菌有明显的抑菌活性，作用优于链霉素 (streptomycin) 和磺胺类药物[10]；对葡萄球菌和链球菌也有抑制作用[3]。

5. 其他

   茅莓根和茎叶的水提物灌胃能增强小鼠在常压和低压下的耐缺氧能力[4]。

应用

本品为中医临床用药。功能：清热解毒，散瘀止血，杀虫疗疮。主治：感冒发热，咳嗽痰血，痢疾，跌打损伤，产后腹痛，疥疮，疔肿，外伤出血。

现代临床还用于皮炎、湿疹、汗斑、白疱疮、呃逆等病的治疗。

评注

茅莓的根也可入药，称薅田藨根，用法与茎叶相似。

茅莓果实酸甜多汁，可供食用、酿酒及作为保健品原料；根和叶含单宁类成分，可提取栲胶，全株均可利用。

参考文献

[1] 都述虎，冯芳，刘文英，饶金华，白娟. 茅莓化学成分的分离鉴定. 中国天然药物. 2005, 3(1): 17-20

[2] 谭明雄，王恒山，黎霜，陈薇. 中药茅莓化学成分研究. 广西植物. 2003, 23(3): 282-284

[3] 谭明雄，王恒山，黎霜，杨燕. 茅莓叶挥发油化学成分的研究. 天然产物研究与开发. 2003, 15(1): 32-33

[4] 朱志华，张惠勤，袁模军. 茅莓的药理研究. 桂林医学院学报. 1991, 4(1-2): 19-22

[5] 王继生，李惠芝，邱宗荫，夏永鹏，任凌燕，周成林. 茅莓水提取物对大鼠局灶性脑缺血-再灌注的保护作用. 中国新药与临床杂志. 2006, 25(12): 920-923

[6] 郑永玲，胡常林. 茅莓提取物治疗局灶性脑缺血的实验研究. 中医药研究. 2002, 18(2): 37-39

[7] 王继生，邱宗荫，夏永鹏，李惠芝，任凌燕，张莉. 茅莓总皂苷对大鼠局灶性脑缺血的保护作用. 中国中药杂志. 2006, 31(2): 138-141

[8] 王继生，邱宗荫，夏永鹏，李惠芝，任凌燕. 茅莓总皂苷对大鼠局灶性脑缺血/再灌注后神经细胞凋亡及相关蛋白 bcl-2、bax 表达的影响. 中国药理学通报. 2006, 22(2): 224-228

[9] 梁荣感，侯巧燕，李植飞，容明智，韦玲. 茅莓对铅染毒大鼠血清 SOD 活性及肝组织 MDA 含量的影响. 华夏医学. 2006, 19(1): 15-16

[10] 谭明雄，王恒山，黎霜. 茅莓根和叶挥发油抑菌活性的研究. 化工时刊. 2002, 9: 21-22

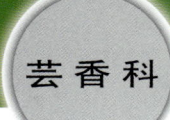

芸香科

芸香 Yunxiang

Ruta graveolens L.
Common Rue Herb

概述

芸香科 (Rutaceae) 植物芸香 *Ruta graveolens* L.，其干燥全草入药。中药名：臭草。

芸香属 (*Ruta*) 植物全世界约有 10 种，分布于加那利群岛、地中海沿岸及亚洲西南部。中国引进栽培 2 种，1 种普遍栽种，另 1 种仅见于植物园，均可供药用。本种中国南北均有栽培，原产于地中海沿岸地区。

芸香以"臭草"药用之名，始载于《生草药性备要》。主产于中国广东、广西、福建、四川等省区。

芸香主要含挥发油、生物碱类、香豆素类、黄酮类成分等。

药理研究表明，芸香具有解痉、抗菌、抗寄生虫、抗炎、镇痛、促进记忆力、抗生育等作用。

中医理论认为臭草具有祛风清热，活血散瘀，消肿解毒的功效。

芸香 *Ruta graveolens* L.

药材臭草 Herba Rutae

化学成分

芸香叶含挥发油成分：樟脑 (camphor)、β-丁香烯 (β-caryophyllene)、长叶薄荷酮 (pulegone)、对聚伞花素 (p-cymene)、月桂烯 (myrcene)、柠檬烯 (limonene)、α-，β-桉叶油醇 (α-，β-eudesmols)、δ-杜松烯 (δ-cadinene)[1]；香豆素类成分：5-甲氧基补骨脂素 (5-methoxypsoralen)、8-甲氧基补骨脂素 (8-methoxypsoralen)[2]、7-羟基香豆素 (7-hydroxycoumarin)、4-羟基香豆素 (4-hydroxycoumarin)、7-甲氧基香豆素 (7-methoxycoumarin)[3]；生物碱类成分：2-[4'-(3',4'-methylenedioxyphenyl)butyl]-4-quinolone、2-n-壬基-4-喹诺酮 (2-n-nonyl-4-quinolone)[3]等。

芸香根含生物碱类成分：芸香碱 (graveoline)[2]、芸香吖啶酮 (rutacridone)、芸香吖啶酮二醇 (gravacridondiol) 及其苷、gravacridontriol glucoside[4]等。

芸香全草含香豆素类成分：花椒毒素 (xanthotoxin)、异虎耳草素 (isopimpinellin)、佛手素 (bergaptene)、花椒内酯 (xanthyletin)[5]、补骨脂素 (psoralen)、佛手柑内酯 (bergapten)、异欧前胡素 (isoimperatorin)；生物碱类成分：N-甲基坡拉特德斯明 (N-methylplatydesmin)、日巴里尼定 (ribalinidin)[6]、芸香宁碱 (graveolinine)、γ-崖椒碱 (γ-fagarine)、茵芋碱 (skimmianine)、香草木宁碱 (kokusaginine)、白鲜碱 (dictamnine)、榆桔碱 (pteleine)、山小橘碱 (arborinine)、6-甲氧基白鲜碱 (6-methoxydictamnine)、加锡弥罗果碱 (edulinine)[5]；黄酮类成分：山柰酚-3-葡萄糖苷 (kaempferol-3-glucoside)、异鼠李黄素 (isorhamnetin)、巢菜素 (vicenin)[7]等。

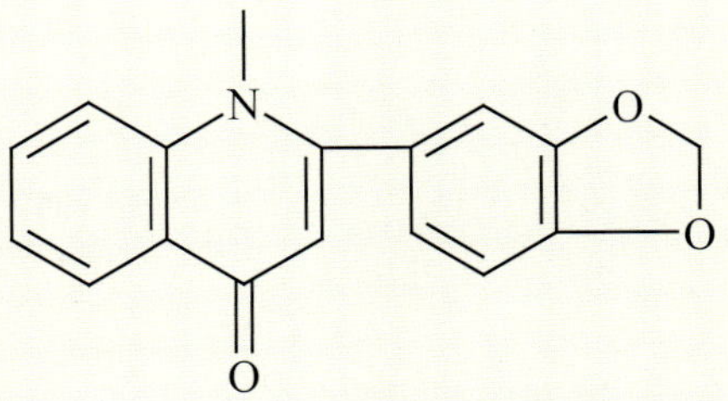

graveoline

芸香 Yunxiang

药理作用

1. **解痉**
   全草中所含的总碱有解除平滑肌痉挛的作用，效力与罂粟碱相当。补骨脂素、异虎耳草素、异欧前胡素、香豆精、芳香羟基羧酸衍生物对兔回肠也有解痉作用。

2. **抗肿瘤**
   体内、体外试验证明芸香提取物对人脑癌细胞有丝分裂的产生有选择性抑制作用，对神经胶质瘤有较好的治疗效果[8]。体外试验证明芸香石油醚提取物对吉田腹水肉瘤细胞有显著细胞毒作用[9]。

3. **对皮肤的光敏作用**
   芸香所含香豆素类化合物均可引起光过敏，芸香叶提取物的光敏活性与其所含香豆素的量相关[10]。注射或内服此类物质，再以长波紫外线或日光照射，可使受照射处之皮肤红肿、色素增加，甚至表皮增厚。

4. **抗菌**
   芸香甲醇、丙酮提取物对蜡样芽孢杆菌、立枯丝核菌有较强抑制作用[11-12]。

5. **抗氧化**
   芸香甲醇浸提物对豚鼠肝醛氧化酶活性有明显的抑制作用。芸香提取物还能有效抑制苯甲醛、香草醛、菲啶的氧化[13]。

6. **抗生育**
   芸香水提取物对小鼠灌胃能明显降低雄鼠精子活力和密度，同时降低雄鼠睾丸激素水平，抑制雄鼠性活动能力，明显减少母鼠受孕几率[14]。芸香地上部分水提取物对怀孕母鼠灌胃，可能影响鼠胎发育[15]，造成死胎[16]。

7. **抗炎**
   芸香提取物对于脂多糖引起的小鼠巨噬细胞炎症介质产生有明显抑制作用，这种抑制作用是通过减少一氧化氮合成酶 (iNOS) 和环氧合酶-2 (COX-2) 的基因表达，达到抑制巨噬细胞内一氧化氮、前列腺素的产生[17]。

8. **促进记忆力**
   芸香的水及甲醇提取物对乙酰胆碱酯酶有抑制作用，显示芸香有促进记忆力的功效[18]。

9. **其他**
   芸香乙醇提取物有镇痛作用，对醋酸引起的小鼠扭体反应以及热板刺激痛有抑制作用[19]。芸香还可用于驱蛲虫[20]、脑囊虫[21]等寄生虫。

应用

本品为中医临床用药。功能：祛风清热，活血散瘀，消肿解毒。主治：感暑发热，小儿高热惊风，痛经，闭经，跌打损伤，热毒疮疡，小儿湿疹，蛇虫咬伤。

现代临床还用于肝热头痛、危急重病昏晕、鼻血、腹胀、腹内蛔虫等病的治疗。

评注

臭草一名，民间用以称呼多种植物，禾本科 *Melica scabrosa* Trin. 的中文名也被称为臭草。临床使用时，应该注意鉴别，避免异物同名而引起的混淆。

芸香全株含挥发油，同时又含有多种生物碱。少量内服芸香则有消暑、解毒、清除肠胃积秽之功效；大量内服则会引致中毒之危险。

鲜芸香同绿豆、大米、红糖煲粥食用，可消暑散热，解疮疖热毒。广东、广西省民间在夏暑季节也用芸香作清凉饮料。

参考文献

[1] JA Pino, A Rosado, V Fuentes. Leaf oil of *Ruta graveolens* L. grown in Cuba. *Journal of Essential Oil Research*. 1997, **9**(3): 365-366

[2] AL Hale, KM Meepagala, A Oliva, G Aliotta, SO Duke. Phytotoxins from the leaves of *Ruta graveolens*. *Journal of Agricultural and Food Chemistry*. 2004, **52**(11): 3345-3349

[3] A Oliva, KM Meepagala, DE Wedge, D Harries, AL Hale, G Aliotta, SO Duke. Natural fungicides from *Ruta graveolens* L. leaves, including a new quinolone alkaloid. *Journal of Agricultural and Food Chemistry*. 2003, **51**(4): 890-896

[4] I Kuzovkina, I Al'terman, B Schneider. Specific accumulation and revised structures of acridone alkaloid glucosides in the tips of transformed roots of *Ruta graveolens*. *Phytochemistry*. 2004, **65**(8): 1095-1100

[5] EE Stashenko, R Acosta, JR Martinez. High-resolution gas-chromatographic analysis of the secondary metabolites obtained by subcritical-fluid extraction from Colombian rue (*Ruta graveolens* L.). *Journal of Biochemical and Biophysical Methods*. 2000, **43**(1-3): 379-390

[6] J Reisch, K Szendrei, E Minker, I Novak. Quinoline-alkaloids from *Ruta graveolens* L. 24. N-methylplatydesminium and ribalinidin. *Die Pharmazie*. 1969, **24**(11): 699-700

[7] NH El-Sayed, NM Ammar, SY Alokbi, LT Abou El Kassemb, TJ Mabry. Bioactive chemical constituents from *Ruta graveolens*. *Revista Latinoamericana de Quimica*. 2000, **28**(2): 61-64

[8] S Pathak, AS Multani, P Banerji, P Banerji. Ruta 6 selectively induces cell death in brain cancer cells but proliferation in normal peripheral blood lymphocytes: A novel treatment for human brain cancer. *International Journal of Oncology*. 2003, **23**(4): 975-982

[9] A Trovato, MT Monforte, A Rossitto, AM Forestieri. *In vitro* cytotoxic effect of some medicinal plants containing flavonoids. *Bollettino Chimico Farmaceutico*. 1996, **135**(4): 263-266

[10] T Ojala, P Vuorela, J Kiviranta, H Vuorela, R Hiltunen. A bioassay using *Artemia salina* for detecting phototoxicity of plant coumarins. *Planta Medica*. 1999, **65**(8): 715-718

[11] NS Alzoreky, K Nakahara. Antibacterial activity of extracts from some edible plants commonly consumed in Asia. *International Journal of Food Microbiology*. 2003, **80**(3): 223-230

[12] T Ojala, S Remes, P Haansuu, H Vuorela, R Hiltunen, K Haahtela, P Vuorela. Antimicrobial activity of some coumarin containing herbal plants growing in Finland. *Journal of Ethnopharmacology*. 2000, **73**(1-2): 299-305

[13] P Saieed, RM Reza, D Abbas, R Seyyedvali, H Aliasghar. Inhibitory effects of *Ruta graveolens* L. extract on guinea pig liver aldehyde oxidase. *Chemical & Pharmaceutical Bulletin*. 2006, **54**(1): 9-13

[14] NA Khouri, Z El-Akawi. Antiandrogenic activity of *Ruta graveolens* L in male albino rats with emphasis on sexual and aggressive behavior. *Neuro Endocrinology Letters*. 2005, **26**(6): 823-829

[15] JL Gutierrez-Pajares, L Zuniga, J Pino. *Ruta graveolens* aqueous extract retards mouse preimplantation embryo development. *Reproductive Toxicology*. 2003, **17**(6): 667-672

[16] TG de Freitas, PM Augusto, T Montanari. Effect of *Ruta graveolens* L. on pregnant mice. *Contraception*. 2005, **71**(1): 74-77

[17] SK Raghav, B Gupta, C Agrawal, K Goswami, HR Das. Anti-inflammatory effect of *Ruta graveolens* L. in murine macrophage cells. *Journal of Ethnopharmacology*. 2006, **104**(1-2): 234-239

[18] A Adsersen, B Gauguin, L Gudiksen, AK Jager. Screening of plants used in Danish folk medicine to treat memory dysfunction for acetylcholinesterase inhibitory activity. *Journal of Ethnopharmacology*. 2006, **104**(3): 418-422

[19] AH Atta, A Alkofahi. Anti-nociceptive and anti-inflammatory effects of some Jordanian medicinal plant extracts. *Journal of Ethnopharmacology*. 1998, **60**(2): 117-124

[20] PM Guarrera. Traditional antihelmintic, antiparasitic and repellent uses of plants in Central Italy. *Journal of Ethnopharmacology*. 1999, **68**(1-3): 183-192

[21] P Banerji, P Banerji. Intracranial cysticercosis: an effective treatment with alternative medicines. *In Vivo*. 2001, **15**(2): 181-184

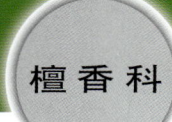

檀香 Tanxiang ^{CP, KHP, IP}

Santalum album L.
Sandalwood

  概 述

檀香科 (Santalaceae) 植物檀香 *Santalum album* L.，其树干心材入药。中药名：檀香。

檀香属 (*Santalum*) 植物全世界约有 20 种，主要分布于印度半岛东部、中南半岛和太平洋岛屿。中国引种栽培有 2 种，现仅本种供药用。本种中国广东、台湾、海南、云南有引种栽培。

檀香以"白檀"药用之名，始载于《本草拾遗》。历代本草多有著录，古今药用品种一致。《中国药典》(2005 年版) 收载本种为中药檀香的法定原植物来源种。主产于印度、澳洲，印度尼西亚也有生产。

檀香主要含挥发油成分。《中国药典》采用挥发油测定法测定，规定檀香中挥发油的含量不得少于 3.0% (mL/g)，以控制药材质量。

药理研究表明，檀香具有抗菌、利尿等作用。

中医理论认为檀香具有行气温中，开胃止痛的功效。

檀香 *Santalum album* L.

药材檀香 Lignum Santali Albi

1cm

化学成分

檀香的心材主要含有 3.0%~5.0% 挥发油，其中主要成分为 α-檀香醇 (α-santalol) 及 β-檀香醇 (β-santalol)，两种成分的含量占总挥发油的 90% 以上，此外还含有：α-檀香萜烯 (α-santalene)、β-檀香萜烯 (β-santalene)、反式柠檬烯 (trans-limonene)、甜没药烯醇A、C、D、E[1]、9(10)-顺-α-反式香柠烯醇 [9(10)Z, α-trans-bergamotenol][2]、反式-α-佛手醇 (trans-α-bengamotol)、E-顺式-epi-β-檀香醇 (E-cis-epi-β-santalol)、荷叶醇 (nuciferol)、顺式澳白檀醇 (cis-lanceol)[3]、α-santalan、β/epi-β-santalan、bergamotan[4]、ketosantalic acid[5]、α-佛手烯 (α-bergamotene)、喇叭醇 (ledol)[6]。

檀香的木质部含檀香色素 (santalin)、去氧檀香色素 (deoxysantalin)、银楸醛 (sinapyl aldehyde)、松柏醛 (coniferyl aldehyde)、阿魏醛 (ferulaldehyde)、丁香醛 (syringic aldehyde) 和香草醛 (vanillin)。

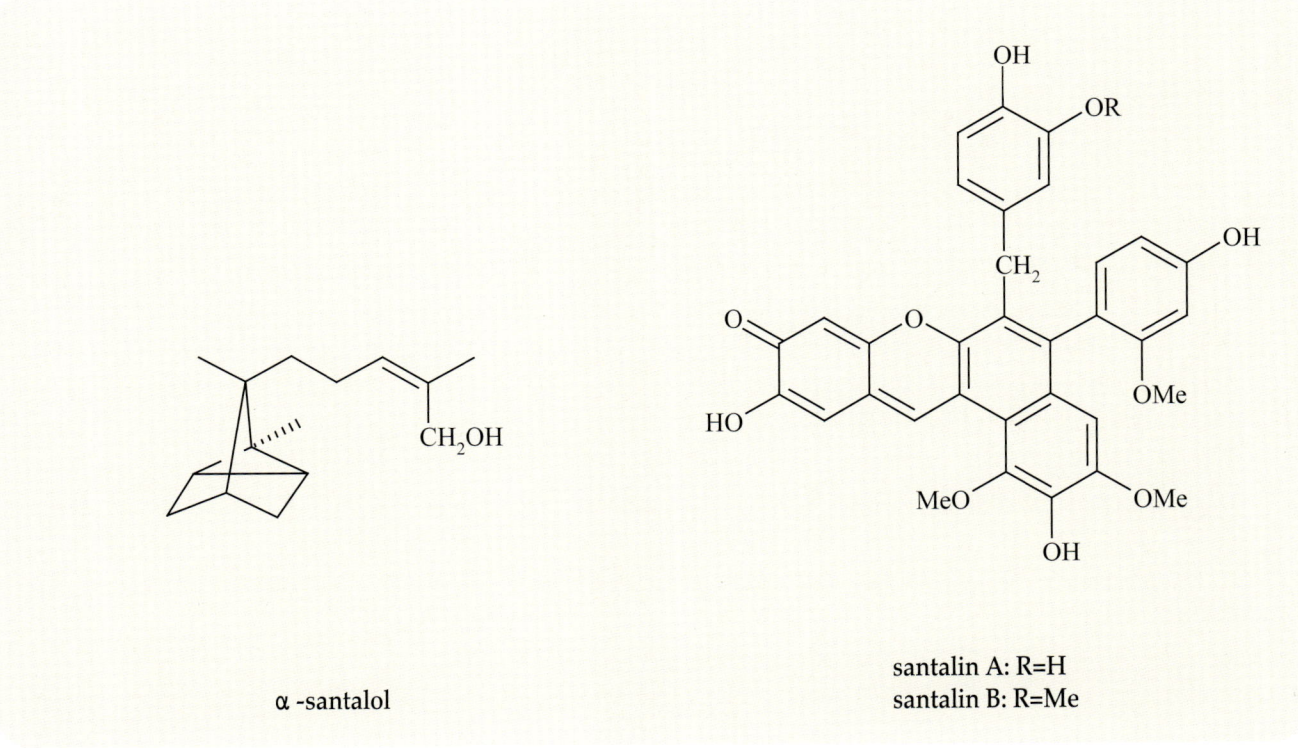

α-santalol

santalin A: R=H
santalin B: R=Me

药理作用

1. 抗菌
   檀香挥发油对痢疾杆菌、鸟型结核杆菌及金黄色葡萄球菌有抑制作用。

2. 利尿
   檀香挥发油有利尿作用，可明显改善排尿困难者的症状。

3. 镇静
   檀香挥发油中的 α-檀香醇和 β-檀香醇具有与氯丙嗪类似的神经药理活性，对小鼠中枢具有镇静作用[1]。

4. 抗病毒
   体外实验证明，檀香挥发油对单纯性疱疹病毒有抑制作用[7]。

5. 其他
   檀香对离体兔小肠有麻痹作用；檀香挥发油对皮肤癌有预防作用[8]。

檀香科

檀香 Tanxiang

应 用

本品为中医临床用药。功能：行气温中，开胃止痛。主治：寒凝气滞，胸痛，腹痛，胃痛食少，冠心病和心绞痛等。现代临床还用于心绞痛、萎缩性胃炎、浅表性胃炎、胃痛、痛经、乳腺增生、糖尿病慢性并发症[9]、阳痿[10]等病的治疗。

评 注

檀香有特殊的用途和极高的经济价值。檀香的心材纹理致密且均匀，能抗白蚁危害，可以用来加工成高级工艺品，质量仅次于象牙；檀香中提取的檀香挥发油香味独特且持久，可用作定香剂，是配制高级香水、制作香精不可缺少的原料之一。印度是檀香的出口大国，是檀香的栽培和生产中心。目前，檀香在全球被广泛地引种栽培[11]。

迄今对檀香的化学成分研究多限于挥发油，而且挥发油中尚有许多成分未能鉴定出结构。檀香的化学、药理研究均有待深入。

参考文献

[1] 颜仁梁，林励. 檀香的研究进展. 中药新药与临床药理. 2003, **14**(3): 218-220

[2] 余竞光，丛浦珠，林级田，张友吉，洪少良，涂光忠. 国产檀香中α-反式香柠烯醇化学结构研究. 药学学报. 1993, **28**(11): 840-844

[3] 陈志霞，林励. 不同提取方法对檀香挥发油含量及成分的影响. 广州中医药大学学报. 2001, **18**(2): 174-177

[4] EJ Brunke, KG Fahlbusch, G Schmaus, J Volhardt. The chemistry of sandalwood fragrance-a review of the last 10 years. *Journees Internationales Huiles Essentielles.* 1996: 48-83

[5] P Ranibai, BB Ghatge, BB Patil, SC Bhattacharyya. Ketosantalic acid, a new sesquiterpenic acid from Indian sandalwood oil. *Indian Journal of Chemistry.* 1986, **25**B(10): 1006-1013

[6] 刘志刚，颜仁梁，罗佳波，林励. 檀香挥发油成分的 GC-MS 分析. 中药材. 2003, **26**(8): 561-562

[7] F Benencia, MC Courreges. Antiviral activity of sandalwood oil against herpes simplex viruses-1 and -2. *Phytomedicine.* 1999, **6**(2): 119-123

[8] C Dwivedi, A Abu-Ghazaleh. Chemopreventive effects of sandalwood oil on skin papillomas in mice. *European Journal of Cancer Prevention.* 1997, **6**(4): 399-401

[9] 马海民，程颖华. 丹参檀香浸膏对糖尿病慢性并发症防治的作用. 中国临床康复. 2003, **7**(27): 3773

[10] 杨一丁，高文勇，张伟. 超临界 CO_2 萃取檀香油制备的透皮缓释剂治疗阳痿 60 例临床观察. 中医外治杂志. 2003, **12**(1): 16-17

[11] 杨晓玲. 珍稀而又娇贵的檀香树. 云南林业. 2005, **26**(1): 21-22

大血藤 Daxueteng^{CP}

大血藤科

Sargentodoxa cuneata (Oliv.) Rehd. et Wils.
Sargentgloryvine

概述

大血藤科 (Sargentodoxaceae) 植物大血藤 *Sargentodoxa cuneata* (Oliv.) Rehd. et Wils.，其干燥藤茎入药。中药名：大血藤。

大血藤属 (*Sargentodoxa*) 植物全世界仅 1 种，供药用，分布于中国华东、华中、华南至西南部，中南半岛北部也有分布。

大血藤以"血藤"药用之名，始载于《本草图经》。历代本草多有著录，古今药用品种一致。《中国药典》(2005 年版) 收载本种为中药大血藤的法定原植物来源种。主产于中国安徽、浙江、江西、湖南、湖北、广西等省区。

大血藤含有蒽醌类、三萜类、木脂素类、酚酸类成分等。《中国药典》采用热浸法测定，规定大血藤醇溶性浸出物不得少于 5.0%，以控制药材质量。

药理研究发现，大血藤具有抗菌、抗缺氧、抑制血小板聚集等作用。

中医理论认为大血藤具有解毒消痈，活血止痛，祛风除湿，杀虫的功效。

大血藤 *Sargentodoxa cuneata* (Oliv.) Rehd. et Wils.

药材大血藤 Caulis Sargentodoxae

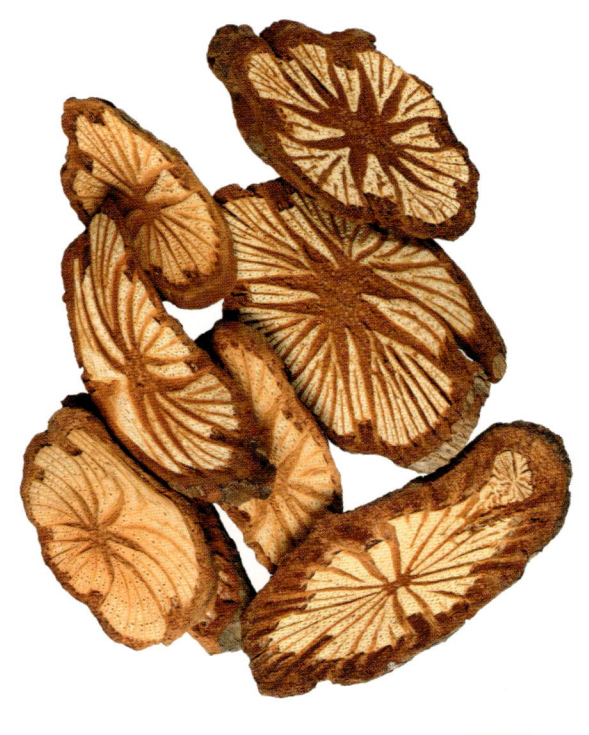

1cm

大血藤 Daxueteng

化学成分

大血藤的藤茎含蒽醌类成分：大黄素 (emodin)、大黄素甲醚 (physcion)[1]、大黄酚 (chrysophanol)[2]；三萜和三萜皂苷类成分：崩大碗酸 (madasiatic acid)[3]、野蔷薇苷 (rosamultin)、刺梨苷 F_1 (kajiichigoside F_1)[4]；木脂素类成分：鹅掌楸苷 (liriodendrin)[5]、(+)-二氢愈创木脂酸 [(+)-dihydroguaiaretic acid][6]、五加苷 E_1 (eleutheroside E_1)[7]、无梗五加苷 D (acanthoside D)[3]；酚酸类成分：cuneatasides A、B、C、D、E、osmanthuside H、绿原酸 (chlorogenic acid)[7]、原儿茶酸 (protocatechuic acid)、(-)表儿茶素 (epicatechin)、罗布麻宁 (apocynin)、香草酸 (vanillic acid)、3-O-咖啡酰奎宁酸甲酯 (methyl chlorogenate)[8]、丁香酸 (syringic acid)、阿魏酰酪胺 (feruloyl tyramine)、原花青素 B_2 (procyanidin B_2)；苯乙醇及其苷类成分：对羟基苯乙醇 (p-hydroxyphenylethanol)[9]、3,4-二羟基-苯乙醇 (3,4-dihydroxy-phenethanol)、红景天苷元 (tyrosol)[8]、红景天苷 (salidroside)[5]、sargentol[10]；挥发油成分：δ-荜澄茄烯 (δ-cadinene)、α-、δ-杜松醇 (α-, δ-cadinols)[11]；此外，还含有红藤苷 (sargencuneside)[3]。

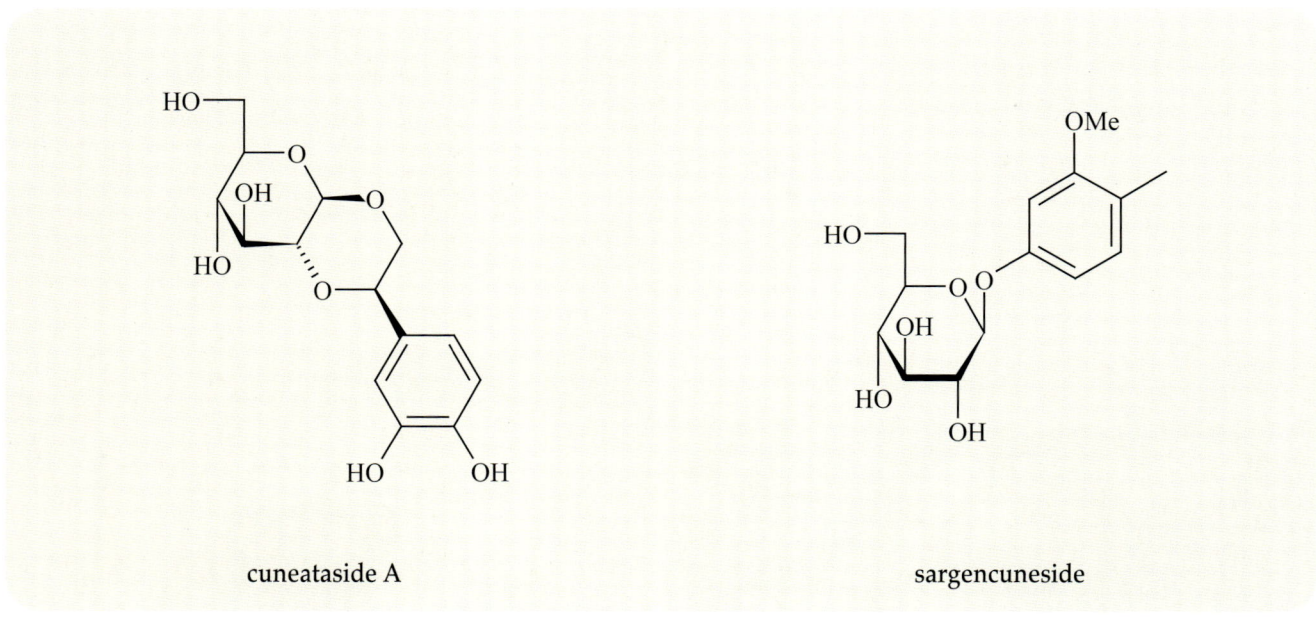

cuneataside A   sargencuneside

药理作用

1. 抗菌、抗病毒

大血藤叶片 70% 乙醇提取物体外对枯草芽孢杆菌、金黄色葡萄球菌、大肠杆菌、苏云金芽孢杆菌、铜绿假单胞菌等有不同程度的抑菌作用[12]。大血藤水提物体外对肠道病毒、脊髓灰质炎病毒、柯萨奇病毒和埃可病毒均有抑制作用[13]。Cuneatasides A、B 体外对金黄色葡萄球菌和表皮微球菌有显著抑制作用[7]。

2. 对心血管系统的影响

大血藤水提物体外和体内给药均可抑制血小板聚集，促进血小板解聚，抑制大鼠血栓形成，提高兔血浆环磷酸腺苷 (cAMP) 水平，但不提高血小板内 cAMP 水平；还可增加离体豚鼠心脏冠状动脉流量，但不影响心率[14]。大血藤水提物给心肌梗塞模型家兔静脉注射能使已抬高的 ST 段显著下降，结扎左冠状动脉前降支所致的心肌乳酸代谢紊乱得到改善，心肌梗塞范围明显缩小[15]。大血藤所含的多糖还可对抗异丙肾上腺素诱发大鼠心肌坏死，对缺血心肌产生保护作用[16]。

3. 对胃肠道平滑肌的影响

小剂量大血藤水提物对小鼠、豚鼠离体肠段有明显的抑制作用，大剂量时能减弱乙酰胆碱的作用，明显抑制小鼠在体肠蠕动速度[17]。

4. 抗缺氧

大血藤注射液能提高小鼠常压耐缺氧能力，并能显著降低小鼠自主活动，延长戊巴比妥钠的催眠时间[17]。

5. 抗肿瘤

绿原酸和阿魏酰酪胺体外对人慢性髓性白血病 K_{562} 细胞增殖有抑制作用；原花青素 B_2 对小鼠乳腺癌 tsFT2 10 细胞和 K_{562} 细胞均显示 G_2/M 期抑制作用，为细胞周期抑制剂[9]。

6. 其他

大血藤提取液对犬腹腔手术后的肠黏连有预防作用[18]。大血藤中的酚性糖苷对前列腺素合成酶有抑制作用[17]。

应用

本品为中医临床用药。功效：解毒消痈，活血止痛，祛风除湿，杀虫。主治：肠痈，痢疾，乳痈，痛经，经闭，跌打损伤，风湿痹痛，虫积腹痛。

现代临床还用于急性阑尾炎、早期急性乳腺炎、瘤型麻疯结节反应、慢性盆腔炎、结肠炎、病毒性肝炎、高胆红素血症、脑血管功能不良等病的治疗。

评注

豆科 (Fabaceae) 植物密花豆 *Spatholobus suberectus* Dunn 的干燥藤茎，中药名为鸡血藤，异名大血藤，具有补血、活血、通络的功效。大血藤、鸡血藤在部分地区混用或误用的现象非常普遍，但两者来源不同，功效主治也有较大差异，在临床应用中应区别对待[19]。

参考文献

[1] 王兆全，王先荣，杨志华．红藤化学成分的研究．中草药．1982, **13**(3)：7-9

[2] 李珠莲，巢志茂，陈科．红藤脂溶性成分的分离和鉴定．复旦学报（医学版）．1988, **15**(1)：68-69

[3] 苗抗立，张建中，王飞音，秦咏芃．红藤化学成分的研究．中草药．1995, **26**(4)：171-173

[4] G Ruecher, R Mayer, JS Shin-Kim. Triterpene saponins from the Chinese drug "Daxueteng" (Caulis Sargentodoxae). *Planta Medica*. 1991, **57**(5): 468-470

[5] 李珠莲，梁国建，徐光漪．红藤化学成分的研究．中草药．1984, **15**(7)：297-299

[6] 韩桂秋，MN Chang, SB Hwang．红藤木质素的研究．药学学报．1986, **21**(1)：68-70

[7] J Chang, R Case. Phenolic glycosides and ionone glycoside from the stem of *Sargentodoxa cuneata*. *Phytochemistry*. 2005, **66**(23): 2752-2758

[8] 田瑛，张慧娟，屠爱萍，董俊兴．中药大血藤的酚性化合物．药学学报．2005, **40**(7)：628-631

[9] 毛水春，顾谦群，崔承彬，韩冰，蔡兵，刘红兵．中药大血藤中酚类化学成分及其抗肿瘤活性．中国药物化学杂志．2004, **14**(6)：326-330

[10] AG Damu, PC Kuo, LS Shi, CQ Hu, TS Wu. Chemical constituents of the stem of *Sargentodoxa cuneata*. *Heterocycles*. 2003, **60**(7): 1645-1652

[11] 高玉琼，赵德刚，刘建华，霍昕．大血藤挥发性成分研究．中成药．2004, **26**(10)：843-845

[12] 李钧敏，金则新．大血藤叶片提取物抑菌活性与次生代谢产物含量的通径分析．中国药学杂志．2006, **41**(1)：13-18

[13] JP Guo, J Pang, XW Wang, ZQ Shen, M Jin, JW Li. *In vitro* screening of traditionally used medicinal plants in China against enteroviruses. *World Journal of Gastroenterology*. 2006, **12**(25): 4078-4081

大血藤 Daxueteng

[14] 朱亮, 林丹丽, 顾春露, 李永和, 顾建国, 邵以德, 王珏英, 李珠莲. 红藤水溶性提取物对血小板聚集、冠脉流量、血栓形成和cAMP含量的影响. 复旦学报(医学版). 1986, 13(5): 346-350

[15] 陈鸿兴, 陈滨凌, 邵以德, 李珠莲. 红藤水溶性提取物对家兔实验性心肌梗塞的影响. 复旦学报(医学版). 1984, 11(03): 201-204

[16] 张鹏, 颜寿琪, 邵以德, 李珠莲. 红藤水溶性提取物的抗心肌缺血研究. 复旦学报(医学版). 1988, 15(3): 191-194

[17] 毛水春, 崔承彬, 顾谦群. 中药大血藤化学成分和药理活性的研究进展. 天然产物研究与开发. 2003, 15(6): 559-562

[18] 胡月光, 褚先秋, 兑丹华, 唐彦萍. 大血藤提取液腹腔灌注预防术后黏连的实验研究. 遵义医学院学报. 1993, 16(2): 17-20

[19] 李运景. 鸡血藤、大血藤考证. 中药材. 2002, 25(9): 669-671

虎耳草 Huercao KHP

Saxifraga stolonifera Curt.
Creeping Rockfoil

虎耳草科

概 述

虎耳草科 (Saxifragaceae) 植物虎耳草 *Saxifraga stolonifera* Curt.，其干燥全草入药。中药名：虎耳草。

虎耳草属 (*Saxifraga*) 植物全世界约有 400 种，分布于北极、北温带和南美洲。中国有 203 种，南北均产，主要分布于西南和青海、甘肃等省的高山地区。本属现供药用者有 13 种、1 变种。本种分布于中国华东、中南、西南等地，日本、朝鲜半岛也有分布。

"虎耳草"药用之名，始载于《履巉岩本草》。历代本草多有著录，古今药用品种一致。主产于中国华东以及西南各地，河北、陕西、河南、湖南、广西、广东、台湾等省区也产。

虎耳草中主要含香豆素类和黄酮类成分。

药理研究表明，虎耳草具有强心、利尿、抗肿瘤等作用。

中医理论认为虎耳草具有疏风，清热，凉血，解毒的功效。

虎耳草 *Saxifraga stolonifera* Curt.

虎耳草 Huercao

药材虎耳草 Herba Saxifragae Stoloniferae

1cm

化学成分

虎耳草叶含香豆素类成分：岩白菜素 (bergenin)[1]、去甲岩白菜素 (norbergenin)[2]；黄酮及黄酮苷类成分：槲皮素 (quercetin)、槲皮苷 (quercitrin)[1]、虎耳草苷 (saxifragin)[3]；有机类成分：绿原酸 (chlorogenic acid)[4]、没食子酸 (gallic acid)、原儿茶酸 (protocatechuic acid)、琥珀酸 (succinic acid)、甲基延胡索酸 (mesaconic acid)[1]；还含有熊果苷 (arbutin)[5]等。

虎耳草茎含多酚类成分：儿茶酚 (catechol)；有机酸及有机酸盐成分：γ-氨基丁酸 (γ-aminobutyric acid)、奎宁酸钾 [K (-) - quinate][6]。

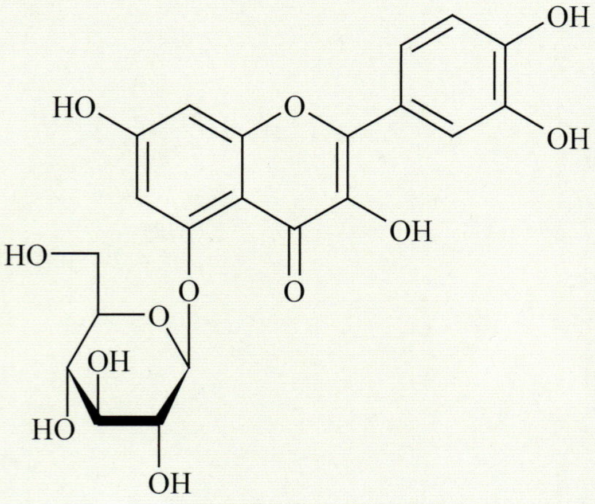

saxifragin

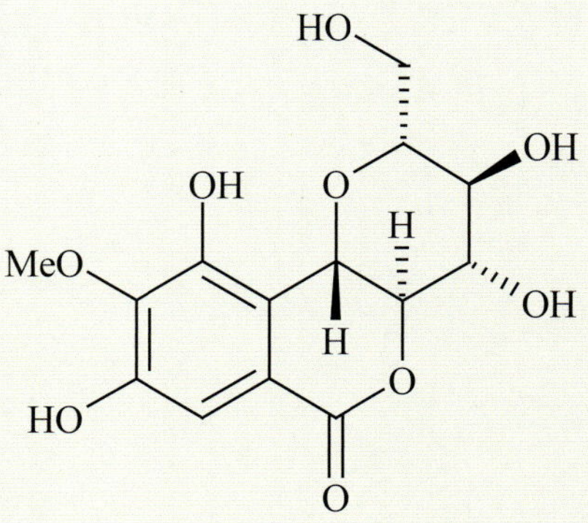

bergenin

虎耳草根含儿茶素类成分：阿夫儿茶精 (afzelechin)[7]；挥发油成分：α-蒎烯 (α-pinene)、枯烯 (cumene)、萜品油烯 (terpinolene)、对伞花烃 (p-cymene)、芳樟醇 (linalool)、α-松油醇 (α-terpineol)、香茅醇 (citronellol)、香叶醇 (geraniol)、香叶醇醋酸酯 (geranyl acetate)、异缬草酸 (isovaleric acid)[8]。

药理作用

1. **抗肿瘤**
   虎耳草水提醇沉提取物体外可抑制前列腺癌细胞及大鼠成纤维细胞的增殖，诱导其凋亡[9-10]。

2. **强心**
   离体蛙心滴加虎耳草鲜榨汁液或乙醇提取液，均显示强心作用。较氯化钙发生慢，但持续时间长。

3. **利尿**
   虎耳草乙醇提取液给麻醉犬及清醒兔静脉注射有明显利尿作用。

4. **抗菌**
   虎耳草乙醇提取物体外对大肠杆菌的生长有明显抑制作用，低浓度时对金黄色葡萄球菌也有抑制生长的作用[11]。

5. **其他**
   岩白菜素注射给药，对 D-氨基半乳糖诱导的大鼠肝损伤具有保护作用[12]。熊果苷能抑制黑色素的生成，有细胞毒性[13-14]。

应用

本品为中医临床用药。功能：疏风，清热，凉血，解毒。主治：风热咳嗽，肺痈，吐血，聤耳流脓，风火牙痛，风疹瘙痒，痔疮肿痛，血热崩漏。

现代临床还用于中耳炎、感冒高热及湿疹[15]的治疗。

评注

近年来对虎耳草药理作用的研究较少，但其中含有的岩白菜素及熊果苷等成分均有很好的药理活性，因而值得对虎耳草进一步开发研究。

虎耳草茎长而匍匐下垂，茎尖着生小株。可用于岩石园绿化，或盆栽供室内垂挂，是很好的观赏植物。

虎耳草中含熊果苷，能抑制黑色素形成，虎耳草的醇提物有抑制蛋白酶作用，可抗皱和增加皮肤弹性，用于防衰老和美白护肤产品的开发[13, 16]。

参考文献

[1] 罗厚蔚，吴葆金，陈节庵，刘姿荣．虎耳草有效成分的研究．中国药科大学学报．1988, **19**(1): 1-3

[2] M Taneyama, S Yoshida, M Kobayashi, H Masao. Studies on C-glycosides in higher plants. Part 3. Isolation of norbergenin from *Saxifraga stolonifera*. *Phytochemistry*. 1983, **22**(4): 1053-1054

[3] N Morita, M Shimizu, M Arisawa, M Koshi. Medicinal resources. XXXVI. Constituents of the leaves of *Saxifraga stolonifera* (Saxifragaceae). *Chemical & Pharmaceutical Bulletin*. 1974, **22**(7): 1487-1489

[4] Y Aoyagi, A Kasuga, S Fujihara, T Sugahara. Isolation of antioxidative compounds from *Saxifraga stolonifera*. *Nippon Shokuhin Kagaku Kogaku Kaishi*. 1995, **42**(12): 1027-1030

[5] M Taneyama, S Yoshida. Studies on C-glycosides in higher plants. II. Incorporation of glucose-^{14}C into bergenin and arbutin in *Saxifraga stolonifera. Botanical Magazine.* 1979, **92**(1025): 69-73

[6] T Aoki, T Hirata, T Harada, K Tominaga, T Suga. Biologically active chemical constituents of the stolons of *Saxifraga stolonifera. Physics and Chemistry.* 1984 **48**(2): 81-85

[7] AP Tucci, F Delle Monache, GB Marini-Bettolo. Occurrence of (+)-afzelechin in *Saxifraga ligulata. Annali dell'Istituto Superiore di Sanita.* 1969, **5**(5-6): 555-556

[8] H Kameoka, C Kitagawa. Constitution of *Saxifraga stolonifera* Meerb. II. Steam volatile oil obtained from the root. *Yukagaku.* 1976, **25**(8): 490-493

[9] 丁家欣，张立石，张玲，张秋海，李玉梅，刘红．虎耳草提取物对前列腺癌细胞凋亡的影响．中国中医基础医学杂志．2005，**11**(12)：905-907

[10] 张立石，丁家欣，张秋海，张玲，李玉梅，刘红．虎耳草提取物对大鼠成纤维细胞的抑制作用．中国中医基础医学杂志．2005，**11**(12)：920，922

[11] 刘世旺，徐艳霞，石宏武．虎耳草乙醇提取物对细菌生长曲线的影响．安徽农业科学．2007，**35**(4)：943-944，946

[12] HK Lim, HS Kim, HS Choi, J Choi, SH Kim, MJ Chang. Effects of bergenin, the major constituent of *Mallotus japonicus* against D-galactosamine-induced hepatotoxicity in rats. *Pharmacology.* 2001, **63**(2): 71-75

[13] SL Cheng, RH Liu, JN Sheu, ST Chen, S Sinchaikul, GJ Tsay. Toxicogenomics of A375 human malignant melanoma cells treated with arbutin. *Journal of Biomedical Science.* 2007, **14**(1): 87-105

[14] 张春香，盛玉清．熊果苷和维生素 C 钠对黑色素生成的抑制作用．江苏药学与临床研究．2006，**14**(4)：220-222

[15] 张林林．用枇杷叶、鱼腥草和虎耳草乙醇提取液治疗湿疹．国外医药：植物药分册．2002，**17**(6)：275

[16] S Inomata, M Ota. Elastase inhibitors containing *Saxifraga stolonifera* extracts. *Japan Kokai Tokkyo Koho.* 1999: 8

野甘草 Yegancao

玄参科

Scoparia dulcis L.
Sweet Broomweed

概述

玄参科 (Scrophulariaceae) 植物野甘草 *Scoparia dulcis* L. 其干燥全草入药。中药名：野甘草。

野甘草属 (*Scoparia*) 植物全世界约有 10 种，分布于墨西哥和南美洲，其中仅本种广布于全球热带。中国有 1 种，可供药用。本种主要分布于中国广东、香港、广西、云南、福建等省区；原产于美洲热带，现已分布于全球热带地区。

野甘草为民间惯用草药，《福建民间草药》、《闽南民间草药》、《广西中药志》、《广东中药》等均有记载，别名：冰糖草。巴西民间医学也将野甘草用于治疗支气管炎、胃肠道疾病、痔疮、昆虫叮咬和外伤[1]。主产于中国广东、广西、云南、福建，以及全球热带地区。

野甘草主要含二萜类、黄酮类和木脂素类成分，其中二萜类成分为野甘草的活性成分。

药理研究表明，野甘草具有抗病毒、抗菌、抗肿瘤、降血糖等作用。

民间经验认为野甘草具有疏风止咳，清热利湿的功效。

野甘草 *Scoparia dulcis* L.

野甘草 Yegancao

药材野甘草 Herba Scopariae

1cm

化学成分

野甘草的新鲜叶含黄酮类成分：7-O-甲基野黄芩黄素 (7-O-methylscutellarein)、野黄芩黄素 (scutellarein)、野黄芩黄素-7-O-β-葡萄糖醛酸苷 (scutellarein-7-O-β-D-glucuronide)[2]等。

野甘草地上部分含二萜类成分：异野甘草种醇 (iso-dulcinol)、4-表野甘草酸 B (4-epi-scopadulcic acid B)、野甘草种二醇 (dulcidiol)、野甘草属醇 (scopanolal)、野甘草种醇 (dulcinol)、scopadulciol、野甘草属二醇 (scopadiol)[3]、野甘草酸 A、B、C (scopadulcic acids A-C)[4]、野甘草郁林 (scopadulin)[5]、野甘草属酸 (scoparic acids A-C)[6]；木脂素类成分：珠子草次素 (nirtetralin)、珠子草素 (niranthin)[4]；三萜类成分：桦木酸 (betulinic acid)、羽扇醇 (lupeol)[4]；黄酮类成分：金合欢素 (acacetin)、熊竹素 (kumatakenin)[4]、eugenyl-β-D-glucopyranoside[7]、hymenoxin[8]、蒙花苷 (linarin)、木犀草素 (luteolin)、芹黄素 (versulin)、野黄芩黄素 (scutellarein)、牡荆苷 (vitexin)、木犀草素-7-葡糖苷 (luteolin-7-glucoside)、巢菜素-2 (vicenin-2)、野黄芩苷 (scutellarin)[9]等。

野甘草根含苯并噁唑类成分：薏苡素 (coixol)；三萜类成分：依弗酸 (ifflaionic acid)[10]等。

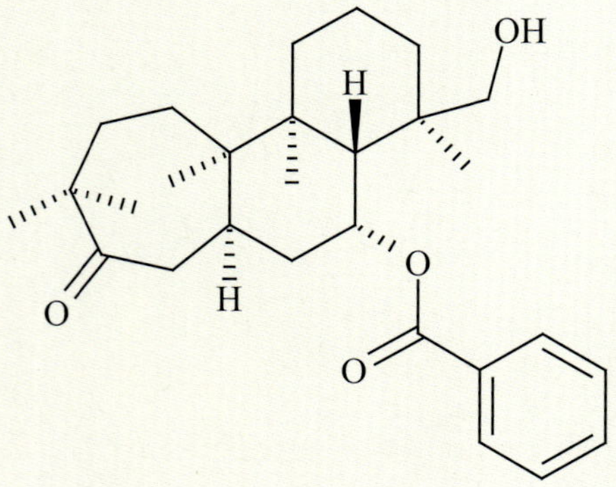

scopadulciol

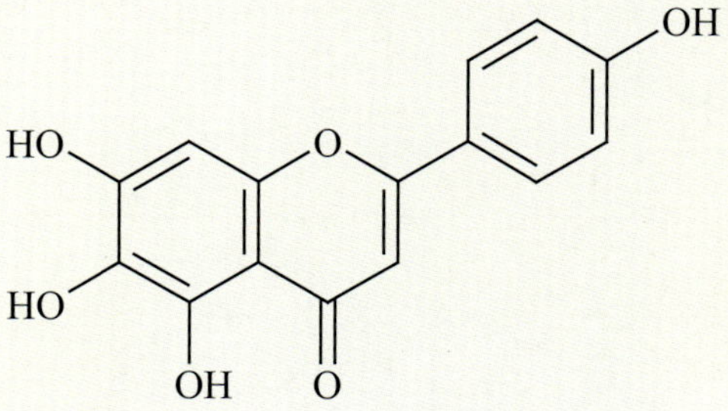

scutellarein

野甘草中还分离到三萜类成分：无羁萜 (friedelin)[11]、β-黏霉烯醇 (glutinol)[12]、α-香树脂素 (α-amyrin)、桦木酸 (betulinic acid)[13]。

药理作用

1. **抗病毒**
体外实验表明，野甘草酸 B 能通过影响 I 型单纯性疱疹病毒 (HSV-1) 的早期感染过程，抑制病毒增殖。仓鼠接种病毒后，灌胃或腹腔注射野甘草酸B均能延缓疱疹病灶出现，延长生存时间[14]。Scopadulciol 能在 HSV-1 复制后期，抑制受感染细胞中病毒蛋白合成，产生病毒杀灭作用[15]。金合欢素体外能抑制受感染细胞中病毒蛋白合成，抑制 HSV-1 病毒复制，在高浓度时具有杀灭病毒作用[16]。

2. **抗菌**
野甘草甲醇提取物氯仿部位对伤寒菌、金黄色葡萄球菌、大肠杆菌、绿脓杆菌等细菌以及大孢链格孢、白色念珠菌、黑曲霉菌等真菌均具有明显的体外抑制作用[17]。野甘草全草甲醇提取物的的二氯甲烷、正丁醇和水溶性部位对雷伯氏杆菌、奇异变形杆菌及肺炎球菌具有明显抑制作用，二氯甲烷和水溶性部位对绿脓杆菌和金黄色葡萄球菌具有抑制作用[18]。4-表野甘草酸B对金色葡萄球菌、甲氧西林耐受型金色葡萄球菌 B26、K1 均具有选择性体外抑制作用[4]。

3. **抗肿瘤**
MTT 实验表明，二萜类化合物 4-表野甘草酸 B、野甘草种二醇、异野甘草种醇、野甘草酸 C 均对表皮样口癌异倍体 KB 细胞有细胞毒作用[4]。体外实验表明，异野甘草种醇、4-表野甘草酸B等二萜类化合物对人胃癌细胞 SCL、SCL-6、SCL-37'6、SCL-9、Kato-3、NUGC-4 也有不同程度的细胞毒作用[3]。野甘草酸 B 体内、体外均能抑制十四烷酰法波醇醋酸酯 (TPA) 导致的肿瘤生长和 TPA 促进的培养细胞磷脂合成，还能抑制 TPA 对 7,12-二甲基苯并蒽致小鼠皮肤肿瘤形成的促进作用[19]。灌胃和腹腔注射野甘草酸 B 均能延长艾氏腹水癌细胞接种后小鼠平均生存时间，且不影响体重[20]。Hymenoxin 对肿瘤细胞的细胞毒敏感性较对人正常细胞强[8]。

4. **降血糖**
野甘草水提取物灌胃能明显降低链脲霉素所致糖尿病大鼠血糖，升高血浆胰岛素，减少硫代巴比妥酸反应物 (TBARS) 和氢过氧化物 (HPX)，增加超氧化物歧化酶 (SOD)、过氧化氢酶 (CAT)、谷胱甘肽过氧化物酶 (GSH-Px) 活性，增加还原型谷胱甘肽 (GSH)、谷胱甘肽-S-转移酶 (GST)，产生降血糖作用[21]；也能增加红细胞膜胰岛素结合位点，增强胰岛素特异性结合，恢复胰岛素亲和力，明显提高血浆胰岛素水平[22]；还能明显降低血糖和血浆糖蛋白，升高血浆胰岛素和组织唾液酸，恢复组织己糖、己糖胺和岩藻糖水平[23]，明显减少胰岛细胞 RINm5F 中脂质过氧化物和一氧化氮 (NO) 的产生，降低链脲霉素导致的细胞毒作用[24-25]。

5. **降血脂**
野甘草水提取物给链脲霉素导致的糖尿病大鼠和正常大鼠灌胃，均能明显降低血浆和组织中的胆固醇、三酰甘油、游离脂肪酸、低密度脂蛋白 (LDL) 等水平，产生降血脂作用[26]。

6. **抗炎、镇痛**
灌胃野甘草乙醇提取物能减少醋酸导致的小鼠扭体反应。灌胃野甘草乙醇提取物和 β-黏霉烯醇能降低角叉菜胶、葡聚糖、组胺导致的大鼠足趾水肿和胸膜炎，野甘草的抗炎作用可能与所含的 β-黏霉烯醇和黄酮类化合物相关[27]。

7. **拟交感作用**
静脉注射野甘草乙醇提取物能升高麻醉大鼠血压，其升血压作用能被降血压药哌唑嗪 (prazosin) 阻断。野甘草乙醇提取物水溶性部位能增强大鼠左心房肌收缩力，其作用能被普萘洛尔 (propranolol) 阻断。野甘草乙醇提取物水溶性部位能抑制组胺导致的豚鼠气管肌肉收缩，其作用能被普萘洛尔阻断。野甘草的升血压和收缩作用可能与所含儿茶酚胺类成分有关[1]。

8. 对胃质子泵的抑制作用

野甘草酸 B 能显著抑制猪胃质子泵钾离子依赖的 ATP 酶 (H^+, K^+ - ATPase)，对胃有保护作用[28]。

9. 其他

野甘草还具有镇静作用[27]。野甘草酸 A 对恶性疟原虫具有体外抑制作用[29]。动物实验证实，野甘草所含野甘草属二醇具有明显镇痛、抗炎、镇静和利尿作用[30]。

应用

本品为民间草药。功能：疏风止咳，清热利湿。主治：感冒发热，肺热咳嗽，咽喉肿痛，肠炎，痢疾，小便不利，脚气水肿，湿疹，痱子。

现代临床还用于肝炎等病的治疗。

评注

近年来，在野甘草的化学成分研究中，其二萜类成分已引起人们的重视，尤其是野甘草酸 A、B、scopadulciol 和野甘草郁林四种成分。在药理活性实验中，这些二萜类成分均显示出不同强度的抗病毒、降血糖和抗肿瘤的作用。以上研究为临床用野甘草治疗肝病、糖尿病和预防肿瘤提供了理论依据，同时也表明，二萜类成分是野甘草治疗多种疾病的主要成分，其药理活性研究值得进一步深入。

参考文献

[1] SM De Farias Friere, LM Brandao Torres, C Souccar, AJ Lapa. Sympathomimetic effects of *Scoparia dulcis* L. and catecholamines isolated from plant extracts. *Journal of Pharmacy and Pharmacology*. 1996, **48**(6): 624-628

[2] P Ramesh, AG Nair, SS Subramanian. Flavonoids of *Scoparia dulcis* and *Stemodia viscosa*. *Current Science*. 1979, **48**(2): 67

[3] M Ahsan, SN Islam, AI Gray, WH Stimson. Cytotoxic diterpenes from *Scoparia dulcis*. *Journal of Natural Products*. 2003, **66**(7): 958-961

[4] MG Phan, TS Phan, K Matsunami, H Otsuka. Chemical and biological evaluation on scopadulane-type diterpenoids from *Scoparia dulcis* of vietnamese origin. *Chemical & Pharmaceutical Bulletin*. 2006, **54**(4): 546-549

[5] T Hayashi, M Kawasaki, Y Miwa, T Taga, N Morita. Antiviral agents of plant origin. III. Scopadulin, a novel tetracyclic diterpene from *Scoparia dulcis* L. *Chemical & Pharmaceutical Bulletin*. 1990, **38**(4): 945-947

[6] T Hayashi, M Kawasaki, K Okamura, Y Tamada, N Morita, Y Tezuka, T Kikuchi, Y Miwa, T Taga. Scoparic acid A, a β-glucuronidase inhibitor from *Scoparia dulcis*. *Journal of Natural Products*. 1992, **55**(12): 1748-1755

[7] YS Li, XG Chen, M Satake, Y Oshima, Y Ohizumi. Acetylated flavonoid glycosides potentiating NGF action from *Scoparia dulcis*. *Journal of Natural Products*. 2004, **67**(4): 725-727

[8] T Hayashi, K Uchida, K Hayashi, S Niwayama, N Morita. A cytotoxic flavone from *Scoparia dulcis* L. *Chemical & Pharmaceutical Bulletin*. 1988, **36**(12): 4849-4851

[9] M Kawasaki, T Hayashi, M Arisawa, N Morita, LH Berganza. 8-Hydroxytricetin 7-glucuronide, a β-glucuronidase inhibitor from *Scoparia dulcis*. *Phytochemistry*. 1988, **27**(11): 3709-3711

[10] CM Chen, MT Chen. 6-Methoxybenzoxazolinone and triterpenoids from roots of *Scoparia dulcis*. *Phytochemistry*. 1976, **15**(12): 1997-1999

[11] C Kamperdick, TP Lien, TV Sung, G Adam. 2-Hydroxy-2 H-1,4-benzoxazin-3-one from *Scoparia dulcis*. *Pharmazie*. 1997, **52**(12): 965-966

[12] T Hayashi, S Asano, M Mizutani, N Takeguchi, T Kojima, K Okamura, N Morita. Scopadulciol, an inhibitor of gastric hydrogen ion/potassium-ATPase from *Scoparia dulcis*, and its structure-activity relationships. *Journal of Natural Products*. 1991, **54**(3): 802-809

[13] SB Mahato, MC Das, NP Sahu. Triterpenoids of *Scoparia dulcis*. *Phytochemistry*. 1981, **20**(1): 171-173

[14] K Hayashi, S Niwayama, T Hayashi, R Nago, H Ochiai, N Morita. *In vitro* and *in vivo* antiviral activity of scopadulcic acid B from *Scoparia dulcis*, Scrophulariaceae, against herpes simplex virus type 1. *Antiviral Research*. 1988, **9**(6): 345-354

[15] K Hayashi, T Hayashi. Scopadulciol is an inhibitor of herpes simplex virus type 1 and a potentiator of aciclovir. *Antiviral Chemistry & Chemotherapy*. 1996, **7**(2): 79-85

[16] K Hayashi, T Hayashi, M Arisawa, N Morita. Antiviral agents of plant origin. Antiherpetic activity of acacetin. *Antiviral Chemistry & Chemotherapy*. 1993, **4**(1): 49-53

[17] M Latha, KM Ramkumar, L Pari, PN Damodaran, V Rajeshkannan, T Suresh. Phytochemical and antimicrobial study of an antidiabetic plant: *Scoparia dulcis* L. *Journal of Medicinal Food*. 2006, **9**(3): 391-394

[18] SA Begum, N Nahar, M Mosihuzzaman. Chemical and biological studies of *Scoparia dulcis* L. plant extracts. *Journal of Bangladesh Academy of Sciences*. 2000, **24**(2): 141-148

[19] H Nishino, T Hayashi, M Arisawa, Y Satomi, A Iwashima. Antitumor-promoting activity of scopadulcic acid B, isolated from the medicinal plant *Scoparia dulcis* L. *Oncology*. 1993, **50**(2): 100-103

[20] K Hayashi, T Hayashi, N Morita. Cytotoxic and antitumor activity of scopadulcic acid from *Scoparia dulcis* L. *Phytotherapy Research*. 1992, **6**(1): 6-9

[21] L Pari, M Latha. Antidiabetic effect of *Scoparia dulcis*: effect on lipid peroxidation in streptozotocin diabetes. *General Physiology and Biophysics*. 2005, **24**(1): 13-26

[22] L Pari, M Latha, CA Rao. Effect of *Scoparia dulcis* extract on insulin receptors in streptozotocin induced diabetic rats: Studies on insulin binding to erythrocytes. *Journal of Basic and Clinical Physiology and Pharmacology*. 2004, **15**(3-4): 223-240

[23] M Latha, L Pari. Effect of an aqueous extract of *Scoparia dulcis* on plasma and tissue glycoproteins in streptozotocin induced diabetic rats. *Pharmazie*. 2005, **60**(2): 151-154

[24] M Latha, L Pari, S Sitasawad, R Bhonde. Scoparia dulcis, a traditional antidiabetic plant, protects against streptozotocin induced oxidative stress and apoptosis *in vitro* and *in vivo*. *Journal of Biochemical and Molecular Toxicology*. 2004, **18**(5): 261-272

[25] M Latha, L Pari, S Sitasawad, R Bhonde. Insulin-secretagogue activity and cytoprotective role of the traditional antidiabetic plant *Scoparia dulcis* (Sweet Broomweed). *Life Sciences*. 2004, **75**(16): 2003-2014

[26] L Pari, M Latha. Antihyperlipidemic effect of *Scoparia dulcis* (sweet broomweed) in streptozotocin diabetic rats. *Journal of Medicinal Food*. 2006, **9**(1): 102-107

[27] SM de Farias Freire, JA da Silva Emim, AJ Lapa, C Souccar, SM Freire. Analgesic and antiinflammatory properties of *Scoparia dulcis* L. extracts and glutinol in rodents. *Phytotherapy Research*. 1993, **7**(6): 408-414

[28] T Hayashi, K Okamura, M Kakemi, S Asano, M Mizutani, N Takeguchi, M Kawasaki, Y Tezuka, T Kikuchi, N Morita. Scopadulcic acid B, a new tetracyclic diterpenoid from *Scoparia dulcis* L. Its structure, hydrogen ion-potassium adenosine triphosphatase inhibitory activity and pharmacokinetic behavior in rats. *Chemical & Pharmaceutical Bulletin*. 1990, **38**(10): 2740-2745

[29] MA Riel, DE Kyle, WK Milhous. Efficacy of scopadulcic acid A against *Plasmodium falciparum in vitro*. *Journal of Natural Products*. 2002, **65**(4): 614-615

[30] M Ahmed, HA Shikha, SK Sadhu, MT Rahman, BK Datta. Analgesic, diuretic, and anti-inflammatory principle from *Scoparia dulcis*. *Pharmazie*. 2001, **56**(8), 657-660

毛茛科

天葵 Tiankui^{CP}

Semiaquilegia adoxoides (DC.) Makino
Muskroot-like Semiaquilegia

概 述

毛茛科(Ranunculaceae) 植物天葵 *Semiaquilegia adoxoides* (DC.) Makino，其干燥块根入药。中药名：天葵子。

天葵属 (*Semiaquilegia*) 植物全世界仅有 1 种，供药用。分布于中国长江流域的亚热带地区及日本。

"天葵"药用之名，始载于《本草图经》。历代本草多有著录，古今药用品种一致。《中国药典》(2005 年版) 收载本种为中药天葵子的法定原植物来源种。主产于中国湖北、湖南、江苏等省。

天葵子主要含生物碱类、二萜类、氰苷类和苯并呋喃类成分等。《中国药典》采用性状、显微和理化鉴别，以控制药材质量。

药理研究表明，天葵的块根具有抗菌作用。

中医理论认为天葵子具有清热解毒，消肿散结等功效。

天葵 *Semiaquilegia adoxoides* (DC.) Makino

药材天葵子 Radix Semiaquilegiae Adoxoidis

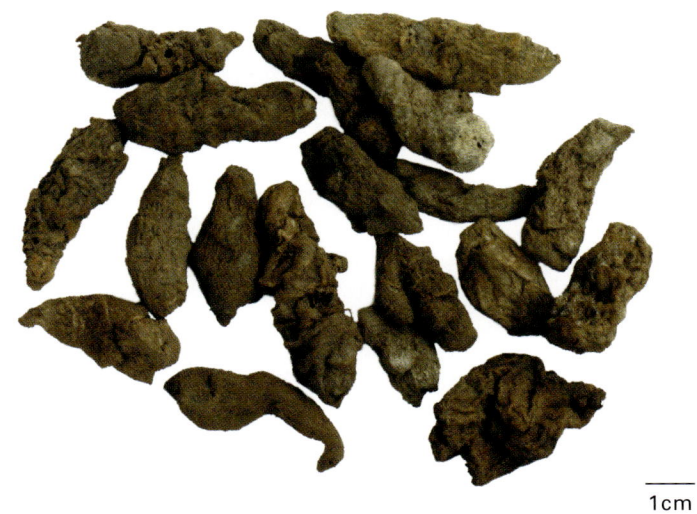

1cm

化学成分

天葵的块根主要含生物碱类成分：木兰花碱 (magnoflorine)[1]、唐松草酚定(thalifendine)[2]、semiaquilegine A[3]；二萜类成分：E‑semiaquilegin、Z‑semiaquilegin[4]、semiaquilegoside A[5]；黄酮类成分：天葵苷 (semiaquilinoside)[6]；氰苷类成分：lithospermoside、menisdaurin、ehretioside B[7]、(1E,4α,5β,6α)‑4,5,6‑trihydroxy‑2‑cyclohexen‑1‑ylideneacetonitrile[8]；苯并呋喃类成分：griffonilide、menisdaurilide、aquilegiolide[7]；酰胺类成分：枸杞酰胺 (lyciumamide)[9]；硝基乙基酚苷类成分：thalictricoside[7]；此外，还含有 cirsiumaldehyde[9]、对羟基苯乙醇 (p‑hydroxyphenylethanol)[2]。

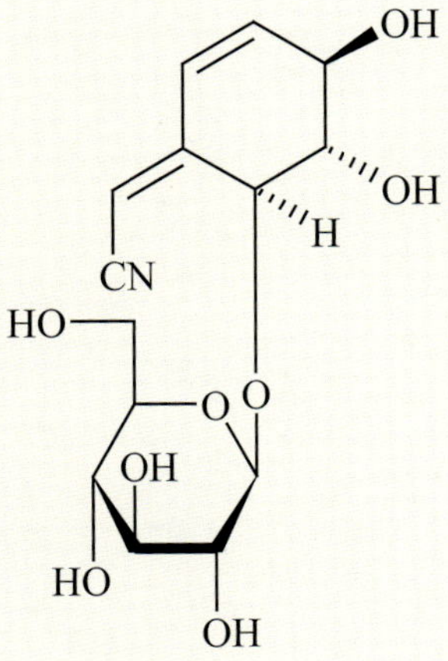

lithospermoside

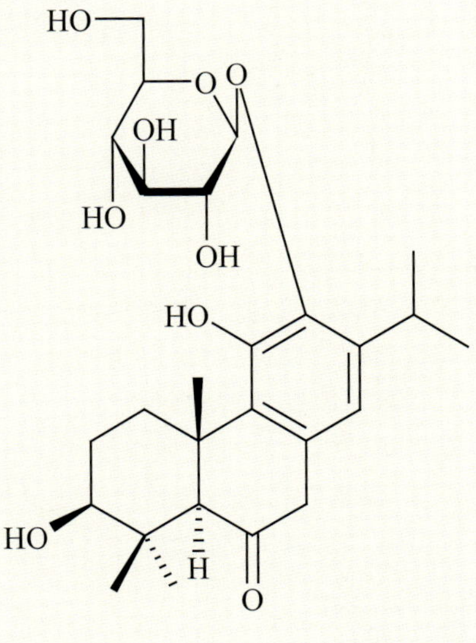

semiaquilegoside A

天葵 Tiankui

药理作用

抗菌

平板纸片法结果表明，天葵的块根 100% 煎剂对金黄色葡萄球菌有抑制作用。

应用

本品为中医临床用药。功能：清热解毒，消肿散结，利水通淋。主治：小儿热惊，癫痫，痈肿，疔疮，乳痈，瘰疬，皮肤痒疮，目赤肿痛，咽痛，蛇虫咬伤，热淋，砂淋。

现代临床还用于腰酸痛、骨折、指甲溃烂、肠黏连、鼻咽癌、白喉、小儿上呼吸道感染等病的治疗。

评注

天葵的全草入药，名天葵草。功能：解毒消肿，利水通淋。主治：瘰疬痈肿，蛇虫咬伤，疝气，小便淋痛。

天葵的种子入药，名千年老鼠屎种子。功能：解毒，散结。主治：乳痈肿痛，瘰疬，疮毒，妇人血崩，带下，小儿惊风。

天葵的乙醇提取液对小菜蛾具有很好的拒食活性。对小菜蛾的幼虫、化蛹和羽化均有影响，可作为天然杀虫剂进行研究开发[10]。

天葵在民间被用于治疗腮腺炎，疗效显著，迄今尚缺乏系统的药理研究，值得深入探讨。

参考文献

[1] QB Han, B Jiang, SX Mei, G Ding, HD Sun, JX Xie, YZ Liu. Constituents from the roots of *Semiaquilegia adoxoides*. *Fitoterapia*. 2001, **72**(1): 86-88

[2] 苏艳芳, 蓝华英, 张贞霞, 郭成云, 果德安. 天葵子化学成分研究. 中草药. 2006, **37**(1): 27-29

[3] F Niu, Z Cui, HT Chang, Y Jiang, FK Chen, PF Tu. Constituents from the roots of *Semiaquilegia adoxoides*. *Chinese Journal of Chemistry*. 2006, **24**(12): 1788-1791

[4] F Niu, HT Chang, Y Jiang, Z Cui, FK Chen, JZ Yuan, PF Tu. New diterpenoids from *Semiaquilegia adoxoides*. *Journal of Asian Natural Products Research*. 2005, **8**(1-2): 87-91

[5] F Niu, Z Cui, Q Li, HT Chang, Y Jiang, L Qiao, PF Tu. Complete assignments of 1H and 13C NMR spectral data for a novel diterpenoid from *Semiaquilegia adoxoides*. *Magnetic Resonance in Chemistry*. 2006, **44**(7): 724-726

[6] 刘延泽, 王苋卿, 谢兰, 贺存恒, 谢晶曦. 天葵化学成分的研究 I. 天葵苷的结构. 中草药. 1999, **30**(1): 5-7

[7] F Niu, ZQ Niu, GB Xie, F Meng, GE Zhang, Z Cui, PF Tu. Development of an HPLC fingerprint for quality control of Radix Semiaquilegiae. *Chromatographia*. 2006, **64**(9-10): 593-597

[8] H Zhang, ZX Liao, JM Yue. Cyano- and nitro-containing compounds from the roots of *Semiaquilegia adoxoides*. *Chinese Journal of Chemistry*. 2004, **22**(10): 1200-1203

[9] 邹建华, 杨峻山. 天葵的化学成分研究. 中国药学杂志. 2004, **39**(4): 256-257

[10] 李明, 季强彪, 曾希, 熊继文, 康冀川. 天葵对昆虫的生物活性研究 I. 天葵提取物对小菜蛾的拒食活性. 贵州农学院学报. 1997, **16**(3): 27-30

千里光 Qianliguang

菊科

Senecio scandens Buch. -Ham. ex D. Don
Climbing Groundsel

概述

菊科 (Asteraceae) 植物千里光 *Senecio scandens* Buch. -Ham. ex D. Don，其干燥地上部分入药。中药名：千里光。

千里光属 (*Senecio*) 植物全世界约有 1 000 种，除南极洲外遍布全世界。中国有 63 种。现供药用者约有 18 种。本种分布于中国西藏、陕西、湖北、四川、贵州、云南、安徽、浙江、江西、福建、湖南、广东、香港、广西、台湾等省区；印度、尼泊尔、不丹、缅甸、泰国、菲律宾和日本均有分布。

千里光以"千里及"药用之名，始载于《本草拾遗》。历代本草多有著录。《广东省中药材标准》收载本种为中药千里光的原植物来源种。主产于中国江苏、浙江、广西、四川等省。

千里光主要含生物碱类、黄酮类、三萜类、蓝花楹酮苷类、挥发油等成分。《广东省中药材标准》采用性状鉴定，以控制药材质量。

药理研究表明，千里光具有抗菌、抗氧化、抗病毒等作用。

中医理论认为千里光具有清热解毒，清肝明目，杀虫止痒的功效。

千里光 *Senecio scandens* Buch. -Ham. ex D. Don

千里光 Qianliguang

药材千里光 Herba Senecionis Scandentis

化学成分

千里光全草含生物碱类成分：千里光宁碱 (senecionine)、千里光菲灵碱 (seneciphylline)[1]、adonifoline[2]；黄酮类成分：金丝桃苷 (hyperoside)、蒙花苷 (linarin)[2]；三萜类成分：羽扇豆烯酮 (lupenone)、齐墩果烷 (oleanane)[2]；固醇类成分：β-谷甾醇 (β-sitosterol)、胡萝卜苷 (daucosterol)[2]；蓝花楹酮苷类成分：2,6-bis(1-hydroxy-4-oxo-2,5-cyclohexadiene-1-acetate)-D-glucose、1,6-bis(1-hydroxy-4-oxo-2,5-cyclohexadiene-1-acetate)-D-glucopyranose[3]；内酯类成分：千里光内酯 (senecio lactone)[4]；挥发油类成分：芳樟醇 (linalool)、丁香酚 (eugenol)、对聚伞花烃 (p-cymene)、龙脑 (borneol)、榄香烯 (elemene)、石竹烯 (caryophyllene)[5]；酚酸类成分：香草酸 (vanillic acid)、焦黏酸 (pyromucic acid)[6]等。

另外，千里光花还含胡萝卜素类成分：毛茛黄素 (flavoxanthin)、菊黄质 (chrysanthemaxanthin)、β-胡萝卜素 (β-carotene)[7]。

senecionine

药理作用

1. **抗菌**
   千里光水煎液具广谱抗菌作用,尤对金黄色葡萄球菌、肺炎链球菌、乙型溶血性链球菌、流感嗜血杆菌[8]、肠炎沙门氏菌、大肠杆菌、炭疽杆菌[9]、枯草杆菌[10]、白喉杆菌、伤寒杆菌、变形杆菌和痢疾杆菌[11]的生长等有相当强的体外抗菌作用。体内实验也证实,千里光醇提水沉注射液腹腔注射,对小鼠肠炎沙门氏菌、大肠杆菌、溶血性链球菌、金黄色葡萄球菌感染具有明显抑制作用[12]。

2. **抗氧化**
   体内实验证实,千里光水提液能够有效抑制大鼠红细胞溶血,抑制大鼠脑、肾匀浆脂质过氧化反应,具有显著的超氧阴离子和羟自由基清除活性,仅有较小的促氧化效应[13-14]。

3. **抗病毒**
   千里光水提液对人类免疫缺陷病毒 (HIV) 有抑制作用[15, 16]。

4. **保肝**
   灌胃千里光水煎液能显著抑制四氯化碳所致小鼠血清丙氨酸转氨酶 (ALT)、天冬氨酸转氨酶 (AST) 的升高,抑制肝脏组织病理学改变、保护肝功能[17]。

5. **其他**
   千里光煎剂体外能抑制钩端螺旋体生长,灌胃能保护家兔、豚鼠、大鼠、小鼠钩端螺旋体感染。千里光煎剂体外也能抑制人阴道滴虫。

应用

本品为中医临床用药。功能:清热解毒,清肝明目,杀虫止痒。主治:风热感冒,目赤肿痛,泄泻痢疾,皮肤湿疹,疮疖。

现代临床还用于各种急性炎症疾病、菌痢、毒血症、败血症、轻度肠伤寒、绿脓杆菌感染、急性结膜炎、冻疮、烫火伤、风湿疼痛、沙眼、皮肤痒疹、中耳炎等病的治疗。

评注

千里光的常见混淆中药品种有:菊科植物大头艾纳香 Blumea megacephala (Rand.) Chang et Tseng[18]及陀螺紫菀 Aster turbinatus S. Moore[19]等。

参考文献

[1] V Batra, TR Rajagopalan. Alkaloidal constituents of *Senecio scandens. Current Science*. 1977, **46**(5): 141

[2] 陈录新, 马鸿雁, 张勉, 张朝凤, 王峥涛. 千里光化学成分研究. 中国中药杂志. 2006, **31**(22): 1872-1875

[3] XY Tian, YH Wang, QY Yang, X Liu, WS Fang, SS Yu. Jacaranone glycosides from *Senecio scandens. Journal of Asian Natural Products Research*. 2005, **8**(1-2): 125-132

[4] XY Tian, YS Wu, NB Gong, Y Lu, WS Fang. (3aRS,7aRS)-3a-Hydroxy- 3,3a,7,7a-tetrahydrobenzofuran-2,6-dione. *Acta Crystallographica*. 2006, **E62**(2): o458-o459

[5] 周欣, 赵超, 杨小生. 气相色谱-质谱分析黔产千里光挥发油的化学成分. 中草药. 2001, **32**(10): 880-881

[6] 王雪芬, 屠殿君. 九里明化学成分的研究. 药学学报. 1980, **15**(8): 503-505

[7] LRG Valadon, RS Mummery. Carotenoids of certain compositae flowers. *Phytochemistry*. 1967, **6**(7): 983-988

[8] 陈梅荣, 丁惠堂, 王晖, 梁金星. 千里光不同方法提取物抑菌作用的研究. 江西中医学院学报. 2002, **14**(4): 15

[9] 陈进军，王建华，耿果霞，周景明，李建峰，岳治权．千里光的化学成分鉴定及体外抗菌试验．动物医学进展．1999，**20**(4)：35-37

[10] 汪劲松，潘继承．中草药千里光有效成分的提取及抑菌作用的研究．湖北师范学院学报（自然科学版）．2000，**20**(3)：48-53

[11] 夏稷子．千里光等五种中草药的体外抑菌实验．中国微生态学杂志．1997，**9**(4)：50

[12] 陈进军，王建华，周景明．改良千里光注射液的体内外抗菌作用及安全性．中国兽医学报．2001，**21**(6)：608-609

[13] 刘方，武子斌，牛淑敏，何锦姝，邢来君．中药材抗氧化及自由基清除活性的研究．中国药学杂志．2001，**36**(7)：442-445

[14] F Liu, TB Ng. Antioxidative and free radical scavenging activities of selected medicinal herbs. *Life Sciences*. 2000, **66**(8): 725-735

[15] 王亮华，祁丽艳．抗爱滋病中药的开发研究进展．吉林中医药．2002，**22**(3)：59-60

[16] RA Collins, TB Ng, WP Fong, CC Wan, HW Yeung. A comparison of human immunodeficiency virus type 1 inhibition by partially purified aqueous extracts of Chinese medicinal herbs. *Life Sciences*. 1997, **60**(23): PL345-PL351

[17] 谭宗建，田汉文，彭志英．千里光保肝作用的实验研究．四川生理科学杂志．2000，**22**(1)：20-23

[18] 何蓓．千里光及其伪品大头艾纳香茎的显微鉴别比较．广西中医药．2000，**23**(4)：53-54

[19] 何希荣，王宏洁．千里光与单头紫菀的外形鉴定．中国实验方剂学杂志．2006，**12**(7)：15，23

光叶菝葜 Guangyebaqia CP, JP, VP

百合科

Smilax glabra Roxb.
Glabrous Greenbrier

概述

百合科 (Liliaceae) 植物光叶菝葜 *Smilax glabra* Roxb.，其干燥根茎入药。中药名：土茯苓。

菝葜属 (*Smilax*) 植物全世界约有 300 种，分布于全球热带地区，也见于东亚和北美的温暖地区，少数种类产地中海一带。中国约有 60 种和一些变种，大多分布于长江以南各省区。现供药用者约有 17 种。本种分布于中国甘肃、陕西、江苏、安徽、浙江、江西、福建、湖北、湖南、广东、香港、广西、四川、贵州、云南、台湾等省区；越南、泰国和印度也有分布。

光叶菝葜以"禹余粮"药用之名，始载于《本草经集注》。历代本草多有著录，品种不一。《中国药典》(2005 年版) 收载本种为中药土茯苓的法定原植物来源种。主产于中国广东、湖南、湖北、浙江、四川、安徽、福建、江西、广西、江苏等地。

光叶菝葜主要含皂苷类、黄酮类、苠类等成分。《中国药典》采用热浸法测定，规定土茯苓醇溶性浸出物不得少于 15%，以控制药材质量。

药理研究表明，光叶菝葜具有保护心血管系统、抗炎、抗菌、保护肝脏、降血糖等作用。

中医理论认为土茯苓有除湿，解毒，通利关节的功效。

光叶菝葜 *Smilax glabra* Roxb.

光叶菝葜 Guangyebaqia

药材土茯苓 Rhizoma Smilacis Glabrae

化学成分

光叶菝葜的根茎中含有黄酮苷类成分：落新妇苷 (astilbin)、异落新妇苷 (isoastilbin)[1-2]、新落新妇苷 (neoastilbin)、新异落新妇苷 (neoisoastilbin)[3]、赤土茯苓苷 (smiglabrin)[4]、neosmitilbin[5]、黄杞苷 (engeletin)[6]、异黄杞苷 (isoengeletin)[7]、土茯苓苷 (tufulingoside)[8]、7,6'－dihydroxy－3'－methoxyisoflavone[9]、smitilbin、黄杉素 (taxifolin)、eucryphin[10]；苯丙素苷类成分：smiglasides A, B, C, D, E[11]；固醇皂苷类成分：smilagenin 3－O－β－D－glucoside[12]；芪类成分：白藜芦醇 (resveratrol)[10]、3,4',5－三羟基芪 (3,4',5－trihydroxystilbene)[13]。

astilbin   tufulingoside

药理作用

1. **对心血管系统的影响**
   （1）抑制血栓形成　大鼠尾静脉注射光叶菝葜根茎注射液，对下腔静脉血栓形成及体外血栓形成均有显著的抑制作用，能明显保护大鼠下腔静脉内皮细胞，防止内皮损害[14]。
   （2）保护心肌　离体实验证实，从光叶菝葜根茎的醇提取物获得的 3,4',5 - 三羟基芪 (THS) 能明显抑制外源性自由基发生系 (OFRGS) 所致大鼠心肌肌膜和心肌线粒体膜脂质过氧化物的增加。显著抑制 OFRGS 引起的大鼠心肌线粒体膨胀度增加，THS 能显著对抗阿霉素所致的心肌损伤[13]。
   （3）保护缺血脑组织　腹腔注射赤土茯苓苷，能抑制由结扎所致小鼠不完全脑缺血，可明显延长不完全脑缺血小鼠的平均存活时间，提高脑组织中超氧化物歧化酶活力，降低脑组织中脂质过氧化产物丙二醛含量，缩小脑梗塞面积[15]。

2. **抗炎**
   在抗原致敏后及攻击后灌胃光叶菝葜根茎水提物，均能明显抑制三硝基氯苯 (picryl chloride) 所致的小鼠接触性皮炎和羊红细胞所致的足趾反应，以攻击后给药作用最强，也能明显抑制二甲苯所致的小鼠耳郭肿胀及蛋清所致的小鼠足趾炎症反应[16]。

3. **抗菌**
   K - B 纸片扩散法证实，光叶菝葜根茎水提液对金黄色葡萄球菌、白色葡萄球菌、绿脓杆菌、大肠杆菌、伤寒杆菌、甲型链球菌、乙型链球菌均有体外抗菌作用[17]。

4. **保肝**
   灌胃光叶菝葜根茎水煎剂，能明显降低硫代乙酰胺 (TAA) 中毒大鼠血清 5 种肝酶谱的活性和降抵肝脏丙氨酸转氨酶 (ALT) 和天冬氨酸转氨酶 (AST) 活性，对碱性磷酸酶 (ALP) 和谷氨酰转肽酶 (GGT) 活性无影响，表明光叶菝葜根茎水煎剂对大鼠的实验性肝损伤具有保护作用[18]。

5. **降血糖**
   腹腔注射光叶菝葜根茎甲醇提取物，正常小鼠血糖有所降低，而非胰岛素依赖型糖尿病小鼠血糖有明显的降低，但对胰岛素依赖型糖尿病小鼠的血糖没有作用。光叶菝葜根茎甲醇提取物也能抑制由肾上腺素引起的高血糖症，而已经注射光叶菝葜根茎甲醇提取物的小鼠在胰岛素耐受性分析中血糖明显降低[19]。

6. **抗溃疡**
   灌胃土茯苓苷，对水浸应激、利血平、幽门结扎所致的实验性小鼠胃溃疡有保护作用，能减少胃黏膜脂质过氧化反应，抗自由基损伤，促进胃液分泌，提高胃液 pH 值，从而从不同角度保护胃黏膜，减少溃疡的发生[20]。

7. **镇痛**
   通过小鼠扭体反应试验和热板法镇痛试验表明，静脉注射落新妇苷对冰醋酸引起的疼痛有镇痛作用，并能显著提高小鼠的热板痛阈值，表明落新妇苷有明显镇痛作用[21]。

应用

本品为中医临床用药。功能：清热除湿，泄浊解毒，通利关节。主治：梅毒，淋浊，泄泻，带下，痈肿，疥癣，脚气，汞中毒所致的肢体拘挛，筋骨疼痛等。

现代临床还用于急性肾小球肾炎、乙型肝炎、前列腺炎、急性睾丸炎、阴道炎、溃疡性结肠炎、痛风、膝关节积液、淋病性尿道炎、急性菌痢、银屑病、牛皮癣等病的治疗。

光叶菝葜 Guangyebaqia

百合科

评注

土茯苓原名禹余粮，陶弘景谓昔禹行山中，采土茯苓充粮而弃其余，故名禹余粮。李时珍谓形态像茯苓，遂称土茯苓。

土茯苓混淆品种较多，共有 4 个科 5 个属 32 种植物，这些混淆品在功能、主治上和土茯苓有差别，不可混称土茯苓或作土茯苓入药[22]。

土茯苓的主流品种是菝葜属植物光叶菝葜的根茎。目前市场上尚可见菝葜属植物菝葜 Smilax china L.、黑果菝葜 S. glauco-china Warb.；肖菝葜属植物肖菝葜 Heterosmilax japonica Kunth、华肖菝葜 H. chinensis Wang、短柱肖菝葜 H. yunnanensis Gagnep 作土茯苓入药，应注意鉴别。同时还应加强对以上植物的化学成分和药理活性的对比研究，扩大药用资源的开发利用。

参考文献

[1] 陈幸，李彬，黎万寿，吴燕. HPLC法测定土茯苓中落新妇苷的含量. 药物分析杂志. 2004, 24(4): 437-439

[2] QZ Du, L Li, G Jerz. Purification of astilbin and isoastilbin in the extract of Smilax glabra rhizome by high-speed counter-current chromatography. Journal of Chromatography, A. 2005, 1077(1): 98-101

[3] 袁久志，窦德强，陈英杰，李巍，小池一男，二阶堂保，姚新生. 土茯苓二氢黄酮类成分研究. 中国中药杂志. 2004, 29(9): 867-870

[4] 李玉莲，李玉琪，曾平，麦军利，范芳芳，李颖. 高效毛细管电泳测定赤土茯苓中的赤土茯苓苷. 中国新药杂志. 2003, 12(9): 747-749

[5] T Chen, JX Li, Y Cai, Q Xu. A flavonol glycoside from Smilax glabra. Chinese Chemical Letters. 2002, 13(6): 537-538

[6] NQ Chien, G Adam. Constituents of Smilax glabra (Roxb.). Part 4: Natural substances of plants of the Vietnamese flora. Pharmazie. 1979, 34(12): 841-843

[7] 陈广耀，沈连生，江佩芬. 土茯苓中二氢黄酮醇苷的研究. 中国中药杂志. 1996, 21(6): 355-357

[8] 李伊庆，易杨华. 土茯苓化学成分研究. 中草药. 1996, 27(12): 712-714

[9] 易以军，曹正中，杨大龙，曹园，吴永平，赵守训. 土茯苓化学成分研究 (IV). 药学学报. 1998, 33(11): 873-875

[10] T Chen, JX Li, JS Cao, Q Xu, K Komatsu, T Namba. A new flavanone isolated from Rhizoma Smilacis Glabrae and the structural requirements of its derivatives for preventing immunological hepatocyte damage. Planta Medica. 1999, 65(1): 56-59

[11] T Chen, JX Li, Q Xu. Phenylpropanoid glycosides from Smilax glabra. Phytochemistry. 2000, 53(8): 1051-1055

[12] M Sautour, T Miyamoto, MA Lacaille-Dubois. Bioactive steroidal saponins from Smilax medica. Planta Medica. 2006, 72(7): 667-670

[13] 冯永红，许实波，张敏. 3,4',5-三羟基芪对外源性自由基发生系致心肌损伤的保护作用. 天然产物研究与开发. 1999, 11(5): 80-84

[14] 孙晓龙，王宽宇，张丹琦. 土茯苓注射液对大鼠血栓形成影响的实验研究. 中国中医药科技. 2004, 11(4): 229-230

[15] 丁岩，新华，那比，帕尔哈提，周承明，张克锦. 赤土茯苓苷对不完全脑缺血小鼠的保护作用. 中国新药杂志. 2000, 9(4): 238-239

[16] 徐强，王蓉，徐丽华，蒋洁云. 土茯苓对细胞免疫和体液免疫的影响. 中国免疫学杂志. 1993, 9(1): 39-42

[17] 王志强，邱世翠，宋海英，宓伟，杜镇镇. 土茯苓体外抑菌作用研究. 时珍国医国药. 2006, 17(11): 2203-2204

[18] 辛淮生，付海珍，戚雪勇，付志君，夏国华，柳春华，郑铁生，牛新海，滕凯. 土茯苓对 TAA 中毒大鼠肝酶谱的影响. 镇江医学院学报. 1998, 8(2): 165-166

[19] T Fukunaga, T Miura, K Furuta, A Kato. Hypoglycemic effect of the rhizomes of Smilax glabra in normal and diabetic mice. Biological & Pharmaceutical Bulletin. 1997, 20(1): 44-46

[20] 杜鹏，薛洁，周承明，毛新民. 赤土茯苓苷对实验性胃溃疡的保护作用. 中草药. 2000, 31(4): 277-280

[21] 张白嘉，刘亚欧，刘榴，李彬. 土茯苓及落新妇苷抗炎、镇痛、利尿作用研究. 中药药理与临床. 2004, 20(1): 11-12

[22] 曹海山，杨莉珠，何鹏彬. 土茯苓混用品种的植物来源. 中国医院药学杂志. 2005, 25(11): 1069-1070

龙葵 Longkui KHP, IP

茄 科

Solanum nigrum L.
Black Nightshade

 概述

茄科 (Solanaceae) 植物龙葵 *Solanum nigrum* L.，其干燥全草入药。中药名：龙葵。

茄属 (*Solanum*) 植物全世界约有 2 000 种，主要分布于热带、亚热带地区，少数种可达至温带地区。中国约有 39 种、14 变种，本属现供药用约有 21 种、1 变种。本种在中国各地均有分布，也广泛分布于欧洲、亚洲、美洲的温带至热带地区。

"龙葵"药用之名，始载于《药性论》。历代本草多有著录，古今药用品种一致。中国各地均产。

龙葵主要含固醇生物碱类、固醇皂苷类、黄酮类成分等。

药理研究表明，龙葵具有抗肿瘤、抗氧化、抗溃疡、抗血吸虫等作用。

中医理论认为龙葵具有清热解毒，活血消肿的功效。

龙葵 *Solanum nigrum* L.

龙葵 Longkui

药材龙葵 Herba Solani Nigri

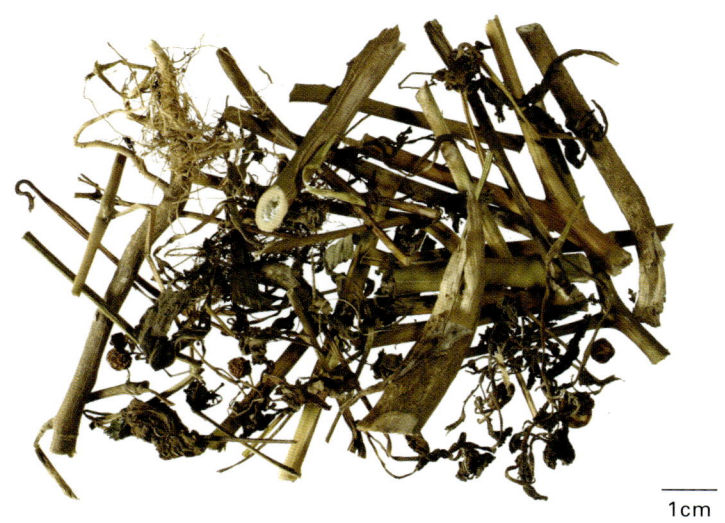

1cm

化学成分

龙葵根茎含固醇皂苷元类成分：剑麻皂素 (tigogenin)[1]；固醇皂苷类成分：龙葵螺苷B (uttronin B)[2]等。

龙葵果实含固醇皂苷元类成分：剑麻皂素、薯蓣皂苷元 (diosgenin)[3]；固醇生物碱类成分：茄解二烯 (solasodiene)[3]、α-茄解碱 (α-solasonine)、边缘茄碱 (solamargine)[4]、龙葵次碱 (solanidine)、澳洲茄胺 (solasodine)[5]。

龙葵全草含固醇皂苷类成分：solanigrosides C、D、E、F、G、H、degalactotigonin[6]、薤白苷A (macrostemonoside A)、nigrumnins I、II[7]；固醇生物碱类成分：$β_2$-边缘茄碱 ($β_2$-solamargine)、边缘茄碱[8]等。

龙葵叶含黄酮类成分：槲皮素-3-葡萄糖苷 (quercetin-3-glucoside)、槲皮素-3-半乳糖苷 (quercetin-3-galactoside)、槲皮素-3-龙胆二糖苷 (quercetin-3-gentiobioside)、异生物槲皮素 (isobioquercetin)[9]等。

另外，龙葵还含有一种分子量约为150kDa的糖蛋白具有降血脂作用[10]。

solanidine

tigogenin

药理作用

1. **抗肿瘤**
   龙葵生物碱可通过改变细胞膜的结构和功能、影响 DNA 和 RNA 的合成以及改变细胞周期分布来抑制肿瘤。龙葵糖蛋白可通过阻断 NF-κB 抗凋亡通路、激活 caspase 级联反应、及促进 NO 的释放促进肿瘤细胞的凋亡[11-14]。龙葵果实乙醇提取物能促使人乳腺癌细胞 MCF-7 的 DNA 断裂,抑制癌细胞增生,产生细胞凋亡作用[15]。龙葵浓缩果汁灌胃可抑制 S_{180} 荷瘤小鼠肿瘤的生长,增加脾脏重量,通过调节机体的免疫功能产生抗肿瘤作用[16]。龙葵总碱对 S_{180} 小鼠及 H_{22} 小鼠肿瘤细胞膜 Na^+,K^+-ATP 酶及 Ca^{2+},Mg^{2+}-ATP 酶活性均有明显的抑制作用,可能是龙葵总碱抗肿瘤作用机理之一[17]。β_2-边缘茄碱、边缘茄碱、degalactotigonin 对人结肠癌细胞 HT-29 和 HCT-15、前列腺细胞 LNCaP 和 PC-3、乳腺癌细胞 T47D 和 MDA-MB-231 均有体外抑制作用[8]。

2. **抗氧化**
   龙葵全草乙醇提取液给小鼠灌胃,可显著降低肝脏、心肌与脑组织中过氧化脂质含量,提高组织超氧化物歧化酶(SOD)的活性[18]。龙葵叶所含总黄酮和生物碱对 Fe^{2+}/维生素 C 导致的脂质体过氧化反应具有明显抑制作用[19]。二苯代苦味酰肼(DPPH)实验表明,龙葵糖蛋白对超氧化阴离子和羟自由基有明显清除作用[20]。

3. **抗溃疡**
   龙葵果实甲醇提取物口服给药能抑制乙醇导致的大鼠胃溃疡,降低 H^+,K^+-ATP 酶活性,减少胃泌素分泌,减小溃疡面积,龙葵果实甲醇提取物也能加速大鼠醋酸所致胃溃疡的愈合[21]。

4. **抗血吸虫**
   龙葵叶水提取物能降低曼氏血吸虫对小鼠的感染能力,并能减少血吸虫在受感染小鼠肝脏中的产卵量[22]。龙葵叶水提取物对血吸虫宿主螺也有杀灭作用[23]。

5. **降血脂**
   龙葵糖蛋白灌胃小鼠能抑制表面活性剂 Triton WR-1339 和玉米油导致的血浆脂蛋白升高[10]。

6. **保护肾脏细胞**
   体外实验表明,龙葵 50% 乙醇提取物对庆大霉素导致的猴肾脏细胞(vero cells)毒性损伤有明显抑制作用,其作用可能与龙葵自由基清除活性相关[24]。

7. **保肝**
   龙葵果实乙醇提取物灌胃,对四氯化碳导致的大鼠肝脏损伤有明显保护作用[25]。

8. **镇静**
   龙葵果实乙醇提取物腹腔注射,能明显延长大鼠戊巴比妥睡眠时间,减少攻击行为和自主活动,产生中枢神经抑制作用[26]。

9. **其他**
   皮下注射龙葵叶氯仿提取物对小鼠热板实验所致疼痛、福尔马林所致大鼠急性内脏炎症疼痛,以及对角叉菜胶导致的大鼠足趾肿胀和啤酒酵母所致的大鼠发热均有明显抑制作用[27]。

应用

本品为中医临床用药。功能:清热解毒,活血消肿。主治:疔疮,痈肿,丹毒,跌打扭伤,慢性支气管炎,肾炎水肿。

现代临床还用于慢性支气管炎、癌瘤、湿疹、急性肾小球肾炎、尿毒症、泌尿系统感染、尿结石等病的治疗[28]。

龙葵 Longkui

评注

除全草外，龙葵的种子也作中药"龙葵子"入药，具有清热解毒，化痰止咳的功效，主治咽喉肿痛，疔疮，咳嗽痰喘。龙葵的根用作中药"龙葵根"，具有清热利湿，活血解毒的功效，主治痢疾，淋浊，尿道结石，白带，风火牙痛等。

龙葵也是药食两用植物之一，龙葵幼苗可作为蔬菜烹调，成熟果实可作为水果食用，或者制造果酱、果酒、饮料等。

参考文献

[1] SC Sharma, R Chand. Steroidal sapogenins from different parts of *Solanum nigrum* L. *Pharmazie*. 1979, 34(12): 850-851

[2] SC Sharma, R Chand, OP Sati. Uttronin B -a new spirostanoside from *Solanum nigrum* L. *Pharmazie*. 1982, 37(12): 870

[3] IP Varshney, NK Dube. Chemical investigation of *Solanum nigrum* berries. *Journal of the Indian Chemical Society*. 1970, 47(7): 717-718

[4] CL Ridout, KR Price, DT Coxon, GR Fenwick. Glycoalkaloids from *Solanum nigrum* L., α-solamargine and α-solasonine. *Pharmazie*. 1989, 44(10): 732-733

[5] MB Bose, C Ghosh. Studies on the variation of chemical constituents of *Solanum nigrum*, ripe and unripe berries. *Journal of the Institution of Chemists*. 1980, 52(2): 83-84

[6] XL Zhou, XJ He, GH Wang, H Gao, GX Zhou, WC Ye, XS Yao. Steroidal Saponins from *Solanum nigrum*. *Journal of Natural Products*. 2006, 69(8): 1158-1163

[7] T Ikeda, H Tsumagari, T Nohara. Steroidal oligoglycosides from *Solanum nigrum*. *Chemical & Pharmaceutical Bulletin*. 2000, 48(7): 1062-1064

[8] K Hu, H Kobayashi, AJ Dong, YK Jing, S Iwasaki, XS Yao. Antineoplastic agents. Part 3. Steroidal glycosides from *Solanum nigrum*. *Planta Medica*. 1999, 65(1): 35-38

[9] MAM Nawwar, AMD El-Mousallamy, HH Barakat. Quercetin 3-glycosides from the leaves of *Solanum nigrum*. *Phytochemistry*. 1989, 28(6): 1755-1757

[10] SJ Lee, JH Ko, K Lim, KT Lim. 150 kDa glycoprotein isolated from *Solanum nigrum* Linne enhances activities of detoxicant enzymes and lowers plasmic cholesterol in mouse. *Pharmacological Research*. 2005, 51(5): 399-408

[11] 安磊, 唐劲天, 刘新民, 高南南. 龙葵抗肿瘤作用机制研究进展. 中国中药杂志. 2006, 31(15): 1225-1226, 1260

[12] SJ Lee, KT Lim. 150kDa glycoprotein isolated from *Solanum nigrum* Linne stimulates caspase-3 activation and reduces inducible nitric oxide production in HCT-116 cells. *Toxicology in Vitro*. 2006, 20(7): 1088-1097

[13] SJ Lee, JH Ko, KT Lim. Glycine- and proline-rich glycoprotein isolated from *Solanum nigrum* Linne activates caspase-3 through cytochrome c in HT-29 cells. *Oncology Reports*. 2005, 14(3): 789-796

[14] 高世勇, 王秋娟, 季宇彬. 龙葵碱对 HepG2 细胞内 caspase-3 及 bcl-2 蛋白含量的影响. 中国天然药物. 2006, 4(3): 224-229

[15] YO Son, J Kim, JC Lim, Y Chung, GH Chung, JC Lee. Ripe fruits of *Solanum nigrum* L. inhibits cell growth and induces apoptosis in MCF-7 cells. *Food and Chemical Toxicology*. 2003, 41(10): 1421-1428

[16] 赖亚辉, 刘良, 董莉萍. 龙葵浓缩果汁对 S_{180} 荷瘤小鼠的抑瘤效应. 中国预防医学杂志. 2005, 6(1): 28-29

[17] 季宇彬, 高世勇, 王宏亮, 邹翔. 龙葵总碱对肿瘤细胞膜钠泵及钙泵活性影响的研究. 世界科学技术: 中医药现代化. 2006, 8(4): 40-43

[18] 李晓霞, 徐莲芝, 郭新民, 李亚娟, 孙玉花, 王桂云. 龙葵对小鼠组织脂质过氧化作用的影响. 牡丹江医学院学报. 1995, 16(3): 8-9

[19] N Mimica-Dukic, L Krstic, P Boza. Effect of solanum species (*Solanum nigrum* L. and *Solanum dulcamara* L.) on lipid peroxidation in lecithin liposome. *Oxidation Communications*. 2005, 28(3): 536-546

[20] KS Heo, KT Lim. Antioxidative effects of glycoprotein isolated from *Solanum nigrum* L. *Journal of Medicinal Food*. 2004, 7(3): 349-357

[21] M Jainu, CS Devi. Antiulcerogenic and ulcer healing effects of *Solanum nigrum* (L.) on experimental ulcer models: possible mechanism for the inhibition of acid formation. *Journal of Ethnopharmacology*. 2006, 104(1-2): 156-163

[22] AH Ahmed, MMA Rifaat. Effects of *Solanum nigrum* leaves water extract on the penetration and infectivity of *Schistosoma mansoni*

cercariae. *Journal of the Egyptian Society of Parasitology.* 2005, **35**(1): 33-40

[23] AH Ahmed, RM Ramzy. Laboratory assessment of the molluscicidal and cercaricidal activities of the Egyptian weed, *Solanum nigrum* L. *Annals of Tropical Medicine and Parasitology.* 1997, **91**(8): 931-937

[24] KV Prashanth, S Shashidhara, MM Kumar, BY Sridhara. Cytoprotective role of *Solanum nigrum* against gentamicin-induced kidney cell (Vero cells) damage *in vitro. Fitoterapia.* 2001, **72**(5): 481-486

[25] K Raju, G Anbuganapathi, V Gokulakrishnan, B Rajkapoor, B Jayakar, S Manian. Effect of dried fruits of *Solanum nigrum* Linn against CCl_4-induced hepatic damage in rats. *Biological & Pharmaceutical Bulletin.* 2003, **26**(11): 1618-1619

[26] RM Perez, JA Perez, LM Garcia, H Sossa. Neuropharmacological activity of *Solanum nigrum* fruit. *Journal of Ethnopharmacology.* 1998, **62**(1): 43-48

[27] ZA Zakaria, HK Gopalan, H Zainal, PN Mohd, N Morsid, A Aris, MR Sulaiman. Antinociceptive, anti-inflammatory and antipyretic effects of *Solanum nigrum* chloroform extract in animal models. *Yakugaku Zasshi.* 2006, **126**(11): 1171-1178

[28] 徐全香．龙葵的临床应用．中华现代中西医杂志．2005，**3**(11)：1020-1021

龙葵种植地

茄科

水茄 Shuiqie
Solanum torvum Sw.
Tetrongan

概 述

茄科 (Solanaceae) 植物水茄 *Solanum torvum* Sw.，其干燥茎及根入药。中药名：金钮扣。

茄属 (*Solanum*) 植物全世界约有 2 000 种，主要分布于热带、亚热带地区，少数可达到温带地区。中国约有 39 种、14 变种，本属现供药用约有 21 种、1 变种。本种分布于中国云南、广东、香港、广西和台湾；印度、缅甸、泰国、菲律宾、马来西亚、热带美洲也广泛分布。

"金钮扣"药用之名，始载于《全国中草药汇编》。《广东省中药材标准》收载本种为中药金钮扣的原植物来源种。主产于中国福建、广西、广东、云南、贵州及台湾等省区。

水茄主要含固醇类、固醇皂苷类、固醇生物碱类等成分。

药理研究表明，水茄的茎及根具有抗肿瘤、抗菌、抗病毒、抗炎等作用。

中医理论认为金钮扣具有消炎解毒，消肿散结，散瘀止痛的功效。

水茄 *Solanum torvum* Sw.

药材金纽扣 Ramulus Solani Torvi

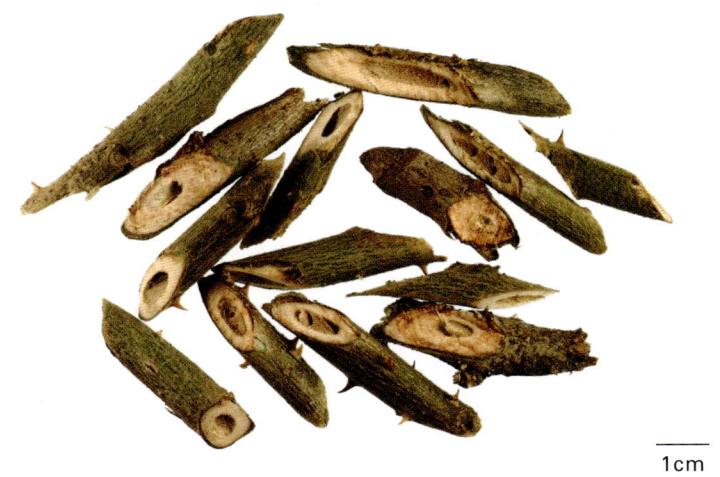

化学成分

水茄根含固醇皂苷元类成分：新克洛皂苷元 (neochlorogenin)[1]；固醇生物碱类成分：圆椎茄碱 (jurubine)[2]等。

水茄茎含固醇生物碱类成分：澳洲茄胺 (solasodine)、茄解二烯 (solasodiene)[1]等。

水茄叶含固醇皂苷类成分：水茄皂苷A、B (torvonins A–B)[3-4]；固醇皂苷元类成分：新克洛皂苷元、野茄皂苷元 (solaspigenin)、新野茄皂苷元 (neosolaspigenin)[5]、克洛皂苷元 (chlorogenin)[1]等。

水茄果实含硫酸化异黄酮类成分：torvanol A[6]；固醇皂苷类成分：torvosides A、H、J、K、L[6-7]；固醇皂苷元类成分：chlorogenone、neochlorogenone[8]、水茄皂苷元 (torvogenin)、克洛皂苷元[1]；固醇生物碱类成分：茄解碱 (solasonine)[9]等。

另外，水茄地上部分还含固醇皂苷类成分：torvosides A、B、C、D、E、F、G[10]等。

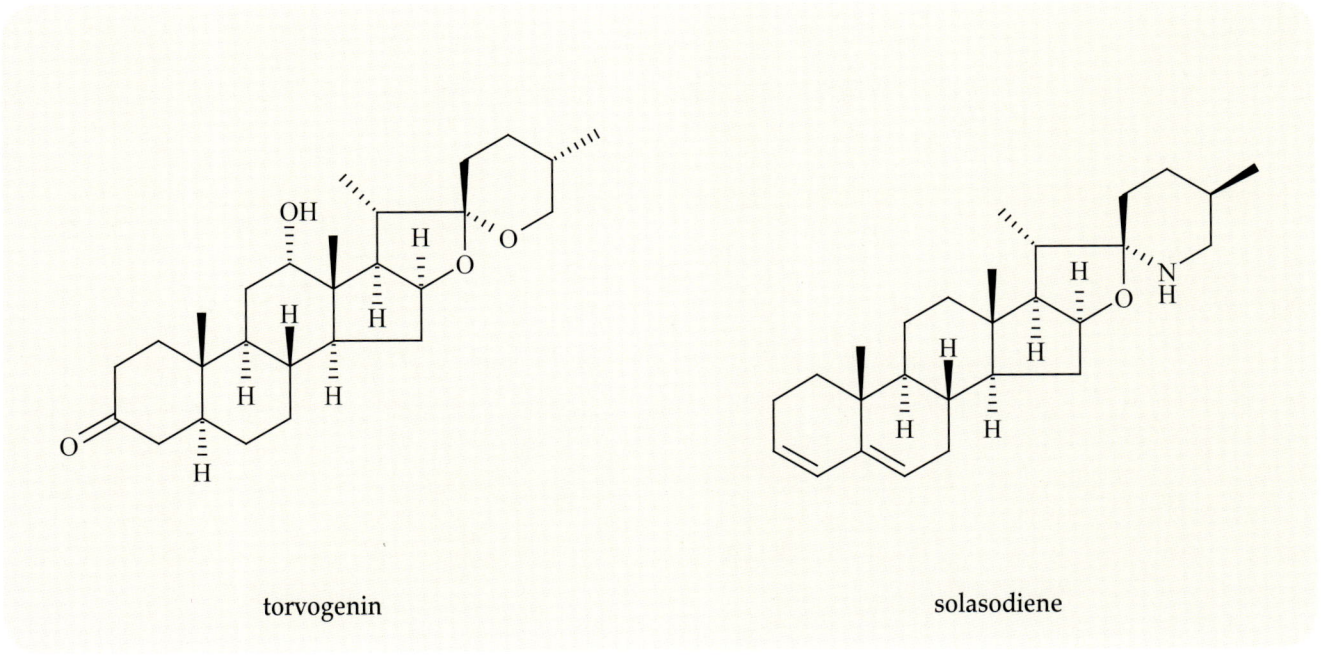

torvogenin

solasodiene

药理作用

1. **抗肿瘤**
   澳洲茄胺的糖苷类化合物对小鼠肉瘤 S_{180} 具有体内抑制作用，而苷元澳洲茄胺在相同剂量下则不具有抑制肉瘤作用[11]。MTT 实验显示，茄解碱对人结肠癌细胞 HT29 和肝癌细胞 HepG2 具有生长抑制作用[12]。

2. **抗菌**
   水茄甲醇提取物对人畜致病菌具有广谱抗菌活性[13]。

3. **抗病毒**
   体外实验表明，torvanol A、torvoside H、茄解碱对 I 型单纯性疱疹病毒 (HSV–I) 有抑制作用，其活性可能与糖苷配糖基插入病毒被膜有关[6, 14]。

4. **抗氧化**
   过氧化物清除实验表明，水茄果实水提取物具有抗氧化活性[15]。

5. **抗炎**
   茄解碱能抑制大鼠棉球肉芽肿和角叉菜胶导致的足趾肿胀[16]。

6. **对平滑肌的影响**
   茄解碱能抑制离体猫心收缩以及乙酰胆碱导致的离体豚鼠回肠和猫气管收缩，对离体兔耳血管产生收缩作用，还可引起离体大鼠子宫收缩和自发性运动[16]。

7. **其他**
   水茄提取物还有抗血小板聚集的作用[17]。

应用

本品为中医临床用药。功能：消炎解毒，消肿散结，散瘀止痛。主治：感冒发热，乳蛾，痧症，久咳，牙痛，跌打损伤。

现代临床还用于胃痛，闭经，腰肌劳损，痈肿，疔疮等病的治疗。

评注

目前水茄的化学与药理活性研究较少，导致该植物的临床应用受限。因此，有必要进一步寻找该植物新的活性成分，并阐明民间用药与药理、药效的关系。

中国云南地区将水茄的果实作为传统野菜食用[18]，值得进一步开发研究。

参考文献

[1] W Doepke, C Nogueiras, U Hess. Steroid alkaloid and saponin contents of *Solanum torvum*. *Pharmazie*. 1975, **30**(11): 755

[2] K Schreiber, H Ripperger. Solanum alkaloids. LXXXIV. Isolation of jurubine, neochlorogenin, and paniculogenin from *Solanum torvum*. *Kulturpflanze*. 1968, **15**: 199-204

[3] U Mahmood, PK Agrawal, RS Thakur. Torvonin-A, a spirostane saponin from *Solanum torvum* leaves. *Phytochemistry*. 1985, **24**(10): 2456-2457

[4] PK Agrawal, U Mahmood, RS Thakur. Studies on medicinal plants. 29. Torvonin-B. A spirostane saponin from *Solanum torvum*. *Heterocycles*. 1989, **29**(10): 1895-1899

[5] U Mahmood, RS Thakur, G Blunden. Neochlorogenin, neosolaspigenin, and solaspigenin from *Solanum torvum* leaves. *Journal of*

Natural Products. 1983, **46**(3): 427-428

[6] D Arthan, J Svasti, P Kittakoop, D Pittayakhachonwut, M Tanticharoen, Y Thebtaranonth. Antiviral isoflavonoid sulfate and steroidal glycosides from the fruits of *Solanum torvum. Phytochemistry.* 2002, **59**(4): 459-463

[7] Y Iida, Y Yanai, M Ono, T Ikeda, T Nohara. Three unusual 22-β-O-23-hydroxy-(5α)-spirostanol glycosides from the fruits of *Solanum torvum. Chemical & Pharmaceutical Bulletin.* 2005, **53**(9): 1122-1125

[8] AC Cuervo, G Blunden, AV Patel. Chlorogenone and neochlorogenone from the unripe fruits of *Solanum torvum. Phytochemistry.* 1991, **30**(4): 1339-1341

[9] MB Fayez, AA Saleh. Constituents of local plants. XIII. Steroidal constituents of *Solanum torvum. Planta Medica.* 1967, **15**(4): 430-433

[10] S Yahara, T Yamashita, N Nozawa, T Nohara. Steroidal glycosides from *Solanum torvum. Phytochemistry.* 1996, **43**(5): 1069-1074

[11] BE Cham, B Daunter. Solasodine glycosides. Selective cytotoxicity for cancer cells and inhibition of cytotoxicity by rhamnose in mice with sarcoma 180. *Cancer Letters.* 1990, **55**(3): 221-225

[12] KR Lee, N Kozukue, JS Han, JH Park, EY Chang, EJ Baek, JS Chang, M Friedman. Glycoalkaloids and metabolites inhibit the growth of human colon (HT29) and liver (HepG2) cancer cells. *Journal of Agricultural and Food Chemistry.* 2004, **52**(10): 2832-2839

[13] KF Chah, KN Muko, SI Oboegbulem. Antimicrobial activity of methanolic extract of *Solanum torvum* fruit. *Fitoterapia.* 2000, **71**(2): 187-189

[14] HV Thorne, GF Clarke, R Skuce. The inactivation of herpes simplex virus by some Solanaceae glycoalkaloids. *Antiviral Research.* 1985, **5**(6): 335-343

[15] RY Yang, SC Tsou, TC Lee, WJ Wu, PM Hanson, G Kuo, LM Engle, PY Lai. Distribution of 127 edible plant species for antioxidant activities by two assays. *Journal of the Science of Food and Agriculture.* 2006, **86**(14): 2395-2403

[16] A Basu, SC Lahiri. Some pharmacological actions of solasonine. *Indian Journal of Experimental Biology.* 1977, **15**(4): 285-289

[17] H Moriyama, T Iizuka, M Nagai, K Hoshi, Y Murata, A Taniguchi. Platelet aggregatory effects of *Nasturtium officinale* and *Solanum torvum* extracts. *Natural Medicines.* 2003, **57**(4): 133-138

[18] 许又凯，刘宏茂，陶国达．西双版纳野生蔬菜资源的特点及开发建议．广西植物．2002，**22**(3)：220-224

越南槐 Yuenanhuai CP, VP

Sophora tonkinensis Gagnep.
Vietnamese Sophora

概述

豆科 (Fabaceae) 植物越南槐 *Sophora tonkinensis* Gagnep.，其干燥根及根茎入药。中药名：山豆根。

槐属 (*Sophora*) 植物全世界约有 70 种，广泛分布于南北半球的热带至温带地区。中国约有 21 种、14 变种、2 变型，主要分布于西南、华南、华东地区，少数分布于华北、西北和东北。本属现供药用者约 8 种。本种分布于中国广西、贵州、云南；越南也有分布。

"山豆根"药用之名，始载于《开宝本草》。历代本草多有著录，古今药用品种一致。《中国药典》(2005 年版) 收载本种为中药山豆根的法定原植物来源种。主产于中国广西。

越南槐的根及根茎主要含生物碱类和黄酮类成分。其中氧化苦参碱为其活性成分和指标性成分。《中国药典》采用薄层色谱法扫描测定，规定山豆根中氧化苦参碱含量不得少于 0.40%，以控制药材质量。

药理研究表明，越南槐的根及根茎具有抗菌、抗肿瘤、保肝、抗炎和抗心律失常等作用。

中医理论认为山豆根具有泻火解毒，利咽消肿，止痛杀虫的功效。

越南槐 *Sophora tonkinensis* Gagnep.

药材山豆根 Radix et Rhizoma Sophorae Tonkinensis

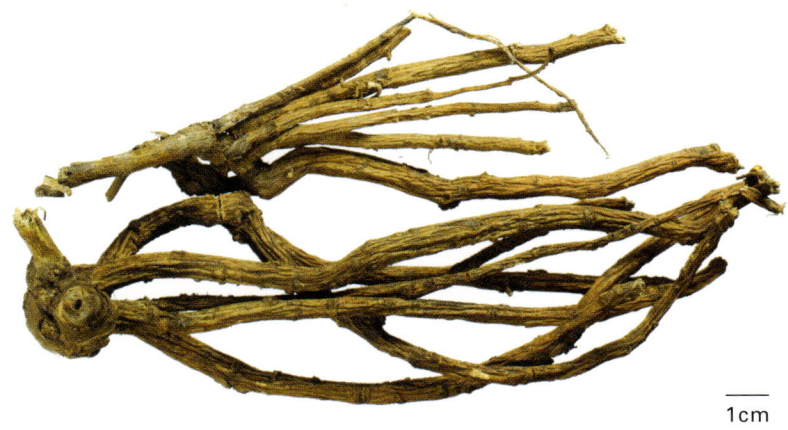

1cm

化学成分

越南槐的根和根茎含生物碱类成分：苦参碱 (matrine)、氧化苦参碱 (oxymatrine)、金雀花碱 (cytisine)、槐胺 [(+)-sophoramine]、槐花醇 (sophoranol)、氧化槐果碱 (oxysophocarpine)[1]、槐果碱 (sophocarpine)、拉马宁碱 (lehmannine)[2]、14β-羟基苦参碱 [(-)-14β-hydroxymatrine][3]、N-甲基金雀花碱 [(-)-N-methylcytisine][4]、13,14-去氢槐花醇 (13,14-dehydrosophoranol)[5]、臭豆碱 (anagyrine)[6]；黄酮类成分：广豆根素 (sophoranone)、广豆根酮 (sophoradin)[7]、环广豆根素 (sophoranochromene)、环广豆根酮 (sophoradochromene)[8]、L-高丽槐素 (L-maackiain)、三叶豆紫檀苷 (trifolirhizin)、槲皮素 (quercetin)、芦丁 (rutin)、水仙苷 (narcissin)[9]、高丽槐素硫酸盐 (maackiain 3-sulfate)、杜柄花苷 (ononin)、紫檀素 (pterocarpine)、7,4'-双羟基黄酮 (7,4'-dihydroxyflavone)[10]；三萜和三萜皂苷类成分：羽扇醇 (lupeol)[10]、subprogenins A、B、C、D[11]、subprosides I、II、III[12]。

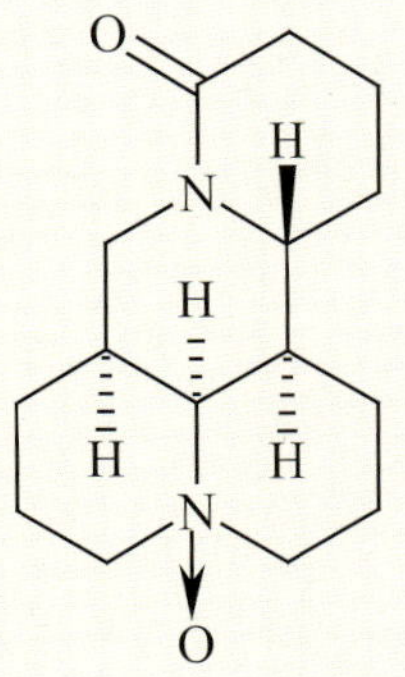

oxymatrine

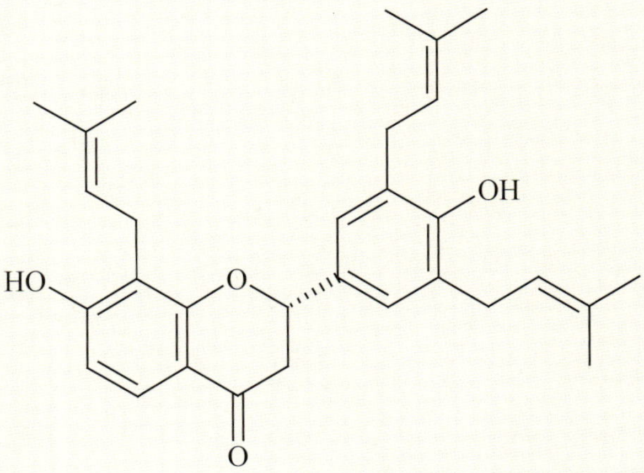

sophoranone

越南槐　Yuenanhuai

豆科

越南槐 Yuenanhuai

越南槐的叶含生物碱类成分：苦参碱、氧化苦参碱、14β-羟基苦参碱、14α-羟基苦参碱 [(+)-14α-hydroxymatrine]、槐果碱、氧化槐果碱、槐花醇、氧化槐花醇 [(+)-sophoranol N-oxide]、穿叶赝靛碱 [(-)-baptifoline]、14β-乙酰苦参碱 [(-)-14β-acetoxymatrine]、14α-乙酰苦参碱 [(+)-14α-acetoxymatrine]、17-氧代-α-异鹰爪豆碱 (17-oxo-α-isosparteine)、13,14-去氢槐花醇、9α-羟基苦参碱 [(+)-9α-hydroxymatrine]、lamprolobine、5α,9α-二羟基苦参碱 [(+)-5α,9α-dihydroxymatrine][13]。

药理作用

1. **抗肿瘤**

   山豆根水煎液体外对人食管癌细胞 Eca-109 的生长有抑制和杀伤作用，对 Eca-109 细胞 DNA 合成有明显的抑制作用，使脱氢酶活性下降[14-15]。山豆根水提物体外对人肝癌细胞的增殖有明显抑制作用，能降低线粒体代谢活性[16]。山豆根总生物碱灌胃给药对小鼠 S_{180} 实体瘤、H22 腹水瘤和 ESC 腹水瘤均有抗肿瘤活性[17]。槐花醇和 13,14-去氢槐花醇对人白血病细胞 HL-60 的增殖有抑制作用[5]。

2. **抗菌**

   山豆根水煎液体外对大肠杆菌、金黄色葡萄球菌、白色葡萄球菌、甲型链球菌、乙型链球菌及白色念珠菌均有明显抑菌作用[18-19]。

3. **保肝**

   山豆根生物碱可使感染乙肝病毒的树鼩谷丙转氨酶 (GPT) 下降，乙肝标志物转阴率上升[20]。此外，氧化苦参碱给大鼠背部皮下注射能降低 III 型前胶原 (PC-III)、层黏蛋白 (LN)、透明质酸 (HA) 水平，有抗肝纤维化作用[21]。

4. **平喘**

   对离体豚鼠气管的实验表明，山豆根中的苦参碱型生物碱能对抗组胺所致的豚鼠哮喘和乙酰胆碱引起的气管平滑肌收缩，其作用强度与氨茶碱相似；其中槐果碱作用比苦参碱和氧化苦参碱作用效力强[22]。

5. **抗氧化**

   山豆根多糖能清除羟自由基，对邻苯三酚自氧化有抑制作用，体外还能抑制酵母多糖诱导的小鼠脾脏淋巴细胞释放 H_2O_2 [23]。

6. **抑制消化**

   山豆根水提醇沉物灌胃给药对小白鼠小肠炭末推进速度有抑制作用，也能抑制离体兔肠平滑肌的收缩[24]。

7. **抗心律失常**

   苦参碱给大鼠肌肉注射对乌头碱、$BaCl_2$ 和冠状结扎等诱发的心律失常有拮抗作用，能使心率明显减慢，P-R 和 $Q-T_C$ 间期明显延长[25]。

8. **其他**

   苦参碱腹腔注射对大鼠还有抗炎作用[26]。

应用

本品为中医临床用药。功能：泻火解毒，利咽消肿，止痛杀虫。主治：咽喉肿痛，齿龈肿痛，肺热咳嗽，烦渴，黄疸，热结便秘，热肿秃疮，痔疮癣疥，虫毒咬伤。

现代临床还用于肿瘤、肝炎、子宫颈糜烂、钩端螺旋体病、银屑病、疣[27]、气管炎、哮喘、乙型脑炎等病的治疗。

评注

山豆根习称广豆根，被列入香港常见毒剧中药31种名单。服用山豆根要注意剂量，否则有中毒的危险。

山豆根混淆品种较多，常见者有北豆根。北豆根为防己科植物蝙蝠葛 *Menispermum dauricum* DC. 的干燥根茎，主产于中国东北、华北及陕西等地。两者都有清热解毒，消肿利咽之功效，但所含成分不同，加上两者均有毒性，在使用时应该严格区分[28]。

参考文献

[1] 窦金辉，李家实，阎文玫．山豆根生物碱成分的研究．中国中药杂志．1989, **14**(5): 40-42

[2] YQ Yu, PL Ding, DF Chen. Determination of quinolizidine alkaloids in Sophora medicinal plants by capillary electrophoresis. *Analytica Chimica Acta*. 2004, **523**(1): 15-20

[3] P Xiao, JS Li, H Kubo, K Saito, I Murakoshi, S Ohmiya. (-)-14β-Hydroxymatrine, a new lupine alkaloid from the roots of *Sophora tonkinensis*. *Chemical & Pharmaceutical Bulletin*. 1996, **44**(10): 1951-1953

[4] PL Ding, H Huang, P Zhou, DF Chen. Quinolizidine alkaloids with anti-HBV activity from *Sophora tonkinensis*. *Planta Medica*. 2006, **72**(9): 854-856

[5] 邓银华，孙丽，章为，徐康平，李福双，谭健兵，曹建国，谭桂山．山豆根细胞毒活性成分研究．天然产物研究与开发．2006, **18**(3): 408-410

[6] S Shibata, Y Nishikawa. Constituents of Japanese and Chinese crude drugs. V. Constituents of the roots of *Sophora subprostrata*. *Yakugaku Zasshi*. 1961, **81**: 1635-1639

[7] M Komatsu, T Tomimori, K Hatayama, Y Makiguchi, N Mikuriya. Structures of new flavonoids, sophoradin and sophoranone, from *Sophora subprostrata*. *Chemical & Pharmaceutical Bulletin*. 1969, **17**(6): 1299-1301

[8] M Komatsu, T Tomimori, K Hatayama, Y Makiguchi, N Mikuriya. Constituents of Sophora species. II. Constituents of *Sophora subprostrata*. 2. Isolation and structure of new flavonoids, sophoradochromene and sophoranochromene. *Chemical & Pharmaceutical Bulletin*. 1970, **18**(4): 741-745

[9] 邓银华，徐康平，章为，谭桂山．山豆根化学成分研究．天然产物研究与开发．2005, **17**(2): 172-174

[10] JA Park, HJ Kim, C Jin, KT Lee, YS Lee. A new pterocarpan, (-)-maackiain sulfate, from the roots of *Sophora subprostrata*. *Archives of Pharmacal Research*. 2003, **26**(12): 1009-1013

[11] T Takeshita, K Yokoyama, D Yi, J Kinjo, T Nohara. Leguminous plants. 27. Four new and twelve known sapogenols from sophorae subprostratae radix. *Chemical & Pharmaceutical Bulletin*. 1991, **39**(7): 1908-1910

[12] Y Ding, T Takeshita, K Yokoyama, J Kinjo, T Nohara,. Constituents of leguminous plants. XXVIII. Triterpenoid glycosides from Sophorae Subprostratae Radix. *Chemical & Pharmaceutical Bulletin*. 1992, **40**(1): 139-142

[13] P Xiao, H Kubo, H Komiya, K Higashiyama, YN Yan, JS Li, S Ohmiya. (-)-14β-Acetoxymatrine and (+)-14α-acetoxymatrine, two new matrine-type lupin alkaloids from the leaves of *Sophora tonkinensis*. *Chemical & Pharmaceutical Bulletin*. 1999, **47**(3): 448-450

[14] 黄明宜．不同浓度山豆根对Eca-109细胞株生长的抑制和杀伤作用．河南职工医学院学报．2002, **14**(3): 193-194, 201

[15] 黄明宜．山豆根对Eca-109细胞株细胞周期的作用．医学研究通讯．2002, **31**(8): 35-37

[16] 肖正明，宋景贵，徐朝晖，田维明，姜世明．山豆根水提物对体外培养人肝癌细胞增殖及代谢的影响．山东中医药大学学报．2000, **24**(1): 62-64

[17] 姚仲青，朱虹，王光凤．山豆根总生物碱抗肿瘤作用的初步研究．南京中医药大学学报（自然科学版）．2005, **21**(4): 253-254

[18] 吴达荣，秦瑞，郑有顺．北豆根、山豆根水煎液对白色念珠菌的抗菌作用．医药产业信息．2006, **3**(9): 118-119

[19] 丁凤荣，卢炜，邱世翠，王志强，邱大琳．山豆根体外抑菌作用研究．时珍国医国药．2002, **13**(6): 335-336

[20] 杨启超，甘俊，周美娇，严瑞琪，苏建家，黄定瑞，杨春，黄国华．肝灵对感染乙型肝炎病毒树鼩的疗效观察．中国现代应用药学．1988, **5**(1): 7-8

[21] 宋健，钟惠闽，姚平．苦参素对实验性大鼠肝纤维化的防治作用．中国中西医结合消化杂志．2002, **10**(5): 282-283, 286

[22] 沈雅琴，张明发．苦参碱型生物碱的平喘药理与临床．西北药学杂志．1989, **4**(4): 12-15

[23] 胡庭俊，程富胜，陈炅然，梁纪兰，董鹏程．山豆根多糖体外清除自由基作用的研究．中兽医医药杂志．2004, **23**(5): 6-8

[24] 高丽松，庄萍，朱日华，黄苑婷，梁江峰. 山豆根对消化功能影响的药效研究. 中国现代医药科技. 2003, **3**(1): 54-56

[25] 张宝恒，王年生，李学军，孔祥军，蔡予立. 苦参碱的抗心率失常作用. 中国药理学报. 1990, **11**(2): 253-257

[26] CH Cho, CY Chuang. Study of the anti-inflammatory action of matrine: an alkaloid isolated from *Sophora subprostrata*. IRCS *Medical Science*. 1986, **14**(5): 441-442

[27] 孙海榕，辛海燕，宫庆玲. 山豆根临床应用小议. 中华中西医学杂志. 2005, **3**(12): 54-55

[28] 贺立勋. 山豆根北豆根及混淆品的鉴别. 湖南中医杂志. 2002, **18**(3): 64-64

紫萍 Ziping CP, KHP, VP

浮萍科

Spirodela polyrrhiza (L.) Schleid.
Duckweed

 概述

浮萍科 (Lemnaceae) 植物紫萍 *Spirodela polyrrhiza* (L.) Schleid.，其干燥全草入药。中药名：浮萍。

紫萍属 (*Spirodela*) 植物全世界约有 6 种，分布于温带和热带地区。中国约有 2 种，仅本种供药用。本种分布于中国南北各地及全世界温带和热带地区。

紫萍以"水萍"药用之名，始载于《神农本草经》，历代本草多有著录。《中国药典》（2005 年版）收载本种为中药浮萍的法定原植物来源种之一。主产于中国湖北、福建、四川、江苏、浙江等省。

紫萍主要有效成分为黄酮类和胡萝卜素类化合物。《中国药典》以药材性状鉴别来控制药材质量。

药理研究表明，紫萍具有解热、抗感染、利尿、强心等作用。

中医理论认为浮萍具有宣散风热，透疹，利尿的功效。

紫萍 *Spirodela polyrrhiza* (L.) Schleid.

药材浮萍 Herba Spirodelae Polyrrhizae

1cm

紫萍 Ziping

化学成分

紫萍全草含黄酮类成分：荭草素 (orientin)、异荭草素 (isoorientin)、牡荆素 (vitexin)、异牡荆素 (isovitexin)、芦丁 (rutin)[1]、芹菜素 (apegenin)、木犀草素 (luteolin)、芹菜素-7-O-葡萄糖苷 (apegenin-7-O-glucoside)、木犀草素-7-O-葡萄糖苷 (luteolin-7-O-glucoside)[2]、丙二酰矢车菊素-3-单葡萄糖苷 (malonyl cyanidin 3-monoglucoside)[3]；胡萝卜素类成分：β-胡萝卜素 (β-carotene)、叶黄素 (lutein)、环氧叶黄素 (epoxylutein)、堇黄质 (violaxanthin)、新黄质 (neoxanthin) 等。

紫萍全草还含 5-对香豆酰奎宁酸 (5-p-coumaroylquinic acid)、5-咖啡酰奎宁酸 (5-caffeoylquinic acid)[4] 等化合物。

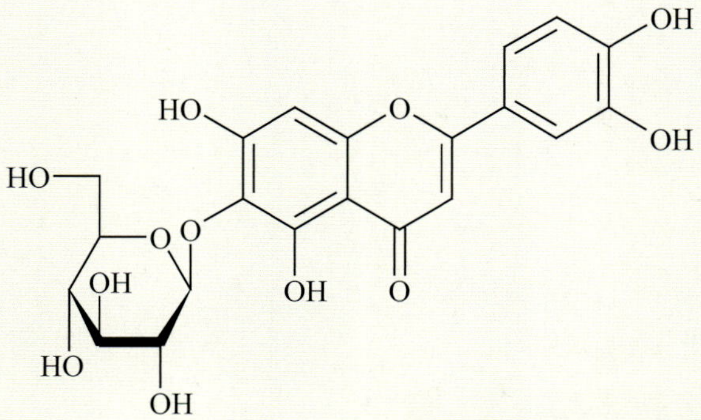

isoorientin

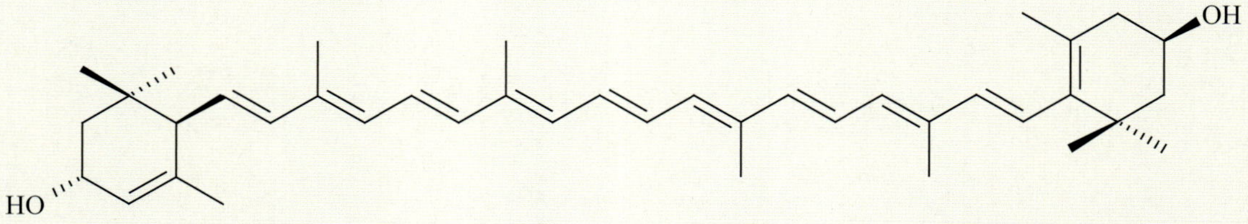

lutein

药理作用

1. **解热**
   紫萍煎剂或浸剂给家兔灌胃，对静脉注射伤寒混合疫苗而造成的人工发热兔有微弱的解热作用。

2. **抗感染**
   体外实验证明，紫萍对孤儿病毒 ($ECHO_{11}$) 有抑制作用，在感染同时或感染后给药，均可延缓病变的出现时间，对病毒有防治作用，但无抗菌作用。

3. 利尿

紫萍有利尿作用，可能与所含的钾盐有关。

4. 强心

紫萍对在体和离体蛙心无作用，但对奎宁造成的衰弱蛙心有明显的强心作用，可与钙盐呈协同作用，剂量过大可使蛙心于舒张期停搏。

5. 其他

紫萍还有收缩血管、升血压和弱的抗凝血作用，可使牛凝血酶和人血纤维蛋白原凝聚延长，紫萍醇提取物对豚鼠离体气管无抗组胺作用。

应 用

本品为中医临床用药。功能：宣散风热，透疹，利尿。主治：麻疹不适，风疹瘙痒，水肿尿少。

现代临床还用于小儿急性肾炎[5]、糖尿病[6]、感冒等病的治疗。

评 注

紫萍全株都可入药，还可做饲料和饵料等，经济和社会效益较高，有很好的开发利用前景[7]。

天南星科植物大薸 Pistia stratiotes L. 在香港、广东和广西为浮萍的地区习惯用药，中药名为大浮萍。大薸在《全国中草药汇编》中记载："孕妇忌服。本品根有微毒，内服应去根。"大浮萍的成分、功效及质量研究有待深入。

参 考 文 献

[1] D Strack, J Krause. Reversed-phase high-performance liquid chromatographic separation of naturally occurring mixtures of flavone derivatives. *Journal of Chromatography*. 1978, **156**(2): 359-361

[2] 凌云，何板作，鲍燕燕，郭秀芳，郑俊华. 浮萍的化学成分研究. 中草药. 1999, **30**(2): 88-90

[3] J Krause, D Strack. Malonyl cyanidin 3-monoglucoside in *Spirodela polyrrhiza* (L.) Schleiden. *Zeitschrift fuer Pflanzenphysiologie*. 1979, **95**(2): 183-187

[4] J Kraus. Hydroxycinnamic acid derivatives from *Spirodela polyrrhiza* (L.) schleiden. *Zeitschrift fuer Pflanzenphysiologie*. 1978, **88**(5): 465-470

[5] 赵伟强. 浮萍三草汤治疗小儿急性肾炎 260 例. 陕西中医. 1993, **14**(9): 394

[6] 宋梅，杨爱英. 浮萍降糖汤治疗糖尿病 104 例. 中华实用医学. 2002, **4**(24): 88

[7] 印万芬. 我国主要浮萍科植物的综合开发利用. 资源节约和综合利用. 1998, **2**: 46-48

石竹科

繁缕 Fanlü

Stellaria media L.
Common Chickweed

概 述

石竹科 (Caryophyllaceae) 植物繁缕 *Stellaria media* L.，其干燥全草入药。中药名：繁缕。

繁缕属 (*Stellaria*) 植物全世界约有 120 多种，广布于温带至寒带地区。中国约有 63 种、15 变种、2 变型。本属现供药用约 8 种、1 变种。本种全世界广泛分布。

繁缕以"蘩蒌"药用之名，始载于《名医别录》。历代本草多有著录，据前人考证《本草图经》记述的文、图，也指本种。中国各省区均产。

繁缕主要含黄酮类成分。

药理研究表明，繁缕具有抗肿瘤、抗病毒、抗氧化、抗炎等作用。

中医理论认为繁缕具有清热解毒，凉血消痈，活血止痛，下乳的功效。

繁缕 *Stellaria media* L.

鹅肠菜 *Myosoton aquaticum* (L.) Moench.

化学成分

繁缕全草含黄酮类成分：芹菜素 (apigenin)、芹菜素-6,8-二-C-β-D-吡喃葡萄糖苷 (apigenin-6,8-di-C-glucopyranosyl)、槲皮素 (quercetin)、槲皮苷 (quercitrin)[1]、木犀草素 (luteolin)、染料木素 (genistein)、文赛宁-2 (vicenin-2)[2]；黄酮碳苷类成分：夏佛托苷 (schaftoside)、异夏佛托苷 (isoschaftoside)、牡荆黄素 (vitexin)、异牡荆黄素 (isovitexin)、异牡荆黄素-8-C-β-D-吡喃半乳糖苷 (isovitexin-8-C-β-D-galactopyranosyl)、麦黄酮-6,8-二-C-β-D-吡喃葡萄糖苷 (tricetin-6,8-di-C-β-D-glucopyranosyl)[3]、异牡荆黄素-7,2''-二-O-β-吡喃葡萄糖苷 (isovitexin-7,2''-di-O-β-glucopyranosyl)、异牡荆黄素-7-O-β-吡喃半乳糖苷-2''-O-β-吡喃葡萄糖苷(isovitexin-7-O-β-galactopyranosyl-2''-O-β-glucopyranosyl)[4]、肥皂草苷 (saponarin)[5]；有机酸类成分：香草酸 (vanillic acid)、阿魏酸 (ferulic acid)、咖啡酸 (caffeic acid)、绿原酸 (chlorogenic acid)[2]；半乳糖酯类成分：1-O-linolenoyl-3-O-β-D-galactopyranosyl-sn-glycerol[5]；大环二醇类成分：mediaglycol[6]。

繁缕的花期全草还含有丝石竹皂苷元 (gypsogenin)[7]。

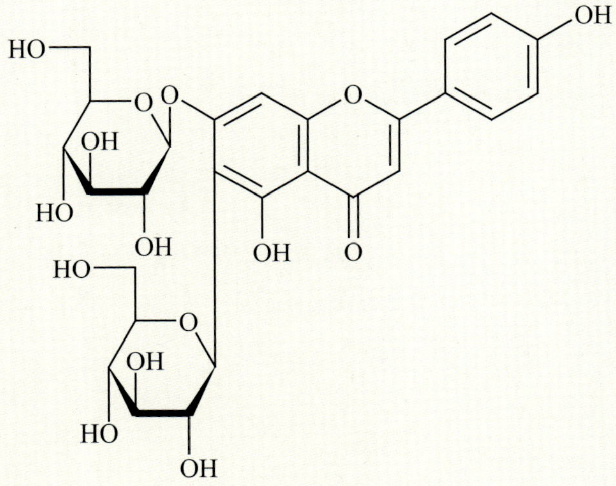

saponarin

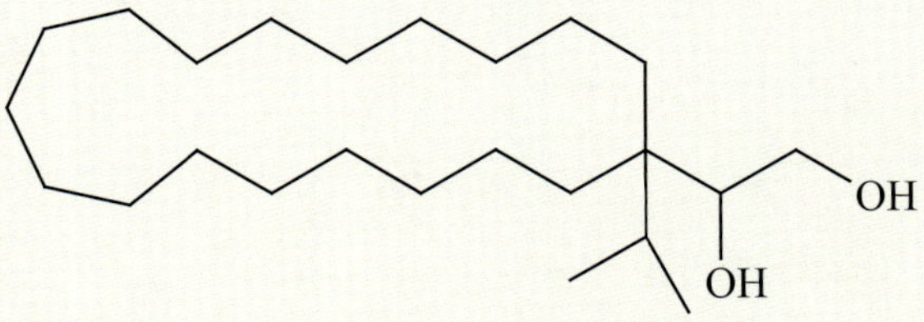

mediaglycol

药理作用

1. **抗肿瘤**
   芹菜素能通过蛋白质 p53 依赖途径，诱导蛋白质 p21 表达，明显抑制人肝肿瘤细胞 HepG2、Hep3B、PLC/PRF/5 生长，诱导肿瘤细胞凋亡[8]。芹菜素也能通过抑制人宫颈癌细胞 HeLa 向健康组织的渗透，产生抗肿瘤作用[9]。

2. **抗病毒**
   牡荆黄素对 III 型副流感病毒 (Para 3) 具有中等强度的抑制作用[10]。

3. 抗氧化

异牡荆黄素具有明显抗脂质过氧化作用[11]。牡荆黄素能通过抑制超氧化自由基的产生,预防紫外线导致的皮肤损伤[12]。

4. 抗炎

夏佛托苷和牡荆黄素腹腔注射能抑制脂多糖 (LPS) 导致的小鼠肺中性白细胞流动,产生抗炎作用[13]。

5. 保肝

夏佛托苷、文赛宁等黄酮碳苷类成分对四氯化碳和半乳糖胺诱导的离体培养肝细胞损伤具有保护作用[14]。

6. 促进记忆

Y形迷宫被动回避反应实验表明,芹菜素腹腔注射能有效改善 D-半乳糖和三氯化铝 ($AlCl_3$) 所致老年痴呆症小鼠的学习和记忆能力[15]。

7. 其他

牡荆素能抑制甲状腺过氧化酶活性,具有抗甲状腺和致甲状腺肿作用[16]。

应用

本品为中医临床用药。功能:清热解毒,凉血消痈,活血止痛,下乳。主治:痢疾,肠痈,肺痈,乳痈,疔疮肿毒,痔疮肿痛,出血,跌打伤痛,产后淤滞腹痛,乳汁不下。

现代临床还用于急慢性阑尾炎、子宫内膜炎、淋证、肺热咯血、风火牙痛等病的治疗。

评注

繁缕的异名之一为"鹅肠菜"。中药鹅肠草的异名之一也为"鹅肠菜",鹅肠草来源于石竹科鹅肠菜 *Myosoton aquaticum* (L.) Moench. 的全草。两种植物形态相似、生态分布环境相同,名称和功效近似,容易引起混淆。

目前繁缕的药理活性研究不多,有效成分不明确。因此,有关该植物化学、药理、药效的相互关系有待深入探讨。

参考文献

[1] 陈兴荣,胡永美,汪豪,刘戈,叶文才. 繁缕的黄酮类化学成分研究. 现代中药研究与实践. 2005, **19**(4): 41-43

[2] G Kitanov. Phenolic acids and flavonoids from *Stellaria media* (L.) Vill. (Caryophyllaceae). *Pharmazie*. 1992, **47**(6): 470-471

[3] 胡永美,叶文才,李茜,田海妍,汪豪,杜红玉. 繁缕中的黄酮碳苷类化合物. 中国天然药物. 2006, **4**(6): 420-444

[4] J Budzianowski, G Pakulski. Two C,O-glycosylflavones from *Stellaria media*. *Planta Medica*. 1991, **57**(3): 290-291

[5] J Hohmann, L Toth, I Mathe, G Gunther. Monoacylgalactolipids from *Stellaria media*. *Fitoterapia*. 1996, **67**(4): 381-382

[6] VV Tolstikhina, AA Semenov, SV Zinchenko. Unusual macrocyclic diol from *Stellaria media* (L.) Vill. *Russian Chemical Bulletin*. 2000, **49**(11): 1908-1909

[7] V Hodisan, A Sancraian. Triterpenoid saponins from *Stellaria media* (L.) Cyr. *Farmacia*. 1989, **37**(2): 105-109

[8] LC Chiang, LT Ng, IC Lin, PL Kuo, CC Lin. Anti-proliferative effect of apigenin and its apoptotic induction in human HepG2 cells. *Cancer Letters*. 2006, **237**(2): 207-214

[9] J Czyz, Z Madeja, U Irmer, W Korohoda, DF Huelser. Flavonoid apigenin inhibits motility and invasiveness of carcinoma cells *in vitro*. *International Journal of Cancer*. 2005, **114**(1): 12-18

[10] YL Li, SC Ma, YT Yang, SM Ye, PP But. Antiviral activities of flavonoids and organic acid from *Trollius chinensis* Bunge. *Journal of Ethnopharmacology*. 2002, **79**(3): 365-368

[11] A Sakushima, T Maoka, K Ohno, M Coskun, A Guvenc, CS Erdurak, AM Ozkan, KI Seki, K Ohkura. Major antioxidative substances

in *Boreava orientalis* (Cruciferae). *Natural Product Letters.* 2000, **14**(6): 441-446

[12] JH Kim, BC Lee, JH Kim, GS Sim, DH Lee, KE Lee, YP Yun, HB Pyo. The isolation and antioxidative effects of vitexin from *Acer palmatum*. *Archives of Pharmacal Research.* 2005, **28**(2): 195-202

[13] GO De Melo, MF Muzitano, A Legora-Machado, TA Almeida, DB De Oliveira, CR Kaiser, VL Koatz, SS Costa. C-glycosylflavones from the aerial parts of *Eleusine indica* inhibit LPS-induced mouse lung inflammation. *Planta Medica.* 2005, **71**(4): 362-363

[14] K Hoffmann-Bohm, H Lotter, O Seligmann, H Wagner. Antihepatotoxic C-glycosylflavones from the leaves of *Allophyllus edulis* var. *edulis* and gracilis. *Planta Medica.* 1992, **58**(6): 544-548

[15] 赵宇红，陈伟强，罗少洪，杨红．芹黄素对老年痴呆小鼠学习记忆能力的影响．广东药学院学报．2005，**21**(3)：292-294

[16] 吴新安，赵毅民．天然黄酮碳苷及其活性研究进展．解放军药学学报．2005，**21**(2)：135-138

独脚金 Dujiaojin

Striga asiatica (L.) Kuntze
Witchweed

概述

玄参科 (Scrophulariaceae) 植物独脚金 *Striga asiatica* (L.) Kuntze，其干燥全草入药。中药名：独脚金。

独脚金属 (*Striga*) 植物全世界约有 20 种，分布于亚洲、非洲和大洋洲的热带和亚热带地区。中国有 3 种，本属现供药用者约有 2 种。本种分布于中国云南、广西、广东、香港、福建、台湾等省区，亚洲、非洲的热带地区均有分布。

独脚金以"独脚柑"药用之名，始载于清《生草药性备要》。《广东省中药材标准》收载本种为中药独脚金的原植物来源种。主产中国广东、广西、贵州、福建、台湾等省区。

独脚金主要含黄酮类、酚酸类、萜类等成分。《广东省中药材标准》规定独脚金的水溶性浸出物不得少于 19%，以控制药材质量。

药理研究表明，独脚金具有抗菌、抗炎、消积等作用。

中医理论认为独脚金具有健脾，平肝消积，清热利尿的功效。

独脚金 *Striga asiatica* (L.) Kuntze

药材独脚金 Herba Strigae Asiaticae

1cm

化学成分

独脚金全草含有黄酮类成分：木犀草素-3',4'-二甲醚 (luteolin-3',4'-dimethyl ether)、木犀草素-7,-3',4'-三甲醚 (luteolin-7,-3',4'-trimethyl ether)、金合欢素-7-甲醚 (acacetin-7-methyl ether)、金合欢素 (acacetin)、金圣草黄素 (chrysoeriol)、木犀草素 (luteolin)、芹菜苷元 (apigenin)、7,4'-二甲基黄芩素 (7,4'-dimethyl scutellarein)[1-4]等。

luteolin-3',4'-dimethyl ether

药理作用

1. **抗菌**
   独脚金煎剂在体外对金黄色葡萄球菌、炭疽杆菌和白喉杆菌有显著抑制作用，对乙型链球菌、伤寒杆菌、绿脓杆菌和痢疾杆菌也有抑制作用。

2. **抗炎**
   木犀草素可以通过抑制促分裂原活化蛋白激酶的活性，阻断脂多糖 (LPS) 诱导的炎症基因在巨噬细胞中的表达通道，产生抗炎作用[5]。

3. **抗肿瘤**
   木犀草素能通过稳定拓扑异构酶 I 介导的 DNA 去连环因子，浓度为 40μM 时抑制拓扑异构酶 I 活力，抑制去连环作用，从而影响细胞 DNA 的复制、转录、重组，产生抗癌功效[6]。

应用

本品为中医临床用药。功能：健脾，平肝消积，清热利尿。主治：小儿伤食，疳积，小便不利，黄肿，夜盲，夏季热，腹泻，肝炎。

现代临床还用于小儿疳积、肝炎、小儿腹泻、夜盲等病的治疗。

独脚金 Dujiaojin

评注

独脚金属于半寄生性植物，一般被视作田间杂草。独脚金相关的化学、药理、疗效研究有待深入，与农作物的综合利用研究值得探讨。

参考文献

[1] T Nakanishi, J Ogaki, A Inada, H Murata, M Nishi, M Iinuma, K Yoneda, Flavonoids of *Striga asiatica*. *Journal of Natural Products*. 1985, **48**(3): 491-493

[2] 张昆，陈耀祖. 广东干草化学成分的研究. 化学研究与应用. 1995, **7**(3): 329-331

[3] SP Hiremath, S Hanumantharao. Flavones from *Striga lutea*. *Journal of the Indian Chemical Society*. 1997, **74**(5): 429

[4] P Ramesh, CR Yuvarajan. Flavonoids of *Striga lutea*. *Indian Journal of Heterocyclic Chemistry*. 1992, **1**(5): 259-260

[5] A Xagorari, C Roussos, A Papapetropoulos. Inhibition of LPS-stimulated pathways in macrophages by the flavonoid luteolin. *British Journal of Pharmacology*. 2002, **136**(7): 1058-1064

[6] A Chowdhury, S Sharma, S Mandal, A Goswami, S Mukhopadhyay, HK Majumder. Luteolin, an emerging anti-cancer flavonoid, poisons eukaryotic DNA topoisomerase I. *Biochemical Journal*. 2002, **366**(2): 653-661

马钱 Maqian CP, JP, VP

马钱科

Strychnos nux-vomica L.
Nux Vomica

概述

马钱科 (Loganiaceae) 植物马钱 *Strychnos nux-vomica* L.，以其干燥种子入药。中药名：马钱子。

马钱属 (*Strychnos*) 植物全世界约有 190 种，分布于热带和亚热带地区。中国约有 10 种、1 变种，分布于西南部、南部及东南部，本属现供药用者约有 7 种。本种分布于中国福建、广东、香港、海南、广西、台湾等地；印度、斯里兰卡也有分布。

马钱子以"番木鳖"药用之名，始载于《本草纲目》。《中国药典》(2005 年版) 收载本种为中药马钱子的法定原植物来源种。主产于中国福建、台湾、广东等地；印度、越南、缅甸、泰国、斯里兰卡等国也产。

马钱属植物主要活性成分为生物碱类，其中士的宁 (strychnine) 和马钱子碱 (brucine) 是其主要有效成分。《中国药典》采用高效液相色谱法测定，规定马钱子中士的宁含量应为 1.2%～2.2%，马钱子碱不得少于 0.8%，以控制药材质量。

药理研究表明，马钱具有兴奋中枢、镇痛、抗炎、抗肿瘤、健胃等作用。

中医理论认为马钱子具有通络止痛，散节消肿的功效。

马钱 *Strychnos nux-vomica* L.

马钱 Maqian

华马钱 Strychnos cathayensis Merr.

药材马钱子 Semen Strychni

1cm

化学成分

马钱种子主要含生物碱类成分，可分为三种类型："正"系列 (normal series) 生物碱：士的宁 (strychnine) 即番木鳖碱、马钱子碱 (brucine)、异士的宁碱 (isostrychnine)、异马钱子碱 (isobrucine)、士的宁N-氧化物(strychnine N-oxide)、马钱子碱N-氧化物(brucine N-oxide)、α-、β-可鲁勃林 (α-, β-colubrines)、异士的宁N-氧化物(isostrychnine N-oxide)；"伪"系列 (pseudo series) 生物碱：伪士的宁 (pseudostrychnine)、伪马钱子碱 (pseudobrucine)、伪α可鲁勃林 (pseudo-α-colubrine)、伪β可鲁勃林 (pseudo-β-colubrine)；"N-甲基伪"

strychnine: $R=R_1=R_2=H$
brucine: $R=R_1=OCH_3, R_2=H$
pseudostrychnine: $R=R_1=H, R_2=OH$
pseudobrucine: $R=R_1=OCH_3, R_2=OH$

novacine: $R=R_1=OCH_3, R_2=H$
icajine: $R=R_1=H, R_2=H$
vomicine: $R=R_1=H, R_2=OH$

系列 (N-methylpseudo series) 生物碱：依卡精 (icajine)、士的宁次碱 (vomicine)、奴伐新碱 (novacine)。

马钱根主要含"正"系列生物碱，茎皮主要含"伪"及"N-甲基伪"系列生物碱，叶主要含"N-甲基伪"系列生物碱。

药理作用

1. **兴奋中枢**

   马钱的种子可提高小鼠中枢神经系统的兴奋性[1]，其生物碱对小鼠兼有兴奋与抑制作用，两种作用的出现主要取决于药物剂量和动物个体对药物的敏感性，且在镇痛剂量时呈现镇静作用[2]。种子所含的生物碱还可兴奋延髓呼吸中枢，对氨水、二氧化硫引起的小鼠咳嗽有较强的镇咳作用，强度超过可待因，且有祛痰作用，以口服作用尤为明显[3]。

2. **镇痛**

   腹腔注射马钱子碱，小鼠热板法证明有显著镇痛作用[4-5]。马钱子碱的镇痛作用不受纳络酮、帕吉林以及利血平的影响，毛果芸香碱可加强其镇痛，而阿托品能部分拮抗之，表明马钱子碱的镇痛作用与M胆碱能系统有关。

3. **抗炎**

   动物实验表明，马钱子碱及其氮氧化物对热及化学方法所致炎症及疼痛有抑制作用[6]。灌胃马钱子生物碱能明显抑制大鼠角叉菜胶导致的足趾肿胀、大鼠棉球肉芽肿[7]，也能通过改善佐剂性关节炎大鼠血细胞聚集性及状态，降低血液黏度，产生抗类风湿性关节炎作用[8]。

4. **对心血管系统的影响**

   马钱子碱对氯仿、氯化钙引起的小鼠室颤有保护作用，可缩短大鼠乌头碱诱发心律失常的持续，延长肾上腺素诱发的家兔心律失常潜伏期和持续时间[9]；士的宁、异士的宁、士的宁氮氧化物及异马钱子碱等对黄嘌呤和黄嘌呤氧化酶引起的心室肌细胞损伤有明显保护作用[10-11]。

5. **抗肿瘤**

   体外实验表明，异士的宁氮氧化物及异马钱子碱氮氧化物对肿瘤细胞 K_{562}、HeLa 及 Hep-2 有明显细胞毒作用[12-13]。腹腔注射马钱子碱，能抑制实体瘤 Heps 模型小鼠和 S_{180} 模型小鼠体内肿瘤生长，提高小鼠的免疫器官的重量及其指数[14]。灌胃制马钱子水煎液，能明显抑制 S_{180} 荷瘤小鼠瘤重，延长 H22 小鼠生存时间[15]。

6. **健胃**

   士的宁因具有强烈苦味，可刺激味觉感受器而反射性的增加胃液分泌，促进消化功能，并因提高味觉、嗅觉等功能而增进食欲。

7. **对肝、胆系统的影响**

   马钱子苷对半乳糖胺引起的大鼠肝损伤及胆汁滞留有保护作用[16]。

8. **其他**

   马钱的种子还具有抗氧化作用[17]等。

应用

本品为中医临床用药。功能：通络止痛，散节消肿。主治：风湿顽痹，麻木瘫痪，跌扑损伤，痛肿痛，小儿麻痹后遗症，类风湿性关节痛。

现代临床还用于偏瘫、面神经麻痹、坐骨神经痛、四肢麻木、筋肌松弛、神经衰弱、心律失常、慢性支气管炎、哮喘、胃下垂、肾功能减弱、性欲减退、老年性尿频、尿急、遗尿、阳痿、腰足酸痛、骨关节疼痛、女性白带增多、轻度子宫脱垂、皮肤病、结核等病的治疗[18-20]。

马钱 Maqian

评注

《中国药典》(1990年版)也收载同属植物长籽马钱 Strychnos wallichiana Steud. ex DC. (S. pierriana A. W. Hill.)(也称云南马钱)的种子做为马钱子药用,但因其资源短缺,未形成商品。同属植物华马钱 S. cathayensis Merr. 的干燥种子也入药,中药名:牛目椒,有祛风除湿,利水消肿的功效。牛目椒与马钱子外形相似,应注意区别。

生马钱子被列入香港常见毒剧中药31种名单,其中两种主要活性成分士的宁和马钱子碱药理作用相似,但马钱子碱的疗效较士的宁差。研究表明,马钱子的炮制品中士的宁含量有所下降,而马钱子碱含量下降较明显,故通过炮制可除去疗效差且具剧毒的马钱子碱。

参考文献

[1] 王圣平, 尚伟芬, 刘新民, 霍海如, 于澍人. 马钱子药材中枢作用的比较. 中草药. 1997, 28(A10): 99-100

[2] 朱燕娜, 常宇明, 鲍梦周, 曹永舒. 马钱子碱对小白鼠的中枢作用. 河南医科大学学报. 1992, 27(2): 140-143

[3] 黄显文, 王建勋, 罗翊. 中药"马钱子"的临床应用. 中医药研究. 2001, 17(5): 49-50

[4] 朱建伟, 武继彪, 李成韶, 隋在云, 杜广才, 房信胜, 玄振玉, 彭锁锂. 马钱子碱镇痛作用及其药效动力学研究. 中国中医药科技. 2005, 12(3): 166-167

[5] 朱建伟, 武继彪, 李成韶, 隋在云, 张希林, 杜以兰. 复方马钱子碱的镇痛作用及其药效动力学初步观察. 中国中医药信息杂志. 2005, 12(9): 36-37

[6] W Yin, TS Wang, FZ Yin, BC Cai. Analgesic and anti-inflammatory properties of brucine and brucine N-oxide extracted from seeds of Strychnos nux-vomica. Journal of Ethnopharmacology. 2003, 88(2-3): 205-214

[7] 魏世超, 徐丽君. 马钱子生物碱抗大鼠类风湿性关节炎. 中华国际医学杂志. 2001, 1(6-7): 529-531

[8] 魏世超, 徐丽君, 张秀桥. 马钱子总生物碱对大鼠佐剂性关节炎的作用. 中国药理学通报. 2001, 17(4): 479-480

[9] 李明华, 万光瑞, 朱明, 张一红, 刘龙. 马钱子碱对实验性心律失常的影响. 新乡医学院学报. 1997, 14(2): 101-103

[10] 陆跃鸣, 陈龙, 蔡宝昌, 马骋, 史智阳, 李显. 异马钱子碱对心肌细胞作用的单钙通道及透射电镜分析. 安徽中医学院学报. 1999, 18(6): 47-49

[11] BC Cai, IT Kusumoto, H Miyashiro, S Kadota, M Hattori, T Namba. Protective effects of Strychnos alkaloids on the xanthine and xanthine oxidase-induced damage to cultured cardiomyocytes. Wakan Iyakugaku Zasshi. 1995, 12(4): 334-335

[12] 陆跃鸣, 陈龙, 蔡宝昌, 马骋, 史智阳, 李显. 马钱子碱与异马钱子碱氮氧化物抗肿瘤细胞生长及抗氧化损伤作用的比较. 南京中医药大学学报. 1998, 14(6): 349-350

[13] BC Cai, L Chen, S Kadota, M Hattori, T Namba. Processing of nux vomica. IV. A comparison of cytotoxicity of nine alkaloids from processed seeds of Strychnos nux-vomica on tumor cell lines. Natural Medicines. 1995, 49(1): 39-42

[14] 邓旭坤, 蔡宝昌, 殷武, 张晓春, 李伟东, 孙靓. 马钱子碱对小鼠肿瘤的抑制作用. 中国天然药物. 2005, 3(6): 392-395

[15] 宋爱英, 张国烈, 刘松江, 成燕萍, 李廷利, 关德民. 马钱子抗肿瘤作用的实验研究. 中国中医药科技. 2004, 11(6): 363

[16] PKS Visen, B Saraswat, K Raj, AP Bhaduri, MP Dubey. Prevention of galactosamine-induced hepatic damage by the natural product loganin from the plant Strychnos nux-vomica: studies on isolated hepatocytes and bile flow in rat. Phytotherapy Research. 1998, 12(6): 405-408

[17] Y B Tripathi, S Chaurasia. Studies on the inhibitory effect of Strychnos nux vomica alcohol extract on iron induced lipid peroxidation. Phytomedicine. 1996, 3(2): 175-180

[18] 孙德军, 许俊峰, 董幻. 马钱子外敷治疗面神经麻痹26例. 实用医药杂志. 2005, 22(11): 1056

[19] 王梅, 张颖. 马钱子散治疗坐骨神经痛29例临床观察. 光明中医. 2006, 21(9): 32-33

[20] 阿布都沙拉木, 阿巴斯. 马钱子及临床使用. 中国民族医药杂志. 2006, 12(4): 36

[21] C Delaude, L Delaude. African Strychnos alkaloids. Bulletin de la Societe Royale des Sciences de Liege. 1997, 66(4): 286

桑寄生 Sangjisheng^{CP}

Taxillus chinensis (DC.) Danser
Chinese Taxillus

桑寄生科

概述

桑寄生科 (Loranthaceae) 植物桑寄生 *Taxillus chinensis* (DC.) Danser [*Loranthus parasiticus* (L.) Merr.]，其干燥的带叶茎枝入药。中药名：桑寄生。

钝果寄生属 (*Taxillus*) 植物全世界约有 25 种，分布于亚洲东南部和南部。中国有 15 种、5 变种，分布于西南和秦岭以南各省区，现供药用者约 9 种。本种分布于中国广西、广东、香港、福建等省区；越南、老挝、柬埔寨、泰国、马来西亚、印度尼西亚、菲律宾也有分布。

桑寄生以"桑上寄生"药用之名，始载于《神农本草经》，列为上品。历代本草多有著录，除本种作桑寄生入药外，尚有同属其他植物、梨果寄生属 (*Scurrula*) 和槲寄生属 (*Viscum*) 植物等。《中国药典》（2005 年版）收载本种为中药桑寄生的法定原植物来源种。主产于中国广东、广西、福建等省区。

桑寄生主要含桑寄生毒蛋白、桑寄生凝集素和黄酮类成分，其中萹蓄苷是降血压、利尿的有效成分。《中国药典》采用薄层色谱法鉴别，以控制药材质量。

药理研究表明，桑寄生具有扩张冠脉、降血压、利尿、抗微生物等作用。

中医理论认为桑寄生具有补肝肾，强筋骨，祛风湿，安胎的功效。

桑寄生 *Taxillus chinensis* (DC.) Danser

桑寄生 Sangjisheng

桑寄生 *Taxillus chinensis* (DC.) Danser

药材桑寄生 Herba Taxilli

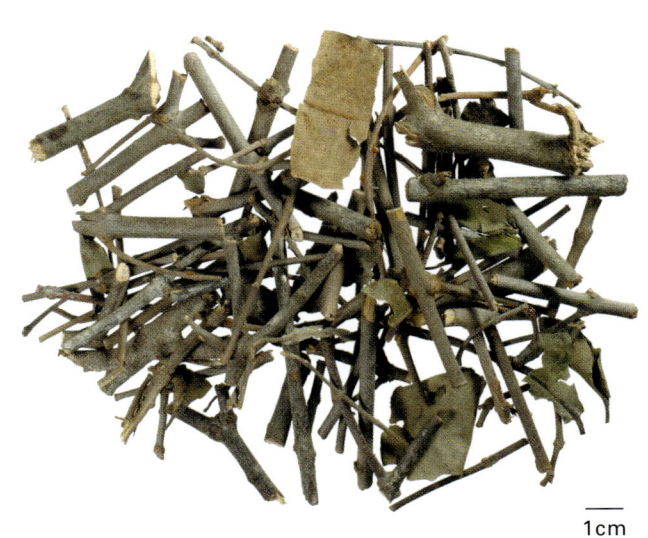

1cm

化学成分

桑寄生含桑寄生毒蛋白（分子量43 000）[1]、桑寄生凝集素（分子量67 500）[2]；黄酮类成分：萹蓄苷 (avicularin)、槲皮素 (quercetin)、槲皮苷 (quercitrin)[3]；还含有d－儿茶素 (d－catechin) 等。

寄生于马桑的桑寄生含倍半萜内酯类成分：马桑宁 (corianin)、马桑毒素 (coriamyrtin)、羟基马桑毒素(tutin)、马桑亭 (coriatin)[4]。

avicularin

corianin

药理作用

1. **对心血管系统的影响**
   (1) **舒张血管** 桑寄生注射剂对豚鼠离体心脏有明显舒张冠状动脉血管和对抗神经垂体素收缩冠状动脉的作用。
   (2) **降血压** 桑寄生水浸剂、醇浸剂有降血压作用，活性成分主要为萹蓄苷[5]。大鼠尾静脉注射桑寄生水煎液也显示有一过性降血压作用，肾性高血压大鼠灌胃桑寄生细粉混悬液可降低大鼠血浆β-内啡肽浓度[6]。
   (3) **降血脂** 桑寄生脱脂后水煎液的乙醇萃取物对高脂血症大鼠有明显的降胆固醇及三酰甘油作用，能显著提高超氧化物歧化酶 (SOD) 活性，降低血清中过氧化脂质含量[7]；桑寄生提取物、萹蓄苷和槲皮素具有抑制脂肪合成酶 (FAS) 的活性[8]。

2. **抗肿瘤**
   桑寄生毒蛋白对骨髓瘤细胞具有杀伤作用，同时对兔网织红细胞破碎液中的蛋白质生物合成也具有抑制作用[1]；桑寄生凝集素体外对肝癌细胞 BEL-7402 和胃癌细胞 MGC-823 具有显著的抑制作用[9]。

3. **对免疫系统的影响**
   桑寄生醇提取物对小鼠胸腺淋巴细胞和脾脏淋巴细胞的增殖有抑制作用[10]；桑寄生提取物体外能显著抑制刀豆蛋白 A (ConA) 诱导的肥大细胞脱颗粒反应，口服给药对卵白蛋白致敏大鼠肥大细胞的脱颗粒有明显抑制作用，还能抑制组胺的释放[11]；桑寄生水煎液及其颗粒剂灌胃给药对 2,4-二硝基氟苯 (DNFB) 所致小鼠耳郭皮肤迟发型超敏反应有显著抑制作用[12]。

4. **抗微生物**
   体外实验表明，桑寄生煎剂或浸剂对脊髓灰质炎病毒、柯萨奇病毒 A_9、B_4、B_5 (coxsackies A_9, B_4, B_5) 和埃可病毒 (ECHO 6.9) 以及伤寒杆菌和葡萄球菌均有明显的抑制作用。

5. **利尿**
   麻醉犬和大鼠实验显示萹蓄苷有显著的利尿作用，但利尿效果不及氨茶碱[13]。

6. **抗炎、镇痛**
   桑寄生水煎液及其颗粒剂灌胃给药对醋酸所致的小鼠扭体反应有显著的抑制作用，对角叉菜胶引致大鼠足趾肿胀也有抑制作用[12]。

7. **其他**
   桑寄生还具有镇静、抑制回肠活动[5]、抗肝毒性[14]等作用。

应用

本品为中医临床用药。功能：补肝肾，强筋骨，祛风湿，安胎。主治：腰膝酸痛，筋骨痿弱，肢体偏枯，风湿痹痛，头昏目眩，胎动不安，崩漏下血。

现代临床还用于冠心病、心绞痛、心律失常、高血压、产后乳汁不下、妊娠虚肿等病的治疗。

评注

桑寄生的原植物来源较为复杂，据本草考证，古代用的桑寄生原植物已有多种[15]。目前在民间使用的品种主要还有四川桑寄生 *Taxillus sutchuenensis* (Lecomte) Danser、毛叶钝果寄生 *T. nigrans* (Hance) Danser、红花寄生 *Scurrula parasitica* L.、离瓣寄生 *Helixanthera parasitica* Lour.、鞘花寄生 *Macrosolen cochinchinensis* (Lour.) Van Tiegh.。同一种植物，由于其寄主不同，对寄生本身的物质代谢影响不同，其成分和疗效也可能不同。寄主为马桑 *Coriaria nepalensis* Wall. 的桑寄生不可药用，否则会引起中毒，发生惊厥甚至休克死亡，因此在使用桑寄生时应注意鉴别和品质评价。

桑寄生与槲寄生 *Viscum coloratum* (Kom.) Nakai 都作为"桑寄生"入药，从现有化学和药理研究结果看，两者有相同之处，如都具有降血压、抗炎作用，但两者也存在较大差异，从 LD_{50} 结果看，桑寄生的毒性较小[1]。在两者研究尚未深入情况下，应严格区别使用。

参考文献

[1] 周红，曾仲奎，刘荣华，戚正武．桑寄生毒蛋白的分离纯化与部分性质研究．四川大学学报（自然科学版）．1993，30(1)：102-106

[2] 陈希宏，曾仲奎，刘荣华．桑寄生凝集素的纯化及部分性质研究．生物化学杂志．1992，8(2)：150-156

[3] 吕琳，朱宇明，徐东铭．桑寄生中槲皮素、槲皮苷的鉴定与含量测定．中成药．2004，26(12)：1046-1048

[4] T Okuda, T Yoshida, XM Chen, JX Xie, M Fukushima. Corianin from *Coriaria japonica* A. Gray and sesquiterpene lactones from *Loranthus parasiticus* Merr. used for treatment of schizophrenia. Chemical & Pharmaceutical Bulletin. 1987, 35(1): 182-187

[5] TH Nguyen, XS Pham, TT Nguyen. Preliminary study on chemical components and pharmacological effects of *Loranthus parasiticus* (L.) Merr. Tap Chi Duoc Hoc. 1999, 7: 12-15

[6] 叶立新，王继红，黄华利．桑寄生对肾性高血压大鼠血浆β-内啡肽浓度影响的量效作用．中国临床康复．2005，9(27)：84-85

[7] 华一璃，吴慧平，张融瑞，仇建明．桑寄生的降脂作用和抗脂质过氧化反应的研究．中国医药学报．1995，10(1)：40-41

[8] Y Wang, SY Zhang, XF Ma, WX Tian. Potent inhibition of fatty acid synthase by parasitic loranthus [*Taxillus chinensis* (DC.) Dander] and its constituent avicularin. Journal of Enzyme Inhibition and Medicinal Chemistry. 2006, 21(1): 87-93

[9] 潘鑫，刘山莉．中药桑寄生凝集素的分离及体外抗肿瘤活性的研究．天然产物研究与开发．2006，18：210-213

[10] 龙启才，邱建波．威灵仙、秦艽、桑寄生醇提物体外对淋巴细胞和环氧酶的影响．中药药理与临床．2004，20(4)：26-27

[11] 张秀敏，刘冉，许津．中药桑寄生的抗Ⅰ型变态反应作用．中国药师．2005，8(1)：5-7

[12] 李典鸿，胡祖光，高敏，洪介民，付定中，李毓．桑寄生两种不同剂型药效学的比较研究．中药药理与临床．1997，13(5)：35-36

[13] 李蕴山，傅绍萱．广寄生苷之利尿作用．药学学报．1959，7：1-5

[14] LL Yang, KY Yen, Y Kiso, H Hikino. Antihepatotoxic actions of Formosan plant drugs. Journal of Ethnopharmacology. 1987, 19(1): 103-110

[15] 王惠民，郝俊．桑寄生的本草考证．中药材．2000，23(10)：649-651

诃子 Hezi CP, KHP, VP, IP

Terminalia chebula Retz.
Medicine Terminalia

使君子科

概述

使君子科 (Combretaceae) 植物诃子 *Terminalia chebula* Retz.，其干燥成熟果实入药。中药名：诃子。诃子未成熟的干燥幼果，蒸熟后晒干，药材习称"藏青果"，又名"西青果"。

诃子属 (*Terminalia*) 植物全世界约有 200 种，广泛分布于南北半球热带地区。中国约有 8 种，分布于广东、广西、四川、云南、西藏和台湾。本属现供药用者约有 4 种、1 变种。本种分布于云南西部和西南部，广东、广西有栽培；越南、老挝、柬埔寨、泰国、缅甸、马来西亚、尼泊尔、印度也有分布。

诃子以"诃黎勒"（阿拉伯语译音）药用之名，始载于《金匮要略》。历代本草多有著录，自古以来作诃子药用者系本种及其变种或变型。《中国药典》（2005 年版）收载本种为中药诃子的法定原植物来源种之一。主产于中国云南临沧地区和德巨集傣族景颇族自治州。

诃子的主要活性成分为可水解鞣质，尚含有三萜酸类成分等。《中国药典》采用冷浸法测定，规定诃子水溶性浸出物不得少于 30%，以控制药材质量。

药理研究表明，诃子具有抗氧化、抗菌、抗病毒、强心、抑制平滑肌收缩等作用。

中医理论认为诃子具有涩肠敛肺，降火利咽等功效。

诃子 *Terminalia chebula* Retz.

诃子 Hezi

药材诃子 Fructus Chebulae

药材藏青果 Fructus Terminaliae Chebulae Immaturus

化学成分

诃子果实含可水解鞣质：诃子酸 (chebulinic acid)、诃子次酸 (chebulic acid)、诃黎勒酸 (chebulagic acid)、诃子

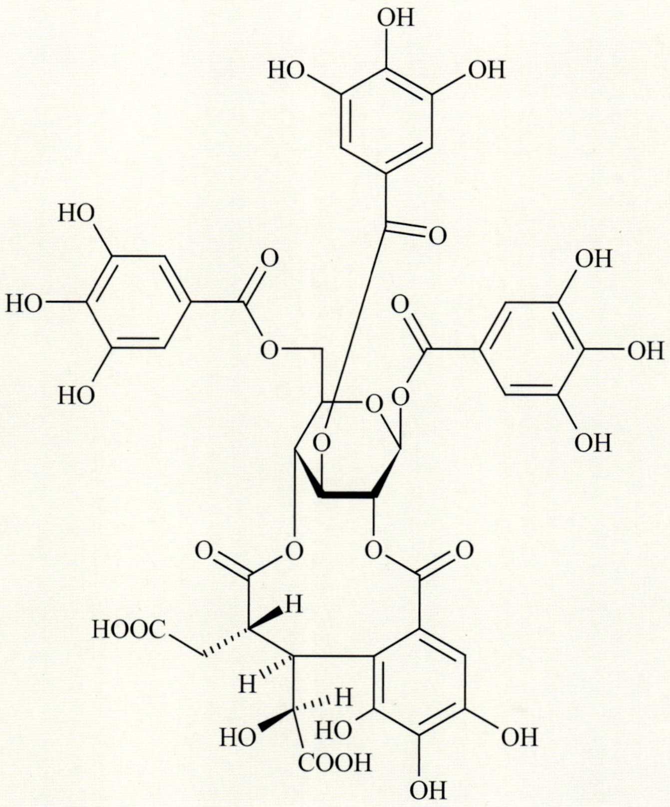

chebulinic acid

鞣质 (terchebulin)、terflavins A、B、C、D、1,6-二没食子酰葡萄糖 (1,6-di-O-galloyl-D-glucose)、石榴鞣质 (punicalagin)、3,4,6-三没食子酰葡萄糖 (3,4,6-tri-O-galloyl-D-glucose)、casuarinin、chebulanin、鞣料云实精 (corilagin)、neochebulinic acid、1,2,3,4,6-五没食子酰葡萄糖 (1,2,3,4,6-penta-O-galloyl-D-glucose)[1-2]、诃子素 (chebulin)[3]等；三萜酸类成分：榄仁萜酸 (terminoic acid)、阿江榄仁苷元 (arjugenin)、阿江榄仁酸 (arjunolic acid)、诃五醇 (chebupentol) 等[4]；挥发油成分：顺-α-檀香醇 (cis-α-santalol) 等[5]；还含有榄仁黄素 A、B[1-2]。

药理作用

1. **抗氧化**
   二苯代苦味酰肼 (DPPH) 自由基清除实验证实，诃子乙醇提取液有很强的抗氧化活性[6]。诃子鞣质有明显清除活性氧自由基、抑制维生素C 合并硫酸亚铁诱发的小鼠肝线粒体脂质过氧化、抑制 H_2O_2 和血卟啉衍生物 (HPD) 加光引起的溶血等作用[7]。

2. **抗菌**
   纸片法实验证明，诃子水煎剂对痢疾杆菌、绿脓杆菌、白喉杆菌、金黄色葡萄球菌、大肠杆菌、肺炎球菌、溶血性链球菌、变形杆菌、鼠伤寒杆菌、表皮葡萄球菌、肠球菌均有明显的抑制作用[8-9]。没食子酸和没食子酸乙酯为抗菌的有效成分[10]。

3. **抗病毒**
   诃子乙醇提取液对乙型肝炎表面抗原 (HBsAg) 和乙型肝炎 e 抗原 (HBeAg) 具有明显抑制作用，治疗指数较高[11]。诃子中没食子酰葡萄糖类对人类免疫缺陷病毒 I 型 (HIV-I) 也有抑制作用[12]。

4. **对平滑肌的影响**
   诃子素对平滑肌有罂粟碱样的解痉作用[3]。

5. **对心脏的影响**
   诃子提取物对异丙肾上腺素造成的大鼠心肌损伤具有显著保护作用[13]。诃子还有抗乌头碱对心肌细胞及细胞膜损害的作用[14]。

6. **保肝**
   诃子醇提取液能提高正常小鼠肝糖元含量，对四氯化碳引起小鼠血清谷丙转氨酶 (sSGPT) 的升高和肝糖元的下降有保护作用[15]。

7. **抗肿瘤**
   诃子 70% 甲醇提取物对人乳腺癌 MCF-7 细胞、人骨肉瘤 HOS-1 细胞、人前列腺癌细胞 PC-3 细胞等均具有生长抑制、诱导凋亡作用[16]。

应用

本品为藏医临床用药。功效：涩肠敛肺，降火利咽。主治：久泻久痢，便血脱肛，肺虚喘咳，久嗽不止，咽痛音哑。

现代临床还用于痔疮、溃疡性结肠炎、脱肛等病的治疗。

评注

诃子是常用收涩药，在蒙药、藏药书中，排在植物药中的第一位，被称为"众药之王"[17]。《中国药典》尚收载同属植物绒毛诃子 Terminalia chebula Retz. var. tomentella Kurt. 的干燥成熟果实，也作诃子药用。

使君子科

诃子 Hezi

除果实外，诃子的干燥幼果，蒸熟后晒干，用作中药"藏青果"，又名"西青果"。具有清热生津，利咽解毒的功效，主治阴虚白喉，扁桃体炎，喉炎，痢疾，肠炎。诃子的干燥叶，用作中药"诃子叶"，具有降气化痰，止泻痢的功效。主治痰咳不止，久泻，久痢。

诃子树皮提取物能增强实验动物心肌收缩力，可用于治疗心力衰竭、冠心病、高脂血症等常见心血管病。

参考文献

[1] LJ Juang, SJ Sheu, TC Lin. Determination of hydrolyzable tannins in the fruit of *Terminalia chebula* Retz. by high-performance liquid chromatography and capillary electrophoresis. *Journal of Separation Science*. 2004, 27(9): 718-724

[2] TC Lin, G Nonaka, I Nishioka, FC Ho. Tannins and related compounds. CII. Structures of terchebulin, an ellagitannin having a novel tetraphenylcarboxylic acid (terchebulic acid) moiety, and biogenetically related tannins from *Terminalia chebula* Retz. *Chemical & Pharmaceutical Bulletin*. 1990, 38(11): 3004-3008

[3] MC Inamdar, MRR Rao. The pharmacology of *Terminalia chebula*. *Journal of Scientific and Industrial Research*. 1962, 21: 345-348

[4] 卢普平，刘星堦，李兴从，张德成，横井利夫. 诃子三萜成分的研究. 植物学报. 1992, 34(2): 126-132

[5] 林励，徐鸿华，刘军民，王旭深. 诃子挥发性成分的研究. 中药材. 1996, 19(9): 462-463

[6] 胡博路，孟洁，胡迎芬，杭瑚. 30种中草药清除自由基的研究. 青岛大学学报. 2000, 13(2): 38-40

[7] 傅乃武，郭蓉，刘福成，金兰平，燕利学. 诃子鞣质和五倍子鞣酸抑制体内亚硝胺生成和对抗活性氧的作用. 中草药. 1992, 23(11): 585-589

[8] 卫生部药品生物制品检定所及云南省药品检验所编辑委员会. 中国民族药志（第一卷）北京：人民卫生出版社. 1984: 290-295

[9] 李仲兴，王秀华，岳云升，赵宝珍，陈晶波，李继红. 诃子对335株临床菌株的体外抑菌活性的研究. 中国中医药科技. 2000, 7(6): 393-394

[10] Y Sato, H Oketani, K Singyouchi, T Ohtsubo, M Kihara, H Shibata, T Higuti. Extraction and purification of effective antimicrobial constituents of *Terminalia chebula* Retz. against methicillin-resistant Staphylococcus aureus. *Biological & Pharmaceutical Bulletin*. 1997, 20(4): 401-404

[11] 张燕明，刘妮，朱宇同，符林春. 诃子醇提物抗HBV的体外实验研究. 中医药学刊. 2003, 21(3): 384-385

[12] MJ Ahn, CY Kim, JS Lee, TG Kim, SH Kim, CK Lee, BB Lee, CG Shin, H Huh, JW Kim. Inhibition of HIV-1 integrase by galloyl glucoses from Terminalia chebula and flavonol glycoside gallates from *Euphorbia pekinensis*. *Planta Medica*. 2002, 68(5): 457-459

[13] S Suchalatha, DCS Shyamala. Protective effect of *Terminalia chebula* against experimental myocardial injury induced by isoproterenol. *Indian Journal of Experimental Biology*. 2004, 42(2): 174-178

[14] 潘燕，张述禹，侯金凤. 诃子对乌头碱致心肌细胞损伤的影响. 中国民族医药杂志. 2002, 8(1): 32-33

[15] 张述禹，白喜翠，李春汇，汤学勤，赵建荣. 诃子醇提取物对实验动物肝功的影响. 中国民族医药杂志. 1997, 3(4): 41-42

[16] A Saleem, M Husheem, P Harkonen, K Pihlaja. Inhibition of cancer cell growth by crude extract and the phenolics of *Terminalia chebula* Retz. fruit. *Journal of Ethnopharmacology*. 2002, 81(3): 327-336

[17] 李瑞，李文军. 蒙医、藏医谈诃子. 中国中医药信息杂志. 1995, 2(6): 34-35

钩藤 Gouteng CP, JP

茜草科

Uncaria rhynchophylla (Miq.) Jacks.
Sharpleaf Gambirplant

概述

茜草科 (Rubiaceae) 植物钩藤 *Uncaria rhynchophylla* (Miq.) Jacks.，其干燥带钩茎枝入药。中药名：钩藤。

钩藤属 (*Uncaria*) 植物在全世界共有 34 种，主要分布于亚洲热带和澳洲等地，少数分布于热带美洲和非洲。中国有 11 种、1 变型，分布于南部和中部省区。本属现供药用者约 5 种。本种分布于中国广东、香港、广西、云南、贵州、福建、湖南、湖北及江西，日本也有分布。

钩藤以"钓藤"药用之名，始载于《名医别录》，列为下品。中国历代本草多有著录，入药者为钩藤属多种植物。《中国药典》(2005 年版) 收载本种为中药钩藤的法定原植物来源种之一。主产于中国广西、江西、湖南、浙江、福建、广东、安徽等省区。

钩藤主要含吲哚类生物碱类成分，其中钩藤碱和异钩藤碱是主要活性成分。《中国药典》采用热浸法测定，规定钩藤的醇溶性浸出物不得少于 6.0%，以控制药材质量。

药理研究表明，钩藤具有降血压、抗心律失常、舒张血管、抑制血小板聚集、抗血栓形成、保护脑组织、抗惊厥、抗癫痫、镇静等作用。

中医理论认为钩藤具有熄风止痉，清热平肝的功效。

钩藤 *Uncaria rhynchophylla* (Miq.) Jacks.

药材钩藤 Ramulus Uncariae Cum Uncis

1cm

钩藤 Gouteng

茜草科

化学成分

钩藤的茎枝含吲哚类生物碱成分：钩藤碱 (rhynchophylline)、异钩藤碱 (isorhynchophylline)、去氢钩藤碱 (corynoxeine)、异去氢钩藤碱 (isocorynoxeine)、毛钩藤碱 (hirsutine)、去氢毛钩藤碱 (hirsuteine)、柯南因 (corynantheine)、二氢柯南因 (dihydrocorynantheine)[1]、阿枯米京碱 (akuammigine)、缝仔木甲醚 (geissoschizine methyl ether)[2]、柯诺辛 (corynoxine)、柯诺辛 B (corynoxine B)[3]；三萜类成分：常春藤苷元 (hederagenin)、钩藤苷元 A、B、C (uncargenins A－C)[4]、钩藤酸 A、B、C、D、E (uncarinic acids A－E)[5-6]。

钩藤的枝叶含三萜类成分：钩藤苷元D、鸡纳皮酸 (quinovic acid)；香豆素类成分：东莨菪内酯 (scopoletin)[7]。

钩藤的叶含吲哚类生物碱及其葡萄糖苷：6'－阿魏酰基长春花苷内酰胺(rhynchophine)、瓦来西亚朝它胺 (vallesiachotamine)、长春花苷内酰胺 (vincoside lactam)、异长春花苷内酰胺 (strictosamide)；黄酮类成分：金丝桃苷 (hyperin)、三叶豆苷 (trifolin)[8]。

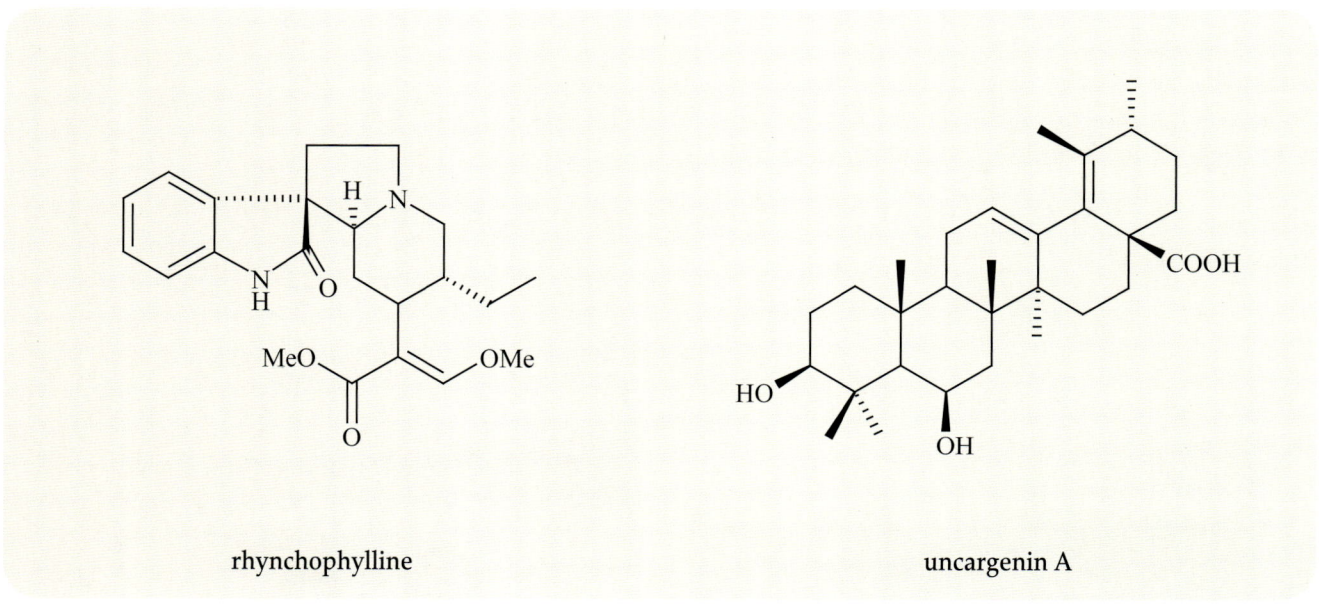

rhynchophylline　　　　　　　　　　　　uncargenin A

药理作用

1. 对心血管系统的影响

(1)降血压　经股静脉微量输注给药，大鼠麻醉后经颈总动脉插管记录周边血压实验显示，钩藤中 4 种成分的降血压强度为异钩藤碱＞钩藤碱＞钩藤总碱＞钩藤非生物碱[9]；静脉注射钩藤碱和异钩藤碱也能使麻醉开胸犬的平均动脉压下降，异钩藤碱作用也强于钩藤碱[10]。钩藤水煎液灌胃能降低自发性高血压大鼠的收缩压，逆转左心室肥厚 (LVH)，其作用机理可能与抑制原癌基因 c－fos 表达有关[11]。毛钩藤碱也可通过减少细胞内钙离子水平而发挥降血压作用[12]。

(2)对心脏的影响　钩藤碱和异钩藤碱能抑制心肌细胞膜钙离子转运，对离体豚鼠心房产生负性变时和变力作用[13-14]。钩藤碱体外可抑制 human ether-a-go-go 相关基因 (HERG) 编码的钾通道，导致心室复极时间延长[15]。静脉滴注异钩藤碱对麻醉兔心脏的房室传导有显著抑制作用，可部分被异丙肾上腺素对抗[16]；静脉注射还可使麻醉猫心率减慢[17]。毛钩藤碱对乌头碱诱导的小鼠心律不齐和乌本苷诱导的豚鼠心律不齐均有对抗作用[18]；毛钩藤碱和二氢柯南因能通过抑制多种离子通道对心肌细胞动作电位产生直接作用，与其负性变时和抗心律不齐作用有关[19]。

(3)舒张血管　钩藤提取物体外对去甲肾上腺素诱导的大鼠主动脉收缩有舒张血管作用，且呈内皮依赖性[20]。钩藤碱和异钩藤碱对离体大鼠动脉血管具有非内皮依赖性舒张血管作用，是通过调节 L 型钙离子通道介导的[21]。毛钩藤碱和去氢毛钩藤碱血管内注射对麻醉犬后肢动脉血管也具有舒张作用，毛钩藤碱还可舒张冠状动脉和脑动脉血管[22]。

(4)抑制血小板聚集和抗血栓形成　静脉注射钩藤碱能明显抑制花生四烯酸(AA)、胶原及二磷酸腺苷(ADP)诱导的大鼠血小板聚集，降低血栓形成诱导剂 ADP 及胶原加肾上腺素静脉注射所致小鼠死亡率[23]；对大鼠静脉血栓及脑血栓的形成也有抑制[24]。

(5)其他　饮用钩藤水煎剂能明显抑制高脂性肥胖大鼠的体重、进食量，降低体内自由基和血清胰岛素水平，增加总抗氧化能力[25]。钩藤70%乙醇提取物体外能增加人脐静脉内皮细胞(HUVEC)增殖，并增加血管内皮生长因子(VEGF)和碱性成纤维生长因子(bFGF)的基因表达以及蛋白分泌，与加速血管伤口愈合以及局部缺血组织侧支血管生长有关[26]。

2. 对中枢神经系统的影响

(1)保护脑组织　钩藤生物碱和钩藤甲醇提取物通过抑制N-甲基-D-天冬氨酸(NMDA)诱导的大鼠海马神经细胞凋亡以及 NMDA 受体调节的离子电流对神经细胞产生保护作用[27-28]。全脑缺血再灌注大鼠腹腔注射钩藤甲醇提取物能显著保护海马区 CA1 神经细胞，体外还可抑制 BV-2 小鼠小神经胶质细胞的肿瘤坏死因子(TNF-α)和一氧化氮的产生[29]，活性成分为钩藤总碱[30]。钩藤碱静脉注射对脑缺血大鼠也具有保护作用[31]，还能调节脑缺血大鼠纹状体内和海马单胺类神经传递物质及代谢物的含量[32]。

(2)抗惊厥、抗癫痫　钩藤提取物给大鼠腹腔注射，能降低红藻氨酸所诱发的癫痫的发生率及大脑皮层中的过氧化脂质水平[33]。若与天麻配伍有明显的协同效应[34]。钩藤醇提液能使毛果芸香碱致痫大鼠的离体海马脑片 CA1 区锥体细胞诱发群峰电位元的幅度降低，对中枢神经系统的突触传递过程有明显的抑制效应，从而产生抗癫痫作用[35]。

(3)镇静　钩藤碱腹腔注射能减少小鼠的自发活动，加强戊巴比妥的镇静催眠作用[36]。经口给药钩藤提取物或其所含的吲哚类生物碱如柯诺辛、柯诺辛 B、异钩藤碱和缝籽木甲醚，能显著抑制小鼠的运动反应，可能与其调节中枢多巴胺系统有关[37]。

(4)预防认知障碍、抗焦虑　钩藤能显著抑制β-淀粉样蛋白(β-amyloid protein)的聚集，与预防和治疗老年痴呆病有关[38]。小鼠口服乙醇提取物的生物碱部分或钩藤碱可显著缩短在水迷宫中的逃避潜伏时间，明显延长高台区域中的游泳时间，显示对暂时性脑缺血诱导的空间认知障碍有预防作用[39]。大鼠和小鼠的高架十字迷宫和穿孔板装置实验结果表明，钩藤水提取物灌胃给药可通过5-羟色胺能系统产生有效的抗焦虑作用[40]。

(5)其他　体外实验表明，钩藤碱体外对低氧大鼠大脑皮层神经元 L-型钙通道有阻滞作用，能降低细胞内钙超载，是钩藤碱改善低氧性脑代谢紊乱的机理之一[41]；还能对抗多巴胺诱导的 NT2 细胞的损伤[42]。钩藤碱皮下注射可抑制小鼠依赖模型吗啡的大部分戒断症状，以抑制跳跃和控制体重下降最为明显[43]。钩藤总碱灌胃对苯丙胺诱导的小鼠行为敏化的获得和表达具有抑制作用，提示对苯丙胺类物质的精神依赖能产生干预作用[44]。

3. 其他

钩藤总碱体外还可逆转 KBv200 细胞（口腔上皮癌细胞 KB 的多药耐药细胞）对长春新碱的耐药性，提高肿瘤化疗效果[45]。

应用

本品为中医临床用药。功能：熄风止痉，清热平肝。主治：小儿惊风、夜啼，热盛动风，子痫，肝阳眩晕，肝火头胀痛。

现代临床还用于高血压、抑郁症、偏头痛等病的治疗。

评注

钩藤为多来源中药材。除本种外，《中国药典》还收载大叶钩藤 Uncaria macrophylla Wall.、毛钩藤 U. hirsuta Havil.、华钩藤 U. sinensis (Oliv.) Havil. 及无柄果钩藤 U. sessilifructus Roxb. 为钩藤的法定原植物来源种。本种和华钩藤、大叶钩藤占商品的主流地位。目前商品中钩藤的来源更多，涉及钩藤属 10 种植物[46]，其他品种的内在质量如

钩藤 Gouteng

何，能否代替正品钩藤入药，还有待进一步开展化学、药理及临床方面的研究。

同属的另一种植物绒毛钩藤 *U. tomentosa* (Willd.) DC.，也称"猫爪藤"，原产于南美亚马逊地区热带雨林，其树皮与根为秘鲁传统草药（见本书第三册 486 页）。

钩藤属植物在中国民间广泛应用，除传统用带钩茎枝外，更多是使用根、老茎或叶，用于治疗风湿腰痛、高血压、呕血、小儿脱肛、骨髓炎、水肿及神经性头痛等常见病[46]。因此对钩藤皮、钩、茎枝、根所含成分、药理和临床作用的对比研究，值得深入。

参考文献

[1] J Haginiwa, S Sakai, N Aimi, E Yamanaka, N Shinma. Plants containing indole alkaloids. 2. Alkaloids of *Uncaria rhynchophylla*. *Yakugaku Zasshi*. 1973, 93(4): 448-452

[2] N Aimi, E Yamanaka, N Shinma, M Fujiu, J Kurita, S Sakai, J Haginiwa. Studies on plants containing indole alkaloids. VI. Minor bases of *Uncaria rhynchophylla* Miq. *Chemical & Pharmaceutical Bulletin*. 1977, 25(8): 2067-2071

[3] 张峻，杨成金，吴大刚．钩藤的化学成分研究（III）．中草药．1999, 30(1): 12-14

[4] 杨成金，张峻，吴大刚．钩藤的三萜成分．云南植物研究．1995, 17(2): 209-214

[5] JS Lee, MY Yang, H Yeo, J Kim, HS Lee, JS Ahn. Uncarinic acids: phospholipase C gamma1 inhibitors from hooks of *Uncaria rhynchophylla*. *Bioorganic & Medicinal Chemistry Letters*. 1999, 9(10): 1429-1432

[6] JS Lee, J Kim, BY Kim, HS Lee, JS Ahn, YS Chang. Inhibition of phospholipase C gamma1 and cancer cell proliferation by triterpene esters from *Uncaria rhynchophylla*. *Journal of Natural Product*. 2000, 63(6): 753-756

[7] 张峻，杨成金，吴大刚．钩藤的化学成分研究（II）．中草药．1998, 29(10): 649-651

[8] N Aimi, T Shito, K Fukushima, Y Itai, C Aoyama, K Kunisawa, S Sakai, J Haginiwa, K Yamasaki. Studies on plants containing indole alkaloids. VIII. Indole alkaloid glycosides and other constituents of the leaves of *Uncaria rhynchophylla* Miq. *Chemical & Pharmaceutical Bulletin*. 1982, 30(11): 4046-4051

[9] 宋纯清，樊懿，黄伟晖，吴大正，胡之璧．钩藤中不同成分降压作用的差异．中草药．2000, 31(10): 762-764

[10] 石京山，刘国雄，吴芹，黄一平，张宪德．钩藤碱和异钩藤碱对麻醉犬血压及器官血流的作用．中国药理学报．1992, 13(1): 35-38

[11] 刘建斌，任江华．钩藤对自发性高血压大鼠心肌重构及原癌基因 c-fos 表达的影响．中国中医基础医学杂志．2000, 6(5): 40-44

[12] S Horie, S Yano, N Aimi, S Sakai, K Watanabe. Effects of hirsutine, an antihypertensive indole alkaloid from *Uncaria rhynchophylla*, on intracellular calcium in rat thoracic aorta. *Life Science*. 1992, 50(7): 491-498

[13] 朱毅，刘国雄，黄燮南．钩藤碱和异钩藤碱对豚鼠心房的负性变时和变力作用．中国药理学与毒理学杂志．1993, 7(2): 117-121

[14] 陈长勋，金若敏，王群，张海桂．钩藤碱对离体豚鼠心房的作用．中国药学．1995, 4(3): 144-148

[15] 桂乐，李之望，杜戎，袁国会，李伟，任法鑫，李婧，杨钧国．钩藤碱对 human ether-a-go-go 相关基因通道的抑制作用．生理学报．2005, 57(5): 648-652

[16] 孙安盛，张炜，刘国雄．异钩藤碱对麻醉兔心脏传导功能的影响．中国药理学与毒理学杂志．1995, 9(2): 113-115

[17] 余俊先，吴芹，谢笑龙，黄燮南，孙安盛，石京山．异钩藤碱对猫的心血管作用与血中浓度的关系．中国药理学与毒理学杂志．2002, 16(3): 191-194

[18] Y Ozaki. Pharmacological studies of indole alkaloids obtained from domestic plants, *Uncaria rhynchophylla* Miq. and *Amsonia elliptica* Roem. et Schult. *Nippon Yakurigaku Zasshi*. 1989, 94(1): 17-26

[19] H Masumiya, T Saitoh, Y Tanaka, S Horie, N Aimi, H Takayama, H Tanaka, K Shigenobu. Effects of hirsutine and dihydrocorynantheine on the action potentials of sino-atrial node, atrium and ventricle. *Life Science*. 1999, 65(22): 2333-2341

[20] T Kuramochi, J Chu, T Suga. Gou-teng (from *Uncaria rhynchophylla* Miquel)-induced endothelium-dependent and -independent relaxations in the isolated rat aorta. *Life Science*. 1994, 54(26): 2061-2069

[21] WB Zhang, CX Chen, SM Sim, CY Kwan. *In vitro* vasodilator mechanisms of the indole alkaloids rhynchophylline and isorhynchophylline, isolated from the hook of *Uncaria rhynchophylla* (Miquel). *Naunyn-Schmiedeberg's Archives of Pharmacology*. 2004, 369(2): 232-238

[22] Y Ozaki. Vasodilative effects of indole alkaloids obtained from domestic plants, *Uncaria rhynchophylla* Miq. and *Amsonia elliptica* Roem. et Schult. *Nippon Yakurigaku Zasshi*. 1990, **95**(2): 47-54

[23] 金若敏, 陈长勋, 李仪奎, 徐培康. 钩藤碱对血小板聚集和血栓形成的影响. 药学学报. 1991, **26**(4): 246-249

[24] 陈长勋, 金若敏, 李仪奎, 钟健, 岳镭, 陈顺超, 周吉燕. 钩藤碱对血小板聚集和血栓形成的抑制作用. 中国药理学报. 1992, **13**(2): 126-130

[25] 罗蓉, 金龙, 田雪松, 卫玉玲, 李伟, 郑天珍, 瞿颂义. 钩藤水煎剂对高脂性肥胖大鼠体质量、进食量、血糖、胰岛素及抗氧化能力的影响. 中国临床康复. 2005, **9**(31): 246-248

[26] DY Choi, JE Huh, JD Lee, EM Cho, YH Baek, HR Yang, YJ Cho, KI Kim, DY Kim, DS Park. *Uncaria rhynchophylla* induces angiogenesis *in vitro* and *in vivo*. *Biological & Pharmaceutical Bulletin*. 2005, **28**(12): 2248-2252

[27] J Lee, D Son, P Lee, SY Kim, H Kim, CJ Kim, E Lim. Alkaloid fraction of *Uncaria rhynchophylla* protects against N-methyl-D-aspartate-induced apoptosis in rat hippocampal slices. *Neuroscience Letters*. 2003, **348**(1): 51-55

[28] J Lee, D Son, P Lee, DK Kim, MC Shin, MH Jang, CJ Kim, YS Kim, SY Kim, H Kim. Protective effect of methanol extract of *Uncaria rhynchophylla* against excitotoxicity induced by N-methyl-D-aspartate in rat hippocampus. *Journal of Pharmacological Sciences*. 2003, **92**(1): 70-73

[29] K Suk, SY Kim, K Leem, YO Kim, SY Park, J Hur, J Baek, KJ Lee, HZ Zheng, H Kim. Neuroprotection by methanol extract of *Uncaria rhynchophylla* against global cerebral ischemia in rats. *Life Science*. 2002, **70**(21): 2467-2480

[30] 胡雪勇, 孙安盛, 余丽梅, 吴芹, 石京山, 黄燮南. 钩藤总碱抗实验性脑缺血的作用. 中国药理学通报. 2004, **20**(11): 1254-1256

[31] 吴二兵, 孙安盛, 吴芹, 余丽梅, 石京山, 黄燮南. 钩藤碱对脑缺血/再灌损伤的保护作用. 中国药学杂志. 2005, **40**(11): 833-835

[32] 陆远富, 谢笑龙, 吴芹, 文国荣, 杨素芬, 石京山. 钩藤碱对脑缺血大鼠纹状体及海马单胺类递质含量的影响. 中国药理学与毒理学杂志. 2004, **18**(4): 253-258

[33] CL Hsieh, MF Chen, TC Li, SC Li, NY Tang, CT Hsieh, CZ Pon, JG Lin. Anticonvulsant effect of *Uncaria rhynchophylla* (Miq.) Jack. in rats with kainic acid-induced epileptic seizure. *American Journal of Chinese Medicine*. 1999, **27**(2): 257-264

[34] CL Hsieh, NY Tang, SY Chiang, CT Hsieh, JG Lin. Anticonvulsive and free radical scavenging actions of two herbs, *Uncaria rhynchophylla* (MIQ) Jack and Gastrodia elata Bl., in kainic acid-treated rats. *Life Sciences*. 1999, **65**(20): 2071-2082

[35] 徐淑梅, 何津岩, 林来祥, 郑开俊, 仇晓菁. 钩藤对致痫大鼠海马脑片诱发场电位的影响. 中国应用生理学杂志. 2001, **17**(3): 259-261

[36] 石京山, 黄彬, 吴芹, 任汝仙, 谢笑龙. 钩藤碱对小鼠活动和大鼠脑内5-羟色胺及多巴胺的影响. 中国药理学报. 1993, **14**(2): 114-117

[37] I Sakakibara, S Terabayashi, M Kubo, M Higuchi, Y Komatsu, M Okada, K Taki, J Kamei. Effect on locomotion of indole alkaloids from the hooks of Uncaria plants. *Phytomedicine*. 1999, **6**(3): 163-168

[38] H Fujiwara, K Iwasaki, K Furukawa, T Seki, M He, M Maruyama, N Tomita, Y Kudo, M Higuchi, TC Saido, S Maeda, A Takashima, M Hara, Y Ohizumi, H Arai. *Uncaria rhynchophylla*, a Chinese medicinal herb, has potent antiaggregation effects on Alzheimer's beta-amyloid proteins. *Journal of Neuroscience Research*. 2006, **84**(2): 427-433

[39] 张绍辉译. 钩藤散、钩藤及其生物碱对小鼠血管性痴呆的防治作用. 国外医药: 植物药分册. 2003, **18**(3): 119

[40] JW Jung, NY Ahn, HR Oh, BK Lee, KJ Lee, SY Kim, JH Cheong, JH Ryu. Anxiolytic effects of the aqueous extract of *Uncaria rhynchophylla*. *Journal of Ethnopharmacology*. 2006, **108**(2): 193-197

[41] 开丽, 王中峰, 薛春生. 钩藤碱对急性低氧大鼠大脑皮层神经元L-型钙通道的影响. 中国药学. 1998, **7**(4): 205-208

[42] 石京山, GK Haglid. 钩藤碱对多巴胺诱导的NT2细胞凋亡的影响. 中国药理学报. 2002, **23**(5): 445-449

[43] 唐省三, 马亚珍, 陈冬娥. 钩藤碱抑制小鼠吗啡戒断症状的探讨. 军事医学科学院院刊. 2004, **28**(1): 97-99

[44] 莫志贤, 杨倩. 钩藤生物碱对小鼠苯丙胺行为敏化的影响. 中国药物依赖性杂志. 2005, **14**(6): 421-424

[45] 张慧珠, 杨林, 刘淑梅, 任雷鸣. 中药活性成分体外逆转肿瘤细胞多药耐药性的研究. 中药材. 2001, **24**(9): 655-657

[46] 余再柏, 舒光明, 秦松云, 钟延瑜, 方清茂, 李江陵, 周毅. 国产钩藤类中药资源调查研究. 中国中药杂志. 1999, **24**(4): 198-202, 254

乌饭树 Wufanshu

Vaccinium bracteatum Thunb.
Oriental Blueberry

概 述

杜鹃花科 (Ericaceae) 植物乌饭树 *Vaccinium bracteatum* Thunb.，其干燥叶或枝叶、干燥成熟果实入药。中药名：南烛叶、南烛子。

越桔属 (*Vaccinium*) 植物全世界约有 450 种，分布于北半球温带、亚热带，美洲和亚洲的热带山区，少数分布于非洲南部、马达加斯加岛，但非洲热带高山和热带低地不产。中国约有 91 种、24 变种、2 亚种，本属现供药用者约 10 种。本种主要分布于中国华东、华中、华南至西南地区，台湾也有分布。朝鲜半岛、日本、马来半岛、印度尼西亚等地也有分布。

乌饭树以"南烛"药用之名，始载于《开宝本草》，以"南烛子"药用之名，始载于《本草纲目》。历代本草多有著录，古今药用品种一致。主产于江苏、浙江和长江以南各地。

乌饭树的叶含三萜类、环烯醚萜苷类和黄酮类成分。

药理研究表明，乌饭树叶具有抗疲劳、改善视力、抗氧化等作用。

中医理论认为南烛叶具有益肠胃，养肝肾等功效；南烛子具有补肝肾，强筋骨，固精气，止泻痢等功效。

乌饭树 *Vaccinium bracteatum* Thunb.（花枝）

乌饭树 *V. bracteatum* Thunb.（果枝）

化学成分

乌饭树叶含三萜类成分：无羁萜 (friedelin)、表无羁萜醇 (epifriedelinol)、熊果酸 (ursolic acid)[1]；黄酮类成分：槲皮素 (quercetin)、异荭草素 (homoorientin)；此外，还含有肌醇 (inositol)、对香豆酸 (p-coumaric acid)[2]。

乌饭树干燥果实含糖约20%，游离酸7.0%，以苹果酸 (malic acid) 为主，还含少量枸橼酸 (citric acid) 和酒石酸 (tartaric acid)；成熟果实含花色苷成分[3]。

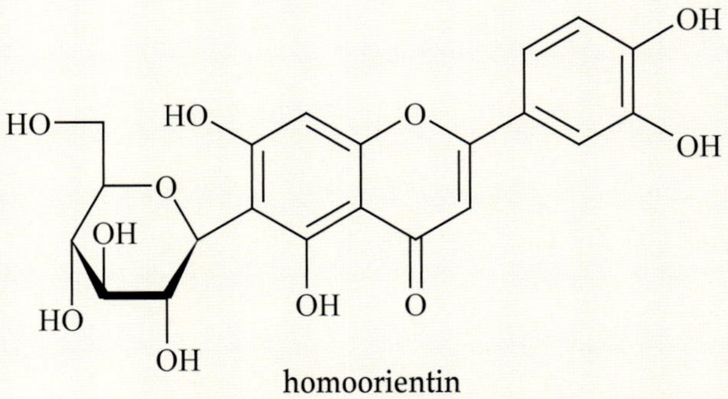

homoorientin

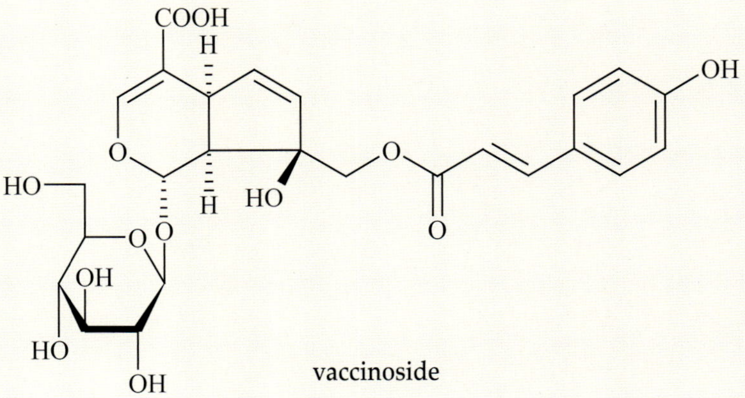

vaccinoside

乌饭树　Wufanshu

乌饭树花中含三萜类成分: 无羁萜、山楂酸 (maslinic acid)、熊果酸; 黄酮类成分: 荭草素 (orientin)、异荭草素; 环烯醚萜苷类成分: 乌饭树苷 (vaccinoside)、水晶兰苷 (monotropein); 此外,还含有乙醛 (aldehyde)、对香豆酸、莽草酸 (shikimic acid)[4]。

药理作用

1. 抗疲劳、抗应激

乌饭树嫩枝叶的醇提物灌胃给药可明显延长小鼠爬杆时间,降低血清中尿素氮及血乳酸含量,提高低温 (1 - 2°C) 生存率[5]。

2. 保护视网膜

乌饭树树叶及其提取物给家兔饲喂对强光刺激所致的视网膜损伤具有明显的保护作用,能使视网膜中的丙二醛 (MDA) 含量降低,超氧化物歧化酶 (SOD) 含量增加[6]。乌饭树叶中的黄酮类成分对活性氧自由基有较强清除作用,其中槲皮素的清除能力最强[7]。

应用

南烛叶为中医临床用药。功能: 益肠胃,养肝肾。此外,民间认为其还有止咳,强筋,明目,润肤色的功效。主治: 脾胃气虚,久泻,少食,肝肾不足,腰膝乏力,须发早白。

现代临床还用于消化不良、腹泻、牙龈出血、血小板减少性紫癜等病的治疗。

南烛子也为中医临床用药。功能: 补肝肾,强筋骨,固精气,止泻痢。主治: 肝肾不足,须发早白,筋骨无力,久泄梦遗,带下不止,久泻久痢。

评注

乌饭树叶为中国江南民间传统的保健食品。当地居民习惯在农历四月初八当天,将乌饭树叶捣成汁,用汁将大米染成黑色,制作糕团,作为佛诞节的点心。乌饭树叶和果实的营养丰富,具有抗衰老、抗氧化等多种药理活性,在保健品行业颇具研究和开发价值。

乌饭树叶富含黑色素,研究表明,乌饭树叶黑色素对自然光、食盐和糖等影响因素稳定,对蛋白质、毛发、淀粉、酱油和沙拉油的着色能力强,可作为天然色素用于食品加工业中[8-9]。

参考文献

[1] 屠鹏飞,刘江云,李君山. 乌饭树叶的脂溶性成分研究. 中国中药杂志. 1997, 22(7): 423-424

[2] M Yasue, M Itaya, H Oshima, S Funahashi. The constituents of the leaves of *Vaccinium bracteatum*. I. *Yakugaku Zasshi*. 1965, 85(6): 553-556

[3] 房玉玲,秦明珠. 乌饭树的研究进展. 上海中医药杂志. 2003, 37(5): 59-61

[4] J Sakakibara, T Kaiyo, M Yasue. Constituents of *Vaccinium bracteatum*. II. Constituents of the flowers and structure of vaccinoside, a new iridoid glycoside. *Yakugaku Zasshi*. 1973, 93(2): 164-170

[5] 刘清飞,朱爱兰,秦明珠,娄杰. 乌饭树抗疲劳作用研究. 时珍国医国药. 1999, 10(10): 726-727

[6] 王立,张雪彤,姚惠源. 乌饭树树叶及其提取物对视网膜光损伤的保护作用. 西安交通大学学报(医学版). 2006, 27(3): 284-287, 303

[7] 王立,唐小舟,姚惠源,沈萍,陶冠军,秦芳. 乌饭树树叶中黄酮类色素清除活性氧自由基的研究. 食品科学. 2005, 26(12): 98-102

[8] 江水泉. 南烛叶黑色素的稳定性研究. 粮食与食品工业. 1998, 3: 10-14

[9] 胡志杰,姜萍,张义生. 乌饭树叶色素提取工艺及色素性质再研究. 中国野生植物资源. 2001, 20(1): 47, 37

蜘蛛香 Zhizhuxiang

Valeriana jatamansii Jones
Jatamans Valeriana

败酱科

概 述

败酱科 (Valerianaceae) 植物蜘蛛香 *Valeriana jatamansii* Jones (*V. wallichii* DC.)，其干燥根茎及根入药。中药名：蜘蛛香。

缬草属 (*Valeriana*) 植物全世界约有 200 种，分布在欧亚大陆、南美和北美中部。中国约有 17 种、2 变种，本属现供药用者约有 9 种、1 变种。本种分布于中国河南、陕西、湖南、湖北、四川、贵州、云南、西藏等省区；印度也有分布。

"蜘蛛香"药用之名，始载于《本草纲目》。历代本草多有著录，古今药用品种一致。主产于中国四川、贵州、云南、陕西、湖北等省。

蜘蛛香含环烯醚萜、倍半萜、生物碱和黄酮类成分等，其中环烯醚萜类成分是蜘蛛香镇静催眠的活性成分之一。

药理研究表明，蜘蛛香具有镇静、催眠、抗惊厥、镇痛、解痉、抗肿瘤等作用。

中医理论认为蜘蛛香具有理气和中，散寒除湿，活血消肿等功效。

蜘蛛香 *Valeriana jatamansii* Jones

蜘蛛香 Zhizhuxiang

化学成分

蜘蛛香根及根茎含环烯醚萜类成分：缬草素 (valtrate)、乙酰缬草素 (acevaltrate)、二氢缬草素 (didrovaltrate)、缬草醛 (baldrinal)[1]、1-高乙酰缬草素 (1-homoacevaltrate)、1-高异乙酰缬草素 (1-homoisoacevaltrate)、11-homohydroxyldihydrovaltrate、valeriotriates A、B[2-3]等；黄酮及其苷类成分：蒙花苷 (linarin)、6-甲基芹菜素 (6-methylapigenin)、金合欢素-7-O-β-槐糖苷 (acacetin 7-O-β-sophoroside)[4-6]等；生物碱类成分：缬草恰碱 (chatinine)[7]等；倍半萜类成分：valeriananoids A、B、C[8]等；挥发性成分：醋酸龙脑酯 (bornyl acetate)、β-榄香烯 (β-elemene)[9]等。

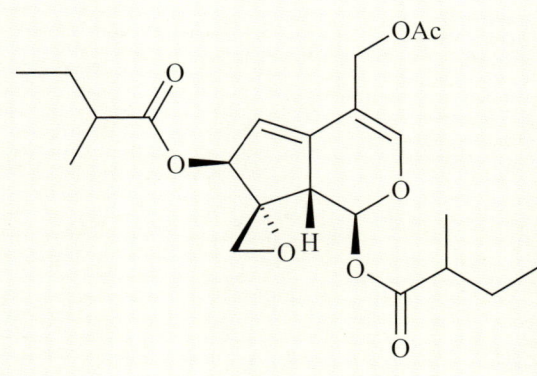

valtrate

药理作用

1. **镇静、催眠**
   蜘蛛香水提物腹腔注射或灌胃，均可明显抑制小鼠的自主活动，延长戊巴比妥钠小鼠睡眠时间，增加小鼠入睡数[10-11]。从蜘蛛香中分得的黄酮类成分也有显著的镇静和促进睡眠作用[12]。

2. **抗惊厥**
   蜘蛛香水提物可对抗硫代氨基脲 (TSZ) 所致小鼠惊厥，明显延长印防己毒素 (PT) 诱发小鼠惊厥潜伏期[10]。

3. **镇痛**
   蜘蛛香水提物能明显减少醋酸所致小鼠扭体次数[10]。

4. **解痉**
   缬草素和二氢缬草素能抑制组胺所致豚鼠离体回肠痉挛[13]。缬草素、异缬草素及缬草酮可抑制豚鼠体内封闭段回肠的节律性挛缩，缓解由钾离子和氯化钡刺激引起的挛缩；对氯化氨基甲酰胆碱引起的豚鼠体外胃肌条挛缩也有抑制作用[14]。

5. **抗肿瘤**
   缬草素、异缬草素、乙酰缬草素能显著抑制人小细胞肺癌细胞和结肠直肠癌细胞的生长活性[15]。

6. **抗菌**
   体外实验表明，缬草挥发油对多种革兰氏阳性菌及阴性菌有显著抑制作用[16]。

应用

本品为中医临床用药。功能：理气和中，散寒除湿，活血消肿。主治：脘腹胀痛，风湿痹痛，腰膝酸痛，失眠，心悸，毒疮，口腔炎等。

现代临床还用于消化不良、腹痛、水泻、流行性感冒等病的治疗。

评注

蜘蛛香又名"印度缬草"，国外也作缬草药用。

缬草属植物普遍具有镇静催眠的活性，其主要活性成分为缬草素类成分。蜘蛛香中缬草素类成分的含量较其他缬草属植物为高，镇静催眠活性也较强；蜘蛛香临床治疗婴幼儿轮状病毒肠炎具有显著疗效。因此，蜘蛛香具有潜在的开发应用前景。

参考文献

[1] PW Thies. Composition of valepotriates. Active components of valerian. *Tetrahedron*. 1968, **24**(1): 313-347

[2] Y Tang, X Liu, B Yu. Iridoids from the Rhizomes and Roots of *Valeriana jatamansi*. *Journal of Natural Products*. 2002, **65**(12): 1949-1952

[3] LL Yu, R Huang, CR Han, YP Lv, Y Zhao, YG Chen. New iridoid triesters from *Valeriana jatamansi*. *Helvetica Chimica Acta*. 2005, **88**(5): 1059-1062

[4] PW Thies. Active components of valerian. VI. Linarin isovalerate, a previously unknown flavonoid from *Valeriana wallichii*. *Planta Medica*. 1968, **16**(4): 361-371

[5] C Wasowski, M Marder, H Viola, JH Medina, AC Paladini. Isolation and identification of 6-methylapigenin, a competitive ligand for the brain GABAA receptors, from *Valeriana wallichii*. *Planta Medica*. 2002, **68**(10): 934-936

[6] YP Tang, X Liu, B Yu. Two new flavone glycosides from *Valeriana Jatamansi*. *Journal of Asian Natural Products Research*. 2003, **5**(4): 257-261

[7] A Pande, YN Shukla. Alkaloids from *Valeriana wallichii*. *Fitoterapia*. 1995, **66**(5): 467

[8] DS Ming, DQ Yu, YY Yang, CH He. The structures of three novel sesquiterpenoids from *Valeriana jatamansi* Jones. *Tetrahedron Letters*. 1997, **38**(29): 5205-5208

[9] 明东升，郭济贤，顺庆生，李颖，刘洪林，王腾蛟，陈茜．四种缬草生药挥发油化学成分的气相层析-质谱联用鉴定．中成药．1994，**16**(1): 41-42

[10] 曹斌，洪庚辛．蜘蛛香的中枢抑制作用．中国中药杂志．1994，**19**(1): 40-42

[11] 陈磊，康鲁平，秦路平，郑汉臣，郭澄．总缬草素的质量标准和镇静催眠活性研究．中成药．2003，**25**(8): 663-665

[12] S Fernandez, C Wasowski, AC Paladini, M Marder. Sedative and sleep-enhancing properties of linarin, a flavonoid-isolated from *Valeriana officinalis*. *Pharmacology, Biochemistry and Behavior*. 2004, **77**(2): 399-404

[13] H Wagner, K Jurcic. Spasmolytic effect of *Valeriana*. *Planta Medica*. 1979, **37**(1): 84-86

[14] B Hazelhoff, TM Malingre, DKF Meijer. Antispasmodic effects of valeriana compounds: an *in vivo* and *in vitro* study on the guinea pig ileum. *Archives Internationales de Pharmacodynamie et de Therapie*. 1982, **257**(2): 274-287

[15] R Bos, H Hendriks, JJC Scheffer, HJ Woerdenbag. Cytotoxic potential of valerian constituents and valerian tinctures. *Phytomedicine*. 1998, **5**(3): 219-225

[16] RK Suri, TS Thind. Antibacterial activity of some essential oils. *Indian Drugs & Pharmaceuticals Industry*. 1978, **13**(6): 25-28

堇菜科 紫花地丁 Zihuadiding^{CP}

Viola yedoensis Makino
Tokyo Violet

概述

堇菜科 (Violaceae) 植物紫花地丁 *Viola yedoensis* Makino，其干燥全草入药。中药名：紫花地丁。

堇菜属 (*Viola*) 植物全世界约有 500 种，广布温带、热带及亚热带地区，主要分布于北半球的温带地区。中国约有 111 种，南北各省均有分布。现供药用者约有 25 种。本种分布于中国大部分省区；朝鲜半岛、日本和俄罗斯远东地区也有分布。

"紫花地丁"药用之名，始载于《千金方》，历代本草多有著录。《中国药典》（2005 年版）收载本种为中药紫花地丁的法定原植物来源种。主产于江苏、安徽、浙江、福建等省。

紫花地丁主要含黄酮类成分等。《中国药典》以性状、显微和薄层色谱鉴别等方面来控制药材质量。

药理研究表明，紫花地丁具有抗病原微生物、抗内毒素的作用。

中医理论认为紫花地丁具有清热解毒，凉血消肿的功效。

紫花地丁 *Viola yedoensis* Makino

药材紫花地丁 Hebra Violae

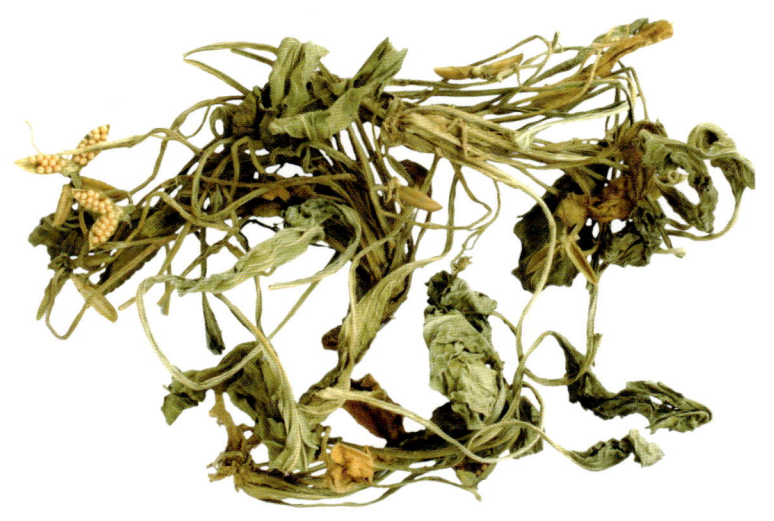

1cm

化学成分

紫花地丁全草含黄酮类成分：山奈酚-3-O-吡喃鼠李糖苷 (kaempferol-3-O-rhamnopyranoside)、apigenin 6-C-α-L-arabinopyranosyl-8-C-β-L-arabinopyranoside[1]；另含棕榈酸 (palmitic acid)、对羟基苯甲酸 (p-hydroxybenzoic acid)、对羟基桂皮酸 (p-hydroxycinnamic acid)、丁二酸 (butanedioic acid)、琥珀酸 (succinic acid)、地丁酰胺 (violayedoenamide) 即是二十四碳酰对羟基苯乙胺 (tetracosanoyl-p-hydroxyphenethylamine)、七叶内酯 (aesculetin)，以及一种高活性抗 I 型人类免疫缺陷病毒(HIV-1) 的磺化多糖 (sulfonated polysaccharide)[2]等。

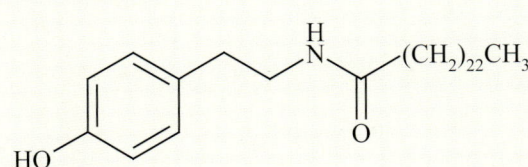

violayedoenamide

药理作用

1. 抗病原微生物

100% 紫花地丁煎剂对绿脓杆菌、痢疾杆菌、伤寒杆菌、金黄色葡萄球菌、白喉杆菌、流感杆菌、甲型及乙型链球菌、肺炎球菌、白色葡萄球菌、白色念珠菌等均有抑制作用。紫花地丁水浸剂对堇色毛癣菌有抑制作用。紫花地丁醇提物和水提物对钩端螺旋体有抑制作用。紫花地丁的二甲基亚砜提取物和从紫花地丁分离出的碘化多聚糖，对HIV-1体外有较高的抗病毒活性。紫花地丁的水煎剂有轻微的抗淋球菌的作用[3]，石油醚和醋酸乙酯的提取物有抗枯草杆菌的活性[4]。

2. 抗内毒素

体外实验表明，紫花地丁提取液对细菌内毒素有拮抗作用。

3. 其他

紫花地丁的水煎剂通过抑制小鼠细菌脂多糖 (LPC) 诱导的 B 淋巴细胞的增殖，能下调小鼠体液免疫功能[5]。

应用

本品为中医临床用药。功能：清热解毒，凉血消肿。主治：疔疮肿毒，痈疽发背，丹毒，毒蛇咬伤。

现代临床还用于急性扁桃体炎、急性肺炎、肺心病肺部感染、化脓性炎症等病的治疗。

评注

现在有四类"紫花地丁"在不同地区使用。第一类是罂粟科植物布氏紫堇 *Corydalis bungeana* Turcz. 药材称苦地丁；第二类是豆科植物米口袋 *Gueldenstaedtia multiflora* Bge. 药材称甜地丁；第三类是龙胆科植物华南龙胆 *Gentiana loureiri* Griseb 和灰绿龙胆 *G. yokusai* Burk. 药材称龙胆地丁；第四类为堇菜科植物紫花地丁 *Viola yedoensis* Makino 及其同属多种植物。《中国药典》规定以紫花地丁为正品，其他三种应以苦地丁、甜地丁、龙胆地丁的名称分别药用。

参考文献

[1] C Xie, NC Veitch, PJ Houghton, MS.J. Simmonds. Flavone C-glycosides from *Viola yedoensis* Makino. *Chemical & Pharmaceutical Bulletin.* 2003, **51**(10): 1204-1207

[2] F Ngan, RS Chang, HD Tabba, KM Smith. Isolation, purification and partial characterization of an active anti-HIV compound from the Chinese medicinal herb *Viola yedoensis. Antiviral Research.* 1988, **10**(1-3): 107-116

[3] 盛丽，高农，张晓非. 19 味中药对淋球菌流行株的敏感性研究. 中国中医药信息杂志. 2003, **10**(4): 48-49

[4] C Xie, T Kokubun, PJ Houghton, MSJ Simmonds. Antibacterial activity of the Chinese traditional medicine, Zi Hua Di Ding. *Phytotherapy Research.* 2004, **18**(6): 497-500

[5] 赵红，顾定伟，张淑杰，马立人. 紫花地丁水煎剂调节小鼠免疫细胞功能的体外研究. 四川中医. 2003, **21**(9): 18-20

南岭荛花 Nanlingraohua

瑞香科

Wikstroemia indica (L.) C. A. Mey.
Indian Stringbush Root

概述

瑞香科 (Thymelaeaceae) 植物南岭荛花 *Wikstroemia indica* (L.) C. A. Mey.，其干燥根或根皮入药。中药名：了哥王。

荛花属 (*Wikstroemia*) 植物全世界约达 70 种，分布于亚洲北部经喜马拉雅、马来西亚、大洋洲、波利尼西亚到夏威夷群岛。中国约有 44 种、5 变种，中国主要在长江流域以南，西南及华南分布最多，本属现供药用者约有 7 种。本种分布于中国广东、香港、海南、广西、福建等省区；越南、印度、菲律宾也有分布。

了哥王以"九信菜"药用之名，始载于《生草药性备要》。《中国药典》(1977 年版)和《广东省中药材标准》收载本种为中药了哥王的原植物来源种。主产于广东、海南、广西、福建、四川、云南、台湾等省区。

南岭荛花的根主要含木脂素类、黄酮类成分等。

药理研究表明，南岭荛花的根具有抑菌、抗病毒、抗炎镇痛、止咳祛痰等作用。

中医理论认为了哥王具有清热解毒，散结逐水的功效。

南岭荛花 *Wikstroemia indica* (L.) C. A. Mey.

瑞香科

南岭荛花 Nanlingraohua

药材了哥王 Radix Wikstroemiae Indicae

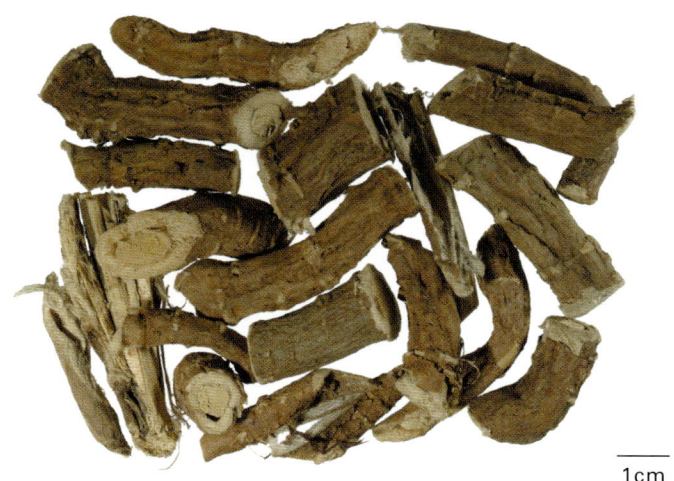

1cm

化学成分

南岭荛花根含香豆素类成分：西瑞香素 (daphnoretin)；木脂素类成分： genkwanol A、荛花酚 A、B (wikstrols A - B)、daphnodorin B[1]、牛蒡酚 (arctigenin)[2]、(+) 去甲络石苷元 [(+) nortrachelogenin, wikstromol]、去甲络石苷 (nortracheloside)、bis - 5,5 - nortrachelogenin、bis - 5,5' - nortrachelogenin、鹅掌楸树脂醇 B (lirioresinol B)[3]；双黄酮类成分：sikokianin B、C[4]；固醇类成分：豆甾烷 - 3,7 - 二醇 (stigmastane - 3,7 - diol)、5 - 豆甾烯 - 3β,7α - 二醇 (stigmast - 5en - 3β,7α - diol)[5]等。

南岭荛花茎含香豆素类成分：西瑞香素、伞形花内酯 (umbelliferone)、6' - 羟基 - 7 - 氧 - 7' - 双香豆素 (6' - hydroxy - 7 - O - 7' - dicoumarin)；木脂素类成分：荛花素 (genkwanin)[6]；黄酮类成分：苜蓿素 (tricin)、山奈酚 - 3 - O - β - D - 吡喃糖苷 (kaempferol 3 - O - β - D - glucopyranoside)[7]；固醇类成分：β - 谷甾醇 (β - sitosterol)、胡萝卜苷 (daucosterol)[6]等。

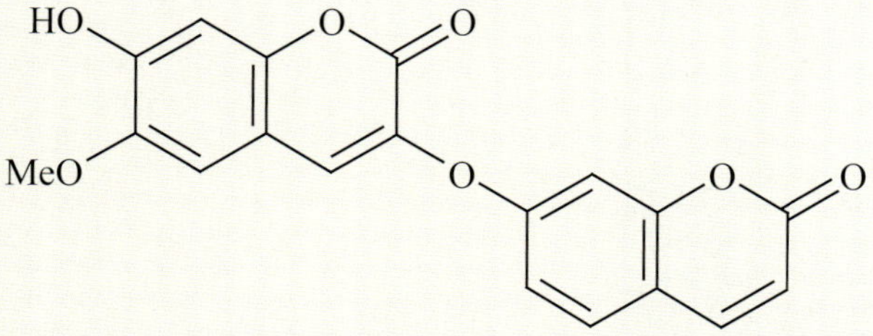

daphnoretin

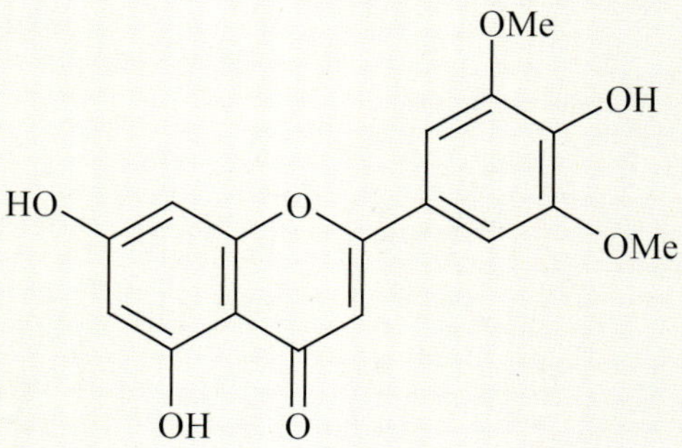

tricin

药理作用

1. **抗菌**
   南岭荛花根茎皮的水煎液在试管内对金黄色葡萄球菌、乙型溶血性链球菌、肺炎双球菌有抑制作用。叶的水煎液对肺炎双球菌、金黄色葡萄球菌高度敏感,对绿脓杆菌、伤寒杆菌中度敏感。南岭荛花片对乙型溶血性链球菌、肺炎双球菌的最低抑菌浓度为 25mg/mL;对金黄色葡萄球菌、绿脓杆菌和大肠杆菌的最低抑菌浓度 (MIC) 为 50mg/mL[8]。

2. **抗炎镇痛**
   南岭荛花片对二甲苯所致的小鼠耳郭肿胀、大鼠琼脂肉芽肿[8]、大鼠足趾肿胀有明显的抑制作用,也能抑制醋酸引起的小鼠扭体反应[9],证明南岭荛花片有抗炎消肿及镇痛作用。从南岭荛花乙酸乙酯提取物中,分离出的 bis-5,5-nortrachelogenin 和鹅掌楸树脂醇 B[3]对脂多糖 (LPS) 诱导的小鼠巨噬细胞 NO 产生有明显的抑制作用。

3. **抗病毒**
   西瑞香素作为蛋白激酶 C 活化剂,能明显抑制乙肝病毒表面抗原 (HBsAg) 在人肝癌 Hep3B 细胞中的表达,产生抗病毒作用[10]。去甲络石苷元、genkwanol A、wikstrol B 和 daphnodorin B,对人类免疫缺陷病毒 (HIV) 显示出中等抑制活性[1]。

4. **抗肿瘤**
   南岭荛花茎的甲醇提取物腹腔注射,对小鼠艾氏腹水瘤、小鼠P388白血病淋巴细胞生长有明显抑制作用。西瑞香素腹腔注射,对小鼠艾氏腹水瘤有明显抑制作用。南岭荛花所含的木脂素类成分,西瑞香素、(+)-去甲络石苷元[7]均有抗肿瘤作用。另外,南岭荛花含有的两种黄酮类化合物苜蓿素和山柰酚-3-O-β-D-吡喃糖苷也具有抗白血病活性[11]。

5. **抗疟**
   南岭荛花正丁醇提取物中的 sikokianins B、C 对氯喹耐受性卵形疟原虫具有明显生长抑制作用[4]。

6. **其他**
   南岭荛花多糖能抗辐射和促进小鼠巨噬细胞生成[12]。

应用

本品为中医临床用药。功能:清热解毒,散结逐水。主治:肺热咳嗽,风湿痹痛,疮疖肿毒,水肿腹胀。

现代临床还用于流行性感冒、扁桃体炎、急性呼吸道感染、单纯性颈淋巴结肿大、乳腺炎[13]、急性化脓性扁桃体炎[14]、乳腺增生、颌面部间隙感染[15]等病的治疗。

评注

除根和根皮外,南岭荛花的果实也用作中药"了哥王子",具有解毒散结的功效,主治痈、疣。

近年来由于流行性感冒、非典型流行性感冒的盛行,人们更为关注具有可靠疗效抗病毒药物的筛选。在病毒性疾病的防治上,南岭荛花是极具潜力的治疗性抗病毒药,值得进一步研究。

参考文献

[1] K Hu, H Kobayashi, A Dong, S Iwasaki, XS Yao. Antifungal, antimitotic and anti-HIV-1 agents from the roots of *Wikstroemia indica*. *Planta Medica*. 2000, **66**(6): 564-567

[2] H Suzuki, KH Lee, M Haruna, T Iida, K Ito, HC Huang. (+)-Arctigenin, a lignan from *Wikstroemia indica*. *Phytochemistry*. 1982, **21**(7): 1824-1825

[3] LY Wang, N Unehara, S Kitanaka. Lignans from the roots of *Wikstroemia indica* and their DPPH radical scavenging and nitric oxide inhibitory activities. *Chemical & Pharmaceutical Bulletin*. 2005, **53**(10): 1348-1351

[4] S Nunome, A Ishiyama, M Kobayashi, K Otoguro, H Kiyohara, H Yamada, S Omura. *In vitro* antimalarial activity of biflavonoids from *Wikstroemia indica*. *Planta Medica*. 2004, **70**(1): 76-78

[5] 王振登. 南岭荛花的化学成分. 福建中医药. 1988, **19**(2): 45-46, 48

[6] 耿立冬, 张村, 肖永庆. 了哥王中的1个新双香豆素. 中国中药杂志. 2006, **31**(1): 43-45

[7] KH Lee, K Tagahara, H Suzuki, RY Wu, M Haruna, IH Hall, HC Huang, K Ito, T Iida, JS Lai. Antitumor agents. 49. tricin, kaempferol-3-O-β-D-glucopyranoside and (+)-nortrachelogenin, antileukemic principles from *Wikstroemia indica*. *Journal of Natural Products*. 1981, **44**(5): 530-535

[8] 方铝, 朱令元, 刘维兰, 黄道斋, 胡敏灿, 薛征. 了哥王片抗炎抑菌作用的实验研究. 中国中医药信息杂志. 2000, **7**(1): 28

[9] 柯雪红, 王丽新, 黄可儿. 了哥王片抗炎消肿及镇痛作用研究. 时珍国医国药. 2003, **14**(10): 603-604

[10] HC Chen, CK Chou, YH Kuo, SF Yeh. Identification of a protein kinase C (PKC) activator, daphnoretin, that suppresses hepatitis B virus gene expression in human hepatoma cells. *Biochemical Pharmacology*. 1996, **52**(7): 1025-1032

[11] HK Wang, Y Xia, ZY Yang, SL Natschke, KH Lee. Recent advances in the discovery and development of flavonoids and their analogues as antitumor and anti-HIV agents. *Advances in Experimental Medicine and Biology*. 1998, **439**: 191-225

[12] 耿俊贤, 王丽霞, 徐永寿, 杜寅孝, 陈仕儒. 了哥王多糖的分离和鉴定. 中草药. 1988, **19**(3): 102-104

[13] 杨金团, 朱雅敏. 了哥王的药理作用及其临床应用. 中国药业. 2004, **13**(3): 76-77

[14] 倪刚, 王艳. 三越了哥王片治疗急性化脓性扁桃体炎30例. 浙江中医杂志. 2002, **7**: 319

[15] 王莉萍. 乳癖内消汤合了哥王片治疗乳腺增生症58例. 浙江中医杂志. 2004, **10**: 435

[16] 袁洪章. 了哥王与抗生素合用治疗颌面部间隙感染80例. 浙江中医杂志. 2004, **10**: 435

两面针 Liangmianzhen CP

芸香科

Zanthoxylum nitidum (Roxb.) DC.
Shinyleaf Pricklyash

概述

芸香科 (Rutaceae) 植物两面针 *Zanthoxylum nitidum* (Roxb.) DC.，其干燥根入药。中药名：两面针。

花椒属 (*Zanthoxylum*) 植物全世界约有 250 种，分布于亚洲、非洲、大洋洲和北美洲的热带和亚热带地区。中国约有 39 种、14 变种。本属现供药用者约 18 种。本种分布于中国福建、广东、香港、海南、广西、贵州、云南及台湾等省区；印度有引种栽培。

两面针以"蔓椒"药用之名，始载于《神农本草经》，列为下品。历代本草多有著录，古今药用品种一致。《中国药典》(2005 年版) 收载本种为中药两面针的法定原植物来源种。主产于中国广东、广西、福建、云南等省区。

两面针根含生物碱类成分，尚有木脂素类成分。其中两面针碱是主要活性成分。《中国药典》采用薄层扫描法测定，规定两面针中两面针碱的含量不得少于 0.25%，以控制药材质量。

药理研究表明，两面针具有镇痛、抗菌和解痉等作用。

中医理论认为两面针具有行气止痛，活血化瘀，祛风通络等功效。

两面针 *Zanthoxylum nitidum* (Roxb.) DC.

两面针 Liangmianzhen

药材两面针 Radix Zanthoxyli

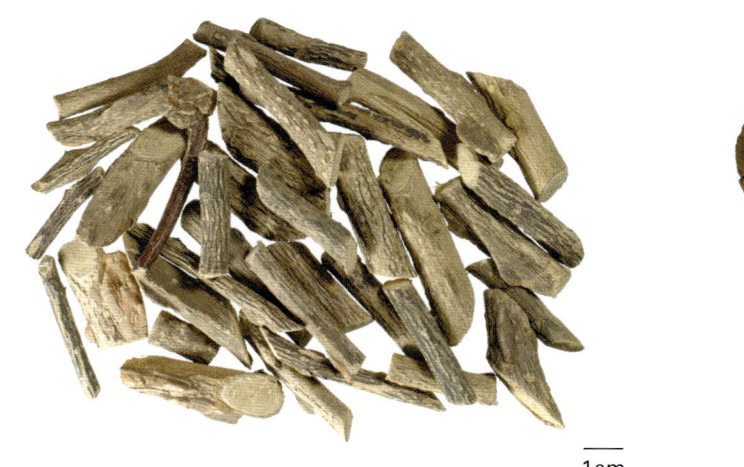

1cm　　　　　　　　　　　　　　　　　　1cm

化学成分

两面针的根含生物碱类成分：两面针碱 (nitidine)[1]、氧化两面针碱 (oxynitidine)[2]、白屈菜红碱 (chelerythrine)、二氢白屈菜红碱 (dihydrochelerythrine)、小檗红碱 (berberubine)、黄连碱 (coptisine)、血根碱 (sanguinarine)、鹅掌楸碱 (liriodenine)、6,7,8 - trimethoxy - 2,3 - methylendioxybenzophenantridine[1]、茵芋碱 (skimmianine)、N - 去甲基白屈菜红碱 (N - norchelerythrine)、拟芸香品碱 (haplopine)[2]、木兰碱 (magnoflorine)[3]、勒楖碱 (avicine)、刺椒碱 (terihanine)[4]、氧化刺椒碱 (oxyterihanine)、二氢两面针碱 (dihydronitidine)、氧化白屈菜红碱 (oxychelerythrine)、α - 别隐品碱 (α - allocryptopine)、白鲜碱 (dictamnine)、6 - 甲氧基 - 5,6 - 二氢白屈菜红碱 (6 - methoxy - 5,6 - dihydrochelerythrine)、6 - 乙氧基 - 5,6 - 二氢白屈菜红碱 (6 - ethoy - 5,6 - dihydrochelerythrine) 等[5]；木脂素类成分：L - 芝麻脂素 (L - sesamin)、D - 表芝麻脂素 (D - episesamin)[6]、L - 细辛脂素 (L - asarine)[7]；香豆素类成分：5,6,7 - 三甲氧基香豆素 (5,6,7 - trimethoxycoumarin)[6]、茵陈素 (capillarin)、5,7,8 - 三甲氧基香豆素 (5,7,8 - trimethoxycoumarin)、5,7 - 二甲氧基 - 8 - (3 - 甲基 - 2 - 丁烯氧

nitidine　　　　　　　　　　　　　　　　oxyavicine

基）- 香豆素 [5,7 - dimethoxy - 8 - (3 - methyl - 2 - butenyloxy) - coumarin]、异茴芹素 (isopimpinellin)、珊瑚菜内酯 (phellopterin)[8]；挥发油成分：β - 丁香烯 (β - caryophyllene)、γ - 榄香烯 (γ - elemene)、双环吉马烯 (bicyclogermacrene)[9]、斯杷土烯醇 (spathulenol)、异斯杷土烯醇 (isospathulenol)、异香树素环氧化物 (isoaromadendrine epoxide)、α - 香附酮 (α - cyperone)[10]；黄酮类成分：橙皮苷 (hespetidine)[7]、地奥明 (diosmin)、牡荆素 (vitexin)[5]。

药理作用

1. **镇痛**
   两面针中的结晶-8腹腔注射可抑制小鼠扭体反应，脑室内注射能明显提高大鼠痛阈，其镇痛作用具有中枢性，与吗啡受体无关，但与脑内单胺类传递物质有关[11]。

2. **镇静**
   两面针的提取物 N - 4 给小鼠腹腔注射，可使自主活动减少，与阈下剂量的戊巴比妥钠有协同作用[12]。水提物有局麻作用，可用于浸润麻醉。

3. **解痉**
   两面针中的结晶-8能缓解乙酰胆碱、毛果芸香碱、氯化钡及组织胺所致的豚鼠肠肌收缩[11]。

4. **抗肿瘤**
   两面针碱能延长白血病 P388 和 L1210 小鼠的寿命，对 Lewis 肺癌和人体鼻咽癌也有作用，氯化两面针碱和6-甲氧基-5,6-二氢白屈菜红碱均能延长艾氏腹水癌小鼠的寿命[12]。

5. **诱发僵住症**
   两面针中的结晶-8腹腔注射可诱发大鼠和小鼠的僵住症，此僵住症可被多巴胺受体阻断剂增强，被多巴胺受体致效剂拮抗；对γ-氨基丁酸受体阻断剂诱发的动物惊厥无明显影响，提示结晶-8诱发的动物僵住症可能与多巴胺有关，而与γ-氨基丁酸无关[12]。

6. **抗心肌缺血**
   氯化两面针碱静脉注射能降低心肌缺血再灌注大鼠心律失常的发生率，推迟心律失常的发生时间并缩短发作持续时间；还能减少心肌缺血再灌注大鼠心肌酶的释放，减轻氧自由基损伤的程度[13]。

7. **抗氧化**
   两面针的水、乙醇、乙醇加酸提取物对致炎大鼠体外全血化学发光有抑制作用；对碱性连苯三酚体系产生的活性氧有清除作用；对由Fe^{2+}-半胱氨酸诱发的肝脂质过氧化有抑制作用[14]。

8. **保肝**
   两面针提取物灌胃给药能明显降低四氯化碳所致肝损伤小鼠血清中谷丙转氨酶 (GPT) 和谷草转氨酶 (GOT) 含量，减少肝脏中丙二醛 (MDA) 和一氧化氮 (NO) 的含量，对化学性肝损伤有明显的保护作用[15-16]。

9. **其他**
   两面针还有抗炎[17]、抗菌[18]等作用。

应用

本品为中医临床用药。功能：行气止痛，活血化瘀，祛风通络。主治：跌打损伤，风湿痹痛，胃痛，牙痛，毒蛇咬伤，烫伤。

现代临床还用于神经痛、头痛、腰腿痛、风湿性关节炎、外伤痛等病的治疗，也用于小手术局部麻醉和止痛。

两面针 Liangmianzhen

评注

两面针为民间常用草药，《湖南药物志》和《广西本草选编》均指出其"有小毒"，为孕妇忌服药。有报道指两面针用量过大会出现中毒症状[19]。

两面针能治疗牙痛，为制造两面针牙膏的主要原料并已经使用多年，并有用作漱口水的记录，适宜推广使用。文献尚记载两面针能治疗毒蛇咬伤，但未有深入研究。

基于市场上习惯将两面针粗茎与根等同入药的现象，有研究测定了两面针植物不同部位中两面针碱的含量，发现根中两面针碱的含量显著高于茎和叶中的含量[20]，数据提示将两面针其他部位用作药材不甚合理。

参考文献

[1] MJ Liang, WD Zhang, J Hu, RH Liu, C Zhang. Simultaneous analysis of alkaloids from *Zanthoxylum nitidum* by high performance liquid chromatography-diode array detector-electrospray tandem mass spectrometry. *Journal of Pharmaceutical and Biomedical Analysis*. 2006, 42(2): 178-183

[2] 李定祥，闵知大．两面针中生物碱的分离．中国天然药物．2004，2(5)：285-288

[3] 施瑶，李定祥，李光平，闵知大．HPLC 法同时测定两面针中 5 种生物碱．中草药．2006，37(1)：129-131

[4] IL Tsai, T Ishikawa, H Seki, IS Chen. Terihanine from *Zanthoxylum nitidum*. *Chinese Pharmaceutical Journal*. 2000, 52(1): 43-49

[5] 温尚开．两面针的研究概况．中草药．1995，26(4)：215-217

[6] 胡疆，徐希科，柳润辉，张川，李慧梁，梁明金，张卫东．两面针中苯丙素类成分研究．药学服务与研究．2006，6(1)：51-53

[7] 汤玉妹．两面针化学成分的研究．中草药．1994，25(10)：550

[8] 沈建伟，张晓峰，汤子俊，彭树林，丁立生．两面针中的香豆素成分．中草药．2004，35(6)：619-621

[9] VH Le, TT Le, XL Ngo, XD Nguyen. Study on chemical components of leaves of *Zanthoxylum nitidum* DC. collected at Thanh Hoa Province. *Tap Chi Duoc Hoc*. 2005, 45(5): 7-9

[10] 李启发，王晓玲，官艳丽，白冰如．两面针药材挥发油的 GC-MS 分析．天然产物研究与开发．2006，18(Suppl.)：69-71

[11] 曾雪瑜，陈学芬，何兴全，洪庚辛．两面针结晶 8 的解痉和镇痛作用研究．药学学报．1982，17(4)：253-254

[12] 姚荣成，胡疆．两面针化学成分及其药理活性研究概况．药学实践杂志．2004，22(5)：264-267

[13] 韦锦斌，龙盛京，覃少东，黄仁彬，宁宗，潘宇政，王乃平．氯化两面针碱对大鼠心肌缺血再灌注损伤的保护作用．中国临床康复．2006，10(27)：171-174

[14] 谢云峰．两面针提取物抗氧化作用．时珍国医国药．2000，11(1)：1-2

[15] 庞辉，汤桂芳，何惠，简丽娟，高志睿，韦奇，贾晓栋，玉艳红．两面针提取物对小鼠实验性肝损伤的保护作用．广西医学．2006，28(10)：1606-1608

[16] 庞辉，汤桂芳，何惠，简丽娟，高志睿，韦奇，贾晓栋，玉艳红．两面针提取物对实验性肝损伤小鼠一氧化氮的影响．中华中西医学杂志．2006，4(9)：10-11

[17] J Hu, WD Zhang, RH Liu, C Zhang, YH Shen, HL Li, MJ Liang, XK Xu. Benzophenanthridine alkaloids from *Zanthoxylum nitidum* (ROXB.) DC, and their analgesic and anti-inflammatory activities. *Chemistry & Biodiversity*. 2006, 3(9): 990-995

[18] 施瑶，李定祥，闵知大．花椒属植物对口腔致病菌的抗菌活性．中国天然药物．2005，3(4)：248-251

[19] 唐洪．两面针中毒致呼吸心跳骤停 1 例．医学文选．2001，20(2)：237

[20] 张守尧，姚育法，刘楚峰．不同部位两面针药材中两面针碱的含量测定．中药材．2001，24(9)：649-650

拉丁学名索引

A

Abrus cantoniensis Hance 2
Abrus mollis Hance 4
Abrus precatorius L. 5
Abutilon indicum (L.) St. 10
Abutilon indicum (L.) St. var. *guineense* (Schumach.) Feng 12
Acacia catechu (L. f.) Willd. 13
Acronychia pedunculate (L.) Miq. 177
Agastache rugosa (Fisch. et Mey.) O. Ktze. 397
Agave americana L. 17
Agave sisalana Perr. ex Engelm. 19
Alpinia chinensis (Retz.) Rose. 27
Alpinia galanga (L.) Willd. 23
Alpinia japonica (Thunb.) Miq. 27
Alpinia officinarum Hance 21
Alpinia oxyphylla Miq. 25
Alpinia polyantha D. Fang 35
Alpinia tonkinensis Gagnep. 35
Amaranthus spinosus L. 29
Amaranthus viridis L. 31
Amomum compactum Soland ex Maton 35
Amomum hongtsaoko C. F. Liang et D. Fang 38
Amomum koenigii J. F. Gmelin 38
Amomum kravanh Pierre ex Gagnep. 33
Amomum longiligulare T. L. Wu 41
Amomum tsao-ko Crevost et Lemaire 36
Amomum villosum Lour. 39
Amomum villosum Lour. var. *xanthioides* T. L. Wu et Senjen 41
Andrographis paniculata (Burm. f.) Nees 42
Annona glabra L. 50
Annona reticulata L. 50
Annona squamosa L. 47
Aquilaria agallocha (Lour.) Roxb. 55
Aquilaria sinensis (Lour.) Gilg 53
Aristolochia fangchi Y. C. Wu ex L. D. Chou et S. M. Hwang 57
Artemisia anomala S. Moore 60
Asparagus officinalis L. 370
Aster turbinatus S. Moore 451

B

Baphicacanthus cusia (Nees) Bremek. 64
Blumea balsamifera (L.) DC. 68
Blumea megacephala (Rand.) Chang et Tseng 451
Boehmeria nivea (L.) Gaud. 72
Bombax malabaricum DC. 76
Brucea javanica (L.) Merr. 81
Bryophyllum pinnatum (L. f.) Oken 85

C

Caesalpinia sappan L. 89
Cajanus cajan (L.) Millsp. 93
Callicarpa macrophylla Vahl 70
Camellia sinensis (L.) O. Ktze. 97
Carpesium abrotanoides L. 180
Cassia alata L. 104
Centella asiatica (L.) Urban 109
Centipeda minima (L.) A. Br. et Aschers. 115
Chenopodium ambrosioides L. 119
Cinnamomum camphora (L.) Presl 123
Cinnamomum cassia Presl 127
Citrus grandis (L.) Osbeck 135
Citrus grandis (L.) Osbeck var. *tomentosa* Hort. 133
Citrus grandis (L.) Osbeck 'Tomentosa' 133
Clausena lansium (Lour.) Skeels 136
Cleistocalyx operculatus (Roxb.) Merr. et Perry 141
Clerodendranthus spicatus (Thunb.) C. Y. Wu ex H. W. Li 145
Codonopsis lanceolata Sieb. et Zucc. 150
Coriaria nepalensis Wall. 487
Corydalis bungeana Turcz. 506
Costus speciosus (Koen.) Smith 154

Curcuma kwangsiensis S. G. Lee et C. F. Liang	167
Curcuma longa L.	159
Curcuma phaeocaulis Val.	165
Curcuma Wenyujin Y. H. Chen et C. Ling	167
Cynanchum paniculatum (Bge.) Kitag.	170

D

Daemonorops draco Bl.	190, 192
Dalbergia odorifera T. Chen	174
Dallbergia hainanensis Merr.	177
Dallbergia sisso Roxb.	174, 177
Daucus carota L.	178
Desmodium styracifolium (Osbeck) Merr.	182, 304
Dichrostachys cinerea (L.) Wight et Arn.	15
Dimocarpus confinis (How et Ho) H. S. Lo	189
Dimocarpus longan Lour.	186
Dioscorea nipponica Makino	157
Dioscorea zingiberensis C. H. Wright	157
Dracaena cochinchinensis (Lour.) S. C. Chen	190

E

Elephantopus scaber L.	195
Elephantopus tomentosus L.	197
Elettaria cardamomum (L.) Maton.	35
Emblica officinalis Gaertn	372
Equisetum arvense L.	199
Equisetum giganteum L.	206
Equisetum hiemale L.	204
Equisetum myriochaetum Schlecht. et Cham.	206
Eriocaulon australe R. Br.	209
Eriocaulon buergerianum Koern.	207
Eriocaulon cristatum Mart.	209
Eriocaulon luzulaefolium Mart.	209
Eriocaulon sexangulare L.	209
Eriocaulon sieboldianum Sieb. et Zucc.	209
Eriocaulon yaoshanense Ruhl.	209
Erythrina arborescens Roxb.	79
Erythrina variegata L.	79
Eugenia caryophyllata Thunb.	210
Euphorbia hirta L.	215
Euphorbia humifusa Willd.	219
Euphorbia maculata L.	221
Euphorbia pekinensis Rupr.	281
Euryale ferox Salisb.	223

F

Ficus hirta Vahl.	226
Ficus simplicissima Lour.	228

G

Gastrodia elata Bl.	311
Gelsemium elegans (Gardn. et Champ.) Benth.	230
Gentiana loureiri Griseb	506
Gentiana yokusai Burk.	506
Glechoma longituba (Nakai) Kupr.	184
Gomphrena globosa L.	234
Gueldenstaedtia multiflora Bge.	506
Gymnema sylvestre (Retz.) Schult.	237
Gynostemma pentaphyllum (Thunb.) Makino	241
Gynura japonica (Thunb.) Juel.	87

H

Haloragis micrantha R. BR.	257
Helixanthera parasitica Lour.	487
Heterosmilax chinensis Wang	456
Heterosmilax japonica Kunth	456
Heterosmilax yunnanensis Gagnep	456
Hedyotis diffusa Willd.	342
Hippochaete hiemale (L.) Borher	204
Homalomena occulta (Lour.) Schott	247
Huperzia longipetiolata (Spring) C. Y. Yang	252
Huperzia serrata (Thunb. ex Murray) Trev.	250
Huperzia serrata (Thunb.) Trev. f. *intermedia* (Nakai) Ching	252
Hydrocotyle sibthorpioides Lam.	118
Hypericum japonicum Thunb.	255

I

Ilex cornuta Lindl. ex Paxt.	259
Ilex kaushue S. Y. Hu	259
Ilex latifolia Thunb.	261
Illicium anisatum L.	265
Illicium henryi Diels	265
Illicium lanceolatum A. C. Smith	265

Illicium majus Hook. f. et Thoms	265
Illicium verum Hook. f.	262
Indigofera tinctoria L.	64
Isatis indigotica Fort.	64, 66

J

Jasminum grandiflorum L.	267
Juncus effusus L.	271

K

Kaempferia galanga L.	275
Kaempferia marginata Carey	277
Knoxia corymbosa Willd.	281
Knoxia valerianoides Thorel et Pitard	280

L

Lantana camara L.	283
Liquidambar formosana Hance	288
Liquidambar orientalis Mill.	291
Litchi chinensis Sonn.	293
Litsea cubeba (Lour.) Pers.	297
Loranthus parasiticus (L.) Merr.	485
Lysimachia christinae Hance	184, 301

M

Macrosolen cochinchinensis (Lour.) Van Tiegh.	487
Mangifera indica L.	305
Melica scabrosa Trin.	428
Menispermum dauricum DC.	469
Mirabilis jalapa L.	309
Momordica charantia L.	313
Momordica grosvenori Swingle	318
Morinda officinalis How	323
Murraya exotica L.	328
Murraya paniculata (L.) Jack.	330
Myosoton aquaticum (L.) Moench.	476
Myristica fragrans Houtt.	332
Myrtus communis L.	421

N

Nerium indicum Mill.	337
Nerium indicum Mill. cv. Paihua	340
Nerium oleander L.	340

O

Oldenlandia corymbosa (L.) Lam.	345
Oldenlandia diffusa (Willd.) Roxb.	342
Origanum vulgare L.	348
Oroxylum indicum (L.) Vent.	352
Orthosiphon rubicundus (D. Don) Benth. var. *hainanensis* Sun ex C. Y. Wu	148
Osmunda cinnamomea L.	358
Osmunda japonica Thunb.	356
Oxalis corniculata L.	359
Oxalis corymbosa DC.	361

P

Phaseolus angularis (Willd.) W. F. Wight	364
Phaseolus calcaratus Roxb.	362
Pholidota articulata Lindl.	367
Pholidota cantonensis Rolfe.	367
Pholidota chinensis Lindl.	365
Pholidota imbricata Hook.	367
Pholidota yunnanensis Rolfe.	367
Phragmites communis Trin.	368
Phyllanthus emblica L.	372
Phyllanthus niruri L.	379
Phyllanthus urinaria L.	377
Phytolacca acinosa Roxb.	156
Phytolacca americana L.	156
Piper cubeba L.	299
Piper longum L.	381
Piper nigrum L.	386
Pistia stratiotes L.	473
Platanus acerifolia (Ait.) Willd.	291
Plumeria rubra L.	394
Plumeria rubra L. cv. Acutifolia	391
Pogostemon cablin (Blanco) Benth.	395
Polygonum tinctoria Ait.	64
Pseudolarix kaempferi Gord.	143
Psidium guajava L.	398
Pterocarpus indicus Willd.	177

Q
Quisqualis indica L.	403

R
Rabdosia inflexus (Thunb.) Kudo	409
Rabdosia lophanthoides (Buch. -Ham. ex D. Don) Hara	409
Rabdosia serra (Maxim.) Hara	407
Ranunculus japonicus Thunb.	410
Ranunculus polii Franch.	415
Ranunculus teratus var. *duplex* Makino et Nemoto	415
Ranunculus ternatus Thunb.	413
Rhododendron molle G. Don	416
Rhodomyrtus tomentosa (Ait.) Hassk.	419
Rubus parvifolius L.	423
Ruta graveolens L.	426

S
Santalum album L.	430
Sargentodoxa cuneata (Oliv.) Rehd. et Wils.	249, 433
Saxifraga stolonifera Curt.	437
Scoparia dulcis L.	441
Scurrula parasitica L.	487
Semiaquilegia adoxoides (DC.) Makino	446
Senecio scandens Buch. -Ham. ex D. Don	449
Siphonostegia chinensis Benth.	62
Smilax china L.	456
Smilax glabra Roxb.	453
Smilax glauco-china Warb.	456
Solanum nigrum L.	457
Solanum torvum Sw.	462
Sophora tonkinensis Gagnep.	466
Spatholobus suberectus Dunn	435
Spirodela polyrrhiza (L.) Schleid.	471
Stellaria media L.	474
Stephania tetrandra S. Moore	59
Striga asiatica (L.) Kuntze	478
Strobilanthes divaricatus (Nees). Anders	66
Strobilanthes dliganthus Miq.	66
Strobilanthes guangxiensis S. Z. Huang	66
Strobilanthes pentstemonoides (Nees). T. Ander	66
Strychnos cathayensis Merr.	484
Strychnos nux-vomica L.	481
Strychnos pierriana A. W. Hill.	484
Strychnos wallichiana Steud. ex DC.	484
Syzygium aromaticum (L.) Merr. et Perry	210

T
Taxillus chinensis (DC.) Danser	485
Taxillus nigrans (Hance) Danser	487
Taxillus sutchuenensis (Lecomte) Danser	487
Terminalia chebula Retz.	489
Terminalia chebula Retz. var. *tomentella* Kurt.	491
Torilis japonica (Houtt.) DC.	180

U
Uncaria gambier Roxb.	15
Uncaria hirsuta Havil.	495
Uncaria macrophylla Wall.	495
Uncaria rhynchophylla (Miq.) Jacks.	493
Uncaria sessilifructus Roxb.	495
Uncaria sinensis (Oliv.) Havil.	495
Uncaria tomentosa (Willd.) DC.	496

V
Vaccinium bracteatum Thunb.	498
Valeriana jatamansii Jones	501
Valeriana wallichii DC.	501
Veronica arvensis L.	257
Viola yedoensis Makino	504
Viscum coloratum (Kom.) Nakai	488

W
Wikstroemia indica (L.) C. A. Mey.	507

Z
Zanthoxylum nitidum (Roxb.) DC.	511

中文笔画索引

二画
丁香	210
八角茴香	262
儿茶	13
九里香	328

三画
土荆芥	119
大血藤	433
山鸡椒	297
山奈	275
千日红	234
千年健	247
千里光	449
广州相思子	2
广防己	57
广金钱草	182
广藿香	395
小毛茛	413
马钱	481
马蓝	64
马缨丹	283
飞扬草	215

四画
天葵	446
木豆	93
木贼	204
木棉	76
木蝴蝶	352
牛至	348
毛茛	410
化州柚	133
乌饭树	498
巴戟天	323
水茄	462
水翁	141

五画
艾纳香	68
石仙桃	365
龙舌兰	17
龙眼	186
龙葵	457
叶下珠	377
田基黄	255
白木香	53
白花蛇舌草	342
白豆蔻	33

六画
地胆草	195
地锦	219
过路黄	301
扣树	259
夹竹桃	337
光叶菝葜	453
肉豆蔻	332
肉桂	127
闭鞘姜	154
问荆	199
羊乳	150
羊踯躅	416
灯心草	271
阳春砂	39
红大戟	280

七画
赤小豆	362
芸香	426
芡	223
苎麻	72
芦苇	368
苏木	89
杧果	305

八画
两面针	511
余甘子	372
谷精草	207
诃子	489
鸡蛋花	391

八画
苦瓜	313
茅莓	423
刺苋	29
枫香树	288
奇蒿	60
虎耳草	437
肾茶	145
罗汉果	318
使君子	403

九画
荜茇	381
草果	36
茶	97
荔枝	293
胡椒	386
相思子	5
南岭荛花	507
鸦胆子	81
钩吻	230
钩藤	493
剑叶龙血树	190
独脚金	478
姜黄	159
穿心莲	42
降香檀	174
绞股蓝	241

十画
素馨花	267

桃金娘	419	**十二画**		**十四画**	
翅荚决明	104	越南槐	466	蜘蛛香	501
积雪草	109	落地生根	85		
徐长卿	170	酢酱草	359	**十五画**	
高良姜	21	紫花地丁	504	樟	123
益智	25	紫茉莉	309		
桑寄生	485	紫萁	356	**十六画**	
		紫萍	471	磨盘草	10
十一画		鹅不食草	115		
黄皮	136	番石榴	398	**十七画**	
匙羹藤	237	番荔枝	47	檀香	430
野甘草	441			繁缕	474
野胡萝卜	178	**十三画**			
蛇足石杉	250	蓬莪术	165		
粗叶榕	226	溪黄草	407		

拼音索引

A
Ainaxiang	68

B
Baidoukou	33
Baihuasheshecao	342
Baimuxiang	53
Bajiaohuixiang	262
Bajitian	323
Bibo	381
Biqiaojiang	154

C
Caoguo	36
Cha	97
Chigengteng	237
Chijiajueming	104
Chixiaodou	362
Chuanxinlian	42
Cixian	29
Cujiangcao	359
Cuyerong	226

D
Daxueteng	433
Dengxincao	271
Didancao	195
Dijin	219
Dingxiang	210
Dujiaojin	478

E
Ebushicao	115
Ercha	13

F
Fanlizhi	47
Fanlü	474
Fanshiliu	398
Feiyangcao	215
Fengxiangshu	288

G
Gaoliangjiang	21
Gouteng	493
Gouwen	230
Guangfangji	57
Guanghuoxiang	395
Guangjinqiancao	182
Guangyebaqia	453
Guangzhouxiangsizi	2
Gujingcao	207
Guoluhuang	301

H
Hezi	489
Hongdaji	280
Huangpi	136
Huazhouyou	133
Hu'ercao	437
Hujiao	386

J
Jianghuang	159
Jiangxiangtan	174
Jianyelongxueshu	190
Jiaogulan	241
Jiazhutao	337
Jidanhua	391
Jiulixiang	328
Jixuecao	109

K
Koushu	259

Kugua	313

L

Liangmianzhen	511
Lizhi	293
Longkui	457
Longshelan	17
Longyan	186
Luodishenggen	85
Luohanguo	318
Luwei	368

M

Malan	64
Mangguo	305
Maogen	410
Maomei	423
Maqian	481
Mayingdan	283
Mopancao	10
Mudou	93
Muhudie	352
Mumian	76
Muzei	204

N

Nanlingraohua	507
Niuzhi	348

P

Peng'ezhu	165

Q

Qian	223
Qianliguang	449
Qiannianjian	247
Qianrihong	234
Qihao	60

R

Roudoukou	332
Rougui	127

S

Sangjisheng	485
Shanjijiao	297
Shannai	275
Shencha	145
Shezushishan	250
Shijunzi	403
Shixiantao	365
Shuiqie	462
Shuiweng	141
Sumu	89
Suxinhua	267

T

Tanxiang	430
Taojinniang	419
Tianjihuang	255
Tiankui	446
Tujingjie	119

W

Wenjing	199
Wufanshu	498

X

Xiangsizi	5
Xiaomaogen	413
Xihuangcao	407
Xuchangqing	170

Y

Yadanzi	81
Yangchunsha	39
Yangru	150
Yangzhizhu	416
Yegancao	441
Yehuluobo	178
Yexiazhu	377
Yizhi	25
Yuenanhuai	466
Yuganzi	372
Yunxiang	426

Z

Zhang	123
Zhizhuxiang	501
Zhuma	72
Zihuadiding	504
Zimoli	309
Ziping	471
Ziqi	356

英文名称索引

A
Agave	17
Air-plant	85
Amomum	39
Asiatic Pennywort	109
Australian Cowplant	237

B
Balsamiferous Blumea	68
Beautiful Sweetgum	288
Bitter Gourd	313
Black Nightshade	457

C
Cablin Patchouli	395
Camphora	123
Canton Love-pea	2
Cassia	127
Catclaw Buttercup	413
Chinese Azalea	416
Chinese Dragon's Blood	190
Chinese Eaglewood	53
Chinese Pholidota	365
Chinese Star Anise	262
Chinese Taxillus	485
Chinese Wampee	136
Christina Loosestrife	301
Climbing Groundsel	449
Clove Tree	210
Common Andrographis	42
Common Baphicacanthus	64
Common Chickweed	474
Common Four-O'clock	309
Common Lantana	283
Common Leafflower	377
Common Oleander	337
Common Rue Herb	426
Common Rush	271
Common Turmeric	159
Crape Ginger	154
Creeping Rockfoil	437
Creeping woodsorrel	359
Custard Apple	47
Cutch	13

D
Diverse Wormwood	60
Downy Rose Myrtle	419
Duckweed	471

E
Emblic Leafflower	372
Eumifus Euphorbia	219

F
Fragrant Litsea	297

G
Galanga Resurrectionlily	275
Garden Euphorbia	215
Glabrous Greenbrier	453
Globeamaranth	234
Gold Theragran	241
Gordon Euryale	223
Graceful Jessamine	230
Grosvener Siraitia	318
Guava	398

H
Hairy Fig	226
Horsetail	199

I
Indian Abutilon	10

Indian Stringbush	507
Indian Trumpetflower	352

J
Japanese Buttercup	410
Japanese Flowering Fern	356
Japanese Raspberry	423
Japanese St. John's Wort	255
Jatamans Valeriana	501
Jave Brucea	81
Jequirity Rosarypea	5

K
Kaushue Holly	259
Knoxia	280

L
Lance Asiabell	150
Largeflower Jasmine	267
Lesser Galangal	21
Lichee	293
Linearstripe Isodon	407
Long Pepper	381
Longan	186

M
Mango	305
Medicinal Indianmulberry	323
Medicine Terminalia	489
Mexican Frangipani	391
Murraya Jasminorage	328
Muskroot-like Semiaquilegia	446

N
Nutmeg	332
Nux Vomica	481

O
Obscured Homalomena	247
Operculate Cleistacalyx	141
Oregano	348
Oriental Blueberry	498

P
Paniculate Swallowwort	170
Pepper	386
Pipewort	207

R
Ramie	72
Rangooncreeper	403
Red Gram	93
Reed Herb	368
Rice Bean	362
Rosewood	174
Rough Horsetail	204

S
Sandalwood	430
Sappan	89
Sargentgloryvine	433
Scabrous Elephantfoot	195
Serrate Clubmoss	250
Sharpleaf Galangal	25
Sharpleaf Gambirplant	493
Shinyleaf Pricklyash	511
Silk Cotton Tree	76
Small Centipeda	115
Snowbellleaf Tickclover	182
Southern Fangchi	57
Spicate Clerodendranthus	145
Spiny Amaranth	29
Spreading Hedyotis	342
Sweet Broomweed	441

T
Tea	97
Tetrongan	462
Tokyo Violet	504
Tomentose Pummelo	133
Tsao-ko Amomum	36

V
Vietnamese Sophora	466

W

Whitefruit Amomum	33
Wild Carrot	178
Winged Cassoa	104
Witchweed	478
Wormseed	119

Z

Zedoary	165

总索引

拉丁学名总索引

A

Abrus cantoniensis Hance	4·2
Abrus mollis Hance	4·4
Abrus precatorius L.	4·5
Abutilon indicum (L.) St.	4·10
Abutilon indicum (L.) St. var. *guineense* (Schumach.) Feng	4·12
Acacia catechu (L. f.) Willd.	4·13
Acanthopanax giruldii Harms	1·2
Acanthopanax gracilistylus W. W. Smith	1·2
Acanthopanax senticosus (Rupr. et Maxim.) Harms	1·66
Acanthopanax trifoliatus (L.) Merr.	1·2
Acanthopanax trifoliatus (L.) Merr. var. *setosus* Li	1·2
Achillea alpine L.	3·5
Achillea millefolium L.	3·2
Achyranthes bidentata Bl.	1·12
Aconitum carmichaeli Debx.	1·16
Aconitum coreanum (Lévl.) Rap.	2·502
Aconitum jaluense var. *glabrescens* Nakai	1·16
Aconitum karakolicum Rapaics	1·16
Aconitum kusnezoffii Reichb.	1·20
Aconitum paniculigerum var. *wulingensse* (Nakai) W. T. Wang	1·16
Acorus calamus L.	1·24
Acorus tatarinowii Schott	1·24
Acronychia pedunculate (L.) Miq.	4·177
Adenophora stricta Miq.	1·28
Adenophora tetraphylla (Thunb.) Fich.	1·28
Aesculus chinensis Bge.	3·10
Aesculus hippocastanum L.	3·7
Aesculus wilsonii Rehd.	3·10
Agastache rugosa (Fisch. et Mey.) O. Ktze.	4·397
Agave americana L.	4·17
Agave sisalana Perr. ex Engelm.	4·19
Agrimonia eupatoria L.	3·12
Agrimonia eupatoria L. subsp. *asiatica* (Juzep.) Skalicky	3·12
Agrimonia pilosa Ledeb.	1·31, 3·13
Ailanthus altissima (Mill.) Swingle	3·15
Albizia julibrissin Durazz.	1·35
Albizia kalkora (Roxb.) Prain.	1·35
Allium cepa L.	3·20
Allium sativum L.	3·25
Allium tuberosum Rottl.	1·39
Aloe africana Mill.	3·32
Aloe barbadensis Mill.	3·30
Aloe ferox Mill.	3·32
Aloe spicata Baker	3·32
Aloe vera L.	3·30
Alpinia chinensis (Retz.) Rose.	4·27
Alpinia galanga (L.) Willd.	3·178, 4·23
Alpinia japonica (Thunb.) Miq.	4·27
Alpinia katsumadai Hayata	3·178
Alpinia officinarum Hance	4·21
Alpinia oxyphylla Miq.	4·25
Alpinia polyantha D. Fang	4·35
Alpinia tonkinensis Gagnep.	4·35
Althaea officinalis L.	3·280
Amaranthus spinosus L.	4·29
Amaranthus viridis L.	4·31
Amomum compactum Soland ex Maton	3·178, 4·35
Amomum hongtsaoko C. F. Liang et D. Fang	4·38
Amomum koenigii J. F. Gmelin	4·38
Amomum kravanh Pierre ex Gagnep.	3·178, 4·33
Amomum longiligulare T. L. Wu	4·41
Amomum tsao-ko Crevost et Lemaire	4·36
Amomum villosum Lour.	4·41
Amomum villosum Lour. var. *xanthioides* T. L. Wu et Senjen	4·41
Ampelopsis japonica (Thunb.) Makino	1·42
Andrographis paniculata (Burm. f.) Nees	4·42
Anemarrhena asphodeloides Bge.	1·45

Anemone amurensis (Korsch) Kom.	1·50	*Arnica montana* L.	3·50
Anemone raddeana Regel.	1·50	*Artemisia absinthium* L.	3·54
Anethum graveolens L.	3·34	*Artemisia annua* L.	1·86, 3·56
Angelica acutiloba (Sieb. et Zucc.) Kitag.	1·53	*Artemisia anomala* S. Moore	4·60
Angelica archangelica L.	3·38	*Artemisia argyi* Levl. et Vant.	1·90, 3·56
Angelica dahurica (Fisch. ex Hoffm.) Benth. et Hook. f.	1·56	*Artemisia capillaris* Thunb.	1·94, 3·56
Angelica dahurica (Fisch. ex Hoffm.) Benth. et Hook. f. var. *formosana* (Boiss.) Shan et Yuan	1·56	*Artemisia scoparia* Waldst. et Kit.	1·94, 3·56
Angelica decursiva (Miq.) Franch. et Sav.	2·178	*Asarum heterotropoides* Fr. Schmidt var. *mandshuricum* (Maxim.) Kitag.	1·98
Angelica gigas Nakai	1·60	*Asarum sieboldii* Miq.	1·98
Angelica pubescens Maxim. f. *biserrata* Shan et Yuan	1·64	*Asarum sieboldii* Miq. var. *seoulense* Nakai	1·98
Angelica sinensis (Oliv.) Diels	1·67, 3·264	*Asparagus cochinchinensis* (Lour.) Merr.	1·102
Annona glabra L.	4·50	*Asparagus filicinus* Ham. ex D. Don	1·102
Annona reticulata L.	4·50	*Asparagus myriacanthus* Wang et S. C. Chen	1·102
Annona squamosa L.	4·47	*Asparagus officinalis* L.	4·370
Aquilaria agallocha (Lour.) Roxb.	4·55	*Aster tataricus* L. f.	1·106
Aquilaria sinensis (Lour.) Gilg	4·53	*Aster turbinatus* S. Moore	4·451
Archangelica officinalis Hoffm.	3·38	*Astragalus membranaceus* (Fisch.) Bge.	1·110
Arctium lappa L.	1·71	*Astragalus membranaceus* (Fisch.) Bge. var. *mongholicus* (Bge.) Hsiao	1·110
Arctium tomentosum Mill.	1·71	*Atractylodes chinensis* (DC.) Koidz.	1·116
Arctostaphylos uva-ursi (L.) Spreng.	3·42	*Atractylodes japonica* Koidz. ex Kitam.	1·120
Ardisia crenata Sims	1·75	*Atractylodes lancea* (Thunb.) DC.	1·116
Arisaema amurense Maxim.	1·78	*Atractylodes macrocephala* Koidz.	1·124
Arisaema erubescens (Wall.) Schott	1·78	*Atropa belladonna* L.	3·59
Arisaema heterophyllum Bl.	1·78	*Aucklandia lappa* Decne.	1·124
Aristolochia fangchi Y. C. Wu ex L. D. Chou et S. M. Hwang	4·57	*Auricularia auricula* (L. ex Hook.) Underw.	1·128
Aristolochia kaempferi Willd. f. *heterophylla* (Hemsl.) S. M. Hwang	2·464	*Auricularia delicata* (Fr.) P. Henn.	1·128
Aristolochia kwangsiensis Chun et How ex C. F. Liang	2·464	*Auricularia polytricha* (Mont.) Sacc.	1·128

B

Aristolochia moupinensis Franch.	2·464
Aristolochia tagala Champ.	2·464
Armeniaca mume Sieb.	2·269
Armoracia rusticana (Lam.) Gaertn., B. Mey. et Scherb.	3·45
Arnebia euchroma (Royle) Johnst.	1·82, 2·45
Arnebia guttata Bge.	1·82, 2·45
Arnica chamissonis Less. ssp. *foliosa* (Nutt.) Maguire	3·52

Baphicacanthus cusia (Nees) Bremek.	1·479, 4·64
Belamcanda chinensis (L.) DC.	1·132
Berberis poiretii Schneid.	1·136
Bidens bipinnata L.	1·140
Bidens pilosa L.	1·140
Biota orientalis (L.) Endl.	2·211
Bletilla striata (Thunb.) Reichb. f.	1·144
Blumea balsamifera (L.) DC.	4·68
Blumea megacephala (Rand.) Chang et Tseng	4·451
Boehmeria nivea (L.) Gaud.	4·72
Bombax malabaricum DC.	4·76

Borago officinalis L.	3·64
Boswellia bhaw-dajiana Birdw.	3·70
Boswellia carterii Birdw.	3·68
Boswellia neglecta M. Moore	3·70
Bovistella radicata (Dur. et Mont.) Pat.	2·13
Bovistella sinensis Lloyd	2·13
Brassica juncea (L.) Czern. et Coss.	2·415
Brassica nigra (L.) Koch	3·48
Broussonetia papyrifera (L.) Vent.	1·148
Brucea javanica (L.) Merr.	4·81
Bryophyllum pinnatum (L. f.) Oken	4·85
Buddleja officinalis Maxim.	1·152
Bupleurum chinense DC.	1·156
Bupleurum falcatum L.	1·160
Bupleurum jinchowense Shan et Y. Li	2·452
Bupleurum longiradiatum Turcz.	1·156
Bupleurum scorzonerifolium Willd.	1·156
Buxus sempervirens L.	3·312

C

Caesalpinia sappan L.	4·89
Cajanus cajan (L.) Millsp.	4·93
Calendula officinalis L.	3·73
Callicarpa macrophylla Vahl	4·70
Calluna vulgaris (L.) Hull	3·78
Calvatia gigantea (Batsch ex Pers.) Lloyd	2·13
Calvatia lilancina (Mont. et Berk.) Lloyd	2·13
Camellia sinensis (L.) O. Ktze.	4·97
Campsis grandiflora (Thunb.) K. Schum.	1·164
Campsis radicans (L.) Seem	1·164
Cannabis sativa L.	1·168
Capsella bursa-pastoris (L.) Medic.	3·82
Carica papaya L.	3·85
Carpesium abrotanoides L.	4·180
Carthamus tinctorius L.	3·91
Carum carvi L.	3·96
Cassia acutifolia Delile	3·100
Cassia alata L.	4·104
Cassia angustifolia Vahl	3·102
Cassia obtusifolia L.	1·172
Cassia tora L.	1·172
Catharanthus roseus (L.) G. Don	3·104
Caulophyllum robustum Maxim.	3·111
Caulophyllum thalictroides (L.) Michaux	3·109
Celosia argentea L.	1·176
Celosia cristata L.	1·180
Centaurea cyanus L.	3·113
Centella asiatica (L.) Urban	4·109
Centipeda minima (L.) A. Br. et Aschers.	4·115
Cephalanoplos segetum (Bge.) Kitam.	1·207
Cephalanoplos setosum (MB.) Kitam.	1·207
Cephalotaxus fortunei Hook. f.	3·455
Cephalotaxus mannii Hook. f.	3·455
Chaenomeles speciosa (Sweet) Nakai	1·184
Chamaemelum nobile (L.) All.	3·285
Chelidonium majus L.	3·116
Chenopodium ambrosioides L.	4·119
Chrysanthemum indicum L.	1·188, 3·446
Chrysanthemum morifolium Ramat.	1·192, 3·446
Cichorium glandulosum Boiss. et Huet.	1·196
Cichorium intybus L.	1·196
Cimicifuga dahurica (Turcz.) Maxim.	1·200
Cimicifuga foetida L.	1·200
Cimicifuga heracleifolia Kom.	1·200
Cimicifuga racemosa (L.) Nutt.	3·122
Cinnamomum camphora (L.) Presl	4·123
Cinnamomum cassia Presl	4·127
Cirsium japonicum Fisch. ex DC.	1·204
Cirsium segetum Bge.	1·207
Cirsium setosum (Willd.) MB.	1·207
Cistanche deserticola Y. C. Ma	1·210
Cistanche tubulosa (Schrenk) Wight	1·210
Citris limonia Osbeck	3·129
Citrus grandis (L.) Osbeck	4·135
Citrus grandis (L.) Osbeck var. *tomentosa* Hort.	4·133
Citrus grandis (L.) Osbeck 'Tomentosa'	4·133
Citrus limon (L.) Burm. f.	3·127
Citrus medica L. var. *sarcodactylis* (Noot.) Swingle	1·214
Citrus reticulata Blanco	1·218
Clausena lansium (Lour.) Skeels	4·136
Cleistocalyx operculatus (Roxb.) Merr. et Perry	2·280, 4·141

Clematis chinensis Osbeck	1·222	*Crataegus monogyna* Jacq.	3·146
Clematis hexapetala Pall.	1·222	*Crataegus oxyacantha* L.	3·148
Clematis mandshurica Rupr.	1·222	*Crataegus pinnatifida* Bge.	1·264, 3·148
Clematis meyeniana Walp.	1·222	*Crataegus pinnatifida* Bge. var. *major*	
Clematis montana Buch. -Ham.	1·226	N. E. Br.	1·264, 3·148
Clerodendranthus spicatus (Thunb.) C. Y. Wu ex H. W. Li	4·145	*Crocus sativus* L.	3·150
		Croton tiglium L.	1·268
Cnidium monnieri (L.) Cuss.	1·230	*Cucurbita moschata* (Duch. ex Lam.) Duch. ex Poir.	3·158
Cnidium officinale Makino	2·25		
Cocculus orbiculatus (L.) DC.	2·464	*Cucurbita pepo* L.	3·156
Codonopsis lanceolata Sieb. et Zucc.	4·150	*Curculigo orchioides* Gaertn.	1·272
Codonopsis pilosula (Franch.) Nannf.	1·233	*Curcuma kwangsiensis* S. G. Lee et C. F. Liang	4·167
Codonopsis pilosula (Franch.) Nannf. var. *modesta* (Nannf.) L. T. Shen	1·233	*Curcuma longa* L.	4·159
		Curcuma phaeocaulis Val.	4·165
Codonopsis tangshen Oliv.	1·233	*Curcuma wenyujin* Y. H. Chen et C. Ling	1·276, 4·167
Coix chinensis Tod.	1·237		
Coix chinensis Tod. var. *formosanna* (Ohwi) L. Liu	1·237	*Cuscuta australis* R. Br.	1·279
		Cuscuta chinensis Lam.	1·279
Coix lacryma-jobi L.	1·237	*Cuscuta japonica* Choisy	1·279
Coix lacryma-jobi L. var. *maxima* Makino	1·237	*Cyathula officinalis* Kuan	1·283
Coix lacryma-jobi L. var. *mayuen* (Roman.) Stapf	1·237	*Cynanchum atratum* Bge.	1·287
		Cynanchum auriculatum Royle ex Wight	2·244
Coix stenocarpa Balansa	1·237	*Cynanchum bungei* Decne.	2·244
Colchicum autumnale L.	3·131	*Cynanchum glaucescens* (Decne.) Hand. -Mazz.	1·290
Commelina communis L.	1·241		
Convallaria majalis L.	3·136	*Cynanchum paniculatum* (Bge.) Kitag.	4·170
Coptis chinensis Franch.	1·244	*Cynanchum stauntonii* (Decne.) Schltr. ex Lévl.	1·290
Coptis deltoidea C. Y. Cheng et Hsiao	1·244		
Coptis japonica Makino	1·248	*Cynanchum versicolor* Bge.	1·287
Coptis teeta Wall.	1·244	*Cynanchum wilfordii* (Maxim.) Hemsl.	2·244
Cordyceps barnesii Thwaites ex Berk et Br.	1·252	*Cynara scolymus* L.	3·160
Cordyceps hawkesii Cray	1·252	*Cynomorium songaricum* Rupr.	1·294
Cordyceps liangshanensis Zang, Liu et Hu	1·252		
Cordyceps sinensis (Berk.) Sacc.	1·252	**D**	
Cordycrps militaris (L.) Link	1·252	*Daemonorops draco* Bl.	4·190
Coriandrum sativum L.	3·141	*Dalbergia odorifera* T. Chen	4·174
Coriaria nepalensis Wall.	4·487	*Dallbergia hainanensis* Merr.	4·177
Cornus officinalis Sieb. et Zucc.	1·256	*Dallbergia sisso* Roxb.	4·174
Corydalis bungeana Turcz.	4·506	*Datura arborea* L.	1·298
Corydalis yanhusuo W. T. Wang	1·260	*Datura innoxia* Mill.	1·298
Costus speciosus (Koen.) Smith	4·154	*Datura metel* L.	1·298
Crataegus laevigata (Poir.) DC.	3·148	*Datura stramonium* L.	1·298

Daucus carota L.	4·178
Dendranthema indicum (L.) Des Moul.	1·88
Dendranthema morifolium (Ramat.) Tzvel.	1·192
Dendrobium candidum Wall. ex Lindl.	1·302
Dendrobium fimbriatum Hook. var. oculatum Hook.	1·302
Dendrobium nobile Lindl.	1·302
Descurainia sophia (L.) Webb ex Prantl	2·20
Desmodium styracifolium (Osbeck) Merr.	4·182, 4·304
Dianthus chinensis L.	1·306
Dianthus superbus L.	1·306
Dichroa febrifuga Lour.	1·309
Dichrostachys cinerea (L.) Wight et Arn.	4·15
Dictamnus dasycarpus Turcz.	1·312
Digitalis lantana Ehrh.	3·168
Digitalis purpurea L.	3·165
Dimocarpus confinis (How et Ho) H. S. Lo	4·189
Dimocarpus longan Lour.	4·186
Dioscorea bulbifera L.	1·316
Dioscorea nippoinca Makino	1·320, 4·157
Dioscorea opposita Thunb.	1·320
Dioscorea zingiberensis C. H. Wright	1·320, 4·157
Dipsacus asperoides C. Y. Cheng et T. M. Ai	1·324
Dolichos lablab L.	1·328
Dracaena cochinchinensis (Lour.) S. C. Chen	4·190
Drynaria fortunei (Kunze) J. Sm.	1·331
Dysosma pleiantha (Hance) Woods	1·335
Dysosma versipellis (Hance) M. Cheng ex Ying	1·335

E
Echinacea angustifolia DC.	3·173
Echinacea pallida (Nutt.) Nutt.	3·173
Echinacea purpurea (L.) Moench	3·170
Ecklonia kurome Okam.	2·2
Eclipta prostrata L.	1·338
Elephantopus scaber L.	4·195
Elephantopus tomentosus L.	4·197
Elettaria cardamomum (L.) Maton.	4·35
Elettaria cardamomum Maton var. minuscula Burkill	3·175
Emblica officinalis Gaertn	4·372
Ephedra equisetina Bge.	1·342
Ephedra intermedia Schrenk et C. A. Mey.	1·342
Ephedra sinica Stapf	1·342
Epimedium brevicornum Maxim.	1·346
Epimedium koreanum Nakai	1·346
Epimedium pubescens Maxim.	1·346
Epimedium sagittatum (Sieb. et Zucc.) Maxim.	1·346
Epimedium wushanense T. S. Ying	1·346
Equisetum arvense L.	4·199
Equisetum giganteum L.	4·206
Equisetum hiemale L.	4·204
Equisetum myriochaetum Schlecht. et Cham.	4·206
Eriobotrya japonica (Thunb.) Lindl.	1·351
Eriocaulon australe R. Br.	4·209
Eriocaulon buergerianum Koern.	4·207
Eriocaulon cristatum Mart.	4·209
Eriocaulon luzulaefolium Mart.	4·209
Eriocaulon sexangulare L.	4·209
Eriocaulon sieboldianum Sieb. et Zucc.	4·209
Eriocaulon yaoshanense Ruhl.	4·209
Erodium stephanianum Willd.	1·420
Erythrina arborescens Roxb.	4·79
Erythrina variegata L.	4·79
Erythroxylum coca Lam.	3·179
Erythroxylum coca Lam. var. *ipadu* Plowman	3·181
Erythroxylum coca Lam. var. *novogranatense* D. Morris	3·181
Erythroxylum coca Lam. var. *spruceanum* Burck	3·181
Eucalyptus globulus Labill.	3·183
Eucommia ulmoides Oliv.	1·355
Eugenia caryophyllata Thunb.	4·210
Eupatorium fortunei Turcz.	1·359
Eupatorium japonicum Thunb.	2·71
Euphorbia ebracteolata Hayata	2·455
Euphorbia fischeriana Steud.	2·455
Euphorbia hirta L.	4·215
Euphorbia humifusa Willd.	4·219
Euphorbia kansui T. N. Liou ex T. P. Wang	1·362
Euphorbia lathyris L.	1·366
Euphorbia maculata L.	4·221

Euphorbia pekinensis Rupr.	1·370, 4·281
Euryale ferox Salisb.	4·223
Evodia rutaecarpa (Juss.) Benth.	1·373
Evodia rutaecarpa (Juss.) Benth. var. *bodinieri* (Dode) Huang	1·373
Evodia rutaecarpa (Juss.) Benth. var. *officinalis* (Dode) Huang	1·373

F

Fagopyrum esculentum Moench	3·188
Fagopyrum tataricum (L.) Gaertn.	3·191
Ficus carica L.	1·377
Ficus hirta Vahl.	4·226
Ficus simplicissima Lour.	4·228
Filipendula ulmaria (L.) Maxim.	3·194
Foeniculum vulgare Mill.	1·380, 3·36
Forsythia suspensa (Thunb.) Vahl	1·384
Fragaria ananassa Duch.	3·200
Fragaria vesca L.	3·198
Fraxinus chinensis Roxb.	1·392
Fraxinus excelsior L.	3·202
Fraxinus oxyphylla M. Bieb	3·204
Fraxinus rhynchophylla Hance	1·388
Fraxinus stylosa Lingelsh	1·392
Fraxinus szaboana Lingelsh	1·392
Fritillaria cirrhosa D. Don	1·392
Fritillaria delavayi Franch.	1·395
Fritillaria pallidiflora Schrenk	1·395
Fritillaria przewalskii Maxim. ex Batal	1·395
Fritillaria thunbergii Miq.	1·395
Fritillaria unibracteata Hsiao et K. C. Hsia	1·395
Fritillaria ussuriensis Maxim.	1·395
Fritillaria walujewii Regel	1·395

G

Galega officinalis L.	3·206
Ganoderma lucidum (Leyss. ex Fr.) Karst.	1·399
Ganoderma sinense Zhao, Xu et Zhang	1·399
Gardenia jasminoides Ellis	1·404, 3·153
Gardenia jasminoides Ellis var. *grandiflora* Nakai	1·404
Gastrodia elata Bl.	1·408, 4·311
Gelsemium elegans (Gardn. et Champ.) Benth.	4·230
Gentiana crassicaulis Duthie ex Burk.	1·412
Gentiana dahurica Fisch.	1·412
Gentiana loureiri Griseb	4·506
Gentiana lutea L.	3·209
Gentiana macrophylla Pall.	1·412
Gentiana manshurica Kitag.	1·416
Gentiana rigescens Franch.	1·416
Gentiana scabra Bge.	1·416
Gentiana straminea Maxim.	1·412
Gentiana triflora Pall.	1·416
Gentiana yokusai Burk.	4·506
Geranium carolinianum L.	1·420
Geranium thunbergii Sieb. et Zucc.	1·420
Geranium wilfordii Maxim.	1·420
Ginkgo biloba L.	1·424
Glechoma longituba (Nakai) Kupr.	4·184
Gleditsia sinensis Lam.	1·428
Glehnia littoralis Fr. Schmidt ex Miq.	1·432
Glycyrrhiza galbra L.	1·436
Glycyrrhiza inflata Bat.	1·436
Glycyrrhiza uralensis Fisch.	1·436
Gomphrena globosa L.	4·234
Gossypium arboreum L.	3·215
Gossypium barbadense L.	3·215
Gossypium herbaceum L.	3·215
Gossypium hirsutum L.	3·213
Gueldenstaedtia multiflora Bge.	4·506
Gymnema sylvestre (Retz.) Schult.	4·237
Gymnocladus chinensis Baill.	3·410
Gynostemma pentaphyllum (Thunb.) Makino	4·241
Gynura japonica (Thunb.) Juel.	4·87

H

Haloragis micrantha R. BR.	4·257
Haloxylon ammodendron (C. A. Mey.) Bge.	1·210
Haloxylon persicum Bge. ex Boiss.	1·210
Hamamelis virginiana L.	3·218
Harpagophytum procumbens DC.	3·222
Harpagophytum zeyheri Decne	3·224
Hedera helix L.	3·227

Hedyotis diffusa Willd.	4·342	*Illicium henryi* Diels	4·265
Hedysarum polybotrys Hand. -Mazz.	1·442	*Illicium lanceolatum* A. C. Smith	4·265
Helianthus annuus L.	2·231	*Illicium majus* Hook. f. et Thoms	4·265
Helixanthera parasitica Lour.	4·487	*Illicium verum* Hook. f.	3·351, 4·262
Hemerocallis citrina Baroni	1·446	*Imperata cylindrica* Beauv. var. *major* (Nees) C. E. Hubb.	1·466
Hemerocallis fulva L.	1·446	*Indigofera tinctoria* L.	4·64
Hemerocallis fvlva L. var. *kwanso* Regel	1·446	*Inula britannica* L.	1·473
Hemerocallis liio-asphodelus L.	1·446	*Inula helenium* L.	1·469
Hemerocallis minor Mill.	1·446	*Inula japonica* Thunb.	1·473
Hepialus armoricanus Oberthur	1·252	*Inula linariifolia* Turcz.	1·473
Heterosmilax chinensis Wang	4·456	*Inula montana* L.	3·52
Heterosmilax japonica Kunth	4·456	*Inula racemosa* Hook. f	1·469
Heterosmilax yunnanensis Gagnep	4·456	*Ipomoea nil* (L.) Roth	2·180
Heterotheca inulodies Cass.	3·52	*Iris tectorum* Maxim.	1·128
Hippochaete hiemale (L.) Borher	4·204	*Isatis indigotica* Fort.	1·477, 4·66
Hippophae rhamnoides L.	1·450		
Homalomena occulta (Lour.) Schott	4·247		
Houttuynia cordata Thunb.	1·454	**J**	
Hovenia acerba Lindl.	1·458	*Jasminum grandiflorum* L.	4·267
Hovenia dulcis Thunb.	1·458	*Juglans regia* L.	1·481
Hovenia dulcis Thunb. var. *koreana* Nakai	1·458	*Juncus effusus* L.	4·271
Hovenia dulcis Thunb. var. *tomentella* Makino	1·458	*Juniperus communis* L.	3·253
Hovenia trichocarpa Chun et Tsiang	1·458	*Juniperus osteosperma* (Torr.) Little	3·255
Humulus lupulus L.	3·235	*Juniperus oxycedrus* L.	3·255
Huperzia longipetiolata (Spring) C. Y. Yang	4·252		
Huperzia serrata (Thunb. ex Murray) Trev.	4·250	**K**	
Huperzia serrata (Thunb.) Trev. f. *intermedia* (Nakai) Ching	4·252	*Kaempferia galanga* L.	4·275
Hydrangea umbellate Rehd.	1·309	*Kaempferia marginata* Carey	4·277
Hydrastis canadensis L.	3·240	*Knoxia corymbosa* Willd.	4·281
Hydrocotyle sibthorpoioides Lam.	4·118	*Knoxia valerianoides* Thorel et Pitard	4·280
Hyoscyamus bohemicus F. W. Schimidt	3·246	*Kochia scoparia* (L.) Schrad.	1·484
Hyoscyamus niger L.	3·244		
Hypericum japonicum Thunb.	4·255	**L**	
Hypericum perforatum L.	3·248	*Lablab purpureus* (Linn.) Sweet.	1·328
		Laminaria japonica Aresch.	2·2
I		*Lamiophlomis rotata* (Benth.) Kudo	2·7
Ilex cornuta Lindl.	2·86	*Lantana camara* L.	4·283
Ilex cornuta Lindl. ex Paxt.	1·462, 4·259	*Lasiosphaera fenzlii* Reich.	2·11
Ilex kaushue S. Y. Hu	4·259	*Lavandula angustifolia* Mill.	3·257
Ilex latifolia Thunb.	4·261	*Lavandula latifolia* Vill	3·259
Illicium anisatum L.	4·265	*Lavandula officinalis* Chaix.	3·259
		Lavandula spica L.	3·259

Lavandula stoechas L.	3·259
Leonurus japonicus Houtt.	2·14
Lepidium apetalum Willd.	2·18
Levisticum officinale Koch	3·261
Ligusticum chuanxiong Hort.	2·22
Ligusticum jeholense Nakai et Kitag.	2·25
Ligusticum officinale (Makino) Kitag.	2·25
Ligusticum sinense Oliv.	2·27
Ligustrum lucidum Ait.	2·30
Lilium brownii F. E. Brown ex Miellez var. colchesteri Wilson ex Elwes	2·37
Lilium brownii F. E. Brown ex Miellez var. viridulum Baker	2·34
Lilium lancifolium Thunb.	2·37
Lilium pumilum DC.	2·37
Lindera aggregata (Sims) Kosterm.	2·38
Lindera strychnifolia (Sieb. et Zucc.) F. -Vill	2·40
Linum usitatissimum cv. Usitatissimum	3·267
Linum usitatissimum L.	3·264
Linum usitatissimum ssp. *usitatissimum*	3·267
Liquidambar formosana Hance	4·288
Liquidambar orientalis Mill.	4·291
Liriope muscari (Decne.) Baily	2·131
Liriope spicata (Thunb.) Lour. var. *prolifera* Y. T. Ma	2·131
Litchi chinensis Sonn.	4·293
Lithospermum erythrorhizon Sieb. et Zucc.	1·82, 2·42
Litsea cubeba (Lour.) Pers.	4·297
Lobelia chinensis Lour.	2·47
Lobelia inflata L.	3·270
Lonicera japonica Thunb.	2·51
Lonicera macranthoides Hand. -Mazz	2·53
Lophatherum gracile Brongn.	2·56
Loranthus parasiticus (L.) Merr.	4·485
Luffa acutangula (L.) Roxb.	2·61
Luffa cylindrica (L.) Roem.	2·59
Lycium barbarum L.	2·63
Lycium chinense Mill.	2·66
Lycopus lucidus Turcz.	2·69
Lycopus lucidus Turcz. var. *hirtus* Regel	1·359, 2·71
Lygodium flexuosum (L.) Sw.	2·75
Lygodium japonicum (Thunb.) Sw.	2·73
Lygodium microphyllum (Cav.) R. Br.	2·73
Lysimachia christinae Hance	4·184, 4·301

M

Macrosolen cochinchinensis (Lour.) Van Tiegh.	4·487
Magnolia biondii Pamp.	2·76
Magnolia denudata Desr.	2·78
Magnolia kobus DC.	2·78
Magnolia obovata Thunb.	2·83
Magnolia officinalis Rehd. et Wils.	2·80
Magnolia officinalis Rehd. et Wils. var. *biloba* Rehd. et Wils.	2·83
Magnolia salicifolia Maxim.	2·78
Magnolia sprengeri Pamp.	2·78
Mahonia bealei (Forti.) Carr.	1·462, 2·84
Mahonia fortuner (Lindl.) Fedde	2·86
Mahonia nepalensis DC.	2·86
Malus domestica Borkh.	3·275
Malus pumila Mill.	3·275
Malus sylvestris Mill.	3·273
Malva ambigua Guss.	3·280
Malva maurititana L.	3·280
Malva sylvestris L.	3·278
Mandragora autumnalis Bertol.	3·66
Mangifera indica L.	4·305
Matricaria recutita L.	3·282
Melaleuca alternifolia (Maiden et Betch) Cheel	3·287
Melaleuca dissitiflora F. Mueller	3·289
Melaleuca linariifolia Smith	3·289
Melia azedarach L.	2·86
Melia toosendan Sieb. et Zucc.	2·93
Melica scabrosa Trin.	4·428
Melilotus alba Medic. ex Desr.	3·294
Melilotus altissimus Thuillier	3·294
Melilotus dentata (Waldst. et Kit.) Pers.	3·294
Melilotus officinalis (L.) Pall.	3·291
Melissa axillaris (Benth.) Bakh. f.	3·298
Melissa officinalis L.	3·296
Menispermum dauricum DC.	2·97, 4·469

Mentha dahurica Fisch. ex Benth.	2·104
Mentha haplocalyx Briq.	2·102, 3·303
Mentha piperita L.	3·301
Mentha sachalinensis (Briq.) Kudo	2·104
Mirabilis jalapa L.	4·309
Momordica charantia L.	4·313
Momordica grosvenori Swingle	4·318
Morinda citrifolia L.	3·305
Morinda officinalis How	3·308, 4·323
Morus alba L.	2·106
Mosla chinensis Maxim.	2·112
Mosla chinensis 'Jiangxiangru'	2·114
Murraya exotica L.	4·328
Murraya paniculata (L.) Jack.	4·330
Mycenastrum corium (Guess. ex DC.) Desv.	2·13
Myosoton aquaticum (L.) Moench.	4·476
Myristica fragrans Houtt.	3·177, 4·332
Myrtus communis L.	3·310, 4·421

N

Nelumbo nucifera Gaertn.	2·116
Nepeta cataria L.	2·384
Nerium indicum Mill.	4·337
Nerium indicum Mill. cv. Paihua	4·340
Nerium oleander L.	4·340
Notopterygium forbesii Boiss.	2·128
Notopterygium incisum Ting ex H.T. Chung	1·64, 2·123

O

Oenothera biennis L.	3·314
Oenothera glazioviana Mich.	3·316
Oenothera lamarkiana L.	3·316
Oenothera villosa Thunb.	3·316
Oldenlandia corymbosa (L.) Lam.	4·345
Oldenlandia diffusa (Willd.) Roxb.	4·342
Olea europaea L.	3·318
Onosma confertum W. W. Smith	1·82, 2·45
Onosma exsertum Hemsl.	1·82, 2·45
Onosma hookeri Clarke var. *longiflorum* Duthie ex Stapf	1·82, 2·45
Onosma paniculatum Bur. et Franch.	1·82, 2·45

Ophiopogon japonicus (Thunb.) Ker-Gawl.	2·128
Origanum vulgare L.	4·348
Oroxylum indicum (L.) Vent.	4·352
Orthosiphon rubicundus (D. Don) Benth. var. *hainanensis* Sun ex C. Y. Wu	4·148
Osmunda cinnamomea L.	4·358
Osmunda japonica Thunb.	4·356
Oxalis corniculata L.	4·359
Oxalis corymbosa DC.	4·361

P

Paederia scandens (Lour.) Merr.	2·133
Paederia scandens (Lour.) Merr. var. *tomentosa* (Bl.) Hand.-Mazz.	2·135
Paeonia albiflora Pall.	2·137
Paeonia decomposita Hand.-Mazz.	2·145
Paeonia delavayi Franch.	2·145
Paeonia delavayi Franch. var. *angustiloba* Rehd. et Wils.	2·145
Paeonia lactiflora Pall.	2·137
Paeonia suffruticosa Andr.	2·142
Paeonia suffruticosa Andr. var. *papaveracea* (Andr.) Kerner	2·145
Paeonia suffruticosa Andr. var. *spontanea* Rehd.	2·145
Paeonia szechuanica Fang	2·145
Paeonia veitchii Lynch	2·147
Panax ginseng C. A. Mey.	2·151, 3·327
Panax notoginseng (Burk.) F. H. Chen	2·156
Panax quinquefolius L.	3·324
Papaver argemone L.	3·330
Papaver nudicaule L.	2·164
Papaver rhoeas L.	3·329
Papaver somniferum L.	2·162
Paris polyphylla Smith var. *chinensis* (Franch.) Hara	2·169
Paris polyphylla Smith var. *yunnanensis* (Franch.) Hand.-Mazz.	2·166
Passiflora incarnata L.	3·332
Pastinaca sativa L.	3·336
Perilla frutescens (L.) Britt.	2·170
Perilla frutescens (L.) Britt. var. *crispa*	

(Thunb.) Hand. -Mazz.	2·173	*Plantago afra* L.	3·360
Perilla frutescens (L.) Britt. var. *acuta*		*Plantago arenaria* Wald. et Kit.	3·360
(Thunb.) Kudo	2·173	*Plantago asiatica* L.	2·202
Perilla frutescens var. *frutescens* (L.) Britt.	2·173	*Plantago depressa* Willd.	2·202
Petasites japonicus (Sieb. et Zucc.) F. Schmidt	2·494	*Plantago indica* L.	3·360
Petroselinum crispum (Mill.) Nym. ex		*Plantago ispaghula* Roxb.	3·357
A. W. Hill	3·340	*Plantago major* L.	2·205
Peucedanum decursivum (Miq.) Maxim.	2·178	*Plantago ovata* Forssk.	3·357
Peucedanum praeruptorum Dunn	2·175	*Plantago psyllium* L.	3·360
Peumus boldus Molina	3·345	*Platanus acerifolia* (Ait.) Willd.	4·291
Pharbitis nil (L.) Choisy	2·180	*Platycladus orientalis* (L.) Franco	2·205
Pharbitis nil (L.) Choisy var. *albiflora*		*Platycodon grandiflorum* (Jacq.) A. DC.	2·208
L. J. Zhang et H. Q. Du	2·182	*Plumeria rubra* L.	4·394
Pharbitis purpurea (L.) Voigt	2·182	*Plumeria rubra* L. cv. Acutifolia	4·391
Phaseolus angularis (Willd.) W. F. Wight	4·364	*Podophyllum hexandrum* Royle	2·213
Phaseolus calcaratus Roxb.	4·362	*Podophyllum peltatum* L.	3·362
Phellodendron amurense Rupr.	2·185	*Podophyllum pleiantha* Hance	2·423
Phellodendron chinense Schneid.	2·189	*Podophyllum versipellis* Hance	2·425
Phellodendron chinense Schneid. var.		*Pogostemon cablin* (Blanco) Benth.	4·395
glabriusculum Schneid.	2·189	*Polycarpaea corymbosa* (L.) Lam.	2·425
Phlomis umbrosa Turcz	1·324	*Polygala senega* L.	3·366
Pholidota articulata Lindl.	4·367	*Polygala senega* L. var. *latifolia* Torrey	
Pholidota cantonensis Rolfe.	4·367	et Gray	3·366
Pholidota chinensis Lindl.	4·365	*Polygala sibirica* L.	2·298
Pholidota imbricata Hook.	4·367	*Polygala tenuifolia* Willd.	2·220
Pholidota yunnanensis Rolfe.	4·367	*Polygonatum cyrtonema* Hua	2·218
Phragmites communis Trin.	4·368	*Polygonatum kingianum* Coll. et Hemsl.	2·230
Phyllanthus emblica L.	4·372	*Polygonatum odoratum* (Mill.) Druce	2·222
Phyllanthus niruri L.	4·379	*Polygonatum sibiricum* Relar. ex Redoute	2·227
Phyllanthus urinaria L.	4·377	*Polygonum bistorta* L.	2·232
Phyllostachys nigra (Lodd.) Munro var.		*Polygonum cuspidatum* Sieb. et Zucc.	2·235
henonis (Mitf.) Stapf ex Rendler	2·57	*Polygonum multiflorum* Thunb.	2·240
Phytolacca acinosa Roxb.	2·193, 4·156	*Polygonum tinctoria* Ait.	4·64
Phytolacca americana L.	2·195, 4·156	*Polyporus umbellatus* (Pers.) Fr.	2·246
Pimpinella anisum L.	3·349	*Poria cocos* (Schw.) Wolf.	2·250
Pinellia pedatisecta Schott	1·78	*Portulaca oleracea* L.	2·254
Pinellia ternata (Thunb.) Breit.	2·198	*Potentilla anserina* L.	3·370
Piper cubeba L.	4·299	*Potentilla discolor* Bge.	2·258
Piper longum L.	4·381	*Prunella asiatica* Nakai	2·264
Piper methysticum G. Forst.	3·353	*Prunella hispida* Benth.	2·264
Piper nigrum L.	4·386	*Prunella vulgaris* L.	2·261
Pistia stratiotes L.	4·473	*Prunella vulgaris* L. var. *leucantha* Schur	2·264

Prunus armeniaca L.	2·265
Prunus armeniaca L. var. *ansu* Maxim.	2·267
Prunus davidiana (Carr.) Franch.	2·275
Prunus mandshurica (Maxim.) Koehne	2·267
Prunus mume (Sieb.) Sieb. et Zucc.	2·269
Prunus persica (L.) Batsch	2·272
Prunus sibirica L.	2·267
Pseudodrynaria coronans (Wall.) Ching	1·331
Pseudolarix amabilis (Nelson) Rehd.	2·277
Pseudolarix kaempferi Gord.	2·277, 4·143
Pseudostellaria heterophylla (Miq.) Pax ex Pax et Hoffm.	2·281
Pseudotaxus chienii (Cheng) Cheng	3·450
Psidium guajava L.	4·398
Psoralea corylifolia L.	2·285
Psychotria serpens L.	2·474
Pterocarpus indicus Willd.	4·177
Pueraria lobata (Willd.) Ohwi	2·289
Pueraria mirifica Airy Shaw et Suva.	2·292
Pueraria phaseoloids (Roxb.) Benth.	2·292
Pueraria thomsoni Benth.	2·292
Pueraria tuberosa (Roxb. ex. Willd.) DC.	2·292
Pulsatilla chinensis (Bge.) Regel	2·295
Pulsatilla turczaninovii Kryl. et Serg.	2·298
Pyrola calliantha H. Andres	2·300
Pyrola decorta H. Andres	2·302
Pyrola incarnata Fisch. ex DC.	2·302
Pyrola japonica Klenze ex Alef.	2·302
Pyrrosia lingua (Thunb.) Farwell	2·304
Pyrrosia petiolosa (Christ) Ching	2·306
Pyrrosia sheareri (Bak.) Ching	2·306

Q

Quercus alba L.	3·376
Quercus petraea (Matt.) Liebl.	3·376
Quercus pubescens Willd.	3·376
Quercus robur L.	3·374
Quisqualis indica L.	4·403

R

Rabdosia inflexus (Thunb.) Kudo	4·409
Rabdosia lophanthoides (Buch. -Ham. ex D. Don) Hara	4·409
Rabdosia serra (Maxim.) Hara	4·407
Ranunculus japonicus Thunb.	4·410
Ranunculus polii Franch.	4·415
Ranunculus ternatus Thunb.	4·413
Ranunculus ternatus Thunb. var. *duplex* Makino et Nemoto	4·415
Raphanus sativus L.	2·308
Rauvolfia serpentine (L.) Benth. ex Kurz	2·311
Rauvolfia verticillata (Lour.) Baill.	2·314
Rauvolfia yunnanensis Tsiang	2·314
Rehmannia glutinosa Libosch.	2·315
Reynoutria japonica Houtt.	2·235
Rhamnus frangula L.	3·371, 380
Rhamnus purshiana DC.	3·378
Rheum coreanum Nakai	2·322
Rheum officinale Baill.	2·322
Rheum palmatum L.	2·319
Rheum tanguticum Maxim. ex Balf.	2·322
Rhodiola crenulata (Hool. f. et Thoms) H. Ohba	2·328
Rhodiola fastigiata (Hool. f. et Thoms) S. H. Fu	2·328
Rhodiola sachalinensis A. Bor.	2·325
Rhodiola sacra (Prain ex Hamet) S. H. Fu	2·328
Rhododendron dauricum L.	2·330
Rhododendron molle G. Don	4·416
Rhodomyrtus tomentosa (Ait.) Hassk.	4·419
Ribes nigrum L.	3·382
Ricinus communis L.	2·334
Rosa canina L.	3·386
Rosa laevigata Michx.	2·338
Rosa multiflora Thunb.	3·388
Rosa pendulina L.	3·388
Rosa rugosa Thunb.	2·343, 3·388
Rosmarinus officinalis L.	3·390
Rubia cordifolia L.	2·347
Rubia tinctorum L.	2·349
Rubus chingii Hu	2·352
Rubus parvifolius L.	4·423
Ruscus aculeatus L.	3·395
Ruta graveolens L.	4·426

S

Sabal serrulata (Mich.) Nuttall ex Schult.	3·145
Saliva plebeia R. Br.	2·399
Salvia miltiorrhiza Bge.	2·356
Salvia officinalis L.	3·399
Sambucus nigra L.	2·362, 3·404
Sambucus racemosa L.	2·360
Sambucus willamsii Hance var. *miquelii* (Nakai) Y. C. Tang	2·362
Sambucus williamsii Hance	2·360
Sanguisorba officinalis L.	2·363
Sanguisorba officinalis L. var. *longifolia* (Bert.) Yü et Li	2·365
Santalum album L.	4·430
Sapindus mukorossi Gaertn.	3·410
Saponaria officinalis L.	3·408
Saposhnikovia divaricata (Turcz.) Schischk.	2·367, 3·338
Sarcandra glabra (Thunb.) Nakai	2·371
Sargentodoxa cuneata (Oliv.) Rehd. et Wils.	4·249, 4·433
Saururus chinensis (Lour.) Baill.	2·374
Saussurea costus (Falc.) Lipsch.	1·124
Saussurea lappa (Decne.) C. B. Clarke	1·124
Saxifraga stolonifera Curt.	4·437
Schisandra chinensis (Turcz.) Baill.	2·377
Schisandra henryi Clarke	2·380
Schisandra neglecta A. C. Smith	2·380
Schisandra propinqua (Wall.) Baill. var. *sinensis* Oliv.	2·380
Schisandra rubriflora (Franch). Rehd. et Wils.	2·380
Schisandra sphenanthera Rehd. et Wils.	2·380
Schizonepeta tenuifolia Briq.	2·382
Scirpus planiculmis Fr. Schmidt	2·444
Scoparia dulcis L.	4·441
Scrophularia buergeriana Miq.	2·390
Scrophularia ilwensis C. Koch.	2·390
Scrophularia kakudensis Franch.	2·390
Scrophularia koelzii Pennell	2·390
Scrophularia ningpoensis Hemsl.	2·387
Scrophularia spicata Fr.	2·390
Scurrula parasitica L.	4·487
Scutellaria baicalensis Georgi	2·391, 3·413
Scutellaria barbata D. Don	2·397
Scutellaria indica L.	2·399
Scutellaria lateriflora L.	3·411
Scutellaria likangensis Diels	2·394
Scutellaria rehderiana Diels	2·394
Scutellaria scoplii Pers.	2·3984
Scutellaria viscidula Bge.	2·394
Sechium edule Jacq. Swartz	1·214
Sedum sacra Prain ex Hamet	2·328
Sedum sachalinensis (A. Bor.) Vorosh.	2·325
Sedum sarmentosum Bge.	2·401
Selaginella pulvinata (Hook. et Grev.) Maxim.	2·407
Selaginella tamariscina (Beauv.) Spring	2·405
Semiaquilegia adoxoides (DC.) Makino	4·446
Senecio jacobaea L.	3·450
Senecio scandens Buch. -Ham. ex D. Don	4·449
Serenoa repens (Bartram) Small	3·415
Sesamum indicum L.	3·418
Siegesbeckia glabrescens Makino	2·411
Siegesbeckia orientalis L.	2·409
Siegesbeckia pubescens Makino	2·411
Silybum marianum (L.) Gaertn.	3·423
Sinapis alba L.	2·413, 3·48
Sinomenium acutum (Thunb.) Rehd. et Wils.	2·417
Sinomenium acutum (Thunb.) Rehd. et Wils. var. *cinereum* Rhed. et Wils.	2·420
Sinopodophyllum emodi (Wall.) Ying	2·423
Siphonostegia chinensis Benth.	4·62
Smilax china L.	2·428, 4·456
Smilax glabra Roxb.	4·453
Smilax glauco-china Warb.	4·456
Solanum dulcamara L.	3·428
Solanum lyratum Thunb.	3·430
Solanum nigrum L.	4·457
Solanum torvum Sw.	4·462
Solidago canadensis L.	3·432
Solidago gigantea Ait.	3·434
Solidago virgaurea L.	3·434
Sophora flavescens Ait.	2·432
Sophora japonica L.	2·438
Sophora tonkinensis Gagnep.	2·99, 4·466

Sorbus aucuparia L.	3·436
Sparganium simplex Huds.	2·444
Sparganium stenophyllum Maxim.	2·444
Sparganium stoloniferum Buch. -Ham.	2·442
Spatholobus suberectus Dunn	2·446, 4·435
Spirodela polyrrhiza (L.) Schleid.	4·471
Stellaria dichotoma L. var. *lanceolata* Bge.	2·450
Stellaria media L.	4·474
Stellera chamaejasme L.	2·453
Stemona japonica (Bl.) Miq.	2·459
Stemona sessilifolia (Miq.) Miq.	2·457
Stemona tuberosa Lour.	2·459
Stephania tetrandra S. Moore	2·461, 4·59
Striga asiatica (L.) Kuntze	4·478
Strobilanthes divaricatus (Nees). Anders	4·66
Strobilanthes dliganthus Miq.	4·66
Strobilanthes guangxiensis S. Z. Huang	4·66
Strobilanthes pentstemonoides (Nees). T. Ander	4·66
Strychnos cathayensis Merr.	4·484
Strychnos nux-vomica L.	4·481
Strychnos pierriana A. W. Hill.	4·484
Strychnos wallichiana Steud. ex DC.	4·484
Symphytum officinale L.	3·440
Syzygium aromaticum (L.) Merr. et Perry	4·210

T

Tanacetum parthenium (L.) Schultz Bip.	3·444
Tanacetum vulgare L.	3·448
Taraxacum asiaticum Dahlst.	2·469
Taraxacum brassicaefolium Kitag.	2·469
Taraxacum calanthodium Dahlst.	2·469
Taraxacum heterolepis Nakai et Koidz. ex Kitag.	2·469
Taraxacum mongolicum Hand. -Mazz.	2·467
Taraxacum ohwianum Kitam.	2·469
Taraxacum platypecidum Diels	2·469
Taraxacum sinucum Kitag.	2·469
Taraxacum variegatum Kitag.	2·469
Taxillus chinensis (DC.) Danser	4·485
Taxillus nigrans (Hance) Danser	4·487
Taxillus sutchuenensis (Lecomte) Danser	4·487
Taxus baccata L.	3·455
Taxus brevifolia Nutt.	3·452
Taxus cuspidata Sieb. et Zucc.	3·452
Terminalia chebula Retz.	4·489
Terminalia chebula Retz. var. *tomentella* Kurt.	4·491
Teucrium canadense L.	3·413
Teucrium chamaedrys Ledeb.	3·413
Theobroma cacao L.	3·458
Thuja orientalis L.	2·211
Thymus mongolicus Ronn.	3·469
Thymus quinquecostatus Celak var. *przewalskii* (Kom) Ronn.	3·469
Thymus serpyllum L.	3·463
Thymus vulgaris L.	3·465,467
Thymus zygis L.	3·469
Tilia × *vulgaris* Hayne	3·473
Tilia amurensis Rupr.	3·473
Tilia cordata Mill.	3·471
Tilia miqueliana Maxim.	3·473
Tilia platyphyllos Scop.	3·473
Torilis japonica (Houtt.) DC.	4·180
Toxicodendron vernix (L.) Kuntze	3·408
Trachelospermum jasminoides (Lindl.) Lem.	2·471
Trachelospermum jasminoides (Lindl.) Lem. var. *heterophyllum* Tsiang	2·473
Tremella fuciformis Berk.	2·475
Tribulus cistoides L.	2·481
Tribulus terrestris L.	2·479
Trichosanthes kirilowii Maxim.	2·483
Trichosanthes rosthornii Harms	2·486
Trifolium pratense L.	3·474
Trigonella foenum-graecum L.	2·488
Triticum aestivum L.	3·479
Trollius asiaticus L.	3·484
Trollius chinensis Bge.	3·484
Trollius farreri Stapf	3·484
Trollius ledebouri Reichb.	3·485
Tropaeolum majus L.	3·483
Tussilago farfara L.	2·492
Typha angustata Bory et Chaub.	2·498
Typha angustifolia L.	2·496
Typha davidiana (Kronf.) Hand. -Mazz.	2·498
Typha latifolia L.	2·498

Typha orientalis Presl	2·498
Typhonium giganteum Engl.	2·500

U

Uncaria gambier Roxb.	4·15
Uncaria guianensis (Aubl.) Gmel.	3·488
Uncaria hirsuta Havil.	4·495
Uncaria macrophylla Wall.	4·495
Uncaria rhynchophylla (Miq.) Jacks.	4·493
Uncaria sessilifructus Roxb.	4·495
Uncaria sinensis (Oliv.) Havil.	4·495
Uncaria tomentosa (Willd.) DC.	3·486, 4·496
Urtica dioica L.	3·490
Urtica urens L.	3·492

V

Vaccaria segetalis (Neck.) Garcke	2·503
Vaccinium bracteatum Thunb.	4·498
Vaccinium jesoense Miq.	2·507
Vaccinium macrocarpon Ait.	3·495
Vaccinium myrtillus L.	3·498
Vaccinium oxycoccos L.	3·497
Vaccinium vitis-idaea L.	2·507, 3·44
Valeriana jatamansii Jones	4·501
Valeriana officinalis L.	3·504
Valeriana wallichii DC.	4·501
Vanilla planifolia Jacks.	3·508
Vanilla tahitensis J. W. Moore	3·510
Veratrum album L.	3·512
Veratrum lobelianum Bernh.	3·514
Veratrum nigrum L.	3·514
Verbascum blattaria L.	3·519
Verbascum chaixii Vill. subsp. *orientale* Hayek	3·519
Verbascum densiflorum Bertol.	3·518
Verbascum phlomoides L.	3·518
Verbascum phoeniceum L.	3·519
Verbascum thapsus L.	3·516
Veronica arvensis L.	4·257
Viola philippica Cav.	3·522
Viola tricolor L.	3·520
Viola yedoensis Makino	4·504
Viscum album L.	3·524
Viscum coloratum (Kom.) Nakai	4·488
Viscum coloratum (Komar.) Nakai	3·526
Vitex agnus-castus L.	3·529
Vitex cannabifolia Sieb. et Zucc.	2·512
Vitex negundo L.	2·512, 3·532
Vitex negundo L. var. *cannabifolia* (Sieb. et Zucc.) Hand. -Mazz.	2·510, 3·532
Vitex rotundifolia L.	2·516
Vitex trifolia L.	2·514
Vitex trifolia L. var. *simplicifolia* Cham.	3·532
Vitex trifolia L. var. *simplicifolia* Cham.	2·516
Vitis vinifera L.	3·534
Vladimiria souliei (Franch.) Ling	2·518
Vladimiria souliei (Franch.) Ling var. *cinerea* Ling	2·520

W

Wasabia japonica Matsum	3·48
Wikstroemia indica (L.) C. A. Mey.	4·507

X

Xanthium mongolicum Kitag.	2·524
Xanthium sibiricum Patr.	2·522

Z

Zanthoxylum americanum Mill.	3·541
Zanthoxylum bungeanum Maxim.	2·526, 3·543
Zanthoxylum clava-herculis L.	3·543
Zanthoxylum nitidum (Roxb.) DC.	4·511
Zanthoxylum schinifolium Sieb. et Zucc.	2·529
Zea mays L.	3·544
Zingiber officinale Rosc.	2·531
Ziziphus jujuba Mill.	2·536
Ziziphus jujuba Mill. var. *inenmis* (Bge.) Rehd.	2·539
Ziziphus jujuba Mill. var. *spinosa* (Bge.) Hu ex H. F. Chou	2·541
Ziziphus mauritiana Lam.	2·543

中文笔画总索引

二画
丁香	4·210
八角茴香	4·262
八角莲	1·335
人参	2·151
儿茶	4·13
九里香	4·328

三画
三七	2·156
三白草	2·374
三色堇	3·520
三岛柴胡	1·160
土木香	1·469
土荆芥	4·119
大血藤	4·433
大果越桔	3·495
大麻	1·168
大戟	1·370
山羊豆	3·206
山鸡椒	4·297
山金车	3·50
山柰	4·275
山茱萸	1·256
山楂	1·264
千日红	4·234
千年健	4·247
千里光	4·449
川木香	2·518
川贝母	1·392
川牛膝	1·283
川芎	2·22
川赤芍	2·147
川续断	1·324
川楝	2·93
广州相思子	4·2
广防己	4·57
广金钱草	4·182
广藿香	4·395
女贞	2·30
小毛茛	4·413
小白菊	3·444
小豆蔻	3·175
马齿苋	2·254
马钱	4·481
马蓝	4·64
马缨丹	4·283
飞扬草	4·215

四画
天冬	1·102
天南星	1·78
天麻	1·408
天葵	4·446
云南重楼	2·166
无花果	1·377
木耳	1·128
木豆	4·93
木香	1·124
木贼	4·204
木棉	4·76
木犀榄	3·308
木蝴蝶	4·352
五味子	2·377
车前	2·202
长春花	3·104
互生叶白千层	3·287
日本当归	1·53
日本黄连	1·248
中亚苦蒿	3·54
牛至	4·348
牛蒡	1·71
牛膝	1·12
毛地黄	3·165
毛茛	4·410
毛曼陀罗	1·298
毛蕊花	3·516
升麻	1·200
化州柚	4·133
月见草	3·314
丹参	2·356
乌头	1·16
乌饭树	4·498
乌药	2·38
心叶椴	3·471
巴豆	268
巴戟天	4·323
水飞蓟	3·423
水茄	4·462
水翁	4·141
水烛香蒲	2·496

五画
玉竹	2·222
玉蜀黍	3·544
甘草	1·436
甘遂	1·362
艾	1·90
艾纳香	4·68
古柯	3·179
可可	3·458
石韦	2·304
石仙桃	4·365
石香薷	2·112
石菖蒲	1·24
龙舌兰	4·17
龙芽草	1·31
龙胆	1·416
龙眼	4·186
龙葵	4·457
东北红豆杉	3·452

542

卡瓦胡椒	3·353	地胆草	4·195	**七画**			
卡氏乳香树	3·68	地黄	2·315	麦冬	2·128		
北乌头	1·20	地榆	2·363	麦蓝菜	2·503		
北细辛	1·98	地锦	4·219	远志	2·218		
北枳椇	1·458	芍药	2·137	赤小豆	4·362		
北美山梗菜	3·270	亚麻	3·264	赤芝	1·399		
北美金缕梅	3·218	西洋参	3·324	芫荽	3·141		
北美黄连	3·240	西洋接骨木	3·404	芸香	4·426		
北美蓝升麻	3·109	西葫芦	3·156	花椒	2·526		
叶下珠	4·377	西番莲	3·332	苍耳	2·522		
田基黄	4·255	百合	2·34	芡	4·223		
矢车菊	3·113	过路黄	4·301	苎麻	4·72		
仙茅	1·272	扣树	4·259	芦苇	4·368		
白及	1·144	夹竹桃	4·337	苏木	4·89		
白木香	4·53	光叶菝葜	4·453	杜仲	1·355		
白术	1·120	当归	1·67	杏	2·265		
白头翁	2·295	肉苁蓉	1·210	枕果	4·305		
白芷	1·56	肉豆蔻	4·332	两面针	4·511		
白花前胡	2·175	肉桂	4·127	连翘	1·384		
白花蛇舌草	4·342	朱砂根	1·75	旱金莲	3·483		
白芥	2·413	延胡索	1·260	吴茱萸	1·373		
白豆蔻	4·33	华东覆盆子	2·352	牡丹	2·142		
白茅	1·466	向日葵	3·231	牡荆	2·510		
白果槲寄生	3·524	合欢	1·35	何首乌	2·240		
白屈菜	3·116	多序岩黄芪	1·442	皂荚	1·428		
白茅	1·42	多被银莲花	1·50	佛手	1·214		
白鲜	1·312	闭鞘姜	4·154	余甘子	4·372		
白薇	1·287	问荆	4·199	谷精草	4·207		
冬虫夏草	1·252	决明	1·172	卵叶车前	3·357		
玄参	2·387	羊乳	4·150	羌活	2·123		
宁夏枸杞	2·63	羊踯躅	4·416	库拉索芦荟	3·30		
半边莲	2·47	灯心草	4·271	沙参	1·28		
半枝莲	2·397	兴安杜鹃	2·330	沙棘	1·450		
半夏	2·198	异株荨麻	3·490	诃子	4·489		
母菊	3·282	尖叶番泻	3·100	补骨脂	2·285		
加拿大一枝黄花	3·432	阳春砂	4·39	陆地棉	3·213		
丝瓜	2·59	防风	2·367	忍冬	2·51		
		红大戟	4·280	鸡矢藤	2·133		
六画		红车轴草	3·474	鸡冠花	1·180		
老鹳草	1·420	红花	3·91	鸡蛋花	4·391		
地瓜儿苗	2·69						
地肤	1·484						

八画

青葙	1·176
青藤	2·417
玫瑰	2·343
苦瓜	4·313
苦枥白蜡树	1·388
苦参	2·432
茅苍术	1·116
茅莓	4·423
枣	2·536
枇杷	1·351
构树	1·148
枫香树	4·288
刺儿菜	1·207
刺五加	1·6
刺苋	4·29
直立百部	2·457
奇蒿	4·60
欧山楂	3·146
欧白英	3·428
欧当归	3·261
欧防风	3·336
欧芹	3·340
欧洲七叶树	3·7
欧洲白蜡树	3·202
欧洲白藜芦	3·512
欧洲龙芽草	3·12
欧洲花楸	3·436
欧洲刺柏	3·253
欧锦葵	3·278
虎耳草	4·437
虎杖	2·235
肾茶	4·145
罗汉果	4·318
知母	1·45
垂盆草	2·401
使君子	4·403
卷柏	2·208
佩兰	1·359
金钗石斛	1·302
金盏花	3·73
金钱松	2·277
金樱子	2·338
肥皂草	3·408
狗牙蔷薇	3·386
卷柏	2·405
波尔多树	3·345
波希鼠李	3·378
帚石楠	3·78
贯叶连翘	3·248
细叶小檗	1·136
细柱五加	1·2

九画

珊瑚菜	1·432
荆芥	2·382
茜草	2·347
荜茇	4·381
草木犀	3·291
草果	4·36
草麻黄	1·342
草珊瑚	2·371
茴芹	3·349
茴香	1·380
荞麦	3·188
茯苓	2·250
茶	4·97
荠	3·82
荔枝	4·293
药用鼠尾草	3·399
胡芦巴	2·488
胡桃	1·481
胡椒	4·386
相思子	4·5
栀子	1·404
枸骨	1·462
柳叶白前	1·290
柠檬	3·127
威灵仙	1·222
厚朴	2·80
南非钩麻	3·222
南岭荛花	4·507
鸦胆子	4·81
韭菜	1·39
贴梗海棠	1·184
钩吻	4·230
钩藤	4·493
香荚兰	3·508
香桃木	3·310
香蜂花	3·296
秋水仙	3·131
重齿毛当归	1·64
鬼针草	1·140
剑叶龙血树	4·190
独一味	2·7
独行菜	2·18
独角莲	2·500
独脚金	4·478
美远志	3·366
美洲花椒	3·541
美洲鬼臼	3·362
美黄芩	3·411
姜	2·531
姜黄	4·159
迷迭香	3·390
总状升麻	3·122
洋苹果	3·273
洋常春藤	3·227
洋葱	3·20
穿心莲	4·42
孩儿参	2·281
降香檀	4·174
绒毛钩藤	3·486
络石	2·471
绞股蓝	4·241

十画

秦艽	1·412
素馨花	4·267
莲	2·116
莳萝	3·34
莨菪	3·244
桔梗	2·213
栝楼	2·483
桃	2·272
桃儿七	2·423

桃金娘	4·419	萝卜	2·308	葛缕子	3·96
翅荚决明	4·104	菜蓟	3·160	葡萄	3·534
夏枯草	2·261	菟丝子	1·279	落地生根	4·85
夏栎	3·374	菊	1·192	萱草	1·446
柴胡	1·156	菊苣	1·196	朝鲜当归	1·60
党参	1·233	菊蒿	3·448	酢酱草	4·359
鸭跖草	1·241	梅	2·269	裂叶牵牛	2·180
圆当归	3·38	接骨木	2·360	紫花地丁	4·504
积雪草	4·109	常山	1·309	紫苏	2·170
铃兰	3·136	匙羹藤	4·237	紫茉莉	4·309
臭椿	3·15	野甘草	4·441	紫草	2·42
射干	1·132	野草莓	3·198	紫萁	4·356
徐长卿	4·170	野胡萝卜	4·178	紫萍	4·471
脂麻	3·418	野菊	1·188	紫菀	1·106
凌霄	1·164	野葛	2·289	紫锥菊	3·170
高山红景天	2·325	蛇足石杉	4·250	掌叶大黄	2·319
高良姜	4·21	蛇床	1·230	黑三棱	2·442
拳参	2·232	蛇根木	2·311	黑果越桔	3·499
粉防己	2·461	啤酒花	3·235	黑茶藨子	3·382
益母草	2·14	银耳	2·475	铺地香	3·463
益智	4·25	银杏	1·424	锁阳	1·294
浙贝母	1·395	银柴胡	2·450	鹅不食草	4·115
海金沙	2·73	银斑百里香	3·467	番木瓜	3·85
海带	2·2	脱皮马勃	2·11	番石榴	4·398
海滨木巴戟	3·305	猪苓	2·246	番红花	3·150
桑	2·106	假叶树	3·395	番荔枝	4·47
桑寄生	4·485	鹿蹄草	2·300	阔叶十大功劳	2·84
绣球藤	1·226	商陆	2·193	普通小麦	3·479
		旋果蚊子草	3·194	温郁金	1·276
十一画		旋覆花	1·473		
琉璃苣	3·64	望春花	2·76	**十三画**	
黄龙胆	3·209	粗叶榕	4·226	瑞香狼毒	2·453
黄皮	4·136	淫羊藿	1·346	蒜	3·25
黄皮树	2·189	淡竹叶	2·56	薯	3·2
黄花蒿	1·86	密花豆	2·446	蓝桉	3·183
黄芩	2·391	密蒙花	1·152	蓖麻	2·334
黄连	1·244	续随子	1·366	蓟	1·204
黄独	1·316			蓬莪术	4·165
黄精	2·227	**十二画**		蒺藜	2·479
黄檗	2·185	款冬	2·492	蒲公英	2·467
菝葜	2·428	越南槐	4·466	楝	2·89
菘蓝	1·479	越桔	2·507	槐	2·438

虞美人	3·329
锯叶棕	3·415
新疆紫草	1·82
溪黄草	4·407
滨蒿	1·94

十四画

聚合草	3·440
蔓荆	2·514
酸枣	2·541
豨莶	2·409
蜘蛛香	4·501
罂粟	2·162
膜荚黄芪	1·110
辣根	3·46
辣薄荷	3·301
熊果	3·42

十五画

蓖麻	3·370
蕺菜	1·454
槲蕨	1·331
樟	4·123
蝙蝠葛	2·97
缬草	3·504

十六画

薯蓣	1·320
薰衣草	3·257
薏苡	1·237
薄荷	2·102
橘	1·218
颠茄	3·59
磨盘草	4·10

十七画

藁本	2·27
檀香	4·430
穗花牡荆	3·529
繁缕	4·474

十八画

瞿麦	1·306
翻白草	2·258

二十一画

鳢肠	1·338

拼音总索引

A
Ai	1·90
Ainaxiang	4·68

B
Badou	1·268
Baidoukou	4·33
Baiguohujisheng	3·524
Baihe	2·34
Baihuaqianhu	2·175
Baihuasheshecao	4·342
Baiji	1·44
Baijie	2·413
Bailian	1·42
Baimao	1·466
Baimuxiang	4·53
Baiqucai	3·116
Baitouweng	2·295
Baiwei	1·287
Baixian	1·312
Baizhi	1·56
Baizhu	1·120
Bajiaohuixiang	4·262
Bajiaolian	1·335
Bajitian	4·323
Banbianlian	2·47
Banxia	2·198
Banzhilian	2·397
Baqia	2·428
Beimeihuanglian	3·240
Beimeijinlümei	3·218
Beimeilanshengma	3·109
Beimeishangengcai	3·270
Beiwutou	1·20
Beixixin	1·98
Beizhiju	1·458
Biandou	1·328
Bianfuge	2·97
Bibo	4·381
Bima	2·334
Binhao	1·94
Biqiaojiang	4·154
Bo'erduoshu	3·345
Bohe	2·102
Boxishuli	3·378
Buguzhi	2·285

C
Caiji	3·160
Cang'er	2·522
Caoguo	4·36
Caomahuang	1·342
Caomuxi	3·291
Caoshanhu	2·371
Cebai	2·208
Cha	4·97
Chaihu	1·156
Changchunhua	3·104
Changshan	1·309
Chaoxiandanggui	1·60
Cheqian	2·202
Chigengteng	4·237
Chijiajueming	4·104
Chixiaodou	4·362
Chizhi	1·399
Chongchimaodanggui	1·64
Chouchun	3·15
Chuanbeimu	1·392
Chuanchishao	2·147
Chuanlian	2·93
Chuanmuxiang	2·518
Chuanniuxi	1·283
Chuanxinlian	4·42
Chuanxiong	2·22

Chuanxuduan	1·324
Chuipencao	2·401
Ci'ercai	1·207
Ciwujia	1·6
Cixian	4·29
Cujiangcao	4·359
Cuyerong	4·226

D

Daguoyueju	3·495
Daji	1·370
Dama	1·168
Danggui	1·67
Dangshen	1·233
Danshen	2·356
Danzhuye	2·56
Daxueteng	4·433
Dengxincao	4·271
Dianqie	3·59
Didancao	4·195
Difu	1·484
Digua'ermiao	2·69
Dihuang	2·315
Dijin	4·219
Dingxiang	4·210
Diyu	2·363
Dongbeihongdoushan	3·452
Dongchongxiacao	1·252
Dujiaojin	4·478
Dujiaolian	2·500
Duobeiyinlianhua	1·50
Duoxuyanhuangqi	1·422
Duxingcai	2·18
Duyiwei	2·7
Duzhong	1·355

E

Ebushicao	4·115
Ercha	4·13

F

Fanbaicao	2·258

Fangfeng	2·367
Fanhonghua	3·150
Fanlizhi	4·47
Fanlü	4·474
Fanmugua	3·85
Fanshiliu	4·398
Feiyangcao	4·215
Feizaocao	3·408
Fenfangji	2·461
Fengxiangshu	4·288
Foshou	1·214
Fuling	2·50

G

Gancao	1·436
Gansui	1·362
Gaoben	2·27
Gaoliangjiang	4·21
Gaoshanhongjingtian	2·325
Gelüzi	3·96
Gougu	1·462
Goushu	1·148
Gouteng	4·493
Gouwen	4·230
Gouyaqiangwei	3·386
Gualou	2·483
Guangfangji	4·57
Guanghuoxiang	4·395
Guangjinqiancao	4·182
Guangyebaqia	4·453
Guangzhouxiangsizi	4·2
Guanyelianqiao	3·248
Guizhencao	1·140
Gujingcao	4·207
Guke	3·179
Guoluhuang	4·301

H

Haibinmubaji	3·305
Haidai	2·2
Hai'ershen	2·281
Haijinsha	2·73

Hanjinlian	3·483
Hehuan	1·35
Heichabiaozi	3·382
Heiguoyueju	3·499
Heisanleng	2·442
Heshouwu	2·240
Hezi	4·489
Hongchezhoucao	3·474
Hongdaji	4·280
Honghua	3·91
Houpo	2·80
Huadongfupenzi	2·352
Huai	2·438
Huajiao	2·526
Huangbo	2·185
Huangdu	1·316
Huanghuahao	1·86
Huangjing	2·227
Huanglian	1·244
Huanglongdan	3·209
Huangpi	4·136
Huangpishu	2·189
Huangqin	2·391
Huazhouyou	4·133
Hu'ercao	4·437
Huiqin	3·349
Huixiang	1·380
Hujiao	4·386
Hujue	1·331
Huluba	2·488
Hushengyebaiqianceng	3·287
Hutao	1·481
Huzhang	2·235

J

Ji（蓟）	1·204
Ji（荠）	3·82
Jianadayizhihuanghua	3·432
Jiang	2·531
Jianghuang	4·159
Jiangxiangtan	4·174
Jianyefanxie	3·100
Jianyelongxueshu	4·190
Jiaogulan	4·241
Jiayeshu	3·395
Jiazhutao	4·337
Jicai	1·454
Jidanhua	4·391
Jiegeng	2·213
Jiegumu	2·360
Jiguanhua	1·180
Jili	2·479
Jinchaishihu	1·302
Jingjie	2·382
Jinqiansong	2·277
Jinyingzi	2·338
Jinzhanhua	3·73
Jishiteng	2·133
Jiucai	1·39
Jiulixiang	4·328
Jixuecao	4·109
Ju（菊）	1·192
Ju（橘）	1·218
Juanbai	2·405
Juema	3·370
Jueming	1·172
Juhao	3·448
Juhecao	3·440
Juju	1·196
Juyezong	3·415

K

Kashiruxiangshu	3·68
Kawahujiao	3·353
Keke	3·458
Koushu	4·259
Kuandong	2·492
Kugua	4·313
Kulasuoluhui	3·30
Kulibailashu	1·388
Kuoyeshidagonglao	2·84
Kushen	2·432

L

Labohe	3·301
Lagen	3·46
Lan'an	3·183
Langdang	3·244
Laoguancao	1·420
Lian（莲）	1·116
Lian（楝）	2·89
Liangmianzhen	4·511
Lianqiao	1·384
Lichang	1·338
Lieyeqianniu	2·180
Linglan	3·136
Lingxiao	1·164
Liuliju	3·64
Liuyebaiqian	1·290
Lizhi	4·293
Longdan	1·416
Longkui	4·457
Longshelan	4·17
Longyacao	1·31
Longyan	4·186
Luanyecheqian	3·357
Ludimian	3·213
Luobo	2·308
Luodishenggen	4·85
Luohanguo	4·318
Luoshi	2·471
Luticao	2·300
Luwei	4·368

M

Machixian	2·254
Maidong	2·128
Mailancai	2·503
Malan	4·64
Mangguo	4·305
Manjing	2·514
Maocangzhu	1·116
Maodihuang	3·165
Maogen	4·410
Maomantuoluo	1·298
Maomei	4·423
Maoruihua	3·516
Maqian	4·481
Mayingdan	4·283
Mei	2·269
Meigui	2·343
Meihuangqin	3·411
Meiyuanzhi	3·366
Meizhouguijiu	3·362
Meizhouhuajiao	3·541
Midiexiang	3·390
Mihuadou	2·446
Mimenghua	1·152
Mojiahuangqi	1·110
Mopancao	4·10
Mudan	2·142
Mudou	4·93
Mu'er	1·128
Muhudie	4·352
Mujing	2·510
Muju	3·282
Mumian	4·76
Muxiang	1·124
Muxilan	3·318
Muzei	4·204

N

Nanfeigouma	3·222
Nanlingraohua	4·507
Ningmeng	3·127
Ningxiagouqi	2·63
Niubang	1·71
Niuxi	1·12
Niuzhi	4·348
Nüzhen	2·30

O

Oubaiying	3·428
Oudanggui	3·261
Oufangfeng	3·336
Oujinkui	3·278
Ouqin	3·340

Oushanzha	3·146
Ouzhoubailashu	3·202
Ouzhoubaililu	3·512
Ouzhoucibai	3·253
Ouzhouhuaqiu	3·436
Ouzhoulongyacao	3·12
Ouzhouqiyeshu	3·7

P

Peilan	1·359
Peng'ezhu	4·165
Pijiuhua	3·235
Pipa	1·351
Pudixiang	3·463
Pugongying	2·467
Putao	3·534
Putongxiaomai	3·479

Q

Qian	4·223
Qiancao	2·347
Qianghuo	2·123
Qianliguang	4·449
Qiannianjian	4·247
Qianrihong	4·234
Qiaomai	3·188
Qihao	4·60
Qingteng	2·417
Qingxiang	1·176
Qinjiao	1·412
Qiushuixian	3·131
Quanshen	2·232
Qumai	1·306

R

Rendong	2·51
Renshen	2·151
Ribendanggui	1·53
Ribenhuanglian	1·248
Rongmaogouteng	3·486
Roucongrong	1·210
Roudoukou	4·332
Rougui	4·127
Ruixianglangdu	2·453

S

Sanbaicao	2·374
Sandaochaihu	1·160
Sang	2·106
Sangjisheng	4·485
Sanqi	2·156
Sansejin	3·520
Shaji	1·450
Shanglu	2·193
Shanhucai	1·432
Shanjijiao	4·297
Shanjinche	3·50
Shannai	4·275
Shanyangdou	3·206
Shanzha	1·264
Shanzhuyu	1·256
Shaoyao	2·137
Shashen	1·28
Shechuang	1·230
Shegan	1·132
Shegenmu	2·311
Shencha	4·145
Shengma	1·200
Shezushishan	4·250
Shi	3·2
Shichangpu	1·24
Shicheju	3·113
Shijunzi	4·403
Shiluo	3·34
Shiwei	2·304
Shixiangru	2·112
Shixiantao	4·365
Shuifeiji	3·423
Shuiqie	4·462
Shuiweng	4·141
Shuizhuxiangpu	2·496
Shuyu	1·320
Sigua	2·59
Songlan	1·479

Suan	3·25
Suanzao	2·541
Suihuamujing	3·529
Sumu	4·89
Suoyang	1·294
Suxinhua	4·267

T

Tanxiang	4·430
Tao	2·272
Tao'erqi	2·423
Taojinniang	4·419
Tiandong	1·102
Tianjihuang	4·255
Tiankui	4·446
Tianma	1·408
Tiannanxing	1·78
Tiegenghaitang	1·184
Tujingjie	4·119
Tumuxiang	1·469
Tuopimabo	2·11
Tusizi	1·279

W

Wangchunhua	2·76
Weilingxian	1·222
Wenjing	4·199
Wenyujin	1·276
Wufanshu	4·498
Wuhuaguo	1·377
Wutou	1·16
Wuweizi	2·377
Wuyao	2·38
Wuzhuyu	1·373

X

Xiakucao	2·261
Xiali	3·374
Xiangfenghua	3·296
Xiangjialan	3·508
Xiangrikui	3·231
Xiangsizi	4·5
Xiangtaomu	3·310
Xianmao	1·272
Xiaobaiju	3·444
Xiaodoukou	3·175
Xiaomaogen	4·413
Xiecao	3·504
Xifanlian	3·332
Xihuangcao	4·407
Xihulu	3·156
Xing	2·265
Xing'andujuan	2·330
Xinjiangzicao	1·82
Xinyeduan	3·471
Xiongguo	3·42
Xiuqiuteng	1·226
Xixian	2·409
Xiyangjiegumu	3·404
Xiyangshen	3·324
Xiyexiaobo	1·136
Xizhuwujia	1·2
Xuancao	1·446
Xuanfuhua	1·473
Xuanguowenzicao	3·194
Xuanshen	2·387
Xuchangqing	4·170
Xunyicao	3·257
Xusuizi	1·336

Y

Yadanzi	4·81
Yama	3·264
Yangchangchunteng	3·227
Yangchunsha	4·39
Yangcong	3·20
Yangpinguo	3·273
Yangru	4·150
Yangzhizhu	4·416
Yanhusuo	1·260
Yansui	3·141
Yaoyongshuweicao	3·399
Yazhicao	1·241
Yecaomei	3·198

Yegancao	4·441
Yege	2·289
Yehuluobo	4·178
Yeju	1·188
Yexiazhu	4·377
Yimucao	2·14
Yinbanbailixiang	3·467
Yinchaihu	2·450
Yin'er	2·475
Yingsu	2·162
Yinxing	1·424
Yinyanghuo	1·346
Yiyi	1·237
Yizhi	4·25
Yizhuqianma	3·490
Yuandanggui	3·38
Yuanzhi	2·218
Yuejiancao	3·314
Yueju	2·507
Yuenanhuai	4·466
Yuganzi	4·372
Yumeiren	3·329
Yunnanchonglou	2·166
Yunxiang	4·426
Yushushu	3·544
Yuzhu	2·222

Z

Zao	2·536
Zaojia	1·428
Zhang	4·123
Zhangyedahuang	2·319
Zhebeimu	1·395
Zhiju	1·45
Zhilibaibu	2·457
Zhima	3·418
Zhizhuxiang	4·501
Zhizi	1·404
Zhongyakuhao	3·54
Zhoushinan	3·78
Zhuling	2·246
Zhuma	4·72
Zhushagen	1·75
Zicao	2·42
Zihuadiding	4·504
Zimoli	4·309
Ziping	4·471
Ziqi	4·356
Zisu	2·170
Ziwan	1·106
Zizhuiju	3·170
Zongzhuangshengma	3·122

英文名称总索引

A

Adhesive Rehmannia	2·315
Agave	4·17
Air-plant	4·85
Airpotato Yam	1·316
Albizzia	1·35
Aloe	3·30
American Ginseng	3·324
Amomum	4·39
Amur Corktree	2·185
Anemone Clematis	1·226
Angelica	3·38
Anise	3·349
Annual Wormwood	1·86
Antifebrile Dichroa	1·309
Apple	3·273
Argy Wormwood	1·90
Arnica	3·50
Artichoke	3·160
Ash	3·202
Asiatic Cornelian Cherry	1·256
Asiatic Moonseed	2·97
Asiatic Pennywort	4·109
Asper-like Teasel	1·324
Australian Cowplant	4·237
Autumn Crocus	3·131

B

Baikal Skullcap	2·391
Balloonflower	2·213
Balsamiferous Blumea	4·68
Barbary Wolfberry	2·63
Barbed Skullcap	2·397
Bearberry	3·42
Beautiful Sweetgum	4·288
Belladonna	3·59
Bellflower	1·233
Belvedere	1·484
Bilberry	3·499
Bistort	2·232
Bitter Gourd	4·313
Black Cohosh	3·122
Black Currant	3·382
Black Nightshade	4·457
Blackberrylily	1·132
Blackend Swallowwort	1·287
Blue Cohosh	3·109
Blue Gum	3·183
Boldo	3·345
Borage	3·64
Buckwheat	3·188
Butcher's Broom	3·395

C

Cablin Patchouli	4·395
Cacao	3·458
Camphora	4·123
Canton Love-pea	4·2
Cape Jasmine	1·404
Caper Euphorbia	1·366
Caraway	3·96
Cardamom	3·175
Cascara Sagrada	3·378
Cassia	4·127
Castor	2·334
Catclaw Buttercup	4·413
Cat's Claw	3·486
Chamomile	3·282
Chaste Tree	3·529
Cherokee Rose	2·338
Chicory	1·196
Chinaberry-tree	2·89
Chinaroot Greenbrier	2·428
Chinese Angelica	1·67

Chinese Azalea	4·416	Common Apricot	2·265
Chinese Caterpillar Fungus	1·252	Common Aucklandia	1·124
Chinese Clematis	1·222	Common Baphicacanthus	4·64
Chinese Corktree	2·189	Common Bletilla Tuber	1·144
Chinese Dodder	1·279	Common Burreed	2·442
Chinese Dragon's Blood	4·190	Common Chickweed	4·474
Chinese Eaglewood	4·53	Common Cnidium	1·230
Chinese Fevervine	2·133	Common Cockscomb	1·180
Chinese Gentian	1·416	Common Coltsfoot	2·492
Chinese Hawthorn	1·264	Common Dayflower	1·241
Chinese Holly	1·462	Common Dysosma	1·335
Chinese Honeylocust	1·428	Common Floweringqince	1·184
Chinese Leek	1·39	Common Four-O'clock	4·309
Chinese Lizardtail	2·374	Common Lamiophlomis	2·7
Chinese Lobelia	2·47	Common Lantana	4·283
Chinese Lovage	2·27	Common Leafflower	4·377
Chinese Magnolivine	2·377	Common Oleander	4·337
Chinese May-apple	2·423	Common Papermulberry	1·148
Chinese Mosla	2·112	Common Perilla	2·170
Chinese Pholidota	4·365	Common Rue Herb	4·426
Chinese Pulsatilla	2·295	Common Rush	4·271
Chinese Pyrola	2·300	Common Selfheal	2·261
Chinese Star Anise	4·262	Common St. Paulswort	2·409
Chinese Starjasmine	2·471	Common Turmeric	4·159
Chinese Stellera	2·453	Common Vladimiria	2·518
Chinese Taxillus	4·485	Common Yam	1·320
Chinese Thorowax	1·156	Coptis	1·244
Chinese Trumpetcreeper	1·164	Coral Ardisia	1·75
Chinese Wampee	4·136	Coriander	3·141
Christina Loosestrife	4·301	Cornflower	3·113
Chrysanthemum	1·192	Cotton	3·213
Chuanxiong	2·22	Cowherb	2·503
Climbing Groundsel	4·449	Cranberry	3·495
Clove Tree	4·210	Crape Ginger	4·154
Coastal Glehnia	1·432	Creeping Rockfoil	4·437
Coca	3·179	Creeping Woodsorrel	4·359
Cocos Poria	2·250	Croton	1·268
Combined Spicebush	2·38	Curculigo	1·272
Comfrey	3·440	Custard Apple	4·47
Common Agrimony	3·12	Cutch	4·13
Common Andrographis	4·42		
Common Anemarrhena	1·45		

D

Dahurian Angelica	1·56
Dahurian Azales	2·330
Danshen	2·356
Densefruit pittany	1·321
Desert Indianwheat	3·357
Desertliving Cistanche	1·210
Devil's Claw	3·222
Digitalis	3·165
Dill	3·34
Discolor Cinquefoil	2·258
Diverse Wormwood	4·60
Dog Rose	3·386
Doubleteeth Angelica	1·64
Downy Rose Myrtle	4·419
Duckweed	4·471
Dwarf Lilyturf	2·128

E

Elder	3·404
Elecampane Inula	1·469
Emblic Leafflower	4·372
English Ivy	3·227
Ephedra	1·342
Eucommia	1·355
Eumifus Euphorbia	4·219
European Mistletoe	3·524
Evening Primrose	3·314

F

Feather Cockscomb	1·176
Felt Fern	2·304
Fennel	1·380
Fenugreek	2·488
Feverfew	3·444
Fig	1·377
Figwort	2·387
Flax	3·264
Fleeceflower	2·240
Fleshfingered Citron	1·214
Fortune Eupatorium	1·359
Fortune's Drynaria	1·331
Fourstamen Stephania	2·461
Fragrant Litsea	4·297
Fragrant Solomonseal	2·222
Frankincense	3·68
Fringed Pink	1·306

G

Galanga Resurrectionlily	4·275
Garden Burnet	2·363
Garden Euphorbia	4·215
Garden Nasturtium	3·483
Garlic	3·25
Gentian	3·209
Giant Knotweed	2·235
Giant Typhonium	2·500
Ginger	2·531
Ginkgo	1·424
Ginseng	2·151
Glabrous Greenbrier	4·453
Glabrous Sarcandra	2·371
Globeamaranth	4·234
Glossy Privet	2·30
Goat's Rue	3·206
Gold Theragran	4·241
Golden Larch	2·277
Goldenrod	3·432
Goldenseal	3·240
Gordon Euryale	4·223
Graceful Jessamine	4·230
Grape	3·534
Grassleaf Sweelflag	1·24
Great Burdock	1·71
Greater Celandine	3·116
Grosvener Siraitia	4·318
Guava	4·398

H

Hairy Datura	1·298
Hairy Fig	4·226
Hairyvein Agrimonia	1·31
Hare's Ear	1·160
Hawthorn	3·146

Heather	3·78	Jujube	2·536
Hemp	1·168	Juniper	3·253
Hempleaf Negundo Chastetree	2·510		
Henbane	3·244	**K**	
Heterophylly Falsestarwort	2·281	Kansui	1·362
Hops	3·235	Kaushue Holly	4·259
Horse Chestnut	3·7	Kava Kava	3·353
Horseradish	3·46	Kelp	2·2
Horsetail	4·199	Knoxia	4·280
Houttuynia Cordata	1·454	Korean Angelica	1·60
Hyacinth Bean	1·328	Kusnezoff Monkshood	1·20
I		**L**	
Incised Notopterygium	2·123	Lalang Grass	4·466
Indian Abutilon	4·10	Lance Asiabell	4·150
Indian Madder	2·347	Lanceolate Dichotomous Starwort	2·450
Indian Pokeberry	2·193	Largeflower Jasmine	4·267
Indian Snakeroot	2·311	Largehead Atractylodes	1·12
Indian Stringbush	4·507	Large-leaf Gentian	1·412
Indian Trumpetflower	4·352	Largetrifoliolious Bugbane	1·2
Indigoblue Woad	1·477	Lavender	3·257
		Leatherleaf Mahonia	2·84
J		Lemon	3·127
Jackinthepulpit	1·78	Lemon Balm	3·296
Japanese Angelica	1·53	Lesser Galangal	4·21
Japanese Ampelopsis	1·42	Lichee	4·293
Japanese Buttercup	4·410	Licorice	1·436
Japanese Cllimbing Fern	2·73	Lightyellow Sophora	2·432
Japanese Coptis	1·248	Lily	2·34
Japanese Flowering Fern	4·356	Lily-of-the-Valley	3·136
Japanese Honeysuckle	2·51	Linden	3·471
Japanese Inula	1·473	Linearstripe Isodon	4·407
Japanese Raspberry	4·423	Lingonberry	2·507
Japanese Thistle	1·458	Lobed Kudzuvine	2·2889
Japanese Yew	3·452	Lobedleaf Pharbitis	2·180
Japanese St. John's Wort	4·255	Lobelia	3·270
Joponese Raisin Tree	1·204	Long Pepper	4·381
Jatamans Valeriana	4·501	Longan	4·186
Jave Brucea	4·81	Loofah	2·59
Jequirity Rosarypea	4·5	Lophatherum	2·56
Jew's Ear	1·128	Loquat	1·351
Jobstears	1·237	Lotus	2·116

Lovage	3·261
Lucid Asparagus	1·102
Lucid Ganoderma	1·399

M

Magnolia Flower	2·76
Maize	3·544
Malaytea Scurfpea	2·285
Mallow	3·278
Manchurian Wildginger	1·98
Mango	4·305
Manyinflorescenced Sweetvetch	1·442
Manyprickle Acanthopanax	1·6
Marigold	3·73
Mayapple	3·362
Meadowsweet	3·194
Medicinal Cyathula	1·283
Medicinal Evodia	1·373
Medicinal Indianmulberry	4·323
Medicine Terminalia	4·489
Mexican Frangipani	4·391
Milk Thistle	3·423
Milkvetch Huangchi	1·110
Mint	2·102
Mongolian Dandelion	2·467
Mongolian Snakegourd	2·483
Motherwort	2·14
Mountain Ash	3·436
Mousebane	1·16
Mullein	3·516
Murraya Jasminorage	4·328
Muskroot-like Semiaquilegia	4·446
Myrtle	3·310

N

Narrowleaf Cattail	2·496
Nightshade	3·428
Noble Dendrobium	1·302
Noni	3·305
Northern Prickly Ash	3·541
Notoginseng	2·156
Nutmeg	4·332
Nux Vomica	4·481

O

Oak	3·374
Obscured Homalomena	4·247
Officinal Magnolia	2·80
Olive	3·318
Onion	3·20
Operculate Cleistacalyx	4·141
Opium Poppy	2·162
Orange Daylily	1·446
Oregano	4·348
Oriental Arborvitae	2·208
Oriental Blueberry	4·498
Ovientvine	2·417

P

Pagodatree	2·438
Pale Butterflybush	1·152
Palmleaf Raspberry	2·352
Paniculate Swallowwort	4·170
Papaya	3·85
Parsley	3·340
Parsnip	3·336
Passion Flower	3·332
Peach	2·272
Pepper	4·386
Peppermint	3·301
Pepperweed	2·18
Periwinkle	3·104
Pinellia	2·198
Pipewort	4·207
Plantain	2·202
Plum	2·269
Poiret Barberry	1·39
Prickly Ash	2·526
Puff-ball	2·11
Pumpkin	3·156
Puncturevine Caltrop	2·479
Purple Coneflower	3·170
Purslane	2·254

R

Radde Anemone	1·50
Radish	2·308
Ramie	4·72
Rangooncreeper	4·403
Red Clover	3·474
Red Gram	4·93
Red Peony	2·137
Red Poppy	3·329
Redroot Gromwell	2·42
Reed Herb	4·368
Retuse Ash	1·388
Rhubarb	2·319
Rice Bean	4·362
Rose	2·343
Rosemary	3·390
Rosewood	4·174
Rough Horsetail	4·204

S

Sachalin Rhodiola	2·325
Safflower	3·91
Saffron	3·150
Sage	3·399
Sandalwood	4·430
Saposhnikovia	2·367
Sappan	4·89
Sargentgloryvine	4·433
Saw Palmetto	3·415
Scabrous Elephantfoot	4·195
Schizonepeta	2·382
Scullcap	3·411
Seabuckthorn	1·450
Seneca Snakeroot	3·366
Senna	3·100
Serrate Clubmoss	4·250
Sesame	3·418
Sessile Stemona	2·457
Setose Thistle	1·207
Sharpleaf Galangal	4·25
Sharpleaf Gambirplant	4·493
Shepherd's Purse	3·82

Shiny Bugleweed	2·69
Shinyleaf Pricklyash	4·511
Short-horned Epimedium	1·346
Shrub Chastetree	2·514
Siberian Cocklebur	2·522
Sicklepod	1·172
Silk Cotton Tree	4·76
Silverweed Cinquefoil	3·370
Sinkiang Arnebia	1·82
Slenderstyle Acanthopanax	1·2
Small Centipeda	4·115
Snowbellleaf Tickclover	4·182
Soapwort	3·408
Solomonseal	2·227
Songaria Cynomorium	1·294
Southern Fangchi	4·57
Spanishneedles	1·140
Spicate Clerodendranthus	4·145
Spikemoss	2·405
Spine Date	2·541
Spiny Amaranth	4·29
Spreading Hedyotis	4·342
Spurge	1·370
St John's Wort	3·248
Stinging Nettle	3·490
Stringy Stonecrop	2·401
Suberect Spatholobus	2·446
Sunflower	3·231
Sweet Broomweed	4·441
Sweet Clover	3·291
Swordlike Atractylodes	1·116
Szechwan Chinaberry	2·93

T

Tall Gastrodis	1·408
Tangerine	1·218
Tansy	3·448
Tatarian Aster	1·106
Tea	4·97
Tea Tree	3·287
Tendrilleaf Fritllary	1·392
Tetrongan	4·462

Thinleaf Milkwort	2·218	White Mustard	2·413
Thunberg Fritllary	1·395	White Tremella	2·475
Thyme	3·467	Whiteflower Hogfennel	1·175
Tokyo Violet	4·504	Whitefruit Amomum	4·33
Tomentose Pummelo	4·133	Wild Carrot	4·178
Tree of Heaven	3·15	Wild Chrysanthemum	1·188
Tree Peony	2·142	Wild Pansy	3·520
Tsao-ko Amomum	4·36	Wild Strawberry	3·198
Twotoothed Achyranthes	1·12	Wild Thyme	3·463
Tuber Onion	1·39	Wilford Cranesbill	1·420
		Williams Elder	2·360
		Willowleaf Swallowwort	1·290

U

Umbrella Polypore	2·246
Upright Ladybell	1·28

Winged Cassoa 4·104
Witch Hazel 3·218
Witchweed 4·478
Wormseed 4·119
Wormwood 3·54

V

Valerian	3·504
Vanilla	3·508
Veitch Peony	2·147
Vietnamese Sophora	4·466
Virgate Wormwood	1·94

Y

Yanhusuo	1·260
Yarrow	3·2
Yerbadetajo	1·338
Yunnan Manyleaf Paris	2·166

W

Walnut	1·481
Weeping Forsythi	1·384
Wheat	3·479
White Hellebore	3·512
White Mulberry	2·106

Z

Zedoary	4·165
Zhejiang Curcuma	1·276